Manfred Klett

Von der Agrartechnologie zur Landbaukunst
Wesenszüge des biologisch-dynamischen Landbaus
Eine Landwirtschaft der Zukunft

Manfred Klett

Von der Agrartechnologie zur Landbaukunst

Wesenszüge des biologisch-dynamischen Landbaus

Eine Landwirtschaft der Zukunft

Verlag am Goetheanum

www.goetheanum-verlag.ch

2., unveränderte Auflage 2025

Bevollmächtigter in der EU im Sinne des Artikels 16 Absatz 1
der Verordnung zur allgemeinen Produktsicherheit GPSR:
ATHENA-Verlag e.K., Mellinghofer Str. 126,
D-46407 Oberhausen, info@athena-verlag.de

Einbandgestaltung: Wolfram Schildt
Lektorat: Hans-Christian Zehnter, Claus Jahncke
Bildkonzepte: Manfred Klett, Umsetzung: Mathias Buess und Ivana Suppan, wo nicht anders angegeben
Satz: Atelier Doppelpunkt, Johannes Onneken, Münchenstein
Druck: MCP, Marki, Polen

ISBN 978-3-7235-1668-3

Gewidmet
den Mitbegründern der Betriebsgemeinschaft Dottenfelderhof (1968)
und denjenigen, die aus eigener Urteilskraft im gleichen Sinne eine
neue Landwirtschafts- und Sozialkultur wollen.

Unter Schmerzen hat unsere
Muttererde sich verfestigt.
Unsere Mission ist es,
sie wieder zu vergeistigen,
indem wir sie durch die
Kraft unserer Hände
umarbeiten zu einem
geisterfüllten Kunstwerk.

Rudolf Steiner[1]

1 Wiedergabe der Worte Rudolf Steiners bei der Grundsteinlegung zum Rosenkreuzertempel der Loge Malsch «Franz von Assisi» nach dem Gedächtnis von Hilde Stockmeyer; aus: Rudolf Steiner: *Bilder okkulter Siegel und Säulen*, GA 284, Dornach 1993, S. 113.

Inhaltsverzeichnis

Manfred Klett bei einer Geologievorlesung mit Studenten der Landbauschule im Jahre 2009

Geleitwort

Das vorliegende Buch «Von der Agrartechnologie zur Landbaukunst» darf als die Zusammenfassung des Lebenswerkes von Manfred Klett bezeichnet werden.

Manfred Klett, Jahrgang 1933, ist der Doyen der biodynamischen Bewegung. Nachdem er jahrzehntelang neben seinen praktischen Tätigkeiten und Verantwortungen auch als Redner, Dozent und Gesprächspartner weltweit auf Reisen gewesen ist, könnte man ihn nun auf geruhsamem Alterssitz vermuten. Dieses Bild täuscht, denn aus der äußeren Ruhe tritt Manfred Klett jetzt nochmals an die Öffentlichkeit mit einem umfassenden Werk. Und wer ihn kennt, vermutet unmittelbar, was uns Manfred Klett damit in die Hände gibt: die Quintessenz seines lebenslangen Wirkens für eine Landwirtschaft der Zukunft. Rückblickend werden die Erträgnisse des Lebens gesichtet und geordnet; eine strukturierte Bestandsaufnahme dessen, was Landwirtschaft war und ist. Vorwärtsblickend steht vor uns eine Aufforderung an die nachfolgenden Generationen im Sinne von Arbeitsrichtungen, zum Ergreifen desjenigen, was die Landwirtschaft als Zukunftspotential in sich trägt.

Der erste Untertitel «Wesenszüge des biologisch-dynamischen Landbaus» kann als zusammenfassende Inhaltsangabe verstanden werden. Ja, es geht um die biologisch-dynamische Landwirtschaft, aber nicht im Sinne einer Innensicht, einer internen Verständigung der biodynamischen ‹Community› mit sich selbst. Geht es also um eine Außensicht? Auch das nicht, denn von außen wird in dieser Schrift gar nichts angeschaut. Man könnte jedoch sagen, es geht um eine Sicht ‹nach außen›. Eine Sicht, in der dasjenige, was wir ‹biodynamisch› nennen, über die Bewegung und ihr Selbstverständnis hinaus erforscht wird, um in seinen Wesenszügen etwas von demjenigen zu finden, was die Landwirtschaft ihrer Bestimmung nach ist. Das ist ein großer Anspruch, der eine solide Begründung erfordert. Das vorliegende Werk kann als diese Begründung gelesen werden, und ich glaube auch, es will im Sinne des Autors so gelesen werden, und zwar dem Inhalte und auch dem Stile nach. Inhaltlich enthält es unter anderem

- eine Geschichte der Landwirtschaft in ihrem Verhältnis zur Kultur- und Bewusstseins-Entwicklung der abendländischen Menschheit
- eine sozialwirtschaftliche Studie zum Verhältnis von Industrie und Landwirtschaft
- eine Lehre über den landwirtschaftlichen Organismus in seiner Drei- und Viergliedrigkeit

- eine Untersuchung zur ‹Landwirtschaftlichen Individualität›
- im Rahmen der drei Säulen des Ackerbaus – Bodenbearbeitung, Fruchtfolge und Düngung – eine ausführliche Darstellung der biodynamischen Präparate
- ein Lehrbuch für biodynamische Bauern
- ein Lehrbuch für Betriebsgemeinschaften und assoziative Initiativen im Umfeld von Höfen

Dem Stile nach ist die Begründung im besten Sinne goetheanistisch zu nennen. Das heißt, sie ist nicht abstrakt logisch und systematisch, sondern sie orientiert sich am Phänomen. Die Biografie des Verfassers ist ein Leben für und mit dem biodynamischen Impuls. Die konkreten Arbeits-Erfahrungen und die prinzipiellen Gedanken-Entdeckungen gehören zusammen. Das gelebte Leben ist das Ineinanderweben von beidem, und die vorliegende Schrift bleibt dieser Sprache des Lebens treu. Konkrete Praxiserfahrungen – sei es auf dem Feld, im Stall oder an der Arbeitsbesprechung – und urphänomenale Formulierungen über Boden, Haustiere oder Zusammenarbeit stehen nahe beieinander. Das ist gewollt. Der Stil kann als ‹real-ideal› bezeichnet werden. Und er ist die Umsetzung dessen, was Manfred Klett im Titel ‹Landbaukunst› nennt. Das Reale verliert sich nicht atomistisch in die Einzelheiten von Daten und Fakten und das Ideale nicht in die Abstraktheit des Allgemeinen; sie suchen sich und befruchten sich gegenseitig zu einer höheren Einheit; diese Kunst darf Landbaukunst genannt werden.

***

Von den vielen Themen sind zwei erstaunlich ausführlich dargestellt. Der eine Themenkomplex ist die sozialwirtschaftliche Analyse der aktuellen Lage der Landwirtschaft. Kurz gesagt: Die Landwirtschaft hat sich industrialisiert, ohne je Industrie sein zu können. Die Kapitalbildung und die Kapitalrendite sind der Landwirtschaft, insofern sie noch irgendetwas mit ‹Land› zu tun hat, wesensfremd. Dafür ist ihr eigen, was der Industrie unbekannt ist: Sie verbraucht ihre Produktionsmittel – Boden, Pflanzen, Tiere – im Produktionsprozess nicht, sondern erhält oder verbessert sie. Diese positive Bilanzierung im Sinne des Lebenshaushaltes der Erde, einschließlich des Wasser- und Klimahaushaltes, ist ihr eigentlicher volkswirtschaftlicher Beitrag; und der Autor führt die ganze Betrachtung in der Art, dass diese Sichtweise eine Beleuchtung aus der Zukunft erfährt. Denn dadurch wächst der biodynamischen Landwirtschaft eine sozialgestalterische Aufgabe zu, die noch nicht in dem Maße erkannt und ergriffen ist, wie es in dieser Schrift dargestellt wird. Alle

Welt sucht nach einer nachhaltigen Bilanz der Weltwirtschaft – hier ist ein Anfangspunkt aufgezeigt und damit die Aufforderung ausgesprochen, ihn zu entwickeln und ins Gespräch zu bringen.

Der zweite Themenbereich sind die biodynamischen Präparate. Damit bringt der Autor zum Ausdruck, dass er die unscheinbaren Düngerzusätze als höchst wesentlich ansieht. Wenn man dies mit dem Titel des Buches in Verbindung bringt, kann man formulieren: Die Präparate insbesondere sind ‹Landbaukunst›, sie sind ‹das Wesen› des biodynamischen Landbaus, und es sind im Besonderen die Präparate, die eine ‹Landwirtschaft der Zukunft› ermöglichen. Wie muss man den Blick richten, damit diese gewollte Herausstellung der Präparate einsichtig wird? Die Blickrichtung von Manfred Klett ist das grundlegende Verhältnis von Mensch und Natur. In diesem Verhältnis vollzieht sich an und mit den Präparaten eine Umpolung von Nehmen und Geben: Der Mensch kann heute als individueller Mensch aus dem Vermögen seiner ‹Geistseele› schöpferisch, gleichsam als Künstler hineinwirken in das innere Gefüge der Natur, und sie – die ihn, den Menschen, immer getragen hat und aus deren Schoß er als Erdenwesen entsprungen ist – kann und will sich dieser weiterführenden Kultivierung durch des Menschen Hände-Werk anvertrauen. Dieser weite Blick auf die Präparate gehört zum landwirtschaftlichen Vermächtnis, das hier vorliegt. Es wird nichts weniger gesagt, als dass die Jahrtausende alte Agri-Kultur durch die biodynamischen Präparate den Erneuerungsimpuls erfährt, der ihr überhaupt die Zukunft erschließt.

***

Es ist der dezidierte Wille von Manfred Klett, dass dieses Buch am Goetheanum herausgegeben und verlegt wird. Dem haben die Sektion für Landwirtschaft und der Verlag am Goetheanum gerne entsprochen. Die Sektion für Landwirtschaft ist als eine von elf Sektionen integraler Bestandteil der Freien Hochschule für Geisteswissenschaft am Goetheanum. Diese Hochschule strebt danach, aus der Anthroposophie heraus zu arbeiten. Aktuell versteht sie sich insbesondere so, dass sie sich im Zeitgeschehen artikulieren will, um für die großen Herausforderungen der Gegenwart Beiträge beizusteuern. Dabei geht es in jedem Fachgebiet um die Frage: Wie kann in aller Technik und Komplexität die Erkenntnis des Menschen als ‹Anthropos› eine Orientierung für die Zukunft abgeben? Und es geht auch in jedem Arbeitsgebiet um die Frage: Wie können die Menschen, die konkret arbeiten – zum Beispiel in der Landwirtschaft –, eine forscherische Gesinnung pflegen? Das Buch von Manfred Klett passt vorzüglich in diese Ausrichtung der Hochschule. Erstens versucht es, die Landwirtschaft in all ihren Aspekten konsequent vom Menschen her zu denken. Der paradigmatische Satz aus dem Landwirtschaftlichen Kurs Rudolf Steiners, «der Mensch wird zur Grundlage gemacht», wird dem Autor zur Quelle, durch die viel Altbekanntes in neuem Licht erscheint. Das Buch ist aber ebenfalls die Ernte eines Lebens, das immer auch in der Praxis der tätigen und unternehmerischen Landwirtschaft gestanden hat und damit Beispiel und Inspirationsquelle für viele Bauern und Bäuerinnen sein kann, sich als Praxisforscher zu verstehen und zu betätigen.

‹Landbaukunst› steht als Zielrichtung im Titel des Buches, und man kann sich fragen: Soll das die Lösung bringen für die Herausforderungen des Klimawandels, der Bodenerosion, der Welternährung? Die Antwort kann lauten: Ja, denn Kunst, Landbaukunst meint: Jeder und jede mit seinem und ihrem individuellen Engagement, an seinem und ihrem ganz speziellen Platz lebt einen unersetzlichen Beitrag. Jeder Hof, jeder Ort, wo im Sinne dieses Buches gearbeitet wird, ist ein Repräsentant der Erde, die uns zur Kultivierung anvertraut ist.

Das Buch erscheint 2021. Ich nehme mir die Freiheit, es der Leserschaft zu empfehlen und es als Präludium zu den 100-Jahr-Ereignissen des Landwirtschaftlichen Kurses von Rudolf Steiner 1924 in Koberwitz zu verstehen. Wir stehen am Ende des ersten Jahrhunderts biodynamischer Landwirtschaft. Und somit entsteht die Frage: Was ist jetzt zu tun zugehend auf ein zweites Jahrhundert des Wirkens des biodynamischen Impulses? Wir stehen heute vor teils schwierigen Realitäten auf den Betrieben und in der Vermarktung. Wir kennen aber auch die Prinzipien und Grundgedanken aus der Anthroposophie, aus denen heraus wir hoffen können, an diesen Realitäten nicht zu scheitern. Wir haben die Möglichkeit, uns und den Landbau aus der Zukunft heraus zu entwickeln und so nicht nur die Probleme der Landwirtschaft einer Lösung zuzuführen und deren Zukunft zu erschließen, sondern auch Zukunftsimpulse für die Naturseite der Welt und die soziale Gestaltung des menschlichen Lebens zu gewinnen. Dazu ruft uns Manfred Klett auf.

Für die Sektion für Landwirtschaft am Goetheanum
Ueli Hurter

Vorwort

Keine Friedenszeit der jüngeren Geschichte hat es, wie die gegenwärtige, den Menschen so schwer gemacht, einen landwirtschaftlichen Betrieb aus seinen ureigenen, irdisch-kosmischen Lebensgesetzen heraus zukunftsfähig zu gestalten. Diese Aussage lässt erstaunen, gibt es doch Subventionen und einen wachstumsfreudigen Biomarkt. Und sind nicht die Biobetriebe zu Einkaufs- und Begegnungsorten geworden? Ja, gewiss! Alles dies täuscht aber über ein umfassendes, das soziale Leben beherrschendes Defizit hinweg. Auf drei Gebieten ist dieses existenziell erlebbar:

1. Trotz aller großartigen Erkenntnisse über die Natur und die Fülle ihrer Erscheinungen lebt der Mensch heutzutage in einem so nie dagewesenen abgekoppelten, emanzipierten Verhältnis zu ihr. Die vor Augen liegenden Phänomene der Herrlichkeit der Schöpfung geraten außer Sicht. Das wird erst so recht deutlich, wenn man aus dem Wissensstand, den man heute haben kann, das Stück Erde eines landwirtschaftlichen Betriebes zu einer lebendigen Ganzheit zu gestalten sucht. Man bemerkt, die Begriffe decken sich nicht mit der Wirklichkeit, in die man hineinarbeitet. Sie sind dieser gegenüber tot, da sie nur Beziehung zum Physisch-Anorganischen haben. Was man mit diesen Begriffen machen kann, ist, ein Reich neben der Natur zu begründen, das Reich der Technologien. Mit diesen droht sich der Mensch vollends aus der Natur auszuschließen; er stellt sich als Zuschauer neben sie, steuert von außen und ist auf dem Weg, seine Steuerfunktion ganz und gar an ein «intelligentes», sich selbst steuerndes digitales System abzugeben. Durch seine Begriffswelt schafft er geistig-seelisch in sich selbst und in der Natur um sich herum eine Wüste. Da dürstet es ihn und es kann die Frage aufdämmern, wie man die eigenen Gedanken so beleben kann, dass sie nicht nur totes Abbild des Sinnesfälligen bleiben, sondern zu geistdurchdrungenen gelebten Ideen werden, die zu dem wesenhaften Sein um uns herum Bezug haben. Welchen Übungsweg muss man im Denken, Fühlen und Wollen beschreiten, um die Kluft zwischen dem Erleben des Eigenseins und der Natur, dem Weltsein, mit vollem Bewusstsein überbrücken zu können? Wo sind die Menschen, die sich um ein solches Ideenvermögen bemühen, wo die vielen Hände, die aus diesen Ideen heraus ein Stück Erde zu einem kleinen Universum, zum Organismus eines landwirtschaftlichen Hofes gestalten wollen? Dies zu leisten ist ein künstlerischer Akt, und zwar im doppelten Sinn: Des Geistes bewusst werden, der zum Kunstwerk der Natur geronnen ist, und aus dieser

Geistgesinnung Menschen zu Initiativgemeinschaften zusammenführen, die aus eigener Kraft landwirtschaftliche Betriebe zu Kunstwerken neuer, zukunftsoffener Art gestalten. Wo solches auch nur ansatzweise geschieht, fallen zivilisatorische Mauern.

2. Die Landwirtschaft wird förmlich durch eine Flut von Gesetzen, Verordnungen, Auflagen, Regulierungen, Kontrollen erdrückt. Dieses Rechtsgestrüpp knüpft sich immer enger und wirrer mit jeder Katastrophe, die ein Fehlverhalten im industrialisierten Intensivanbau (Biozide)[2] oder in der Massentierhaltung (z.B. BSE)[3] auslöst. Dieser Zwang zu einem überbordenden Bürokratismus, der dann alle betrifft, bremst die Eigeninitiative, Recht-gestaltend zu wirken. Er lässt das Vertrauen, die geistige Substanz des von Mensch zu Mensch gelebten Rechts, nicht aufkommen. Man hat nur sich im Blick, und lebt am anderen vorbei. Das Recht wird zu einer Art «Technologie der Vormundschaft». Gelingt es aber, vor Ort durch gemeinsam gepflegte Ideenbildung den Willen zur Tat zu erwecken, bekommt das Rechtsgefühl Nahrung. Man lernt fühlen, was in der konkreten Zusammenarbeit einer Hofgemeinschaft rechtens ist, wie je nach Fähigkeit sich die Arbeit gliedert, wie die Eigentümerschaft bezüglich Boden und Kapital, wie die Einkommens- und Wohnrechte etc. sich gestalten. Wieder tut sich ein Übungsfeld auf, jetzt ein solches des Fühlens, durch welches die Gemeinschaft das soziale Kunstwerk selbstloser, vertrauensvoller aufbauen lernt. In Entwicklungsschritten strahlt es aus und erfüllt das Rechtsempfinden der Menschen auch im Umkreis eines landwirtschaftlichen Betriebes mit Leben.
3. Auf wirtschaftlichem Feld steht die Landwirtschaft unter dem Druck anonymer, preisdiktierender Märkte, einer Technologie des berechnenden Egoismus. Ihr, ihrem Wesen nach fremder, enorm hoher Kapitalbedarf hinsichtlich des Zukaufs von Produktionsmitteln (wie Maschinen, Dünger-, Futter-, Pflanzen- und Tierbehandlungsmittel, Biozide, Energie etc.) zwingt sie zu einseitiger, umweltbelastender Massenproduktion, die ihrerseits die Preise verbilligt, weltweit Verdrängungswettbewerb auslöst, der Globalisierung der Agrarmärkte Vorschub leistet und in den Drittländern für Hungersnöte verantwortlich zeichnet. Die Landwirtschaft, am

2 Siehe hierzu z.B.: Mathias Forster, Christopher Schümann: *Das Gift und wir*, Frankfurt a.M. 2020, 448 S.

3 BSE: Abkürzung für «Bovine spongiforme Enzephalopathie», auch als «Rinderwahn» bekannte Tierseuche, die vor allem auf eine Fehlfütterung von Rindern mit tierischen Eiweißen zurückzuführen ist.

Gängelband der Kapitalinteressen hängend, ist ihrer selbst entfremdet; sie ist durch und durch kommerzialisiert. Wege und Mittel zu finden, um aus diesem Gefängnis auszubrechen, stellt heute für jeden landwirtschaftlichen Betrieb die größte Herausforderung dar. Diese Mauern zu überwinden, kann dann gelingen, wenn der Hof sich mit Weiterverarbeitung, Handel und Verbraucherschaft in der Region wirtschaftlich assoziiert. Hier eröffnet sich ein drittes, ganz und gar in die Zukunft gerichtetes Übungsfeld im Sozialen. Der Blick weitet sich über die Hofgrenzen hinaus in das soziale Umfeld. Man sucht und findet die Wirtschaftspartner, die willens sind, ihre wirtschaftende Tätigkeit in den Dienst eines assoziativen Miteinanders zu stellen und auf die Wohlfahrt aller Beteiligten auszurichten. Das Strebensziel ist, mit der Assoziation ein Kunstwerk der «Geschwisterlichkeit» zunächst vom Hof ausgehend und im regionalen Rahmen unter den Wirtschaftspartnern zu schaffen. Es handelt sich um die Kunst, in Gemeinschaft in der Heranbildung eines Gemeinsinns die wirtschaftlichen Tatbestände bildhaft in ihren Zusammenhängen denken zu lernen. Sie findet ihren Ausdruck in einer Kultur von Vereinbarungen des selbstlosen Umgangs in Hinblick auf regionale Bedarfsdeckung und die Findung eines wertgerechten Preises.

Die Landwirtschaft des 20./21. Jahrhunderts wird zunehmend zu einer ökologischen Frage und, darüber hinausgehend, zu einer Frage nach der Bildung der Erde, im Sinne von Novalis' «Zur Bildung der Erde sind wir berufen».[4] Zugleich aber, und noch wenig in ihrer immensen Tragweite erkannt, stellt sie sich heute – das gesamte zivilisatorische Leben übergreifend – als soziale Frage dar. Sie ist es, die laut nach einem Sinneswandel im Bewusstsein des Menschen gegenüber den Dingen und Wesen der Natur ruft. Der Mensch ist aus der Schöpfung zu einem selbständigen, freien Schöpfertum aufgestiegen. Will er dies «wahrhaben» und danach handeln? Will er, statt nur sich selbst zu dienen, sich selbstlos und mutig für andere und anderes in die Bresche schlagen? Die Landwirtschaft entbehrt, so wie sie unter der Dominanz rationaler Technologie geworden ist und unter dem Trend zu digitaler Steuerung immer mehr zu werden verspricht, kulturerneuernder Impulse. Diejenigen aber, die den Mut haben, ihren eigenen Einsichten folgend biologisch-dynamisch zu wirtschaften, werden bemerken, dass alsbald aus keimhaften Ansätzen inselartig eine neue Kultur aufblüht, die ausstrahlt. Sie sind dann von der Gewissheit erfüllt, dass der eingeschlagene Weg, so viel Hindernisse sich

4 «Wir sind auf einer Mission: zur Bildung der Erde sind wir berufen», Novalis (1772–1801, Dichter der deutschen Romantik), *Blüthenstaub*, § 32.

ihnen auch – vielleicht auch nur aus bürgerlichem Kleinmut und Rückwärtsgewandtheit – entgegenstellen, hier und jetzt gangbar ist.

Das vorliegende Buch will auf innere und äußere Schritte dieses Weges hinweisen, wie sie sich für denjenigen ergeben, der sie aus den Erkenntnissen der anthroposophischen Geisteswissenschaft im biologisch-dynamischen Landbau zu gehen versucht. Man erlebt sich auf diesem Wege immer als am Anfang stehend. Die aus der Geisteswissenschaft gewonnenen Ideen sind Leitstern der täglichen Arbeit, das Leistbare ist Stückwerk in einer Entwicklung, deren Fruchtbarkeit erst die schöpferische Kraft dieser Ideen enthüllt und damit ihre Wahrheit. In der ideengeleiteten Arbeit erst liegt der Quell des Wahrheitserlebens. Man wird sich dabei der Tatsache bewusst, dass die Bestrebungen des biologisch-dynamischen Landbaus nicht eine zeitgebundene Alternative wie andere zur chemo-technischen Landwirtschaft sind, sondern bewusstseinsgeschichtlich an einen roten Faden anknüpfen, der sich in fortdauernder Metamorphose durch die Geschichte der vorchristlichen Hochkulturen sowie durch die Zeitalter nach der Zeitenwende bis heute hindurchzieht. Wird man sich dessen bewusst, wird die Idee der Entwicklung lebendig. Das eigene Ideal erfüllt sich mit Erkenntnissicherheit; man fühlt sich selbst als Werdender in eine Aufgabe hineingestellt, die dazu impulsiert, den roten Faden aufzugreifen, um an ihm in die Zukunft fortzuknüpfen, in bewusst übender Überwindung der eingangs erwähnten Emanzipationskluft zwischen Mensch und Welt.

Dottenfelderhof, Herbst 2020
Manfred Klett

Erster Teil

Die Polarität von Industrie und Landwirtschaft

Schaut man auf die Lage der Landwirtschaft nicht nur europaweit, wo der abendländisch christliche Landbau einst kulturtragend war, sondern rund um die Erde, so geht man nicht in dem Urteil fehl, dass sie ihre einstige Kulturbedeutung verloren hat und letztlich zu einer Art Last der zivilisatorischen Entwicklung geworden ist. Eine Überfülle von Tatsachen legt davon Zeugnis ab. Die Landwirtschaft ist als kulturtragender Impuls, der sich über Länder- und Völkerschaften der Erde hinweg in größter Vielfalt ausgebreitet und dargelebt hat, einer zivilisatorischen Uniformität gewichen. Sie ist als tragendes Kulturelement der Menschheit dem Tode verfallen. Immer, wenn etwas stirbt, ergeht eine Aufforderung an die Zeitgenossenschaft, sich eines solchen Todes bewusst zu werden sowie seiner Umstände und der Entwicklungsmöglichkeiten, die als neue Lebenskeime aus diesem Tode hervorgehen können. Der zum Selbstbewusstsein erwachte Mensch braucht das Erleben der Schwelle zum Tod. Der Tod erst macht den erkennenden Blick wach und frei für Fragen, welche Einsichten gewonnen, welche Bedingungen geschaffen werden müssen, damit ein neues Leben und Werden, gewissermaßen eine Auferstehung zu einer neuen Kulturträgerschaft, entstehen kann.

Dieser Fragen haben sich, allerdings unter Auslassung des Menschen, der ja erst diese Fragen stellt, in sehr eingeschränktem Maße die Wissenschaften angenommen. Aus der ins äußerste Detail gehenden Erforschung des rein physischen, berechenbaren Teils der Wirklichkeit des Naturganzen sind gewaltige materiell-ökonomische Erfolge entstanden, die die Menschen immer tiefer in den Bann wissenschaftlich fundierter technologischer Produktionsweisen gezogen haben. Unversehens verfiel die bäuerliche Landwirtschaft in einer stillen Sozialrevolution zunächst langsam und seit den 60er-Jahren des 20. Jahrhunderts mit Riesenschritten der Industrialisierung und damit ihrem Kulturtod.

Im Vorausfühlen dieser Entwicklung lebte zu Beginn des 20. Jahrhunderts bei einzelnen wenigen Menschen der Wille auf, nach Wegen zu suchen, die Landwirtschaft aus den Quellen ihrer ihr eigenen Lebensgesetzlichkeit, aus dem ihr eigenen ethisch-moralischen Fundus heraus, zu reformieren. Die Kirche war zwar noch im Dorf, aber ihre Kraft schwand, um den Bauern auf dem Weg in die Moderne, in die freie Selbstbestimmung und damit bei der Handhabe neuer technischer Möglichkeiten, weiterhin geistig-moralische Wegbegleiterin sein zu können. Unter den Wenigen waren es Wenige, die aus ihrer beruflichen Praxis heraus zu konkreten Fragen nach einer Metamorphose des Alten in das Neue, Zukünftige erwachten. Mit diesen Fragen traten sie an Rudolf Steiner (1861–1925), den Begründer der anthroposophischen Geisteswissenschaft, heran, mit der Bitte um Wegleitungen zu einer Erneuerung der Landwirtschaft in die Zukunft. Dieser Bitte wurde um die Pfingstzeit 1924 mit dem «Landwirtschaftlichen Kurs» entsprochen, der im Rahmen der Rudolf Steiner Gesamtausgabe den Titel «Geisteswissenschaftliche Grundlagen zum Gedeihen der Landwirtschaft»[5] erhielt. Der Kurs wurde gehalten auf dem Gut Schloss Koberwitz (heute Kobierzyce) bei Breslau (heute Wroclaw in Polen) in Schlesien.[6] In acht Vorträgen wird der Blick auf Ideenzusammenhänge gerichtet, die die Schöpferkraft des Menschen nach zwei Richtungen hin zur Tätigkeit aufrufen. Zum einen nach innen, indem man versucht, diese Ideen der Geistesforschung bildhaft zu denken und denkend Erlebnis werden zu lassen. Zum anderen nach außen, indem man aus diesem Ideenerleben versucht, die Natur eines Erdenortes über das naturgegebene Sein hinaus zur Ganzheit einer Landwirtschaft zu gestalten. Dieser Ansatz setzt eine forschende Gesinnung voraus in Bezug sowohl auf das, was sich den Sinnen als die Naturgrundlage des Hofes darbietet, als auch auf das, was sich als Ergebnis der Geistesforschung dem denkenden Bewusstsein offenbart. Diese wissenschaftliche Gesinnung erschließt eine Welt von Tatsachen sinnlicher und übersinnlicher Natur und zugleich den Kontext ihrer Beziehungen zueinander. In der Besinnung auf solche Beziehungszusammenhänge, z.B. zwischen Sonne und Blattgrün, Mondrhythmen und Witterungserscheinungen, Blüte und bestäubendem Insekt, Regenwurm und Humusbildung etc., wird der Boden zu einem inneren Erleben geschaffen, aus dem hervorsprießend jede Handlung zu einem künstlerischen Akt werden kann. In diesem Sinne ist die Praxis eines anthroposophisch orientierten Landbaus ein durch und durch künstlerisches Geschehen: Ein innerlich erarbeitetes Ideenerleben kommt über die Brücke der Arbeit nach außen zur Darstellung. Was in den Darstellungen Rudolf Steiners in «Kunst und Kunsterkenntnis»[7] ausgeführt wird, kann man abgekürzt in die Form bringen: Kunst ist, wenn ein in der Anschauung lebendes Sinnliches und – in diesem verborgen – ein Übersinnliches sich in den Tiefen der Seele zu einem Erleben verinnerlicht und aus diesem Erleben sich in einem Äußeren darstellt. Die Kunst sprießt solcherart

5 Rudolf Steiner: *Geisteswissenschaftliche Grundlagen zum Gedeihen der Landwirtschaft*, GA 327, Dornach 1999.

6 Das Schloss Koberwitz existiert noch heute und ist seit 1997 Sitz der polnischen Gemeindeverwaltung von Kobierzyce.

7 Rudolf Steiner: *Kunst und Kunsterkenntnis*, GA 271, Dornach 1985, siehe insbesondere die Vorträge vom 15. und 17. Februar sowie 5. und 6. Mai 1918.

aus der Seele des Menschen heraus. «Fähig werden die Menschen dadurch werden, etwas zu schaffen, was die Erde bereichert, was neu ist auf der Erde, was ohne deine Fähigkeit [des Künstlers; Anmerkung des Verfassers] nicht da gewesen wäre, was wie ein Zukunftssame ist auf der Erde.»[8]

Beispielsweise ist die Bodenfruchtbarkeit ein Spiegel dessen, wie detailliert und zugleich umfassend in mir die Ideen lebendig sind, die die drei Säulen einer wahren Bodenkultur darstellen, nämlich: Bodenbearbeitung, Fruchtfolge und Düngung.[9] Dieses Beispiel lässt sich auf die Ganzheit des Hofes erweitern. Sie ist ein Spiegel dessen, was an Bildgestalt des Hofes in der dort tätigen Arbeitsgemeinschaft lebendig ist, und ebenso lässt es sich spezifizieren auf jeden einzelnen Handgriff im Umgang mit der belebten und beseelten Natur.

Aus der Umsetzung der Erkenntnisse der Naturwissenschaften entsteht Technik. Sie ist das Produkt aus menschlichem Erfindergeist und der Handhabe von Gesetzen, Stoffen und Kräften, die in der unbelebten, d.h. rein physischen Natur wirksam sind. Das bloß technische Vorgehen unterbricht das Beziehungsverhältnis, das man arbeitend teils bewusst, teils unbewusst zu den Dingen und Wesen hat; der Arbeitsablauf der Maschine ist festgeschrieben und in den gesetzten Grenzen allgemein gültig. Er entzieht sich dem menschlichen Erleben und verschließt damit das Tor zur Ein- und Ausübung einer handwerklichen Kunst, die die Brücke zur belebten und beseelten Natur bildet.

So viel, als die Technik trennt, reduziert und den Anspruch des Allgemein-Gültigen erhebt, so viel verbindet die Kunst, achtet der Vielfalt der Zusammenhänge und ist wahrhafter und produktiver, je individueller sie zu Werke geht.

Die Einführung der Technik in die Landwirtschaft seit dem 19. Jahrhundert hat soziale Umwälzungen größten Ausmaßes mit sich gebracht. Sie hat den Menschen die schwere Arbeit abgenommen und dadurch aber auch einen Großteil der Landbevölkerung aus dem Arbeitsprozess herausrationalisiert. Sie hat die Produktivität mit der Vereinseitigung der Anbau- und Tierhaltungssysteme gesteigert und als nachhaltige Nebenwirkung die globale Umweltproblematik auf den Plan gerufen; kurz, die Technisierung hat ihrer Eigendynamik folgend der globalen Industrialisierung der Landwirtschaft und dem internationalen Wettbewerb und damit dem Niedergang der Agrarpreise Vorschub geleistet. Die Kosten der gewaltigen weltweiten Umweltschäden,

---

8 Ebd., Vortrag vom 28. Oktober 1909, S. 76.

9 Das Verhältnis von Ideenerleben und Bodenfruchtbarkeit wird ausführlich im zweiten Teil des Buches behandelt.

die dabei entstehen, werden nicht dem Verursacher, sondern der Allgemeinheit aufgebürdet; sie werden sozialisiert.

Das noch im Volkstum verwurzelte Bauerntum erwachte in nahezu hundertjähriger Zeitverzögerung gegenüber der städtischen Bevölkerung nach und nach zum Selbstbewusstsein und damit zur Selbstbestimmung z.B. in der Wahl der Berufswege.

Die bäuerliche Bevölkerung folgte dem Freiheitsdrang, sich aus der Naturgebundenheit und der Volksgeistführung (die sich in den Volkstümern und in der künstlerischen Prägung der Volksseelen zum Ausdruck brachte) zu entbinden, um in der arbeitsteiligen Moderne – wie zuvor auch das Proletariat – den mühevollen Weg der Selbstfindung zu beschreiten. Es tauschte die einstmalige Geborgenheit im Traditionsstrom der Volkstümer und Volksseelen mit den herausfordernden und zugleich verlockenden Angeboten der arbeitsteiligen Moderne. In das dadurch entstandene geistige Vakuum auf dem Lande brach mit der Macht einer Sturzflut der Agrarindustrialismus in der zweiten Hälfte des 20. Jahrhunderts über den Rest der bäuerlichen Bevölkerung herein, mit der zwangsläufigen Folge der Gleichschaltung der landwirtschaftlichen mit den Methoden der industriellen Erzeugung. Durch diese Gleichschaltung sind Tatsachen geschaffen, die jeden Landwirt bei einiger Selbstbesinnung an Grenzerlebnisse heranführen können, an ein Erleben von selbstgeschaffenen Widersprüchen, die Anlass zu Erkenntnisfragen geben. Eine solche rein aus der Zwiespältigkeit der Lebenspraxis neu sich stellende Erkenntnisfrage lautet: Sind die Erzeugungsbedingungen der Landwirtschaft gleich denen der Industrie oder besteht hier ein prinzipieller Unterschied? Die Antwort auf diese Frage lässt sich nur aus einer Charakterisierung der Faktoren der industriellen im Vergleich zur landwirtschaftlichen Produktionsweise auffinden.

Die Erzeugungsbedingungen in Industrie und Landwirtschaft

Am Ausgangspunkt der industriellen Wertschöpfung steht der Erfindergeist des Menschen. Es sind dem Denken entsprungene Ideen, die die aus dem Naturzusammenhang isolierten Naturgesetze, Stoffe und Kräfte der unbelebten Natur so durch menschliche Arbeit in Wechselwirkung bringen, dass daraus außerhalb der geschöpften Natur Produkte entstehen (Maschinen, Dünger, Biozide), die dann als Ware in den wirtschaftlichen Kreislauf einmünden.

Die Aussicht auf Erfolg der Erfindung veranlasst eine Bank, einen Kredit für die Einrichtung einer Produktionsstätte bereitzustellen. Das heißt, der Geist des Menschen (Idee) schafft Kapital, und dieses gerinnt auf dem Weg der Arbeit in Gebäude, Produktionsmittel, Rohstoffe, Energie etc. Max Weber – deutscher Nationalökonom und Soziologe (1864–1920) – stellte fest: «Eine leblose Maschine ist geronnener Geist.»[10] Der Geist nun strebt weiter nach Verwirklichung der Erfindung; er impulsiert zur Arbeit. Erst durch die Arbeit entsteht die Produktionsanlage und in ihr in verschiedenen Arbeitsgängen die Erzeugung des Produktes. Das charakterisiert den industriellen Produktionsprozess, dass Werte rein dadurch entstehen, dass der Erfindergeist den Gang der menschlichen Arbeit bestimmt und diese in mannigfaltiger Art modifiziert, wobei der äußere Ausdruck dieses Geistes in der mannigfachen Konfiguration des Kapitals gesucht werden muss.[11] Die Natur in Form von Rohstoffen und Energie tritt dabei umso mehr in den Hintergrund, je mehr menschliche Intelligenz in den Produktionsprozess einfließt, je mehr sich dieser also arbeitsteilig gliedert. Arbeitsteilung wirkt zudem verbilligend in der Warenerzeugung und fördert damit erst recht den Expansionsdrang von Industrie und Gewerbe bis hin zur Kommerzialisierung aller Dienstleistungen. Kapital entsteht einerseits durch den Erfindergeist des Menschen und durch die Arbeitsteilung, andererseits sorgt es dafür, dass die Arbeitsteilung ins Maßlose ausufert. Infolgedessen droht der industrielle Produktionsprozess sich vollständig von der Natur und, auf dem Wege der Digitalisierung, vom arbeitenden Menschen zu emanzipieren. Er wird zum übermächtigen Gegenpol der Landwirtschaft und droht die beiden Schranken zu sprengen, die ihn maßvoll in Grenzen halten sollen, nämlich die Natur und die Rechtsordnung.

Der Produktionsprozess endet mit der Warenerzeugung, in welche die Ausgangsidee des Erfinders sowie die Kenntnisse und Fähigkeiten vieler Menschen in heutzutage weltumspannender Arbeitsteilung eingegangen sind. Die vom Kapital, das ist die geronnene Idee, dirigierte Arbeit hat sich im Endprodukt materialisiert und diesem einen Wert verliehen, der im Wertetausch am Markt einen Preis erhält. Zieht man die wertbildenden Faktoren in Betracht – letztlich ist es die geistgeführte Arbeit –, ist der Preis nicht kalkulierbar. Seine Entstehung unterliegt Unwägbarkeiten und Verfälschungen, die insbesondere ihre Ursache darin haben, dass Grund und Boden, Kapital sowie die menschliche Arbeit als handelbare Ware gesehen und damit als

10 Max Weber: *Wirtschaft und Gesellschaft*, Tübingen 1980, S. 834 ff.

11 Rudolf Steiner: *Nationalökonomischer Kurs*, GA 340, Vortrag vom 25. Juli 1922, Dornach 2002, S. 33.

Kostenfaktor in die Preisbildung aufgenommen werden. Gleichwohl werden die Preise dem Anschein nach – weit entfernt dem tatsächlichen Wert der Produkte – dadurch kalkulierbar, indem alles, was in die Produktion eingeht, als Ware gedacht und damit zu einem in Geldwert ausdrückbaren Kostenfaktor gemacht wird. So gehen in den Preis eines industriellen Produkts alle Produktionskosten ein, einschließlich der Arbeitskosten und einer Rücklage, dem Abschreibungssatz, durch den das verbrauchte Produktionskapital (Maschinenverschleiß etc.) refinanziert und auf den neuesten Stand gebracht werden kann.

Für die Industrie gilt, dass das Produktionsmittel sich nicht selbst erneuert. Der Ort seiner Erzeugung ist getrennt von dem seiner Leistung. Der industrielle Produktionsprozess verbraucht endliche Rohstoff- und Energieressourcen; er erzeugt Abfall, und die Produktionsmittel selbst unterliegen der Abnutzung und dem Verfall. Es entsteht Müll, der, soweit er nicht unter hohen Kosten in den Energie- und Rohstoffkreislauf zurückführbar ist, sich als Hypothek in ferne Zukunftszeiten auf Erden anhäuft (z.B. Atommüll), Wasser und Luft belastet und den Wärmehaushalt aus dem Lot bringt. Der industriellen Produktion sind Grenzen des Wachstums gesetzt, ihre Energie- und Rohstoffbilanz ist negativ. Je weniger die Natur Anteil an der industriellen Erzeugung hat, je mehr also menschliche Intelligenz den Herstellungsprozess dominiert, z.B. im Falle der Herstellung von Computerchips, desto arbeitsteiliger vollzieht er sich und desto standortsunabhängiger wird die Produktion. Theoretisch könnten hochtechnologische Produkte an einem beliebigen Ort auf Erden – z.B. einer künstlichen Insel im Meer – hergestellt und von da aus der weltweite Bedarf an diesen Produkten gedeckt werden.

Die Landwirtschaft ist polar zur Industrie in den ganzen Naturhaushalt, das «*Oikos*» eingebettet. Die Wertschöpfung ist die Leistung der Natur. Aus dem wechselseitigen Beziehungsverhältnis von unbelebter (physischer), belebter und beseelter Natur und unter den Einwirkungen des Kosmos in allem rhythmischen Geschehen entsteht als ihre Erzeugungsleistung das Getreidekorn, die Möhre, die Milch etc. und das in strenger Standortgebundenheit. Die Natur ist die Produzierende, der Mensch tritt hinzu und lenkt durch seine Arbeit ihre Hervorbringungskraft. Die Produktionsmittel sind nicht die Maschinen, der Traktor, der Mähdrescher etc. – diese ersetzen nur und steigern die Leistungen der menschlichen Hand und der tierischen Zugkraft –, sondern der fruchtbare Boden, die fruchtbildenden, nahrungsspendenden Pflanzen und die Haustiere mit ihrem je verschiedenen Leistungsbeitrag. Im übertragenen Sinne bilden diese das Produktionskapital der Landwirtschaft.

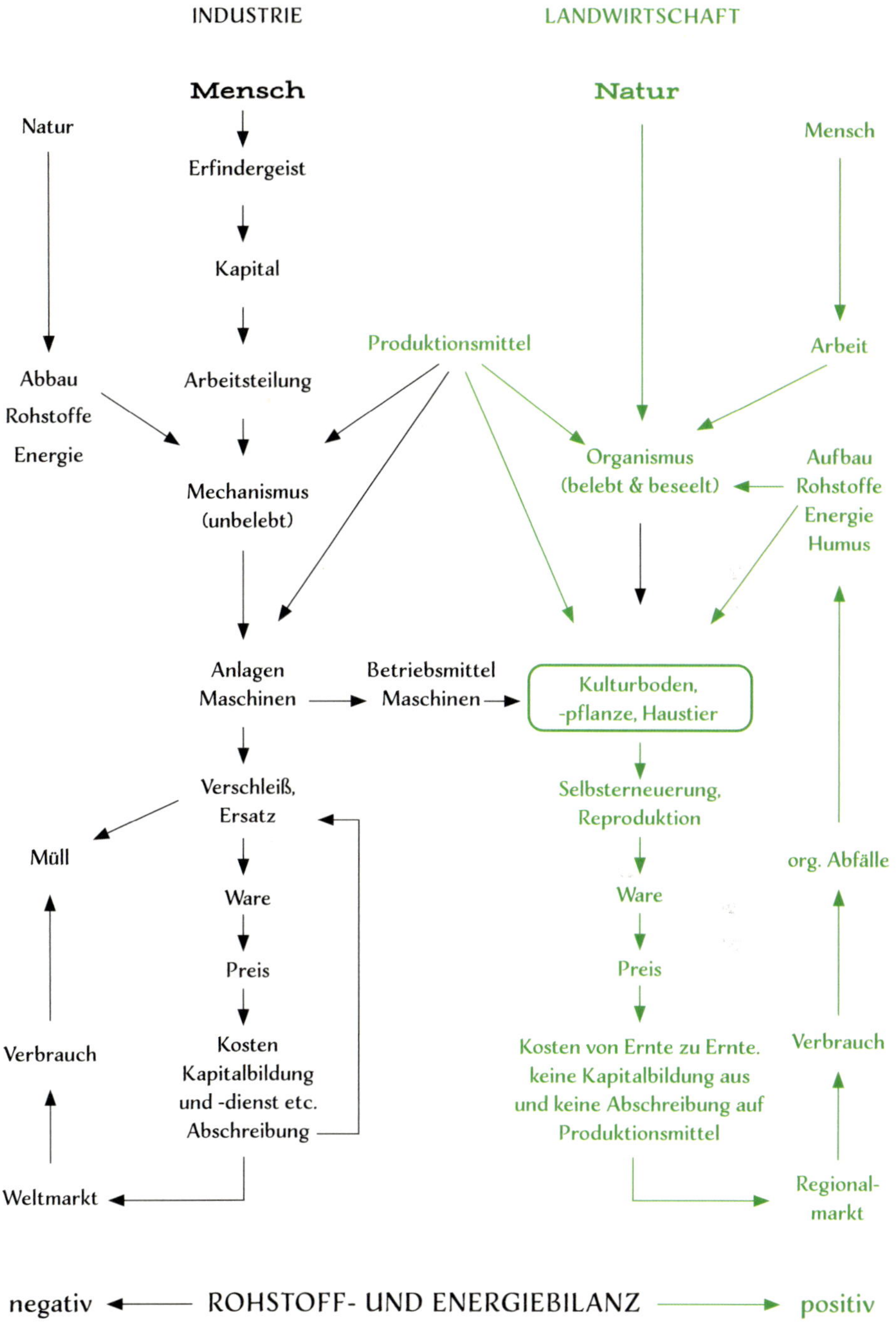

Abbildung 1: Die Polarität der Erzeugungsbedingungen in Industrie und Landwirtschaft.

Sie sind umso produktiver, quantitativ und qualitativ, je mehr sie an jedem betrieblichen Standort in einem gegenseitig sich fördernden Wechselverhältnis stehen. Naturhaft schließen sie sich zu Biozönosen, kleineren und größeren Biotopen zusammen.

Es ist der Arbeits- und Geistesleistung des Menschen vorbehalten, das Naturveranlagte zu einer höheren Ganzheit, zu dem möglichst in sich geschlossenen Organismus zu gestalten – zu dem landwirtschaftlichen Betrieb. Mit Blick auf die kosmisch-irdischen Erzeugungsbedingungen der Landwirtschaft ergibt sich aus diesen notwendig das Gestaltungsprinzip des sich vielfältig gliedernden Organismus. Dieser bildet gesamthaft das Produktionsmittel der Landwirtschaft und steht damit dem Produktionsmittel der Industrie, dem Mechanismus, polar gegenüber. Der Mechanismus fußt auf Einseitigkeit, der Organismus auf Allseitigkeit.

Erkennt und würdigt man die volle Tragweite der Polarität der Erzeugungsbedingungen in der Industrie, die dem Geist des Menschen entspringen, und jenen in der Landwirtschaft, die der Natur innewohnen, dann kann in der Landwirtschaft streng genommen kein Kapital gebildet werden. Denn das, was an Arbeit durch die menschliche Geisteskraft auf die Natur aufgewendet wird, gerinnt nicht in ein Produktionsmittel, das sich wie die Maschine neben die Natur stellt; es werden nicht Rohstoffe, Energien und Naturgesetze aus dem Naturzusammenhang isoliert und neu kombiniert. Die Geistesleistung besteht im Gegenteil darin, den Begriff der Geschlossenheit des organismischen Ganzen zu denken, und die Arbeitsleistung darin, die in der Natur wirksamen Produktivkräfte danach zu ordnen und zueinander in Wechselwirkung zu bringen. Gestaltet sich ein landwirtschaftlicher Betrieb getreu seinen Erzeugungsbedingungen, ist er eine immerfort werdende Ganzheit, die den handelnden Menschen einschließt und die sich im Produktionsprozess selbst reproduziert. Die Kapitalbildung in der Landwirtschaft, im übertragenen Sinn gesprochen, ist deshalb vor allem in einem Zeitgeschehen zu suchen, nämlich in der Erhaltung und Entwicklung der Produktionsmittel, der Kulturböden, der Kulturpflanzen und der Haustiere im Kontext mit der übergeordneten Ganzheit des Betriebsorganismus.

Industrie und Landwirtschaft verhalten sich zueinander wie die Technologie zur Kunst. Das bloß technologische Vorgehen strebt zur Regeltechnik, zur Automation. Der Mensch steht außerhalb des Produktionsgeschehens oder macht sich ganz und gar überflüssig. Die Landwirtschaft ist, ihrem tiefsten Wesen nach, aber gerade dadurch eine Kunst, als der arbeitende Mensch vollmenschlich mit der ganzen Kraft seiner Geistseele sich in den Dienst der

Produktivkräfte der Natur stellt. Die Landwirtschaft braucht die arbeitende Hand, ja viele Hände; die Industrie braucht den Erfindergeist und das Kapital, das die menschliche Arbeitskraft arbeitsteilig organisiert oder sie ganz überflüssig macht.

Aus der Landwirtschaft gehen Produkte hervor, vorzüglich Lebensmittel, für die jeder Mensch täglich Bedürfnis hat. Sie treten am Markt mit den industriellen, d.h. arbeitsteilig erzeugten Waren in ein Werteverhältnis, das sich im Preis niederschlägt. Der Preis des industriellen Erzeugnisses unterliegt mit fortschreitender Arbeitsteilung der Verbilligung. Wenn dieser schon aufgrund der schwankenden Umweltbedingungen, Schädlingskalamitäten etc. nicht kalkulierbar ist, so bleibt der Vorgang der Preisbildung landwirtschaftlicher Produkte vollends im Dunkeln. Ist doch die Begabung, d.h. die Hervorbringungskraft eines jeden landwirtschaftlichen Betriebsorganismus eine andere. Ohne einen Preisausgleich im Rahmen wirtschaftlich assoziativer Zusammenschlüsse, in welchen «der Wert der Ware durch ihr gegenseitiges Verhältnis bestimmt wird»[12], müsste dann jeder Hof seine eigenen Marktpreise haben. Tatsächlich wird dieses in Annäherung in der CSA-Bewegung praktiziert.[13]

Zunächst gilt, dass die Landwirtschaft im Vergleich zur industriellen Unternehmung notwendig teurer erzeugt, weil das verbilligende Prinzip der Arbeitsteilung ihren Erzeugungsbedingungen, der Vielheit in der Ganzheit, widerspricht. Man sucht, dem zu entgehen, indem man zur industriellen Produktionsweise übergeht. Die Ganzheit des Betriebsorganismus wird dafür auseinandergenommen, in Teile zerlegt. Jeder Teil wird für sich mit erheblichem Kapitalaufwand zu einer industriell-landwirtschaftlichen Einzelunternehmung, die unter scheinbar kalkulierbaren Rahmenbedingungen hochspezialisiert Massen erzeugt und konkurrenzlos billig den Markt beherrscht. Diese Verbilligung aber ist eine Täuschung, weil die Folgekosten, die durch die Umweltzerstörung und durch die Beeinträchtigung des Nährwertes der Produkte entstehen sowie durch die Kosten der Subventionen – der subventionierten Unvernunft –, am Markt vorbei der Allgemeinheit aufgebürdet werden. Würden diese verborgenen Kosten dem Erzeugerpreis der industriellen

12 So äußerte sich Rudolf Steiner im sog. ersten Hochschulkurs am 10. Oktober 1920. Zitiert aus Roman Boos: *Landwirtschaft und Industrie*, Darmstadt 1957, S. 110/111.

13 CSA, Abkürzung für Community supported Agriculture. Siehe hierzu u.a.: Trauger Groh, Steven Mc Fadden: *Höfe der Zukunft, gemeinschaftsgetragene/solidarische Landwirtschaft (CSA)*, Darmstadt 2013, 276 S.

Landwirtschaft hinzugerechnet, verlöre sie ihre Übermacht am Markt; die Tatsache ihrer Erzeugung von Scheinwerten käme an den Tag.

Wie sich der Preis in der Landwirtschaft bildet, ist ein okkultes Phänomen, das sich durch Bestrebungen wie den «free-trade» – nicht zu verwechseln mit Freihandelsabkommen – oder auch im Fall von Erzeuger- und Verbrauchergemeinschaften ein Stück weit aufzuhellen beginnt. Der Preis der Urproduktion als solcher ist nicht kalkulierbar; die wertbestimmenden Faktoren für die Preise der landwirtschaftlichen Urproduktion sind:

- Die Naturbegabung bezüglich der Wechselwirkungen der Standortfaktoren Erde, Wasser, Luft und Wärme sowie der geomorphologischen Landschaftsgestalt.
- Die Naturbegabung bezüglich der schöpferischen Kräfte, die den Naturwesen (Pflanzen, Tiere usw.) und ihrer Wirksamkeit in den Rhythmen des Jahreslaufes innewohnen.
- Die ideengeleitete Arbeit des Menschen.
- Die maßvolle Abstimmung aller Organe zum Ganzen des Betriebsorganismus durch den Menschen.

Durch das Zusammenwirken dieser Faktoren entsteht, polar zur Wertbildung in der Industrie, ein objektiver Wert der Produkte, wie der des Weizens, der Milch, des Brotes, Käses etc. Der Preis wäre dann gerecht, wenn er diesem objektiven Wert entspräche oder zumindest nahekäme. Wie aber lässt sich dieser Preis fassen?

Darüber hinaus wird die Wertbildung der landwirtschaftlichen Urproduktion durch zwei Eigenschaften bestimmt: Erstens durch die Fähigkeit, sich im Produktionsprozess selbst wieder hervorzubringen und zweitens Nahrungsmittel für Mensch und Tier zu werden. Das Weizenkorn beispielsweise ist zusammen mit dem Boden, in den es gesät wird, Produktionsmittel für die nächste Ernte und gleichzeitig ist es Brotgetreide. Die Kuh reproduziert sich selbst im Kalb, und verbunden mit diesem Vorgang ist es ihre Befähigung, mehr Milch zu geben, als zur Aufzucht des Kalbes erforderlich ist. Die Produktionsmittel der Landwirtschaft haben die Eigenschaft, sich im Produktionsprozess selbst hervorbringen und zugleich Nahrungsmittel für Mensch und Tier werden zu können. Es obliegt dem Landwirt, die Anbau- und Haltungsbedingungen so zu gestalten, dass beide Befähigungen auf hohem Niveau sich im Produktionsprozess nachhaltig die Waage halten. Das heißt, er muss hier und jetzt den Weizen etc. so anbauen, die Kuh etc. so halten, füttern, pflegen und züchten, dass diese Produktionsmittel des Lebendigen bis in die weite Zukunft ihre besonderen Eigenschaften bewahren oder gar neue erwerben können, entsprechend den sich wandelnden Ernährungsbedürfnissen.

Diese Tatsache vor allem begründet die grundsätzlich polare Produktionsweise in Industrie und Landwirtschaft. Diese drückt sich auch darin aus, dass die landwirtschaftlichen Produktionsmittel Boden, Pflanzen, Tiere aufgrund ihrer Fähigkeit zur Selbsterneuerung nicht abzuschreiben sind. Was die Abschreibung als Kapitalrücklage in der Industrie ist, ist in der Landwirtschaft die werterhaltende und entwickelnde Kraft des Betriebsorganismus als einer Ganzheit. Der Ersatz der menschlichen Arbeitskraft und der tierischen Zugkraft durch die Maschine hat gleichwohl der Landwirtschaft hohe Abschreibungen beschert, die sich nicht auf das Produktionsmittel als solches beziehen. Nicht aber der Mähdrescher produziert das Getreide, nicht die Melkmaschine die Milch, sondern das Leben, die beziehungsschaffende Kräftewelt, die ihren Ursprung im Wesenhaften der belebten und beseelten Natur hat.

So wäre erst dann der Preis für die landwirtschaftlichen Erzeugnisse angemessen, wenn er sich mit deren objektivem Wert decken würde. Ein Maß dafür könnte sein, wenn das Preisgefüge der Urproduktion des landwirtschaftlichen Betriebsorganismus – also ohne Weiterverarbeitung – die Betriebskosten sowie den Lebensunterhalt aller Mitarbeiter und ihrer Familien von einem Erntejahr bis zum nächsten deckt.[14]

Das setzt Vermarktungsstrukturen voraus, die Landwirte, Weiterverarbeiter, Groß- und Einzelhändler sowie Verbraucher, die in diesem Sinne mitgestalten wollen, in regionaler Runde zusammenführen. Im Gegensatz zur Industrie ist die Landwirtschaft auf Regionalwirtschaft ausgerichtet. Ihren Erzeugungsbedingungen entsprechend, produziert sie in aller Vielfalt überall dort, wo Menschen leben und wo diese Bedingungen es zulassen. Es ist deshalb nur natürlich, dass der kürzeste Weg vom Erzeuger zum Verbraucher der billigste und zugleich qualitätsschonendste ist.

Auch die Landwirtschaft erzeugt, was den reinen kosmisch-irdischen Produktionsprozess angeht, Abfall, aber keinen Müll. Der Abfall stammt aus der belebten und beseelten Natur, aus den pflanzlichen und tierischen Rückständen, die in den Schoß der Natur zurückkehren und sich in Humus, den

---

14 Rudolf Steiner prägte für diese Preisorientierung in seinen *Kernpunkten der sozialen Frage* den folgenden Gedanken: Der Preis muss so eingerichtet sein, «dass jeder Arbeitende für ein Erzeugnis so viel an Gegenwert erhält, als zur Befriedigung sämtlicher Bedürfnisse bei ihm und den zu ihm gehörenden Personen nötig ist, bis er ein Erzeugnis der gleichen Arbeit wieder hervorgebracht hat. Ein solches Preisverhältnis kann nicht durch amtliche Feststellung erfolgen, sondern es muss sich als Resultat ergeben aus dem lebendigen Zusammenwirken der im sozialen Organismus tätigen Assoziationen» (GA 23, Dornach 1976, S. 132).

Fruchtbarkeitsträger des Bodens, umbilden. Bei ordnungsgemäßer Bewirtschaftung, im Sinne des Organismusprinzips, regeneriert sich der Stoff- und Kräftehaushalt des Hofes weitgehend selbst. Dem Verbrauch der Industrie an Energie und Rohstoffen steht der Aufbau, der selbsterzeugte Dünger sowie die Neubildung von Humus gegenüber. Die reine Urproduktion der Landwirtschaft hat unter Berücksichtigung aller dem Bodenaufbau dienenden Maßnahmen (Düngung, Fruchtfolge, Bodenbearbeitung) eine positive Energiebilanz. Diese Tatsache wird heutzutage durch den hohen Kapitaleinsatz in Form von Stickstoffdüngern, Bioziden, Fremdfuttermitteln und Energie ins Gegenteil verkehrt. Auch der erosionsbedingte Bodenverlust, selbst in nur leicht geneigten Lagen der industriell betriebenen Landwirtschaft (vor allem beim Maisanbau) ist hier zu nennen. Gesamtwirtschaftlich und in die Zukunft betrachtet hat aber die Landwirtschaft die Aufgabe, für den Ausgleich der negativen Energiebilanz der Industrie zu sorgen.

Wir sehen, die Polarität von Industrie und Landwirtschaft muss radikal gedacht und die Konsequenzen für das gesamte Kulturleben müssen streng ins Auge gefasst werden. Ohne den Ausgleich dieses gewaltigen Spannungsfeldes kann es nicht zu einer Gesundung des Wirtschaftslebens kommen. Die Findung des Preises der Agrarerzeugnisse in der Regionalität des Marktes und des assoziativen Verbundes mit der nachgeordneten Weiterverarbeitung und des Handels erst kann der Preisbildung in der arbeitsteilig organisierten Wirtschaft die Orientierung geben. Das Maßverhältnis zu den Preisen in Industrie und Gewerbe muss sich in Zukunft an der landwirtschaftlichen Urproduktion bestimmen.

Allein schon die Betrachtung der Disparität der Erzeugungsbedingungen in Industrie und Landwirtschaft verweist darauf, dass für Letztere der Organismus zunächst das wesensgemäße Gestaltungsprinzip ihrer Wertschöpfung ist. Das Organismusprinzip war der Entwicklung der Landwirtschaft, wenn auch unter je ganz anders gearteten Kulturverhältnissen, stets immanent. Was heute zu einer Frage des wissenschaftlich fundierten, bewussten Verständnisses des Organismus werden muss, entsprang in früheren Zeiten einem volkstümlich-instinktiven, weisheitsvollen Handeln. Die Bewusstseinsentwicklung der Menschheit und mit ihr die Geschichte der Landwirtschaft spiegelt sich in großen Zügen in der Art, wie die Menschen nach und nach das der Natur immanente Organismusprinzip aus dem immer bewussteren Erleben des eigenen leiblichen Organismus zur Grundlage wahrer Landbaukunst gemacht haben.

Das Organismusprinzip in der Landwirtschaft im Spiegel der Bewusstseinsentwicklung der Menschheit

Die Frühzeit

Die Ursprünge der Landwirtschaft gehen weit in vorgeschichtliche Zeiten zurück. Die Menschheit lebte in der Frühzeit noch in ganz anderen Zuständen des Bewusstseins und der Erdenverhältnisse. Die Schilderungen Rudolf Steiners über diese frühen Zustände der Evolution des Menschen und der Erde geben darüber Aufschluss. In den Zeiten der letzten kontinentalen Ausgestaltung und der großen Gebirgsbildungen der Erde, dem sog. «atlantischen Zeitalter», lebte eine Menschheit, die noch nicht in Begriffen dachte, sondern die in einem ausgeprägten, geistig inspirierten Instinktleben das lebendige Weben der Natur und des schaffenden Geistes mitlebte und die das so Erlebte mit schier unbegrenzten Gedächtniskräften zu bewahren vermochte.

Folgt man den Schilderungen Rudolf Steiners in seiner «Geheimwissenschaft im Umriss» und der «Akasha-Chronik»,[15] so hat sich das ehemals den Geistkosmos wesenhaft erlebende, traumhafte Bewusstsein der atlantischen Menschheit in den Epochen der nachatlantischen Hochkulturen bis zur Gegenwart zu dem der Erde sich zuwendenden Selbstbewusstsein entwickelt. Sucht man hier eine Zuordnung zu den Zeitaltern, wie sie die Geologie beschreibt, so kann man diese etwa mit dem Zeitraum gleichsetzen, der mit dem *Neozoikum* oder dem *Tertiär* und *Quartär* umschrieben ist.

Aus dem instinktiven Verwobensein der atlantischen Menschheit mit den Dingen und Wesen der Natur und der Geistigkeit des Kosmos ist es verständlich, dass die Menschen unter der Führung geistig über ihnen stehender Wesenheiten über Fähigkeiten verfügten, auf das Leben der Pflanzen (Gräser, Kräuter, Bäume) und Tiere (Säugetiere, Vögel, Insekten), die sich, wie sie selbst noch in einem bildsamen Zustand befanden, Einfluss zu nehmen. Die Atlantier trugen in sich das Erbe der letzten Periode der lemurischen Epoche – geologisch etwa das *Mesozoikum* –, in welcher diese frühen Vormenschen mit dem Ich, dem individuellen Wesenskern, begabt wurden.[16] Die Mission dieses Ich war es dann in den folgenden atlantischen Kulturzeitaltern, die Form des physischen Leibes des Menschen auszugestalten und damit den Keim zur

15 Rudolf Steiner: *Die Geheimwissenschaft im Umriss*, GA 13, Dornach 1989; Ders.: *Aus der Akasha-Chronik*, GA 11, Dornach 2018.

16 Ebd.

Ausbildung höherer Bewusstseinsstufen bis hin zum erwachenden Selbstbewusstsein zu legen.[17] Diese Entwicklung endete mit den großen Eiszeiten.

Die urindische Kultur

Die sogenannten «nachatlantischen Kulturzeitalter» – geologisch: *Holozän* – nahmen ihren Anfang nach dem Rückzug der Eisbedeckungen in Europa und der Gebirge Mittelasiens unter Hinterlassung gewaltiger Schuttdecken und Lössablagerungen, die jeweils Ausgangsmaterial der Bodenbildungen bis zum heutigen Tag wurden. Im Alten Testament sowie in den Mythen der Völker wird auf die «große Flut», auf die Sintflut, verwiesen. In diesem mythischen Bild wurde der Untergang des sagenumwobenen Kontinents Atlantis am Ende der atlantischen Periode – geologisch *Tertiär* und *Quartär* – sowohl erd- wie bewusstseinsgeschichtlich festgehalten. Als Erste der nachatlantischen Kulturzeitalter blühte die «urindische Kultur» im achten bis sechsten Jahrtausend v. Chr. auf.[18] Die auf diese folgenden Hochkulturen schlossen

---

17 Rudolf Steiner: *Das Johannes-Evangelium*, GA 103, Dornach 1995, Vortrag vom 30. Mai 1908.

18 Rudolf Steiner: *Die Geheimwissenschaft im Umriss*, GA 13, Dornach 1989, S. 273 ff. – Eine Datierung der nachatlantischen bzw. nacheiszeitlichen Kulturepochen wird umso eher möglich, je weiter sie fortschreitend in historischen Dokumenten Konturen gewinnen. Diese aber sind nur der äußere Ausdruck einer jeweils vorherrschenden Bewusstseinsverfassung der Menschen ihrer Zeit.
Der Mensch urständet im Geistkosmos: Er entwickelt sein Bewusstsein in der Begegnung mit der physisch-sinnlichen Welt. In dieser Welt von Zeit und Raum aber wirken Kräfte, die ebenso dem Geistkosmos entstammen und ihre jeweils spezifischen Quellen in den zwölf Regionen des Tierkreises haben. Von diesen zwölf Regionen strahlen, vermittelt durch die Sonne, die Impulse, die der Menschheit zu immer neuen Stufen der Bewusstwerdung des Mensch- und Weltseins verhelfen. Diese Impulse sind es, die über das Schöpfertum der Menschen einem Kulturzeitalter das Gepräge geben.
Die Sonne benötigt auf ihrer ekliptischen Bahn in rückläufiger Bewegung (Präzession) für einen Durchgang durch den Tierkreis 25 920 Jahre (platonisches Weltenjahr). Je in 1/12 dieser Umlaufzeit, also in 2160 Jahren, empfängt sie die Kräftewirkungen einer Tierkreisregion. Aus diesem Zeitmaß ergibt sich die Dauer einer Kulturepoche (vgl. Elisabeth Vreede: *Astronomie und Anthroposophie*, Dornach 1980, S. 100 ff.). Jede der zwölf Regionen des Tierkreises trägt ein Schriftzeichen, ein Sternbild, das einen Namen hat, der auf uralte Weisheitslehren zurückgeht. So steht die altindische Kultur, die Erste der Siebenheit der nachatlantischen Kulturen, unter dem «Krebszeichen», andeutend, dass das zu Ende gehende atlantische Zeitalter (*Neozoikum*) sich involviert und ein neues, das nachatlantische (*Quartär*), sich evolviert. Die nachfolgende urpersische Kultur steht unter dem Zeichen der «Zwillinge», hinweisend auf die Polarität von Licht und Finsternis usw.
In den vielen Betrachtungen, die Rudolf Steiner in seinem Schrifttum und Vortragswerk den Kulturepochen widmet, charakterisiert er die Bewusstseinsstufen, die sich die Menschheit im fortschreitenden Ergreifen der irdischen Verhältnisse erringt. Die Übergänge von einer zur nächsten dieser Epochen sind gleitend. Sie ergeben sich aus dem Heraufkommen und Abklingen der jeweils herrschenden Geistimpulse aus den Tierkreisregionen. Das gilt auch für den vierten nachatlantischen Zeitraum. Für diesen aber gibt Rudolf Steiner zugleich eine

sich von Ost nach West entlang eines Gürtels an, der die Übergangszone bildet zwischen den einstigen nördlichen Glazial- und den südlichen Pluvialzonen. Letztere beherbergten einst eine reiche Pflanzen- und Tierwelt; heute breiten sich dort Wüsten aus.

Keine äußeren, aus dieser vorgeschichtlichen Zeit stammenden Dokumente künden von der hohen Kultur Urindiens. In ihr vollzog sich ein Bewusstseinsschritt hin zu einem kontemplativen Erleben einer Gottesweisheit, der sich der Urinder als seiner Geistheimat einverwoben fühlte. Sie leuchtete ihm wesenhaft durch alles irdische Dasein hindurch. Es war erst einer späteren Zeit vorbehalten, etwa im Übergang in das dritte vorchristliche Jahrtausend, dass mit dem Verlust der einstigen Geistunmittelbarkeit das Empfinden aufkam, die Sinneswelt sei bloßer Schein, sei Maya. In diesem Erwachen zu einem dämmerhaft kosmischen Bewusstsein stand der Urinder unter der Führung einer Priesterschaft und war geleitet von der hohen Weisheit der sieben großen Lehrer des alten Indiens. Diese Urlehrer wurden die sieben heiligen Rishis genannt, durch sie sprachen «die größten Geheimnisse unseres Sonnensystems, der Welt überhaupt».[19]

Schwache Nachklänge dieser intimen, über lange Zeiten fortwirkenden Geist-Zugewandtheit treten erst in einer dritten Kulturstufe Indiens im zweiten vorchristlichen Jahrtausend in den Weisheitsbüchern der Inder, den heiligen Schriften der Veden und der Bhagavad-Gita, auf. Dieses traumhafte Erwachen zu einer höheren Bewusstseinsstufe des Erlebens der Kräfterhythmen und der Wesen des planetarischen Kosmos verdankt der Urinder dem Sich-Hereinsenken des Ich in das zweite Wesensglied des Menschen, in den Ätherleib. Erst jetzt entstand die scharfe Grenze zwischen nächtlicher Bewusstlosigkeit und dem Wachen des Tages.

Das urindische Kulturzeitalter entfaltete sich, wie auch die beiden folgenden, in Gebieten, wo die Natur mit ihren Kräften und Stoffen sich selber den Boden zu ihrer Fruchtbarkeit schuf, sich selber zu einem «Organismus im

---

Datierung über Anfang und Ende an, die einen auf das Jahr datierten astronomischen Bezug zur Tierkreisregion des Widders hat. Der Beginn des griechisch-römischen Kulturzeitalters fällt demnach auf das Jahr 747 v. Chr. und dessen Ende, nach Ablauf von 2160 Jahren auf das Jahr 1413 (Rudolf Steiner: *Die tieferen Entwicklungsimpulse der Menschheit*, 12. Juni 1917, Publikation in Vorbereitung). Aufgrund dieser, auf einen kosmischen Rhythmus bezogenen Zahlenangaben lassen sich die Daten für die vorausgegangenen Hochkulturen berechnen sowie diejenigen, die nachfolgen und die 1413 n. Chr. mit dem gegenwärtigen Zeitalter der Bewusstseinsseele begonnen haben.

19 Rudolf Steiner: *Geistige Hierarchien und ihre Widerspiegelung in der physischen Welt*, GA 110, Dornach 1991, S. 120.

Naturwachstum» gestaltete.[20] Das war in den ein überreiches Pflanzen- und Tierleben bergenden Gebieten der aus dem Himalaya hervortretenden Flüsse Brahmaputra, Ganges und Indus der Fall. Das Zusammenwirken der vier Elemente, Erde, Wasser, Luft und Wärme, war von solch juveniler, sich in den Rhythmen des Jahreslaufes erneuernder Kraft, dass es nur wenig an Zuwendung bedurfte, sie den Bedürfnissen der damaligen Menschen dienstbar zu machen. Der Urinder war der Kontemplation hingegeben. Die physisch-sinnliche Welt war ihm fremd, er suchte die Beziehung zu seiner Heimat im Geist aufrechtzuerhalten.

Die urpersische Kultur

Die altiranische Hochkultur knüpfte zeitlich wie geographisch in ost-westlicher Progression an diejenige Urindiens an.[21] Wie bei dieser ist eine genaue geographische Abgrenzung schwierig; es fehlen zeitgenössische Funde, die auf die Höhe und Einzigartigkeit dieser Kultur schließen lassen, oder besser, die eigentlichen Zeugnisse werden nicht als solche erkannt. Schaut man Bekanntes mit Hinweisen aus der Geistesforschung Rudolf Steiners zusammen, so wird man nicht fehlgehen, dass sie sich über das Gebiet vom Westhimalaya (Pamirgebirge) über den Hindukusch mit Zentrum in Afghanistan bis nach Baktrien im Ost-Iran erstreckte. Nach Norden öffnete sich das urpersische Kulturgebiet über die kleinen und größeren Flusstäler der Vorgebirgslandschaften in die vorgelagerten Steppen und Wüsten. Zwei der Flüsse, Amu Darja und Syr Darja (in der Antike: Oxus und Jaxartes), bezwingen die Steppe und münden in den Aralsee. Die Polarität von Wüstensteppe und Hochgebirge sowie von nomadisierender turanischer Urbevölkerung und den sesshaften, erdentüchtigen Urpersern konnte nicht ausgeprägter sein. Das aufstrebende, zukunftszugewandte Kulturvolk der Urperser hatte sich in vielen kriegerischen Auseinandersetzungen mit den heranbrandenden, ältere Bewusstseinsstufen bewahrenden Turaniern zu erwehren. Und doch spricht der Mythos von einem König der Turanier, «Dschemschid», der seine Völker aus dem Norden herunter nach dem Iran geführt habe. Er bekam von dem Sonnengott Ahura Mazdao einen goldenen Dolch, das Urbild des die Erde

20 Rudolf Steiner: *Geisteswissenschaftliche Grundlagen zum Gedeihen der Landwirtschaft*, GA 327, Vortrag vom 10. Juni 1924, Dornach, 1999 S. 44: «dass der Erdboden eine Art Organ ist in dem Organismus, der sich im Naturwachstum überall zeigt, wo eben ein solches Naturwachstum ist.»

21 Rudolf Steiner: *Das Johannes-Evangelium*, GA 103, Dornach 1995, Vortrag vom 29. Mai 1908.

umarbeitenden Pfluges, der Dolch, «der den Menschen die Kraft gibt, sich die äußere sinnliche Welt zu erarbeiten».[22] Dieselbe Sonnengottheit Ahura Mazdao ist auch der große Inspirator des Zarathustra, des Führers der iranischen Völker, schon bald nach der atlantischen Katastrophe.[23] Diese hohe Individualität ist nicht zu verwechseln mit dem ihr wesenhaft so nahe stehenden historischen Zarathustra oder Nazaratos aus dem 6./7. Jahrhundert v. Chr., dem Lehrer des Pythagoras. Auf den Ur-Zarathustra, dem Begründer der urpersischen Kultur im 6. vorchristlichen Jahrtausend, gehen auch die urpersischen Mysterien zurück, deren Lehren in dem zoroastrischen Avesta entfernt nachklingen. Das Avesta, das seine schriftliche Fassung erst um die Zeitenwende herum erfahren hatte, wird auf den historischen Zarathustra der persischen Achämeniden-Zeit (etwa 600 v. Chr.) zurückgeführt.[24] Doch deuten Texte der Gesänge des Avesta (Gathas) auf viel ältere Überlieferungen, die auf die Mysterienweisheit des Ur-Zarathustra zurückgehen. Antike Quellen aus der Platonischen Schule weisen neben dem historischen auf den Ur-Zarathustra hin, der 6000 Jahre vor dem Tod Platons oder 5000 Jahre vor dem Trojanischen Krieg gelebt haben soll.[25]

An die Stelle der Priesterherrschaft im alten Indien und des Wirkens der sieben heiligen Rishis traten nun Priesterkönige, deren Erster der vorgeschichtliche Zarathustra war.[26] Die Lehre des älteren Zarathustra kündete von dem Urgegensatz von Licht und Finsternis, von Gut und Böse, von dem hohen Sonnenwesen Ahura Mazdao oder Ormuzd und dem Geist der Finsternis, Ahriman oder Angra mainyu, dem Herrscher der Erdentiefen. Zarathustra wies die Menschen an, sich nicht allein in Verehrung dem hohen Sonnenwesen zuzuwenden, sondern dieses aktiv durch die Maya hindurch in der äußeren Sinneswelt zu suchen, die Erde zu bearbeiten, sie zu durchlichten, die Pflanzen in ihren Organen zur nahrhaften Frucht umzubilden und die Wildheit des Tieres zur Seelenoffenheit gegenüber dem Menschen umzuformen. Ein Großteil der Kulturpflanzen, die bis zum heutigen Tag die Grundnahrungsmittel für die Menschheit darstellen, allen voran die Getreide (Weizen und Gerste), aber auch Gemüse- und Obstarten entstammen der

22 Rudolf Steiner: *Das Matthäus-Evangelium*, GA 123, Vortrag vom 1. September 1910, Dornach 1988, S. 27.

23 Ebd., S. 28f.

24 Walther Hinz: *Zarathustra*, Stuttgart 1961, 271 S.

25 Markus Osterrieder, Peter Guttenhöfer: *Die Durchlichtung der Welt: Altiranische Geschichte*, Bildungswerk Beruf und Umwelt, Kassel 2008, 60 S.

26 Karl Heyer: *Von der Atlantis bis Rom, Beiträge zur Geschichte des Abendlandes*, Band I, Stuttgart 1997, 254 S.

urpersischen Kultur in der Zeit zwischen dem 7. und 4. vorchristlichen Jahrtausend.[27] Es sind gerade diese, nicht die Steinwerkzeuge des *Neolithikums*, welche die hohen Kunstschöpfungen dieser Kultur darstellen.

Im Urpersertum erwachte das Ich im Empfindungsleib, dem noch undifferenzierten dritten Wesensglied des Menschen, dem Astralleib.[28] Auf dieser Stufe des fortschreitenden Bewusstseins verglomm die Kraft des alten instinktiven Hellsehens, und es wuchs das Vermögen unter der Führung der Mysterien und, aus dem Erleben der kosmisch-irdischen Beziehungen, umgestaltend auf Erde, Pflanzen und Tiere zu wirken. Das sakral-magische Verhältnis der Atlantier zu den wirkenden geistigen Schöpferkräften in Erde und Kosmos wandelte sich in ein sakral-künstlerisches. Es war die hohe Kunst der Urperser, aufbauend auf den vorangegangenen Kulturschöpfungen, im Sesshaft-Werden aus instinktiver Geistunmittelbarkeit so auf das Seelische bestimmter Tierarten zu wirken, dass dieses sich gegenüber dem Menschen öffnete. Damit verwandelte sich aber zugleich die ganze physisch-leibliche Organisation der Tiere tiefgreifend. In ihrer Zuwendung zum Tier formten die Menschen aus ihrem inneren Erleben im Äußeren ein Kunstwerk: das Haustier. Gegenüber den wilden Artgenossen traten die Haustiere von Beginn an in einer ungeheuren Formenfülle auf. Die Naturveranlagung des tierischen Organismus wurde als Ganzes zu besonderen Stoffwechselleistungen, in der Regel zu Lasten der Nerven-Sinnes-Aktivität, umgebildet. Die Haustierwerdung bestand in der Kunst, die embryonale Bildsamkeit zeitlebens aufrechtzuerhalten. Die Haustiere fliehen den Menschen nicht, im Gegenteil, sie suchen seine Zuwendung und bedürfen ihrer.

Bezeichnend ist, dass für die Turanier der wilde Wolf das Wappentier war, der Stammvater aller Hunde. Der Altiraner trug im Wappen hingegen dessen künstlerische Umformung, den Hund, das älteste aller Haustiere.[29] Wie der Urperser, in Anknüpfung an vorangegangene Kulturleistungen, über das Seelische der Tiere umgestaltend auf die Leibesbildung wirken konnte, so ebenso über das Lebendige auf die Gestalt- und Fruchtbildung der Pflanzen. Letzteres ist seine größte sakral-künstlerische Tat. Im Erleben der übersinnlichen kosmisch-planetarischen Rhythmen und den darin sich offenbarenden Lebensgeheimnissen wirkte er über die Lebensorganisation der Pflanze bis herunter in die Konfiguration der physischen Organisation. Gleich einem Schattenwurf

27 Manfred Klett: «Die Entstehung der Kulturpflanzen und das Saatgut als das Kulturerbe der Menschheit», in: Manfred Christ (Hrsg.): *Bedrohte Saat*, Basel 2010, 328 S.

28 Rudolf Steiner: *Theosophie*, GA 9, Kap. IV. «Leib, Seele und Geist», Dornach 2003, S. 57f.

29 Norbert Benecke: *Der Mensch und seine Haustiere*, Stuttgart 1994, S. 68.

bewahrt das Genom diese einstige Prägung. Das so aus einem künstlerischen Akt Gewordene wird heutzutage zum Gegenstand willkürlicher Manipulation gemacht. Die großen Pflanzenzüchter Urpersiens waren Plastiker der Bildekräfte des Lebendigen. Sie hatten die Fähigkeit, den naturgegebenen Typus einer Pflanzenart in Gestalt und Frucht zur Nahrungspflanze umzubilden. Unter der Anleitung der Mysterien bestand ihr Vermögen darin, die Kräfte, die zur Fruktifikation und Reife führen, in allen Organen der Pflanze zur Wirksamkeit zu bringen: In der Wurzel (z.B. Möhre), im Stängel (z.B. Kohlrabi), in der Knospe (z.B. Rosenkohl), im Blatt (z.B. Salat, Spinat), in der Blüte (Obstgehölze), im Samen (Getreide). Beispielsweise ist im Fall der Getreide die Reproduktionskraft im Vergleich zu den artverwandten Wildgräsern reduziert, gemessen an der Zahl der Samen, zugunsten einer erhöhten Nährkraft der prallvollen Mehlkörper (Endosperm) der Getreidekörner. Dieser Fruktifikationsprozess aber durchzieht die ganze Getreidepflanze, erkennbar in der Verdickung und Färbung des Stängels. Auch hier gilt, dass die embryonale Flexibilität der Bildekräfte der Pflanze in die Fruchtbildung umgelenkt und in dieser längere Zeit aufrechterhalten wird. Die Entstehung der genannten Nahrungspflanzen fällt vor den Beginn des dritten Jahrtausends und somit in die Zeit der von den Urpersern impulsierten Kulturkreise.

Dieses sakral-künstlerische Vermögen der Urperser erschöpfte sich nicht nur in der Herausbildung der Haustiere und der Kulturpflanzen, sondern bezog sich auch und gerade auf die Bearbeitung der Erde. Die Bodenbearbeitung entwickelte sich dort, wo der «Organismus im Naturwachstum» die idealen Voraussetzungen zur Entfaltung bot. Es waren die genannten Gebirgstäler und Flussgebiete des afghanischen und ostiranischen Hochlandes, die sich nach Süd-Westen in Wüsten- und im Norden in die turanischen Steppengebiete verloren. Hier war der tätige Mensch gefordert. Durch kunstvolle Bewässerungssysteme, u.a. durch Quellfassungen in Stollen, die tief in die Talhänge hineingetrieben sind, wurde der Boden einerseits durch das Wasser belebt und andererseits durch den ritzenden Pflug und die Hacke partiell zum Absterben gebracht. Hier wird die Handhabe des Wechselspiels von Tod und Leben, des Stirb und Werde zur Kunst. Jeder mechanische Eingriff in den Boden bedeutet die Anregung von Abbauprozessen. So begründet sich hier die hohe Kunst des Ackerbaus, die im Zusammenhang mit dem Anbau der Kulturpflanzen auf der Beherrschung der lebentragenden kosmischen und todbringenden irdischen Kräfte beruht.

Mit seinem im Empfindungsleib dumpf empfindenden Ich erlebt sich der Urperser eingespannt in die Zweiheit von Licht und Finsternis. Geleitet durch die zarathustrischen Lehren und fortwirkend durch die Inspirationen, die in die Mysterien einflossen, erhob sich der Urperser auf eine Stufe des Bewusstseins, in welcher sich ihm der sonnenhafte Geist durch die Maya der Sinneswelt hindurch in seiner Arbeit an der Erde erschloss. In der urpersischen Kultur beginnt der Mensch in seinem Verhältnis zu sich und zur Welt die Mitte zwischen den kosmischen Höhen und den Erdentiefen auszubilden.

Die Kulturen Altägyptens und Mesopotamiens

Fortschreitend von Osten nach Westen schließt sich an das zweite Kulturzeitalter Urpersiens die dritte nachatlantische Kulturepoche an, die sich nach Südwesten in den Kulturraum Altägyptens und westlich im Zweistromland in die aufeinanderfolgenden Kulturen Babyloniens, Chaldäas und Assyriens gliedert. Diese dritte Epoche entfaltet sich vom Beginn des dritten Jahrtausends an bis in das achte vorchristliche Jahrhundert. In ihr tritt die damalige Menschheit aus der mythologischen Vorzeit des *Neolithikums* unvermittelt in eine äußerlich historisch fassbare Entwicklung des Bronze-Zeitalters ein. Im alten Indien waren es die sieben heiligen Rishis, die den Kulturverlauf aus Orakelstätten inspirierten, die den einzelnen Planeten zugeordnet waren. Auf die heiligen Rishis folgte Zarathustra, der die urpersische Kultur und ihre Mysterien inaugurierte. Die Begründer der altägyptischen Kultur und ihrer Mysterien waren Thoth oder Hermes Trismegistos; und diejenigen des alten Mesopotamiens, der alten babylonischen/chaldäischen Kultur und deren Mysterien, waren Gilgamensch und der ihm verbundene Eingeweihte Eabani.[30] An die Stelle des Priesterkönigtums Urpersiens trat das Königtum, in Ägypten die Pharaonen, das aber in enger Beziehung zu den Mysterien stand. In diesem Kulturzeitalter schritt die Menschheit, größtenteils unter Verlust des alten instinktiven Hellsehens, zur Ausbildung der Empfindungsseele fort.[31] Unter der Führung der Könige und der Mysterien im Hintergrund bildete sich die Empfindungsseele im fortschreitenden Erwachen des Ich zum selbständigen Seelenglied aus. Dieser Schritt zu einer weiteren Aufhellung des Bewusstseins tritt gleich zu Anfang offen zutage in den monumentalsten sakralen Kunstschöpfungen der Menschheit, in den Pyramiden von Sakkara und Gizeh in Ägypten und, in Sumer, dem frühen Babylonien, in den Städtegründungen, die sich mit mächtigen Mauern gegen die umgebende Natur abgrenzten. Hier, wie in den folgenden Zeiten insbesondere der ägyptischen

30 Rudolf Steiner: *Okkulte Geschichte*, GA 126, Vortrag vom 28. Dezember 1910, Dornach 1992.
31 Rudolf Steiner: *Die Geheimwissenschaft im Umriss*, GA 13, Dornach 1989, S. 280f.

Kultur, erobert sich der Mensch ein Bewusstsein von der anorganisch-toten, der physisch-mineralischen Natur. Die hohen Fähigkeiten der Angehörigen der urpersischen Kultur und vorangehender Zeiten, in das Seelenwesen des Tieres und dann in die lebendige Natur der Pflanze, bis herunter in den physischen Organismus, verwandelnd einzugreifen und dieses in den Schöpfungen der Haustiere und Kulturpflanzen künstlerisch darzustellen, war erloschen. Die Menschen waren aus instinktiven geistgetragenen Bewusstseinsstufen vollends zum Erdendasein herabgestiegen. Sie erwachten an dem, was sich den Sinnen als äußere Erscheinungswelt darbot, und suchten in deren Offenbarungen den wirksam schaffenden Geist. Sie bildeten daran ein Bewusstsein aus, das sich in der reinen geistgetragenen Empfindung auslebte. In diese sich ausbildende Empfindungsseele flossen aber zugleich die Inspirationen und Weistümer der Mysterien. Nicht mehr das seelische Sein des Tieres, nicht mehr das Lebendige der Pflanze sprach in instinktiver Geistunmittelbarkeit zu den Menschen, sondern der Stoff und die Form des toten Seins. Im Stein, in Babylonien und Chaldäa im gebrannten Ziegel, suchten sie in monumentalen, geometrischen und plastisch-strengen, erhabenen Formen ihrem Empfindungsleben Ausdruck zu verleihen. In Ägypten bezog sich dieses künstlerisch-sakrale Empfinden besonders auf Wahrnehmungen des im Kosmos und im Menschen wirkenden Geistigen. Das äußere Leben gestaltete sich weitgehend als Abbild der königlichen und priesterlichen Mysterienführung. Im mesopotamischen Kulturraum hingegen fiel diese Identität von innen und außen mehr auseinander. Hier wirkten die Impulse des Gilgamesch in die äußere Kultur, und die Initiierten der Mysterien nahmen auf diese weniger Einfluss.[32]

Auch das dritte nachatlantische Zeitalter entfaltete sich dort, wo die Natur die geeigneten Voraussetzungen bot, wo das Zusammenspiel der Elemente, Erde, Wasser, Luft und Wärme, in den Rhythmen des Jahreslaufes sich zu «Organismen im Naturwachstum» formte. Die Gegensätze zwischen diesen konnten kaum größer sein: Einerseits die Lebensader des Nils, die sich tief eingeschnitten durch die nubisch-ägyptischen Wüstengebiete zieht, und andererseits die weiten fruchtbaren Ebenen Mesopotamiens zwischen den Flüssen Euphrat und Tigris.

In höherem Grad als in der urpersischen Kultur ist es das Wasser, sind es die jährlichen Überflutungen und Sedimentierungen von Humus, Ton und Feinsanden, die gleich einer Düngung die Böden jung erhielten. Was in aller

---

32 Rudolf Steiner: *Okkulte Geschichte*, GA 126, Vortrag vom 28. Dezember 1910, Dornach 1975, S. 42.

Vielfalt an Pflanzenarten kultiviert, an Haustierarten gehalten wurde, war schon da, war Kulturerbe Urpersiens. Nun aber wendet sich das Bewusstsein mehr dem Räumlichen der Erde zu. Es befähigte dazu, genaues Maß zu nehmen, mit Meißel und Hammer den Stein zu formen und den einen an den anderen, Fläche an Fläche, in hauchdünner Naht zu fügen – kurz: die hohe handwerkliche Kunst auszuüben, dem toten Stein aus der Kraft der eigenen Empfindung mit jedem Hammerschlag eine Form aufzuprägen. Dieses Vermögen bestimmte auch die Verfeinerung in der Bearbeitung der Böden, in der Kultivierung der Pflanzen und in der Haltung der Tiere. Die natürlichen Verhältnisse aber hatten die Übermacht; man denke an die in der Bibel erwähnten sieben fetten und sieben mageren Jahre in Ägypten. Und doch vermochten es die Menschen, durch ausgefeilteste Bewässerungs- und Entwässerungssysteme die Naturgewalten zu bändigen und sich im Aufbau ihrer Hochkultur zu behaupten. Ein einzigartiges Beispiel einer solchen kunstvollen Leistung ist der Josef-Kanal (arab.: Bahr Yussuf), der in Mittelägypten vom Nil abzweigt, ca. 350 km am westlichen Nilrand entlangführt und am Eingang zur Oase Fayum die Schwelle der Talrandsenke überwindet. Von dort speist er in einem ausgeklügelten Be- und Entwässerungssystem das weite Becken der Oase und macht es bis heute zu einer der fruchtbarsten Gartenlandschaften Ägyptens. Aufgrund der Tatsache, dass noch heute der Kanal den Namen «Joseph» trägt und nach Emil Bock[33] kein Zweifel darüber bestehen kann, dass sich hinter diesem Namen der biblische Joseph verbirgt, darf angenommen werden, dass dieser der Erbauer des Kanalsystems war. Joseph, der 1750 v. Chr. in Ägypten wirkte, vereinigt in sich die Mysterienkultur Babyloniens und Altägyptens.[34]

In den Parallelkulturen Mesopotamiens und Ägyptens war, wie auch in den vorangegangenen Kulturen Urpersiens und Urindiens, das unbändige Wasser der beherrschende Faktor im «Organismus des Naturwachstums». Jetzt aber wurden die Wassergewalten der Flüsse gebändigt durch Dämme, weitläufige Kanal- und Grabensysteme, Schleusen etc. Im weitestgehenden Maß galt das für Ägypten, wo jährlich aufs Neue, nach dem Rückgang der das Tal überschwemmenden Wassermassen, die frisch vom Nilschlamm gedüngten Böden trockengelegt, hernach wieder bewässert und rasch vor der nächsten Überflutung geerntet werden mussten. Jährlich aufs Neue

33 Emil Bock: *Urgeschichte. Das Alte Testament und die Geistesgeschichte der Menschheit I*, Stuttgart 1951, S. 151.

34 Ebd., S. 160.

verwandelten die Menschen ein extremes Naturbiotop in ein Kulturbiotop – in eine Gartenlandschaft.

Die Empfindungsseele der Menschen, die Träger dieses Kulturzeitalters waren, bildete sich einerseits durch das Götterwort, das durch den Mund der Könige und der Priester aus den Mysterien zu den Menschen sprach, und andererseits durch die eigenen Erfahrungen im Umgang mit der unorganischen Natur, mit Stein und Wasser. Aus dieser empfindungsgetragenen, geistdurchdrungenen und zugleich erdentüchtigen Seelenhaltung entsprangen die gewaltigen Kunstschöpfungen des in die Form gemeißelten Steins, der kultischen Gravuren, der Grabmalereien, des geformten und gebrannten Tonziegels, der Schrifttafeln und ornamentierten Tongefäße sowie der plastischen Gestaltung der «Organismen im Naturwachstum» in Gartenlandschaften.

Die griechisch-römische Kultur

Die vierte nachatlantische Epoche nimmt, nach der vorangehenden kretisch-mykenischen Übergangskultur, ihren Anfang im achten Jahrhundert v. Chr. und endet zu Beginn der Neuzeit am Anfang des 15. Jahrhunderts n. Chr. Hier soll der Blick zunächst begrenzt werden auf den Wandel der Bewusstseinsentwicklung bis zur Zeitenwende. Es ist dies die Zeit des Aufstiegs des alten Griechentums zu seiner Kulturhochblüte – und zu deren Zerfall. Die geistige Führung ging von den beiden Geistesströmungen aus, den apollinischen und dionysischen Mysterien,[35] das Apollinische, das durch den Sinnenschein hindurch den wirkenden Geist in Natur und Kosmos schaute, das Dionysische, das diesen Geist durch den Schleier der Seelenregungen hindurch aus den Tiefen des Seeleninnern sich zum Erlebnis brachte. Nicht mehr, wie in den vorausgegangenen Zeiten, waren es die Könige, die gemeinsam mit der Priesterschaft der Mysterienstätten kulturprägend dem Zusammenleben der Völker die Richtung gaben, sondern jetzt war es das Volk selbst, ja der einzelne Mensch, der, geleitet von dem Mysterienwort, seine Schicksalsbestimmung suchte. Es ist die Geburtsstunde der Demokratie, eines neuen Bewusstseinsschrittes, der wie in einem Brennpunkt in dem apollinischen Orakel von Delphi seine Pflegestätte hatte. Hier vor allem, von deren Hochblüte zum allmählichen Versiegen gegen die Zeitenwende hin, wird die hohe Bedeutung klar, die das Mysterienwesen durch alle vorangegangenen Kulturzeitalter hatte, nämlich aus den Weisheitsquellen, die sich dem Blick der

35 Rudolf Steiner: *Der Orient im Lichte des Okzidents*, GA 113, Vortrag vom 28. August 1909, Dornach 1982.

Eingeweihten in die höheren Geistwelten erschlossen, die Wesensglieder des Menschen zu Trägern des fortschreitenden Ich-Bewusstseins zu erziehen. In der griechisch-lateinischen Epoche betraf dies das Eintreten des Ich in die Verstandes- oder Gemütsseele, nach der Empfindungsseele die zweite Modifikation des Astralleibes.[36] Das Ich kommt erst zum Vorschein in der Verstandes- oder Gemütsseele.[37] Das Ich dachte zwar schon aus sich selbst, war aber noch auf der Suche nach sich selbst. Sokrates, im fünften Jahrhundert v. Chr., sprach noch nicht: «Ich sage mir», sondern «mein Daimon sagt mir». Das Ich lebte auch in der Sprache noch verborgen als tätiger Akteur integriert ins Verbum, z.B.: griechisch: paideuo = ich erziehe; lateinisch: cogito = ich erkenne.

Die Orakelstätte zu Delphi, offen für jedermann, sprach die Verstandesseele an. Sie erzog zum eigenständigen Denken. Der Ratsuchende musste aus der Erkraftung des Denkens eine Frage vorbringen können, und die Antwort der Delphischen Pythia forderte in ihrer Mehrdeutigkeit abermals zum individuellen Denken auf. Das Griechentum trug in Nachklängen in sich verinnerlicht die ganze Mysterienweisheit der Vergangenheit. Der alte Grieche trat aber nach und nach aus der einstigen Mysterienführung heraus; er erfasste sich als ganzer Mensch, als denkende Persönlichkeit, die sich in vollendeter Harmonie, in allem die Mitte suchend, zwischen dem apollinischen Welterleben und dem dionysischen Erleben der eigenen Seelentiefen darlebte. Aus diesen beiden geistrealen Quellen schuf der Grieche seine hohen Kunstwerke; er gestaltete den physisch-materiellen toten Stoff und prägte diesem in der Formgebung seinen Geist ein. Aus der Abendröte der Mysterien ging die Morgenröte der griechischen Kunstschöpfung hervor. Ob in Plastik, Architektur, Musik, Malerei, Dichtung oder Philosophie, in allem steht der Mensch als Abbild des Göttlichen im Mittelpunkt. Aus dem Erleben der eigenen Leibesgestalt schafft er Skulpturen, die rein in der Formgestalt den Menschen über sich ins Göttliche emporheben, und baut Tempel, deren Raumgestalt nach den Maßen des Menschen gebildet ist. «Der griechische Tempel stellt die Verwirklichung eines gebauten Organismus dar.»[38] Und doch, so unerreichbar hoch gerade die griechische Plastik und Architektur

36 Rudolf Steiner: *Das Johannes-Evangelium*, GA 103, Vortrag vom 30. Mai 1908, Dornach 1995, S. 172f.

37 Näheres siehe: Rudolf Steiner: *Die Mission einzelner Volksseelen im Zusammenhange mit der germanisch-nordischen Mythologie*, GA 121, Vortrag vom 15. Juni 1910, Dornach 2017.

38 Frank Teichmann: *Der Mensch und sein Tempel: Griechenland*, Stuttgart 1980, S. 79. – Zum Organismus-Gedanken siehe auch: Renatus Derbidge (Hrsg): *Rudolf Steiner: Organisches Denken*, Basel 2020, 256 S.

vor uns steht, so ist sie doch wie überschattet von einer gewissen Tragik. Was im alten Ägypten seinen Anfang genommen hat, im antiken Griechenland erreicht es seine höchste Vollendung, die Bearbeitung nämlich und Formgebung des toten Steins. Dem Griechen gelingt es, dem Stein rein durch die Form eine Art Leben, ein Scheinleben, einzuhauchen. Er prägt von außen der Form den Geist ein, der in plastischer Lebendigkeit sein Inneres erfüllt; er kann aber diesen Geist nicht dem Stoff einprägen, auf dass dieser selbst zur formschaffenden lebendigen Substanz werde. Die Menschen der ersten, vor allem aber der zweiten nachatlantischen Kulturepoche des Urpersertums, hatten aufgrund ihrer seelisch-geistigen und leiblichen Konstitution und unter der zarathustrischen Mysterienführung die Fähigkeit, Kunstschöpfungen hervorzubringen, indem sie substanziell durch plastische Umwandlung des Seelischen die Haustiere und des Lebendigen die Kulturpflanzen schufen. Das bloß Physisch-Stoffliche des Steins aber ist tot. So stand der Grieche vor der Unlösbarkeit des Rätsels, wie der Stein zum Leben erweckt werden kann. Er konnte nur über die Form dem Stein zu einem *Schein*leben verhelfen. Das macht die Größe und zugleich Tragik der griechischen Kunst aus. Aus der Tiefe seiner Seele schuf er in seinem menschlichen Bestreben eine Kunst, die nach außen anschaubar eine Mysterienvergangenheit ins Bild bringt und nach innen zum Keim einer Zukunftshoffnung wird, nämlich dazu, das Erdig-Materielle als solches beleben zu können. Auf dem geschilderten Hintergrund taucht das Organismusprinzip in vielfältig verwandelter Gestalt wieder auf. Es beginnt jetzt ganz keimhaft den ganzen Kulturraum Griechenlands zu durchdringen, auch in sozialer Hinsicht. Die Landschaften Griechenlands tragen selbst einen göttlichen, einen apollinischen Charakter, ganz im Gegensatz zu den ägyptischen. Wie wenn es die Götter gewesen wären, die in der Verschiedenartigkeit der Landschaftscharaktere sich ein Wesensabbild geschaffen hätten. Der Blick des Wanderers, der durch die Weite der vor ihm sich ausbreitenden Landschaft schweift, findet alsbald einen Ruhepunkt, einen in Schönheit und Harmonie erstrahlenden Tempel, der wohltuend den Anschauungsraum begrenzt. So begegnen wir dem Apolloheiligtum zu Delphi in schwer zugänglicher felsiger Gebirgslandschaft; anders dem der Athene geweihten Tempel, er steht auf Felsenhügeln und fängt den Blick schon aus weiter Ferne ein, z.B. die Akropolis in Athen, oder wir finden den Tempel der Hera inmitten fruchtbarer Ebenen.

Anders als in den vorangegangenen Hochkulturen, in denen der «Organismus im Naturwachstum» von den großen Flussgebieten geprägt war, sind die Landschaften Griechenlands in ihrem heroischen, göttergleichen Charakter eine einzigartige Komposition des sich verwebenden und wieder auflösenden Zusammenspiels der vier Elemente Erde, Wasser, Luft und Wärme sowie des Lichts. Die Erde, mächtig aufragende Felsen, sich auftürmende Gebirge; das Wasser, es löst sich als Quell aus dem Fels und strebt auf kürzestem Weg in Bächen oder kleinen Flüssen dem nahen Meeresufer zu. Die Luft- und Wärmeströmungen, von Licht durchflutet, mischen sich bei Sonnenaufgang zu unbeschreiblichen Farbenschleiern der «rosenfingrigen Eos»,[39] um sich sogleich wieder zu entmischen, eine Zeitlang in ihrem Sonderdasein als Element zu verweilen und alsbald zu neuer Farbkomposition zusammenzutreten.

Der alte Grieche empfand die Natur nicht als ein Äußeres, von ihm Abgetrenntes, sondern Berg und Tal, Hügel und Ebene, Quelle und Wasserlauf, umspült von Wasserdünsten, von Luft und Wärme und flutendem Licht, erlebte er von derselben Geistigkeit durchwoben, die er auch in sich lebendig webend und seelisch-geistig impulsierend fand. Dieses von der erwachenden Verstandes- oder Gemütsseele durchdrungene Empfinden machte sein künstlerisches Wesen aus; aus diesem Empfinden gestaltete der Grieche die Landschaft: Der Hirte die offenen Bergeshöhen mit ihren Herden; der Wein- und Obstbauer die Terrassierungen der Steilhänge; der Ackerbauer kultivierte die Ebenen mit Getreide; und nächst den Siedlungen gedieh eine Gartenlandschaft. Im gesamten griechisch-lateinischen Kulturraum verwandelte sich der aus Urzeiten gewachsene Organismus im Naturwachstum unter Wahrung seines jeweiligen Typus in kleinräumige, gegliederte Obst- und Gartenbaulandschaften, gleichsam ein Spiegel der sich herausbildenden Verstandes- oder Gemütsseele.

Das Organismusprinzip hat im alten Griechentum nicht nur keimhaft Eingang in die Gestaltung der Landschaft, nicht nur in künstlerischer Vollendung einen Ausdruck in den Plastiken und im Tempelbau gefunden, sondern ebenso im Sozialen, in der Polis. Der Grieche erlebte sich als Persönlichkeit zugehörig einer Stadtgemeinschaft; er fühlte sich als Athener, Thebaner, Spartaner usw. Die Polis war aber eine offene Stadt, hinausreichend und einbeziehend die umgebenden Landschaften; die Opferaltäre standen im heiligen Hain, außerhalb der Tempel in freier Flur. In der Polis war ein Organismus höherer Ordnung veranlagt, eine Einheit von Stadt und umgebender Landschaft.

Im Römer- und Griechentum entwickelte sich die Verstandes- oder Gemütsseele in polarer Weise. In Griechenland setzte sie sich in ein Verhältnis zur alten Mysterienweisheit, zu dem, was sich aus dem innersten Geistesleben

39 Eos (altgriechisch Ἠώς, Ēōs), Göttin der Morgenröte in der griechischen Mythologie; entspricht der Aurora in der römischen Mythologie.

nach außen künstlerisch formen ließ. «Der Römer [...] formte nicht nur Stein und Erz, sondern auch das ganze große Gemeinwesen der Menschen nach seinem Geiste um.»[40] «Das republikanische Rom ist nichts anderes als die menschliche Weisheit, die die alte Priesterweisheit ablöst.»[41] Hier ist es jetzt die menschliche Klugheit, die das Verhältnis von Mensch zu Mensch regelt; es ist die Geburtsstunde der Jurisprudenz. Diese ist rein auf das Persönlichkeitsempfinden, auf das in der Verstandesseele sich offenbarende Ich aufgebaut. Das Rechtsempfinden erwacht, und aus diesem entstehen Rechtsbegriffe, die das Prinzip der Gleichheit achten und sich im allgemein gültigen Gesetz niederschlagen. Das Recht bezieht sich vorrangig auf die Gegenstände der diesseitigen Welt und so auch auf die persönliche Verfügbarkeit über Grund und Boden. Das Eigentum, und mit diesem das Erbrecht, die Verfügbarkeit über den Tod hinaus, hat darin seinen Ursprung. Im Römer wird der Mensch ganz Persönlichkeit. Sein Bewusstsein richtet sich auf ein Gegenüber, auf den anderen Menschen und auf die ihn umgebende Natur. Daraus begründet sich ein Verhältnis, das sich im Gegensatz zum alten Griechen in mehr distanziert-begrifflicher Art darlebt; er denkt rational aus sich heraus und macht sich dadurch erdentüchtig. Die «Organismen im Naturwachstum» Italiens und Siziliens, geomorphologisch den griechischen verwandt, sind nicht mehr ein geistdurchdrungenes Äußeres, das mit dem inneren Geisterleben zusammenklingt. Der Blick des Römers ist stärker auf geopolitische Interessen gerichtet, auf den Nutzen natürlicher Ressourcen unter imperialen Gesichtspunkten – sowohl in militärischer als auch in landwirtschaftlicher Hinsicht.

Wie sehr die menschliche Ratio allmählich beginnt, die gegebenen Naturverhältnisse zu verändern und zu gliedern, offenbart die Dichtung Vergils in seiner «Georgica».[42] Er, der Römer aus Mantua, durchaus noch griechischen Geist atmend, gibt darin im dichterischen Wort eine Gesamtschau landbaulicher Praktiken im Jahrhundert vor der Zeitenwende: Im Ackerbau das Pflügen, Hacken, Säen, Ernten und Dreschen, die Bedeutung der Brache und des Fruchtwechsels, die Bodenbewässerung, die Überweidung zu üppig wuchernden Getreides, Saatgutpflege, Wetterbeobachtung und die Beachtung des Ganges der Sterne und anderes mehr; im Obstbau die vegetative Vermehrung und die Technik des Pfropfens, des Schnittes, welche Baumart

40 Rudolf Steiner: *Vor dem Tore der Theosophie*, GA 95, Vortrag vom 1. September 1906, Dornach 1990, S. 107.

41 Rudolf Steiner: *Die Theosophie des Rosenkreuzers*. GA 99, Vortrag vom 4. Juni 1907, Dornach 1985, S. 135.

42 Vergil: *Sämtliche Werke*, Heimeran 1975.

sich auf welchem Boden in welcher Landschaft eignet; im Weinbau das Auswintern der gepflügten Scholle, die Pflanzung und Düngung der Setzlinge, die Gründung des Pfahlgerüstes, der Schnitt usw.; in der Viehhaltung der umherziehende Hirte mit seinen Schafen, Ziegen, Schweinen und Rinderherden, die Zucht und Fütterung je nach Art der Nutzung. Ein ganzes Kapitel schließlich widmet er der Bienenhaltung und -zucht. Im römischen Kulturkreis legt sich über die Lande ein Netz von Eigentums- und Pachtrechten. Als Ausgangs- und Bezugspunkt rationeller Bewirtschaftung entstehen Gutshöfe und Stallungen (Pferdezucht) sowie Vorratswirtschaft.

Was in Jahrtausenden fortschreitender Bewusstseinsentwicklung aus den Mysterien an Weisheit in die Gestaltung des alltäglichen Lebens floss, trug reife Früchte in den künstlerischen Produktionen: Auf der Ebene der beseelten Natur mit der Bildung zum Haustier, in der belebten Natur mit der Herausbildung der Kulturpflanzen, in der toten Natur mit der plastischen Formung des Steins zu einem Scheinleben. Mit dem allmählichen Verstummen der Mysterien gegen die Zeitenwende hin erlosch auch dieser Inspirationsquell für das künstlerische Schaffen. Was einst kulturbringend war, gerann jetzt zum bloßen Kulturerbe. In seiner «Georgica» lässt Vergil aus der Kraft der Verstandes- oder Gemütsseele dieses Kulturerbe noch einmal in dichterischer Poesie aufleben.

Die Kultur der Neuzeit

Mit dem Beginn des 15. Jahrhunderts bricht das fünfte nachatlantische Zeitalter an, in welchem das Ich in das dritte der drei Seelenglieder, in die Bewusstseinsseele, eintritt.[43] Der Mensch erwacht am Gegenüber der gegenständlich empfundenen Welt zu sich selbst, zum Selbstbewusstsein. Es entsteht eine vorerst unüberbrückbare Kluft zwischen dem Selbstbewusstwerden und demjenigen, was die Welt der Erscheinungen hervorbringt. In seinem sich selbst erkennenden Ich kann der Mensch in sich aber den Geistquell finden, das «Ich bin», das sich zwar einerseits wahrnehmend der Welt gegenüberstellt und andererseits erkennend mit dem sich in den Sinneserscheinungen verborgenen Geistig-Wesenhaften verbinden kann. Was einst instinktiv dem Erleben der Seele zufloss, jetzt kann es bewusst in seinem Wesen erkannt und mit der Wesenssubstanz des Ich vereint werden. So liegt es in der Macht der Bewusstseinsseele, in ihrem Denken und Tun über sich selbst

43 Rudolf Steiner: *Das Johannes-Evangelium*, GA 103, Vortrag vom 30. Mai 1908, Dornach 1995, S. 172f.

hinauszuwachsen und sich des geistigen Ursprungs des Menschen und der Welt bewusst zu werden.

Die Bewusstseinsseele lebt sich zunächst janusköpfig dar. Rückwärts gewandt, sucht sie sich auf das scheinbar sichere Fundament der von der Verstandesseele in den Wissenschaften erarbeiteten allgemeinen Begrifflichkeit abzustützen, läuft dabei aber Gefahr, in Verkümmerung der Gemütsseele, dem kalten Intellektualismus, dem Hochmut und dem ungehemmten Egoismus zu verfallen. Schaut sie aber in Selbst- und Welterkenntnis voraus in die Zukunft, dann erwärmt sie sich an Ideen, die zu Idealen werden, z.B. die Verwirklichung des denkend erfassten Organismusprinzips in der landwirtschaftlichen Praxis. Sie ringt darum, das Vergangene im Gegenwärtigen in Zukünftiges zu verwandeln. Die Bewusstseinsseele strebt danach, alle Initiativkraft in den Dienst der Erfüllung des Entwicklungsgedankens zu stellen. Das aber bedeutet, den künstlerischen Sinn allem Tun zugrunde zu legen. Es geht darum, die Ideen aus der Zukunft denkend zu beleben und mit ihnen wollend in alle Herausforderungen der Wirklichkeit so einzutauchen, dass aus der Erkraftung des Erlebens im Ich jede Handlung zu einer freien, zu einer künstlerischen wird.

Die Nahrung der Bewusstseinsseele sind Ideen, die aus der Zukunft in sie hineinleuchten. Solche Ideen sind die Inhalte der anthroposophischen Geisteswissenschaft. Wesen und Bedeutung dieser Inhalte enthüllen sich erst durch kraftvolles Denken. In bildhaft denkender Anschauung beleben sie das Fühlen und impulsieren das Wollen. Wie die Sinneswahrnehmung, so regen auch die Ergebnisse der Geistesforschung das Denken an. In der bewussten Denkaktivität aber lebt das Ich, der Wesenskern des Menschen. Das Ich kann in Freiheit darüber entscheiden, ob es sich die Ideenformen der Geistesforschung zueignen oder im bloßen Gegenüber der Erscheinungswelt verharren will. Die Bewusstseinsseele erschließt den Weg zu einem Erleben von Geistesinhalten in Freiheit. Aus diesem vollmenschlichen Erleben erwächst eine neue künstlerische Schöpferkraft, die sich in allen Lebensbereichen als fruchtbar und damit als wahr erweisen kann – wie beispielsweise im Medizinischen als Heilkunst, in der Pädagogik als Erziehungskunst, im menschlichen Miteinander als Sozialkunst, in der Landwirtschaft als Landbaukunst.

Die Ich-Tätigkeit in der Bewusstseinsseele schwebt gleichsam zwischen Himmel und Hölle. Erlahmt sie, stürzt die Seele, sich selbst vergessend, in Abgründe. Das Böse in seiner Doppelgestalt, in ahrimanischer Banalisierung und luziferischer Interesselosigkeit, gewinnt Macht über sie. Erkraftet das Ich aber in sich selbst, so baut es eine Brücke über den Abgrund hinweg, ist in der Lage, andere Wesen in sich selbst zu erkennen, und erringt sich die Fähigkeit, das Gewordene in ein Werdendes zu verwandeln.

Das Zeitalter der Bewusstseinsseele in seinem seitherigen Verlauf hat die Menschen zum Selbstbewusstsein geführt, hat in ihnen den Drang zu freier Selbstbestimmung geweckt, hat sie Abgründe durchmessen lassen und ihnen Wege zu wahrer Geisterkenntnis eröffnet. Die Menschheit hat sich von der Natur emanzipiert, und – gewissermaßen in Selbstvergessenheit geraten – denkt sie sich der eigenen geistigen Herkunft zum Trotz als das Werk einer bloß naturhaften Schöpfung. Damit hat sie sich weithin in die Banalität der rein materialistischen Seinsauffassung verloren und sieht sich bedroht durch eine Technologie, die eben dieser Auffassung entspringt. Das Organismusprinzip in der Landwirtschaft ist durch diese Denkungsart ausgelöscht. Andererseits lässt sich, angesichts dieser absteigenden Entwicklung, die Bewusstseinsseele durch Ideen befeuern, die aus der Erkenntnis des Wesens der unbelebten, belebten und beseelten Natur gewonnen sind. Diese Ideen-Impulse entspringen nicht mehr aus den einst geistgeführten Instinkten, sondern sind selbst erarbeitet. In der erwachenden Ich-Tätigkeit lebt der Entwicklungsgedanke auf und mit ihm auf neue Art der Organismus- und in Erweiterung der Individualitätsgedanke. Beide vereint können zum Gestaltungsprinzip einer Landwirtschaft werden, die kulturbegründend in die Zukunft wirkt.

In welchen symptomatischen Schritten sich dies bis zur Zeitenwende und seither bis zur Neuzeit und dann weiterhin im Verlauf des Bewusstseinsseelen-Zeitalters vorbereitet hat, wird in den folgenden Kapiteln ausgeführt.

Die Kulturströmungen der Landwirtschaft bis zur Zeitenwende

Im Alten Testament wird im mythologischen Bild auf einen Urgegensatz im Werden der Menschheit hingewiesen, auf Kain und Abel. Der eine, Abel, ist der Hirte, der seine Herde hütet und seine Tieropfer den Göttern darbringt. In der Hege und Pflege der ihm anvertrauten Tierwelt folgt er dem Willen der Schöpfermächte; sein Opfer wird von den Göttern angenommen. Anders sein Halbbruder Kain, der das Feld bearbeitet und Pflanzen anbaut, die er selber aus eigener Intelligenz und dem Empfinden der eigenen Befähigungen züchtet. Sein Pflanzenopfer wird nicht von den Göttern angenommen. Hier wird urbildlich auf den Entstehungsmoment der beiden polaren Strömungen, der sesshaften, Ackerbau treibenden Völker und der nomadisierenden Hirtenvölker hingewiesen. Der Ackerbauer vertraut prometheisch[44]-apollinisch dem eigenen Erfindergeist; er bearbeitet mit dem Pflug die Erde, er verletzt sie und regt dadurch die Fruchtbildung der Pflanzen an, die er dauerhaft zu Kulturpflanzen heraufbildet, der Kunstfertigkeiten aller Art entwickelt, in welchen er seinem zukunftszugewandten Bewusstsein Ausdruck verleiht. Anders die Hirtenvölker, die in seelischer Hingabe epimetheisch-dionysisch sich der gegebenen Schöpfung einfügen, sie zu bewahren suchen und ihr eher rückwärtsgewandtes, den Resten des alten Hellsehertum verhaftetes Bewusstsein im Ahnenkultus pflegen.

Diese beiden Strömungen sind erst in nachchristlicher Zeit in das allgemeine Kulturleben aufgegangen. Doch haben sie sich noch da und dort lange in zeitversetzten Kulturen in reinster Gegensätzlichkeit erhalten. Ein Beispiel aus eigenem Erleben kann dies beleuchten: Im Afrika der 1930er-Jahre lebten im heutigen Tansania im Kilimandscharo-Gebiet in enger räumlicher Nachbarschaft und unter Wahrung ihrer Stammesgepflogenheiten die Volksstämme der Bantu und der Massai. Letztere, ein hamitisches Volk, lebte nomadisierend mit seinen Zebuherden inmitten der Wildnis in Nachbarschaft von Löwe, Elefant, Büffel etc. Schutz für Mensch und Herde boten des Nachts mit Dornengestrüpp umhegte Lagerplätze (sog. «Krale»); die Nahrung bestand aus der Milch und dem Blut der Zeburinder sowie aus Wurzeln bestimmter wildwachsender Pflanzen als Diätetika. Da stand er nun, der Hirte, ein Tuch um die Schulter geworfen, leicht auf den Speer gestützt, den Büffellederschild an sich gelehnt, hoch gewachsen, mit edlen Gesichtszügen, ruhend wie eine Säule in voller Sonnenglut, den ernst-träumenden Blick in die Ferne gerichtet, die Herde um sich geschart, dem Fremden sich zuwendend, ein flüchtiger Gruß, sonst keine Frage, kein Wort. Die Massai zu jener Zeit lehnten jede Zivilisation, jede schulische Bildung ab. Sie lebten einverwoben in die Natur mit einem in die Ahnenkette zurückreichenden Bewusstsein.

Ganz im Gegensatz dazu lebten die Bantu sesshaft, in lockerer dörflicher Ansiedlung. Trat man hinzu, flogen die Türvorhänge der runden Stroh-Lehm-Hütten auf, Jung und Alt strömten mit lachenden Gesichtern heraus, grüßten freudig und fragten, was gibt es Neues in der Welt? Lernbegierig, in Nachahmensfreude und handwerklichem Geschick sind sie ganz den zivilisatorischen Errungenschaften zugewandt. Ihre Nahrung waren überwiegend Früchte des

44 Die beiden Gestalten Prometheus und Epimetheus stehen in der griechischen Mythologie für das eigenständige, aktive, vorausschauende Denken (prometheisch) und für das rückwärtsgewandte, eher passive, aufnehmende Denken (epimetheisch).

Feldes, die sie ohne Pflug, mit gebeugtem Rücken die Handhacke führend, kultivierten. Aus dem Naturbiotop der Wildnis wuchs um die Dörfer herum die Anlage zu einem durch menschliche Arbeit geschaffenen Kulturbiotop.

Die Ackerbau- und Hirtenvölker lebten räumlich und ethnisch streng getrennt, häufig in Fehde, andernorts in friedlicher Koexistenz. Im alten Ägypten z.B. zogen die Hirten mit ihren Herden beiderseits über dem Niltal von Nubien bis herunter ins Delta und zurück. Von ihnen liehen sich die Nilbauern die Zugtiere zur Kultivierung der Felder in den Zwischenzeiten der jährlichen Hochflut.

Seit den urpersischen Zeiten haben sich aus den Ackerbauvölkern zwei Unterströmungen herausgegliedert: die Gartenbauer und die Obstbauer. Erstere züchteten und kultivierten Gemüsepflanzen und bauten Heilkräuter sowie Blumen an. Das handwerkliche Wissen und Können lebte stammes- und familiengebunden im Erbstrom fort. So gab es bis in die 1960/70er-Jahre in Teheran noch die sogenannten Zarathustristen, die diese weit in vorgeschichtliche Zeiten zurückreichende Tradition fortsetzten. Die Obstbauern verstanden sich auf die Züchtung, den Anbau und die Pflege der Obstgehölze. Columella († um 70 n. Chr.) berichtet über die Kunst des Obstbaumschnittes, die im alten Rom noch im Generationsstrom vererbt wurde.[45] Diese vier Strömungen des Landbaus (einschließlich Obst- und Gartenbau) existierten nebeneinander oder in dörflichen Ansiedlungen in lockerer Beziehung zueinander, ohne sich in gegenseitiger Förderung zu einem organismischen Ganzen zu durchdringen. So wird beispielsweise von den Hindus in Indien, zum Teil bis heute, der Mist der Tiere nicht als Dünger im Acker- oder Gartenbau verwendet, sondern als Brennmaterial.

Bis zur Zeitenwende waren, zugleich als Erträgnis der Mysterienkultur, alle über Jahrtausende gewachsenen Elemente der Landbaukultur, wie Ackerbau, Garten- und Obstbau sowie die Viehwirtschaft, fertig vorgebildet (siehe Abbildung 2, S. 66). Mussten die Menschen sich nicht an das Ende einer Entwicklung angekommen fühlen? War nicht auch die Sprache der Gnostiker verstummt, die heidnischen Altäre verwaist?[46] War nicht die kulturinspirierende Kraft der Mysterien – bis auf Reste wie z.B. den Mithras-Dienst – erloschen? Was ihre Weisheitslehren waren, wirkte nur noch als Tradition oder in wenigen Menschen als lebendiges Geisteserbe fort. Wo also gab es an der

45 Will Richter (Hrsg.): *Lucius Iunius Moderatus Columella: De res rustica*, 5. Buch. 10. Kapitel: Über den Obstbau, S. 605–630, München und Zürich 1981.

46 Rudolf Steiner: *Aus der Akasha-Forschung. Das fünfte Evangelium*, GA 148, Vortrag vom 5. Oktober 1913, Dornach 1992, S. 63.

Schwelle zur Zeitenwende überhaupt noch eine Entwicklungsperspektive, eine Hoffnung auf eine Zukunft? Die Menschheit war in das irdische Dasein vollends herabgestiegen. Das Bewusstsein war wesentlich geprägt von dem, was sich den Sinnen und dem tätigen Umgang mit der physisch-irdischen Welt darbot. In dieser Geistverlassenheit ist die Menschheit an eine Schwelle getreten und dazu reif geworden, sich einem durchgreifend neuen Entwicklungsimpuls zu öffnen.

Das Ereignis der Zeitenwende, das Mysterium von Golgatha

Die alten Mysterien hatten ihre Mission erfüllt. Ein neues, in die Zukunft weisendes, die ganze Menschheit umgreifendes Mysterium vollzog sich auf dem Golgathahügel in Jerusalem. Was einst als das hohe Sonnenwesen verehrt wurde, was bei den Urindern Vischvakarman, bei den Urpersern unter Zarathustra der Ahura Mazdao, bei den Ägyptern Osiris genannt wurde und bei den Früh-Griechen in dem göttlichen Wesen des Apollon gesehen werden konnte, jetzt ist es – wie verheißen – auf die Erde herabgestiegen und hat sich im Menschenleib des Jesus von Nazareth als der Christus inkarniert.[47] So war «alle religiöse Verkündigung vor dem Erscheinen des Christus Jesus eine Vorverkündigung des Christus Jesus».[48] Im Alten Testament erhält Moses auf die Frage, in wessen Auftrag er geschickt sei, die Antwort: «Sage, der ‹Ich bin› hat dich geschickt.»[49] Die Gnosis wies auf die Göttlichkeit des Christus hin, auf sein Kommen im Geiste, nicht aber auf sein Erscheinen im Fleische.[50] Die gnostischen Philosophen Griechenlands – Rudolf Steiner erwähnt dabei Thales, Heraklit, Empedokles – entwickelten in Begriffssprache,

47 Rudolf Steiner: *Die geistigen Wesenheiten in den Himmelskörpern und Naturreichen,* GA 136, Vortrag vom 13. April 1912, Dornach 1996, S. 178f.

48 Rudolf Steiner: *Die Apokalypse des Johannes,* GA 104, Vortrag vom 17. Juni 1908, Dornach 1985, S. 25.

49 Ebd., S. 26. In 2 Mos 3,13-15 lautet die Stelle in der Einheitsübersetzung wie folgt: «Mose sagte zu Gott: ‹Wenn ich nun zu den Leuten von Israel komme und zu ihnen sage: ‚Der Gott eurer Vorfahren hat mich zu euch geschickt', und sie mich dann fragen: ‚Wie ist sein Name?' – was soll ich ihnen sagen?› Gott antwortete: ‹Ich bin da›, und er fügte hinzu: ‹Sag zum Volk Israel: ‚Der Ich-bin-da hat mich zu euch geschickt: der Herr! Er ist der Gott eurer Vorfahren, der Gott Abrahams, Isaaks und Jakobs.' Denn ‚Herr' (Er-ist-da) ist mein Name für alle Zeiten. Mit diesem Namen sollen mich auch die kommenden Generationen ansprechen, wenn sie zu mir beten.›»

50 Rudolf Steiner: *Die Apokalypse des Johannes,* GA 104, Vortrag vom 17. Juni 1908, Dornach 1985, S. 31.

was einst von den Initiierten geschaut wurde. In ihrer Begriffslogik «lechzten» sie nach neuer Erfüllung. Sie waren Wegbereiter des Entstehens einer Philosophie des Mysteriums von Golgatha.[51] In nachchristlicher Zeit trat Augustinus (354–430 n. Chr.) der einstigen orthodoxen Auffassung, dass die Menschen der vorchristlichen Zeit radikal von denen der nachchristlichen unterschieden seien, mit den Worten entgegen: «Was man gegenwärtig die christliche Religion nennt, bestand schon bei den Alten und fehlte nicht in den Anfängen des Menschengeschlechtes, und als Christus im Fleische erschien, erhielt die wahre Religion, die schon vorher vorhanden war, den Namen der Christlichen.»[52]

Das Christusereignis, das Mysterium von Tod und Auferstehung, hat sich für alle Menschen auf Erden vollzogen. Dies ist der esoterische Tatbestand eines in eine bestimmte Zeit und an einen bestimmten Ort gebundenen exoterisch-esoterischen Geschehens. Die Menschheit war in unterschiedlichen Graden in ihrer Ich-Entwicklung so weit fortgeschritten, dass das verborgene Allerheiligste der Seele, das Ich, der Wesenskern eines jeden Menschen, eines Impulses bedurfte, um sich in sich selbst finden und in Selbsterkenntnis sich in Freiheit selbst bestimmen zu können. Dieser Impuls verkörperte sich während der Jordantaufe mit der Einwohnung des Christus-Ich, dem in höchster Vollendung geisterfüllten Sonnenwesen, in den Leib des Menschen Jesus von Nazareth. Während drei Jahren wirkte das Gotteswesen in diesem auserwählten Menschenleibe. Es war die Kraft dieses göttlichen Ich, welche durch den Tod am Kreuz hindurch den stoffgebundenen Erdenleib vergeistigte. Es vollzog sich die Auferstehung im Geiste; sie steht fortan als das große Weltenziel vor der Menschheit. Der Weg zu diesem Ziel gibt aller Entwicklung in die Zukunft Richtung und Inhalt. Mit dem Bewusstwerden des «Ich bin» findet jeder Mensch in sich «den Weg, die Wahrheit und das Leben».[53] Dieses Finden bedeutet, durch Abgründe des geistlosen Nichts gehen zu müssen; es bedeutet aber auch, sich Geistesfrüchte zu erarbeiten, die in den Ewigkeitsleib des Ich auferstehen. Fortschreitend seit dem Mysterium von Golgatha, sieht sich die Menschheit in die bewusste Auseinandersetzung mit dem Bösen, dem Todbringenden, mit der sich jeder Entwicklung widersetzenden Geistesmacht gestellt. Das Böse zu erkennen, bricht seine Macht und verleiht dem Ich Stärke. So tritt an die Stelle des alten Mysterienwesens

---

51 Rudolf Steiner: *Das Markus-Evangelium*, GA 139, Vortrag vom 21. September 1912, Dornach 1985, S. 146.

52 Rudolf Steiner: *Von Jesus zu Christus*, GA 131, Vortrag vom 8. Oktober 1911, Dornach 1988, S. 100.

53 Rudolf Steiner: *Das Johannes-Evangelium*, GA 103, Vortrag vom 22. Mai 1908, Dornach 1995.

und seiner Mission der stufenweisen Ich-Erziehung durch die Kulturzeitalter das fortwirkende Mysterium von Golgatha, das dem Menschen die Wege zur Selbsterziehung, zum Erkennen seiner geistigen Herkunft und zur tätigen Liebe aus der Kraft des «Ich bin» weist. Der leicht dahin gesprochene Begriff der Zeitenwende erhält erst durch diesen historischen Umstülpungsprozess, den das Mysterium von Golgatha einleitet, Sinn und Bedeutung. Erst durch dieses menschheitliche Ereignis kann in jedem Menschen der Entwicklungsgedanke in seiner vollen Tragweite aufleuchten und der Initiativkraft die Richtung weisen. Bis zur Zeitenwende war es der Weisheitsstrom, der aus den Mysterien floss, der den Menschen zum Ich-Erwachen führte. Seit dem Christusereignis kann die Menschenseele durch die Erkraftung des Denkens diese Weisheit in tätige Liebe wandeln, in jene Kraft, die das aus dem Geist Gewordene in ein im Geiste Werdendes umzustülpen vermag. Diese Metamorphose kann nicht groß und weit genug gedacht werden. Sie ist vollkommen zukunftsoffen und hat zugleich Richtung und Ziel. Dies erscheint als ein Widerspruch, der so lange besteht, als der Mensch aus Illusion und Selbstsucht handelt. Der Widerspruch fällt in sich zusammen in dem Maße, als die allem zugrunde liegende Weisheit sich in freier Tat in Liebe wandelt. Beide Perspektiven – die Abkehr vom Geiste oder in freier Selbstbestimmung die Hinwendung zu ihm – prägen in nachchristlicher Zeit den Entwicklungsgang der Menschheit und ihres Verhältnisses zur Natur und damit zur Handhabe des Organismusprinzips in der Landwirtschaft.

Der Wandel des Organismusprinzips bis zur Neuzeit

Im Urchristentum der ersten Jahrhunderte ergriff und durchdrang der Christusimpuls die Verstandes- oder Gemütsseele der dafür empfänglichen Menschen in der griechisch-römischen Kultur. Das Persönlichkeitsempfinden erfüllte sich in starker Ich-Erkraftung mit wärmender Innerlichkeit. Bei den frühen Christen stand die Pflege des Bewusstwerdens der Einwohnung des Christusimpulses in die Menschenseele im Vordergrund. Dieser Impuls bedeutete einen Ruck im Ich-Erwachen. In diesem keimhaften Seelenzustand mag gewiss die Gesinnung hinsichtlich der Art der individuellen Zuwendung zu Pflanze und Tier, Erde und Kosmos eine Wandlung erfahren haben. Auf das Ganze gesehen, hat die Landwirtschaft aber weiterhin ihren gewohnten Verlauf genommen. Erst nach dem Verfall des Imperium Romanum und nach den Strömen der Völkerwanderung hatte sich der christliche Impuls so tief in einzelne Menschen eingelebt, dass sie begannen, diesen durch ihrer

Hände Arbeit der Erde einzupflanzen. Benedikt von Nursia (480–547 n. Chr.) war der Repräsentant dieser Entwicklung. Seine Biografie weist diesbezüglich symptomatische Züge auf: Erst floh er in seiner Studienzeit aus seiner sittenlosen Umgebung in Rom in ein Einsiedlerdasein, in eine Höhle in den Sabiner Bergen. Dort, in dreijähriger asketischer Einsamkeit, nahm er in strenger Seelenübung den Christusimpuls in sein im Willen ruhendes Ich auf. Mit diesem durchchristeten Ich-Willen trat er dann heraus in die Welt, ward zum Reformator des Mönchtums, gründete 529 das Kloster und den Orden der Benediktiner auf dem Monte Cassino – zu seinen Lebzeiten folgten zwölf weitere Niederlassungen. Er wurde aufgrund seiner kulturschöpferischen Leistungen später der «Vater Europas» genannt. Auf ihn geht u.a. als klösterliche Regel das Prinzip von «ora et labora», von Beten und Arbeiten, zurück, der Wahlspruch, dem fortan das Mönchstum durch das ganze Mittelalter hindurch huldigte und der es zu seinen hohen Kulturschöpfungen emporhob. Das aus innersten Seelentiefen geborene, in strenge Regeln eingebundene «Arbeiten» des Benedikt von Nursia bezog sich auf die Umarbeitung der Erde. Wie das Ich den ganzen Menschen durchdringt und ihn zu höherer Entwicklung umzuarbeiten vermag, so vereinigte Benedikt das ganze landwirtschaftliche Kulturerbe der Menschheit der damaligen Zeit, arbeitete es um zu einer höheren Ganzheit und schuf – in Metamorphose des die vorchristlichen Kulturzeitalter prägenden «Organismus im Naturwachstum» – die Anlage zum Entstehen des landwirtschaftlichen Kulturorganismus. In diesem begann sich die durchchristete Menschenseele in Ich-inspirierter und Ich-gewollter Arbeit ein Abbild zu schaffen. In der weltzugewandten, das Vergangene in das Zukünftige wandelnden Tatkraft des Benedikt von Nursia begegnen wir einem herausragenden Repräsentanten des exoterischen, äußere Lebensformen schaffenden Christentums. Diese exoterisch-christliche Strömung drang von Süden über die Alpen in das Bodenseegebiet vor (Chur wurde im fünften Jahrhundert Bischofssitz) und begegnete dort Anfang des siebenten Jahrhunderts der Strömung des esoterischen Christentums, die aus dem Westen, aus Irland kommend, das rein im Geist erlebte, kosmische Christentum brachte. Dieses wurde zur Geistesnahrung für das Ich-Erwachen der Menschen. Der Repräsentant dieser Strömung ist Columban der Jüngere (um 530–615 n. Chr.). Die Legende erzählt, dass, als dieser den Rhein heraufziehend im Jahr 610 den Fuß auf die Insel Reichenau im Bodensee setzte, es seine erste Tat war, das ganze Schlangengezücht in Wildschweingestalt von der Insel zu bannen, dass es jämmerlich im See ersoff. In diesem Bild verbirgt sich der tiefgreifende Wandel, der sich vollzogen hat. Man kann es etwa in folgendem Sinn deuten: Ein Mensch, wie Columban, der in geläuterter Seele und in Ich-Erkraftung den Christusimpuls in sich trug, kann es nicht dulden, dass um ihn herum Wildheit herrscht. Das Außen muss in einen harmonischen Einklang mit dem Innen gebracht werden, ein künstlerischer Akt. Das durchchristete, seiner selbst bewusst werdende Ich erweitert sich und ergreift tätig seine Umwelt; es erlebt sich in dieser Umwelt und wird ihrer in Rückspiegelung dieses Erlebens seelisch bewusst.

Die Begegnung und Durchdringung der beiden Strömungen des Christentums, des exoterischen und esoterischen, schuf über 200 Jahre vom siebenten bis zum neunten Jahrhundert n. Chr. auf der Reichenau eine über ganz Europa ausstrahlende Kulturstätte. Die Benediktinerabtei wurde zur «Diplomatenschule» Europas, pflegte Beziehungen u.a. zum Hof Karls des Großen und stand in Verbindung zur Grals-Strömung. Rund um den Bodensee entstanden in großer Dichte die Ansiedlungen verschiedenster Mönchsorden. Im Hochmittelalter wurden die Landschaften um den Bodensee «der Gottesgarten in der Mitte der Christenheit» genannt. Hier entstand das Urbild der Kulturlandschaft.

Punkt und Umkreis

Dem Werden der europäischen Kulturlandschaften liegt ein eminent christlicher Impuls zugrunde, die künstlerische Umgestaltung nämlich der Wild- zur Kulturnatur nach dem Prinzip von Punkt und Umkreis. Es ist dies das Gestaltungsprinzip aller Organismusbildung, z.B. Zellkern-*Cytoplasma* oder *Embryoblast-Trophoblast* in der Embryonalentwicklung. Am Beispiel der Entstehung des Dorfes und seiner Gemarkung soll dies verdeutlicht werden: Versetzen wir uns in die Zeit nach der Völkerwanderung und vor die Zeit der ersten großen Rodeperiode im siebenten und achten Jahrhundert, so waren weite Gebiete Europas Wald-Sumpflandschaften, dünn besiedelt von Menschen, die überwiegend nicht an der veredelnden Durchgestaltung des Leibes und der Seele teilhatten wie die Angehörigen der vorchristlichen Hochkulturen. Wie der Urgewalt der Natur, wohnte diesen frühen Völkerschaften noch eine unbändige Kraft, ein ungestümer Starkmut inne, eine ungeformte, kämpferische, stark an Blutskräfte gebundene Seelenhaftigkeit. Das Ich aber, der Ewigkeitskern des Menschen, war, wie eine Knospe, die sich dem Sonnenstrahl öffnet, empfänglich für geistige Impulse, die in die Zukunft weisen. Dieser ungeformten und zugleich geistoffenen Seelenverfassung begegnete der einsam durch die elementarische Wildheit der Waldlandschaften ziehende Mönch, in geläuterter Seele den Christusimpuls in sich tragend. Man sieht ihn vielleicht an einer Quelle, einem uralt-heiligen, heidnischen Ort, innehalten; er schlägt in das Dunkel des Waldes eine kleine Lichtung und zimmert sich grob eine Kapelle, deren Innenraum den Altar birgt. Man sieht, wie Menschen aus dem Wald hinzutreten und Unterweisungen erhalten, die sie wie eine Geistesnahrung für ihr Ich empfinden, die in ihnen den Ich-Willen zur Arbeit wecken, die sie zu Helfern des Einen, des Mönches, machen. Sie beginnen, mit ihm den Wald weiter zu roden, legen den nahe gelegenen Sumpf trocken und kultivieren auf der nunmehr sonnenerhellten Lichtung Pflanzen aus Samen, die sie als fremdes Kulturgut aus den Händen des Mönches empfangen. Man sieht, wie alsbald die holzgezimmerte Kapelle einem romanischen Steinbau weicht, der sich mit seinem trutzigen, mächtigen Mauerwerk und den schmalen Fensteröffnungen vor den ringsum noch unbesänftigten Naturgewalten schützend birgt. Und schließlich wird man gewahr, dass um diesen gestifteten und mit einem Namen getauften Mittelpunkt Bauerngehöfte und Handwerksbetriebe entstehen. Das Dorf ist mit der Kapelle oder Kirche im Mittelpunkt und der Gemarkung als Umkreis geboren.

In der Folgezeit bis ins 9./10. Jahrhundert hat sich unter diesem heraufkommenden Kulturimpuls die Seelenbildung der Menschen gewandelt. Der ungebändigte, ungestüme Starkmut verinnerlichte und wandelte sich in die Seelenkraft der Demut. Und dem Ich, das im Durchdringen und Veredeln von Leib und Seele noch in weiteren Graden seiner selbst bewusst wurde, entrang sich gegenüber Mensch und Welt die «Frage». Die Parzivalgeschichte schildert diesen Umschwung. Der junge Parzival betritt die Welt als «tumber Tor». Starkmütig nimmt er den Kampf mit jedem Gegner auf, ohne zu wissen, wer es ist. Erst nach dem Kampf nehmen Sieger und Besiegter das Visier herunter und machen sich bekannt. Die Handlung ging dem Erkennen voraus. Die Wanderschaft des Parzival führt durch Fehlverhalten, Zweifel und Leid hin zum Erwachen des Ich, zur Frage: «Wer bin ich, was fehlt Dir?» Die Seelenöffnung zur Frage am rechten Ort zur rechten Zeit erhöht Parzival zum Gralskönig, zum Ich, das in Geisterfüllung sich selbst beherrscht. So wie sich im Griechentum in der Unerbittlichkeit des Schicksals des Orest oder Ödipus die Tragik eines zu Ende kommenden Zeitalters ankündigt, so offenbart sich im Werdegang des Parzival-Schicksals in vollständiger Metamorphose der Zukunftsweg zur freien Selbstbestimmung.

Zwischen den Klöstern, dem benediktinischen Mönchtum, und den Pfalzen, dem Königtum, entstanden nun die Dorfschaften. In ihnen erscheint in gewandelter Form und auf höherer Stufe das gesamte landwirtschaftliche

Erbe der vorchristlichen Kulturepochen. In der Mitte der Gemarkung steht hoch über den Giebeldächern des Dorfes emporragend die Kirche mit Turm und Schiff, ein Kunstwerk in doppeltem Sinn: Vertikal emporstrebend steht der Turm, ein nach außen gestaltetes Bildwerk inneren Ich-Erlebens; horizontal erstreckt sich das Schiff, eine Projektion des seelischen Erlebens in Gemeinschaft. Diese Mittelpunktsetzung ist eine Bauleistung des gesamten dörflichen Gemeinwesens. Was da gleichsam als Taufakt eines Erdenortes inmitten einer Wildnatur entsteht, ist die vollständige Umstülpung des vollendeten Kunstwerkes aus vorchristlicher Zeit, des griechischen Tempels. Wie dieser seine hohe Ästhetik nach außen, vorzüglich in der Komposition der Säulen, präsentiert, das Innere aber, die Cella, die Wohnung der Gottheit, in nahezu hermetischer Ummauerung dem profanen Blick entzogen war, so findet sich in der romanischen Basilika das Außen fest ummauert, die Säulen sind nach innen genommen, und der Innenraum ist der Gemeinde erschlossen. Die künstlerische Kraft der Gemütsseele jedes Einzelnen im dörflichen Gemeinwesen war durchdrungen von dem bildhaften Erleben des untergründig wirkenden esoterischen Volkschristentums und war gestützt und getragen von dem vorzüglich im Mönchtum und im Adel wirkenden institutionell-exoterischen Christentum. Beide Erlebnisweisen vereinigten und konzentrierten sich nach innen auf den Gemarkungsmittelpunkt und schufen der Gemeinde und dem kultischen Geschehen am Altar in künstlerischer Gestaltung eine Formhülle.

Dieselbe künstlerische Kraft aber war es, die sich der Peripherie, der Dorfgemarkung, zuwandte. Auch hier vollzieht sich eine Umstülpung. Sie betrifft die einander polare Hirten- und Ackerbauströmung sowie die locker vernetzten, nicht auf ein Zentrum fixierten Garten- und Obstbauströmungen der vorchristlichen Zeit.

Wir sehen, wie jetzt um die Kirche herum, die den Mittelpunkt bildet, die Bauerngehöfte sich gruppieren. Das einstige Nomadentum setzt sich im Christentum nicht fort. Der umherziehende Hirte wird mit seinen Rindern sesshaft, wie das bei den halbnomadisierenden Kelten und Germanen mit ihren lockeren Weilern schon der Fall war. Ab jetzt leben die Rinder unter einem Dach mit dem Menschen. Die Viehhaltung tritt innerhalb der Geschlossenheit der Feldgemarkung in Beziehung zu Ackerbau, Wiesen- und Weidewirtschaft. Es vollzieht sich unter der Führung ein und desselben Menschen die Vereinigung, ja die «Ehe» von Ackerbau und Viehzucht. Der Gegensatz der feindlichen Brüder Kain und Abel wird überwunden. Weiterhin gliedert sich nun der Gartenbau in nachchristlicher Zeit in den werdenden Dorforganismus

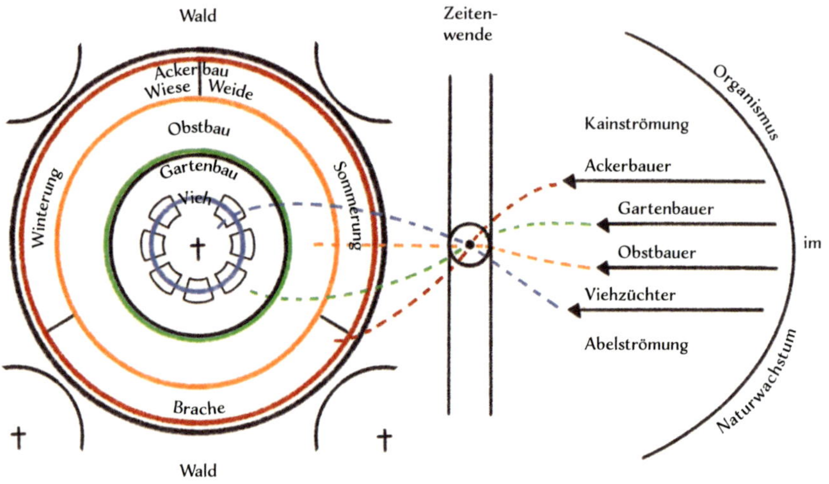

Abbildung 2:
Metamorphose und Durchdringung der vier agrarkulturellen Strömungen im Durchgang durch das Christusmysterium. Der Weg vom Organismus im Naturwachstum zum Kulturorganismus.

ein. Die Bauerngärten legen sich im Anschluss an die Bauerngehöfte wie ein Saum um das Dorf herum. Hier versammelt sich im umhegten Areal das überlieferte Kulturgut an Gemüsearten, Blumen, Heilkräutern und Beerenobst; hier war der Standort der Bienenhaltung; von hier schwärmten die Bienen in die umliegende Dorfgemarkung aus, besorgten die Bestäubung und trugen den Honig ein.

Wie die Tierhaltung und der Gartenbau im Durchgang durch die Zeitenwende sich zu Organen eines werdenden Organismus höherer Ordnung herausbildeten, so auch der Obstbau. Er legte sich im Anschluss an die Gärten als ein weiterer Saum in artenreicher Hochstammkultur in Form von Obstwiesen um das Dorf herum. In Nähe zu den Ställen lieferten die Obstwiesen zugleich das frische Grün für die Fütterung der Jungtiere.

Jenseits der Obstwiesen öffnete sich die Dorfgemarkung in die Feldflur, in die Wiesen und Weiden, in den Niederungen, Auen oder in Säumen, die Bäche und Flüsse begleitend. Diese Grünländereien, wie auch die Kulturen des Ackerlandes, gliedern sich, vermittelt durch die Benediktiner, als Organe dem Dorforganismus ein. Befruchtet durch den Impuls des Christentums schließen sich Ackerbau und Viehzucht, Obst- und Gartenbau, Wiesen- und Weidewirtschaft, Hecken- und Waldbau sowie die Gewässerwirtschaft zu einem Ganzen, zum in sich geschlossenen Organismus der Landwirtschaft zusammen. Die «Außenhaut» dieses Organismus zum angrenzenden Wald oder den Nachbargemarkungen kennzeichnen Marksteine und wo sich ein freier Blick von einer Anhöhe ergibt, grüßen aus der Ferne die Kirchtürme angrenzender Dorfschaften.

Aus der Bewusstseinskraft der durchchristeten Verstandes- oder Gemütsseele werden die Elemente der vorchristlichen Landwirtschaft auf eine höhere Kulturstufe gehoben. Sie treten im Dorforganismus oder Einzelhof in ein sich gegenseitig förderndes Wechselverhältnis. Am augenscheinlichsten betrifft dies den einstigen Urgegensatz von Ackerbau und Viehzucht. Die Haustiere sind in Art und Zahl auf die zur Verfügung stehende Futtergrundlage abgestimmt. Sie liefern den Dünger, der zusammen mit der Drei-Felder-Fruchtfolge – Winterung, Sommerung und Brache –, unterstützt durch die wendende Pflugbearbeitung, für die bodenständige Dauerfruchtbarkeit sorgt. Alles steht räumlich und zeitlich in einem Wechselverhältnis zueinander: Auf dem Fruchtfolgeglied Brache – sie bedeutet ein Ruhejahr für den Boden – wächst nach einem Eggenstrich im Frühjahr ein Wildwuchs an Kräutern, Gräsern, Klee usw., der über den Sommer von Schafen und Rindern abgehütet und dabei gedüngt wird. Diese Ackerweide erhält vor dem Umbruch und der Saat der Winterung im Herbst zusätzlich den Dünger aus der Stallhaltung der vorangegangenen Herbst-Winter-Zeit. Im zweiten Jahr stehen als Brotfrucht die Wintergetreide, die hauptsächlich zugleich das Stroh für die Einstreu im Stall liefern, und, im dritten Jahr, stehen in «abtragender Frucht» das Sommergetreide sowie Hülsenfrüchte, Lein, Flachs etc. Die Ackerflur insgesamt ist in etwa drei gleich große Flächen aufgeteilt, auf welchen nebeneinander die Früchte stehen, die jeweils auf einer der drei Teilflächen im Abstand von drei Jahren nacheinander angebaut werden (Abbildung 2). Die Dreifelderwirtschaft war bis in die Neuzeit hinein der Garant einer sich von Jahr zu Jahr erneuernden, das bloße Naturniveau überhöhenden Bodenfruchtbarkeit. Die Wiesen, die das Heu für die Winterfütterung im Stall spendeten und wodurch Mist für das Ackerland entstand, wurden die «Mutter des Ackerlandes» genannt.

Wie lebendige Zellen mit Kern und umhüllendem Plasma sich zu höheren Ganzheiten zusammenschließen, etwa einer Pflanze, so die Dorfschaften zu der höheren Einheit der Kulturlandschaft. Alle europäischen Landschaften haben ihren je eigenen Kulturcharakter unter dem Einfluss des Christentums aufgeprägt erhalten. Sie stellen ein von Menschengeist und Menschenhand durch Jahrhunderte geschaffenes Zellengewebe von

Einzelhof- und Dorforganismen dar. Ihre Geburtsstunde waren das siebente bis zehnte Jahrhundert, in den Waldlandschaften Mitteleuropas war es das zwölfte Jahrhundert.

So weist der Dorforganismus – oder bei Streulage der Einzelhöfe das Kirchspiel – ein Innen und ein Außen auf. Das Erleben dieser Polarität prägte die tägliche Arbeit im Stall und auf dem Feld. In vollkommener Hingabe der Gemütsseele bildete die Arbeit eine Brücke zwischen diesem Innen und Außen. Es waren dieselben Hände, die kunstvoll den Stein für den Kirchenbau behauten, die die Fresken malten, die Farbfenster schufen, wie die, die draußen das Vieh betreuten, den Acker bestellten und ebenso kunstvoll Kulturlandschaften gestalteten. Es war dasselbe Bewusstsein, das den Kirchenbau als Mittelpunkt, die Gemarkung als Peripherie erfasste und beide Pole durch die Arbeit, durch das «*ora et labora*», zum Ganzen des Dorforganismus verband. Was die Einzelseele, was die ganze Gemeinschaft des Dorfes als heilige Handlung am Altar erlebte, das strömte ein in die Arbeit und verlieh ihr auf Hof und Feld geistige Impulskraft und den Sinn, das Beziehungsgefüge von Ackerbau, Viehzucht, Garten-, Obst- und Waldbau sowie Wiesen- und Weidewirtschaft maßvoll in Harmonie und Schönheit aufeinander zuzuordnen.

Was umgekehrt der Bauer draußen in Frühjahr, Sommer, Herbst und Winter an elementarischen Naturgewalten in Wind und Wetter erlebte, was Sonne, Mond und Sterne zu ihm sprachen, es verdichtete sich, ohne «zerdacht» zu werden, in ihm zur Weisheit im instinktsicheren Arbeiten. Den Reichtum dieses Erlebens aus der Arbeit unter freiem Himmel trug er als verinnerlichtes Gut wieder zurück an den Altar, und dort empfing er erneut eine Impulsierung aus dem Geiste. Dieses rhythmische Verwobensein in ein Innen- und ein Außenerleben im Geiste des Christentums, gesteigert durch das Zelebrieren der Jahresfeste, schulte den ganzen Menschen in seinem Verhältnis zur Arbeit, zur Natur und zur Gemeinschaft. Es schrieb sich der Seele des Menschen ebenso ein wie dem Äußeren der Natur. Von daher wohl begründet sich, dass aus jedem Ort innerhalb der europäischen Kulturlandschaften für das feinere Empfinden ein «*spiritus loci*» spricht. Wie stark sich darin ein Abbild der Volksseele offenbart – oder im Landschaftscharakter: des Volksgeistes –, zeigt sich, wenn man die feineren Nuancen der aus den Volkstümern herauswachsenden Kunstschöpfungen mit den Landschaften vergleicht, in welchen sie entstanden sind. Man kann in diesem Sinne von einem der englischen Volksseele entsprechenden Landschaftstypus und ebenso von einem holländischen, schwedischen, italienischen usw. Typus von Landschaften sprechen. Vom frühen Mittelalter an tragen die Landschaften in fortschreitender Individualisierung der einzelnen Dorfschaften den Prägestempel des jeweils waltenden Volksgeistes, der Volksseele und des Volkstums.

Die Völkerwanderung hatte nördlich der Alpen den Verfall und die Zerstörung aller von den Römern gegründeten Städte zur Folge: Die neue, aus der durchchristeten Seelenhaltung des «*ora et labora*» heraufkommende Siedlungsform wurde das Dorf. Erst später, im zehnten und elften Jahrhundert, wurden in Verbindung mit Adelssitzen, Klöstern, zentralen Handelsplätzen, ausgestattet mit besonderen Privilegien, einzelne Dorfschaften zu Städten. Den Anfang machte die Mittelpunktsetzung einer Kapelle und die Urbarmachung eines Stückes Wildnatur drumherum, gefolgt von dem Bau einer romanischen Basilika und der auf diese hin orientierten Ansiedlung der Bauerngehöfte sowie des umliegenden, nach außen begrenzten Landes. In dem Maße, in welchem sich das Zentrum, die Kirche, mit Turm und Schiff in künstlerisch plastischer Gestaltung emporhob und ausformte, in eben diesem Maße gestaltete und gliederte sich die einst wuchernde Wildnatur der Gemarkung zur Kulturnatur. Diese Entwicklung fortschreitender künstlerischer Harmonisierung und Veredelung erreichte ihren Höhepunkt im Heraufkommen der Gotik. In der Romanik erscheint in keimhaften Zügen im künstlerischen Abbild, was in den Menschen nach und nach in Demut und Hingabe sich als das tiefste Wesen des Christentums enthüllt und verinnerlicht hat. Der aus der Strömung des esoterischen Christentums hervorgetretene Gralsimpuls im achten und neunten Jahrhundert durchdrang die Seelen der Menschen und erweckte in ihnen zu hohen Graden die Kraft der Verinnerlichung. In der Gotik erblüht aus dieser Innigkeit des Seelenlebens eine unerhörte künstlerische Gestaltungskraft. Der Turm strebt noch weiter filigran in die Höhe, das lange, hohe, mehrschiffig ausladende Kirchenschiff mit Querschiff und Chor umhüllt einen gewaltigen Innenraum, der durchflutet ist von farbigem Licht, das durch die biblischen Szenen und die Gestalten der Heiligen in den Glasfenstern wie aus einer höheren Welt hereinströmt. Wie muss sich darin der bäuerliche Mensch erlebt haben, der da in einfacher, zur Erde gedrückter Behausung zu Füßen des gewaltigen Baus wohnte? Nach außen bot sich seinem Blick die durch seiner Hände Werk gestaltete Natur in ihren Formen und Farben, in den Innenraum des hohen Baues tretend, gewahrte er Formen und Farben ganz anderer Art. Seiner Anschauung bot sich in hoher künstlerischer Gestaltung ein Abbild seines eigenen gemüthaft geistig-seelischen Erlebens.

In der Gotik erreicht die Ausgestaltung des Mittelpunktes im Umkreis der zugehörigen Gemarkung ihren Höhepunkt. Der rein aus dem inneren

Erleben der Menschen geschaffene Bau ragt in künstlerischer Überhöhung aus der umgebenden Landschaft empor. Die gotischen Kathedralen, Dome, Münster und Dorfkirchen sowie die vorausgehenden Bauwerke der Romanik schließen nicht einen Landschaftsraum ab wie der griechische Tempel, sondern sie sind in einem höheren Sinn das zentrale Organ eines die umgebende Erdennatur einschließenden Gesamtorganismus. Das kann so recht ins Auge fallen, wenn man solche Bauwerke wie beispielsweise Chartres, das Straßburger oder Ulmer Münster – die heutige städtische Umgebung weggedacht – oder irgendein Dorfkirchlein von der Ferne her erwandert.

In der Gotik des Hochmittelalters waren auch die letzten Reste wuchernder Wildnatur gebannt und durch Ich-gewollte Arbeit zu einem «Gottesgarten» veredelt. Angesichts der Fülle von Skulpturen in den Portalen und Nischen, der lebendig aus den Kapitälen hervortretenden Wesenheiten, der pflanzenhaften Ornamentik, die die Außenhaut der Bauwerke vielfach zieren, kann man den Eindruck gewinnen, als wären die überschüssigen, aus der umgebenden Natur entbundenen und geläuterten, lebendigen Bildekräfte in den Bau, in die bildhauenden und malenden Hände der Künstler eingeflossen. Wie diese Bauwerke selbst, so ist mit ihnen jetzt auch die Kulturlandschaft vollendet. Wie in der Gotik die hochaufstrebenden Spitzgewölbe einen Schlussstein haben (in der Romanik trägt der Rundbogen als Ganzes), so bildet die Gotik insgesamt den Schlussstein in der Entwicklung des Organismusprinzips als grundlegendes Gestaltungselement der abendländischen Kulturlandschaften und zugleich den Schlussstein des Zeitalters der Verstandes- und Gemütsseele.

Das Organismusprinzip in der Neuzeit

Gewaltige Umbrüche kennzeichnen den Schwellenübergang in die Neuzeit, in das Zeitalter der Bewusstseinsseele. Europa beginnt sich in Nationalstaaten zu gliedern. Die Tat der Jungfrau von Orleans (1412–1431) leitet den Prozess der territorialen Trennung von Frankreich und England ein; die Seefahrer aus den Königreichen Spaniens und Portugals erschließen die Seewege in ferne Länder; aus dem abstrahierenden Denken begründen sich die neueren Wissenschaften; Kopernikus (1473–1543) «lässt die Erde sich um die Sonne drehen»; Kirche und Adel verfallen der Orthodoxie; beide pochen auf ihre Privilegien und streiten sich um die Macht; die Städte wachsen und mit ihnen das Bürgertum. Die Künste spiegeln den Bewusstseinsumschwung am deutlichsten, indem beispielsweise die Malerei des Goldgrundes, ein Bild des Hereinkraftens des Ewigen ins Zeitliche, abgelöst wird durch die

Raumperspektive. Die Empirie, die Sinnesanschauung, tritt ihren Siegeszug an. Das Bauerntum sucht sich aus der Hegemonie von Kirche und Adel zu befreien, um, unter Wahrung seines Volkstums und des aus esoterischen Quellen inspirierten Volkschristentums, eigene Wege der Selbstbestimmung zu gehen. Es bricht das Zeitalter an, in welchem der Mensch sich mehr und mehr in die bewusste Auseinandersetzung mit dem Bösen gestellt sieht, in den Gegensatz der entwicklungsfördernden und der retardierenden, entwicklungsverneinenden Kräfte.

Dieser Gegensatz wird bezüglich des Organismusprinzips sogleich zu Beginn des 15. Jahrhunderts offenbar. Auf der einen Seite sehen wir, wie Spanier und Portugiesen über die schon länger bekannten Kanarischen Inseln mit ihren Großseglern wagemutig immer größere Kreise in den Atlantik hinaus ziehen und es die Portugiesen waren, die dabei 1425 die Insel Madeira entdeckten. Sie war unbewohnt und trug einen artenreichen Mantel von Urwäldern, ein seit Urzeiten gewachsener «Organismus im Naturwachstum». Wenig später, von 1426 bis 1428, fackelten erste Siedlerbauern aus Portugal das einzigartige Naturbiotop der Insel ab, holten sich Ureinwohner der Kanarischen Inseln, die Guanchen, machten sie zu Sklaven, ließen sie ein Netz von Bewässerungskanälen ziehen und über die ganze Insel hin Zuckerrohr in Monokultur anbauen, das, verarbeitet zu Rohrzucker, als Exportgut willkommenen Absatz auf dem Festland und vor allem in England fand.[54] Hier, wie in einer Keimzelle, vollzieht sich symptomatisch, was dann in den folgenden Jahrhunderten im großen Stil in der neuen Welt zur Landnahme, zu großflächigen Rodungen, zur Monokultur, Versklavung, zum Sklavenhandel und zu den Exportmärkten für Lebensmittel geführt hat, eine Frühform eines agrarischen Industrialismus und, in Dekadenz, eine Wiederholung kulturell begründeter vorchristlicher Entwicklungsströme.

Auf der anderen Seite sehen wir, wie vor allem in Mitteleuropa die Bauern um ihre Freiheit gegenüber der Hegemonie von Kirche und Adel rangen und ihre Kulturerrungenschaften über die Schwelle der Neuzeit herüber zu retten suchten. Aus den Dorfgemeinschaften, die im frühen Mittelalter tonangebend waren, kristallisierten sich seit dem neunten und zehnten Jahrhundert da und dort Städte heraus. In diesen entfaltete sich mit dem Bürgertum, mit dem Einzug des römischen Rechtes und seit dem 13./14. Jahrhundert mit der Gründung von Universitäten ein von der Natur emanzipiertes Kulturleben, ein anderes als dasjenige, welches in den Dorfgemeinschaften als schöpferische

54 Alfred W. Crosby: *Die Früchte des weißen Mannes – Ökologischer Imperialismus 900–1900*, Frankfurt, New York 1991, 280 S.

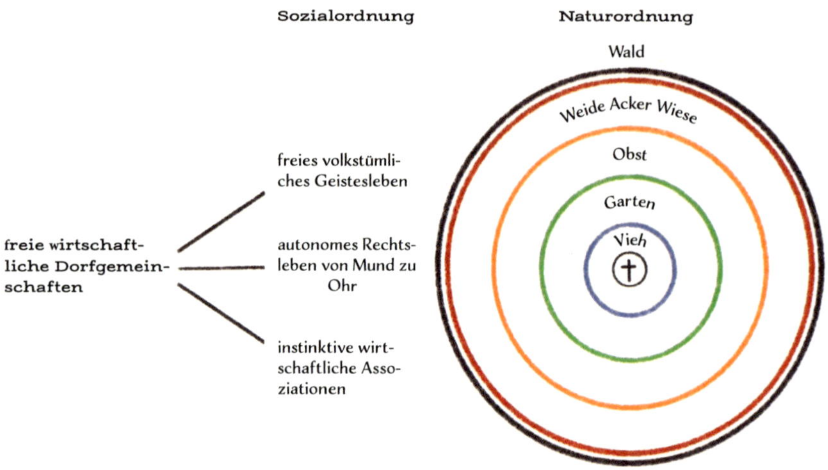

Abbildung 3:
Die Natur- und Sozialordnung der freien wirtschaftlichen Dorfgemeinschaften.

Kraft aus dem Volkstum fortlebte. Dieses suchte sich im Übergang in das Zeitalter der Bewusstseinsseele einen anderen Weg der kulturellen Entfaltung und fand seinen eigentlichen, mitteleuropäischen Ausdruck in den «freien wirtschaftlichen Dorfgemeinschaften».[55] Diese haben sich von der Fremdbestimmung der hegemonialen Mächte befreit und sind die Frucht der dörflichen Entwicklung seit dem Ende der Völkerwanderung.

In den freien wirtschaftlichen Dorfgemeinschaften kam im 15. Jahrhundert aus den Kräften des Volkstums eine wechselseitig sich fördernde Natur- und Sozialordnung kurzzeitig zur Blüte.

Neben der bereits beschriebenen organismischen Naturordnung mit Mittelpunkt und gegliedertem Umkreis der Dorfgemarkung hat sich der Anlage nach eine dreigegliederte Sozialordnung herausgebildet. Unter der Oberfläche des historisch fassbaren katholischen (petrinischen) Christentums lebte ein Volkschristentum, aus dessen Quellen die Volksseele ein Geistesleben pflegte, das von Mund zu Ohr ging, das sich in bildhaften Erzählungen, geistigen Erlebnissen und Ahnungen, in Sagen und Legenden, in Volkspoesie und -musik etc. darlebte. Aus eben dieser Quelle entsprang ein Rechtsleben, das im Rechtsgefühl jedes Einzelnen wurzelte, das ungeschrieben von Mund zu Ohr ging und jährlich neu bestimmt beziehungsweise bestätigt wurde. Es

55 Rudolf Steiner: *Anthroposophie, soziale Dreigliederung und Redekunst*, GA 339, Vortrag vom 12. Oktober 1921, Dornach 1984, S. 29.

versteht sich von selbst, dass seitens der Klöster, Grundherren und aufstrebenden Städte das römische, das geschriebene Recht mehr und mehr diese gelebte Rechtsgesinnung unterwanderte. Auf dem Hintergrund des aus dem Volkstum herauswachsenden Geistes- und Rechtslebens gestaltete sich das Wirtschaftsleben instinktiv in Assoziationen aus.[56] Die Dorfschaften gruppierten sich in solcher Entfernung um den zentralen Markt, dass die Fuhrleute an einem Tag hin- und wieder zurückfahren konnten. Die Menschen in den Dörfern standen untereinander und zum zentralen Markt in einer solchen wirtschaftlichen Beziehung, dass der Austausch der Güter den Bedarf deckte zu Preisen, die den Lebensunterhalt der Bauern- und Handwerkerfamilien so lange sicherte, bis jeweils dasselbe Produkt wieder hervorgebracht war.

Die «freien wirtschaftlichen Dorfgemeinschaften» zu Beginn der Neuzeit tragen in sich den Keim zur Gestaltung des sozialen Lebens in die Zukunft im Sinne der «Dreigliederung des sozialen Organismus».[57] Dieses Aufblühen einer eigenständigen, volkstümlichen Geistigkeit des sozialen Lebens in den dörflichen Gemeinschaften war darauf angelegt, eine basisdemokratische Entwicklung in Mitteleuropa zu inaugurieren, ähnlich wie sie sich in der Schweiz herausgebildet hat. Die Edelsten der Zeit, wie beispielsweise Matthias Grünewald (1470–1528), Tilman Riemenschneider (1460–1531), Paracelsus (1493–1541) und viele andere, solidarisierten sich mit den Bauern. Dem standen jedoch die retardierenden Kräfte in Kirche und Adel entgegen. Der Konflikt entlud sich in den Bauernkriegen von 1524 bis 1525. Was als keimhafter, kulturerneuernder Impuls sich an die Seite der aufstrebenden Städte hätte stellen können, wurde im Blut ertränkt. Die Gegenreformation tat das ihre, alle weiteren Selbständigkeitsbestrebungen im Keim zu ersticken. Das römische Recht trat seine Vorherrschaft auch auf dem Lande an. Der Grund und Boden wurde im gegebenen Rechtsverständnis privatrechtliches Eigentum und damit nach und nach zur käuflichen Ware.

Dann aber, um die Wende des 15. zum 16. Jahrhundert, bricht erneut ein sozial-reformerischer Impuls auf. Die Schrift von Valentin Andreae (1586–1654) «Die chymische Hochzeit des Christian Rosenkreuz» kommt seit etwa 1604 unter der Hand in Umlauf. Publiziert wurde sie 1616 in Straßburg.[58] Sie nimmt Bezug auf Christian Rosenkreutz (1378–1484) und dessen Einweihung

---

56 Ebd., Vortrag vom 15. Oktober 1921, S. 86.

57 Rudolf Steiner: *Die Kernpunkte der Sozialen Frage in den Lebensnotwendigkeiten der Gegenwart und Zukunft*, GA 23, Dornach 1976.

58 Walter Weber (Hrsg.): Johann Valentin Andreae: *Die chymische Hochzeit des Christian Rosenkreuz Anno 1459*, mit Beiträgen von Rudolf Steiner und Walter Weber, Basel 1987, 224 S.

1459. Zur selben Zeit gründete sich die «Bruderschaft vom Rosenkreuz». Diese vereinigte einzelne wenige Menschen, die unerkannt blieben und die nicht wie beispielsweise Paracelsus (1493–1541) durch eine Lehre nach außen in Erscheinung traten, sondern sich im Verborgenen aus geistigen Inspirationen selbstlos in den Dienst der Mitmenschen stellten. Vermutlich von demselben Autor Valentin Andreae (1586–1654) erschienen weitere Rosenkreuzerschriften, so 1614 die *Fama Fraternitatis* (die an die «Häupter, Stände und Gelehrten in Europa» gerichtet war), 1615 die *Confessio* und 1617 die *Allgemeine und Generalreformation der ganzen Welt*. In dieser «Generalreformation» aus dem Geiste des Rosenkreuzertums traten aus dem Verborgenen jene Impulse wieder hervor, die unterschwellig im 15. Jahrhundert den Keim zur Dreigliedrigkeit des sozialen Lebens in den freien wirtschaftlichen Dorfgemeinden legten.

Was aus dem Rosenkreuzertum an spirituellen, den wirksamen Geist in der Natur und im sozialen Leben gleichermaßen erfassenden Impulsen bahnbrechend für das 17. Jahrhundert hätte werden können, es wurde durch das gewaltige Unheil des Dreißigjährigen Krieges und seine Folgen zunichtegemacht. Dieser Krieg verheerte Mitteleuropa nach der Strategie der verbrannten Erde. Viele Dörfer verwandelten sich dauerhaft in Wüstungen; die Landbevölkerung war zu 40 %,[59] die städtische Bevölkerung zu 33 % den Schrecknissen von Hunger, Seuchen und Kriegshandlungen zum Opfer gefallen. Die Saatgut- und Brotgetreide-Vorräte wurden zu wiederholten Malen geplündert oder durch Brandschatzung vernichtet, die Tiere von durchziehenden Heerscharen fortgetrieben, die Brunnen durch hineingeworfene Tierkadaver vergiftet. Noch bis zum Jahrhundertende, 50 Jahre nach dem Westfälischen Frieden von 1648, herrschten vielerorts Hungersnöte. Der Dreißigjährige Krieg hat physisch der überkommenen Agrarkultur Mitteleuropas das Rückgrat gebrochen. Vieles an volkstümlicher Weisheit ist zugrunde gegangen, und mühsam nur konnte, aus dem übrig gebliebenen Erfahrungswissen, das Organismusprinzip in den Dörfern und Einzelhöfen wieder zu neuem Leben erweckt werden. Der Dottenfelderhof z.B., zehn Kilometer vom Stadtkern von Frankfurt am Main entfernt, als Meierei dem Prämonstratenser-Kloster Ilbenstadt zugehörig, war vollständig geschleift. Erst 1707 kam es zum Wiederaufbau des Haupthauses mit Wohnräumen und Getreidespeicher, und 1742, nahezu hundert Jahre nach dem Krieg, war der Gebäudekomplex nunmehr als hermetisch abgeschlossener Wehrhof wieder hergestellt.

---

59 Aus: Wilhelm Abel: *Geschichte der deutschen Landwirtschaft*, Stuttgart 1967, S. 265.

Nach den tiefen Einbrüchen des 17. Jahrhunderts brachte das 18. Jahrhundert mit der Aufklärung auch ein Erwachen in der Landwirtschaft. In dessen erster Hälfte erblühte die sogenannte Hausväter-Literatur, die, in Rückschau auf die verlorenen Weistümer, die Landwirtschaft noch als organismisches, ethisch begründetes Ganzes zu erfassen suchte. In der zweiten Hälfte des 18. Jahrhunderts trat die Experimentalökonomie[60] in den Vordergrund. Man hielt auf das, was im Rahmen der organismischen Geschlossenheit sich empirisch als vernünftig erwies und was dann den Boden für die heraufkommenden Agrarwissenschaften im 19. Jahrhundert bereitete. Nach der langanhaltenden Depression, die den Wirren des Dreißigjährigen Krieges folgte, nahm die Landwirtschaft im Fortschreiten des 18. Jahrhunderts einen Aufschwung. Abgesehen von der Handhabung einer rationelleren, gedanklich durchdrungeneren Praxis, war die Verbesserung der Lebenslage hauptsächlich der «Besömmerung der Brache» zu danken. Im Rahmen der weiterhin praktizierten Dreifelderwirtschaft wurden die Brachflächen mit Hackfrucht (Kartoffeln) und vor allem mit Klee bestellt. Durch den Ackerfutterbau erhöhte sich die Bodenfruchtbarkeit, die Erträge stiegen und die Not wich einem bescheidenen Wohlstand.

In der Aufklärung des 18. Jahrhunderts drang aus dem Verborgenen des Rosenkreuzertums und anderer verwandter spiritueller Strömungen – stellvertretend sei der Theologe und «Theosoph» Friedrich Oetinger (1702–1782) genannt[61] – etwas in das gesellschaftliche Bewusstsein herauf. Der deutsche Idealismus hat in Philosophie, Dichtung, Wissenschaft und den Künsten aus diesen spirituellen Untergründen geschöpft. Aus eben diesen Untergründen stiegen die Ideale herauf, die am Anfang der Französischen Revolution standen, die Rufe nach Freiheit, Gleichheit und Brüderlichkeit. Es sind in verwandelter Gestalt dieselben, die in der Dreigliedrigkeit der freien wirtschaftlichen Dorfgemeinschaften des 15./16. Jahrhunderts angelegt waren, dieselben, die zu Beginn des 17. Jahrhunderts die Bestrebungen der Rosenkreuzer zu einer «Generalreformation» impulsierten,[62] dieselben, die Goethe (1749–1832) in seinem *Wilhelm Meister*, in *Hermann und Dorothea* u.a. dichterisch verarbeitete. Diese Rufe, die aus dem Strom eines esoterischen Wissens durch die Jahrhunderte flossen, auch sie scheiterten an den retardierenden

60 Ebd., S. 202.

61 Vgl. Rudolf Steiner: *Von Jesus zu Christus*, GA 131, Vortrag vom 13. Oktober 1911, Dornach 1988, S. 194 ff.; sowie Emil Bock: *Die Boten des Geistes*, Stuttgart 1967, S. 55.

62 Johann Valentin Andreae: *Allgemeine und Generalreformation der ganzen weiten Welt – beneben der Fama Fraternitatis, des löblichen Ordens des Rosenkreuzes, an alle Gelehrte und Häupter Europa geschrieben*, Kassel 1614.

Kräften; auch sie verhallten in blutigen Kämpfen und endeten abermals mit dem Sieg der Restauration.

Welche Entwicklung nahm nun auf dem Hintergrund dieses historischen Geschehens die Landwirtschaft? Ihre Grundlage, das Organismusprinzip, blieb bestehen. Es wurde aber ohne eine fortwirkende geistige Impulskraft zur Tradition: Die aus dem bäuerlichen Wirken heraus entstandenen Kulturlandschaften mussten im fortschreitenden Gang der Jahrhunderte ebenso mühsam erhalten werden wie die Bauten der romanischen Kirchen und gotischen Kathedralen, die seinerzeit mit ihnen eine Einheit bildeten. Zuerst tropfenweise schnürten einzelne, mutige Menschen ihr Bündel und wanderten in die aufstrebenden Städte ab. Dann aber, seit dem 17. Jahrhundert, folgten sie in Abwanderungswellen dem Ruf «Stadtluft macht frei». Sie nahmen den Verlust der dörflichen Geborgenheit und des Friedens in Kauf; sie strebten hinaus aus der Enge und Unfreiheit des naturverbundenen Lebens und suchten in existenzieller Unsicherheit die freie Selbstbestimmung in neu entstehenden Berufen. Beispielhaft und zu Herzen gehend beschreibt diesen einsamen Weg ins Ungewisse der spätere Augenarzt und Dichter Jung-Stilling (1740–1812),[63] dem Goethe durch resolutes Eingreifen aus mancher Existenznot geholfen hat. Mehr und mehr saugten die Städte die Menschen aus der Landwirtschaft auf, das akademische Leben, die Naturwissenschaften blühten auf und mit ihnen die technische Umsetzung der erkannten Gesetze der anorganischen Natur. Gegenüber der vollmenschlich universalen Ausrichtung der Arbeit in der Landwirtschaft tauchten die Menschen jetzt in die arbeitsteilige Welt der Industrie ein. Sie, die noch ganz dem volkstümlichen Bewusstsein verhaftet waren, sahen sich in der existenziellen Unsicherheit zur individuellen Selbstbewusstwerdung herausgefordert. Aus dem Bauern wurde der moderne, emanzipierte Mensch; der Proletarier. Dieser konnte aus dem arbeitsteiligen Prozess nichts gewinnen außer seinen Lohn: ihm konnte die humanistische Bildung seiner Zeit keine Antwort auf seine Lebensfragen geben, ebenso wenig die Naturwissenschaften, die ihn auf die Frage seines Menschseins vom Affen abstammen ließ. Im Fortschreiten der Neuzeit versinkt das Bauerntum in eine erbganggebundene Tradition, aus der keine Neuerungsimpulse mehr hervorgingen. Diese Tragik kennzeichnet den Entwicklungsgang im 19. und 20. Jahrhundert. Schon die Besömmerung der Brache mit Klee im 18. Jahrhundert war ein von außen kommender Impuls, der auf Widerstand stieß, nicht zuletzt aufgrund der Tatsache, dass die

63 Johann Heinrich Jung-Stilling: *Lebensgeschichte*, München 1968.

einst flexible Dreifelderwirtschaft durch die römisch rechtliche Eigentumsordnung in sich erstarrt war.

Ein Beispiel, wie sehr das Beharrungsvermögen jeder Neuerung Feind war, zeigt zu Beginn des 19. Jahrhunderts der Versuch, in die hochentwickelte Landbaukultur Flanderns die Sämaschine einzuführen. Dieser Versuch scheiterte zunächst; die Bauern fühlten instinktiv dieses Ansinnen als einen Einbruch in das geistig-moralische Selbstverständnis des Bauern, der der aufgebrochenen Erde in gemessenem Schritt und rhythmischem Schwung die Saat anvertraute und der zugleich in Seelen- und Geisteshaltung diesem Geschehen seinen Segen mitgab. Wie anders der Konstrukteur der Sämaschine, der, von außen aus der Stadt kommend, den Sävorgang in gedanklicher Abstraktion in seine Funktionen auseinanderlegt. Er baut daraus eine Maschine, welche folgende Funktionen erfüllen muss: eine bestimmte Saatgutmenge bestimmter Korngröße in einer bestimmten Zeiteinheit in eine bestimmte Bodentiefe abzulegen und mit Erde abzudecken.

Im 19. Jahrhundert übernahmen nach und nach Naturwissenschaften und Technik die Regie über die, ihrer geistigen Impulse entfremdeten, Landwirtschaft. Gleich zu Beginn wurde eine landwirtschaftliche Fakultät nach der anderen gegründet. Im Vordergrund stand die Frage nach dem, was man die «alte Kraft des Bodens» genannt hat, und daraus die Frage nach der Düngung. Man wollte verstehen, was den Böden über die Zeiten hinweg die Dauerfruchtbarkeit verliehen hat. Man hat die Ganzheit des Organismus der Landwirtschaft und das Zusammenwirken seiner Glieder aus dem Auge verloren und suchte nach Einzelfaktoren. Man erkannte die Bedeutung des Humus als Fruchtbarkeitsträger. Um dieser Frage der nachhaltigen Bodenfruchtbarkeit experimentell nachzugehen, wurde in Kent, in England, 1853 der Dauerdüngungsversuch von Rothamsted angelegt. In einer Parzelle mit Stallmistdüngung wurde diese nach einiger Zeit ausgesetzt und nach fünfzig Jahren waren noch Nachwirkungen dieser einstigen Düngung zu konstatieren.[64] Damit, und auch durch spätere andernorts durchgeführte Langzeitversuche,[65] bestätigte sich, dass die «alte Kraft» wesentlich der Rinderhaltung im Organismus der Landwirtschaft zu danken ist.

Durch die Forschungen des Chemikers Justus von Liebig (1803–1870) wurde in der Düngungsfrage das Augenmerk auf die Bedeutung der Einzelstoffe gelenkt. Aus seinen Analysen des Ernteguts folgerte er, dass die Böden

64 Edward John Russel, John August Voelker: *Fifty years of field experiments at the Woburn Experimental Station*, Rothamoted Monographs on Agricultural Science, London 1936.

65 Ernst Klapp: *Lehrbuch des Acker- und Pflanzenbaus. Berlin,* Hamburg 1967, 611 S.

eines Hofes so viel an Nährstoffen verlieren, als in den Verkaufsfrüchten enthalten sind.[66] Aus dieser Schlussfolgerung begründete er seine Mineraldüngertheorie, nach welcher der Nährstoff, der im Minimum ist, den Ertrag begrenzt. Liebig, der mit einem Bein noch im deutschen Idealismus stand, mit dem anderen im heraufkommenden Materialismus der zweiten Hälfte des 19. Jahrhunderts, war überzeugt, dass der Verlust der erdgebundenen Kernnährstoffe Phosphor, Kalium u.a. dem Boden durch die Düngung ersetzt werden muss. Anders urteilte er, entgegen der herrschenden Lehrmeinung, über den Stickstoff. Für diesen habe die Natur selbst zu sorgen. Ihm standen seine Kontrahenten, die Befürworter der Stickstoffdüngung, gegenüber, die in der Folgezeit die Oberhand gewannen. Eine postume Genugtuung für Liebig war die Umsetzung und Bestätigung seiner Thesen durch den Landwirt Schultz-Lupitz (1831–1899),[67] dem es nach jahrzehntelangen Bemühungen gelang, das Ertragsniveau der extrem armen Sandböden von Lupitz durch eine Vertiefung des Humusprofils bedeutend zu verbessern.

Die günstige Vorfruchtwirkung der Leguminosen blieb bis zum Ende des 19. Jahrhunderts ein Rätsel, bis 1886 Hellriegel (1831–1895) seine Entdeckung der stickstoffbindenden Knöllchenbakterien, die in Symbiose mit den Wurzeln der Leguminosen leben, veröffentlichte. Trotz dieser Erkenntnisse aus Wissenschaft und Praxis über die Stickstoffbindung aus der Luft als eines Geschehens im Lebendigen konzentrierte sich aller Eifer auf die Frage, wie der Stickstoff der Luft unter Umgehung des Lebendigen auf technischem Wege in die Form eines Salzes übergeführt werden könne. Denn es ging nicht nur darum, diesen begehrtesten aller Düngerstoffe für die Landwirtschaft zu gewinnen, sondern ebenso für die Herstellung von Explosivstoffen. Das weltweit einzige Vorkommen abbauwürdiger Stickstoffsalze in Form von Natronsalpeter befindet sich in der Wüste Atacama in Chile, eine ferne, überaus teure Quelle für den wachsenden Bedarf im 19. Jahrhundert.

So wirkten Naturwissenschaft und Technik seit dem 19. Jahrhundert von außen in die Landwirtschaft und wurden im 20. Jahrhundert zum Wegbereiter der Entfremdung der Landwirtschaft von ihren ureigenen Entwicklungsimpulsen und Erzeugungsbedingungen sowie schließlich zur Ursache ihres Unterganges in den Agrarindustrialismus. Das Agens auf diesem Wege ist

66 Justus von Liebig: *Die organische Chemie in ihrer Anwendung auf Agrikulturchemie und Physiologie*, Braunschweig 1840.

67 Asmus Petersen: *Schultz-Lupitz und sein Vermächtnis*, Stiftung Ökologischer Landbau (SÖL), Sonderausgabe Nr. 38, 2. Aufl. 1992, 66 S. Mit Vorworten von Gerhardt Preuschen und Wolfgang Schaumann.

der Stickstoff, dem später, seit den 1960er-Jahren, die synthetischen Herbizide, Pestizide, Halmverkürzungsmittel etc. sowie die Gentechnik folgten.

Zu Beginn des 20. Jahrhunderts wurde in Norwegen nach dem Birkeland-Eydeverfahren im elektrischen Ofen Luftstickstoff oxidiert. Es erwies sich als zu teuer. Der Chemiker Fritz Haber (1868–1934) arbeitete von 1905 bis 1910 in der BASF in Ludwigshafen am Rhein die wissenschaftlichen Grundlagen der Ammoniaksynthese aus Luftstickstoff aus; sein Partner, der Ingenieur Carl Bosch, schuf dieser Synthese bis 1913 die großtechnischen Anlagen. In diesem nach ihnen benannten Haber-Bosch-Verfahren wird Luftstickstoff mit Wasserstoffgas in Kontaktöfen bei einem Druck von 200 bar und Temperaturen von 500 bis 600 °C unter Anwesenheit von Katalysatoren zur Reaktion gebracht. Man sieht, wie der überaus reaktionsträge Stickstoff der Luft, der von den Leguminosen auf stille, sanfte Art in den kosmisch-irdischen Rhythmen des Sonnenjahres den Lebensprozess der Eiweißbildung aktiviert, hier auf anorganisch-technischer Ebene, mit hohem Energieaufwand und unabhängig von Ort und Zeit mit Gewalt in eine reaktionsstarke Verbindung gezwungen wird. Diese Erfindung, wie später diejenige der Entfesselung der Kernenergie, erschließt Kräfte der Unternatur der menschlichen Willkür, deren Handhabung fortan Spuren der Zerstörung im Schöpfungswerk der Natur hinterlassen.

Die Ammoniaksynthese war just vor Ausbruch des Ersten Weltkrieges produktionstechnisch ausgereift, machte dadurch die Mittelmächte von den Importen des Chile-Salpeters unabhängig und die Atlantiksperre der Engländer zur Verhinderung dieser Importe obsolet. Erst durch die Ammoniaksynthese wurde der Erste Weltkrieg als Artillerie- und Bombenkrieg in dem verheerenden Ausmaß und in solcher Länge für die Mittelmächte führbar. Im Verlauf des Krieges verfügten auch die Westalliierten über diese Technik. Nach Kriegsende war seitens der Stickstoffindustrie die Frage: Wenn schon kein Krieg mehr, wohin dann mit dem Stickstoff? Man war sich unter Siegern und Besiegten schnell einig; man gründete das Europäische Stickstoffsyndikat und erklärte die Landwirtschaft zum neuen Markt. Mit enormer Werbung und von der Industrie lancierter, praxisnaher Forschung ging die Stickstoffproduktion nahtlos von der Erzeugung von Explosivstoffen für Bomben und Granaten über in die Herstellung von synthetischen Düngemitteln für die Landwirtschaft. Einmal mehr erwies sich die Wahrheit der Aussage des Heraklit, der Krieg sei «der Vater aller Dinge».[68] Dasselbe geschah nach

68 Heraklit (vorsokratischer Philosoph, etwa 520–460 v. Chr), Fragment DK B 53: «Krieg ist aller Dinge Vater, aller Dinge König. Die einen macht er zu Göttern, die anderen zu Menschen,

dem Zweiten Weltkrieg in den USA, wo erst nach dessen Ende die Stickstoffdüngung flächendeckend Eingang fand. In der Folgezeit wurde der Stickstoff in Verbindung mit der Bewässerungstechnik in Trockengebieten global zum Motor des in Monokulturen produzierenden Agrarindustrialismus.

In Mitteleuropa hat das Organismusprinzip dieser stürmischen Entwicklung noch lange standgehalten. Friedrich Aereboe (1865–1942), der Begründer der neueren landwirtschaftlichen Betriebslehre,[69] beschreibt um 1917 einen landwirtschaftlichen Betrieb als ein zusammenhängendes organisches Ganzes: «Ich [...] fasse das Landgut als ein untrennbares, organisches Ganzes auf und zeige, wie dieses Ganze unter dem wechselnden Einfluss äußerer und innerer Lebensbedingungen verschiedene Gestalt erhält und erhalten muss.» Er vergleicht «die organische Wesensart der Landgutwirtschaft» bezüglich der Gliederung in Betriebszweige mit dem «Tierkörper, der Herz, Lunge, Leber und andere Organe hat». Wie diese – je gemäß ihrer Aufgaben – zu einem übergeordneten Ganzen des Tieres in Beziehung stehen, so die einzelnen Zweige der Landwirtschaft zur Ganzheit des Hoforganismus. Aereboe erfasst den ökonomischen Beziehungszusammenhang eines Landgutes, so wie dieser aus intuitiv-instinktiven Bewusstseinsuntergründen entstanden war, erstmals in klaren, hellen Gedanken. Das Beziehungsgefüge, das er vorfand, war ihm eine unumstößliche Tatsache, die es in Gedanken zu durchleuchten und entsprechend betriebswirtschaftlich zu optimieren galt. Die Tatsache selbst, das Wesen des Ganzen, stellte er nicht in Frage.

Der Grundsatz des Betriebsorganismus wurde von den Vertretern der landwirtschaftlichen Betriebslehre in Deutschland bis in die 50er-Jahre des 20. Jahrhunderts hochgehalten. Dies geschah unter Einbezug aller technologischen Errungenschaften der damaligen Zeit, insbesondere der «Mineraldüngung» und hier mit besonderer Betonung des gezielten Einsatzes der synthetisch erzeugten Stickstoffsalze. Dann aber riss der rote Faden des abendländisch-christlichen Landbaus endgültig ab. Seit Anfang der 60er-Jahre verlor sich der Begriff des Betriebsorganismus, und an seine Stelle trat der Systembegriff. Dieser ist nach allen Seiten offen und wird als ein System von Vernetzungen gedacht, ohne Bezug auf eine «Wesensart», d.h. auf eine in sich begründete Ganzheit. Damit waren alle Schleusentore zur Zersplitterung der Landwirtschaft in den Agrarindustrialismus geöffnet. Ein wesentlicher Auslöser war

---

die einen zu Sklaven, die anderen zu Freien»; sowie DK B 80: «Man soll aber wissen, dass der Krieg das Gemeinsame ist und das Recht der Streit, und dass alles durch Streit und Notwendigkeit zum Leben kommt.»

69 Friedrich Aereboe: *Allgemeine landwirtschaftliche Betriebslehre*, Berlin 1920.

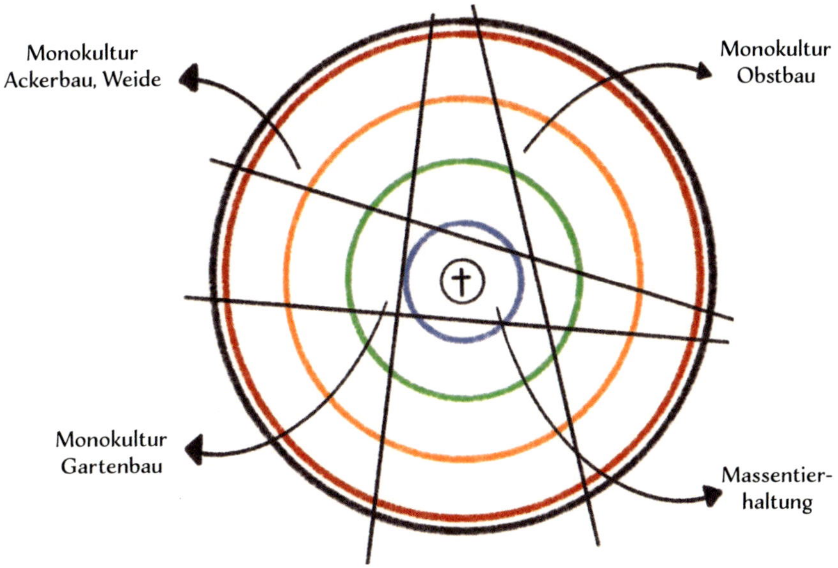

Abbildung 4:
Die vierfache Zerstückelung des Betriebsorganismus in Monokultur und Massentierhaltung.

das Heraufkommen der synthetischen Herbizide in den 60er-Jahren. Es sind Wuchsstoffe, die als «Totalherbizide» systemisch so in das Lebensgeschehen der Pflanzen eingreifen, dass diese sich zu Tode wachsen oder auf anderem physiologischen Wege absterben. Der Einsatz der systemischen Herbizide, gefolgt von den synthetischen Fungiziden und Insektiziden, veränderte schlagartig die klassische Vielfalt der Betriebsorganisation. Von einem Jahr aufs andere konnte ein Familienbetrieb seine Anbauflächen mit Zuckerrüben, Kartoffeln oder Feldgemüsen verdoppeln oder, wenn es der Markt hergab, vermehrfachen. Er konnte sich beliebig auf nur einige wenige oder gar nur eine Anbaufrucht spezialisieren und sich entsprechend gezielt und kostengünstiger mit Gerätetechnik ausstatten. Im Acker- und Gartenbau löste sich das sich gegenseitig bedingende Verhältnis der Dreiheit von Bodenbearbeitung, Fruchtfolge und Düngung auf. Die Monokulturen übernahmen die Herrschaft auf den Ackerfluren. Was über ein Jahrtausend als christlich-abendländisches Kulturerbe in steter Entwicklung ökologisch und sozial gewachsen war, der Organismus der Dorfschaften und der Einzelhöfe, zerfiel in spezialisierte Einzelunternehmen, deren Kapitalbedarf hinsichtlich des Zukaufs an Betriebsmitteln immer höhere Umsätze und damit die industrielle Produktionsweise mit Arbeitsteilung und Kapitalbildung erzwang (Abbildung 4).

Schon während der vorausgehenden Jahrzehnte hatte das Zentrum, die Kirche, mehr und mehr ihre geistig-moralische sowie soziale Führungsrolle eingebüßt, zugunsten des Erwachens zur individuellen Selbstbestimmung. Einhergehend mit der zunehmenden Industrialisierung der Landwirtschaft seit den 60er-Jahren des 20. Jahrhunderts war es diese Tatsache, welche die letzte große Abwanderungswelle auslöste. Waren noch um 1800 62 % der arbeitenden Bevölkerung in der Landwirtschaft tätig, um 1875 49 %, um 1950 25 %, so sind es heute nur noch 2 %.[70] An die Stelle des Bauern trat der Agrotechniker, dessen Orientierungspunkt nicht mehr im Zentrum des Dorfes liegt, sondern peripher in den Bildungszentren der Stadt, in den agrartechnologischen Innovationen und in den überregionalen Märkten. In dem global vernetzten Agrarindustrialismus baut sich um die Landwirtschaft herum ein mächtiger Wall auf, ein Intelligenzapparat eines in Fachgebiete zersplitterten Detailwissens. Der Landwirt wird zum «Exekutivorgan» einer ihn fremd bestimmenden Intelligenz. Im Zuge dieser schleichenden geistigen Entmündigung hat sich nach und nach der Gartenbau als Erster aus den Dorf- und Einzelhofgemarkungen herausgelöst und sich auf Monokulturen unter Glas spezialisiert, ein erster Schritt der Zerstückelung der organismischen Ganzheit. Auch im Ackerbau hat sich, in den USA schon sehr früh, der Getreidebau verselbständigt, gefolgt von Bodenabtrag durch Wind- und Wassererosion. Heute beherrscht weltweit flächendeckend ein eintöniges Muster an Monokulturen das Landschaftsbild. In Mitteleuropa hat sich dieser zweite Schritt der Zerstückelung der Ganzheit nach einigem Beharrungsvermögen erst gegen Ende des 20. Jahrhunderts vollzogen. Schließlich, in einem dritten Schritt der Zerstückelung, verlor auch der Obstbau seine Organfunktion im landwirtschaftlichen Organismus. In den 70er-Jahren wurden Prämien für die Rodung von Hochstammkulturen gezahlt; heute wird ihr ökologischer Wert wieder geschätzt. Die Produktion allerdings konzentriert sich auf Intensivanlagen in Monokultur in klimatisch bevorzugten Gebieten. Zuletzt, in einem vierten Schritt der Zerstückelung, wurde auch die an die betriebliche Futtergrundlage gebundene Haustierhaltung aufgegeben, mit der Folge einerseits der Entstehung viehloser Betriebe und andererseits der Konzentration auf Massentierhaltung. An die Stelle des Begriffes «Haustier» trat der Begriff «Nutztier». Es begann mit dem Geflügel in ganzjähriger Stall- bzw. Käfighaltung, gefolgt von der Schweinehaltung, konzentriert in Großmästereien, und schließlich – wer

70 Laut Auskunft der Gesellschaft für Agrargeschichte e.V. Ffm.

hätte das für das Weidetier Rind, das Haustier schlechthin, je für möglich gehalten – die Vermassung enthornter Tiere in ganzjähriger Stallhaltung mit Silofütterung beziehungsweise auf Höchstleistung berechneten Kraftfuttermischungen.

Was sich in Zeiten der Gnosis, was in weit davor liegenden Zeiten unter der Mysterienführung, gebunden an die Bewusstseinsverfassung bestimmter Völkerschaften, sich in einem lockeren Nebeneinander als die vier Strömungen von Viehwirtschaft, Acker-, Garten- und Obstbau herausgebildet hatte, was unter der Einwirkung des Christentums in gegenseitiger Durchdringung zur höheren Einheit des Organismus der Landwirtschaft verschmolzen war, jetzt ist es in agnostischer Zerstückelung wieder in die vier Urzustände zurückgefallen.

Trotz aller durchaus bewundernswerten Errungenschaften der Moderne dürfen wir nicht die Augen vor der Tatsache verschließen: Wir stehen auf einem Trümmerhaufen der abendländisch-christlichen Landbaukultur. Die Usurpation durch industrielle Produktionsmethoden hat ihre kulturtragende Kraft gebrochen und ihr seit den 60er-Jahren des 20. Jahrhunderts das Grab geschaufelt. Doch aller Tod birgt auch den Keim zu neuem Werden. Dieses kann erfasst werden, wenn man sich der tieferen Werde-Impulse der Vergangenheit bewusst wird. Eine Aussage des «Doctor Angelicus», Thomas von Aquin (1225–1274), lautet: Vergangenheit und Zukunft hat die Zeit, Gegenwart nicht.[71] – Man kann diese Aussage gedanklich weiter ausloten. In der Gegenwart begegnen sich beide Zeitströme und löschen sich aus. Der Vergangenheitsstrom erstirbt in die Form, in das sinnenfällige Ereignis. In dieser Form aber lebt der Zeitenstrom aus der Zukunft auf als Keim. Der Pflanzensame versinnlicht das Ereignis. Er trägt in sich, in die Form des Genoms geronnen, den Prägestempel der Vergangenheit. Diese «geprägte Form, die lebend sich entwickelt»,[72] enthält einen Keim, der die Potenz hat, sich dem Zeitenstrom der Zukunft zu öffnen. So kann man sagen: In der Vergegenständlichung des sinnlich Erscheinenden liegt das Todesmoment, in welchem sich die Zeit der Vergangenheit in die Zukunft wendet. Zukunft ist sich verwandelnde Vergangenheit.

---

71 Vgl. Thomas von Aquin: *Summa Theologica*, Questia 10, Proemium.

72 Johann Wolfgang von Goethe: *Goethes Werke*, «Urworte Orphisch», Hamburger Ausgabe, Bd. 1, München 1978, S. 359.

Die neuen Keime

Die anthroposophische Geisteswissenschaft Rudolf Steiners liefert Erkenntnisse in der Form von Ideen, die im kraftvollen Denken der weitgespannten, geistigen Beziehungszusammenhänge ihre Wahrheit verbürgen und im Tun sich als Keime erweisen, die in ihrem Wachsen und Fruchten eben diese Wahrheit als Triebkraft eines immer neuen Werdens erlebbar machen. Zwei Ideenkeime Rudolf Steiners sind es, die, an Vergangenes anknüpfend und es verwandelnd, der Landwirtschaft die Wege zu neuer Kulturträgerschaft weisen:

Der erste dieser Ideenkeime nimmt Bezug auf die Bedeutung der Landwirtschaft hinsichtlich der sozialen Frage: Der Erste Weltkrieg bewirkte den Zusammenbruch der alten Weltordnung. In dem daraus folgenden sozialen Chaos inaugurierte Rudolf Steiner die «Dreigliederung des sozialen Organismus». In diesem gewaltigen Ideenzusammenhang erschien aus den Untergründen des historischen Werdens in verwandelter Gestalt jener Impuls wieder, der seit der Neuzeit in den aufeinanderfolgenden Jahrhunderten an die Oberfläche drängte, dann aber an den retardierenden Machtstrukturen scheiterte und wieder in die Verborgenheit zurücksank. Vorbereitet durch seine «Kernpunkte der sozialen Frage»[73] begann Rudolf Steiner mit Menschen, die tätig im Leben standen, konkrete Schritte zur Neugestaltung des sozialen Lebens zu unternehmen – im Sinne:

- eines «Freien Geisteslebens», das autonom Schöpfer- und Initiativträger aller geistigen Impulse ist, die das gesellschaftliche Leben durchziehen und befruchten,
- eines Rechtslebens, das autonom Schöpfer und Träger ist dessen, was in Gleichheit im Verhältnis von Mensch zu Mensch rechtens ist und in Gesetzesform Gültigkeit erlangt,
- eines Wirtschaftslebens, das autonom handelt und sich auf Vertragsbasis in bewusst gestalteten wirtschaftlichen Assoziationen «brüderlich/schwesterlich» der Deckung der Bedürfnisse der Menschen annimmt.

In jedem dieser drei Glieder des sozialen Lebens steht bewusst-unbewusst jeder Mensch. Jedes dieser drei Glieder empfängt seine ihm eigene autonome Lebenswirklichkeit durch das, was jeder Mensch ihm aus seinen drei Seelentätigkeiten einprägt: Durch sein Wollen dem Geistesleben, durch sein Fühlen dem Rechtsleben und durch sein Denken dem Wirtschaftsleben. Wie diese drei Seelentätigkeiten als autonome Seelenglieder im Menschen ineinander

73 Rudolf Steiner: *Die Kernpunkte der sozialen Frage in den Lebensnotwendigkeiten der Gegenwart und Zukunft*, GA 23, Dornach 1976.

wirken und im Selbstbewusstsein aufleuchten, zusammen und in Wechselwirkung gehalten durch die Kraft des Ich, so auch wirken die drei Glieder des Sozialen ineinander zum Ganzen des sozialen Organismus durch das erwachende Ich-Bewusstsein jedes einzelnen Menschen. In diesem Wechselverhältnis des bewussten Innenerlebens und Nach-außen-Gestaltens entsteht die Sozialkunst. So ist die Gestaltung des dreigegliederten sozialen Organismus der Prüfstein zur Entfaltung und Offenbarung der Bewusstseinsseele. Die geradezu übermenschlichen Anstrengungen, die Rudolf Steiner seit 1919 unternahm, die Bewegung der Dreigliederung des sozialen Organismus ins Leben zu rufen, scheiterten 1922.[74] Er selbst fasste den Entschluss zur Beendigung dieses ersten groß angelegten Versuchs. Die äußere Veranlassung dazu war vor allem die galoppierende Geldentwertung sowie die geringe Zahl an Menschen, die dieser gewaltigen Herausforderung gewachsen waren. Rudolf Steiner hatte außerdem auf das Verständnis der Proletarier gebaut, deren viele jedoch im Krieg geblieben waren – und die durch die Propaganda der kommunistisch orientierten Arbeiterführer abgezogen wurden. Doch der Keim war in den Boden des historischen Werdens gelegt. Er wurde durch das 20. Jahrhundert hindurch partiell in konkreten Handlungsansätzen in steter Wandlung eines Stirb und Werde gepflegt. Vor allem aber wurden die Darlegungen Rudolf Steiners zur sozialen Frage erkenntniswissenschaftlich im Kontext der gegebenen Zeitforderungen aufgearbeitet und einer breiteren Öffentlichkeit zugänglich gemacht. Weiterhin harrt der Impuls zur sozialen Dreigliederung eines durchgreifend neuen Umsetzungsversuches.

Dieser neue Ansatz wächst aus dem zweiten Ideenkeim heraus, der im *Landwirtschaftlichen Kurs* Rudolf Steiners, den «Geisteswissenschaftlichen Grundlagen zum Gedeihen der Landwirtschaft», angelegt ist[75]. Dieser Kurs für Landwirte fand zu Pfingsten 1924 auf dem Gut Koberwitz bei Breslau im heutigen Polen statt, zwei Jahre nach Auflösung des «Kommenden Tages», dem Organ der Dreigliederungsbewegung in Deutschland. Zu dieser Zeit war in der Landwirtschaft «die Kirche noch im Dorf», die Praxis des Organismusprinzips traditionell noch weitgehend intakt. Die landwirtschaftliche Produktionsweise bildete noch einen Gegenpol zur arbeitsteiligen in der Industrie. Die ökologische und, untrennbar mit dieser verbunden, die soziale

74 Siehe hierzu insbesondere: Rudolf Steiner: *Die großen Fragen der Zeit und die anthroposophische Geisterkenntnis*, GA 336, Basel 2019; sowie ders.: *Zu sozialen und wirtschaftlichen Fragen*, GA 332b, Dornach, Basel 2020.

75 Rudolf Steiner: *Geisteswissenschaftliche Grundlagen zum Gedeihen der Landwirtschaft*, GA 327, Dornach 1999.

Frage war in der Landwirtschaft noch nicht akut. Doch drohende Vorzeichen, wie die Auswirkungen der Düngung mit synthetisch hergestellten Stickstoffsalzen, der Verlust der Sortenstabilität und der Tiergesundheit sensibilisierten einzelne Bauern und Landwirte. Sie traten seit 1920 an Rudolf Steiner mit der Bitte heran, ihnen aus der anthroposophischen Geisteswissenschaft Erkenntnisgrundlagen und praktische Hinweise für die Erneuerung der Landwirtschaft in die Zukunft zu geben. Es ging den Fragestellern um Ideen, um geistige Wahrbilder, die der landwirtschaftlichen Arbeit über die bloße Verfahrenstechnik hinaus wieder einen Sinn geben und, wenn diese Ideen ergriffen werden, wieder eine geistig-moralische Brücke zu den Dingen und Wesen in Natur und Kosmos bauen können sollten. Der Landwirtschaftliche Kurs enthält die Keimlegung zur Entwicklung einer Landwirtschaft der Zukunft, in welcher der verborgene Strom der Impulse des christlich-abendländischen Landbaus in tiefgreifender Metamorphose an die Oberfläche des Bewusstseinszeitalters tritt. Rudolf Steiner knüpfte unmittelbar an die Fragen von Menschen an, die in der alten, dem Tode geweihten Landbaukultur standen und die nach Ansätzen zu deren Erneuerung suchten. Er knüpfte an ein gerade noch bestehendes Vergangenes an, um es in ein Zukünftiges zu verwandeln. Er appellierte dabei an das denkende Bewusstsein des tätigen, in der Praxis stehenden Menschen.

Der Ausgangspunkt der anthroposophischen Geisteswissenschaft Rudolf Steiners ist «der Mensch». Auf seine Wesensart im Weltzusammenhang beziehen sich die Fragen: Welches ist die Entwicklung aus seinem Wesensursprung im Geiste, welches sind die Ideenzusammenhänge, die ihn in allen Lebensbereichen seinem Wesen gemäß handlungsfähig machen, welches die Wege zur Selbst- und Welterkenntnis in die Zukunft? Einst waren die Menschen noch nicht so «gescheit» wie heute, dafür aber weise. Sie erlebten sich als Mikrokosmos, der im Kleinen alles in sich birgt, was im Großen den Makrokosmos geistig-wesenhaft erfüllt. Der wissenschaftliche Intellektualismus der neueren Zeit stellt sich der sinnenfälligen Welt gegenüber, zerlegt sie in Teile, reflektiert diese in Vorstellungen und schließt dabei denjenigen aus, den Menschen, der da frägt, denkt, fühlt und will. Der Blick des Geistesforschers dagegen ist auf den Erkennenden, auf das Wesen des Menschen, gerichtet. Was sich ihm da in übersinnlicher Erkenntnis enthüllt, wirft ein helles Licht auf das, was makrokosmisch im weitesten Sinne sinnenfällig der Natur und dem kosmischen Umkreis als wesenswirksames Prinzip zugrunde liegt. Die geisteswissenschaftlichen Forschungsergebnisse, die im Landwirtschaftlichen Kurs dargestellt sind, knüpfen an die naturwissenschaftlichen

Begriffe, z.B. bezüglich der anorganischen Stoffeswelt, an und kennzeichnen deren Elemente als Träger je spezifischer Bildekräfte, die sie aus ihrer physischen Natur heraus in das prozessuale Geschehen der belebten und beseelten Natur emporheben.

So ist der methodische Weg des Landwirtschaftlichen Kurses mit der Kernaussage vorgezeichnet: «Es wird vom Menschen ausgegangen; der Mensch wird zur Grundlage gemacht.»[76] Unter diesem Gesichtspunkt fokussiert sich der Blick auf die Konzeption und Gestaltung des landwirtschaftlichen Betriebes mit den Worten: «Eine Landwirtschaft erfüllt ihr Wesen, im besten Sinne des Wortes, wenn sie aufgefasst werden kann als eine Art Individualität für sich, eine wirklich in sich geschlossene Individualität und jede Landwirtschaft müsste eigentlich sich nähern – ganz kann das nicht erreicht werden, aber sie müsste sich nähern – diesem Zustand, eine in sich geschlossene Individualität zu sein.»[77] Weiter wird gesagt: «Die Dinge können nicht in dieser Weise streng durchgeführt werden, aber man muss doch einen Begriff haben von dem notwendigen Geschlossensein einer Landwirtschaft [...].»[78]

Diese Aussagen appellieren an die individuelle Urteilskraft. Aus einer forschenden Gesinnung muss der in der Landwirtschaft Tätige sich bemühen, in Begriffen sich ein Gedankenbild vom Wesen des Mikrokosmos Mensch zu erarbeiten. Dieses Gedankenbild wird zum Schlüssel zu einem Verständnis des Makrokosmos und, konkret, zum Verständnis eines Ausschnittes desselben: der landwirtschaftliche Betrieb. Es liefert Ideen, nach welchen dieser makrokosmische Ausschnitt zu einem in sich geschlossenen Ganzen, zu einem Organismus gestaltet werden kann, zum Leib «einer Art landwirtschaftlichen Individualität». Die Ideengrundlage dazu formt sich, wenn die sinnenfälligen und naturwissenschaftlichen Tatbestände denkend in den sinngebenden Zusammenhang der Ergebnisse der übersinnlichen anthroposophischen Geistesforschung erhoben werden. Um das denkend-bildhafte Erfassen dieses Sinnzusammenhanges geht es. In diesem ruht der Keim zu einem neuen Werden der Landwirtschaft. Dieses Werden entfaltet sich unter der «Ideensonne» des sich selbst bewusstwerdenden menschlichen Geistes; dieser ist es, der die tätige Hand zu sinnerfüllter Arbeit anleitet.

---

76 Rudolf Steiner: *Geisteswissenschaftliche Grundlagen zum Gedeihen der Landwirtschaft*, GA 327, Vortrag vom 12. Juni 1924, Dornach 1999, S. 103.

77 Ebd., Vortrag vom 10. Juni 1924, S. 42.

78 Ebd., S. 43.

Die Dreigliederung des Menschen und die landwirtschaftliche Individualität

Der Organismus – mit Mittelpunkt und Umkreis – als grundlegendes Gestaltungsprinzip in der Landwirtschaft wuchs seit dem siebenten nachchristlichen Jahrhundert aus den naturgegebenen Biotopen, den «Organismen im Naturwachstum», heraus. Er trug von Ort zu Ort ein durchaus individuelles Gepräge. Es war ein instinktiv-inspiriertes Wachsen aus den durchchristeten Volkstümern. Mit deren Hinschwinden im Verlauf des Bewusstseinsseelen-Zeitalters verlor sich auch die geistig impulsierende Kraft. Die landwirtschaftliche Betriebslehre des 20. Jahrhunderts erkannte zwar das sinnvolle Zusammenspiel der Betriebszweige zu einem Ganzen und nannte es Betriebsorganismus. Was die «Wesensart» dieses Ganzen sei, wurde nicht hinterfragt. Der Begriff war zu kraftlos, um den Kulturverfall der Landwirtschaft aufhalten zu können. Auch die seit den 70er-Jahren heraufkommende ökologische Bewegung und mit ihr der ökologische Landbau konnten den Begriff des Betriebsorganismus nicht zu neuem Leben erwecken. Ein Schlüssel zum Verständnis des Organismus kann nur in dem wesenhaften Agens gesucht werden, das ihn in leiblicher Geschlossenheit zur Erscheinung bringt und sich in dieser darlebt. Im Tier ist dieses Agens die Tierseele, im Menschen die Geistseele. Die Tierseele ist leibgebunden; die Geistseele des Menschen hat die Macht, mit den drei Seelentätigkeiten des Denkens, Fühlens und Wollens sich mehr und mehr aus dieser Gebundenheit herauszuheben, sich aus dieser zu befreien. Damit wächst ihr die Fähigkeit zu, sich ihrer selbst bewusst zu werden, in Selbsterkenntnis sich als schöpferisch tätiges Geistwesen, als das sich selbst verwirklichende Ich zu erfassen. Im Ich trägt der Mensch als Mikrokosmos den Geistkeim in sich. Dadurch kann er nicht nur sich selbst und die Wesensnatur seines leiblichen Organismus erkennen, sondern sich in dieser Erkenntnis im Zusammenhang wissen mit dem Wesenhaften, das übersinnlich in Natur und Kosmos wirksam ist.

Auf dem Wege der Schulung der Geistseele kann sich dieser Keim zu Seelenorganen entfalten. Wie die Sinnesorgane sich der sinnlich gegebenen Welt öffnen, so können diese Seelenorgane die geistig-übersinnliche Wirklichkeit der Wahrnehmung erschließen. Aus dem im Selbstbewusstsein erwachenden Ich kann der Mensch im Zeitalter der Bewusstseinsseele wieder seines geistigen Ursprungs, aufsteigend, bewusst werden, aus dem er herabsteigend sich auf dem Weg der Selbstbewusstwerdung gelöst hat. Was einst aus den Mysterien an Weisheitslehren den Herabstieg begleitete, dann aber seit der

Zeitenwende nach und nach erloschen war, das kann fortan durch die jedem Menschen zugängliche anthroposophische Geisteswissenschaft, in bewusster Art aufsteigend, neu errungen werden. Die Geistesforschung Rudolf Steiners liefert Ergebnisse, die auf allen Gebieten menschlicher Tätigkeit, sei es auf wissenschaftlichem, künstlerischem, religiösem, medizinischem, pädagogischem, sozialem etc. Feld, und so auch auf dem Gebiet der Landwirtschaft, keimhaft dem Handeln neue, das Alte verwandelnde Wege weisen.

Will man sich also über die Ideenzusammenhänge aufklären, die der Landwirtschaft aus dem Gewordenen zu neuem Werden in die Zukunft verhelfen, so ist methodisch der Weg klar vorgezeichnet: Um zu einem tieferen Verständnis der Wesenswirklichkeit des Organismus- und des Individualitätsgedankens zu kommen, muss notwendig vom Menschen, dem Mikrokosmos, ausgegangen werden. Dabei ergibt sich aus der Geistesforschung in leiblich-physischer und geistig-seelischer Hinsicht umrisshaft das Folgende (Abbildung 5, S. 90):[79]

In der Anschauung der Menschengestalt fällt zuerst die Polarität von Kopf und Gliedmaßen ins Auge: Der Kopf als weitgehend in sich abgeschlossene Kugelgestalt, die Gliedmaßen radiär ausstrahlend und weltergreifend. Morphologisch beherrscht das Formprinzip die Kopfregion und polar dazu physiologisch das Stoffprinzip: die Stoffwechsel-Gliedmaßen-Region.

Die Umhüllung des Kopfes bilden überwiegend die harten, stark mineralisierten Schädelknochen. Sie umschließen die Schädelhöhle, die vom Gehirnliquor, einer wasserklaren, zell- und eiweißfreien Flüssigkeit, und, darin schwimmend, vom Gehirn erfüllt ist. Ferner konzentrieren sich im Kopf die dem Wachbewusstsein dienenden Sinnesorgane. In ihnen, wie im Haupt insgesamt, tritt das Leben gegenüber dem Obwalten des Physischen weitgehend zurück. Das zeigt sich eindrücklich im anatomischen Aufbau des Auges, unter anderem mit der lichtbrechenden Linse, oder des Ohres mit dem Trommelfell, der Kette der Gehörknöchelchen und des knöchernen Labyrinthes. Der Kopfpol ist dem rein Physischen, dem Tode, näher als dem Leben. Morphologisch ist der Kopf ein Bild erstarrter Lebensprozesse. Auch das Gehirn ist in seiner physiologischen Tätigkeit als bewusst machendes Organ leise von Todesprozessen durchzogen. Nerv und Gehirn sind bei Verletzungen nach kurzer Zeit nicht mehr regenerationsfähig. Der sie beherrschende Prozess ist abbauender Art. Davon spricht die hohe Atmungsaktivität des Gehirns und die Notwendigkeit der intensiven Sauerstoffversorgung durch das Blut. Die

79 Siehe hierzu insbesondere: Andreas Suchantke: *Metamorphose: Kunstgriff der Evolution*, Stuttgart 2002, 332 S.

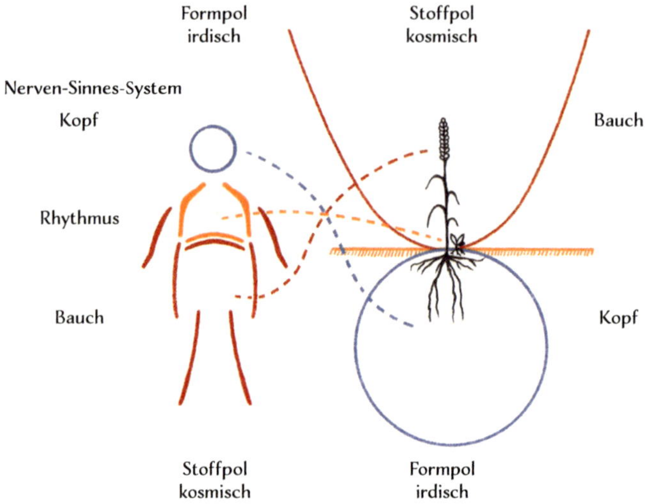

Abbildung 5:
Die Wesensbeziehung von Mensch und landwirtschaftlicher Individualität. Die Dreigliederung beider in vertikaler Ausrichtung: Die Landwirtschaft ist der auf den Kopf gestellte Mensch.

abbauende Tätigkeit führt physisch zum leblosen Stoff (CO_2) und geistig, in Spiegelung eines Lebensprozesses, nämlich der Tätigkeit des Denkens, zur Bewusstwerdung der Gedanken. Der Kopf ist der Ruhepol und Träger des Wachbewusstseins, das den Menschen geistig mit der Welt verbindet.

Wie sehr der Mensch in seinem Kopf das aus dem Leben herausgefallene, Mineralisch-Tote in sich trägt, zeigt auch das Auftreten des Gehirnsandes, vornehmlich in der Zirbeldrüse (*Epiphyse*). Es handelt sich um zitronengelbe Steinchen, bestehend aus Kalzium- und Magnesiumkristallen. Rudolf Steiner merkt dazu an: «Ein bisschen Gehirnsand muss jeder Mensch in sich haben», aber nicht als dauerhafte Ablagerung, sondern: «Der muss entstehen, der Gehirnsand, und er muss immer wieder aufgelöst werden.»[80] Diesen Prozess der Bildung der Kristalle und deren Wiederauflösung beschreibt Rudolf Steiner als die Grundlage des Ich-Bewusstseins: «Wenn wir uns nicht auflösen könnten, würden wir nicht denken können, würden wir nicht zum Ich-Bewusstsein kommen. In diesem Auflösen besteht dasjenige, was wir unser Ich-Bewusstsein nennen.»[81] Im Kopf vollzieht sich die Denktätigkeit.

80 Rudolf Steiner: *Die Erkenntnis des Menschenwesens nach Leib, Seele und Geist. Über frühe Erdenzustände*, GA 347, Vortrag vom 9. August 1922, Dornach 1995, S. 53.

81 Ebd., S. 61.

Das Gehirn macht für das Alltagsbewusstsein nicht diese, sondern abbildlich deren Ergebnis, den Gedanken, bewusst.

Der Formpol des Kopfes, zentriert im Gehirn, differenziert sich über den ganzen leiblichen Organismus in das Nervensystem. Im oberen Menschen dient es der bewussten Wahrnehmung, im unteren vermittelt es die Geist-Seelen-Tätigkeit an die vegetativen Lebensprozesse.

Der Formpol steht polar dem Stoffpol gegenüber. Dieser umfasst unterhalb des Zwerchfells die Welt der Organe des Stoffwechsels sowie die Gliedmaßen. Die Seelentätigkeit greift dort in die Lebensprozesse ein, dirigiert die Stoffumsetzungen, mobilisiert die Kräfte, deren sich der Wille dann bedienen kann, um die Gliedmaßen, die Leibestätigkeit insgesamt in Bewegung zu setzen und zu halten. Alle organischen Vorgänge, die der Willensentfaltung zugrunde liegen, alle Ab-, Um- und Aufbauprozesse vollziehen sich in tiefer Unbewusstheit, in einem Schlafbewusstsein. Sie verlaufen teils gegenläufig in Gleichzeitigkeit, teils im fließend-strömenden zeitlichen Nacheinander. Gegenüber der strengen, in sich ruhenden Ordnung des Nerven-Sinnes-Systems herrscht im Stoffwechselpol ein steter Wechsel und Wandel; einschließlich der Gliedmaßen ist alles in Bewegung; nichts bleibt sich einen Augenblick gleich. Wie die Seele sich im Kopfpol über die Sinne in Empfindungen und in Gedanken geistig mit der Welt verbindet, so tritt sie über die Ernährung und über die Tätigkeit der Gliedmaßen physisch zu ihrer Umgebung in Beziehung.

Die Wesensoffenbarung des Willens ist die Bewegung, ob raumergreifend in den Gliedmaßen, prozessual im Stoffwechsel, in Wachstum und Regeneration, im strömenden Blut oder leise ins Bewusstsein heraufdringend in der Atmung und schließlich in der Denktätigkeit.

Auch die im Stoffwechsel-Gliedmaßen-Pol waltenden Prozesse durchziehen in entsprechender Metamorphose den ganzen Körper, so im Kopf u.a. in den Absonderungen der Speicheldrüsen und Schleimhäute oder in der Kautätigkeit des gelenkig gelagerten Unterkiefers.

Die Polarität von Kopf- und Stoffwechsel-Gliedmaßen-System findet ihren Ausgleich in dem dazwischen sich eingliedernden Organsystem der beiden rhythmisch atmenden Lungenflügel, dem rhythmisch pulsierenden Herz und dem Zwerchfell. In seinen Bewegungen folgt Letzteres passiv dem Atmungsrhythmus. Es kann diesen aber auch eigenaktiv unterstützen. Morphologisch kommt die rhythmische Mitte in der Folge der Rippen zum Ausdruck, die den Brustkorb nach oben zum Kopf hin abschließen, ihn nach unten aber zur vom Zwerchfell überspannten Bauchhöhle öffnen und weiten. Physiologisch strömt das Blut von und zum Herzen durch den ganzen Körper und vereinigt beide Pole zur höheren Einheit. In der rhythmischen Mitte erlebt sich der Mensch im Fühlen; fühlend-träumend taucht er in die Sphäre der Unbewusstheit, in den Willen ein; fühlend-erwachend reicht er hinauf in die Region des Denkens. Im Fühlen erlebt sich der Mensch im ausgeprägtesten Sinn als diese und nur diese bestimmte Geist-Seele. Der Rhythmus ist der Klangkörper des Fühlens. Er schwingt hin und her zwischen Kopfesruhe und Leibesbewegung. Er verbindet Ruhe und Bewegung und ist beides zugleich. In die rhythmische Mitte senkt sich von oben Gedankenklarheit in die Tiefen und von unten antwortet aus dem Willensdunkel emporstrebend die Kraft der Initiative.

In seiner Aufrechte und leiblichen Dreigliederung stellt sich der Mensch wesenserfüllt als Individualität in die Welt. Im Zusammenklang seines Denkens und Wollens im Fühlen erlebt er sich im Prozess der Selbstbewusstwerdung; er findet sich auf dem Weg zur freien Selbstbestimmung. Aus diesem Erleben leuchtet in ihm die Wesenswirklichkeit des Entwicklungsgedankens auf – das sei erläutert:

Einst lebte das Prinzip der Entwicklung instinktiv träumend, verborgen in den Quellen der Urweisheit, als wirksame Kraft geistiger Führung in der Menschheit. Im Fortschreiten des Erwachens zum Selbstbewusstsein erlosch dieses Erbe. Sehr jung noch, erst in der Zeit des deutschen Idealismus, in den Forschungen eines Charles Darwins (1809–1882) und Ernst Haeckels (1834–1919) und voll umfänglich in der anthroposophischen Geisteswissenschaft, taucht das Entwicklungsprinzip auf neue Art im Denken auf. Bezogen auf die Dreigliederung der menschlichen Seelenfähigkeiten erleben wir das heute im Denken vor allem als vorausschauende Idee, im Fühlen als freudig-regsamen Impuls und im Wollen als geistgetragene Initiativkraft. Auf den Wegen dieser Dreiheit erfasst sich der Mensch in geistiger Erfüllung seines Wesens als Ich und macht sich zum Initiator und Träger der Entwicklung in die Zukunft. In seinem Streben zur Freiheit lebt er das Entwicklungsprinzip dar.

Durch das Bewusstwerden des Entwicklungsprinzips wird der Mensch vom Geschöpf zum Schöpfer. Und so stellt sich die Frage: Ist er fortan dazu berufen, aus freiem Wollen den Entwicklungsgedanken der gewordenen Welt einzupflanzen? Oder kann sich dieses Schöpfertum nur auf seine und die menschliche Entwicklung beziehen? Muss er alles das hinter sich lassen und zu bloßem Nutzen und zur Ausbeutung verdammen: nämlich Pflanzen, Tiere, die Erde insgesamt, die so tiefen Anteil an seiner eigenen Entwicklung hatte und hat? Das Erwachen zum ökologischen Bewusstsein reicht zumeist nur so weit, das gewordene, in sich vollendete Schöpfungswerk erhalten zu wollen, ja den Menschen als Zerstörer dieses Schöpfungswerkes aus der Natur heraushalten zu wollen. Diese Beschränkung aber bedeutet einen Stillstand der Entwicklung. Nur im Zusammenhang mit der fortschreitenden Entwicklung des Menschen und nur durch ihn als Initiator kann das Gewordene der Welt in ein neues Werden verwandelt werden. Soll der gegenwärtige Mensch, dessen Erfindergeist mit der atomaren Kernspaltung alle Mittel in Händen hält, den mehrfachen «Overkill» über das Leben auf der Erde zu bringen, umgekehrt nicht auch in der Lage sein können, in Erweiterung seiner selbst, das Entwicklungsprinzip der zum Werk geronnenen Erde, der Natur, einzupflanzen? Wie kann er die Kraft des Werdens, die er in sich trägt, fruchtbar machen für neue Werdeprozesse, die die Natur aus ihrem Gewordensein herausführen? Diese letztere Frage steht am Anfang einer Landbaukultur der Zukunft. Sie beantwortet sich zunächst mit dem methodischen Hinweis Rudolf Steiners:[82] «Vom Menschen auszugehen» und einen landwirtschaftlichen Betrieb, soll er «sein Wesen erfüllen», als «eine Art Individualität» aufzufassen.

Nehmen wir einmal unseren Weg hinaus auf ein Feld und suchen uns in innerer Ruhe alles der empfindenden und denkenden Anschauung zugängliche Geschehen zu vergegenwärtigen, das sich über der Erde in Licht, Luft und Wärme und unter der Erde in der Finsternis der durchfeuchteten, kristallinen Tiefen und dazwischen in der Haut des belebten Bodens abspielen, so offenbart sich dem fühlenden Sinnen die tiefe Verwandtschaft zur leiblichen Dreigliederung des Menschen (Abbildung 5, S. 90).

Unter der Erde stoßen wir auf die harte, feste, aus dem Leben herausgefallene und darum tote Gesteinswelt und ebenso auf das Wasserelement der Tiefen. Das Feste der Erde lagert in Ruhe, wahrt seine kristalline Struktur, die sich während des Sommers gegen die Erdoberfläche stärker den Verwitterungsprozessen ausgesetzt sieht, im Winter sich unter den kristallbildenden Formkräften des Fixsternumkreises – die Griechen nannten ihn den «Kristallhimmel» – in seiner reinen Kristallnatur darlebt.[83] Wie das Gehirn der bewusst machende Spiegel der verborgenen Denktätigkeit ist, so die Kristallnatur der kieselverwandten Gesteine (Quarze, Silikate), die gleich Sinnesorganen die kristallbildenden Formkräfte des fernsten kosmischen Umkreises sowie die Kräfte der sonnenfernen Planeten (Mars, Jupiter, Saturn) in indirekter Wirkung zurückspiegeln. In polarer Weise gilt dies für den Kalk und die kalkverwandten Gesteine, die in ihrer Affinität zum Planetarischen,

82 Rudolf Steiner: *Geisteswissenschaftliche Grundlagen zum Gedeihen der Landwirtschaft*, Dornach 1995, Vorträge vom 10. und 12. Juni 1924.
83 Ebd., Vortrag vom 10. Juni 1924.

insbesondere zum Wirken der sonnennahen Planeten (Mond, Venus, Merkur) deren Kräfte an sich ziehen.[84] Vermittelnd stehen in dieser Polarität die Tonmineralien, die in ihrer für das Mineralreich der Erde ungewöhnlichen Art der Dynamik beide Kräftequalitäten über die Wurzeln dem Wachstum und der Gestaltbildung der Pflanze zuführen. So schauen wir in dem, was sich unter dem Boden in die Tiefen erstreckt, auf den Kopfpol dieser von Rudolf Steiner so angesprochenen «landwirtschaftlichen Individualität».

Versuchen wir, die geisteswissenschaftlichen Hinweise mit den naturwissenschaftlich fassbaren Tatsachen des mineralischen Untergrundes des Bodens in Zusammenhang zu denken, so weist ein weiteres Phänomen auf die Tatsache hin, dass sich unter der Erde der Kopfpol der «landwirtschaftlichen Individualität» findet. Ähnlich wie in der Zirbeldrüse Kristallbildung und -auflösung als physische Grundlage des Ich-Bewusstseins auftritt, so bilden sich in der Verwitterungszone des Bodens feinste hexagonale Kristallblättchen. Sie kristallisieren aus den amorphen Kolloiden des Aluminium-Hydroxids und der Kieselsäure zu den sogenannten «sekundären Tonmineralien». Diese können sich aber auch wieder in den kolloidalen Zustand auflösen.[85]

Polar zum Kopfpol unter der Erde weitet sich über der Erde der «Bauch»[86] der landwirtschaftlichen Individualität aus. Hier, unter der direkten Einwirkung des Kosmos, entsteht gleichsam im Sinne einer Art «äußeren Verdauung» von Licht, Wärme, Luft und Wasserdünsten das Leben. Hier tritt alles im Werden in Form und Farbe in die äußere Erscheinung, und alles Vergehen nimmt die Erscheinung wieder in die unsichtbare Innenwelt zurück. Alles ist in Bewegung, die sprießende Pflanze, das sich frei bewegende Tier, der tätige Mensch; die Wolken ziehen, die Dünste steigen auf, der Regen fällt, der Wind bewegt jedes einzelne Blatt, wogt durch das Getreide, der Blitz zuckt und spaltet die Eiche, der Donner rollt, die Wandelsterne ziehen ihre Bahnen und die Sonne bringt über die Erde Tag und Nacht. Hier, im Stoffwechselpol der landwirtschaftlichen Individualität, unterliegt alles der steten Wandlung. Während unter der Erde das Geistig-Lebendige, gelöst vom Materiellen, als innere Regsamkeit die Erde durchzieht, wie die Gedanken den Kopf,[87] so gestaltet sich über der Erde dieses Leben in Form und Farbe im Materiellen. Das

---

84 Ebd.

85 Die Vermutung ist, dass die Bildung vorzüglich ein Winter- und die Auflösung (Verwitterung) ein Sommerprozess ist.

86 Rudolf Steiner: *Geisteswissenschaftliche Grundlagen zum Gedeihen der Landwirtschaft*, Dornach 1995, Vorträge vom 10. und 12. Juni 1924.

87 Ebd.

nur übersinnlich fassbare Leben schließlich erstirbt in die Form und bringt sich im Ersterben im Samen neu hervor.

Zwischen den Polen von Unten und Oben spannt sich horizontal ausgebreitet eine hauchdünne Haut, der Boden, die keimhafte Mitte bildend. Diese hat in ihren Prozessen keine Selbständigkeit, wie das rhythmische System des Menschen. Man kann deshalb auch nicht sagen, der Boden habe eine Lunge, ein Herz. In diesem Zusammenhang ist erwähnenswert, dass der Erdboden genauso wie das Wasser seine Gezeiten hat und sich in Mitteleuropa täglich im Durchschnitt um 80 cm hebt und senkt.[88] Und doch, der Boden atmet wie Tier und Mensch Sauerstoff ein und Kohlendioxid aus. Allein diese Atmung geschieht nicht durch einen eigenständig-inneren Impuls, sondern ist das Ergebnis des exogenen Zusammenwirkens der Kräfte der Pole des Unten und Oben im Boden. In der Dynamik der Tonminerale kann eine Art Herzfunktion gesehen werden. Doch auch diese wird von außen angeregt und folgt einem von der Sonne impulsierten Rhythmus, der die Lösungs- und Bindungsprozesse der Stoffe im Boden jahreszeitlich regelt und harmonisiert. Daraus mag verständlich werden, warum Rudolf Steiner den Boden als das «Zwerchfell» der hier in Frage kommenden Individualität apostrophiert hat.[89] Diese Zwerchfellhaut spiegelt in ihren Funktionen das Zusammenspiel der Elemente Erde, Wasser, Luft und Wärme in den Rhythmen des Sonnenjahres. Der Kulturboden ist also dadurch gekennzeichnet, dass er durch die über Jahrhunderte gehenden acker- und pflanzenbaulichen Maßnahmen, insbesondere durch die Düngung mit Rindermist, über die «Naturbegabung» hinaus, die Anlage zur Entwicklung eines eigenständigen Rhythmusorgans erhalten hat, die Anlage zur ausgleichenden und entwicklungsfähigen «Mitte».

Im Profilaufbau dieses Zwerchfellorgans der Mitte, dem Boden, wiederholt sich im Kleinen die dreigliedrige Vertikalität der landwirtschaftlichen Individualität. Wir finden im Oberboden, dem sogenannten A-Horizont, eine dunklere, luftig strukturierte, von Pflanzenrückständen durchsetzte humose Schicht, ein Niederschlag der Stoffwechseltätigkeit über dem Boden, die diesem in den bakteriellen und anderen Umsetzungen eine Art Eigenleben einhaucht. Polar zu dieser belebten Schicht findet sich im Untergrund das anstehende, unverwitterte, tote Gestein, der in den Boden heraufragende Kopfpol, der C-Horizont. An dessen Grenze exponiert sich das Gestein den

88 Siehe hierzu die Forschungen von Gerhard Jentzsch am Lehrstuhl für Angewandte Geophysik an der Universität Jena.

89 Rudolf Steiner: *Geisteswissenschaftliche Grundlagen zum Gedeihen der Landwirtschaft*, Dornach 1995, Vorträge vom 10. und 12. Juni 1924.

abbauenden, den kristallinen Mineralverband zerstörenden Witterungskräften. Zwischen A- und C-Horizont gliedert sich der Verwitterungs- oder B-Horizont, in welchem sich die primäre (durch Verwitterung) und sekundäre (durch Neukristallisation) Tonbildung vollzieht. Der tonangereicherte B-Horizont stellt das eigentliche mittlere Glied im Boden dar. Seine Dynamik spiegelt die Rhythmen des Jahreslaufes wider: Nach unten, der Kopfseite zu, hält er das belebte atmosphärische Wasser und mit ihm die darin gelösten Stoffe gegen die Schwere fest, nach oben geht er Verbindungen mit dem Humus ein (Ton-Humus-Komplex) und sorgt für die prozessuale Kontinuität im Aufbau der Bodenfruchtbarkeit.

Das Zwerchfellorgan Boden scheint, gemessen an den Dimensionen der darüber sich weitenden Höhen und den darunter sich den Blicken entziehenden Tiefen, ein schieres Nichts zu sein. Und doch ist er ein Alles! Aus ihm sprießt die höhere Pflanzennatur, die die Lebensgrundlage für das Dasein von Tier und Mensch auf Erden bildet. Es ist die Wurzel der Pflanze, die vertikal herunter in Richtung Erdmittelpunkt strebt, und es ist der Spross, der aus dem Vegetationspunkt des Keimlings in rhythmischer Blattfolge vertikal empor der Sonne zustrebt und, umfangen von dem Stoffwechselgeschehen in Licht, Luft und Wärme, in der Blüten-, Frucht- und Samenbildung die Nahrungsstoffe für Tier und Mensch in lebendiger Komposition zubereitet. In der Blütenpflanze und der Baumnatur schafft sich naturhaft und nur im Geiste erfassbar die landwirtschaftliche Individualität ein Abbild. Der geistige Stab, der übersinnlich die Erdentiefen mit den Sonnenhöhen verbindet, der in dreigliedriger Veranlagung die Kräfte der Schwere und Leichte zur Vertikalität vereint, verkörpert sich abbildlich jedes Jahr im Sprießen und Sprossen der Pflanzen.

Die Pflanzen und gleich ihnen die landwirtschaftliche Individualität stehen im Verhältnis zur Dreigliedrigkeit des Menschen auf dem Kopf. Wie tiefgreifend da ein verwandtschaftliches Verhältnis zu Mensch und Tier besteht, zeigt sich in Folgendem: Die Wurzel ertastet, gleich einem Sinnesorgan der Pflanze, die Stoffe der Erdentiefe. Verlagert sich der Fruktifizierungsprozess der Pflanze bis herunter in die Wurzel, wie beispielsweise bei der Möhre, verdickt und verfärbt sich die Wurzel in ein leuchtendes Rötlich-Gelb und durchzieht ihr zartes Gewebe mit Süße und Aromen. Es entsteht eine Nahrungsfrucht, die vorzüglich den Kopf, die Nerven-Sinnes-Organisation insgesamt ernährt (Abbildung 5, S. 90). Fruchtet die Pflanze umgekehrt im Zusammenhang mit der Samenbildung, hoch über der Erde, wie das beispielsweise bei den Getreiden der Fall ist, dann entsteht als Nahrungsfrucht eine Stoff- und Kräftekomposition, die die Stoffwechsel-Gliedmaßen-Organisation bei Mensch und Tier ernährt. Alles, was zwischen diesen Polen in Stängel und Blatt zur Nahrungsfrucht heranwächst, wie beispielsweise Kohlrabi (Stängel), Rosenkohl (Knospe) oder Blattgemüse (Salat, Kohl, Spinat etc.), ernährt und stärkt die rhythmische Mitte. Im biologisch-dynamischen Landbau ist es gängige Praxis, dieser Regel zu folgen: Bei den Kälbern die Sinnesaktivität anzuregen, ihnen ein glänzendes Fell zu geben, hilft die Futtermöhre, bei den Kühen die Futterrübe; umgekehrt, um ihre Stoffwechseltätigkeit anzuregen, um sie bewegungsfreudig zu machen, ist die Fütterung mit Leinsamen angesagt; zur Kraftentfaltung bei Pferden ist es «der Hafer, der sticht». Alles, was im Vegetativen sich als Stängel und Blatt ausbildet, in Kräutern, Gras, Klee etc., ist das Grundfutter für die im strengen Rhythmus lebende, milchgebende Kuh.[90]

Die im Geist fassbare, geistwirkliche Idee der landwirtschaftlichen Individualität öffnet dem verständigen Blick die Tore in alle Bereiche der Landwirtschaft; er fasst sie zu Organen eines wesenhaften Ganzen zusammen – exemplarisch soll das im Kapitel über die Düngungsfrage veranschaulicht werden. Dies erfordert von Grund auf eine Sinnesänderung. Das duale Verhältnis von Mensch und Welt in den Wissenschaften, das methodisch das Geistig-Seelische des erkennenden und moralisch handelnden Menschen ausgrenzt, kann überwunden werden. Es ist umso mehr der Fall, wenn man diesen großen, vom Menschen sich herleitenden Ideenzusammenhang denkend Tat werden lässt. Im Tun erweist sich seine Fruchtbarkeit und durch diese seine Wahrheit.

Die Viergliederung des Menschen und die Geschlossenheit des Hoforganismus

Der leibliche Organismus des Menschen fasst in sich mikrokosmisch alles das, was makrokosmisch sich als die Welt der Naturreiche ausbreitet. Es besteht da ein enges Verwandtschaftsverhältnis, das sich offenbart, wenn man die Dreistufigkeit der Natur, das Reich des Anorganisch-Physischen, das der belebten Pflanzenwelt und das der beseelten Tierwelt zur leiblichen Organisation des Menschen in Beziehung setzt. So sind im menschlichen Leib alle die Stoffe, Kräfte und Gesetze wirksam, die das anorganisch-tote Mineralreich

90 Zu diesem Ernährungs- und Fütterungskonzept siehe: Rudolf Steiner: *Geisteswissenschaftliche Grundlagen zum Gedeihen der Landwirtschaft*, GA 327, insbesondere Vortrag vom 16. Juni 1924.

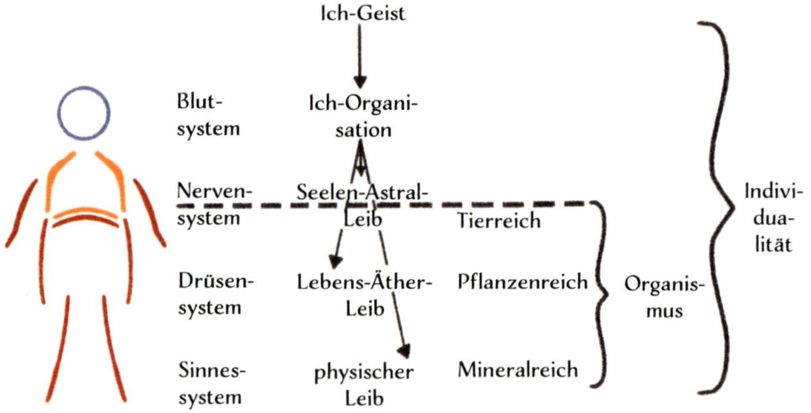

Abbildung 6:
Die Viergliederung des Menschen und der Organismus als Leib der Individualität.

konstituieren und die die Wissenschaften der Physik und Chemie zu ergründen suchen. Beispielsweise ist die Bälkchen-Struktur im inneren Aufbau des Oberschenkelknochens im Übergang zum abgewinkelten Hüftgelenk derart, dass mit einem Minimum an Mineralsubstanz (überwiegend Kalziumphosphat) ein Maximum an Statik erreicht wird. Ähnlich verhält es sich mit den Stützgeweben, mit der Konstruktion des Skelettes insgesamt. Der ganze Körper ist in Aufbau und Funktion aller Organe, in deren festen Stützgeweben und in deren Flüssigkeits- und Wärmehaushalt von einer rein physischen, weisheitsvollen Gesetzlichkeit durchzogen und durchwoben. Sie bildet, eingegrenzt auf die Leibesform, den physischen Leib, das evolutiv vollendetste Wesensglied des Menschen.[91] Es findet seinen prägnantesten Ausdruck in Bau und Funktion des Sinnessystems. Das Wesen des physischen Leibes ist übersinnlich und offenbart sich in allem Sichtbaren (Abbildung 6).

Was also im Mineralreich gesondert als «tote» Natur, in rein physischer Organisation erscheint, verwebt sich in Pflanze, Tier und Mensch funktionell mit den höheren Wesensgliedern. Ein solches ist zunächst der Äther-, Lebens- oder Zeitleib, der die Welt der Pflanzen durch die allseitig aus dem Kosmos hereinwirkenden Ätherkräfte mit Leben begabt. Er ist in sich strömendes Leben, das sich je nach Pflanzenart übersinnlich in einen «Leib» abgrenzt, sich je spezifisch die Stoffe der Erde entgegen der Schwere sowie

91 Rudolf Steiner: *Geheimwissenschaft im Umriss*, GA 13, Kap. «Die Wesensglieder des Menschen», Dornach 1989.

deren Kräfte aneignet und aus diesen den zugehörigen physischen Leib aufbaut. Als Architekt des Physischen bringt der Lebensleib sich nicht als solcher, sondern in den Formen der Pflanze zur Erscheinung. Deshalb war für Goethe die Form und deren Metamorphose, z.B. in der Blattfolge, Ausgangspunkt seines Forschens über das Wesen des Lebendigen.

Alles, was im Pflanzenreich als Wesensart des Lebendigen ausgebreitet ist, findet sich auf höherer Stufe vereinigt im Lebensleib des Menschen und offenbart sich in den strömenden Körperflüssigkeiten, dem Blut, der Lymphe und den alle Lebensprozesse einregelnden Absonderungen des Drüsensystems (Abbildung 6). Der Ätherleib ist die Quelle der Gesundheit. Krankheiten haben ihren Ursprung im Seelischen. Zu deren Heilung findet der Ätherleib Unterstützung durch dasjenige, was seinem Wesen in je spezifischer Weise konform ist, und das ist die Welt der Heilpflanzen. Paracelsus äußert sinngemäß: Es gibt keine Krankheit, die nicht durch ein im Pflanzenreich auffindbares «Kraut» geheilt werden könnte.[92]

Wie der Mensch in seinem Leibesaufbau das auf eine höhere Stufe verwandelte Mineral- und Pflanzenreich in sich trägt, so ist er auch in seinem dritten Wesensglied, dem Seelen- oder Astralleib, dem im Tierreich ausgebreiteten Seelischen verwandt (Abbildung 6). Die tierische Organisation vollendet sich mit der Tierseele, die den physischen und Lebensleib durchdringt. Dieses Seelenglied ist in Gestalt und Funktion in den Tierleib aufgegangen. So gliedert sich jede Tierart morphologisch und physiologisch in ein hoch differenziertes Innen und Außen und verfügt über ein ebenso artspezifisches Gliedmaßensystem, durch welches das Tier sich frei in den Elementen bewegen kann, die vorherrschend seine Bildung bewirkt haben. Vor allem aber äußert sich die Tierseele in dem «Wie und Was» der Tätigkeiten, die das Tier leibgebunden in seinem Lebensraum ausübt, so in der Erde der Wurm, im Wasser der Fisch, in der Luft der Vogel, in der Wärme das Insekt. Aufgrund dieses in die Organtätigkeit gebundenen Seelischen des Tieres konnte Goethe sagen: «Das Tier wird von seinen Organen belehrt. Der Mensch belehrt die Seinigen und beherrscht sie.»[93] Der Seelen- oder Astralleib ist der Quell des Bewusstseins, die physische Grundlage dafür ist die Nerven- und Sinnesorganisation.

92 Siehe z.B. *Astronomia magna oder die ganze Philosophia saga der Großen und Kleinen Welt* (1537/38): «Denn alle creata seind buchstaben und bücher, des menschen herkomen zu beschreiben.» – Aus: *Theophrast von Hohenheim gen. Paracelsus, Sämtliche Werke*, 1. Abteilung, hrsg. von Karl Sudhoff, München-Berlin 1929, Bd. XII, S. 32.

93 Johann Wolfgang von Goethe: *Maximen und Reflexionen*, Hamburger Ausgabe, Bd. 12, München 1987.

Auch im Menschen lebt ein Teil des Seelischen untergetaucht in die Lebensvorgänge, wie die Triebe, Begierden und Leidenschaften, die Gefühle von Hunger und Durst usw. In ihrem leibfreien Teil lebt die Seele in sich selbst und wird sich ihres rein seelischen Erlebens bewusst, wie beispielsweise, was sie als wahr, schön und gut empfindet, und auch dessen, was sie als die Macht der Abirrung zum Bösen hin erlebt. Mit diesem, aus dem Leibe sich befreienden Seelenglied hebt sich der Mensch aus der Naturgebundenheit heraus.

Im bewussten Seelenleben fühlt sich der Mensch durchdrungen von etwas, das sich ihm erst auf dem Weg der Selbsterkenntnis als seine ureigene Wesenheit, als sein Ich enthüllt (Abbildung 6, S. 98). Die physische Grundlage des Ich-Wirkens im Leib, die Ich-Organisation, ist das Blut. Das «Blut ist das Zentralorgan des Organismus».[94] Es ist diese in sich selbst ruhende Ichheit des Menschen, die die Macht und Kraft hat, die drei beschriebenen Wesensglieder zu durchstrahlen, zu verwandeln und zu individualisieren. Sie prägt dem Seelenleib, Lebensleib und physischen Leib die Ich-Organisation ein. In dieser Ich-Tätigkeit der Wandlung und Anverwandlung der Wesensglieder zur Höhe seines Geistwesens liegt der Quell aller zukünftigen Entwicklung von Mensch und Erde.

Wie die Dreigliedrigkeit führt auch die Viergliedrigkeit zum Erfassen des Begriffs der Individualität. In der Ich-Begabung des Menschen erfüllt sich dieser Begriff. Der Begriff des Organismus hingegen, des In-sich-Geschlossenseins, ist schon im Tierreich erfüllt, in der bloß mit Leben begabten Pflanze nicht. Diese würde sich erst dann als vollständiger Organismus darstellen, wenn man zum Spross die Erde, in der sie wurzelt, und zu Blatt und Blüte den kosmischen Umkreis, in den hinein sie sich entfaltet, hinzudenken würde.

Der Begriff des Organismus erfüllt sich, wenn man das Zusammenwirken der drei Wesensglieder, physischer Leib, Lebens- oder Ätherleib, Seelen- oder Astralleib, zu einem Ganzen zu denken versucht. Was erst die übersinnliche Erkenntnis dem Denken als Wirklichkeit erschließt, die Anschauung des Tieres kann es lehren. Erst mit der Begabung eines Astralleibes, d.h. eines die irdische Substanz durchdringenden Seelischen, wie das in aller Tierheit der Fall ist, entsteht ein Außen und Innen: «In dem astralischen Leibe ersteht die tierische Gestaltung nach außen als ganze Gestalt und nach innen als Gestaltung der Organe [...] Wird diese Gestaltung bis zu ihrem Ende geführt, so bildet sich das Tierische.»[95]

94 Lothar Vogel: *Der dreigliedrige Mensch*, Dornach 1979, S. 147.

95 Rudolf Steiner, Ita Wegman: *Grundlegendes für eine Erweiterung der Heilkunst*, GA 27, Dornach 1991, S. 35.

Mit dieser Charakteristik ist der Schlüssel zu einer vertieften, bildhaft gedanklichen Ausgestaltung des Begriffes des Organismus bzw. der «Geschlossenheit» gegeben. Mit Blick auf die Landwirtschaft eröffnet dieser Begriff die Möglichkeit, einen landwirtschaftlichen Betrieb aus der Kraft der Bewusstseinsseele und in bewusster Metamorphose des Vergangenen neu entstehen zu lassen. Bliebe man dabei stehen, wäre es nur eine – allerdings bewusste – Wiederholung dessen, was einst die periphere Durchgestaltung von Hof und Gemarkung war. Wie aber steht es um die Metamorphose des einstigen geistigen Mittelpunktes, der Kirche? Dieser Mittelpunkt verlagert sich im Zug der Selbstbewusstwerdung in den Menschen selbst. Er muss lernen, in Erkraftung seiner Ich-Individualität selbstschöpferisch die moralischen Impulse zu wecken, die ihn in seiner Arbeit so leiten, dass sich die makrokosmisch vorgegebene Standörtlichkeit des Hofes wesenhaft zur «landwirtschaftlichen Individualität» entwickelt. Wie die Dreigliederung des Menschen den Blick auf die vertikale Gliederung des Hofes lenkt, auf die Achse Erde-Sonne, so die Viergliederung auf die flächenhaft horizontale Ausrichtung der Gemarkung, des Leibes dieser Individualität. Erstere erschließt die geistige Auffassung der landwirtschaftlichen Individualität, Letztere die Wege der Praxis, ihrer Umsetzung, ihrer Wesenserfüllung.

Das Bild der Viergliederung der landwirtschaftlichen Individualität

Die physische Organisation

Vom frühmittelalterlichen Ursprung her bildete die Gemarkung eines Dorfes oder Einzelhofes in Streulage eine arrondierte Flächeneinheit. Es ist der Standort, auf welchem die Kräftewirkungen und Substanzen des Kosmos und der Erde in je spezifischer Weise ineinanderwirken und sich im Bild der Kulturnatur zur Erscheinung bringen.

Die physische Grundlage bildet das in den Rhythmen des Jahreslaufes sich verwandelnde Beziehungsverhältnis der «Elemente»: Erde, Wasser, Luft und Wärme (Abbildung 7, S. 102).

Das erdig-feste, kristalline Fundament der Gemarkung baut sich aus den Gesteinsbildungen der Erdkruste auf. Diese treten an der Grenze zum Luftumkreis in einem vielgestaltigen Relief zutage – Täler und Höhen, Expositionen

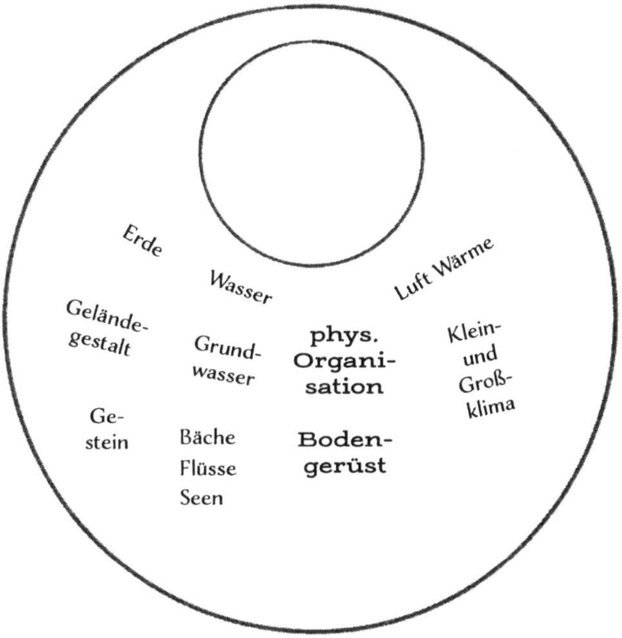

Abbildung 7:
Die physische Organisation oder der physische Leib des landwirtschaftlichen Organismus.

nach den Himmelsrichtungen etc. –, das seinerseits das rhythmische Zusammenspiel der vier Elemente modifiziert. Die Oberflächengestalt einer jeglichen Gemarkung erzählt so von ihrer Erd- und Landschaftsgeschichte. Durch Verwitterung, das heißt das Einwirken der Elemente Wasser, Luft und Wärme auf das Element des Erdig-Festen, entsteht das mineralische Gerüst des Bodens, das sich je nach Ausgangsgestein in feinere oder gröbere Körnung aus Quarz-Kiesel und silikatischen Verwandten, Kalk und Kalkverwandten sowie aus Tonen zusammensetzt. Diese rein mineralische Komposition erweist sich als umso bedeutsamer für die Bodenfruchtbarkeit, je ausgeglichener und tiefgründiger sie ausgebildet ist.

Das Element des Wassers durchsetzt den Boden in vielfältiger Weise. Teils tritt es in kolloidalem Zustand mit feinsten Tonmineralien verbunden auf, teils als Hydrathüllen der Bodenteilchen, teils als Porenwasser, teils als Sicker- und Grundwasser. Losgelöst vom Erdenelement offenbart es seine kohärente, in sich bewegliche Natur im Regentropfen, in den Fließgewässern, Teichen und Seen. Auf dem Wege der Verdunstung schließlich wird es eins mit dem

Luftelement, bildet sich im Nebel zu feinsten, in den Wolken zu gröberen Tröpfchen, löst sich endlich im strömenden Regen aus dem Luftumkreis, um sich erneut mit dem Erdenelement zu vereinen. Jeder Hof darf sich glücklich schätzen, wenn die Gemarkung an einen Flusslauf oder See grenzt oder von einem Bachlauf durchflossen ist, womöglich gespeist von einer Quelle, oder wenn er ein Feuchtbiotop mit hohem Grundwasserstand oder einen Teich beherbergt. Wie das Relief, so ist es auch der Wasserhaushalt, der, je nach Menge und Verteilung der Niederschläge im Jahreslauf, der Hof- oder Dorfgemarkung einen unverkennbar individuellen Charakter verleiht.

Das Element der Luft lagert bald still über der Gemarkung, bald streicht es sanft, bald stürmisch über die Lande. Wie schon die Niederschläge, so sind es erst recht die Luftströmungen in Wind und Wetter, die Länder und Meere übergreifen, aber an jedem Erdenort, wo Hindernisse den Weg verstellen – sei es ein Höhenzug, seien es Bäume, Hecken etc. –, verwirbelt, abgemildert oder gar zur Ruhe gebracht werden. Vor allem die bodennahe Luftschicht verharrt unter dem Pflanzenaufwuchs andauernder und steht in stetem Austausch mit der in den Ritzen und Poren des Oberbodens mal längere, mal kürzere Zeit verweilenden Bodenluft. Der rein physische, anorganisch tote Charakter des Luftelementes zeigt sich in seiner stofflichen Zusammensetzung. Die Hauptbestandteile, Sauerstoff und Stickstoff – im Lebendigen höchst aktive Stoffe –, gehen in der Außenluft Verbindungen mit sich selbst ein und sind daher im höchsten Grade reaktionsträge. Anders verhält sich das Element der Luft im Boden. Dort tritt es mit den Elementen Erde und Wasser in Beziehung und belebt sich zu seiner vollen Reaktionskraft, neue Verbindungen eingehend. Eine andere Erscheinungsweise der bewegten Luft ist der Druck, den sie ausübt, wenn sie in Wind und Sturm das Wasser in Wellen schlägt, das Getreide wogen, die Blätter der Pappel zittern und ganze Wälder stürzen lässt.

Die Wärme tritt als Element am reinsten als Strahlungswärme in Erscheinung. Im Allgemeinen aber offenbart sie sich indirekt an und durch die Elemente Erde, Wasser und Luft. Sie verleiht diesen ihre je eigene Dynamik im prozessualen Geschehen. Erst durch die Wärme offenbaren sich ihre je spezifischen physischen Eigenschaften. Ihre Abwesenheit im Winter lässt den Boden gefrieren, zum Element des Erdig-Festen erstarren; in der Hitze des Sommers gewinnt sie zusammen mit der Luft die Oberhand; im Frühjahr durchdringt sie ihre Geschwisterelemente, weckt deren wechselseitige Dynamik, belebt die Böden und macht sie aufnahmebereit für die Saaten; im Herbst ebenso, dann aber löst sie sich gegen den Winter aus diesem Zusammenhang und jedes der Elemente tritt in sein Sondersein. Je nach Exposition des Reliefs zur Sonne – Südhang, Nordhang – ergeben sich in der Gemarkung wärmere oder kältere Standorte; Baumhecken, Streuobst, Waldinseln etc. sorgen kleinräumig für einen ausgeglichenen Wärmehaushalt.

Durch die Wärme entstehen Kräftebeziehungen zwischen den Elementen. Dieses physisch-anorganische Beziehungsgefüge wechselt von Ort zu Ort. Je mehr aber in der Hofgestaltung in kunstvoller Annäherung das Organismusprinzip zur Geltung kommt, desto mehr schließt sich das elementarische Geschehen zu einem individuellen Ganzen zusammen. Es entsteht eine dem Typus des Standorts gemäße Komposition der in den vier Elementen wirksamen physischen Gesetze, Kräfte und Substanzen. Diese Komposition kann die physische Organisation der «landwirtschaftlichen Individualität» genannt werden, analog dem «physischen Leib» des Menschen. Diese physische Organisation der Hof- oder Dorfgemarkung ist von übersinnlicher Wesensart. Sie tritt sinnlich in der in die Form geronnenen Stoffeswelt eines Standortes in Erscheinung und ist als solche evolutiv aus der Vergangenheit vorgegeben. Sie liefert die Tatsachen, welche der Landwirt hinsichtlich des geologischen Aufbaus, der Bodentypen, der hydrogeologischen sowie klein- und großklimatischen Verhältnisse kennen, ja mehr noch, mit welchen er hinsichtlich einer fachgerechten Praxis verwachsen sein muss. Die Möglichkeiten, in dieser vorgegebenen Tatsachenwelt das Zusammenspiel der vier Elemente zugunsten des Anbaus der Kulturen zu optimieren, beschränken sich auf Eingriffe in die äußerste Haut der Erdkruste, auf die Böden, das «Zwerchfellorgan» zwischen den «Höhen» und den «Tiefen» der Landschaft. Es handelt sich dabei um die Ausübung der Kunst der Bodenbearbeitung, Be- und Entwässerung, Trockenlegung, Terrassierung, Eindeichung sowie des Windschutzes etc.

Die Lebensorganisation

Wie Pflanze, Tier und Mensch hat auch der landwirtschaftliche Organismus, den man verstehen kann als den Leib der «landwirtschaftlichen Individualität», eine Lebensorganisation, einen «Äther- oder Lebensleib», der sich einen seiner Wesensnatur gemäßen «physischen Leib» eingliedert (Abbildung 8, S. 106). Man ist geneigt, diesen Lebensleib mit der Summe des jährlich im Pflanzenwachstum aufsprießenden Lebens gleichzusetzen. Doch, wo bleibt dieses in den Formen der Pflanzen in Erscheinung tretende Leben, wenn die Pflanzen im Herbst ihre Blätter abwerfen oder ganz absterben? Man könnte antworten: Das Leben zieht sich zurück in den Samen, in den Humus oder in das *Kambium*. Doch auch diese sind nur Erscheinungsformen des Lebendigen im Strom des Entstehens und Vergehens. Das Leben selbst ist übersinnlich. Die Organisation der ätherischen Bildekräfte des Hofes durchläuft im Rhythmus des Sonnenjahres Wechselzustände ihrer sinnenfälligen Erscheinung. Vom Herbst an über den Winter lebt sie in rein geistiger Wirksamkeit zurückgezogen in der Erde, «im Kopfpol der landwirtschaftlichen Individualität». Im Sprießen und Reifen der Pflanzen im Frühjahr über den Sommer hin hebt sie sich herauf in den «Bauch der landwirtschaftlichen Individualität». Sie prägt sich dem Leben jeder sich ausformenden Pflanzengestalt und ihrer Stoffkompositionen in Wurzel, Stängel, Blatt und Blüte ein und löst sich wieder, wenn die Pflanzen zum Herbst hin absterben.

Der Äther- oder Lebensleib der landwirtschaftlichen Individualität offenbart sich im aufsteigenden Jahr in der Summe der Lebenserscheinungen, er entschwindet wieder im absteigenden Jahr und ist dann nur noch dem geöffneten Geistesblick wahrnehmbar. Die Diskontinuität ist nur eine scheinbare.

Alles Lebendige steht wesenhaft in Beziehung zu den Elementen. Je ausgewogener Erde, Wasser, Luft und Wärme zueinander im Verhältnis stehen, desto vielfältiger kann das Leben sich zur Erscheinung bringen. Diese Tatsache spricht sich deutlich in dem Gegensatz von tropischem Regenwald und Sandwüste aus. Im ersteren Fall erreicht die Vielfalt an Pflanzenarten, zusammengedrängt auf kleinstem Raum, ein Maximum – im tropischen Urwald Brasiliens z.B. bis über hundert Baumarten pro Hektar –, im letzteren Fall kommt spärliches oder überhaupt kein Pflanzenwachstum auf.

Allem Lebendigen liegt eine Lebensorganisation zugrunde, komponiert aus einer Vielzahl von Bildekräften, die mit dem Licht der Sonne einstrahlen. In ihr als einer Ganzheit vollziehen sich in gegenseitig sich förderndem Wechselverhältnis die Lebensprozesse; sie sind Urheber und Träger der Gesundheit. Die Selbstregulation und Nachhaltigkeit eines Naturbiotops legt davon Zeugnis ab. Die Lebensorganisation eines Hoforganismus ist deshalb umso gesünder, je vielseitiger diese gemäß den Standortfaktoren durchgestaltet ist. Diesen Zustand nachhaltiger Gesundheit zu schaffen, ist fortwirkende Kulturaufgabe des Menschen. Von ihr hängt die Konstellation der Bildekräfte des Lebendigen ab, nach welcher die Kulturpflanze sich ihrem Typus gemäß ausgestalten kann. Auf dieser hofbezogenen Konstellation an Bildekräften beruht der Nährwert der Nahrungsfrüchte und die heilende Kraft der Kräuter, ebenso die Qualität des Humus, der Bodenfruchtbarkeit insgesamt. Jede Pflanzenart trägt also dazu bei, dass sich aus der Fülle der kosmischen Umkreiskräfte eine dem Hof- oder Dorforganismus eigene Lebensorganisation bilden kann, die der physischen Organisation als deren gestaltende Architektin

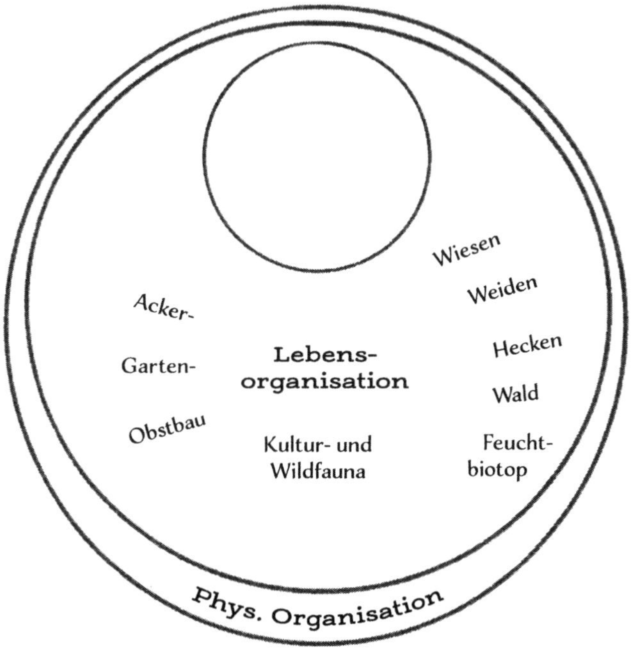

Abbildung 8:
Die Lebensorganisation oder der Lebensleib des landwirtschaftlichen Organismus.

übergeordnet ist. Sie ist Trägerin des Lebensgeschehens, das in den Formen der Pflanzen zum wahrnehmbaren Bild wird, sich übersinnlich aber als ein in der Zeit wirksamer «Zeiten- oder Bildekräfteleib» darlebt. In allem Lebendigen ist er der Träger der Entwicklung. Auf dieses zeitleibliche Geschehen möchte der Begriff «biologisch-dynamisch» hindeuten.

Die Natur organisiert sich der Notwendigkeit ihrer Gesetzlichkeit folgend in Diversität auf ihre Weise; im landwirtschaftlichen Organismus fällt diese Aufgabe dem Künstlertum des Menschen zu. In der bewussten Herausgestaltung der ätherischen Organisation einer Hof- oder Dorfgemarkung wird der Landwirt, wie das einst im alten Bauerntum der Fall war, auf neue Art zum Schöpfer der Kulturlandschaft. Durch den Anbau der Kulturpflanzen zerstört er zwar die gewachsene Wildnatur, er baut sie aber neu zur Kulturnatur auf. Während auf physischer Ebene seiner Gestaltungskraft enge Grenzen gesetzt sind, so ist er in der Herausgestaltung der Lebensorganisation des Hoforganismus zur höchsten Künstlerschaft herausgefordert. Er muss den Widerspruch von Einseitigkeit im Anbau und Vielseitigkeit als Prinzip gesunder

Lebendigkeit durch das Mittel der Kunst zu überwinden suchen. Er muss aus dem ideellen Erleben des Gesamtzusammenhanges des Betriebsorganismus die Maßnahmen ergreifen, die das Naturbiotop zum Kulturbiotop verwandeln. In bewusster Neuschöpfung muss der Organismus der Landwirtschaft aus den devastierten Monokultureinöden urzellenartig wieder herausplastiziert werden. Hinsichtlich der kunstvollen Durchgestaltung der hofindividuellen Lebensorganisation kommen folgende Maßnahmen in Betracht (Abbildung 8):

Die Fruchtfolge im Acker- und Gartenbau:
Das zur Verfügung stehende anbaufähige Land ist so aufgeteilt, dass die verschiedenen Getreide, Hackfrüchte und Futterpflanzen – im Gartenbau die verschiedenen Gemüsearten –, die in einem Jahr auf je einem Schlag nebeneinanderstehen, in der Folge der Jahre auf ein und demselben Schlag nacheinander angebaut werden. Die Kunst ist dabei, die einzelnen Feldfrüchte – nach humusmehrenden und humuszehrenden, Flach- und Tiefwurzlern, düngerbedürftigen und weniger anspruchsvollen – so aufeinander folgen zu lassen, dass Krankheiten vermieden werden, die Wuchsfreudigkeit und Fruktifizierung (Nährwert) gefördert und insgesamt die Bodenfruchtbarkeit erhalten oder besser noch erhöht wird. Von großer Bedeutung dabei ist, dass das Saatgut im Betrieb gehalten wird, d.h. aus eigenem Nachbau bzw. züchterischer Bearbeitung stammt. Die Kultur des Ackerbaus arbeitet vor allem mit den Kräften des Kosmos, die durch die Erde – Kiesel und Kalk und vermittelt durch den Ton – indirekt von unten nach oben auf das Pflanzenwachstum wirken. Dies kommt insbesondere im Getreidebau zum Ausdruck, wo im Vergleich zum Wildgras die ganze Pflanze in Halm, Blatt und Samen von dem Prozess der Fruktifizierung durchdrungen ist.[96]

Die Rückführung des Gartenbaus in den Hof- und Dorforganismus:
Sie erfolgt teils in Bereicherung der Ackerfruchtfolge durch den Feldgemüsebau, teils durch Feingemüse-, Blumen- und Kräuteranbau im umhegten Areal sowie durch Unterglaskultur. Hier in Hofnähe ist auch der Standort für das Bienenhaus. Die Integration eines vielseitigen Gartenbaus sorgt für Blühen und Fruchten vom frühen Frühjahr bis in den Spätherbst. Ergänzt durch Blühstreifen im Ackerbau bereichert sich so in hohem Maß die Artenvielfalt der einjährigen Flora bis an die Grenzen der Gemarkung.

96 Vgl. hierzu Rudolf Steiner: *Geisteswissenschaftliche Grundlagen zum Gedeihen der Landwirtschaft*, Dornach 1999, GA 327, insbesondere die Vorträge vom 7., 10. und 14. Juni 1924.

Die Rückführung des Obstbaus in den Hof- und Dorforganismus:
Hochstämme in möglichster Artenvielfalt haben ihren Standort entlang Feldwegen, Feldgrenzen, auf terrassierten Hanglagen oder in hofnahen Obstwiesen. Die wohltuende, das Landschaftsbild durch alle Jahreszeiten hindurch bereichernde Wirkung der Baumkultur Obst sollte die ganze Hof- und Dorfgemarkung durchdringen. Halbhochstamm– und Niederstamm-Intensivobstanlagen sollten in einem maßvollen Verhältnis zu den übrigen Kulturen stehen.

Die Eingliederung und Bewahrung von Wiesen und Weiden:
Sie haben ihren Standort in regenreichen Gebieten, auf erosionsgefährdeten Hängen und nur extensiv nutzbaren, flachgründigen Hutungen beziehungsweise Trockenlagen, vor allem aber überall dort, wo oberflächennah Grundwasser ansteht, z.B. beiderseits entlang Bach- und Flussläufen, in Niederungen, an moorigen Senken, oder Niedermoor. Der Umbruch des Grünlandes (Maisanbau) durch Dränierungen oder Grundwasserabsenkungen sollte tunlichst vermieden werden. Das Grünland ist überschwemmungsbeständig und wirkt als Dauerkultur insbesondere durch die langen Saugwurzeln der Gräser reinigend auf das dem Vorfluter zuströmende Grundwasser. Es entzieht diesem das Nitrat, das aus den ferner liegenden Ackerbaugebieten stammt. Das Dauergrünland befindet sich infolge Beweidung und Heuschnitt stets in einem vegetativen Wachstumszustand. Es bedarf deshalb reichlich Wasser – oder genauer: der ätherischen Bildekräfte, die durch das Element des Wassers wirken; Wasser also, das dem Kräftewirken des Stoffwechselpols der landwirtschaftlichen Individualität ausgesetzt ist. Dies ist der Fall, wenn das Wasser oberflächennah ansteht (40 cm unter Flur), oder bei Kunstwiesen oder in der Bewässerungskultur im «Hangbau».
Die vollendete Form der Kunstwiesen fand man noch bis Mitte des 20. Jahrhunderts in den Mittelgebirgslagen. Der Autor konnte in der Rhön kurz vor der Zerstörung dieser kunstvollen Gebilde letzte Reste der sogenannten Buckelwiesen bestaunen. Sie anzulegen, mit klarem Wasser zu «düngen», zu pflegen, zu Heu zu mähen und das Heu in großen Tüchern geschultert einzubringen, war ausschließlich aufwendigste Handarbeit. Sie wurde mit bis zu fünf Heuschnitten im Jahr belohnt. Von einem höher am Talhang gelegenen Mühlgraben wurden talwärts ein Erdhügel neben dem anderen mit dachartigen Seitenflanken gebaut Auf dem First dieser Hügeldächer verlief rechtwinklig vom Mühlbach aus ein weniger als ein Spaten breiter Stichgraben mit 0-Gefälle. Zur Bewässerungszeit, abhängig von den Mondphasen, lief das Wasser breitflächig zu beiden Seiten über die Stichgrabenkante, rieselte

rasch durch die Grasnarbe hindurch und sammelte sich wieder in der Dachtraufe zwischen zwei Buckeln. Diese setzte sich fort und wurde zum First der folgenden Reihe der talabwärts sich anschließenden Hügeldächer – und so ging es Stufe um Stufe abwärts bis in den Talgrund.

Bei dieser Art der Bewässerungskunst ging es nicht primär um die Durchfeuchtung des Untergrundes, sondern um die rasch hindurchperlende Bewegung des in der Regel mineral- und vor allem aber stickstoffarmen Wassers durch die Grasnarbe. Man darf vermuten, dass hier dem Wasser ein Düngungseffekt zukommt. Durch die Sauerstoffaufnahme des bewegt-rieselnden Wassers – der Sauerstoff als Träger des Lebens[97] – scheint das Wasser das Wachstum der Gräser und Kräuter derart zu beleben, dass auf diesen meist mineralarmen Böden qualitativ und quantitativ Höchsterträge erzielt worden sind.

Die Kunstwiesen als landschaftsbildendes und -belebendes Element in der Form der Rückbau- oder Buckelwiesen sind dem technologischen Zeitalter zum Opfer gefallen Dieser Zweig einer einst hohen Landbaukunst hatte keinen Bestand mehr.

Die Anpflanzung von Hecken, Feldgehölz- und Bauminseln:
Hier ist Gelegenheit gegeben, allen in der landschaftlichen Umgebung heimischen Gehölzarten an Büschen und Bäumen in der Gemarkung in Hecken, Gehölzinseln ihren Platz anzuweisen und auf diese Weise in der Feldflur geschützte Areale mit eigenem Kleinklima anzulegen und insgesamt die Gemarkung selbst zum harmonisch prägenden Glied der Kulturlandschaft werden zu lassen. Die Anpflanzungen dienen in den offenen Landschaften gleichsam als Waldersatz. Die größte floristische und zugleich faunistische Verdichtung der Kulturlandschaft findet sich in den Waldsäumen, den Übergangs- und zugleich Durchdringungszonen von offener Feld- und Wiesenflur und Wald. Hier bauen sich stockwerkartig übereinander eine artenreiche Gräser- und Kräuterflora, dann das nieder und höher wachsende Buschwerk und schließlich die hochwachsenden ausladenden Baumkronen auf. Denselben Aufbau und dieselbe ökologische Funktion haben die Hecken. Sie sind nach zwei Seiten der Feldgemarkung hin gleichsam zwei aneinander geheftete, ineinander verwachsene Waldsäume, so auch die Feldgehölze und Bauminseln.

97 Rudolf Steiner: *Geisteswissenschaftliche Grundlagen zum Gedeihen der Landwirtschaft*, Vortrag vom 11. Juni 1924, GA 327, Dornach 1999, S. 68f.

Der Wald:
Er muss mit der Landwirtschaft zusammen als ein Ganzes gesehen werden. Ja, streng genommen gehört er zur Landwirtschaft, wie alle vorgenannten Funktionsglieder der Lebensorganisation. Der Wald umgibt vielfach die Hof- und Dorfgemarkungen, er verbindet und vernetzt sie. Der Wald erfüllt innerhalb der Kulturlandschaften eine übergeordnete, belebende Funktion. Dazu wirkt er klimaausgleichend und bewahrt und prägt über die Zeiten hinweg zusammen mit den Hof- und Dorfgemarkungen den Charakter der Kulturlandschaft im Großen.
Der Wald kann nicht Gegenstand der bloßen Forstwirtschaft, aber auch nicht des bloßen Naturschutzes sein. Seine Nutzung ist wie die jeder Feldgemarkung eine Kulturaufgabe, die sich in der Gestaltung zum «Dauerwald» erfüllt,[98] dessen Ziel die standortsgemäße Vielfalt an Baumarten ist. Der Dauerwald wird erst durch kontinuierliche Pflege und Nutzung zum Kulturwald. Die Naturbelassenheit in Naturschutzreservaten führt zurück in eine anthropogen bedingte Wildnis durch Vernachlässigung.

Jedes der genannten Lebensorgane ist für sich schon eine über das Naturbiotop hinausgehende Kunstschöpfung. Umso mehr gilt dies hinsichtlich der Komposition dieser Lebensglieder zum Ganzen der Lebensorganisation des Hof- oder Dorforganismus. Alle Wirkungen des Fixsternumkreises, der Planeten, der Sonne, des Mondes und der Erde haben sich ihr im Jahreslauf eingeprägt und gehen in den «Samenzustand» des «Allgemein-Pflanzlichen» auf, in den das Leben bewahrenden Humus. Die rosenkreuzerischen Alchemisten nannten ihn deshalb den «Universalsamen der Erde» (Mutterboden)[99], im Gegensatz zu dem «Individualsamen», der, von der einzelnen Pflanze gebildet, auf den Mutterboden herunterfällt. Der Humus trägt das irdisch gewordene Leben der Vorjahre in die Gegenwart. Man kann ihn deshalb auch strukturell und substanziell als das «Gedächtnis der Erde» ansprechen. Man kann sagen, in ihm lebt in die irdisch-stoffliche Form geronnen das Prinzip des Allgemein-Pflanzlichen.

Es gilt, die lebendigen Kräfteströmungen (die das Leben der Pflanzen ausmachen und die in ihrer Gesamtheit ihren Äther- oder Lebensleib bilden) von denjenigen zu unterscheiden, die als Kräfte höherer Art aus der Astralwelt des Kosmos einstrahlen. Es sind Kräfte, die im Tier sich zu seinem

98 Leonard Jentgens: *Vom Altersklassen-Einheitsforst zum naturgemäßen Dauerwald*, Borchen 2015, 60 S.

99 Walther Cloos: *Werdende Natur*, Dornach 1966, 141 S.

Seelenleib verinnerlicht haben, zum Erleben von Hunger und Durst, von Schmerzempfindungen und so weiter. Auf die strömenden Lebensprozesse der Pflanzen wirken diese astralischen Kräfte bildend, formend, gestaltend, stauend von außen. Sie bilden und stauen das strömende Leben in die Form der Wurzel anders als in die Formen des Stängels, des Blattes, der Blüte. Die bildenden Kräfte vereinigen sich mit dem strömenden Leben und schaffen sich ein Abbild in jedweder Erscheinungsform einer Pflanzenart, modifiziert durch das standörtlich unterschiedliche Zusammenwirken der Kräfte der Erde und des Kosmos. Schaut man auf die Artenvielfalt der Gräser und Getreide der Kraut-, Stauden-, Strauch- und Baumnatur eines Hofes und deren Gesamtkomposition, so offenbart sich in ihren sinnenfälligen Formen dasjenige, was im Verborgenen in bildekräftigem Strömen sich als die ätherische Organisation des Hoforganismus als Ganzheit darlebt.

Die Seelenorganisation oder der Astralleib des landwirtschaftlichen Organismus

Aus derselben übersinnlichen Region, aus der die Kräfte strahlen, die die Pflanze gleichsam nur von außen berühren, sie im Wachstum formen und sie in die Form ersterben lassen, stammt der Seelen- oder Astralleib der Tiere, der sich im Leib der Tiere verkörpert und diesen als dessen Seele von innen durchstrahlt. Dieses sein Wesen offenbarende Seelische grenzt das Tier nach außen in seiner Gestalt ab und gliedert es nach innen in die Reihe seiner Organe. Die Seelenorganisation des Tieres ist dessen Lebensleib und dieser dessen physischer Organisation übergeordnet (Abbildung 9, S. 115). Wie schon erwähnt, ist in jeder Tierart eine bestimmte Seelenqualität verkörpert, im Wurm eine andere als im Fisch oder Vogel oder Insekt oder als in der Reihe der Säugetiere. Die Tierseele schafft sich in der Gestaltung des Körpers ein Abbild und sie äußert sich in dem, was das Tier tut. Eine Vielzahl von Tieren bevölkert einen Standort. Sie ist umso zahlreicher, je vielseitiger die Lebensorganisation der Hof- oder Dorfgemarkung durchgestaltet ist. Gegliedert in Arten, Familien und Gattungen bilden sie gesamthaft die Fauna des Standorts und stehen zu den vier Elementen, zur belebten Natur und unter sich in vielfältigster, weisheitsvoller Beziehung. Man kann die Tierwelt eines Hofes in ihrem Erscheinen und Verhalten als Organe des «Seelen- oder Astralleibes» des Hofganzen auffassen. Das den Tieren innewohnende Seelische entstammt vergangenen Evolutionsstufen der Erde.[100]

Der Seelenleib des Hofes oder der Dorfgemarkung konstituiert sich darüber hinaus durch Astralkräfte, die aus dem gegenwärtigen Kosmos mit dem Sonnenlicht einstrahlen.[101] Diese sind es, die den Pflanzen von außen die Form geben – man vergleiche die Fein- bzw. Großblättrigkeit von im Licht oder Schatten gewachsenen Pflanzen –, die sie reifen lassen, die den Stoffaufbau strukturieren, z.B. das Eiweiß, und damit den Nährwert der Nahrungsfrüchte bedingen. So hängt es wesentlich von der physischen und Lebensorganisation ab, bis zu welchem Grad der Intensität sich die Seelenorganisation konfiguriert und die Gemarkung eines Hofes oder Dorfes sich zu einem in sich geschlossenen Organismus abgrenzt und nach innen in Organe gliedert.

Zum Verständnis des sehr differenzierten Beitrages der Tierwelt zur Bildung der Seelenorganisation des Hof- oder Dorforganismus muss ausführlicher auf zwei wesensverschiedene Gruppierungen eingegangen werden: Die Wildfauna und die Haustiere (Abbildung 9, S. 115).

Die Wildtierarten – Organe des Hof- und Landschaftsorganismus

Die kulturschöpferische Leistung der Landwirtschaft war die Wandlung der Wildnatur in die Kulturnatur; es bleibt weiterhin ihre Aufgabe, für deren Pflege und Weiterentwicklung zu sorgen. Dieser Wandlungsschritt bedeutete u.a., die wildlebende Großtierwelt entweder ganz aus den Landschaften zu bannen – wie die Raubtiere: Wolf, Bär, Luchs, sowie die Huftiere wie Auerochse, Elch, Wisent, Wildschwein etc. – und sie durch die Haustiere zu ersetzen, oder sie in die Hege und Pflege zu nehmen, wie das Edelwild: Hirsch, Reh und Ren, oder das Niederwild, Hase, Fuchs etc. Die wildlebenden Säugetiere sind menschenscheu und überwiegend nachtaktiv. Ihre vorzüglichen Sinneseigenschaften mit Geruch, Gehör und Gesichtssinn weisen auf die Wachheit eines bewussteren Innenlebens. Mit ihren Sinnen tauchen sie in die Außenwelt ein, witternd, horchend, äugend – wie z.B. das Edelwild, wenn es zum Äsen aus dem Waldesdunkel in die offene Flur hinaustritt. Das seelische Instinktleben wird von diesen Wahrnehmungen angeregt und zugleich weitet sich

100 Rudolf Steiner: *Die Geheimwissenschaft im Umriss*, GA 13, Dornach 1989.

101 Rudolf Steiner: *Anthroposophische Leitsätze*, GA 26, Dornach 2020, darin der Brief «Der Mensch in seiner makrokosmischen Wesenheit».

das Seelische und wird eins mit dem Wahrgenommenen. Diese Beziehung eines Innen und Außen offenbart sich der Anschauung in der Ästhetik des Verhaltens, z.B. in dem dahinflüchtenden Reh, dem Haken schlagenden Hasen oder dem stolzen Hirsch, der erhaben sein Geweih in den Luftumkreis erhebt. Mit diesem aus dem Stirnbein herauswachsenden Knochengestänge fängt der Hirsch kosmisch-astrale Kräfte ein, die formbildend auf seine innere Organwelt wirken.[102]

Bei den wildlebenden Tieren ist das, was ihr Seelenwesen ausmacht, vollständig in die Bildung des Leibes aufgegangen. Es lebt sich dieses Seelische in und durch den Leib aus. So prägen die Tiere, von ihren Instinkten geleitet, d.h. aus innerer Notwendigkeit, ihr eigenes Sein ihrem Lebensraum ein; in Erweiterung ihrer selbst beleben und beseelen sie diesen Lebensraum durch ihre Tätigkeit und machen ihn zu ihrem Revier: «Die Pflanze gibt, das Tier nimmt im Haushalt der Natur.»[103] Das Tier befriedigt seine Begierdennatur durch das, was es seiner Umgebung entnimmt. In dieser Befriedigung hat es sein Behagen, das es freudig in seinen Bewegungen und Lauten der Welt kundgibt.

Der Wildtierfauna wird hinsichtlich ihrer ineinandergreifenden Daseinsbedingungen immer größere Beachtung geschenkt. Man erkennt, wie der Lebenszyklus der Tiere sich weisheitsvoll in ein größeres Ganzes fügt, ja, wie sie gesamthaft in ihrer Tätigkeit die Vollzugsorgane in der Herausbildung organismischer Ganzheiten sind. So ist es Aufgabe des Landwirts, der Wildtierfauna im weitesten Sinn dieselbe Aufmerksamkeit in Hege und Pflege zu schenken wie den Haustieren. Gegenüber den Säugern geschieht dies u.a. durch die Bejagung, wobei dabei häufig egoistische Motive ebenso eine Rolle spielen, wie in anderer Art bei der Bekämpfung von sogenannten Schädlingen durch Biozide. Die verschiedenen Tierarten leisten je einen Beitrag zur Bereicherung und Kräftigung der Seelenorganisation des Hof- oder Dorforganismus. Jeder unbedachte Eingriff in das komplexe Beziehungsgefüge lässt sie erkranken und schwächt ihre Selbstheilungskräfte.[104]

102 Rudolf Steiner: *Geisteswissenschaftliche Grundlagen zum Gedeihen der Landwirtschaft*, GA 327, Vortrag vom 12. Juni 1924, Dornach 1999, S. 97.

103 Ebd., Vortrag vom 14. Juni 1924, S. 193.

104 Ebd., Vortrag vom 15. Juni 1924.

Vier Gruppen innerhalb der Wildfauna

Abgesehen von den Säuge- und Kriechtieren sind von eminenter Bedeutung vier große Gruppen des Tierreichs, deren Dasein in einer mehr verborgen wirkenden Seelenhaftigkeit die Gemarkungen durchdringen. Sie zeigen in ihrer Leibesbildung in je verschiedener Weise Verwandtschaft zur funktionellen und morphologischen Dreigliederung des Menschen, das heißt zum Kopf-, Brust- und Stoffwechsel-Gliedmaßen-System. Es sind die vier Gruppen der Würmer, Fische, Vögel und Insekten.

Diese Dreigliederung des Körpers ist am deutlichsten bei den Insekten ausgebildet. Bei den drei anderen Gruppen beherrscht jeweils in hoher Spezialisierung ein Funktionsbereich das Dasein des Tieres: bei den Würmern der Stoffwechselpol, bei den Fischen die rhythmische Mitte und bei den Vögeln der Kopf- oder Nerven-Sinnes-Pol. Jede dieser vier Gruppen offenbart in ihrer Artenvielfalt – am intensivsten die Insekten – eine große Spielbreite in der Ausformung ihrer Organsysteme. Sie haben sich im Vergleich zum Menschen schon in früheren Phasen der Evolution einseitig zu solch hoher Vollendung gebildet, dass man sagen kann: Ein Teil des Seelischen dieser Tiere ist weitgehend in der jeweiligen Leibesbildung aufgegangen, während der andere ergänzende Teil sich übersinnlich als die Welt der sogenannten «Elementarwesen» darlebt.[105] Elementarwesen sind Boten, die zwischen dem wesenhaften Urgrund alles Seins und dessen abbildlichen Erscheinungsformen in der physisch-materiellen Welt vermitteln. Ihr Wesen ist seelisch-astralischer Art; ihr Leib baut sich je spezifisch aus den Kräften des Ätherisch-Lebendigen auf. Die Elementarwesen sind die Geistesboten, die die im Reich der höheren Geisteswelten beheimateten Urbilder des Mineral-, Pflanzen-, Tier- und Menschenreiches abbildlich in Zeit und Raum zur sinnlich-erfahrbaren Erscheinung hereinbilden. Sie sind Beziehungswesen zwischen der Welt des Sinnlichen und des Geistig-Übersinnlichen und können als solche in übender, denkender Anschauung fühlend erlebt werden. Als Prozessträger verzaubern sie sich in alles Werdende und befreien sich aus dieser Verzauberung im Vergehen des in die sinnliche Form Geronnenen.[106] Die Elementarwesen spezifizieren sich in vier Gruppen, je nachdem in welchem der vier Elemente, Erde, Wasser, Luft und Wärme, sie hauptsächlich ihr Wirkungsfeld haben.

---

105 Rudolf Steiner: *Die Welt der Elementarwesen*, ausgewählte Texte herausgegeben von Almut Bockemühl, Dornach 2005.

106 Rudolf Steiner: *Der Mensch als Zusammenklang des schaffenden, bildenden und gestaltenden Weltenwortes*, GA 230, Dornach 1993, Vorträge vom 2., 3. und 4. November 1923.

Sie bilden übersinnlich die Ergänzung zu den vier Gruppen der Tiere, die in Vereinseitigung in diesen Elementen ihre physischen Lebensbedingungen finden. Die Welt der Elementarwesen ist überall im Irdischen präsent. Ihre aus dem Unoffenbaren ins Offenbare reichende Wirksamkeit kann der künstlerisch empfindenden Anschauung nicht entgehen. Sie breitet über die Natur und besonders über die Tierwelt, die in je spezifischer Art die vier Elemente beleben, einen zarten Schleier weisheitsvoller Sinn- und Seelenhaftigkeit.

Im Folgenden soll der Blick auf Wesen und Bedeutung der erwähnten vier Gruppen des Tierreichs gelenkt werden (Abbildung 9):

1. Die Gruppe der Wirbellosen-Wurmartigen, diejenigen, die mit dem Element des Erdig-Festen verbunden sind, am Beispiel des Regenwurms (*Lumbricus terrestris*):

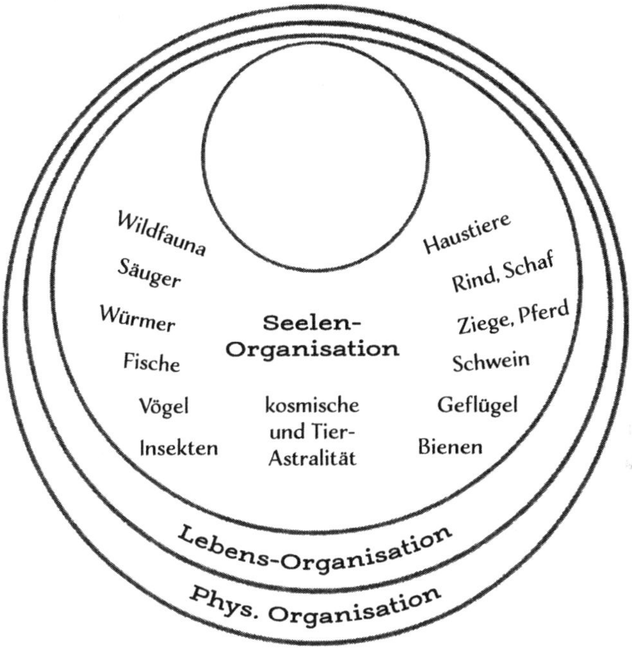

Abbildung 9:
Die Seelenorganisation oder der Seelenleib des landwirtschaftlichen Organismus.

Dem Regenwurm fehlt ein ausgebildeter Kopf. Er ist gleichsam ein selbständig gewordener, segmentierter Darmschlauch, also ein ganz und gar stoffwechselaktives Tier, dessen nach außen gerichtete Sinnesorganisation auf den Tastsinn reduziert ist, auf Punktsinne, die über den Körper verteilt sind. Die Tätigkeit dieses zarten, schleimig–wässerigen Tieres ist die Bearbeitung des Bodens. Er ist Plastiker des festen Erdigen. Er lebt im Erdendunkel, presst sich auf Nahrungssuche nach abgestorbenen Pflanzenresten durch den lockeren Oberboden und frisst sich in die Tiefen des dichten mineralischen Unterbodens, seine senkrechten Röhren bildend, die ihm gleichsam als Außenskelett dienen und ihm zur vertikalen Aufrechte in seinen Bewegungen auf- und abwärts verhelfen. Seinen mineraldurchsetzten Kot trägt er entgegen der Schwere nach oben an die Erdoberfläche (bis 100 t/ha/Jahr) und verjüngt so den Boden von Jahr zu Jahr. Er fördert aktiv die Bodenatmung, indem er, gleich einer Pumpe im Hinuntergleiten durch seine Röhren, sauerstoffreiche Außenluft nach sich zieht und im Hinaufgleiten CO_2-angereicherte Bodenluft herausstößt. Seine Nahrung ist abgestorbene, bakteriell in Zersetzung begriffene organische Substanz, die er zusammen mit Ton, Schluff und Feinsand in sein Inneres aufnimmt. Nach außen sondert er Schleim ab, nach innen «durchsinnt» seine Seelenorganisation den aufgenommenen Nahrungsstrom und lenkt ein Heer von bakteriellen Symbionten, die die Nahrung aufschließen, und leitet, in Verbindung mit den mineralischen Tonbestandteilen der Nahrung, die Dauerhumusbildung ein, die Bildung der krümelstabilen Ton-Humuskomplexe.

Der Regenwurm ist seiner Natur nach ein Verzichtwesen. Die These sei erlaubt: Er hat evolutiv auf die volle Metamorphose über die Verpuppung bis zur Imago verzichtet. Diese würde, etwa als ein Schmetterling, in Schönheit von Form und Farbe das offenbaren, was zurückgehalten im Wurm sich als seine segensreiche Fähigkeit erweist, ein Plastiker des Erdbodens zu sein.

Das Bewusstsein des Regenwurms ist schlafend-träumend, und doch hat es die Macht, ein beziehungsvolles Ganzes zu schaffen. In diesem seinem Werk erscheint im Abbild, was, in Ergänzung seines stoffwechselbetonten Wesens, seine höhere Sinnes- und Verstandesnatur ist. Was dem Regenwurm, was insgesamt der wurmartigen Tierwelt fehlt, ist die polare Ausgestaltung des Kopfes im Verhältnis zum Stoffwechsel-System. Das Fehlende, die Ergänzung zum Kopf, ist aber überall da funktionell präsent, wo Regenwürmer etc. sind, eben als ein Wesenhaft-Übersinnliches, das vom physisch erscheinenden Leib getrennt ist, zu diesem gleichwohl seelisch in Beziehung steht. Es handelt sich hier um eine spezifische Gruppe von Elementarwesen – die seit alters so genannten *Gnome* –, deren Wesenssubstanz «Sinn und Verstand in einem ist».[107] Sie entfalten ihre Wirksamkeit im Erdig-Festen und bilden seelisch-astral das Bindeglied zur wirbellosen Tierwelt.

Es gehört zur Kunst des Landbaus, dieser so unablässig tätigen und wohltätigen Tiergruppe in der Fülle Lebensraum zu schaffen. Denn, wo auf Acker, Wiese und Weide sowie im Dung- und Komposthaufen der Regenwurm seine Tätigkeit entfaltet, ist auch sein geistiges Korrelat präsent, die Elementarwesen des Erdig-Festen. Ohne den Regenwurm würde der Boden allmählich verdichten und fest werden, gewissermaßen in Todesstarre geraten. Der Regenwurm verlebendigt den Boden.

2. Die Gruppe der mit dem Element des Wassers verbundenen Tiere: die Fische. Wie der Regenwurm ein Plastiker des Erdig-Festen ist, so der Fisch ein solcher des Wasserelementes. Der Kopf des Fisches, mit seiner differenzierten Sinnesorganisation, ist deutlich ausgeprägt; er geht aber übergangslos in das Rumpf- und Stoffwechselglied über. Alles beherrschend ist der Mittelteil, der Rumpf, ein feines, rhythmisch reich gegliedertes, verknorpelt-verknöchertes Skelettsystem. Die Wirbelkette durchzieht den Körper von der Schwanzflosse bis zum Kopf und metamorphosiert sich in diesem in die Schädelknochen. Seitlich wölben sich die Rippenbögen, die Gräten, die auch die Bauchorgane mit umhüllen. Nach außen sind sie von einer Muskelschicht überlagert, die in Verbindung mit den Flossen dem Fisch eine außerordentliche Wendigkeit und Schnelligkeit in der Fortbewegung verleihen. Der Regenwurm nimmt Erdiges bis in seinen Verdauungstrakt auf; anders der Fisch, der in der Fortbewegung das Wasser durch seine Kiemen strömen lässt. Das Wasser tritt damit über den Kopf in eine direkte Beziehung zum rhythmischen Rumpfsystem; er versorgt sich mit Sauerstoff, den er über die Kiemen dem Wasser entnimmt. Die Außenhaut verdichtet sich zum Schuppenkleid, durch das sich seine Formgestalt gegenüber dem formlosen Wasser abgrenzt und durch das er sein seelisches Innenwesen in vielfacher Färbung nach außen kundgibt. Der Fisch nährt sich nicht wie der Regenwurm vom absterbenden Leben, sondern vorzugsweise von dem, was sich im Wasser an pflanzlichem und tierischem Leben entfaltet. Der Fisch weitet sein Seelenwesen über seine Leibesgestalt hinaus in das umgebende Wasser. Einerseits ertastet er im Dahingleiten das an seinem Körper entlangstreichende Wasser und andererseits erzeugt er durch seine Bewegungen feinste Strömungen und Wirbel. Wie der Fisch seine stromlinienförmige Gestalt dem Element des Wassers verdankt,

107 Ebd., Vorträge vom 2., 3., 4. November 1923.

so belebt und beseelt er dieses durch das, was an seelischer Regsamkeit sich in die Bewegungsabläufe fortsetzt. Diese sind in einem stillen Gewässer, einem Teich, andere als in einem kraftvoll dahinströmenden Bach oder Fluss. Die Schleie z.B., eine Karpfenart, ist gedrungener in der Gestalt, dunkler in der Färbung, gemächlich in der Bewegung und liebt es, gelegentlich sich am Grund des Teiches in den Schlamm einzuwühlen. Ganz im Gegensatz dazu findet sich die schlanke Forelle, eine Lachsart, im fließenden, über Steine strömenden, kristallklaren Gewässer. Gleich einem Schatten huscht sie geschwind durch das durchlichtete, bewegte Wasser, über kieseligen Untergrund entweder am Bachufer schutzsuchend oder aktiv stille gegen die Strömung stehend, die Wärme erfühlend, ausgelöst durch die Bewegung des vorüberströmenden Wassers.

Wie der See, der Teich, der Fluss- oder Bachlauf zur Landschaft, zum Hof gehören, so auch die in diesen lebende Fischnatur. Sie «durchseelt» die Gewässer und macht sie zu Organen der Hof- und Dorforganismen. Es ist in die Hände des Landwirtes gelegt, diese Landschaftsorgane zu pflegen, sie kunstvoll durch die Anlage von Teichen zu bereichern, so weit wie möglich für ihre Reinheit zu sorgen und dafür, dass die Fließgewässer nicht in ihrem natürlichen Lauf gestört werden.

Bei den Fischen erlangt besonders deren rhythmischer Mittelteil, deren Rumpf eine gewisse Vollendung, noch nicht der Kopf mit seinem Sinnessystem. Ihr Bewusstsein ist zu einem dumpfen Träumen herabgedämpft. Was ihnen körperlich ermangelt, bleibt wesenhaft wirksam im Übersinnlichen; es webt und lebt als eine weitere Gruppe von beziehungsschaffenden Elementarwesen, den *Undinen*. Sie haben das Wasser zu ihrem Element und vermitteln die geistigen Urbilder den im Wässerigen sich ausbildenden Leibes- und Organformen.[108]

3. Die Gruppe der im Element der Luft lebenden Vogelwelt.

Die Vögel plastizieren, beleben und beseelen im kräftigen Flügelschlag, in mächtigen Schwüngen oder im erhabenen Dahingleiten in großen Höhen das Element der Luft. Mehr als alle anderen Tiere, die sich in den Luftraum erheben können, sind die Vögel die Herrscher der Lüfte. Wie der Regenwurm als Stoffwechselwesen ein Erdgeborener ist, der Erde in sich aufnimmt, der Fisch als Rhythmuswesen ein Wassergeborener ist, der sich vom Wasser durchströmen lässt, so ist der Vogel ein Luftgeborener. Sein ganzer Leib ist

108 Rudolf Steiner: Ebd.

zu einem Kopf, zu einem großen Sinnesorgan umgestaltet. Nicht nur ist sein Kopf von außen durchlüftet und ebenso sein Federkleid, nicht nur wird er mit seinen ausgebreiteten Schwingen von der Luft getragen, sondern das Luftelement durchzieht sein ganzes Innere (siehe unten).

Unter den genannten Gruppen vollendet sich in den Vögeln die Evolutionsströmung der Kopfbildung; sie erfasst das ganze Tier einschließlich Brust und Stoffwechsel. Daran knüpft sich die Frage: Ist nicht auf einer früheren Evolutionsstufe mit den wirbellos-wurmartigen Tieren, den Fischen und Vögeln sowie der vierten Gruppe, den Insekten, etwas in vorzeitiger Vollendung vorgebildet, was in fortschreitender Evolution in der Apokalypse des Johannes[109] als das «Dreigetier» von Adler, Löwe, Stier und einem Vierten angesprochen ist, das ein menschliches Antlitz trägt? Rudolf Steiner kennzeichnet die drei Tiere Adler (Kopf), Löwe (Brust) und Stier (Stoffwechsel) als Repräsentanten dreier Entwicklungsströmungen aus dem Geiste, die sich im Menschen zu einem höheren Ganzen zusammenfassen.[110] Und liegt nicht in der strengen, morphologischen und funktionellen Dreigliedrigkeit der Insektengestalt eine allerdings vorzeitig in die Form geronnene Zusammenfassung der Entwicklungsströmungen der Wirbellosen, der Fische und Vögel vor, wie sie sich in zukunftsoffener Entwicklungsfähigkeit in dem Zusammenfluss der Adler-, Löwe- und Stierströmung in der Gestalt des Menschen zeigt?

Die Vögel entnehmen den Sauerstoff aus der Luft, sowohl beim Einatmen als auch beim Ausatmen. Im Einatmen gelangt die Luft teils in die Lungen und, unverbraucht, teils in die im Körper verteilten Luftsäcke und in die teils hohlen Knochen. Beim Ausatmen passiert diese vorrätige Luft die Lungen (ein offenes Röhrensystem, keine sackgassenartigen Lungenbläschen) von innen nach außen. Die Schwere wird im Vogelleib zur Leichte: Der überwiegend direkt von der Außenluft durchströmte Schädel, der mit den Luftsäcken durchlüftete Körper, die lufterfüllten Hohlräume, die weite Teile des Skelettes besonders bei den großen Vogelarten durchziehen, und schließlich das bewegliche, durchlüftete Federkleid. Die Leichte wird noch dadurch betont, dass die hochkonzentrierte Nahrung, ob pflanzlicher oder tierischer Herkunft, einer raschen Verdauung unterliegt und nach kurzer Verweildauer wieder ausgeschieden wird.

109 Rudolf Steiner: *Die Apokalypse des Johannes*, GA 104, Dornach 1985.
110 Rudolf Steiner: *Der Mensch als Zusammenklang des schaffenden, bildenden und gestaltenden Weltenwortes*, GA 230, Dornach 1993, Vortrag vom 19. Oktober 1923.

«Der Vogel ist ... im Ganzen eigentlich ein Kopf.»[111] Das Erscheinungsbild einer Meise, eines Rotkehlchens oder Zaunkönigs etc. bestätigt diese Aussage unmittelbar. Stoffwechseltrakt und Brust sind verkürzt und erscheinen wie hereingezogen in den Kopfpol. Die Physiognomie wird von Schnabel und Augen beherrscht; sie schließt sich aber in Form, Farbe und Musterung des Federkleides zur Kopfgestalt des Vogels als einem Ganzen zusammen. Der starre Verbund der Schädelknochen setzt sich mit den gelenkigen mittleren Halswirbeln in das Rumpfskelett fort; die verwachsenen Rückenwirbel bilden mit Schulterblatt, Becken, Rippen und Brustbein eine festgeschlossene Einheit. Umgekehrt verlagert sich die hauptsächliche Gliedmaßen-Tätigkeit in die Flügel und weiter nach vorn in die ruckartig pickende (Huhn, Sperling etc.) oder klopfende (Specht) Beweglichkeit des Kopfes. So schließt sich im Kopf eine hochspezialisierte Gliedmaßen-Tätigkeit mit einer überwachen Sinnes-Tätigkeit zusammen. Schaut man in das Auge des Vogels, vor allem der Raubvögel, empfindet man eine seelische Kraft, die wie durch einen ruhenden Punkt hindurch den eigenen Blick mit geradezu bezwingender Macht bannt; ein Blick wie aus uralten Zeiten. Das Seelenwesen des Vogels teilt sich dem Luftumkreis in einfachen Lauten bis hin zu klangvoll malerischen Tonfolgen mit. Sie entströmen der Syrinx (dem sog. unteren Kehlkopf), verursacht durch den aus- und auch teils einatmenden Luftstrom. Die Feldlerche, wenn sie sich am frühen sonnenerhellten Morgen in die Lüfte schwingt, vermag ihre Weise deshalb so lange zu trällern, weil sie sogenannte Mikroatemzüge tätigen kann, mit denen sie permanent die Luftsäcke nachfüllt (vergleichbar einem Dudelsackpfeifer).[112] So verhält es sich auch mit der Nachtigall, die ihren melodischen Gesang auf eben solche Weise so lange aufrechterhalten kann.

Einzigartig im Tierreich wird die Gestalt des Vogels durch sein Federkleid geprägt. Es wachsen sowohl der Federkiel als auch die Federfahne aus der Haut. Was sich dann aber an Reichtum der Farben und an fein ziselierten Formen der einzelnen Federn und des Gefieders insgesamt ausdrückt, erscheint nach außen gestülpt wie ein aufgeplustertes Abbild des Innerseelischen des Vogels. Die Federn sind ihm zum Sinnesorgan der Bewegungen der Luft geworden.[113] Rudolf Steiner charakterisiert die Federbildung des

111 Rudolf Steiner: *Der Mensch als Zusammenklang des schaffenden, bildenden und gestaltenden Weltenwortes*, GA 230, Dornach 1993, Vortrag vom 27. Oktober 1923.

112 Siehe z.B.: Einhard Bezzel und Roland Prinzinger: *Ornithologie*, Stuttgart 1990, S. 269.

113 Ernst-Michael Kranich: *Wesensbilder der Tiere. Einführung in goetheanistische Zoologie*, Stuttgart 2004, 386 S. – Siehe auch die Aussagen Rudolf Steiners in: *Die Welt der Vögel*, herausgegeben und kommentiert von Hans-Christian Zehnter, Basel 2015, 288 S. sowie in: *Die Welt der Tiere*. Herausgegeben und kommentiert von Hans-Christian Zehnter, Basel 2007, 182 S.

Vogels am Beispiel des Adlers so, dass diese auf der Ebene des Physischen von denselben Kräften bewirkt wird, wie auf seelisch-astraler Ebene, auf der Grundlage des Gehirns, die Gedankenbildung.[114]

Die Vogelnatur wölbt sich wie eine Glocke über die Hof- und Dorfflur. Der Bezugspunkt zur Erde hin ist das Nest. Von diesem weitet sie sich hinaus in den Erd- und Luftumkreis und lebt sich seelisch in dem jeweiligen Revier aus. Innerhalb von dessen Grenzen sucht der Vogel seine Nahrung und findet dasjenige, was ihn anregt, sein Seelensein im Flug oder im Geäst der Bäume und Hecken in die Umgebung ausströmen zu lassen: Sei es wie der Bussard, der, in den Höhen kreisend, sich von Sonnenlicht und -wärme durchtränken lässt und im Betrachter, mit diesem Bild des irdischen Entrücktseins, die Empfindung erhabener Ruhe erweckt, gleich jener des Ruhens in den eigenen Gedanken. Oder sei es die Nachtigall, die in der Abenddämmerung an den Grenzen ihres Reviers ihr Lied ertönen lässt, oder die Lerche, die in den Morgenstunden plötzlich mit jubelndem Trällern unsichtbar am heiteren Himmel das Gemüt derjenigen höher stimmt, die zur Erde gebeugt Unkraut jäten.

Das sinnesaktive Kopfwesen des Vogels überwältigt gleichsam seine Stoffwechsel-Gliedmaßen-Funktion. Der Vogel verschlingt die Nahrung, fast ebenso schnell, wie er sie verdaut, und scheidet sie in weitgehend mineralisierter Form aus. Seine physiologischen Stoffwechselfunktionen treten stark zurück und verlagern sich in die vom Nerven-Sinnes-System beherrschten Bewegungsabläufe. Deren Ergänzung zu dieser Einseitigkeit ist übersinnlicher Natur und lebt seelisch wirksam als Elementarwesen der Luft, seit alters *Sylphe* genannt.[115] Dessen Sein ist an die Vogelwelt gebunden. Ein solches Elementarwesen folgt dem dahinfliegenden Vogel in den Luftwirbeln, die er hinter sich erzeugt. In dieser Gemeinsamkeit ist jeder Vogelflug ein Quell der Beseelung des Luftumkreises. Man verfolge nur einmal längere Zeit die großzügigen und eleganten Schwungfiguren der dahinschießenden Schwalben oder Mauersegler. Wie der Regenwurm das Feste der Erde, der Fisch das Wasser, so plastizieren die Vögel mit den Kräften ihres Seelenwesens das Element der Luft.

Es ist daher auch die Aufgabe des Landwirts, dafür Sorge zu tragen, dass die heimische Vogelwelt ihren Lebensraum auf Hof und Gemarkung findet. Der Luftraum steht ihr frei, der Erdenraum hingegen verlangt hinsichtlich Nistmöglichkeiten nach vielfältigster Gestaltung der Landschaft in Feldern,

114 Rudolf Steiner: *Der Mensch als Zusammenklang des schaffenden, bildenden und gestaltenden Weltenwortes*, GA 230, Dornach 1993, Vortrag vom 19. Oktober 1923.

115 Ebd., Vortrag vom 3. November 1923.

Wiesen, Rainen, Böschungen für die Bodenbrüter, Sträuchern, Hecken, in über die Feldflur verteilten Bäumen und Waldinseln für u.a. die Singvögel. Es bedarf offener Ställe für Rauchschwalben; für seltene Gäste wie Käuze, Schleiereulen braucht es Höhlungen in stehengelassenem Totholz, Fluglöcher in Scheunen etc. Wo immer Nistplätze sich finden, entstehen im Umraum sichtbar-unsichtbare Reviere, Seelenräume, die unsichtbare Organe im landwirtschaftlichen Organismus bilden.

4. Die Gruppe der im Element der Wärme lebenden Insektenwelt:
Die Insekten bilden die weitaus arten- und formenreichste Klasse im Tierreich. Wohl leben sie in der Erde, im Wasser und vorherrschend in der Luft, ihr ureigenstes Elementarreich ist aber die Wärme. Aus dem Wirken der Wärme lebt das Insekt. In der Wärme webt verborgen sein Seelisches und durch seine Tätigkeit strukturiert es Wärmeprozesse, wie beispielsweise beim Blütenbesuch, oder offenbarer noch in der Wärmeentwicklung im Ameisenhaufen oder Bienenstock. Wie die Wärme jedes ihrer Geschwisterelemente durchdringt und zueinander in Beziehung setzt, so durchdringt auch die Insektenwelt mit ihrem weisheitsvollen Instinktwesen diese Elemente und schafft auf der Basis der Wärme auf höherer Stufe ein lebendiges Gewebe von Beziehungszusammenhängen.

Sobald nämlich im Frühjahr die aufsteigende Sonne wärmespendend das natürliche Sein aus dem winterlichen Ruhezustand erweckt, wuselt es in kürzester Frist in der obersten Bodenschicht von Laufkäfern, Collembolen etc.; im Teich tummeln sich die Schwimmkäfer, Wassertreter etc. und in der Luft tanzen in den Wärmestrahlen der Sonne die Mücken; die Bienen befliegen die Blumen; in unabsehbarer Formenfülle schwirrt, surrt, flattert, schwebt, tanzt in immer zielerfüllter Emsigkeit ein Heer von Insekten durch die Lüfte.

Alles im Leben der Insekten spielt sich in der Wärme ab. Die Entwicklung des Eies zur Larve und deren Metamorphose über den Kokon zur Imago, dem ausgebildeten Insekt, braucht die Frühjahrs- und Sommerwärme.

Auch die Formenfülle der Insekten hat mit der Wärme zu tun. Diese ist am größten in den Tropen und verliert sich in den Kältezonen.

Es ist die Wechselbeziehung zur Wärme, die im Körperbau der Insekten die Einseitigkeiten ausgleicht, die den Wirbellosen, den Fischen und Vögeln anhaften. Die drei Funktionsbereiche von Kopf, Brust und Stoffwechsel sind beim Insekt, was die Formgestalt angeht, in der Regel gleichwertiger ausgebildet, mit besonderer Betonung des mittleren Glieds (*Thorax*), ja sie sind vielfach durch Einschnitte scharf voneinander geschieden (Insekt von lat.

Insectum = eingeschnitten). Wie alle Gliedertiere hat das Insekt kein knöchernes Innengerüst; stattdessen wird seine dreigliedrige Gestalt durch ein Außenskelett, den Chitinpanzer, zusammengehalten. Die Polarität von Kopfpol (*Caput*) und Stoffwechselpol (*Abdomen*) ist besonders ausgeprägt. Doch greift die Sinnenorganisation des Kopfes mit Facetten- und Punktaugen sowie mit Tastern und Fühlern (Geruch- und Tastsinn), vermittelt durch das bauchseitige Gangliensystem, auf die Gliedmaßen über, z.B. bei einzelnen Arten auf die Vorderbeine (Schwere- und Vibrationssinn, Gehör, Geschmack).[116]

Umgekehrt fehlt dem Bauchteil der Insekten die beim Menschen dem Stoffwechselpol zugehörige Gliedmaßen-Organisation vollständig. Die Gliedmaßen finden ihre höchste Ausgestaltung in den drei Beinpaaren (bei den Spinnentieren vier) und den zwei Flügelpaaren im Thorax und greifen bis in die Kopforganisation über, z.B. in den beweglichen, umkreisorientierten Fühlern und den hochdifferenzierten Beiß- und Saugwerkzeugen. Was physiologisch bei den Wirbeltieren und im höchsten Grad beim Menschen das rhythmische System mit Lungenatmung und Herzfunktion ausmacht, fehlt dem Thorax der Insekten vollständig. Das Zentrum des rückenseitig verlaufenden Blutgefäßsystems liegt im Abdomen. Die Atmung geschieht über Öffnungen in der Haut, die über den ganzen Körper verteilt sind und an die sich das Röhrensystem der Tracheen anschließt. Das rhythmische System reduziert sich ganz auf die Bewegung der Flügel und die Gliederbeine. Es hat im Thoraxbereich selbst keine eigenen rhythmischen Organsysteme ausgebildet wie eine «echte» Lunge oder ein «echtes» Herz.

Die Insekten ernähren sich – ob Blattlaus, Wespe, Biene oder Schmetterling – bevorzugt von Substanzen, die selber das Ergebnis von Wärmeprozessen in der Pflanze sind: von den Assimilatsäften, zuckerhaltigem Saft – Honig wird daraus erst durch den Verdauungstrakt der Biene – aus den Nektarien von Blättern und Blüten, von Blütenstaub und Harzen. Sie setzen im Aufbau ihres Leibes den Wärme-Blütenprozess fort, in welchem das Wachstum der Pflanze endet. Dieselbe Art von seelisch-astralen Kräften, die aus dem Kosmos mit dem Sonnenlicht an die Pflanzen heranfluten, sie in Stängel, Blatt und Blüte von außen berühren und formen, ist es, die sich in den blütenbesuchenden Insekten verinnerlicht und zu ihrem Seelischen in je verschiedener Weise verdichtet haben. Wie anders lässt sich verstehen, dass einerseits manche Blüten wie hin gebildet sind auf den Besuch und die Bestäubung bestimmter Insektenarten, z.B. die Kleeblüte in Beziehung zu

116 Wolfgang Schad (Hrsg.): *Goetheanistische Naturwissenschaft, Band 3: Zoologie*, Stuttgart 1983, Seite 31. Siehe auch ders.: *Säugetiere und Mensch*, Stuttgart 2012, 1255 S.

den Hummeln; andererseits viele Insektenarten in ihrer Leibesgestalt, insbesondere der Mundwerkzeuge, auf den Besuch spezifisch geformter Blüten hin organisiert sind. Der Anschauung bietet sich eine organische Einheit von Pflanze und Insekt von höherer Ordnung. Man schaue sich die Orchideenblüten an, z.B. die der Hummelorchis. Ihre Blüte wirkt wie ein noch nicht zum eigenständigen Leben gekommenes Insekt. So spricht Rudolf Steiner mit Recht davon, dass der Schmetterling die befreite Blüte und die Blüte der gefangene Schmetterling sei.[117]

Was im Insektenreich durchgängig und im hohen Grad bei den staatenbildenden Vertretern erlebbar ist, ist die im Seelischen verborgene waltende Weisheit, die in der hoch spezialisierten, werkzeugartigen Leibesgestaltung zum Ausdruck kommt, vor allem aber in der arbeitsteiligen, beziehungsschaffenden Tätigkeit eines Gebens und Nehmens, wie beispielweise im Bienenstock oder Ameisenhaufen. In den beiden letzteren Fällen sind sie nicht nur abhängig von der Außenwärme, sondern sie schaffen sich die Wärme selbst, z.B. wie die Bienen durch intensive Bewegung in der winterlichen Bienentraube oder die Termiten durch die Selbsterhitzung von zusammengepressten frischen Blättern, Gras etc. zur Erwärmung der Brutstätten in ihren Erdbauten. Was sonst in den warmblütigen Tieren sich als instinkthaftes, seelisches Innenleben darlebt, bei den Insekten stülpt es sich nach außen in vollendete Kunstfertigkeit (z.B. die Spinne und ihr Netz, die Biene und ihre Wabe, die Wespe und ihr Nest).

Wie für die genannten in Erde, Wasser und Luft lebenden Tiergruppen muss der Landwirt auf seiner Gemarkung auch eine Heimstatt für ein mannigfaltiges Insektenleben schaffen. Diese findet sich in einer ebenso vielfältigen Pflanzennatur. Kein Baum, kein Strauch, kein Gras oder Kraut, die nicht den Maden, Larven oder Raupen jeweils bestimmter Insektenarten Nahrungsgrundlage wären. Die Raupen der Schmetterlinge beispielsweise haben ihren je spezifischen Wirt: Der Schwalbenschwanz (*Pappileo Machaon*) die Doldengewächse, wie Dill, Kümmel, Möhren, das Tagpfauenauge (*Vanessa Jo*), der Admiral (*Vanessa Atlanta*) und der kleine Fuchs (*Vanessa Urticae*) die Brennnessel, der Kohlweißling *(Pieris brassicae)* die Kohlarten etc. Viele haben ihren Namen von ihrer Wirtspflanze, zum Beispiel die Weizengallmücke (*Cecidomya tritice*) etc. Sosehr sie in diesem Jugendstadium an eine bestimmte Wirtspflanze gebunden sind, so sehr eröffnet sich ihnen als

117 Siehe hierzu Rudolf Steiner: *Der Mensch als Zusammenklang des schaffenden, bildenden und gestaltenden Weltenwortes*, Vortrag vom 26. Oktober 1923, GA 230, Dornach 1993, S. 73. Siehe auch: Hans-Christian Zehnter (Hrsg.) *Warum singen Vögel?*, Zürich 2018, 240 S.

ausgebildete Imago ausschwärmend ein breites Nahrungsangebot auf den blühenden Fluren.

Allein diese wenigen Beispiele zeigen, wie viel Aufmerksamkeit und Pflege der Landwirt neben seinen Kulturpflanzen der Wildpflanzennatur zuwenden muss. Damit sorgt er für das Gleichgewicht und die Ausgewogenheit der Insektenspezies seines Hofes. Er muss danach trachten, dass im Frühjahr bis in den Herbst Blühendes die Landschaft belebt, sei es durch die Pflege der Wiesen- und Wegraine, Böschungen etc., sei es durch eine reich gegliederte Fruchtfolge durch Anlage von Blühstreifen in den Ackerkulturen etc.

Eine enorme Steigerung des Insektenlebens bietet eine reiche Formenvielfalt an Wildgehölzen in Hecken, vor allem aber in Hochstammanlagen im Obstbau. Ein 50- bis 60-jähriger Apfelhochstamm beherbergt in Stamm, Geäst, Blattwerk und Blüte bis über 1000 Insektenarten.[118] Eine solche ausladende Baumkrone oder artenreiche Hecke stellt eine Ansammlung von astralischer Substanz dar: «Von demjenigen, was da als Astralreiches durch die Bäume hindurchgeht, lebt und webt das ausgebildete Insekt.»[119] Am meisten ist es die Insektenwelt, die mit ihrem astralisch-seelischen Wesen hin zum Ätherisch-Lebendigen der Pflanzenwelt vermittelt. Sie nimmt von den Pflanzen ihre Nahrung und als Gegengabe bestäubt sie sie, oder schützt sie sie vor plötzlichem Massenauftreten von Schadinsekten z.B. durch Parasitierung von Blattlauskolonien durch die Schlupfwespen.

Das Wärmewesen schlechthin unter den Insekten ist das Bienenvolk, dessen Kultivierung seit dem fünften vorchristlichen Jahrtausend nachgewiesen ist.[120] Von ihrem Bienenhaus im Garten und vom Obst-Saum des Hofes aus befliegen sie die Feldgemarkung und tragen dem Hof ihre Ernte zu wie der Landwirt die seine an Feldfrüchten.

Die Insektenarten haben eine hoch spezifische, häufig eine extrem spezialisierte Leibesbildung, je nachdem welche Qualität eines vereinseitigten Seelischen in sie geronnen ist. Diese Vereinseitigung findet ihre Ergänzung durch die im Element der Wärme, des «Feuers», übersinnlich wirksamen Elementarwesen, d.h. der *Salamander.*[121] Diese sind es, die im Insektenreich die an ein Wunder grenzende Vollkommenheit des Zusammenhanges von Leibesbildung und instinktiv-intelligenten Verhaltensmustern schaffen. Die

118 Hans Steiner: «Die Lebensgemeinschaft des Apfelbaums», *Der Obstbau* Nr. 3–5, 1958.

119 Rudolf Steiner: *Geisteswissenschaftliche Grundlagen zum Gedeihen der Landwirtschaft*, GA 327, Dornach 1999, S. 183/84.

120 Norbert Bennecke: *Der Mensch und seine Haustiere*, Stuttgart 2000, 470 S.

121 Rudolf Steiner: *Der Mensch als Zusammenklang des schaffenden, bildenden und gestaltenden Weltenwortes*, GA 230, Dornach 1993, Vortrag vom 3. November 1923.

Elementarwesen der Wärme sind es, die zum Beispiel wie im Falle der Schmetterlinge die vollständige Metamorphose durch alle «Elemente» hindurch, vom Ei über die Raupe, den Kokon bis zur Imago bewirken. Sie durchdringen geistig das in so hohem Maße in die dreigegliederte Leibesgestalt geronnene Seelische der Insekten. Sie schaffen Beziehungen der Naturreiche untereinander und so auch zum Menschen, zum Beispiel im Verhältnis des Hirten zu seinen Schafen, des Imkers zu seinen Bienen. Im Surren und Summen der Insekten in der Wärme sonnenheller Tage, im Frühjahr um blühende Hecken, Obstbäume, Linden herum, werden Stimmungen erlebbar, die das Wirken dieser Elementarwesen des Feuers erahnen lassen. Sie sind überall da anwesend und wirksam, wo der Landwirt den Insekten, dem physischen Korrelat der Elementarwesen der Wärme, Lebensräume schafft.

Die Haustiere – Organe im Hof- und Landschaftsorganismus

Zu den Haustieren zählen vor allem Vertreter aus dem Reich der Säugetiere: Hund, Katze, Schwein, Pferd, aus der Ordnung der Wiederkäuer: Schaf, Ziege, Rind, aus dem Reich der Vögel: Huhn, Ente, Gans und Taube, und aus dem Insektenreich: Seidenspinner, Biene (Abbildung 9, S. 115). Sie unterscheiden sich von ihren wildlebenden Artgenossen in Hinsicht auf die vier Stufen des Seins:

1. In Hinsicht auf das Geistig-Wesenhafte:
Wie alle Tiere haben auch die Haustiere kein inkarniertes Ich, das ihnen, wie dem Menschen, ein Selbstbewusstsein und damit die Macht zur Selbstbestimmung verleiht. Die Tiere stehen unter der Führung von Gruppenseelen.[122] Von diesen sind die Einzeltiere «Abschnürungen», die wesenhaft die Eigenschaften der Gruppenseele eingeprägt erhalten haben, zu der sie gehören und die physisch-leiblich ein Abbild der Gruppenseele sind. In der freien Wildbahn sind diese Seeleneigenschaften evolutiv als deren Verhalten in die Leibesbildung geronnen und äußern sich im Physischen als Instinkt, im Ätherisch-Lebendigen als Trieb und im Seelischen als Begierde. In der Haustierwerdung trat der Mensch einst an die Seite der im Übersinnlichen waltenden Gruppenseele der Tiere und übernahm auf Erden in einer sakralen Mensch-Tierbeziehung (die Abelströmung) die Verantwortung und Fürsorge.

122 Rudolf Steiner: *Natur- und Geistwesen – ihr Wirken in unserer sichtbaren Welt*, Vortrag vom 2. Februar 1908, vormittags, GA 98, Dornach 1996.

Als Gruppen- oder Gattungsseelen der Tiere bezeichnet Rudolf Steiner[123] geistige Wesen, die dem Ich des Menschen vergleichbar sind und die die Einzeltiere der ihnen zugehörigen Tiergattungen gleichsam von außen dirigieren. Die Gruppenseele leitet und wirkt über das Blut, der Mensch aber durch seine «Haltung», über die Art, wie er innerlich und äußerlich sich dem Tier gegenüber verhält: Er «hält» das Haustier, sonst würde es fallen. Er hob es einst aus seiner naturhaften, gruppenseelengeführten Kreatürlichkeit heraus, hielt es zurück im Stadium noch erhöhter embryonaler Bildsamkeit und bewahrte ihm damit über alle folgenden Generationen hinweg ein gewisses Maß an Jugendlichkeit. So nahm durch den Menschen die Entwicklung der Haustiere eine andere Richtung. Sie biegt gewissermaßen, vor dem Fall in die Wildnatur, vorzeitig ab. In der Wildfauna ist die Entwicklung der Arten morphologisch und physiologisch in ein Endstadium gealtert. Der Wolf beispielsweise, der als Stammvater der Hunde gilt, hat evolutiv gesehen seine Jugendlichkeit verloren. Er ist Wolf, ist nicht mehr plastisch bildsam, wie in Zeiten der Hochblüte seiner Evolution im *Tertiär* (Atlantis). Sein Verhalten ist rein die Projektion seiner Gruppenseele in die irdische Daseinsform. Demgegenüber tritt der Hund, wie die Haustierarten insgesamt, gleichsam explosiv und mit großer Bildsamkeit in einer Vielzahl von Rassen auf. Diese Mannigfaltigkeit ist das Werk einer Menschheit, die in den nachatlantischen Zeiten (*Holozän*) sich aus der Gebundenheit in ihre eigene Gruppenseelenhaftigkeit weiter löste und nun selbst, in der geistverbundenen Jugendlichkeit des Ich-Erwachens, sich den Gruppenseelen bestimmter Tiergattungen verband. Die Haustiere sind so gesehen nicht auf dem Wege bloßer Selektion genetisch aus dem evolutiven Endprodukt einer Stammesform hervorgegangen; vielmehr liegt es nahe, anzunehmen, dass sie ihren Ursprung der besonderen seelisch-geistigen Verfassung einer frühen Menschheit verdanken, die zu den Gattungsseelen der Tiere noch in traumhafter Beziehung standen.

Man kann in der Haustierwerdung einen Schritt zum Ausgleich derjenigen Schuld sehen, die die Menschheit unschuldig-schuldig auf sich genommen hat, indem sie auf ihrem Evolutionsweg das Tierreich aus sich herausgesetzt und hinter sich zurückgelassen hat. Das Haustier hat durch die Erziehung des Menschen seine Bildsamkeit bewahrt. Es hat sich dienstbar unter den Führungswillen des Menschen gestellt und dabei Seele und Leib derart von der Wildnatur emanzipiert, dass es bis in alle Zukunft dieser Menschenführung, «der Haltung», bedarf; es kann nicht in denselben Zustand herunterfallen, den

123 Rudolf Steiner: *Das Hereinwirken geistiger Wesenheiten in den Menschen*, GA 102, Dornach 2001, Vorträge vom 16. Mai 1908, 1. Juni 1908, 4. Juni 1908.

der wilde Artgenosse angenommen hat. Es wird ohne die Obhut des Menschen führerlos und kann nur verwildern, wie die Dingos (verwilderte Hunde) in Australien. An die Stelle der evolutiven Erziehung der Tiere, unter Anleitung der Mysterien in den früheren Hochkulturen, ist die heutige Tierzüchtung getreten. Sie optimiert und nutzt bestimmte sich forterbende Eigenschaften und macht das Haus- oder Kulturtier zum bloßen Nutztier, zum Objekt der Massenproduktion. Dieser Entwicklung, im Tier nur ein wesenloses, materielles, über seine Gene beliebig manipulierbares Objekt zu sehen, kann nur begegnet werden, wenn sich die Anschauung um ein wahres Wesensverständnis der verschiedenen Haustierarten bemüht. Welche Weisheit z.B. spricht aus der Anschauung und dem tätigen Umgang mit der Kuh, dem Pferd, der Biene etc.? Das Gewahrwerden ihres Erscheinungsbildes im Kontext ihres Lebens- und Tätigkeitsraumes und ihrer faunistischen Interdependenzen sowie der Hinweise aus geisteswissenschaftlicher Forschung erweckt Empfindungen und Ideen, die dem geistig-moralischen Handeln neue, evolutive Züchtungs- bzw. Erziehungswege erschließt. Diese Zukunftswege werden von Christian Morgenstern (1871–1914) mit dem Satz ausgesprochen: «Ganze Zeitalter von Liebe sind notwendig, um den Tieren ihre Dienste und Verdienste an uns zu vergelten.»[124] Zu diesem Ziel muss an das angeknüpft werden, was auf den drei folgenden Seinsstufen evolutiv veranlagt ist.

2. In Hinsicht auf die Seinsstufe des Seelischen (Astralleib):

Das Haustier flieht nicht den Menschen, es sucht vertrauensvoll seine Nähe, es öffnet sich seelisch ihm gegenüber und sucht in Erfüllung dieser Offenheit erwartungsvoll die Gegengabe der Obhut und Zuwendung. Wie tief sich die Art der Zuwendung dem Haustier einprägt, wie sehr sich menschliche Eigenheiten in ihm abfärben, zeigt die Redensart: «Wie der Herr so's Gescherr.» Diese seelische Offenheit bis hin zu einer Art individuell hingebungsvollen Verhaltens, im Vergleich zur wilden Stammform, legt dem Menschen heute eine ungeahnt große Verantwortung auf. Denn die seelenoffene Erwartung der Haustiere erfüllt sich nicht mit der bloß emotionalen Zuwendung, sondern erst, wenn diese Anlass zu einer noch so anfänglichen Wesenserkenntnis gibt. Das Haustier erwartet von der Führung durch den Menschen keine selbstbezogene, emotionale Zuwendung im Sinne einer Schoßhündchenmentalität, schon gar nicht einer seelenlosen Nutzanwendung, sondern eine Erkenntnis seiner Wesensnatur, die in Taten der Liebe dem Haustier gibt,

124 Christian Morgenstern: *Wer vom Ziel nichts weiß*, Aphorismen, Piper, München 1964, S. 89.

was die Gruppenseele selbst nicht mehr und auch in Zukunft nicht geben kann. In diesem Sinn wird Verantwortung, wird ein künftiges Züchtungsideal erst real.

Ein weiteres Merkmal geistiger Einprägung bis herunter in das Genom ist die meist große Spielbreite an Haustierrassen, an deren Wesensbild züchterisch wieder angeknüpft werden sollte. Ein besonderer Ausdruck des Seelischen ist die vielfältige Musterung und Färbung des Fells bzw. Federkleids. Die seelische Differenziertheit des Inneren schafft sich darin im Äußeren ein Abbild. So zeigt sich jede Haustierrasse unverkennbar in ihrem «astralen Kleid».

3. In Hinsicht auf die Seinsstufe des Lebendigen (Ätherleib):
Bei allen Haustieren, mit Ausnahme der Hunde und Katzen, ist der Nerven-Sinnes-Pol zugunsten des Stoffwechsel- bzw. Gliedmaßen-Poles reduziert. Man denke an die gewaltigen Stoffwechselleistungen des Milchviehs, der Schweine, des vor den Pflug gespannten Pferdes etc. Die Offenheit des Seelischen hält die organischen Prozesse des Lebensleibes mit besonderer Betonung des Rhythmischen in je spezifischer Art bildsam und beweglich. So haben sich die Haustiere sowohl in ihrer früheren Geschlechtsreife und höheren Fruchtbarkeit als auch von dem vom Jahreslauf unabhängigen Reproduktionszyklus und Wechsel des Haarkleides von ihren wilden Artgenossen emanzipiert.

4. In Hinsicht auf die Seinsstufe des Physischen (physischer Leib):
Die seelische Offenheit sorgt für eine anhaltende Bildsamkeit in den Lebensprozessen und diese wiederum plastizieren die physische Organisation, z.B. besonders ausdrucksvoll in dem Skelettaufbau, der in größter Variabilität juvenile Formen bewahrt. Das hervorstechendste Kennzeichen sind hierbei die Verkürzung des Gesichtsschädels und die glatteren Schädelknochen, auch der ausgewachsenen Tiere. Dies ist ein Wesensmerkmal der Jungtiere. Die Vielzahl der Wiederkäuerrassen tragen je spezifische Hornformen. Das Gehirn ist bei Rind und Schwein um bis zu 30 % des Volumens kleiner als bei den wilden Artgenossen, dafür ist das Rückenmark und das sympathische Nervensystem, das den Stoffwechsel dirigiert, umso stärker ausgebildet. Die Verkleinerung des Gehirns betrifft vor allem das Vorderhirn und bedeutet damit eine Verringerung der nach außen gerichteten Sinnesleistungen. Für die Haustiere gilt allgemein die außerordentliche Spielbreite der Leibesgestaltung der Rassen innerhalb einer Art, von groß oder klein, gedrungen oder langgestreckt, dick oder schlank, lang oder kurzbeinig etc.

Die Haustierarten sind ein menschheitliches Kulturerbe der frühen nacheiszeitlichen Hochkulturen. Mit den neueren Züchtungsmethoden reduziert sich der Blick auf dieses Kulturerbe punktuell ganz auf das vorgegebene Genom sowie auf die Austauschbarkeit von dessen Genen bei den verschiedenen Haustierarten. Die Zuchtziele sind beliebig auf einseitige Leistungssteigerungen gerichtet zuungunsten des Tierwohls. Diese technologische Art des Vorgehens verstellt den Blick für den künstlerischen Wurf, der das Haustier erst zu einem solchen gemacht hat. Nachfolgend soll auf den künstlerisch-züchterischen Zugriff eingegangen werden, welcher die Reihe der Haustiere charakterisiert, sie dem Menschen dienstbar gemacht hat und sie zu Organen des Hof- oder Dorforganismus hat werden lassen.

Die Honigbiene

Im Allgemeinen begegnen wir der Biene (*Apis mellifera*) als einzelne im Besuch der Blüte dort, wo sie den Nektar saugt, die Blüten bestäubt und den Pollen in ihren Höschen an den Hinterbeinen einsammelt. Diese nehmende und gebende Tätigkeit vollzieht sich in der Peripherie ihres Lebensraumes. Polar dazu findet dieses Einzelwesen sein Zentrum im Bienenstock, wo es sich mit tausenden von anderen zu regsamster Tätigkeit vereinigt und Glied eines alles umfassenden Innenlebens wird, dem Leben des «Bien», ein sich aus sich selbst heraus organisierender Organismus mit organhaft streng sich gliedernden Tätigkeiten. Was sonst in den Funktionen eines Organismus den Augen verborgen bleibt, hier öffnet sich dem Blick ein arbeitsteiliges Geschehen der eierlegenden Königin, der Masse der Arbeitsbienen, die ihrerseits arbeitsteilig Wabenbau, Brutpflege, Fütterung der Königin, Selbstreinigung, Futtereintrag und Bevorratung besorgen, sowie der Drohnen, die die Königin in ihrem sonnenwärts gerichteten Hochzeitsflug befruchten. Jede dieser raum-zeitlich fein aufeinander abgestimmten Tätigkeiten erweckt den Eindruck eines selbstlosen Opfergangs. In der Wärme, die die Bienen im Stock durch eigene Tätigkeit bei ca. 35 °C konstant zu halten suchen, schaffen sie das Inkarnationsmedium für die Gruppenseele: Der Imker spricht von «Der Bien», der naturhaft einen sozialen Organismus entstehen lässt, der ein selbstloses Verhalten vorausnimmt, das die Menschen sich im sozialen Miteinander aus der Kraft des Ich in Zukunft erst erwerben müssen.

Die Honigbiene bedarf des Menschen, des «Bienenvaters». Er tritt dem «Bien», der Gruppenseele, zur Seite. Er sorgt für ihre Behausung, den

Bienenkorb oder die Beute, in der das Volk sich von der Welt abschließen kann.[125] Die Beute ist so eingerichtet, dass sich darin das arbeitsteilige Leben der Bienen unter den Augen und der lenkenden Hand des Imkers vollziehen kann. Und wenn es zum Schwärmen kommt, dann sorgt er dafür, dass das Bienenvolk nicht in die Wildnis und schließlich in sein Verderben entschwindet, sondern in der Schwarmtraube eingefangen und ihm eine neue Wohnung zugewiesen wird. Ferner sorgt er dafür, dass das Bienenhaus oder die Einzelbeuten in Nähe des Hofes dort ihren Standort haben, wo von Frühjahr bis Herbst Blühendes in den Fluren zu finden ist und wo über den Winter das Wohlergehen des Stockes regelmäßig beobachtet und entsprechende Behandlungen durchgeführt werden können.

Das Bienenvolk lebt abgeschlossen in einem Seelenraum, in dem es von außen nicht gestört sein will. Nur *der* Mensch stört es nicht, der das weisheitsvolle Tun und Wesen des Bienenvolkes verinnerlicht hat und aus diesem Quell mit Ehrfurcht, Besonnenheit und Ruhe seine zum Künstlertum erhobene Arbeit am Bienenvolk verrichtet. Dieser Seelenraum polarisiert sich in ein kopfartiges Zentrum, den Stock, und in einen Umkreis, der nach außen von dem Blütenmeer begrenzt ist, das die Arbeitsbienen anfliegen und von dem sie, beladen mit Honig und Pollen, zum Zentrum zurückkehren – ein Vorgang, dem Blutkreislauf vergleichbar.[126] Was sie in den Stock eintragen, teilen sie mit dem Menschen: den Honig zur Nahrung, das Wachs, Propolis und Gift zu vielerlei u.a. Heilzwecken. Sie sind mit einer entsprechenden Zahl an Völkern unverzichtbare Seelenorgane des Hoforganismus, die in ihrer Tätigkeit das in der Wärme wirksame Geistige auf andere Art der Gemarkung einverweben, als dies der Landwirt tut, wenn er ichgewollt seine Gedanken durch seine Arbeit dem Hofganzen einverleibt.

Das Hausgeflügel

Bis in die 50er- und 60er-Jahre des 20. Jahrhunderts waren es noch Hühner, Enten, Gänse, Tauben, die dem Hofleben eine besondere Färbung und durch ihr Verhalten einen eigenen Rhythmus gaben. Bezüglich der Hühner z.B. begann der Tageslauf bei Sonnenaufgang mit dem hochtönenden Weckruf für

125 Rudolf Steiner: *Mensch und Welt. Das Wirken des Geistes in der Natur. Über das Wesen der Bienen*, Dornach 1999, Vortrag vom 28. November 1923. – Siehe auch: Rudolf Steiner: *Die Welt der Bienen*, herausgegeben und kommentiert von Martin Dettli.

126 Rudolf Steiner: *Mensch und Welt. Das Wirken des Geistes in der Natur. Über das Wesen der Bienen*, Dornach 1999, Vortrag vom 28. November 1923.

Mensch und Tier, dem Krähen des Hahns. Er trat als Erster hervor, Hals und Kopf senkrecht emporgehoben, den Schnabel weit aufgesperrt, die Schwanzfedern hochgestellt und aufgespreizt, ein Anblick, wie wenn er sein ganzes Innenwesen hinaus in den anbrechenden Tag krähen wollte. Die Schar der Hennen folgte ihm aus der nächtlichen Ruhe des Stalles in den Hühnerhof oder im freien Auslauf in die Hofreite, die offene Tenne, die Mistlege; scharrend und pickend zerstreuen sie sich auf Nahrungssuche. Alsbald ertönte ein erstes Gackern einer Henne aus dem Stall, die damit ihr Glück der Eiablage verkündete. Meist am Nachmittag folgte das Staubbad mit Gefiederreinigung und weiterhin ein Scharren, Kratzen und Picken von Samen, Larven, Würmern, Insekten, Gras und Sandkörnern. Bei einbrechender Dunkelheit versammelte sich die Schar wieder im Stall und stockte dicht an dicht auf die Sitzstangen auf. Ähnlich spielte sich natürlicherweise das Leben von Enten, Gänsen, Puten und Tauben ab; ihr Bezugspunkt waren der Hof mit dem geschützten Stall und die für sie sorgenden Menschen.

Die Hühner und Puten sind erdverbunden, Enten und Gänse lieben die Nähe zum Wasser und beweiden bevorzugt die ufernahen Grünlandzonen. Wie diese zwischen Wasser und Erde hin und her pendeln, so die Tauben zwischen Luft und Erde; ihr Bewegungsraum weitet sich in meist kurzen Flügen von Baum zu Baum hinaus in die Feldflur; zur Rast versammeln sie sich dann wieder, aufgereiht auf dem höchsten der Dachfirste des Hofes. Ihr Gesichtsfeld ist damit neben dem der Bienen das ausgedehnteste unter den Haustieren, wesentlich eingeschränkter ist es bei dem Wassergeflügel, und bei den Hühnern begrenzt es sich auf nur wenige Meter. Hühner sehen nur auf kurze Distanzen scharf – das Huhn frisst mit dem Auge. Dessen Bewegungsauflösung und Farbdifferenzierung ist weitaus besser als beim Menschenauge. Wie alle Vögel hat auch das Hausgeflügel und so auch das Huhn ein gutes Gehör. Das äußere Ohr fehlt ihnen, der Eingang zum inneren Ohr liegt verborgen unter dem feinen Federkleid des Kopfes. Seelische Äußerungen wie Lockrufe, Laute der gegenseitigen Verständigung wie das Krähen, Gackern, Schnattern der Enten und Gänse oder das Gurren der Tauben werden über größere Entfernungen ausgetauscht. Der Geschmackssinn ist wie bei den wilden Artgenossen schwach entwickelt. Wohl unterscheiden die Hühner beispielsweise die Qualität salzig und süß, sauer und bitter, doch spielen diese Empfindungen für die Auswahl des Futters eine nur geringe Rolle.[127] Der Geruchssinn ist offenbar weit besser entwickelt, als noch bis in

127 Beate und Leopold Peitz: *Hühnerhalten*, Stuttgart 1995, 187 S.

die 90er-Jahre des 20 Jahrhunderts angenommen. Dagegen sind die neben dem Auge hoch entwickelten Tastorgane im Schnabel meist maßgebend für die Wahl des Futters und dessen Körnung.

Die Verdauung ist ebenso geschwind wie beim Wildgeflügel. Die hochkonzentrierte Nahrung gelangt unzerkleinert in den Kropfspeicher; von dort in den Drüsen- und weiter in den Muskelmagen, wo sie zerrieben wird. Nach rascher Passage durch Darm und Dickdarm mit Aufenthalt in den zwei Blinddärmen wird sie zusammen mit dem Urin über die Kloake ausgeschieden. Entsprechend der Ausgangsnahrung und der raschen Verdauung entsteht ein hochkonzentrierter Dünger, reich an organischer Substanz sowie Stickstoff- und Phosphorsalzen, ein wertvolles organo-mineralisches Aufmisch-Material für Pflanzenkomposte oder andere tierische Dünger. Der Salzcharakter der Ausscheidungen des Hausgeflügels entspricht ihrer ausgeprägten Kopf- bzw. Nerven-Sinnes-Natur, die noch besonders betont wird durch die nahezu senkrechte Haltung dieser Laufvögel in der Achse Kopf, gestrecktem Hals, Brust und Ständern. Die besonderen Stoffwechselleistungen teilen sich also nicht, wie bei den Wiederkäuern, dem Verdauungsstrom mit, sondern sie gehen in Wachstum (Fleisch) und Reproduktion (Eiern) auf.

Seit den 50er-/60er-Jahren des 20. Jahrhunderts hat die Geflügel-, allen voran die Hühnerhaltung ihre, die Seelenorganisation des Hoforganismus bereichernde, abfall- und ungezieferentsorgende Rolle verloren. An die Stelle ist die Massengeflügelhaltung getreten. Gezüchtet auf höchste Effizienz ihrer Stoffwechselfunktion, leben die Tiere zusammengepfercht in hermetisch abgeschlossenen, elektronisch gesteuerten, vollklimatisierten Fabrikationsstätten und werden durch Einsatz von überwiegend abiotischen Mitteln auf die nur kurz bemessene Zeit ihres Produktionslebens gesund gehalten. Die Geflügelhaltung hat sich aus dem landwirtschaftlichen Betriebsganzen ausgegliedert. In der modernen Geflügelzüchtung und -haltung erlebt das Geflügel als Haus- und Hoftier seinen Kulturtod. Von den über 150 Hühnerrassen[128] sind es heute nur noch wenige, die für die Linien-, Kreuzungs- und Hybridzucht herangezogen werden. Deren Leistung, aufs Höchste getrimmt, drängt sich auf eine Legezeitspanne von nur einem Jahr zusammen.

Die Besinnung auf diese Fehlentwicklung führt zunehmend zu einer Reintegration kleinerer Geflügelbestände in neu sich bildenden Betriebsorganismen: Mobilställe mit Wechselauslauf in offener Feldflur sind ein erster Schritt. Diese Haltung stellt wieder eine Beziehung zu allen Lebensvorgängen

128 Ebd.

des Hofganzen im Jahreslauf her und erlaubt den Hühnern, ihr Instinktleben uneingeschränkt zur Geltung zu bringen. Wegen des Raubwildes sind leider einem beliebigen Standortwechsel Grenzen gesetzt: Eine fuchssichere Einzäunung ist geboten! Ein weiterer Schritt, die haustierkonforme Entwicklung weiterzuführen, ist die Abkehr von der weltweit von wenigen Großkonzernen betriebenen uniformen Hybridzucht, zugunsten hofbezogener Züchtung. Diese schließt die regionale Kooperation von Zucht- und Aufzuchtbetrieben ein, hinsichtlich der Wahl der Rasse, der Züchtungsziele, sowie die Bereitschaft der Verbraucher, eine solch aufwendige Kulturleistung mitzutragen.

Die Weiterentwicklung des Hausgeflügels ist zunächst eine genetische Frage: An welche Erbveranlagung aus der Vergangenheit muss angeknüpft werden? Vor allem aber ist es eine Frage der Epigenetik, einer Züchtung nicht nur aufgrund erworbener, sondern zu erwerbender Eigenschaften. Welche Bedingungen zu letzterem Ziel müssen in der Gestaltung des Hoforganismus hinsichtlich Haltung, hofeigener Futtergrundlage, menschlicher Zuwendung geschaffen werden, damit die organismische Ganzheit sich der Lebens- und physischen Organisation der Tiere epigenetisch einprägen kann?

Das Hausschwein

Vergleichbar nur den Hochleistungsrassen der Hühner, wurde das Schwein durch die Methoden moderner Züchtung, Fütterung und Haltung von seiner ursprünglichen Lebensweise und der Vielfalt der Rassentypen zu uniformen Nutzungsrassen umgeformt. War es einst überwiegend ein landschaftsprägendes, von Hirten gehütetes Weidetier und dann durch Einkreuzung im 18. Jahrhundert in England von asiatischen und südeuropäischen Rassen zu höherer Wuchsleistung gebracht, im 19. Jahrhundert als veredeltes Landschwein allgemein in Stallhaltung mit Auslauf in die Bauernwirtschaften integriert, so wird es heute, beginnend in der zweiten Hälfte des 20. Jahrhunderts, aus dem Lebenszusammenhang des Hofganzen herausgelöst und in fabrikmäßiger Massentierhaltung produziert. Das Ziel der neueren Züchtung war und ist: weg vom Speck – hin zum Einheitshybriden, dem frühreifen Fleischschwein, dessen Schlachtreife schon zur Hälfte der Lebenszeit der Stammrassen erreicht wird. Wie in der modernen Hühnerhaltung, ist auch hier die für das Seelische des Haustierseins notwendige Beziehung Mensch-Tier sowie diejenige zur Ganzheit des Hofes und seiner Gemarkung ausgeschaltet. Fällt diese Doppelbeziehung weg, verkümmert das Schwein seelisch und die Landschaft verkommt zur eintönigen Monokultur[129] und vielerorts zum Entsorgungsareal der Schweinegülle, verbunden mit weiträumigen Geruchsbelästigungen und klimawirksamen Emissionen. Stimmungslos und verunstaltet liegt die Feldgemarkung entblößt da, eine Widerspiegelung dessen, was an Unmenschlichkeit den Tieren in lebenslanger Stallhaltung auf Betonspaltenböden widerfährt. Der Mensch hat es in der Hand, in den Haustieren entweder nur den bloßen ökonomischen Nutzen zu sehen, es dadurch seelisch seiner selbst zu entfremden, oder seine aus dem Seelischen wirksamen Instinkte zum Wohl des Hofganzen zur Entfaltung zu bringen. Beim Hausschwein als Allesfresser sind diese Instinkte auf eine ungemein vielfältige Nahrung ausgerichtet, die sorgfältig je nach Bedarf ausgewählt wird: Gras, Heu, Getreide, Obst, Gemüse, Wurzeln, Würmer, Schnecken, Wild- und Heilpflanzen, Wildfrüchte etc.[130] Alles in allem ist das Schwein der ideale Resteverwerter im Hoforganismus und neben den Hühnern ein Therapeut im Vertilgen von allerhand Ungeziefer. Mit seinem hoch entwickelten Geruchssinn, der sich in der Rüsselscheibe konzentriert, der gleichsam ausgestülpten mit der Oberlippe verwachsenen Nase, sucht es seine Nahrung mal auf, mal wühlend unter der Erde. Die sommerlich herbstliche Beweidung der Getreidestoppeln, abgeräumten Kartoffel- und Feldgemüseäcker oder der Zwischenfrüchte führt sie hinaus auf die Feldflur, befriedigt ihren Bewegungstrieb, ihre unstillbare Neugierde und setzt der Liebe zum Wühlen keine Grenzen. Schnüffelnd arbeitet sich ihre Begierdenatur durch die Erde. Bei Weidegang kann die Wühlarbeit durch die Verletzung der Grasnarbe schnell zum Übel werden. Dieser Schaden bleibt in Grenzen, wenn genügend Weidefläche mit frischem, eiweißreichem Aufwuchs zur Verfügung steht, wobei leichte Narbenaufbrüche sogar zum Vorteil werden können hinsichtlich Durchlüftung und Verjüngung der Narbe. Außerdem kommt es zur Verschleppung der Samen und damit zu einer größeren Artenvielfalt.[131] Vielerorts scheitert die Weidehaltung aus Kosten- bzw. arbeitswirtschaftlichen Gründen. Stattdessen entstehen aus der Praxis Stallhaltungssysteme, die so weit als möglich durch eine abwechslungsreiche Umgebung dem Ausleben der Verhaltensinstinkte Rechnung tragen: Gruppenbildung, Nahrungsvielfalt, Abfälle aus Küche und Weiterverarbeitung, Grünschnitt, Futterreste aus dem Kuhstall etc., Gelegenheit zum Wühlen, Suhlen, Reiben, Lauffläche für Bewegung,

---

129 Vgl. hierzu: Rudolf Steiner: *Geisteswissenschaftliche Grundlagen zum Gedeihen der Landwirtschaft*, GA 327, Vortrag vom 15. Juni 1924.

130 Peter Steffen, Karl Schardax, Gernot Kürzel: *Schweineglück, Bibel der Schweine*, Graz 2008, 392 S.

131 Ebd.

Begegnung und Erkundung, überdachter Außenkotgang, eingestreute Ruheflächen, kälte- und windgeschützte, allseitig geschlossene Schlafstätten sowie Gelegenheit zu intensiver Kontaktnahme mit dem betreuenden Menschen, z.B. durch Ansprache.

Die Schweine haben einen Familiensinn, sind umgängliche und intelligente, sinneswache Tiere: Ihr Geruchssinn dominiert die Wahrnehmung, prägt das Empfinden ihres Wohl- und Missbehagens. Sie kommunizieren lebhaft durch ein feines Gehör, und im Heben der Köpfe schauen sie mit klarem, geradezu verständigem Blick den hinzutretenden Menschen an. Gleichwohl sind ihre Gehirnleistungen gegenüber den wilden Artgenossen um bis zu 30 % verringert,[132] d.h. das Nerven-Sinnes-System hat sich mehr in das Rückenmark und den Sympathikus verlagert und steht so im Dienste erhöhter Stoffwechselleistung bezüglich Fruchtbarkeit sowie Fleisch- und Fettansatz.

Die kritische Frage, ob durch den Verlust der Sinnesleistungen die Tiere verdummen, indem der Mensch sie zu Haustieren macht, muss unter der Voraussetzung mit «Nein» beantwortet werden, dass er sich seiner vollen Verantwortung gegenüber dem Haustier bewusst ist. Was das Haustier durch seine Stoffwechselleistungen dem Menschen schenkt, muss er ihm doppelt durch sein intelligentes Verhalten in Haltung, Fütterung, Pflege und durch eine – das Tierwesen erfassende – Züchtung zurückschenken.

Die Funktion des Gebisses macht das Schwein zum Alles-, zum Fleisch- und Pflanzenfresser. Es beißt und kaut wie der Mensch. Auch im Verdauungstrakt zeigt sich diese Doppelfunktion. Der einhöhlige Magen ist relativ klein; infolgedessen muss das Schwein die Nahrung kontinuierlich in kleinen Partien aufnehmen. In der langen Passage durch den Dünndarm und dem Abbau der enzymatisch leicht aufschließbaren Nahrungsbestandteile sowie deren Resorption findet im Blind- und Grimmdarm eine mikrobielle Verdauung der zellulosereichen Nahrungsreste statt. Das Schwein verdaut gründlich; es entzieht der Nahrung im Gegensatz zu den Wiederkäuern Kräfte, die es als Sinnes- und zugleich stoffwechselaktives Wesen für sich verbraucht. Das mindert die Düngekraft seiner Ausscheidungen, nicht deren Gehalt an Mineralstoffen. Der Kot ist nach Form, Farbe, Konsistenz und Geruch abhängig von der Art der Nahrung. Wird die Balance von Drüsen- und mikrobieller Verdauung nicht eingehalten, z.B. bei Hochleistungsfütterung und lebenslanger Stallhaltung auf Spaltenböden, entsteht Schweinegülle, bei der

132 Norbert Benecke: *Der Mensch und seine Haustiere*, Stuttgart 1994, 470 S.

man sich über den übelriechenden Gestank und die einseitig triebige Düngerwirkung nicht wundern muss.

Die maßvolle Abstimmung der Schweinehaltung auf die betriebseigene Futtergrundlage mit Einstreu, Auslauf und möglichst Weidegang erzeugt einen geruchsarmen gehaltvollen Dünger von eher fester Konsistenz. Wohl aus Gründen der Empfindung gegenüber der Wesensart der Schweine als Allesfresser im Vergleich zu den reinen Pflanzenfressern hat man in bäuerlicher Vergangenheit den Schweinemist als «kalten Dünger» bezeichnet, geeignet weniger für den «kalten Tonboden» als für den «warmen Sandboden». In Mischung mit den ansonsten im Betriebsorganismus anfallenden Düngern ist er eine wertvolle Ergänzung. Als Dünger trägt er stofflich kompositionell und kräftemäßig den Prägestempel der Seelennatur des Schweins. Was es im Aufwerfen der Erde an pflanzlicher und tierischer Nahrung genüsslich erschmeckt und in tiefem Wohlbehagen des Ruhens seelisch durchlebt, daran vollzieht es – wie auch die anderen Haustiere des Hofes – eine «kosmische qualitative Analyse»[133]. Das Ergebnis dieser Analyse kennzeichnet den Düngerwert. Er ist ein jeweils anderer, je nachdem ob das Futter Importware oder ob es auf dem Betrieb selbst erzeugt ist. Mit der Analyse des selbst erzeugten Futters bereitet das Schwein auf seine Weise einen Dünger zu, der den standörtlichen Bedürfnissen zur Mehrung der Bodenfruchtbarkeit entgegenkommt.

Pferd und Esel

So gegensätzlich sie trotz enger Verwandtschaft ihrem Naturell nach sind, so sind beide als Reit-, lasttragende und Zugtiere die treuesten Helfer des Menschen, verfolgbar zurück bis in die Zeiten der urpersischen Kultur, in die Zeit des vierten bis fünften vorchristlichen Jahrtausends. Das Pferd trug den Menschen auf dessen großen länderübergreifenden Wander- und Eroberungszügen, war Verkehrsmittel von Ort zu Ort, zog mit ihm in die großen Schlachten; es kämpfte unter seiner Lenkung und Leitung und opferte sich. Es zog den Pflug Furche um Furche und brachte auf hochbeladenem Leiterwagen die Ernte ein. Unendliche Dienste hat das Pferd dem Menschen geleistet und unsagbare Opfer dabei gebracht. Und so auch der Esel, das ebenso dienstbereite wie störrische Reittier und der Lastenträger des Bauern und Handwerkers bis hin zum Gefährten des Bettlers. Alles an Lasten des Alltags hat man diesem kleinen, dünnbeinigen Esel aufgebürdet; mit sicherem Tritt

133 Rudolf Steiner: *Geisteswissenschaftliche Grundlagen zum Gedeihen der Landwirtschaft*, GA 327, Vortrag vom 10. Juni 1924, Dornach 1999, S. 59.

trug er sie über Stock und Stein. Wie hätte ohne den Esel das soziale Miteinander unter den Hirtenvölkern sowie in und zwischen den Dorfgemeinschaften aufrechterhalten werden können? So trug er auf seinem Rücken den Geringsten und seine lastende Bürde und im Heraufzug nach Jerusalem am Palmsonntag das höchste Wesen, das alle irdische Schwere überwand.

Beide, Pferd und Esel, sind Einhufer. Sie stehen und gehen auf der Spitze der Mittelzehe bzw. des Mittelfingers. Diese stecken im Huf, einem Hornschuh, der undurchlässig für äußere Kräftestrahlungen ist, gleich wie die Klauen der Paarhufer sowie die Hörner der Wiederkäuer. So schwer die Pferde leiblich auch sind, so leicht, ja tänzerisch bewegen sie sich. An Schönheit und Eleganz sind die Bewegungen des Pferdes unübertroffen, wie denn sein Seelenwesen sich ganz in der Körpersprache rhythmischer Bewegtheit auslebt. Ob im Schritt oder einem verhaltenen Tänzeln im Trab, beides bei erhobenem Kopf, oder im zielvoll mit gestrecktem Kopf und aufgeblähten Nüstern dahinfliegenden Galopp, immer bietet es das Bild edler Kraftentfaltung und des Ebenmaßes, das sich vollends durch den Reiter zu höherer Harmonie steigert. Erst in der Einheit von Ross und Reiter offenbart es den Adel in Haltung und Charakter. Anders ist es, wenn es sich ins «Zeug», ins Geschirr legt und den Pflug oder schweren Wagen zieht, den Kopf bei jedem Schritt rhythmisch hebend und senkend, dann erweckt es das Bild der vollkommenen Hingabe seines Willenswesens an den Zuruf und die zügelführende Hand des Menschen und an den Dienst, den es selbstlos an der Erde verrichtet.

Auch dem Esel sind alle Gangarten des Pferdes eigen. Weniger edel in Erscheinung und Bewegung, zeigt er sich eher demütig in gesenkter Kopfhaltung, in der Regel folgsam und ergeben gegenüber allem, was ihm abverlangt wird, und dann wieder widerspenstig aus meist unergründlichem Anlass. In seinen Stammesgebieten des Orients und Afrikas erscheint er umso edler, je mehr er noch in ältere kulturelle Bewusstseins- und Lebensformen eingebunden ist.

Das Pferd ist mehr noch als der Esel im hohen Maße gelehrig und bedarf von Geburt an einer gründlichen Erziehung zur Entfaltung seiner Talente und zeitlebens zu deren Ausübung unter Führung des Menschen. Im Falle des edlen Araberpferdes z.B. wurde das neugeborene Fohlen auf geraume Zeit unter dem Dach des Hirtenzeltes im Familienverbund gehalten. Das galt noch bis ins 20. Jahrhundert.

Die Leiblichkeit von Pferd und Esel ist Bild ihres Seelischen und zugleich Bild der Landschaft, den Weiten der Grassteppe, in welcher sich dieses Seelische in seiner Bewegungsfreudigkeit erlebt. Demzufolge konzentriert sich die Sinnesorganisation besonders auf die nach außen gerichteten, die Weite erfassenden Sinne, Auge, Ohr und Geruch. Die ausdrucksvollen, auffallend großen Augen, die seitlich des Kopfes stehen, erfassen einen nahezu vollständigen Sehkreis. Nur nach vorn – vor bzw. unterhalb vom Kopf – ist ein circa zwei Meter langer blinder Streifen, der nicht eingesehen werden kann, ebenso nach hinten beiderseits des Rückgrats. In Tiefenschärfe (dreidimensionales Sehen) erfasst es nur einen relativ schmalen Sehwinkel von 15 bis 20 Grad nach vorn. Im übrigen Gesichtskreis verflacht sich die Sicht und verschwimmt nach hinten. Just in dem blinden Streifen nach hinten sitzt der Reiter, der Kutscher oder der hinter dem Pflug schreitende Pflüger, der mit sanftem Zug am Führzügel oder über die Zaumtrense die Gangart und die Richtung der Fortbewegung bestimmt. Im lebhaften Spiel der Ohrenflügel offenbart sich in feinster Nuancierung die Richtung der seelischen Aufmerksamkeit. Für uns unhörbare Geräusche werden aus dem allgemeinen Geräuschpegel herausgefiltert. Das Pferd nimmt vor allem über das Gehör die seelische Gestimmtheit auf, z.B. wie zu ihm gesprochen wird. Die Stellung der Ohren, ob gespitzt oder hängend, verrät viel über sein seelisches Empfinden.

Der Geruchssinn ist außergewöhnlich hoch entwickelt. Der langgestreckte Kopf beherbergt ein ausgedehntes System von Nasenhöhlen, deren innere Oberflächen etwa der gesamten Fläche der Außenhaut des Tieres entsprechen. Die Pferde beschnüffeln sich, um sich zu begrüßen oder kennenzulernen. Mit ihrem überaus feinen Geruchssinn analysieren sie ihre Umwelt, weidend die Wahl ihres Futters, jedwede noch so feine Ausdünstung und sei es über große Distanzen. Sind es besonders diese drei Sinnesfähigkeiten von Auge, Gehör und Geruch sowie die Eigenschaft des Tragens des Kopfes, erhoben über das Rückgrat, die das Pferd so lernfähig machen, es so hochdifferenziert reagieren lassen, dass es den Glauben erweckt, es könne denken? In der griechischen Mythologie schildert die Perseus-Sage, wie sich das Denken aus der Blutsgebundenheit des Leibes, dem Träger der in alten Zeiten wirksamen hellseherischen Kraft, befreite: Im mythischen Bild enthauptet Perseus die Titanin Gorgo. Aus dem Blutstrom, der aus ihrem Rumpf quillt, entspringt Pegasus, das geflügelte Pferd. Es symbolisiert das leibfreie Denken, dessen Flügel sich nunmehr frei in die Welt des Geistes emporschwingen können. Was im intelligenten Verhalten des Pferdeleibes blutsgebunden erscheint, es löst sich im Menschen aus dieser Fessel und wird zur freien Geist-Seelenbetätigung des Denkens.

Pferd und Esel sind Pflanzenfresser. Obwohl sie höchst anspruchslos noch rohfaserreichere Nahrung als die Wiederkäuer mit ihrem hochdifferenzierten

Vormagensystem aufnehmen, verfügen sie nur über einen zusammengesetzten, einhöhligen, relativ kleinen Magen. An diesen schließt sich der lange Dünndarm an, der die leicht verdaulichen Bestandteile der Nahrung aufschließt. Die schwerer verdauliche Rohfaser wird erst im mächtig entwickelten Blinddarmsack und sodann in Grimm- und Mastdarm bakteriell aufgeschlossen. Diese Art der Verdauung entspricht ihrem Fressverhalten. Die Pferde fressen doppelt so lange wie die Kühe, nämlich 16 Stunden pro Tag. Sie sind Tag-Nachttiere. Mit ihrem guten Sehvermögen auch im Dunkeln finden sie mit sicherem Tritt auch des Nachts ihr Futter. Pferde und der so genügsame Esel sind hervorragend geeignet, nach Weidewechsel die von den Kühen gemiedenen Pflanzen nachzuweiden.

Die Bewegungsfreude und Kraft von Pferden und Eseln finden ihren Niederschlag in ihrem stark durchformten, noch immer sehr rohfaserreichen Kot. Dieser ist polar zum «kalten Schweinekot» ein «hitziger» Dünger. Durch fortgesetzten bakteriellen Aufschluss, beschleunigt durch den Kontakt mit der Außenluft, erwärmt er sich sehr rasch und wurde aufgrund dieser Eigenschaft als Untergrundheizung und zugleich Dünger für die Frühbeetkästen benutzt. Der frische Pferdemist enthält recht viel Ammoniak, sein Geruch ist daher kräftig, scharf und durchdringend, aber nicht unangenehm.

Pferd und Esel haben sich, aufgrund der Mechanisierung der Arbeitsabläufe, weitgehend aus der Landwirtschaft verabschiedet (vorläufig?). Mit ihnen ist ein wichtiges Element in der Durchseelung des Organismus des Hofes verloren gegangen, dies sowohl im Hinblick auf die Futter- und Strohverwertung, die besondere Art des Düngers und die Rhythmisierung der Arbeitsprozesse als auch hinsichtlich der Durchseelung der Arbeit, die sie in Hingabe an die menschliche Führung leisteten.

Hund und Katze

Beide gehören der Entwicklungslinie der Raubtiere an. Mit ihrem seelischen Instinktleben bereichern sie den Seelenleib des landwirtschaftlichen Organismus auf durchaus gegensätzliche Art. Der Hund ist das älteste der Haustiere, die Katze zählt zu den jüngsten; sie tritt in Europa erst seit dem ersten Jahrtausend v. Chr. auf.[134] Der Typus des Hundes ist jenen seiner wilden Artgenossen, dem Wolf, verwandt, wie der der Katze dem der Wildkatze. Was bei den Hunden besonders auffällt, ist die große Variabilität der Formen. Sie

134 Norbert Benecke: *Der Mensch und seine Haustiere*, Stuttgart 1994, 470 S.

findet sich schon gleich zu Anfang ihrer Haustierwerdung gegen Ende des *Tertiärs* (Atlantis) im *Pleistozän* (Eiszeiten), vor allem dann aber im *Neolithikum*, in den ersten nachatlantischen Zeitaltern. Von keiner der in der Folge hervorgetretenen Haustierarten ist je diese Formenvielfalt wieder erreicht worden.[135] Es liegt nahe, wie schon früher angedeutet, dass die Entwicklung der Haustiere ein Produkt der frühen Menschheit war. Sie war in der Lage, aus dem Erleben der Tierseele und ihres geistigen Ursprungs, der Gruppenseele, diese in ihrer Leibesbildung auf einer embryonaleren Stufe zurückzuhalten und somit dem gestaltbildenden Typus eine Fülle von verschiedenen Ausdrucksmöglichkeiten zu verschaffen. Je jünger die Haustierarten sind, je mehr die Menschen ihre instinktive Geistunmittelbarkeit gegen das Erwachen zum Selbstbewusstsein eintauschten, desto variationsärmer wird das Erscheinungsbild bei den Haustieren. Wenn in altrömischer Zeit die Formenvielfalt wieder zunahm (Zwerghunderassen), so ist dies bereits eine Folge gezielter Zuchtwahl, im Sinne von Kreuzung und Selektion. Wie sehr seit den Ursprüngen bis in die altägyptische Kultur die Haustierwerdung von Hund und Katze – und so auch der anderen Haustierarten – nicht primär eine Frage der zweckmäßigen Nutzbarkeit, sondern der Nutzen untrennbar mit einem instinktiv, intim-sakralen Empfinden verbunden war, geht einerseits aus der Mensch und Hund vereinigenden Bestattungskultur hervor, andererseits aus der Verehrung, die man den Katzen und dem sie einwohnenden göttlichen Wesen entgegenbrachte, ein Kult, der gegen Ende der altägyptischen Kultur kulminierte.[136]

Die tierseelische Disposition von Hund und Katze liegt weit auseinander. Noch mehr als das Pferd hat der Hund sein seelisches Instinktwesen, die Summe seiner Fähigkeiten, der Führung des Menschen unterstellt, nicht so die Katze. Wohlerzogen, gehorcht der Hund auf jeden Zuruf oder Pfiff. Er strebt mit seinem Bewegungstrieb ausgreifend in die Weite, so der Jagdhund mit seinem Spürsinn der Fährte folgend, beim erlegten Wild anschlagend oder es apportierend, als Hütehund die Schafe oder Rinder treibend oder die Herde zusammenhaltend. Immer nach vollbrachter Tat kehrt er zurück, setzt sich auf die Hinterläufe, wedelt mit dem Schwanz, hebt den Kopf gestreckt in die Höhe, schaut seinen Herrn treu ergeben an, in Erwartung auf den nächsten Befehl. Ebenso aufmerksam hingebungsvoll verhält er sich als Schutzhund von Haus und Hof, als Begleit- und Führerhund, z.B. Blindenhund, als Schnüffelhund, untrüglich geringste Geruchsspuren erschnüffelnd, oder als

135 Ebd., S. 226.
136 Ebd., S. 348.

Schlittenhund, schwere Lasten durch Schnee und Eis ziehend. Jede dieser Fähigkeiten schafft sich den ihnen gemäßen Leib: Groß und kräftig, schlank und schnell, klein und wendig etc. Diese leiblich seelische Bildsamkeit in fast jeder nur denkbaren Körperform und bei jeweils entsprechendem Gehabe nach Hundeart verfällt schon seit Römerzeiten der Emotionalität des Menschen und pervertiert in die Zucht von Luxus-, Zwerg- und Schoßhündchen.

Der Wesensausdruck der Haus- und Hofkatze ist ein gänzlich anderer. Sie scheint evolutiv tiefer in die Wildheit gefallen zu sein. Sie lebt gleichsam zwei Leben. In dem einen lebt sie sich abseits des Menschen nachtaktiv aus, wie ihre wilden Artgenossen. In Anspannung aller Sinne folgt sie ihren Jagdinstinkten, schleicht ihrer Wege, lauert ihrer Beute auf und ergreift sie in mächtigem Sprung. Nager, wie Mäuse und Ratten, sind ihre bevorzugte Nahrung, leider auch Vögel, wie die Bodenbrüter, im niederen Geäst nistende, oder bei Tag zu niedrig über den Boden dahin schießende Schwalben, die sie lässig mit emporschnellender Pfote sich zur sicheren Beute macht. Ihr zweites Leben verbringt sie, indem sie die Häuslichkeit des Menschen zu ihrer Schlafstelle aufsucht, die Mitglieder der Familie schnurrend umschmeichelt, mitspielend die Kinder ergötzt und sich dieser Art der weiteren Nahrungsfürsorge empfiehlt. Dann des Nachts wieder herrscht Ausgang in das andere Leben. Wieder ist es die Emotionalität des Menschen, die, fehlgeleitet, die Katze zum bloßen Heim- und Schmusetier macht.

Beim Hund ist es der überragende, jede Nuance differenzierende, Leib und Seele in Tätigkeit versetzende Geruchssinn, bei der Katze der auf Nachtsichtigkeit spezialisierte Augensinn, die dem landwirtschaftlichen Organismus eine besondere Qualität, ein ordnendes Prinzip einprägen: Der Hund, der auf Wacht des Nachts anschlägt, der den Bauern begleitend mit der Nase am Boden über Felder und Wiesen und Weiden einer Fährte nachspürt oder, dem Wink des Hirten folgend, die Schafherde umzirkelt und sie auf dem ihr zugewiesenen Weidegrund hält, er ist in den ihm gesetzten Grenzen ausführendes Organ des Menschen. Die Katze ist es nicht in diesem Sinne. Sie bleibt unbeobachtet auf ihren nächtlichen Streifzügen über Hof und Gemarkung, setzt ihr Maß in der Vertilgung von schädlichen Nagern und ist sich dabei selbst genug.

Nicht die Ausscheidungen von Hund und Katze sind es, die dem landwirtschaftlichen Organismus willkommen sind – sie sind übelriechend, fallen aber nicht ins Gewicht –, sondern ihr Beitrag ist die ordnende Wächterfunktion. Leider haben Hund und Katze diese Funktion als menschengeleitete Mitgestalter eines durchseelten Naturganzen weitgehend verloren. Als Heim-,

Gesellschafts- und Luxustiere haben sie sich weitgehend dem Seelenleib des landwirtschaftlichen Organismus entfremdet.

Schaf und Ziege

Als die sogenannten «kleinen Wiederkäuer» zählen Schafe und Ziegen nach den Hunden zu den ältesten unserer Haustiere. Obwohl nahe verwandt, unterscheiden sie sich stark in Temperament, Beweglichkeit und in Graden in ihrer Genügsamkeit. Wie alle Wiederkäuer, treten sie als horntragende Paarhufer stammesgeschichtlich erst am Ende der Säugetierreihe auf. Ja, die Formenvielfalt der schaf- und ziegenartigen Wildformen und späterer Kulturformen entwickelte sich erst im Übergang des Jungtertiärs in die Eiszeiten (*Pleistozän*) und in diesen selbst bis in die Jetztzeit (*Holozän*)[137] – in Zeiten also, in welchen der Mensch unter die Tiere trat und aus seinem kosmisch geprägten, instinktiv-geistnahen Bewusstsein heraus zu ihnen ein magisch-kultisches Verhältnis begründete, das seinen Ausdruck in der Art des Jagens im Hinblick auf Nahrung und Kleidung und im Tieropfer fand.

Ist daher nicht die Frage berechtigt, ob nicht der nomadisierende, in das Walten der Naturkräfte einverwobene Mensch an dieser doch sehr jungen Formdifferenzierung beteiligt war? Weisen auf diese Denkbarkeit nicht die Mythen der Völker hin, z.B. das Tieropfer des Abel oder die in die Eiszeiten (*Pleistozän*) zurückweisenden Felszeichnungen, u.a. in der Sahara, und viele andere mehr? Sind diese nicht allesamt Ausdruck einer magisch-kultischen Mensch-Tier-Beziehung der atlantischen Zeit, des späten *Känozoikums*? Und hat sich dann nicht später, in der zweiten Epoche des nachatlantischen Zeitalters (*Holozän*) aus den zarathustrischen Mysterien heraus, in einer Art Wiederholung auf höherer Stufe, die Haustierwerdung vollzogen?

Schafe und Ziegen, ausgestattet mit allen Merkmalen ihres Haustierseins, treten seit dem Ende des neunten Jahrtausends v. Chr. in den Bergregionen Süd-/Westasiens auf. Bei den Schafen sind dies folgende Merkmale: in Gestalt kleiner als die Wildform, hohe Variabilität der Körpergröße, kein jahreszeitlicher Wechsel des Haarkleides, dessen Umwandlung in kontinuierlich wachsendes Wollvlies, lebhafte Färbung und Musterung. Eine ähnliche Vielfalt des Erscheinungsbildes zeigen die Ziegen, bis hin zu dem in Wolle verwandelten Haarkleid bei den Angora- und Kaschmirziegen.[138]

137 Bernhard Grzimek: *Grzimeks Tierleben, Enzyklopädie des Tierreichs*, Band 13, Säugetiere 4, München 1971, S. 470.

138 Norbert Benecke: *Der Mensch und seine Haustiere*, Stuttgart 1994, S. 247.

Schafe und weit mehr noch die Ziegen sind außerordentlich genügsam. Ihre Nahrung sind Gräser, Kräuter, Blätter und Triebe. Die Ziegen sind dabei hochanpassungsfähig an das aromatische, zellulosereiche und salzhaltige Nahrungsangebot extremer geographischer Zonen, z.B. Gebirgslagen und Halbwüsten. Die Überweidung der Letzteren führt rasch zu fortschreitender Desertifikation. Durch die vielseitigen Gaben der beiden kleinen Wiederkäuer – Wolle, Fleisch, Milch, Haar, Fell, Häute und Horn – wurden sie zu den großen Kulturbegleitern des Menschen. Sie standen in geschlossenen Herden unter der Obhut der Hirtenvölker, gleichsam als deren Existenzgrundlage, und wurden vielerorts in dörflichen Ansiedlungen zur «Kuh des kleinen Mannes». Die enge Beziehung des Schafes zu seiner Umwelt und zum Menschen führte weltweit zu einer großen Rassenvielfalt, seit dem Mittelalter in Europa zur Herausbildung der Landrassen, in der Neuzeit zur Linienzucht auf Fleisch-, Wolle- und Milchrassen. Die Züchtung zum weißen Wollschaf (Merino) geschah in Spanien. Es hat heute, vielfach unter Einkreuzung von Landrassen, weltweit die größte Verbreitung gefunden.

In Europa besteht die Herdenhaltung unter Führung des Wanderschäfers in Resten bis heute fort. Sie lässt sich wirtschaftlich nur dadurch aufrechterhalten, dass die Schafherden vorzüglich in Naturschutzgebieten zur Landschaftspflege eingesetzt werden. Am stärksten ist die Ziegenhaltung rückläufig. 95 % aller Hausziegen stehen im Dienst der Selbstversorgung in der kleinbäuerlich strukturierten Landwirtschaft der dritten Welt.

Die Wesensäußerungen von Schaf und Ziege sind einander polar. Die Sinnesleistungen beider sind zwar ähnlich, am vorzüglichsten ist der Geruchssinn ausgebildet, gefolgt von Sehsinn und mit einigem Abstand dem Gehör. Doch lebt sich das Seelische unterschiedlich in der Körpersprache und durch die Sinne hindurch aus. Mit meist gesenktem Kopf unter die Rückgratlinie, mit massiverem Leib, mehr der Erde und dem Inneren des eigenen Stoffwechsels zugewandt, schwerfälliger in den Bewegungen, äußert sich das Seelenwesen des Schafes mehr träumend verhalten. Anders die Ziege: Lebhaft springt sie auf, setzt in Sprüngen über Stock und Stein, hebt den Kopf hoch empor, beschnuppert neugierig mal dies, mal das, erklimmt den nächst möglichen erhöhten Standort, hält den Blick aufmerksam in die Weite gerichtet. Statt äsend über weite Ebenen zu ziehen, bevorzugt sie gebirgige Lagen an Steilhängen in Kopfhöhe zu grasen, oder sie stellt sich senkrecht auf die Hinterbeine, um an Busch und Baum noch das höchst erreichbare Blatt zu erhaschen.

Schafe und Ziegen tragen Hörner. Diese sind im Gegensatz zu den Rindern bei männlichen Tieren größer und je nach Rasse schraubenförmig gedreht oder auch säbelartig nach hinten gebogen. Neben den Hornträgern gibt es hornlose Rassen, zu denen bei den Schafen die meisten der heutigen Nutzrassen gehören.

Bei Einengung der Rassenvielfalt konzentriert sich die Züchtung auf das Woll- bzw. Milchschaf, bei den Ziegen auf Milch- bzw. Fleischtiere.

Die kleinen Wiederkäuer sind Herdentiere, die Schafe mehr noch als die Ziegen. Infolgedessen sind sie ihrem Wesen gemäß mehr Landschaftsbildner im Großen, weniger ein gestaltendes Organ im einzelnen landwirtschaftlichen Organismus. Solange die Dorfschaften mit ihren Gemarkungen noch als weitgehend geschlossenes Ganzes existierten, war es der Beruf des Schäfers, seine Schafherde zum Organ dieses Ganzen zu machen: sei es in der Beweidung der Brache, der Almend- oder Ödflächen, des Treibens über die abgeernteten Hackfruchtschläge, über die zu mastig ins Blatt schießenden Wintersaaten; oder sei es in der Beweidung der kräuterreichen Weg- und Feldraine im Herbst als Diätetikum für die bevorstehende Winteraufstallung; oder sei es schließlich das Pferchen auf den Äckern zu Düngungszwecken. Dies alles war verbrieftes Recht und geschah unter Abstimmung mit der Dorfgemeinschaft. Den Beruf des Schäfers neu zu beleben, sind enge Grenzen gesetzt. Möglichkeiten bieten sich in der Pflege von Naturschutzgebieten oder auf Großbetrieben mit Grenzertragsböden.

Anders steht es mit der Milchschaf- und der Milchziegenhaltung. Beide sind nicht herdengebunden und können in kleineren und größeren Beständen wesentlich zur Durchseelung des landwirtschaftlichen Organismus beitragen. Vor allem empfehlen sich die kleinen Wiederkäuer zur Weiterentwicklung von einseitig ausgerichteten Gärtnereien zu Gärtnerhöfen. Sie vertreten dort das Rind in der Verwertung der Zwischenfrüchte zur Gründüngung sowie der Abfälle aus einer vielseitigen Gemüseproduktion und sorgen für deren Verwandlung in einen nachhaltig wirksamen Dünger.

Auf dem Wege des Viermagensystems der Wiederkäuer unterliegt die pflanzliche Nahrung einer einzigartig intensiven Verdauung (siehe Kap. «Das Rind», Pansenverdauung und Wiederkäuen, Seite 150 ff.). Diese erlaubt, Zellulose, d.h. rohfaserreiche Nahrungsstoffe, aufzuschließen und für Wachstum, Erhaltung und Leistung (Milch, Wolle, Fleisch) nutzbar zu machen. Im Zuge dieses Verdauungsprozesses erhält der pflanzliche Nahrungsstrom Kräfte der Seelenorganisation des Tieres eingeprägt. Entsprechend der Wesensart von Schaf und Ziege ist diese Einprägung unterschiedlich. Der Unterschied lässt sich nicht hinreichend aus der quantitativen Zusammensetzung der sogenannten Nährstoffe des Düngers erschließen. Nicht der quantitative Anteil derselben ist maßgebend, sondern deren Komposition durch die in die Lebensvorgänge hereinwirkenden Kräfte des Seelenleibes. Die Wesensart selbst düngt über die Stoffe. So wirkt der Schafsmist milder, harmonisierender und strukturierender auf die Lebensprozesse, die sich im Vegetativen zur Nahrungsfrucht verdichten, z.B. bei den Blattgemüsen. Der Ziegendünger dagegen wirkt hitziger und, wie sich aus der Wesensart der Ziege vermuten lässt, anregender auf den Wachstumsimpuls in der Achse Wurzel-Stängel-Blüte.

Der Beitrag des Schafes bezüglich der Durchseelung der Landschaft wird erlebbar, wenn der Hirte mit seiner Schafherde im Herbst über die Hofgemarkung und über diese hinaus durch die umliegende Kulturlandschaft zieht: Der Schäfer mit seinem Stab vorneweg einherschreitend, die Herde dicht gedrängt ihm folgend; oder er inmitten des Feldes stehend, die Schafe auf Nahrungssuche rings um ihn her. Diese Szenerie erweckt eine Stimmung tiefen Friedens, der sich über die Landschaft breitet, ein Bild vollkommener Ruhe und Bewegung zugleich. Eine solche über die Felder, von Gemarkung zu Gemarkung ziehende Schafherde, deren jede Seinsregung sich im Bewusstsein des Hirten zusammenfasst und von diesem aus gelenkt wird, stiftet Beziehungen, die die landwirtschaftlichen Einzelorganismen zu der höheren Einheit der Kulturlandschaft zusammenschließen. Gegenüber den Schafen sind die Ziegen weniger Herdentiere. Sie haben mehr «Eigensinn». Sie werden in beschränktem Umfang zur Milch- und Fleischerzeugung gehalten und leisten, teils als Ersatz für das Rind, im Kanon aller Haustiere wertvolle Dienste in der Ausformung des Seelenleibes des landwirtschaftlichen Organismus.

Das Rind

Herkunft und Mythos

Nach gängiger Auffassung stammt das Rind (*Bos taurus*) vom Ur- oder Auerochsen (*Bos primigenius*) ab.[139] «Die moderne zoologische Haustierforschung betrachtet [...] heute mit Sicherheit nur ein Wildrind, den Ur- oder Auerochsen als alleinige Stammform der Haustierrinder.»[140]

Man geht davon aus, dass die europäischen Rinderrassen aus dem «fruchtbaren Halbmond», Vorder-Mittelasien, eingewandert sind. Die ältesten Knochenfunde weisen auf das achte Jahrtausend v. Chr. zurück, in die Anfänge

139 Norbert Benecke: *Der Mensch und seine Haustiere*, Stuttgart 1994, 470 S.
140 Bernhard Grzimek: *Grzimeks Tierleben, Enzyklopädie des Tierreichs*, Band 13, Säugetiere 4, Augsburg 2000, S. 375.

also der urpersischen Kultur. Die frühen wie auch alle späteren Rinderrassen haben einen kleineren Körperbau als die vermutete Wildform des Ur und zeigen von Anbeginn an eine hohe Variabilität der äußeren Erscheinungsform. Gerade am Beispiel der Weidetiere (der Rinder, Schafe und Ziegen, den nach den Hunden ältesten Haustieren) kann deutlich werden, wie die Herleitung von ihren Wildformen im Dunkeln bleibt. Blickt man auf die Mythen der Völker, z.B. auf das Opfer des Abel im Alten Testament – er war ein Hirte –, so stehen vor allem Schaf und Rind im Mittelpunkt religiöser Opferhandlungen. «Kulturhistorische Dokumente zeigen, dass die Rinder in Mesopotamien, Ägypten, Persien und Indien zunächst nur zu Kultzwecken gedient haben.»[141] Im altägyptischen Mythos wurde im Rind urbildlich die Himmelsgöttin Hathor verehrt, dargestellt als Kuh, die, eingebettet zwischen die Hörner, die Sonnenscheibe trägt. Im heutigen Indien gilt die Kuh bei den Hindus wie zu Urzeiten als heilig. Weist das nicht eher darauf hin, dass das geistreale Erleben des Wesens des Rindes, dessen, was übersinnlich die Gruppenseele ist,[142] der Haustierwerdung Pate stand?

Stellung im Betriebsorganismus

Hinsichtlich der Gestaltung des landwirtschaftlichen Organismus zu einem in sich geschlossenen Ganzen ist das Rind bzw. der zur höheren Einheit geformte Herdenorganismus «Königin und König» unter allen Haustieren. Gewiss, ein jedes derselben, wie in den vorausgehenden Kapiteln angedeutet, leistet seinen Beitrag gemäß dem in die Leibesbildung untergetauchten Seelischen. Dem Wesen der Kuh aber ist eine Universalpotenz eigen. Aufgrund dieser Tatsache kann streng genommen auf die Rinderhaltung nicht verzichtet werden. Ihre essentielle Bedeutung liegt erst sekundär in dem, was sie an Nahrungsmitteln und sonstigen Rohstoffen erzeugt. Das ist die Außenseite. Diese repräsentiert die Reihe der Feldfrüchte, die eine wesentliche Grundsäule der Urwertschöpfung im Wirtschaftsleben bilden. Die primäre Leistung liegt auf der Innenseite; es ist die besondere Befähigung, die physiologischen Funktionen oder mehr noch die Wesensglieder des Betriebsorganismus aufeinander zu beziehen und dadurch diesen als Ganzheit gesund und entwicklungsfähig zu erhalten. Die Kuh – immer gedacht als Glied des hofbezogenen Herdenorganismus – setzt das weisheitsvolle Maß

141 Ebd., S. 377.

142 Siehe z.B.: Rudolf Steiner: *Natur- und Geistwesen – ihr Wirken in unserer sichtbaren Welt*, GA 98, Vortrag vom 7. Juni 1908, Dornach 1996, S. 96–97.

in ihrer Leibesgestaltung und das des Zusammenspiels ihrer Organsysteme durch ihre Tätigkeit aus sich heraus und prägt damit von der Naturseite her das Maß, die innere Ökonomie des Betriebsganzen.

Man kann von einem wahren Herdenorganismus erst sprechen, wenn die Herde über Generationen hinweg sich aus eigener Nachzucht selbst ergänzt und sich mit den Standortverhältnissen bis hin zur betriebseigenen Futterversorgung verbunden hat. Für die Deckbullen gilt ein Sonderstatus: Sie werden zwecks Blutauffrischung der Herde in regelmäßigen Abständen durch Vatertiere aus gleichgearteten Zuchtbetrieben ersetzt. Der Herdenorganismus ist der Summe der Einzeltiere übergeordnet. Das kommt u.a. in der Gleichzeitigkeit der tagesrhythmischen Verhaltensweisen der Tiere zum Ausdruck. Morgens folgen sie in gleichsam hierarchischer Ordnung der Leitkuh auf die Weide. Dort verteilen sie sich, laufen aber nicht durcheinander; sie ziehen grasend in eine Richtung, nehmen sieben bis acht Stunden am Tag Futter auf, unterbrochen von gemeinsamen Wiederkauphasen, die ebenfalls circa acht Stunden am Tag in Anspruch nehmen. Auch der Gang zur Tränke, die Ruhepausen und die Milchabgabe unterliegen einem strengen, die ganze Herde beherrschenden Rhythmus. Alle Maßnahmen der Haltung, Fütterung, Pflege und der Zucht sollten im Dienst der Kräftigung dieses herdenrhythmischen Geschehens stehen. Je ausgebildeter dieses ist, desto gesünder die Herde.

Die Methoden, die der heute weltweit praktizierten Massentierhaltung zugrunde liegen, wie die Fütterung mit Silage und den leicht verdaulichen Konzentraten aus aller Welt, die ganzjährige Stallhaltung auf Betonspaltenböden, die Praxis der Enthornung und die Züchtung auf Maximalleistung, zusammengedrängt auf eine stark verkürzte Lebenszeit etc. schwächen die Kühe. Es bedeutet den Verlust der Fähigkeit, den eigenen in sich geschlossenen Seelenleib auszubilden. Die Milchkühe sind schon im Jugendalter verbraucht und in der Regel nach 4,5 Jahren, d.h. nach zwei «Gewalt»-Laktationen, abgängig.

Der Umfang der Rinderhaltung richtet sich nach der Größe des Betriebes, nach seiner Naturbegabung im Hinblick auf die Klima- und Bodenbedingungen und damit nach der Düngebedürftigkeit sowie, in Graden, nach der Intensität der Bewirtschaftung. Maßgebend hierbei ist die betriebseigene Futtergrundlage, die die zur Verfügung stehenden Grünländereien an Wiesen und Weiden sowie den Feldfutterbau umfasst. Der Umfang des Letzteren ergibt sich aus der Gestaltung der Fruchtfolge im Ackerbau.

Wesenserscheinung und Wesenserkenntnis

Als Wiederkäuer höchster Entwicklungsstufe ist die Kuh ein ebenso stoffwechselaktives wie rhythmisches Wesen. Dagegen tritt ihre Nerven-Sinnes-Aktivität, abgesehen von den hochdifferenzierten Geruchs- und Geschmacksleistungen, im Verhältnis zur Umwelt stärker zurück. Ihre Sinnesleistungen stehen vorzüglich im Dienst ihres Innern, ihrer Verdauungstätigkeit. Ihr intelligentes Wesen offenbart sich nach außen eher phlegmatisch, dumpf-träumend, nach innen hingegen in einem hohen, weisheitsvollen Instinktleben. Sie erlebt sich, hochgradig introvertiert, in einer Art Innenschau.

Sucht man sich erkennend dem Wesen des Rindes zu nähern, muss man die Aufmerksamkeit auf dessen Haupttätigkeit richten: auf die prozessualen Schritte im Zusammenspiel von innen und außen bei der Nahrungsaufnahme über die Aufarbeitung der Futtermassen in der Verdauung bis hin zu den Ausscheidungen von Mist und Jauche.

Folgt man dem, was sich an naturwissenschaftlichen Einzeltatsachen bezüglich des Verdauungsgeschehen ergibt, stößt man rasch an Erkenntnisgrenzen. Man bemerkt diese im Allgemeinen deshalb nicht, weil man die Schwelle zum sinnlich Unbeobachtbaren nicht genügend beachtet und folglich nicht gewichtet. Man gerät unversehens in abstrakte, qualitätslose Modellvorstellungen. Wird man aber dieser Erkenntnisgrenze bewusst, die sich zwischen dem gegenständlich Wahrnehmbaren und dem Prozessualen des Substanzgeschehens auftut, z.B. beim Übergang von außen nach innen durch die Darmwände, lernt man die Bedeutung und Tragweite der Ergebnisse der Geistesforschung Rudolf Steiners erst wirklich schätzen und würdigen. Unter Hinzuziehung dieser Forschungsergebnisse wird die auf die äußeren Sinne sich stützende Erkenntnis zu einem sich fortdauernd erweiternden Erkenntnisprozess. Sie beleuchten das wirksame Agens, das Wesenhaft-Wirkende, das die Erscheinungen in ihren Formen und Farben hervorbringt. Die Ergebnisse der Geistesforschung fügen zur Außenseite der Erscheinungswelt die wesenhaft-schöpferische Innenseite hinzu.

Die Maulverdauung

Schon bei der Futteraufnahme – täglich etwa ein Achtel des Körpergewichts; das entspricht 60 bis 70 kg Frischsubstanz – dominiert das Stoffwechsel-Gliedmaßen-System die Kopfregion. Der Kopf taucht, mit dem Flotzmaul tastend, tief in die Futtermasse ein; gliedmaßenartig umschlingt die lange

Zunge ein Büschel Gras, Kräuter oder Heu, zieht es ins Maul und kneift es, im Falle von Grünaufwuchs, durch Pressen des Unterkiefers gegen die Kante der zahnlosen Platte des Oberkiefers ab. Zwischendurch gleitet die Zunge genüsslich über das Flotzmaul und erschmeckt die Drüsenausscheidungen desselben. Vermutlich vollzieht das Rind dabei eine Art erster Qualitätsanalyse des aufgenommenen Futters, wohl auch im Hinblick auf die Art und Menge der Einspeichelung. Im Flotzmaul ist die Oberlippe mit den Nasenhöhlen verschmolzen. Damit sind Futteraufnahme und Atmung eng miteinander verbunden und ebenso Tast-, Geschmacks- und Geruchssinn.

Während der kurzen Verweildauer des Futters in der lang gestreckten Maulhöhle ist es wieder die Zunge, die in den wenigen Käuakten das Futter rhythmisch zwischen den Reihen der Mahlzähne hin und her bewegt. Dadurch wird ein erster Verdauungsschritt durch Zerkleinerung und Einspeichelung eingeleitet. Eine Anzahl verschieden großer Drüsen sondert Speichel ab – bei Heufütterung bis zu 180 Liter pro Tag – und sorgt für den enzymatischen Aufschluss von Stärke in Zucker.

Pansenverdauung und Wiederkäuen

Die Maulverdauung erfährt eine gewaltige Steigerung im Akt des Wiederkäuens. Dieser vollzieht sich gegenläufig zur Futteraufnahme. Was das Rind gefressen, geschmeckt und abgeschluckt hat, holt es portionsweise aus einer tieferen Verdauungszone, den Vormägen, wieder herauf, kaut und schmeckt es noch einmal und jetzt erst gründlich durch. Je nach Art des Futters, ob frisches Grün oder Raufutter, vollzieht es 30 bis 80 Wiederkauschläge pro Portion.

Diesem Vorgang voraus, vollzieht sich ein bemerkenswerter Wechsel. Wenig zerkleinert, gelangt Büschel um Büschel aus der Maulhöhle der Kopfregion durch die Speiseröhre und das trennende Zwerchfell in die Bauchregion, in die drei drüsenlosen Vormägen: Erstens in die «Haube» (*Reticulum*; auch Netz- oder Schleudermagen genannt), von dort zweitens in den Pansen und drittens in den Psalter oder Blättermagen (*Omasum*). Wenn nicht schon vorher im Pansen, so entscheidet es sich im Psalter endgültig, ob der Futterbrei zur weiteren Verdauung in den Lab- oder Drüsenmagen kommt, oder ob er – ausgepresst – noch einmal den Weg zurück in die Maulhöhle zum Wiederkäuen nimmt. Die einzigartige Aufgabe der Vormägen und hier vor allem des Pansens ist der mikrobielle Aufschluss der rohfaserreichen Pflanzennahrung. Der Pansen mit seinem enormen Fassungsvermögen von ca. 150 Litern erstreckt sich vom Zwerchfell nach hinten bis in die Beckenhöhle.

Zusammen mit Haube und Psalter erfüllt er die gesamte linke Bauchhälfte. In dem großen Fermentationsraum des Pansens vollziehen sich in den, in ständiger Bewegung gehaltenen, Futtermassen intensive Gärungsvorgänge. So chaotisch diese ablaufen, so streng stehen sie unter der Regie des Seelenleibes des Rindes. Bei diesen rhythmisch sich vollziehenden Umwälzungen zerlegen Bakterien und Wimpertierchen, die zu den Protozoen gehören, die leichter abbaubaren Bestandteile des Futterbreis, die teils schon hier – es sind vor allem energiereiche Fettsäuren – im Durchgang durch die stoffwechselaktive Pansenschleimhaut in die Blutbahn gelangen.[143] Sobald der Pansen voll ist – von außen sichtbar an der linksseitigen Auswölbung des Bauches –, die Sättigung also eintritt, legt sich in der Regel die Kuh bzw. die ganze Herde hin und beginnt nach einiger Zeit wiederzukauen. Der Panseninhalt sortiert sich in drei Schichten, eine untere flüssige, auf ihr aufschwimmend eine mittlere aus noch gröberem Material und eine obere Schicht von Gärgasen. Aus der Mittelschicht des Pansens und ausgepresstem Material aus dem Psalter schluckt das Rind nun Portion um Portion in das Maul herauf und entlässt auf gleichem Weg die Gärgase. Sie gelangen mit dem Ausatmungsstrom bis in die Stirnhöhlen, ja bis in die Höhlung des Hornzapfens. Hier eröffnet sich dem Rind ein weites Tableau der Wahrnehmung und der qualitativen Analyse in Bezug auf das, was sich ihm bis zu diesem Stand des Verdauungsgeschehens stofflich und kräftemäßig enthüllt hat.

Das Wiederkäuen, eine Wahrnehmung und Sichtung von Stoffen und Kräften

In der Tätigkeit des Wiederkäuens – acht bis neun Stunden pro Tag – verändert sich der Wesensausdruck der Kuh grundlegend. Ihre Stoffwechsel- und Gliedmaßen-Aktivität kommt weitgehend zur Ruhe. Alle innere und äußere Tätigkeit verlagert sich nach dem Kopfpol. Nicht nur ist die Backenmuskulatur im Zermahlen des heraufgeschluckten, auf etwa 100 Gramm dosierten, faserreichen Futterkloßes in kraftvoller, rhythmischer Tätigkeit, sondern ebenso die Zunge und die Speicheldrüsen. Ganz im Gegensatz dazu verhalten sich die Sinne. Sie kommen in der Konzentration auf den Akt des Wiederkäuens gewissermaßen zur Ruhe, zur «Besinnung». Jetzt durchsinnt die Kuh erst wirklich, was sie an lebendiger, strukturierter Substanz von außen, von diesem Acker, jener Wiese oder Weide aufgenommen hat. Gewiss, sie hat es im

143 Anita Idel: *Die Kuh ist kein Klimakiller*, Marburg 2012, 210 S.

weidenden Dahinziehen schon ertastet, erschmeckt und errochen. Jetzt aber im abermaligen Erschmecken des schon vorverdauten Futterstromes vereinigt sich das Wahrgenommene mit ihrem ganzen Seelenwesen. Das, was vorher bloß lebendig strukturierte Pflanzenmasse war, es wird jetzt im wahrnehmenden Wiederkäuen zur seelischen Empfindung emporgehoben. Die Kuh erwacht in dieser Tätigkeit zu ihrem Bewusstsein, das träumend ganz in die Leibesvorgänge eingetaucht ist. Die Empfindungskraft des Seelenleibes ist es, die fortan das weitere Verdauungsgeschehen bis zum Endprodukt des Mistes und der Jauche durchseelt. Was Rudolf Steiner die «kosmische qualitative Analyse» nennt[144], die das Tier in der Verdauung vollzieht, gilt im höchsten Grade für das Rind. Im Wiederkäuen nimmt diese Analyse ihren Anfang. An den Augen wird dies anschaubar; der Blick verändert sich beim Wiederkäuen. Während man sonst in die großen Augen wie in die Bläue eines tiefen Brunnens schaut, gewinnen jetzt, bei leicht erhobenem Kopf, Augen und Gesicht einen angespannt konzentrierten Ausdruck. Es hat den Anschein, wie wenn die Kuh alles das «meditiere», was sie in dieser ersten Phase der Verdauung an Wahrnehmungen verinnerlicht hat. Ein solch intensiver, nach innen gerichteter Blick findet sich wohl sonst nirgends im Tierreich. Es ist, als ob im Ausdruck der Augen sich das Bewusstwerden der Bildekräfte spiegelt, die beim Zermahlen der Kohlenstoffgerüste und Eiweißstrukturen der Pflanzenmassen frei werden. Im Wiederkäuakt ist die Kuh ganz bei sich, nahe einer Selbstwahrnehmung, die sie nicht haben kann, weil sie kein inkarniertes Ich hat. Durch das Nahesein ihres hochkonzentrierten Seelenleibes zu ihrer Ichheit, die sich als ihre «Gruppenseele» darlebt[145] und im Abglanz im Herdenorganismus zum Ausdruck kommt, ist sie in besonderem Maß befähigt, die machtvoll wogende Masse an Bildekräften innerlich zu verarbeiten. In einem ersten Schritt vollzieht sie die genannte «kosmische qualitative Analyse» im Zerlegen der Pflanzennahrung, gipfelnd im Akt des Wiederkäuens. Sie analysiert in Seelendumpfheit die Bildekräfte, die aus dem Kosmos im Licht der Sonne die Pflanzengestalt aufgebaut haben, die in deren Einzelformen geronnen und die zugleich zu Trägern des lebendigen Substanzgeschehens in den Pflanzen geworden sind.

144 Rudolf Steiner: *Geisteswissenschaftliche Grundlagen zum Gedeihen der Landwirtschaft*, GA 327, Vortrag vom 10. Juni 1924, Dornach 1999, Seite 59.

145 Siehe z.B.: Rudolf Steiner: *Die geistigen Wesenheiten in den Himmelskörpern und Naturreichen*, GA 136, Vortrag vom 6. April 1912.

Dünn- und Dickdarmverdauung

Im Auflösen der Pflanzenformen im Verdauungstrakt werden die Bildekräfte nach und nach aus ihrer stofflichen Bannung frei. Dies ist das Ergebnis eines stufenweisen Abbauprozesses, der sich in drei Phasen vollzieht: einer mechanisch bis mikrobiellen Phase vom Kauen bis zur Pansen- und Psaltertätigkeit, einer vorzüglich enzymatischen, aber auch bakteriellen vom Labmagen über Leer- (*Jejunum*) bis Hüftdarm (*Ileum*) und von dort einem rein mikrobiellen vom Blinddarm (*Caecum*) über den Grimmdarm (*Colon*) bis zum Enddarm (*Rectum*). Während in den Vormägen der Zelluloseaufschluss der beherrschende Vorgang ist und, parallel dazu, durch die überaus aktive Mikrobentätigkeit ein um- und aufbauender Eiweißstoffwechsel stattfindet, beginnt im Drüsenmagen (*Abomasum*) im sauren Milieu, verursacht durch die Magensäuren, der Eiweißabbau. Dieser setzt sich einschließlich der abgestorbenen Mikrobenmassen aus den Vormägen auf enzymatischem und bakteriellem Weg durch die Abschnitte des Dünndarms (*Intestinum tenue*) fort: zunächst durch die Sekrete der Bauchspeicheldrüse (*Pancreas*), die, gleich der die Fette emulgierenden Galle, in den Zwölffingerdarm (*Duodenum*) münden, sodann durch den mit zahllosen Drüsen und Zotten besetzten Leerdarm (*Jejunum*) und den kurzen Hüftdarm (*Ileum*). Letzterer bildet eine Schleuse zwischen Leer- und Dickdarm. Er verhindert den Rückfluss aus dem bakterienreichen Grimm- und Enddarminhalt und dem bakterienarmen Leerdarm.[146] Insgesamt erreicht der Dünndarm eine Länge bis 48 Meter bei der ausgewachsenen Kuh. Er hängt windungsreich am Gekröse (*Mesenterium*) – eine faltenreiche Serosadoppellamelle. Gekröse und Dünndarm umschließen kranzartig die sich ein- und auswickelnde Spirale des Grimmdarms, der, an den Hüft- und Blinddarm anschließend und einmündend in den Dick- oder Mastdarm, den dritten Abschnitt bildet.[147] Was an rohfaserreicher Futtermasse unverdaut den Pansen und Leerdarm passiert hat, unterliegt nun abermals einem intensiven, mikrobiellen Abbau. Ein nicht geringer Rest an unverdauter Rohfaser, durchsetzt von einer weiterhin aktiven Mikrobenmasse, erscheint schließlich als Kuhfladen. Die Frage ist, ob dieser mikrobiell belebte, stoffliche Rückstand alleine den Düngerwert des Rindermistes ausmacht.

Das stofflich-prozessuale Geschehen im Verdauungstrakt gehört, obgleich es unter der Regie des Wesens des Tieres steht, von Anfang bis Ende der

146 Klaus Löffler, Gotthold Gäbel, Helga Pfannkuche: *Anatomie und Physiologie der Haustiere*, Stuttgart 2018, 375 S.

147 Rolf Krahmer, Lothar Schröder: *Anatomie der Haustiere*, Leipzig 1985, S. 201 ff.

Außenwelt an. Seine Aufgabe ist es, die Fremdheit der Nahrung zu überwinden. Das geschieht durch den vollständigen Abbau, und zwar so weit, dass die vorgeprägte Form, die stoffliche und kräftemäßige Konfiguration der Nahrung, ob von Gräsern, Kräutern oder Leguminosen, ihren Eigenwesenscharakter vollständig verliert.

Die Schwelle von der Außen- zur Innenwelt

Die Schwelle der in den Tierkörper verlagerten Außenwelt des Verdauungstraktes zur wirkungsmächtigen Innenwelt des Eigenwesens bilden die Schleimhautwände von Pansen, Drüsenmagen, Dünndarm und, ausklingend, von Grimm- und Enddarm. Diese Grenzhäute sind Organe, die im Vergleich zur leiblichen Außenhaut einen umgestülpten Aufbau aufweisen: Die mächtig ausgebildeten Schleimhäute sind nach außen, nach dem Futterstrom hin gekehrt; sie sind im höchsten Grade stoffwechselaktiv im Hinblick auf den Abbau des Futters und auf die Absorption der ihrer Fremdheit entkleideten Substanzen. Die nach dem Leibesinnern zugekehrte Seite der Darmhaut, die Serosa, ist innerviert. Sie gehört dem Bauchfell (*Peritoneum*) an, das die Bauchhöhle gleichsam wie ein «innerer Himmel» auskleidet und damit den Sinnes-Nerven- oder Wahrnehmungs-Pol der Darmwände repräsentiert. Dazwischen gliedert sich, die Mitte bildend, eine zirkuläre Muskelschicht, die rhythmisch u.a. für die peristaltischen Bewegungen sorgt. Es ist das Seelische des Rindes selbst, welches in den drei Gliedern der Verdauungshäute tätig ist, zugleich das Geschehen wahrnimmt und es zum Ganzen der Leibesfunktionen zusammenklingen lässt.

So wirkt aus dem Verdauungstrakt in den leiblichen Innenraum ein ätherisierter und durchseelter Substanzstrom: ein Strom ätherischer Bildekräfte, die aus ihrer Bindung in die Pflanzenformen entlassen sind; sowie Strahlungen von Empfindungs-, d.h. Seelenkräften, die das Rind in sich durch seine Sinnestätigkeit, insbesondere beim Wiederkäuen, rege gemacht hat. Erstere werden vom Blut aufgenommen und stehen dem Aufbau körpereigener Substanz, dem Wachstum und der Reproduktion zur Verfügung. Letztere strahlen in enger Beziehung zum Blut in den Organismus aus. Das venöse Blut, aus dem großen Körperkreislauf zurückströmend, befrachtet sich mit den in den Darmwänden gesichteten Substanzen und Kräften. Es gelangt über die Leber in den kleinen Blutkreislauf von Herz und Lunge und belebt sich daselbst zum arteriellen Blut. Vom Herzen mündet es in den großen Blutkreislauf, wobei ein Teil nach vorn in den Stamm der Kopfarterien abzweigt, deren eine bis in die Knochenzapfen und deren Knochenhäute (*Periost*) sowie in die Unterhäute der beiden Hörner heraufreicht. Wie stark die Durchblutung der aus dem Stirnbein herauswachsenden Hornzapfen ist, zeigt sich im Fall eines Hornbruches: Wie aus einem Quell sprudelt das Blut schier unstillbar hervor.

Die Bedeutung der Hörner und Klauen

In den Hörnern und Klauen stößt das Blut – und die mit ihm verbundene ätherisch-astrale Strahlung – an eine selbst für diese Strahlung undurchlässige Wand, die äußere Hornhülle. Sie ist die zu Horn verhärtete Außenhaut, die reine «Form», der Todespol gegenüber dem Lebenspol des aus den Tiefen des Leibes heraufpulsierenden Substanzstromes. Hier, an diesem Stau- oder Todespunkt, werden das Blut und die Strahlung in den Organismus zurückgewiesen.[148] In den Hörnern und Klauen schließt sich der Organismus der Wiederkäuer vollständig von den einstrahlenden Wirkungen des Kosmos und der Erde ab. Das Rind wird auf sich selbst zurückgewiesen, nicht aber hinsichtlich eines gesteigerten Bewusstseins im Kopf, sondern einer erhöhten Gestaltungskraft im Lebendigen des Stoffwechselpols.

Der Verlauf der kosmisch-qualitativen Analyse vollzieht sich in prozessualen Schritten, in welchen die Funktion des Sinnes-Nerven- im Verhältnis zu jener des Stoffwechsel-Systems in doppelter Weise sich polarisiert: Die Wahrnehmungstätigkeit des Wiederkäuens und die der Sichtung durch die Pansen- und Dünndarmwände steht polar zu der Folge der Verdauungsschritte, die im Maul mit Einspeicheln und Zerkleinern beginnen, in den Vormägen in mikrobiellem Aufschluss sich fortsetzen, in der Magen- und Dünndarmverdauung einen Höhepunkt erreichen und im Dickdarm zum Abschluss kommen. Hier werden die Stoffkompositionen des Futters so weit zerlegt, dass sie ihren Eigencharakter verlieren. Sie werden nach und nach in einen physisch-mineralischen, anorganischen Zustand versetzt, der von der Stoffseite her der kosmisch-qualitativen Analyse ein weites Feld eröffnet. Zu diesem Vernichtungsgeschehen steht polar der Lebensstrom des Blutes, der diese in den Zustand der Anorganik versetzten Stoffe in die körpereigenen Aufbauprozesse überführt und diese bis zu den peripheren Schranken der Hörner und Klauen hinleitet.

Das Wiederkäuen ist ein Sinnesprozess, der durch das Gehirn dumpf bewusst wird und sich in dem konzentrierten Gesichtsausdruck widerspiegelt.

---

148 Rudolf Steiner: *Geisteswissenschaftliche Grundlagen zum Gedeihen der Landwirtschaft*, GA 327, Vortrag vom 12. Juni 1924, Dornach 1999, S. 96ff.

Die Kuh nimmt den Hof über das Futter wahr. Im Zermahlen wird ihr dessen stoffkompositioneller und kräftemäßiger Charakter sowie dessen Herkunft aus der Hofgemarkung bewusst. Diese Sinnesfunktionen setzen sich nach hinten im Pansen und Darm fort. Sie versinken dort allmählich in die Bewusstlosigkeit.

Was sich demgegenüber in Hörnern und Klauen abspielt, ist ein gesteigertes Wahrnehmen im Hinblick auf die Erkraftung des Instinktlebens. Die Wahrnehmung erschließt, was an durchseelter Lebendigkeit das Blut aus der Verdauungsregion nach vorne gegen die Leibesperipherie trägt. Im Anbranden an die tote Hornhülle leuchtet nicht ein an das Gehirn gebundenes Bewusstsein auf, sondern eine ins Unterbewusstsein wirkende, in den Organismus zurückstrahlende geistige Kraft. Ein Verständnis für die Art dieser Kraft kann sich ergeben, wenn man vergleichsweise den Blick auf die im Menschen übersinnlich wirkende Denkkraft richtet, deren Produkt die Gedanken sind, die dann in Abschattung ihrer geistigen Wesenhaftigkeit im Kopfpol durch das Gehirn bewusst werden. Im Rind steigert sich diese Kraft nicht zu einem gedankengetragenen Selbstbewusstsein. Sie bleibt dem Stoffwechsel verhaftet als eine Kraft, die die Macht hat, dämpfend, ordnend, Potentiale lebendiger Wirksamkeit erschließend, auf die aus der Verdauung frei gewordenen ätherischen Bildekräfte zu wirken. Diese Potentiale lassen sich einer imaginativen Bilderwelt vergleichen, die z.B. ein Künstler im Schaffen seines Kunstwerkes in sich rege macht. Was die Kuh der Anlage nach hat, kann der Mensch in Selbstschulung durch das leibfreie Denken entwickeln. Durch dieses lernt er in voller Bewusstheit die in und um ihn waltende und wirksame Kräftewelt in Wahrbildern kennen. Es ist der Schritt zur Imagination, der erste von der Sinnes- zur Geisterkenntnis.[149]

Kosmisch-qualitative Analyse und Ich-Anlage

Aus der Gesamtschau des Wesens des Rindes ergibt sich folgendes Bild: Kennzeichnet den Anfang der kosmisch-qualitativen Analyse das Wiederkäuen, so die Vorgänge in Hörnern und Klauen deren Vollendung. Diese besteht in der Rückstauung des Blutes sowie der Zurückweisung der mit dem Blut verbundenen Strahlungen an den in die bloße Form erstorbenen Hornhüllen zurück in den Organismus. Die Rückstrahlungen enthalten die Summe alles dessen, was der Seelenleib des Rindes aus dem Verdauungsgeschehen sich

149 Rudolf Steiner: *Die Stufen der höheren Erkenntnis*, GA 12, Dornach 1993.

an kraftenden Empfindungen zugeeignet hat. Die Nahrung des Rindes sind Pflanzen, vorzugsweise Stängel und Blatt. Sie sind Bildungen aus den Einstrahlungen des Kosmos in das Irdische des Stofflichen. Wenn wir Pflanzen essen, essen wir den Kosmos. Das Rind mit seinem hochentwickelten Instinktleben analysiert den kosmischen Anteil der physischen Gestaltwerdung der Pflanze. Das Organ, das das Ergebnis dieser Analyse, der Rückstrahlung, verarbeitet, ist nicht das bewusst machende Gehirn. Vielmehr ist daran zu denken, dass es gegenpolig das die ganze Bauchhöhle auskleidende, sensitive Bauchfell und insbesondere das *Mesenterium* ist. Dieses konzentriert sich doppellappig besonders im Gekröse, das den Dünndarm trägt. Was sich da in schlafend-träumender Bewusstheit dem Rind offenbart, ist nicht mehr die Form, sondern das Substanziell-Kraftende, die Wesensseite des Stoffes. Sein eigenes, nicht inkarniertes Ich-Wesen, «die Gruppenseele», tritt in den Tiefen des Stoffwechsels zum Wesensurgrund des Stofflichen in Beziehung.

Die vorstehenden Erwägungen zu dieser Wesensbeziehung können eine Brücke zu einem anfänglichen Verständnis dessen bauen, was Rudolf Steiner mit Blick auf das Rind die «Ich-Anlage»[150] nennt. Ist es nicht diese, die sich das Ergebnis der «kosmisch-qualitativen Analyse» einverleibt und so sich als düngender Kraftquell dem Kuhmist einprägt? So aufgefasst, trägt der Kuhmist «ein Ätherisch-Astralisches, das rechtmäßiger Weise im Bauch des Tieres ist», heraus und befruchtet damit die Böden der Hofgemarkung.[151] Es ist die «Ich-Anlage» mit der ihr einverleibten ätherisch-astralen Rückstrahlung aus der äußersten Peripherie des Rindes zurück in den Substanzstrom der Verdauung, welche dem Kuhmist seine anhaltend belebende und gestaltende Düngerkraft verleiht. Der Mist «hat die Kraft, das Unorganische des Erdigen zu überwinden».[152]

Überschussleistungen

Was das Rind, und das gilt in Abwandlung für alle Wiederkäuer unter den Haustieren, aus den Massen seiner Pflanzennahrung an Substanzen und Bildekräften aufnimmt, braucht es zum Wenigsten für sich selbst, für die Entfaltung seines Bewusstseins, für seine Bewegungsaktivität, Lebenserhaltung und Reproduktion. Es bleibt ein großer Überschuss, den es nicht für

150 Rudolf Steiner: *Geisteswissenschaftliche Grundlagen zum Gedeihen der Landwirtschaft*, GA 327, Vortrag vom 16. Juni 1924, Dornach 1999, S. 201.
151 Ebd., Vortrag vom 12. Juni 1924, S. 98.
152 Ebd., S. 99.

sich beanspruchen kann, weil es kein Ich hat, das sich selbst ausleben will. Der Mensch hat ein Ich und beansprucht seine Nahrung für das, was er im Ausleben seines Selbstbewusstseins für sich braucht. Das Rind gibt seine Überschusskraft den gesteigerten Lebensleistungen hin, wie Reproduktion, Wachstum, d.h. der Erzeugung von Milch und Fleisch sowie, im Zusammenhang mit der «Ich-Anlage», dem Mist und der Jauche und über diese, als belebender und beseelender Dünger, der Erde. Das Maß, nach dem diese Überschusskräfte auf die Erzeugung und Wertbildung von Nahrungsmitteln einerseits und andererseits auf die Wertbildung des Düngers verteilt werden, bestimmt zunächst naturhaft der Seelenleib des Rindes. Ist dieses Maß ausgeglichen, entstehen Gesundheit, Langlebigkeit und eine hohe Wertigkeit des Düngers. Der Mensch der Gegenwart hat es vermocht, dieses weisheitsvolle Maß zwangsweise zugunsten einer quantitativen Maximalleistung zu verschieben. Darunter leidet die Gesundheit der Tiere ebenso wie die Nahrungsqualität und der Düngerwert. In der Massentierhaltung stellt sich nicht mehr die Frage nach der Qualität des Düngers im Sinne der Nachhaltigkeit seiner belebenden und beseelenden Wirkung. Im Vordergrund steht vielmehr die Entsorgungsproblematik der massenhaft anfallenden Gülle. Dem Organismusprinzip hingegen ist das rechte Maß immanent.

Verzicht

Das Rind ist, wie in Graden alle Haustiere, ein Verzichtwesen. Die Kuh im höchsten Grad verzichtet auf etwas, was ihr wesensgemäß angehört, eben auf die nährenden und düngenden Kräfte, die sie im wörtlichen Sinn «selbstlos» dem Menschen und der Erde hingibt. Diese Kräfte beleben, heilen und harmonisieren die standortsgemäße Dauerfruchtbarkeit der Böden. Sie stärken und gesunden das Beziehungsverhältnis von Boden und Pflanze. Dies ist ein in der Zeit fortschreitender Prozess, der desto mehr zur Geltung kommt, je ausschließlicher der Dünger von dem Viehbestand des Hofes stammt und ebenso das Futter, an welchem die Kuhherde die kosmisch-qualitative Analyse vollzieht.

Rinderherde und Hoforganismus

Auf das Ganze des Seelenleibes des Hoforganismus gesehen, erfüllt die Rinderherde im Zeitenstrom eine Art pulsierende Herzfunktion. Sie entnimmt aus dem Umkreis der Hofgemarkung das Futter; sie frisst jedes Jahr ein

Gutteil dessen auf, was der Lebensleib des Hoforganismus hervorgebracht hat. Was im Jahreslauf von Wiesen, Weiden und vom Feldfutterbau kommt, ist das Produkt des Zusammenwirkens der physischen und Lebensorganisation des Hofes. Dieses Produkt, der Reichtum an Gräsern und Kräutern, dient nicht der menschlichen Ernährung, wohl aber der der Wiederkäuer und, über pflanzliche Rückstände sowie Mist und Jauche, der Fruchtbarkeit der Erde. Das Rind frisst und verarbeitet gewaltige Pflanzenmassen so, als ob es diese alleine für sich bräuchte. Dem ist aber ganz und gar nicht so! Es erhebt, was in diese Massen an kosmisch belebender Gestaltungskraft geronnen ist, in die Sphäre seines analysierenden, dumpf empfindenden Seelenleibes, durchtränkt mit diesen Empfindungskräften die aus der Verdauung entlassenen, den ganzen Leib erfüllenden ätherischen Bildekräfte und erzeugt schließlich ein Produkt, das es als einen Mehrwert der Erde zurück spendet und so dem Boden zu fortwirkender Dauerfruchtbarkeit verhilft.

Dieses im Rhythmus des Jahres und der Jahre sich vollziehende Geschehen ist, wie das Blut, nur äußerlich gesehen ein Kreislauf. Wie Letzteres sich in der Lunge erfrischt, in der Peripherie des Leibes sich mit Eindrücken imprägniert, die im Herzen wahrgenommen werden, und wie es in der Niere nach brauchbaren und unbrauchbaren Stoffen gesichtet wird, so auch verläuft im landwirtschaftlichen Organismus in Metamorphosen der Weg des Futteraufwuchses: Dieser erneuert sich jedes Jahr unter den Einflüssen des Kosmos und der Erde, wächst heran weit draußen im Umkreis der Hofgemarkung, wird vom Rinderbestand wahrgenommen und analysiert, an der Darmwand gesichtet und zum Dünger umgeformt, der das Erträgnis des Gewordenen bewahrt und es einem neuen Werden zuführt. Nicht um eine Wiederholung des Gleichen handelt es sich, sondern um einen Prozess fortschreitender Entwicklung.

So erfüllt sich durch die Tätigkeit des Rindes, von der Naturseite her betrachtet, auf höchster Stufe das in aller Natur waltende Gesetz vom «Geben und Nehmen» und gleichzeitig sorgt die Rinderherde insgesamt, wie sonst keines der Haustiere, für die möglichste Geschlossenheit des Hoforganismus. Es ist die einzigartige Leistung des Rindes, dass sich naturhaft zunächst Zentrum und Peripherie des Hofes zu einem höheren Ganzen zusammenschließen. «Mist tut mehr Wunder als die Heiligen.»[153]

153 Johann Wolfgang von Goethe: *Italienische Reise*, Hamburger Ausgabe, Bd. 11, München 1978, S. 269; Ausspruch von Bauern auf Sizilien, 19. April 1787.

Der Mensch und die Ich-Organisation des landwirtschaftlichen Organismus

Die skizzierte physische, Lebens- und Seelenorganisation eines landwirtschaftlichen Betriebes ist makrokosmisch mit dem standörtlichen Zusammenwirken der Naturreiche im polaren Spannungsfeld von Erde und Kosmos vorgegeben. Die Aufgabe des Menschen ist es, diese Vorgabe nach den Prinzipien, die seiner mikrokosmischen Leibes- und Wesensgestalt zugrunde liegen, zu einer höheren Einheit herauf zu bilden. Novalis fasst diesen Tatbestand in die Worte: «Die Menschheit ist auf einer Mission, zur Bildung der Erde sind wir berufen.»[154] Die Erfüllung dieser Mission macht sich der biologisch-dynamische Landbau, in Erweiterung der abendländisch-christlichen Landbaukultur durch die anthroposophische Geisteswissenschaft, zur Aufgabe. Der Ausgangspunkt dieser Bestrebung ist der erwähnte Kurs für Landwirte Rudolf Steiners aus dem Jahr 1924.[155] Der biologisch-dynamische Landbau strebt eine Weiterentwicklung der zur damaligen Zeit noch immer bewährten standörtlichen Praxis an, so vor allem durch die Gestaltung des Betriebes zu einem organischen Ganzen und darüber hinaus u.a. durch spezifische Düngungsmaßnahmen zur Förderung der Bodenfruchtbarkeit und der Nährhaftigkeit der Erzeugnisse. Ein weiteres Strebensziel ist die Bildung von Hofgemeinschaften, die sich ihre Sozialordnung aus den Lebens- und Arbeitsbedingungen der Landwirtschaft selbst geben und, ausstrahlend nach außen, soziale Gestaltungsimpulse dem gesellschaftlichen Umfeld einpflanzen.

Die Geistesforschung als Mittlerin zwischen Wesen und Erscheinung

Kulturbegründend im zukünftigen Sinn sind Ideen und ihre Verwirklichung in selbstbestimmter Arbeit. Daraus entsteht ein freies Verhältnis des Menschen zu sich selbst und zur Welt. In der Landwirtschaft begegnet der Mensch in täglicher Arbeit den Natur- und Himmelserscheinungen, der Unendlichkeit des Universums. Der Sinneswahrnehmung erscheint diese als eine endliche Summe von Einzeltatsachen, die nur auf der Ebene der physisch-sinnlichen Erscheinung einen in Naturgesetzen fassbaren Zusammenhang erkennen

154 Novalis (Friedrich von Hardenberg): *Fragmente 1*, Bd. 1, Heidelberg 1957, S. 35.

155 Rudolf Steiner: *Geisteswissenschaftliche Grundlagen zum Gedeihen der Landwirtschaft*, GA 327, Dornach 1979.

lassen. Doch unter diesem reduktionistischen Blickwinkel erfüllt sich nicht der Begriff des Universums der Allheit, der Ganzheit; er gibt keine Auskunft darüber, was die Pflanze zwischen Himmel und Erde belebt, das Tier beseelt und was den Menschen nach seinem Ursprung im Geiste fragen lässt. Dies aber sind die Fragen nach der Wesensseite. Sie bleiben der bloßen Erkenntnis durch die Sinne verschlossen. Diese offenbart nicht das Werdende, sondern das Gewordene, das den Sinnen als Form erscheint, als das tote Abbild des aus dem Übersinnlichen lebendig schaffenden Geistes.

Die überragende Frage, der sich in der Gegenwart jeder strebende Mensch gegenübergestellt sieht, ist nicht allein die nach der Erscheinung, das heißt der Formseite der Dinge, sondern die nach dem Agens, das diese Form schafft. Die Form nehmen wir mit den Sinnen wahr, die leibgebunden sind, das Wesen mit Seelenorganen, die wir erst auf den Weg individueller Geistesschulung in dem Teil der Seele ausbilden können, die sich frei aus der Leibgebundenheit heraushebt.[156] Aus der anthroposophischen Geistesforschung liegen Forschungsergebnisse vor, die durch ein leibfreies Erkennen auf der Grundlage solcher ausgebildeten höheren Seelenorgane von dem Geistesforscher gewonnen und von dem denkenden Bewusstsein jedes Menschen erfasst werden können. Die wesenhafte Tatsächlichkeit der Ergebnisse anthroposophischer Geistesforschung erschließt sich dem gewöhnlichen Bewusstsein einerseits durch die Logik – im unbefangenen Denken der geisteswissenschaftlichen Ergebnisse stützen sie sich gegenseitig und vereinen sich zu geistrealen Bildgedanken – andererseits durch die Tathandlung – sie erweisen ihre Fruchtbarkeit im täglichen Tun. Beide Erkenntniswege, vertieft durch ein Drittes, die persönliche Geistesschulung, ergänzen sich und verhelfen der Seele zu einer Geistesgewissheit im Ich hinsichtlich dessen, was der Geistesforscher über die Wesenswelt schildert, die da schafft, bildet und gestaltet. Die anthroposophische Geistesforschung eröffnet der menschlichen Vernunft ein vertieftes Verstehen des Begriffes der Ganzheit. Der Mensch lernt sich als Mikrokosmos verstehen, der alles enthält, was makrokosmisch das Universum erfüllt. In Selbsterkenntnis und unterstützt durch die Ergebnisse der Geistesforschung kann er die Fähigkeit erlangen, seine Geistverwandtschaft mit den Dingen und Wesen der Erde und des Kosmos zu entdecken. Die Natur erscheint ihm nicht mehr als eine Summe von Einzeltatsachen, die beliebig manipulierbar und, in Negation eigener Wertigkeit, gegeneinander austauschbar sind, wie das die Methoden des Agrarindustrialismus kennzeichnet.

156 Rudolf Steiner: *Wie erlangt man Erkenntnisse der höheren Welten?*, GA 10, Dornach 1992.

Aspekte zur sozialen Problematik

Im Gegensatz zur herrschenden Tendenz, den handelnden Menschen in der industriell ausgerichteten Landwirtschaft überflüssig zu machen, erfordert die Entwicklung und Führung eines biologisch-dynamischen Hoforganismus die Bewusstseinskraft und Arbeitsfreude von immer mehr Menschen. Mit dieser Gegenläufigkeit, die in den 60er-Jahren des 20. Jahrhunderts begonnen hat, hat die «Soziale Frage» Einzug in die Landwirtschaft gehalten, über hundert Jahre nach der Entstehung des städtischen Proletariats im 19. Jahrhundert. Heute ist sie auf den biologisch-dynamischen Betrieben zu einer brennenden geworden. Wie im einleitenden Kapitel ausgeführt, bewirkt das Kapital in dem industriellen Produktionsprozess Arbeitsteilung. Das überaus vielfältige Lebensgeschehen zwischen Erde und Kosmos in der Landwirtschaft und die Art, wie der Mensch arbeitend zu diesem in ein persönliches Verhältnis tritt, gliedert die Ganzheit in Arbeitsbereiche. Strenge Arbeitsteilung zerreißt die Glieder des landwirtschaftlichen Organismus in Teile und verselbständigt sie. Um dieser großen Gefahr zu begegnen, ist innerbetrieblich von vornherein eine Sozialordnung anzustreben, die auf das ganzheitliche Zusammenwirken aller Glieder des Hoforganismus ausgerichtet ist. Diese neue Sozialform gestaltet sich in Verantwortungs- oder Betriebsgemeinschaften aus. In Keimansätzen sind solche auf allen biologisch-dynamischen Betrieben angelegt. Jeder ehemals bäuerliche Familienbetrieb hat sich in der Gliederung der vielfältigen Aufgaben nach und nach zu einer familiengebundenen Verantwortungsgemeinschaft entwickelt.

Gegenüber weitergehenden Schritten zur Gemeinschaftsbildung türmen sich unversehens immer höher werdende Hürden auf. In einem mehr äußerlichen Sinn ist eine erste Hürde die Kauf- und Verkaufbarkeit von Rechten. Das Eigentumsrecht auf Grund und Boden sowie Kapital ist zu einer handelbaren Ware, zu einem Wirtschaftsobjekt geworden, das auf dem Grundstücks- und Kapitalmarkt einen Preis hat. Nicht anders verhält es sich mit dem Handel von sogenannten «Ökopunkten». Ihrem Wesen nach können Rechte niemals eine Ware sein. Sie gehören im sozialen Leben der Rechts-, nicht der Wirtschaftssphäre an. Sie können nicht wie Waren nach Bedarf beliebig vermehrt oder verringert werden. Rechte manifestieren sich in Vereinbarungen und Verträgen, durch welche sich die Beziehungsverhältnisse von Mensch zu Mensch regeln. Wie aber kann das Recht wieder zu seinem Recht kommen, d.h. gerecht werden? Wer ist derjenige, der als Eigentümer über Rechte verfügen, wer, der sie sach- und wesensgemäß verwalten kann:

der Staat, eine juristische Person oder die private Hand? Streng genommen keiner von allen, solange Grund und Boden und Kapital zu Markte getragen, solange diese also als kapitalisierbar gedacht und als Ware gehandelt werden. In die Zukunft geschaut: Wer also kann Eigentümer sein? Wiederum nur Menschen in Einrichtungen und Organisationen, die dieses Recht gemäß der geistigen Zielbestimmung treuhänderisch verwalten und die den Rechtsgegenstand denjenigen zur Nutzung zur Verfügung stellen, die dazu befähigt sind.

In erster Annäherung zu diesem Zukunftsziel bietet der Staat die Rechtsform der gemeinnützigen Trägerschaft an. Sie ist darauf angelegt, dem Gemeinwohl zu dienen, und ist dementsprechend eingeschränkt auf definierte Zweckbestimmungen, die den Eigennutz ausschließen. Die Landwirtschaft fällt nicht darunter; ihr wird a priori unterstellt, dass sie gewinnorientiert, also eigennützig, arbeitet. Das trifft für den biologisch-dynamischen Landbau, der mit der Praktizierung des Organismusprinzips ernst macht und damit in hohem Grad dem Gemeinwohl dient, nicht zu. Nicht der Eigennutz des wirtschaftlichen Erfolgs, der Gewinnmaximierung, ist hier Triebfeder, sondern die Kulturleistung «der Bildung der Erde». Die Produktion von Lebensmitteln ist, wenn sie sich streng nach dem Organismusprinzip ausrichtet, immer gemeinwohlorientiert.

Größere biologisch-dynamische Betriebe haben sich vielerorts mit gemeinnützigen Einrichtungen zusammengeschlossen, z.B. mit solchen der Sozialtherapie und Heilpädagogik sowie mit solchen der Forschung und Ausbildung. Dies erlaubt, teil- oder ganzflächig den Grund und Boden in die Gemeinnützigkeit zu überführen. Die Hürden dazu sind aber nach wie vor sehr hoch und eine gesetzliche Neuordnung bezüglich einer dem Gemeinwohl dienenden Bewirtschaftung wäre dringend angesagt. Wo immer sich Menschen um der biologisch-dynamischen Bewirtschaftung eines landwirtschaftlichen Betriebes willen zusammenschließen, entsteht die Kardinalfrage nach der Herauslösung (Befreiung) von Boden und Kapital aus alten Rechtsbindungen.

Wo eine solche Herauslösung ganz oder teilweise gelingt, bilden sich selbst verantwortete, dem Gemeinwohl verpflichtete Betriebsgemeinschaften. Eine neue Rechtsform der Neutralisierung von Boden und Kapitaleigentum zu etablieren und diese übend zu praktizieren, ist das Ziel sogenannter Landwirtschaftsgemeinschaften (LWG). Diesen liegt die Idee zugrunde, dass jeder Mensch von Geburt an ein Anrecht auf ein Stück Land hat, dessen Größe sich nach der Zahl der Menschen bemisst, die in einem bestimmten Territorium wohnen. Das gälte, so Rudolf Steiner, «ideal-real».[157] Dieses Anrecht sichert jedem Menschen einerseits das physisch-leibliche Dasein, andererseits verpflichtet es ihn, treuhänderisch die Verantwortung für die Pflege dieses Stückes Erde zu übernehmen. In der gewerblichen, arbeitsteiligen Welt kann der Einzelne sein Anrecht nicht realisieren. Er kann sich aber mit anderen Menschen und Gruppen von Landwirten zu einer LWG zusammenschließen, die im Idealfall einen landwirtschaftlichen Betrieb aus alten Rechtsbindungen freikauft, diesen nach den Bedürfnissen des biologisch-dynamischen Landbaus inventarisiert und die Landwirte beauftragt, die Nutzungsverpflichtungen aus den gebündelten Anrechten aller Mitglieder zu realisieren. Diesem Versuch – das privat frei verfügbare Eigentum an Grund und Boden in ein reines Nutzungsrecht zu überführen, welches der individuellen Initiative ebenso freien Spielraum gibt wie dem sozialen Gestaltungswillen vieler – setzt die herrschende Rechtsordnung, vor allem mit dem Steuerrecht, große Widerstände entgegen. Einen solchen Schritt zu wagen, erfordert Vertrauen, Risikobereitschaft, Mut und Initiativkraft sowie ein hohes Maß an Wirklichkeits- und Gemeinsinn, Tugenden, die sich dann entfalten, wenn sich ihnen ein solches Übungsfeld eröffnet. Verwandte Versuche, um Menschen wieder in ein verantwortungsvoll tätiges Verhältnis zur Erde zu bringen, eröffnen sich in der solidarischen Landwirtschaft, die in Nordamerika unter der Bezeichnung Community-Supported-Agriculture (CSA) Verbreitung gefunden hat.[158] Über eine LWG in England berichtet Tom Petherick.[159] In vielerlei Abwandlungen findet man LWGs und die Bestrebungen der solidarischen Landwirtschaft in verschiedenen Ländern Europas. Im Falle der solidarischen Landwirtschaft handelt es sich vorrangig um die soziale Gestaltung des Verhältnisses zwischen Erzeugern und Verbrauchern.

Im einen Fall pachtet eine Verbraucherschaft ein Stück Land, sucht sich einen Gärtner, der nach allen Regeln der Kunst des biologisch-dynamischen Gartenbaus alles an Fein- und Lagergemüse erzeugt, was die Gemeinschaft braucht. Die Betriebs- und Lebenshaltungskosten werden auf ein Jahr im Voraus budgetiert und in vereinbarten Raten vorfinanziert. Nach Ablauf des Wirtschaftsjahres wird Bilanz gezogen: Bleiben Überschüsse, werden diese in das Budget des kommenden Jahres vorgetragen, Verluste werden anteilig

157 Siehe Rudolf Steiner: *Soziale Ideen, soziale Wirklichkeit, soziale Praxis*, GA 337a, Studienabend vom 16. Juni 1920, Dornach 1999, S. 220f.

158 Trauger Groh, Steven Mc Fadden: *Farms of Tomorrow Revisited, Community Supported Farms – Farm Supported Communities*; Kimberton 1997, 312 S.

159 Tom Petherick: *Biodynamics in Practice, Life on a Community owned Farm*, Sophia Books, The Square, Forest Row 2010, 128 S.

ausgeglichen. Jedem Mitglied steht es frei, mit Hand anzulegen, und jedes kann sich nach Bedürfnis an dem bedienen, was jahreszeitlich an Erntegut zur Verfügung steht. Einen Preis pro Wareneinheit gibt es nicht und somit auch keine Kasse.

Im anderen Fall kooperiert eine Verbrauchergemeinschaft – unter ähnlichen Bedingungen – mit bestehenden biologisch-dynamischen Betrieben. Oder es entstehen Vereinbarungen im Sinne des Abo-Kistensystems: Die wöchentliche Bereitstellung einer zu festen Preisen abonnierten saisonal verfügbaren Produktpalette aus in der Regel hofeigener Erzeugung und Weiterverarbeitung.

Solcherart entstehen vielerorts Brückenschläge, die vorzugsweise auf wirtschaftlichem Feld ein zwischenmenschliches Sozialverhalten begründen, das auf die Wahrnehmung der wechselseitigen Bedürfnisse ausgerichtet ist und das ein assoziatives Bewusstsein zum Aufbau regionaler Märkte schafft, die ihrerseits der Landwirtschaft dazu verhelfen, sich aus der Fesselung durch den globalisierten Agrarindustrialismus befreien zu können.

Zur Bildung und Handlungsfähigkeit landwirtschaftlicher Betriebsgemeinschaften

Die größte Herausforderung hinsichtlich einer zukunftsträchtigen Antwort auf die brennende soziale Frage in der Landwirtschaft stellt die Bildung von Betriebsgemeinschaften dar. Diese werden in Zukunft die Sozialform werden müssen, die an die Stelle der alten Familienbande und des bäuerlichen Gemeinwesens tritt. Landwirtschaftliche Betriebsgemeinschaften sind Schulungsstätten, in welchen ein jeder einen Übungsweg zu höherer Geistesgewissheit beschreitet,

- um aus freier individueller Initiative Zusammenarbeit zu wollen. Das Gelingen hängt von dem «geistigen Kredit» ab, dem sich die Gemeinschaft in ihrem gemeinsamen Ringen erst würdig erweisen muss.
- um aus dem Erfassen der wesenhaften Totalität des Hofes in jedem Teilbereich allen Belangen der biologisch-dynamischen Praxis zeitgerecht nachzukommen.
- um in Überwindung der weisungsgebundenen Lohnarbeit das Selbsterkannte in unbedingter Arbeit selbst zu tun.

Die Betriebsgemeinschaft gibt sich ihre Sozialordnung selbst. Diese formt sich aus dem Zusammenklang der Gedanken, Empfindungen und Willensimpulse der Beteiligten. Ihr lebendiges Fortwirken bedarf der beständigen

Kultivierung. Die Betriebsgemeinschaft wird dann erfolgreich und vorausschauend handeln, wenn jeder Beteiligte sein Seelenleben ebenso im Blick hat und pflegt wie die Gemeinschaft das Ihre im Hinblick auf das gemeinsam erstrebte Ziel.

Das Wollen in Freiheit, der Weg zur Initiativgemeinschaft

Das aktive zur Gedankenklarheit strebende Denken und das in die Wahrnehmungen eintauchende Fühlen stellen sich ganz in den Dienst des Wollens (Abbildung 10, S. 172). Das Denken entzündet es und weist ihm die Richtung, das Fühlen belebt es und verleiht ihm Tiefe und Weite. Menschen finden sich zu einer Betriebsgemeinschaft aus individuellen Motiven zusammen. Es ist der Beweggrund, einen biologisch-dynamischen Betrieb zusammen mit anderen bewirtschaften zu wollen. Die Motive sind entweder noch recht unbestimmt, ein mehr oder weniger dunkler Drang, subjektiv, schicksalsverwoben, oder sie sind schon gedankenheller, gerichteter durch bewusste Auseinandersetzung mit der gegebenen Wirklichkeit. Wagt man dann zusammen den Sprung ins Ungewisse, ist und bleibt es zunächst eine zusammengewürfelte Motivgemeinschaft. Man merkt, wie wenig das persönliche Motiv trägt, wie sich die Zusammenarbeit gerne noch auf Freundschaftsbande stützen möchte. Diese aber sind, wie das Motiv selbst, vergangenheitsbestimmt, und alsbald stellen sich Enttäuschungen, Konflikte, ja Entfremdungen ein. Man kann dann nur dankbar sein, wenn Schmalhans Küchenmeister ist, wenn die Not der Vernunft gebietet und der Humor dominiert. Solche Zeiten der Nötigung zur Beschränkung auf das Wesentliche, auf zuvor nie geahnte Herausforderungen, hellt das im Motiv dunkel drängende Wollen auf. Die gemeinsame Einsicht beginnt die Zügel zu übernehmen, wo bisher die Not geschoben hat. Um die Pflege dieser Einsicht aber geht es. Sie vollzieht sich individuell und in Gemeinschaft auf verschiedenen Ebenen: Individuell weitet sich die Einsicht durch die Schulung des Denkens und Fühlens im Miterleben des rhythmischen Wechsels der Naturerscheinungen im Spiegel des Wandels des Verhältnisses von Erde, Sonne, Mond und Sternen im Jahreslauf, ferner in der Anschauung der ruhenden Gesteinswelt in den Formen der Landschaft sowie im Wandel der Lebensvorgänge in Böden, Pflanzen und Tieren – und gesamthaft als Glieder eines höheren Ganzen. Das Interesse erwacht, wie neu geboren; was man glaubt zu wissen, wird erneut zur Frage; aus der Dumpfheit des Motivs erwacht eine Forschergesinnung; der Anschauung erschließen sich auf neue Art Beziehungszusammenhänge, ein persönlich erkennendes

Verhältnis entwickelt sich zu den Dingen und Wesen der Natur; es kräftigt sich die Sicherheit im Urteil und damit die Geistesgegenwart und Entschiedenheit, das Zeitnotwendige in Freiheit tun zu wollen.

Dieser persönliche Erkenntnisweg erzeugt Gedankenbilder mit ebenso vielen Facetten, als es Menschen gibt, die diesen Weg gehen wollen. Der bildlose Intellekt versucht, diese methodisch in eine allgemeine Formel zu zwingen, die den Bildinhalt und damit den Bezug zur erkennenden Geist-Seele auslöscht. Was bleibt, ist der Begriff, das tote Abbild des konkreten Erlebnisses, und das so geartete Wissen separiert sich – gleich einer leblosen Wüste – von der lebensvollen Wirklichkeit, der man erlebend gegenübersteht. Diese Empfindung kann derjenige haben, dessen Motiv es gerade ist, dem Wesen des Lebendigen in der Bewirtschaftung eines Hofes gerecht zu werden. Man stößt hierbei auf den Widerspruch, dass das gewöhnliche, an die Sinne gebundene Denken nicht an das Geheimnis des Lebens herankommt. Doch diese, an der Sinneswelt sich bildenden, toten, abstrakten Begriffsformen sind es, die die Voraussetzungen bilden, um zum Erkennen des Lebens aufzusteigen. Dieses begriffliche Denken entwickelt und schärft das Selbstbewusstsein. In diesem aufleuchtenden Selbstbewusstsein lebt das sich selbst erkennende Ich, der Wesenskern des Menschen. Es verbindet die gedanklichen Abbilder der sinnlichen Formenwelt in der Seelentätigkeit des Denkens und Fühlens mit der Geistkraft, die der Wesensnatur des Ich entspringt. Dieser Weg, auf welchem sich die nach außen gerichtete Naturerkenntnis mit der nach innen gerichteten Selbsterkenntnis im Ich verbindet, eröffnet dem Menschen erst die Möglichkeit der freien Selbstbestimmung und der Naturerkenntnis erste tastende Schritte, dem Wesen des Lebendigen näher zu kommen. Das Denken in der logischen Kausalitätskette abstrakter Begriffe weitet sich zu beweglichen Bildegedanken. Sie suchen in der Anschauung die Beziehungszusammenhänge auf, durch die die begrifflichen Einzeltatsachen erlebbar werden. Man betritt einen Weg der Selbstschulung im Denken und Fühlen, der den wissenschaftlichen Erkenntnisweg durch die Kunst befruchtet und belebt.

Hinter jedem Akt der Wahrnehmung steht der ganze Mensch. Was er wahrnimmt, prägt sich seinem empfindungsgetragenen Gedankenleben ein; es ist die Offenbarung des Geistes in einem Bild, das die Seele in Gedanken malt. Der Gedanke lebt in diesem Bild. Die Erkenntnisschulung besteht darin, den Begriff mit der Kraft des Selbstbewusstseins in dem Bildzusammenhang zu halten, aus dem heraus man ihn gefasst hat. Es geht darum, das Bild, als subjektiv empfundenen Anteil im Erkenntnisakt, nicht auf dem Weg der

Abstraktion auszumerzen, sondern es im Gegenteil heraufzuläutern, sodass das ihm innewohnende, verborgene Geistige sich lebendig im Gedanken offenbaren kann. Goethe hat in der Art seiner Naturbeobachtung die Subjekt-Objekt-Trennung überwunden. Er ist der Wirklichkeit der Wahrheit, die durch sein ganzes Werk hindurchleuchtet, dadurch so nahegekommen, dass er in dem in der Anschauung belebten Denken denselben wirkenden Geist empfand, der sich in der Natur in das Phänomen verzaubert hat.

Es verlangt eine innere Anstrengung, aus der Summe der Gefühle diejenigen auszusondern, die aus überschwänglicher Sympathie oder verneinender Antipathie das Phänomen verfälschen. Das Selbstbewusstsein ist es, das hier die Wahl trifft, das Wesentliche des begriffsbestimmenden Bildinhaltes von dem Unwesentlichen zu scheiden. Das Selbstbewusstsein umschließt Gedanke und Bild umso mehr zu einer Einheit, je mehr die erkennende Seele sich in Ehrfurcht, Treue und Liebe dem Phänomen zuwendet. Es formt sich ein Urteil, in welchem das Geistige mitschwingt, das in der Wahrnehmung verborgen «west», z.B. der in Metamorphose sich darlebende Lebenszusammenhang von Ei – Raupe – Kokon – Schmetterling. Was sich in der Sinneserscheinung als geistig wirksames Prinzip verbirgt, das offenbart sich dem denkenden Bewusstsein durch eine Wissenschaft, die den Geist selbst zum Gegenstand der Wahrnehmung hat. Die Ergebnisse dieser Geistesforschung liegen in Ideenform vor. Studiert man diese, hellt sich das Geistig-Gefühlte der sinnlichen Gedankenbilder zu Geistgedanken auf, zu Ideen, die der Seelentätigkeit des Wollens moralische Wirkenskraft verleihen. Jetzt kann das Denken und Fühlen in das Wollen eintauchen und mit ihm eins werden. Jetzt erst, in solchen Sternenaugenblicken, kann wahrhaft freie Initiative entstehen. In einer Gruppe von zusammenarbeitenden Menschen entzündet sich das Feuer der Begeisterung und führt sie im Zusammenfluss des freien, individuellen Wollens zur Initiativgemeinschaft zusammen (Abbildung 10, S. 172).

Erst wenn in bewusster Erkraftung das Ich-Denken und Ich-Fühlen mit dem Wollen eins werden, kann die Geistseele des Menschen sich zur Erkenntnisstufe der Intuition emporschwingen, dem Quellort zur wirklich freien Tat. Doch wie fern noch stehen wir dieser hohen Fähigkeit zur übersinnlichen Erkenntnis. Wer sie sucht, muss sich in freier Selbstbestimmung der Seelenübung hingeben. In welcher Art kann eine solche – beispielsweise in der Arbeit draußen auf dem Feld – praktiziert werden? Man hat den ganzen Tag körperlich hart gearbeitet, war ganz in den Willen untergetaucht. Dann, nach getaner Arbeit, geht man nochmal, beseelt von den Eindrücken des Tages, in besinnlicher Gemütsruhe über den Acker; plötzlich, so unvermittelt wie ein Blitz, überfällt einen die Intuition, die unmissverständliche Gewissheit, was morgigen Tags im Betriebsganzen zu tun sei. Man ist im Bilde, lebt geistesgegenwärtig aus der Zukunft in die Gegenwart. Die Arbeit selbst in diesem Sinne zu einem Schulungsweg zur zeitgerechten intuitiven Entschlussfähigkeit zu machen, lässt die Initiativgemeinschaft – und sei es für Sternenmomente – zur Intuitionsgemeinschaft werden. Man erlebt, wie Ideal und Geisteswirklichkeit sich einander annähern.

Das Fühlen in Gleichheit, der Weg zum lebendigen Rechtsempfinden

Im Fühlen erlebt sich der Mensch träumend dem Geist nahe (Abbildung 10, S. 172). Nach oben, zum wachbewussten Denken hin, hellt sich das Fühlen auf, verliert aber an Geistnähe. Nach unten zum Wollen hin wird es geisterfüllter, verliert sich schließlich aber in die Bewusstlosigkeit. Im Fühlen lebt der Mensch ganz gegenwartsbezogen in den wechselnden Stimmungen des Zeitgeschehens und der Verhältnisse von Mensch zu Mensch. In gleicher Weise kann man weder Vergangenheit noch Zukunft fühlen. Beide müssen sich erst vergegenwärtigen: die Vergangenheit, indem sie in Gedanken nachgeschafft; die Zukunft, indem sie vorausgefühlt wird. Jeder Hof hat seine, jede Dorfgemeinschaft ihre Biografie. Sie findet sich niedergelegt in den Annalen, die ein nur schattenhaftes Bild des Lebens, Leidens und Treibens vergangener Generationen vermitteln. Diese Biografie hat sich auch der Landschaft eingeschrieben, den Äckern, Wiesen, Wäldern, dem Viehbestand etc., dem atmosphärischen Umkreis. Auf diese Merkzeichen muss der Landwirt nachempfindend seine Aufmerksamkeit richten, muss sich in Gedanken ein möglichst weit zurückreichendes Geschichtsverständnis aneignen, das seinem Fühlen Nahrung gibt. Nur durch solches, bewusstes Erfühlen des Vergangenen kann er wieder lernen, in Ehrfurcht, Liebe und Treue dieses Gewordene in das Gegenwärtige herauf zu verwandeln. Es bezieht sich auf alles das, was uns heute zeitnotwendig als Aufgabe gestellt ist: Die Neubelebung des landwirtschaftlichen Organismus mit allen Organen, die ihn konstituieren, sowie die bewusste Einpflanzung des Entwicklungsgedankens durch ideengetragene Arbeit. Das Denken spinnt den roten Faden der Kulturleistungen der Vergangenheit bis herauf in die Gegenwart und stärkt die Kraft des Fühlens für das, was hier und jetzt die Natur fragend von uns erwartet.

In gleicher Weise muss man danach streben, sich ein historisches Bewusstsein zu erwerben über die Entwicklungen und Wandlungen des Rechtsgefühls in den Dorfschaften und in anderer Art in den aufstrebenden Städten sowie ferner darüber, wie das Rechtsempfinden – durch das abstrahierende Denken usurpiert – in den persönlichen Eigentumsanspruch geronnen ist und wie auf diesem Weg die tiefe Kluft zwischen Recht und Gerechtigkeit entstand. Im Empfinden des Unheilvollen dieser Kluft kann das Denken erwachen und Einrichtungen schaffen, in welchen, rein aus dem Verhältnis von Mensch zu Mensch, das Fühlen zum Träger lebendigen Rechtsempfindens unter Gleichen werden kann. Eine solche Einrichtung will eine landwirtschaftliche Betriebsgemeinschaft sein.

Die Pflege eines kraftvollen Fühlens bezieht sich einerseits auf das Verhältnis, das wir zu den Dingen und Wesen der Natur suchen, und andererseits zu allem, was von Mensch zu Mensch spielt. Alles dies drängt in die Ausdrucksform des Künstlerischen. Hält man beispielsweise das Denken bewusst zurück und lässt den Blick auf einem sonnendurchglühten, reifenden Getreidefeld ruhen, so sucht das Auge tastend nach etwas, was die Anschauung erst befriedigt; es sucht z.B. nach dem Himmelsblau einer Kornblume, die da oder dort aus dem Goldgrund der wogenden Getreideähren hervorleuchtet. Oder man versetzt sich in die Stimmung, wenn, wer weiß von woher, bei der Gartenarbeit ein Rotkehlchen sich in traulicher Nähe uns zugesellt. Und so ist es mit allem, was uns im Jahreslauf wesenhaft begleitet. Mit Interesse darauf hingeschaut, entstehen Stimmungen, die den Schönheitssinn wecken. Je mehr dieser wächst, wird er den Menschen nicht ruhen lassen, diesen auch in aller Arbeit, im sozialen Miteinander, in allen Festlichkeiten aufleben zu lassen.

Das moderne Selbstverständnis des Menschen drängt zu der Frage, wie das Fühlen über die persönlichen Belange hinaus vertieft wird, wie es, gestützt durch wirklichkeitsbezogenes Denken und geläutertes Wollen zum Wahrnehmungsorgan für das Walten des Seelisch-Geistigen in der Natur und in den Menschen werden kann. Gegenüber der Natur kann dies beispielsweise dadurch geschehen, dass man in einer Winternacht draußen auf dem Feld verweilt, über sich den hereinstrahlenden Leuchteglanz des sternübersäten Himmels, um sich unbewegt im klirrenden Frost der Luftumkreis, unter sich, in sich ruhend, die kristallinen Tiefen. In Gedankenruhe fühlt man die unendliche Erhabenheit der weitgespannten Polarität; man fühlt die Höhen und Tiefen im Herzen, wie auf einen Punkt zusammengezogen, erwärmend das Unfassbare. Unternimmt man dasselbe in einer Hochsommernacht, fühlt sich das Herz geweitet in den Umkreis. Man fühlt sich der Luft und Wärme einverwoben und demjenigen, was aus dem Zusammenklang der Höhen und Tiefen aus der Erde aufsprießend den Umkreis mit Leben erfüllt. In gleicher Weise kann man sich dann auch einfühlen in das Frühjahrsgeschehen, wenn die Kräfte der Höhen und der Tiefen beginnen, sich zu durchdringen, und die Erde das in ihr geistig Verborgene in Luft und Wärme ausatmend zur Erscheinung bringt, oder in das Herbstgeschehen, wenn diese Kräfte beginnen, sich zu lösen, und die Erde im äußeren Ersterben die Geistesfrucht des Jahreslaufes einatmet.

Dieses nach außen gerichtete Erleben der Naturerscheinungen individualisiert sich mit Blick auf das Hofganze. Erst in der Intimität des Fühlens belebt sich der Begriff der Geschlossenheit des landwirtschaftlichen Organismus. Wird das Fühlen selbst zum Organ eines tieferen Naturerlebens, geht man einen einsamen Weg, doch auf gebahnter Strecke. Was man fühlt, ist vorgegeben, hat sinnenfällige Gestalt angenommen. Anders ist das im Verhältnis von Mensch zu Mensch. Da fehlt der vorgegebene Sinn der Naturgesetzlichkeit. Im menschlichen Miteinander begegnet das individuelle Fühlen des einen dem individuellen Fühlen des anderen. Auf gleicher seelischer Ebene ist dieses Verhältnis geprägt von allen Facetten der Zu- und Abneigung, der Bejahung und der Verneinung, des Schön- oder Hässlichseins usw. Bei all dem Facettenreichtum muss man sich eingestehen, dass diese oder jene Art zu fühlen eine objektive Tatsache ist, und man mit Gedanken- und Willenskraft dem Fühlen dazu verhelfen muss, im Finden seiner Gleichgewichtslage, das Wahrheitsgefühl zu erwecken. Es ist dieses Herzenserfühlen, das im anderen Menschen den Gleichen erkennt, das das Vertrauen von Mensch zu Mensch schafft und damit den Boden für das Rechtsgefühl. Das wirklichkeitsgemäße Denken erhellt das Rechtsgefühl von Mensch zu Mensch und verdichtet es zu Vereinbarungen und Gesetzen. Im geläuterten Wollen entfacht es Initiative, die Liebe zur Tat. Im Vertrauen lebt der soziale Konsens; es verwandelt die widersprüchliche Ungleichheit im seelischen Erleben zum Bewusstsein der Würde der Gleichheit vor dem Recht. Das Vertrauen baut auf Vergangenes und schaut vorbehaltlos auf Zukünftiges.

Im Gesetz ist das vertrauensvolle Einvernehmen, das zu seiner Zeit Geltung hatte, festgeschrieben. Es droht zur sozialen Geisel zu werden, wenn es sich unverwandelt fortsetzt, sich «wie eine ewige Krankheit forterbt»[160]. Ein wahres auf Sittlichkeit gegründetes Rechtsleben kann erst dann entstehen, wenn das Vertrauen in einer Gruppe zusammenarbeitender Menschen stets

160 Johann Wolfgang von Goethe: *Faust I*, Vers 1973, Hamburger Ausgabe, Dramatische Dichtungen, Bd. 1, München 1976.

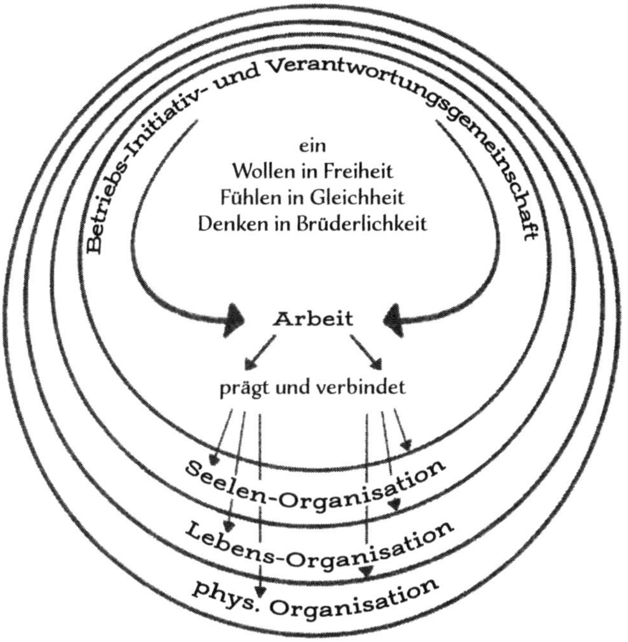

Abbildung 10:
Das Wirken der Seelentätigkeiten der Betriebsgemeinschaft in die drei Wesenglieder des landwirtschaftlichen Organismus.

aus dem Geiste neu geboren wird. Vertrauen ernährt und trägt das Rechtsgefühl. Wenn es gebrochen wird, gibt es kein Auffangnetz, keine Genugtuung durch den Richterspruch; man erlebt dann bis ins Grenzenlose gehende Enttäuschungen; der gefühlte Rechtsboden des Vertrauens, auf dem man so sicher zu stehen glaubte, hat sich in ein schieres Nichts aufgelöst.

Zum Gedeihen einer Betriebsgemeinschaft gehört deshalb die nie erlahmende Pflege und Stärkung des Vertrauens und damit des Rechtsgefühls bis in die kleinsten Dinge des Alltags. Freundschaften bilden gewöhnlich keine sichere Grundlage für ein fortdauerndes Vertrauen in der Zusammenarbeit. Sie haben ihren Ursprung in Schicksalsvergangenheiten, d.h. in Umständen, die andere waren als die gegenwärtigen. Sie gewinnen erst fortwirkende Tragfähigkeit, wenn sie sich zu Geistfreundschaften emporentwickeln. Diese finden sich im Ideal und in der Initiative, das im Geist Erfasste unbedingte Tat werden zu lassen. Erst auf dieser doppelten Erfahrungsgrundlage des Denkens und Wollens kann das Vertrauen wachsen. Aus seiner Geistsubstanz lernt man Künftiges vorzufühlen.

In der betriebsgemeinschaftlichen Praxis beruht die Vertrauensbildung darauf, dass jeder Beteiligte im Bewusstsein lebt seines im Geiste wurzelnden Wesens und dessen, was das individuelle und gemeinsame Strebensziel ist. Um darüber Klarheit zu gewinnen, verhilft das Studium der anthroposophischen Geisteswissenschaft im weitesten Sinn, die Pflege des anschauenden Denkens und dessen Vertiefung durch Meditation sowie der meditative Umgang mit dem esoterischen Spruchgut Rudolf Steiners.[161] Im Weiteren gründet sich das Vertrauen auf den Konsens in Fragen, die den Beitrag jedes Einzelnen betreffen: Welche Fähigkeiten kann der Einzelne einbringen, wie und wo ist man willens, aus dem Bewusstsein für das Hofganze Teilverantwortung zu übernehmen, wie sich lebenstüchtig und geistesgegenwärtig jederzeit und überall selbstlos in die Bresche zu schlagen und wie ist man geneigt, in aller Tätigkeit eine ästhetisch-künstlerische Gesinnung walten zu lassen? Damit solche Fragen bewusst werden und die Fähigkeitsbildung stimulieren, müssen Einrichtungen geschaffen werden, auf die auf Seite 177 ff. (Kap. «Zur geistigen Entwicklung und Führung einer landwirtschaftlichen Betriebsgemeinschaft») eingegangen wird.

Das Denken in Mitmenschlichkeit (Brüderlichkeit), der Weg zum solidarischen Wirtschaften

Arbeitet man sich aus der Sphäre des freien Wollens, der individuellen Initiative, herunter in diejenige, in welcher aus der Schaffung des Vertrauens das Rechtsgefühl waltet, ein Gleicher unter Gleichen zu sein, entsteht für das denkende Bewusstsein ein neues Erfahrungsfeld (Abbildung 10, S. 172). Im Alltagsbewusstsein stützt sich das Denken auf die sinnlich gegebene Erscheinung. Im Sozialen muss es sich aus dieser zu einer Welt von Phänomenen erheben, die erst im sozialen Miteinander entstehen. Sie sind Ausdruck dessen, was geistig-moralisch die Menschen bewegt. Die Handlungsweisen sind das Phänomen und das Denken muss nun danach trachten, Wege zu erforschen, wie die Mannigfaltigkeit dieser überwiegend instinktgeleiteten Verhaltensweisen der Menschennatur in die rechten Bahnen gelenkt werden können. Hier in der Sphäre des sozialen Lebens reflektiert das Denken nicht mehr bloß Sinnenfälliges, sondern es steht vor der Herausforderung, aktiv etwas hervorzubringen, was noch nicht ist oder gerade erst entsteht. Es

161 Siehe z.B. Rudolf Steiner: *Wahrspruchworte*, GA 40, Dornach 1998.

muss aus dem Erleben des Geistig-Moralischen der Menschen zu einem gestaltenden Denken werden, zu einem, das in leibfreier Erkenntnis zu Urteilen kommt, die der geistig-moralischen Welt konform sind. Der Naturordnung ist die Notwendigkeit, das Gesetz, immanent; für die Sozialordnung muss sich in sinnlichkeitsfreiem Denken das Geistige erst im Erkennen zum moralischen Gesetz verdichten. Im gestaltenden Denken leuchtet die Zukunft in die Gegenwart, das Handeln selbst wird zukunftsgerichtet. Sich in der praktischen Zusammenarbeit dieser Tatsache bewusst zu werden, macht erst den Blick für den Weg frei, auf dem sich Schritt für Schritt eine landwirtschaftliche Betriebsgemeinschaft zur Handlungsfähigkeit und zur Selbstführung befähigen lernt. Sie wird damit zum Initialort eines Wirtschaftens zur Naturseite hin (im Sinne der Gestaltung des Hoforganismus) und zur Seite des sozialen Lebens; sie wird zum Ausgangspunkt eines solidarisch-assoziativen Wirtschaftens, das sich als autonomes Glied dem sozialen Organismus einfügt (Abbildung 10, S. 172). Das Wirtschaften gliedert sich in drei Funktionen: Erzeugung, Verteilung und Verbrauch. Das innerbetriebliche Wirtschaften hat die Deckung der Bedürfnisse der Erde, der Fruchtbarmachung des Bodens zum Ziel. Das geschieht z.B. durch die Erzeugung der hofeigenen Dünger, deren Verteilung über die Felder und deren Verbrauch durch die Pflanzen.

Das außerbetriebliche Wirtschaften, das sich an die landwirtschaftliche Erzeugung anschließt, hat die Deckung der Bedürfnisse der Menschen nach Nahrung zum Ziel. In beiden Fällen sind die Bedürfnisse von willensartiger, also geistiger Natur.[162] Sie zu erfassen und über den Kreislauf des Wirtschaftens zu befriedigen, ist eine Aufgabe des gestaltenden Denkens. Im Wirtschaften ist das Phänomen, an das es anknüpft, das Bedürfnis. Innerbetrieblich artikuliert sich dieses in jedem Fall aus der Ganzheit des Betriebsorganismus. Man muss, um das Bedürfnis zu befriedigen, denkend in das lebendige Beziehungsgeflecht eintauchen, denkend jede Maßnahme auf Förderung oder Hemmung gewichten und denkend das Resultat durch die Tat dem Hoforganismus einverleiben. Die Natur befriedigt durch die ihr innewohnende Weisheit ihre Bedürfnisse selbst. In der Landwirtschaft prägt der Mensch zugleich

162 Die Bedürfnisse leben aus den Tiefen des Unbewussten des Leibes und aus den lichtvolleren Untergründen des seelisch-geistigen Erlebens auf. Sie wurzeln im Willen, in welchem der geistige Urgrund des Menschen, das Ich lebt. Im leiblichen Bedürfnis, z.B. Hunger und Durst, regt sich der Impuls, ein Ungleichgewicht in den leiblichen Organtätigkeiten auszugleichen. Das seelisch-geistige Bedürfnis strebt danach, sich aus der Bindung an die leiblichen Vorgänge zu lösen und sich frei in den Dienst ethisch-moralischer Ideale zu stellen. So ist seinem Inhalt nach das Bedürfnis ein Geistiges, sind die Mittel zu seiner Befriedigung eine Aufgabe des Wirtschaftens.

seine Bedürfnisse der Natur auf, z.B. im Anbau der Kulturpflanzen und in der Haltung der Haustiere. Um beides miteinander zu versöhnen, muss der Landwirt lernen durch gestaltendes Denken, den Begriff der Geschlossenheit des landwirtschaftlichen Organismus zu bilden. Aus diesem erst sind auf höherer Stufe alle Maßnahmen herleitbar, die nicht nur das menschliche Bedürfnis nach Nahrung befriedigen, sondern ebenso den latenten Bedürfnissen der Natur nach zukünftiger Entwicklung Rechnung tragen.

Das landwirtschaftliche Erzeugnis wird direkt oder durch Verarbeitung zum Produkt, zur Ware, die einen durch die Bedingungen der Erzeugung bestimmten Nahrungs- bzw. Nutzungswert hat. An diesem Wert muss sich der Preis messen. Im Wirtschaftsleben ganz allgemein kann diese Bemessung nicht von dem Einzelnen, dem Verkäufer, dem Unternehmer bestimmt werden, sondern nur unter Abgleichung aller Leistungen, die alle anderen im Wirtschaftskreislauf von der Erzeugung des Produkts bis hin zum Verbrauch erbracht haben. Dieses weite Beziehungsgeflecht, aus dem die Wertschöpfung eines Produktes hervorgeht, muss gesamthaft in Gedanken erfasst und gleichzeitig durch gestaltendes Denken versucht werden, den Preis dem objektiven Wert anzunähern. Hinsichtlich der Wert- und Preisbildung liegt in der Landwirtschaft die Besonderheit der standörtlichen «Naturbegabung» vor. Wie der Mensch seine Begabung produktiv in das Wirtschaftsleben einbringt, so die Natur ihre Hervorbringungskraft (Begabung) hinsichtlich Klima, Boden, Topografie etc. Zum Beispiel ist ein steiler Südhang in warmen Gegenden für Getreidebau ungeeignet, sehr wohl aber für den Weinbau; ein tiefgründiger planebener Bördelössboden ist bei gleichem Arbeitsaufwand ungleich produktiver als ein flachgründiger, steinreicher Boden in Hanglage oder hügeligem Gelände.

Die Summe aller Wechselbeziehungen, die durch Zusammenarbeit im sozialen Leben entstehen und die der Bedürfnisdeckung vorausgehen, sind in ihrer Gleichzeitigkeit und Folge von dem Einzelurteil nicht erfassbar. Man muss Gelegenheit schaffen, dass in regelmäßigem Austausch die Eigendynamik in einem Gemeinschaftsurteil aufgeht. Aus solcher Bemühung entsteht ein Gemeinsinn, der alle Arbeit geisteswissenschaftlich zielvoll und zeitgerecht auf das Ganze des Hofes ausrichtet. Dieser Gemein- oder soziale Wirklichkeitssinn eröffnet ein Feld der Pflege täglicher Übung, sowohl im Bereich der praktischen Arbeit als auch im Verhältnis von Mensch zu Mensch.

Was sachlich notwendig ist, z.B. das maßvolle Abgestimmtsein aller Glieder zum Ganzen des Betriebsorganismus, muss bis in die Details lebendig als Gemeinschaftsurteil gefasst und zur Richtschnur für die Handlung eines jeden werden. Erst die auf Erfahrung sich gründende, umfassende Sachkenntnis schafft Konsens. Dieser bildet das Fundament der Zusammenarbeit, schafft Transparenz und erweckt die Freude am maßvollen (ökonomischen) Zusammenstimmen aller Glieder und Organe des Hoforganismus zu einem Ganzen.

Auch die Mitmenschlichkeit im Wirtschaften erwächst aus einem Gemeinschaftsurteil. Wo da stattdessen das Einzelurteil herrscht, bricht sich der Egoismus Bahn; es entsteht Konkurrenz, gegenseitige Übervorteilung, Verdrängungswettbewerb, Agrarindustrialismus. Das Gemeinschaftsurteil im wirtschaftlichen Miteinander entsteht aus dem Interesse für das, was der andere tut. Die Fragehaltung «Wo herrscht Not, wo braucht es Hilfe?» muss in der Gemeinschaft gegenüber jedem Einzelnen lebendig sein. Die Grenzen zwischen den Aufgabengebieten sowohl innerbetrieblich als auch zu den assoziierten weiterverarbeitenden Betrieben und der Hofvermarktung müssen zwecks gegenseitiger Hilfeleistung beweglich und durchlässig werden. Die Haltung, den Grund für die eigene wirtschaftliche Tätigkeit in dem Bedürfnis des Anderen zu suchen, schafft dem denkenden Bewusstsein ein neues Erfahrungsfeld, eines, was sich das Bestreben der anderen zum Bildinhalt macht. Auf diesem Weg entsteht eine assoziative Zusammenschau der Tätigkeitsfelder; das gestaltende Denken weist dem Willen den Weg zum assoziativen Handeln, d.h. ein Handeln in Brüderlichkeit. An diesen neuen Ufern, eines auf Mitmenschlichkeit gegründeten Wirtschaftens, werden immer häufiger Landungsversuche angestellt, z.B. im Bio-Groß- und Bio-Einzelhandel sowie in der Weiterverarbeitung. Das Ufer selbst aber ist die Schwelle zwischen der landwirtschaftlichen Urproduktion und dem arbeitsteilig geprägten Wirtschaftskreislauf. An dieser Schwelle, der Hofgrenze, bewertet sich die Ware, der objektive Eigenwert der Urwertschöpfung aus der belebten und beseelten Natur, durch die subjektive Wertschätzung des Händlers und Verbrauchers. Im assoziativen Wirtschaften kann sich diese Wertschätzung eines jeden Beteiligten, aufgrund der allgemein erstrebten Transparenz, auf konkrete, anschaubare Tatsachen stützen, die letztlich in der leiblichen und geistig-seelischen Bedürfnislage der Mitmenschen urständen. Konkret heißt das: Die biologisch-dynamischen Betriebe müssen sich der Weiterverarbeitung, dem Handel und der Verbraucherschaft öffnen, sich in allen Sach- und Entwicklungsfragen dem Dialog stellen, gemeinsam nach Lösungen suchen, Vereinbarungen treffen, Verträge schließen.[163]

163 Siehe hierzu z.B.: Rudolf Isler, Ueli Hurter: *Assoziatives Wirtschaften. Was verstand Rudolf Steiner unter einer wirtschaftlichen Assoziation?*, Dornach 2019, 96 S.; sowie: Stefan Leber (Hrsg.):

Genauer besehen, bilden die «neuen Ufer» die beiden Seiten der Hofgrenze. Das eine Ufer grenzt gegen die Natur und bildet die Außenhaut des Hoforganismus, das andere Ufer grenzt gegen das emanzipierte soziale Leben. Letzteres kann sich nur in dem Maße zu einem dreigegliederten sozialen Organismus gestalten, wenn es die Landwirtschaft einschließt, wenn die Menschen erkennen, welches Potential in einer im Sinne des Organismusprinzips neu gestalteten Landwirtschaft liegt. Die biologisch-dynamischen Betriebe fangen in kleinen Schritten an, im lokalen und regionalen Rahmen gleichsam als Vorreiter das Assoziationsprinzip zu praktizieren. Sie können damit zu weitergehenden Kooperationen anregen und allgemein dem Wirtschaften ein Maß einpflanzen, das es von dem Wachstumszwang befreit, der dem Kapitalismus eigen ist.

Je bewusster eine Betriebsgemeinschaft ihren Hof zu einem Organismus zu gestalten sucht, desto mehr gliedert sich die Zusammenarbeit wie von selbst in einen geistigen, rechtlichen und wirtschaftlichen Tätigkeitsbereich. So sehr diese Glieder ineinanderwirken, so werden sie doch als voneinander getrennte Gebiete erlebt. Und alle Geisteskraft der Hofgemeinschaft muss darauf gerichtet sein, das Getrennte sowohl ideell im Bild als auch durch die Arbeit zu einer höheren Ganzheit zusammenzuführen. Hier tut sich abseits des heutigen «mainstreams» des Wirtschaftens ein Übungsfeld auf, gleichsam eine Vorschule zu wahrer Sozialpraxis, die im gestaltenden Denken weit über die Hofgrenzen hinaus den Impuls der Dreigliederung des sozialen Organismus Wurzeln schlagen lässt (Abbildung 11, S. 189).

Zur geistigen Entwicklung und Führung einer landwirtschaftlichen Betriebsgemeinschaft

Die erste Begründung einer Betriebsgemeinschaft weltweit, die Bestand hatte, geht auf das Jahr 1968 zurück.[164] Seither entstanden, vom Zeitgeist ermutigt, auf größeren Höfen ebensolche soziale Pionierunternehmungen. Veranlassung war die Notwendigkeit eines Kanons von Fähigkeiten, die sich ergänzen, sowie von zupackenden Händen zur Bewältigung der Vielfalt an Aufgaben; ferner die Befreiung von Boden und Kapital aus der Fesselung überkommener Rechte sowie Schritte zur Überwindung von weisungsgebundener Lohnarbeit.

Die wirtschaftlichen Assoziationen, Beiträge zur Brüderlichkeit im Wirtschaftsleben, Band 2, Stuttgart 1987, 352 S.

164 Betriebsgemeinschaft Dottenfelderhof, Bad Vilbel, Deutschland.

Die Erfahrung zeigt nun: Das in Ideen gefasste Ziel ist unerreichbar weit in die Zukunft gespannt, die Fähigkeiten, diesem Ziel individuell und in Gemeinschaft gerecht zu werden, stoßen schnell an Grenzen. Das Erkennen und bewusste Erleben dieser Diskrepanz erzeugt geistig-seelisch ein Spannungsfeld, das den Bewusst-Strebenden nicht ruhen lässt, auch nur einen Augenblick zu verharren, oder im Fall von Widerständen, Misserfolgen etc., nach gangbaren Lösungen zu suchen. Erlebt man sich nicht mit ganzer Kraft in dieser Polarität von Geistesziel und sinnesgebundener Tatsachenwelt, erlahmt die Strebenskraft, das gemeinsame Wollen droht der Banalität zu verfallen, die Alltagsgeschäfte erschöpfen sich in routinemäßiger Erledigung, und was Entwicklung hätte werden können, versinkt in Stagnation und Rückschritt.

Um sich als Betriebsgemeinschaft des Weges zum Ziel immer wieder neu zu versichern, muss sie sich Einrichtungen schaffen, die der Einübung sozialmoralischer Techniken dienen. Diese beziehen sich auf die immer bewusstere Erfassung der beiden Pole des Spannungsfeldes und auf den Versuch zu deren überhöhendem Ausgleich.

Das geistige Strebensziel

Es lebt als Motiv, biologisch-dynamisch wirtschaften zu wollen, mehr oder weniger deutlich und schicksalsgebunden in jedem Einzelnen. Wie kann dieser individuelle Beweggrund nicht nur bewusster werden, sondern darüber hinaus sich zum Strebensziel der ganzen Gemeinschaft erheben? Nicht der Einzelne und nicht die Gemeinschaft darf sich damit begnügen, das Strebensziel einmal gefasst zu haben. Es bedarf der kontinuierlichen Pflege durch das Studium der anthroposophischen Geisteswissenschaft. Deren Forschungsinhalte, im wechselseitigen Gespräch bewegt, regen Gedanken und Empfindungen an, die dem gemeinsam zu beschreitenden Weg vorausleuchten. Ein wöchentlicher Studienkreis dieser Art – wenn er denn gelingt – beflügelt auf doppelte Weise: Zum einen koordiniert sich der innerbetriebliche Arbeitsfluss raum- und zeitgerecht wie von selbst, zum anderen bewegt die Gemeinschaft in einer solchen aus dem Alltag herausgehobenen Stunde Gedanken, die sich im Motivträger, im Bewusstsein also jedes Einzelnen spiegeln. Solcherart aus gemeinsamer geistiger Erkenntnisarbeit gewonnene Gedanken treten zu den täglich in der Arbeit gemachten Beobachtungen und Willenserfahrungen in Beziehung. Die beiden polaren Enden des genannten Spannungsfeldes bewegen sich aufeinander zu – oder, in glücklichen Momenten, verschmelzen partiell gar miteinander.

Die anthroposophische Studienarbeit findet auf «sachlichem Felde» statt.[165] Sie kräftigt und objektiviert das Bewusstsein des eigenen Motivs sowie das des geistigen Strebenszieles der Gemeinschaft.

Die Praxis der Zusammenarbeit

Die Ganzheit des Betriebes gliedert sich in Arbeitsfelder, die je nach Fähigkeit und Neigung von einzelnen oder mehreren Mitgliedern verantwortlich betreut werden. Diese Gliederung z.B. in das Feld des Acker- und Pflanzenbaus, des Garten- oder Obstbaus, der Düngung, der verschiedenen Bereiche der Viehhaltung, der Wiesen- und Weidewirtschaft, der Landschaftspflege etc., darf nicht in Arbeitsteilung ausarten, nicht in Anspruchshaltungen, nicht zu Abgrenzungen in Königreiche. Im Gegenteil, aus dem Bewusstsein des Ganzen ist höchste Flexibilität angesagt, gleitende Übergänge, gegenseitige Hilfe, füreinander Einspringen, wo und wann immer es nottut.

Die Arbeitsbesprechung am Morgen

Sie findet an jedem Arbeitstag nach frühmorgendlichen Vorarbeiten im großen Kreis auf dem Hof statt und kann mit einem Spruch oder einer humorvollen Bemerkung eingeleitet werden. Die Heiterkeit würzt des Tages Arbeit, ohne ihr den Ernst zu nehmen. Inhaltlich geht es um den Austausch von aktuellen Wahrnehmungen, bemerkenswerten Vorkommnissen sowie Dringlichkeiten, sodann, in Anknüpfung an den Arbeitsfluss des Vortages, um die konkrete Aufgabenverteilung. Dabei ist zu beachten, dass bei allen Arbeiten unter Beteiligung von Lehrlingen, Praktikanten und Gehilfen die Mitglieder der Betriebsgemeinschaft Vorbildfunktion ausüben.

Durch die Arbeitsbesprechung am Morgen sollte das Bild des Betriebsganzen im Wechsel der Jahreszeiten immer neu ins Bewusstsein gerufen werden, und jeder sollte wissen, was der andere tut. Allzu leicht besteht der Glaube, alles wäre klar, man stünde doch im Arbeitsfluss des Gestern zum Heute, und ein gelangweiltes Schweigen macht die Runde. Nein, das, was selbstverständlich erscheint, sollte nochmals ins Bewusstsein aller gehoben werden. Daran knüpft sich die Vorausschau auf den Tag. Eine gelungene Arbeitsbesprechung macht schon einen guten Teil einer effizienten Betriebsführung aus. Der Rest ist Können, ist Vorbildsein in aller Arbeit.

---

165 Zu diesem Terminus siehe Rudolf Steiner: *Die Weihnachtstagung zur Begründung der Allgemeinen Anthroposophischen Gesellschaft 1923/24*, GA 260, Dornach 1994, Nr. 11 der Statuten, S. 53.

Der Studienkreis zu Inhalten anthroposophischer Geistesforschung

In der Praxis tauchen die Ideen des gemeinsamen Strebenszieles in die Lebenswirklichkeit des Hoforganismus ein. So aufbauend und Lebenszusammenhänge schaffend diese Ideen sind, so sehr muss man sich alsbald eingestehen, dass man sich in manchen Erwartungen enttäuscht sieht. Es will nicht gelingen, man stößt an Grenzen und wird auf sich selbst zurückgewiesen. Das Ideal wird erschüttert, man erlebt es wie ein Absterben, einen partiellen Seelentod. Man will diesen nicht wahrhaben und sucht nach äußeren Gründen, z.B. Witterungsunbilden, eigene oder fremde Unfähigkeiten, Fehlentscheidungen oder Fehlleistungen, Missverständnissen, sozialen Zerwürfnissen etc. Doch, wie das Leben, zeigt sich eben auch das Absterben, der Tod, in verhüllter Gestalt. Wie soll erkannt werden, was das Scheitern uns sagen will? Aus dieser Ungewissheit folgen leidvolle Erfahrungen, Prüfungen für den Einzelnen und die Gemeinschaft. Stellt man sich diesen Erfahrungen, erwacht die Selbsterkenntnis und mit ihr aus Seelentiefen eine unausgesprochene Frage, und unerwartet und unversehens kommt plötzlich die Antwort von außen. Dieser Gelegenheit, unerwartet zu neuen, ermutigenden Einsichten zu kommen, dienen die wöchentlichen Zusammenkünfte gemeinsamer geisteswissenschaftlicher Erkenntnisarbeit. Im Gespräch können da ungefragt und unerwartet Gedanken geäußert werden, die auf die still im Inneren gehegte, bedrängende Frage eine versöhnende Antwort geben und zu einer neuen Sicht der Dinge führen sowie zu neuen Anstrengungen aufrufen können. Es vollzieht sich das «Erwachen des Menschen am Geistig-Seelischen des anderen Menschen».[166] Die gemeinsame anthroposophische Studienarbeit wirkt geisterfrischend, erhebt und weitet das Motiv aus seiner subjektiven Enge und erweckt Kräfte, die in der Praxis zu immer neuem Schwung verhelfen.

Die Arbeits- und Verwaltungskonferenz

Eine weitere wöchentliche Zusammenkunft soll in Rück- sowie in kurz- und längerfristiger Vorausschau in Planungs-, Entscheidungs- und Verwaltungsfragen der geistigen Kontinuität in der Betriebsführung gewidmet sein. In dieser Gesprächsrunde erwägt und entscheidet die Betriebsgemeinschaft

166 Rudolf Steiner: *Anthroposophische Gemeinschaftsbildung*, GA 257, Vortrag vom 27. Februar 1923, Dornach 1989, S. 116.

gesamthaft und einmütig über alle Sachfragen, die sich in den einzelnen Arbeitsbereichen stellen.

In der Rückschau sollte in größtmöglicher Offenheit das Gelungene und Misslungene sowie das Bemerkenswerte an Erfahrungen, Beobachtungen etc. zur Sprache kommen. Verschweigen, gewollt oder aus Unachtsamkeit, erzeugt Gespenster und leistet Machtimpulsen Vorschub. Eine Dokumentation ist wünschenswert!

Die Vorausschau fokussiert die jahreszeitlich fälligen Arbeiten sowie die sozialen und kulturellen Belange hinsichtlich

- acker- und gartenbaulicher Maßnahmen betreffend Bodenbearbeitung, Fruchtfolge und Düngung sowie Saatguterzeugung, Pflege der Kulturen, Ernte, Lagerung und Vermarktung;
- Herstellung der biologisch-dynamischen Düngepräparate und deren zeitgerechter Anwendung;
- obstbaulicher und landschaftsgestalterischer Maßnahmen wie Hecken- und Gehölzpflege;
- Herdenführung, Futterwerbung und Pflege der Weiden sowie Ackerfutterwerbung;
- Haltung, Fütterung, Pflege und Züchtung der Haustiere mit Schwerpunkt Rind;
- Pflege und Reparaturen der Maschinen sowie Ersatz- und Neuinvestitionen;
- Pflege und Reparaturen der Gebäude und der Fahrwege sowie Planung und Finanzierung von Neubauten;
- allgemeine Verwaltung, Haushaltsplanungen und Finanzen;
- Einkommensgestaltung der Mitglieder der Betriebsgemeinschaft;
- Personalfragen und Einkommen betreff Lehrlinge, Praktikanten, Gehilfen sowie Mitarbeitern auf Zeit;
- Gestaltung der Jahresfeste und anderer Festlichkeiten sowie sonstige Veranstaltungen wie Hofbegehungen, Landbaupraktika für Schulklassen, Lehrgänge etc.;
- hofeigene, experimentelle, praxisbezogene Forschung;
- Zusammenarbeit mit Betrieben der Weiterverarbeitung und des Handels;
- Pflege des mit dem Hof verbundenen Menschenumkreises;
- Öffentlichkeitsarbeit;

Die Betriebsgemeinschaft verwaltet sich in allen Belangen selbst, d.h. alle Verantwortlichen sind so weit involviert, dass sie jederzeit bezüglich des Ganzen im Bilde sind. Die größte Herausforderung ist der ungebrochene Informationsfluss und die wasserklare Transparenz. Erstere ist nur erreichbar durch ein stetes Interesse jedes Einzelnen an allem, was vorgeht. Aus diesem Interesse erwächst Geistesgegenwart sowie ein Realitätssinn, der jedem Verharren auf dem einmal gefassten Urteil, jeder Ideologisierung vorbeugt. Letztere, die Transparenz, ist eine Frage der Verlässlichkeit bis in die kleinsten Dinge des Alltags, der Klarheit in den Absprachen, der Aufmerksamkeit, wo sachliche oder seelische Not herrscht, und der vorbehaltlosen Bereitschaft, in jede Bresche zu springen.

In der Arbeits- und Verwaltungskonferenz realisieren sich die Früchte der Schulung durch das Leben. In diesen Früchten vereinigt sich in fortlaufender Synthese das Ineinanderwirken der vorgenannten Pole, des geistigen Strebenszieles und dessen Einpflanzung in die Praxis. Aus diesen Früchten, aus dem, was individuell und in Gemeinschaft errungen ist, erfließt erst die Substanz, die der Betriebsgemeinschaft ihr Eigenwesen verleiht; erst dieses macht sie im geistigen Sinne kreditwürdig.

Der Hoforganismus und die Ich-gewollte Arbeit des Menschen

Die Arbeit in der Landwirtschaft im Allgemeinen wird durch die in der Natur wirksamen Dinge und Wesen bestimmt. Was in älteren Zeiten instinktiv als waltende, die Arbeit führende und tragende Weisheit empfunden wurde, hat sich im heraufkommenden naturwissenschaftlichen Zeitalter in die gedankliche Abstraktion der Naturgesetze emanzipiert. Es war dies einerseits ein Freiheitsakt des im Ich erwachenden Selbstbewusstseins und andererseits ein Absturz in die Zwänge des Materialismus als der fortan dominierenden Weltanschauung. Die äußere Frucht dieses Freiheitsaktes ist die Technik, ein vom Geist des Menschen umgeformter Extrakt aus der physisch-anorganischen Natur. Die Technik erlaubt es zwar, den Menschen von schwerer Arbeit zu entlasten, doch zwingt sie sich der Natur auf mit den weltweit zutage tretenden Folgen. Sie trennt die weisheitsvollen Beziehungszusammenhänge zwischen der physischen, belebten und beseelten Natur voneinander.

Der technische Fortschritt zielt darauf, den arbeitenden Menschen in der Landwirtschaft überflüssig zu machen. Der biologisch-dynamische Landbau zielt in die Gegenrichtung. Man ist hier bestrebt, die Maschinenarbeit so weit wie möglich zu reduzieren, damit genügend Freiräume für schöpferisch-übende, handwerkliche Praxis entstehen können. Wie weit das gelingen kann, hängt von der Überwindung eines Übermaßes äußerer sozialer Restriktionen ab.

Was Arbeiten in der belebten und beseelten Natur heißt, muss neu entdeckt werden. Dazu muss Anschauung und Denken sich deren besonderer Eigenart zuwenden, dem, was lebendig in die äußere Gestalt wächst, und dem, was sich seelisch in eine Leibesform abschließt. Das Geformte ist in Ideen fassbar, das formende Agens beleuchtet die anthroposophische Geistesforschung, die in Ideenform die Wesenswelt erschließt, und diese so dem Denken zugänglich wird. Die Wesenserkenntnis erst verleiht den an der Sinnesanschauung gebildeten Ideen, die selbst aber in der Wesenswelt wurzeln, moralische Kraft. Ergreifen sie den Willen, werden sie wesenseigen. Mit diesen, in das eigene Ich-Wesen aufgegangenen, Ideen findet man ein neues, ein freies Verhältnis zur Arbeit. Man lernt, aus dem eigenen Wesensgrund zu arbeiten, man findet in ihm Richtung und Ziel. Die moralische Quelle ist man selbst und bestimmt sich in Freiheit aus ihr. Diesem Urgrund des Ich entströmt erst die wahre Begeisterung. Sie entspringt der geistwirklich gewordenen Idee. Sie ist es, die der Arbeit vorauseilt, sie erwärmt und seelisch durchfreut. Die Arbeit, so schwer sie auch sei, so scheinbar niedrig und nichtig, sie adelt sich durch den Geist, der sie durchtränkt. Sie ist geisterfüllt von Anfang bis Ende und fügt dem Hoforganismus etwas hinzu, was diesen aus seiner bloßen Naturhaftigkeit heraushebt.

Die Maschine hingegen schiebt sich in der Landwirtschaft wie ein Keil zwischen den Menschen und die aus ihren Wesen und Kräften schaffende Natur. Sie funktioniert nach Maßgabe dessen, was der Mensch an Erkenntnissen aus der unbelebten Natur in sie hineinkonstruiert hat. Durch die ausschließliche Maschinenarbeit droht die geistige Schöpferkraft des Menschen zu verdorren, die Arbeit verödet zur bloßen Routine, der Wille wird führerlos und erlahmt.

Je weniger die Arbeit sich in Routine, in bloßer Erledigung erschöpft, je mehr sie im genannten Sinn ideendurchfreut getan wird, desto mehr wird auch der Schönheitssinn geweckt, der das Menschengemachte, das im Falle der Maschine in der Regel in die Eintönigkeit und Banalität versinkt, erst zum wahren Kunstwerk erhebt.

In der Landwirtschaft ist es die in der Natur wirkende Weisheit, in deren Dienst sich die menschliche Arbeit stellt. Diese Weisheit, recht erkannt, lebt sinngebend in der Arbeit fort. Darüber hinaus wirkt das menschliche Ideenvermögen übergeordnet sinnstiftend in der Gestaltung des Hofes zum leiblichen Organismus der «Landwirtschaftlichen Individualität».

Ebenso sehr das landwirtschaftliche Handwerk gründlich gelernt werden muss, ebenso sehr ist es lebenslang lehrend. Es stärkt die Kraft des Selbstbewusstseins, wenn man das in der Arbeit Wahrgenommene zur bewussten

Erkenntnis erhebt; sie erweitert und vertieft die Weltsicht, wenn man erlebt, wie fruchtbar das Getane im natürlichen und sozialen Leben gestaltend fortwirkt.

In dieser Doppelheit liegt die große pädagogische Bedeutung der Arbeit, die sich auf die Dinge und Wesen der Natur richtet. Sie erweist sich als segensvoll im schulischen Gartenbauunterricht, in der Praxis auf Schulbauernhöfen, in den Landbau- und Forstpraktika für Oberstufenschüler sowie in der betreuten Mitarbeit von Menschen mit Behinderung. Aus den vorgenannten Gründen suchen viele junge Menschen als «Stadtgeborene» eine biologisch-dynamische Berufsausbildung, die mehr und mehr als «Freie Ausbildung» in eigener Regie von den biologisch-dynamischen Arbeitsgemeinschaften betrieben wird. Darüber hinaus gewinnt die biologisch-dynamische Arbeit, vor allem auf größeren betriebsgemeinschaftlich geführten Betrieben oder dorfähnlichen Einrichtungen, zunehmend an Bedeutung, z.B. in der Erwachsenenbildung, beruflichen Neuorientierung, Selbstfindung etc. Worauf Goethe in «Wilhelm Meisters Wanderjahre» in dichterischer Vorausschau mit der Beschreibung der «Pädagogischen Provinz» hingewiesen hat,[167] und auf was Rudolf Steiner vor 100 Jahren hingedeutet hat, wenn er davon spricht, dass in Zukunft Kulturstätten auf dem Land entstünden,[168] das tritt heute da und dort in verschiedenartigsten Ansätzen zutage.

Die geistig-seelische Verfassung, die der Arbeit in der belebten und beseelten Natur Weg und Ziel weist, muss jeder Mensch sich heute bewusst neu erringen. Dazu empfiehlt es sich, das von Rudolf Steiner 1905 formulierte «Soziale Hauptgesetz»[169] als geistiges Rückgrat jeder Form der Zusammenarbeit auf sozialem Feld zugrunde zu legen. Es ist das Gesetz, welches umso mehr zur Geltung kommt, je mehr der Egoismus als Triebfeder sozialen Handelns ausgemerzt wird. Es inauguriert einen Schulungsweg zu einem gedeihlichen sozialen Miteinander. U.a. führt dieses Gesetz zu der Einsicht, «dass für die Mitmenschen arbeiten und ein gewisses Einkommen erzielen

---

167 Johann Wolfgang von Goethe: *Wilhelm Meisters Wanderjahre*, Hamburger Ausgabe, Bd. 8, München 1972, «Zweites Buch».

168 Adalbert Graf von Keyserlingk: *Koberwitz 1924*, Stuttgart 1974, S. 70.

169 Rudolf Steiner: *Geisteswissenschaft und soziale Frage*, in: *Luzifer – Gnosis 1903–1908*, GA 34, Dornach 1987, S. 213: «Das Heil einer Gesamtheit von zusammenarbeitenden Menschen ist um so größer, je weniger der einzelne die Erträgnisse seiner Leistungen für sich beansprucht, das heißt, je mehr er von diesen Erträgnissen an seine Mitarbeiter abgibt, und je mehr seine eigenen Bedürfnisse nicht aus seinen Leistungen, sondern aus den Leistungen der anderen befriedigt werden.»

zwei voneinander ganz getrennte Dinge seien».[170] Das eine ist eine dem Geistesleben angehörige Frage, das andere eine dem Rechtsleben zugehörige. Wie alle Rechtsangelegenheiten kann Arbeit nicht mit einem Kaufpreis, z.B. Stundenlohn, bemessen werden. Arbeit ist keine Ware. In landwirtschaftlichen Betriebsgemeinschaften bietet sich die Möglichkeit, die Trennung von Arbeit und Einkommen ansatzweise einzuüben. Sie bietet sich dann an, wenn man sich der weitreichenden geistigen Dimension der Wesensgliederung des landwirtschaftlichen Organismus bewusst wird. So ist es die vordringlichste Aufgabe des Menschen und der Menschengemeinschaft auf dem Hof, sich darüber ins Bild zu setzen und dieses zum gelebten Impulsgeber der Arbeit zu machen. So ist es die Arbeit, durch die die im Geiste erfasste Organismusidee zum Kunstwerk im Lebendigen wird, das sich nach außen in eine Gestalt formt und nach innen in Organe gliedert.

Mit der Umsetzung dieser im Bilde gefassten Idee greift ein jeder in Ich-gewollter Arbeit, im Einklang mit allen anderen, in den Betriebsorganismus ein, dessen Wesensgliedergefüge durchstrahlend (Abbildung 10, S. 172). Was da arbeitet, ist das Ich; es setzt in allem das Maß. Es strahlt herein in den Seelenleib des Hofes, sorgt für die Art der Haltung, Fütterung, Zuwendung in der Pflege sowie für die züchterische Weiterentwicklung der Haustiere, bietet Heimstatt für die Wildfauna und bewirkt, dass sich der Seelenleib des Hofes durchindividualisiert und sich als ein In-sich-Geschlossener darlebt.

Es ist wiederum der Wesenskern des Menschen, das Ich, und das in der Geist-Seele aufleuchtende Bild, das die Lebensorganisation des Hofes durchstrahlt, sie in aller Vielgestaltigkeit gesund erhält und zu höherer, hofindividueller Lebendigkeit erhebt. Und schließlich durchkraftet das Ich in der Arbeit die physische Organisation, wandelt und individualisiert formend die Stoffkompositionen, in Überhöhung der natürlichen Gegebenheiten des Standorts (vgl. Kapitel Düngung). Zugleich bedeutet diese dreifache Durchdringung und standörtliche Individualisierung, dass die Wesensglieder des Hoforganismus in eine intimere, von oben nach unten durchgehende, wechselseitig sich fördernde Beziehung gebracht werden. Zum Beispiel sorgt der Dünger des Tierbestandes für die Belebung und Beseelung der physischen Organisation, für das lebenstragende Zusammenspiel der vier Elemente im Boden sowie für die Fruchtbildung und Nährhaftigkeit der Pflanzenkulturen. Anders die Lebensorganisation: Einerseits spendet sie durch die Rückstände des Pflanzenaufwuchses die Grundlage für die Humusbildung im Boden,

---

170 Rudolf Steiner: Ebd. – Siehe auch: Stefan Leber (Hrsg.): *Das soziale Hauptgesetz, Beiträge zum Verhältnis von Arbeit und Einkommen*, Stuttgart 1986, 280 S.

die Belebung der physischen Organisation; andererseits bildet sie die Futtergrundlage für die Wildfauna und die Haustierbestände, die Kräftigung der Seelenorganisation.

Durch die Arbeit wird die sie leitende Idee erst wesenswirklich. Man kann anschauen, was man getan, und dem nachforschen, was man bewirkt hat. Es ist eine Forschung, die Mensch und Welt zusammenschließt und deren Wahrheitsfindung sich an dem bemisst, was man als fruchtbar erkannt hat.

In noch viel höherem Grad gilt dies für eine Arbeit, deren Ideengrundlage allein in den Ergebnissen der anthroposophischen Geistesforschung urständet und zu deren Erkenntnis und wirksamer Handhabe sich die Hof- bzw. Betriebsgemeinschaft als Ganze herausgefordert sieht. Es ist unter anderem die Herstellung und Anwendung der biologisch-dynamischen Düngerpräparate. Auf deren Wesensart wird im Kapitel zur Düngungsfrage eingegangen. Die Arbeit mit diesen Düngersubstanzen, in Zubereitung und Anwendung, zieht sich über das ganze Jahr hin. Ihre Anwendung in stofflich geringsten Mengen geschieht entweder in flüssiger Form direkt auf Boden und Pflanze von der Saat bis in die Reifephase oder bei der Mehrzahl der Präparate über die hofeigenen Komposte und Dünger.

Im Hinblick auf den Hoforganismus, liegt die düngende Wirksamkeit der Präparate in einer Art Erziehung von dessen Wesensgliedern zu höherer Ganzheit. Sie kräftigen und dynamisieren im Kontext der Rhythmen des Sonnenjahres nicht nur das je spezifische Wirken dieser Wesensglieder, sondern sie fördern vor allem deren wechselseitige Durchdringung, die dem Betriebsorganismus erst zu seiner Geschlossenheit und standortgerechten Entwicklung verhilft. Insbesondere ist es die Arbeit mit den biologisch-dynamischen Präparaten, die zu einem persönlichen Verhältnis zu den Stoffen und Kräften hinführt, die den Pflanzen einen lebendig-fruchtbaren Boden bereiten. So kann sich die Ich-Natur des arbeitenden Menschen mit dem geistigen Wirken des Inneren der Natur verbinden.

Die menschliche Arbeit trägt alle Facetten moralischer Wirkungen des niederen, des leibgebundenen Ich hinaus in die Welt. Diese sind dann von der menschlichen Wunschnatur, von Willkür, Machtimpulsen etc. mitgeprägt. Der von daher obwaltende Egoismus kann in Wandlung überwunden werden, wenn durch die geistige Kraft des höheren Ich die Seele die Herrschaft über den Leib gewinnt. Die Arbeit wird zu einer gesinnungs- und ideengetragenen, zu einer, die aus Liebe zur Sache oder im Dienst am anderen Menschen getan wird. Eine uneigennützige Tat erfolgt nicht notgedrungen, sie ist vielmehr aus weiser Einsicht selbstbestimmt. Die freie Selbstbestimmung in der Arbeit an der belebten und beseelten Natur kann nur wachsen, wenn Sinnes- sich zur Geisterkenntnis weitet. Die Wahrheit, die sich so erschließt, bestätigt sich in der Fruchtbarkeit des Handelns. Auf diesen Tatbestand deuten die johanneischen Worte: «... ihr werdet die Wahrheit erkennen und die Wahrheit wird euch zur Freiheit führen.»[171] Erst diese solcherart errungene Freiheit stiftet Identität zwischen innen und außen. Der freien, in Liebe vollzogenen Tat geht ein Opfer voraus. Man opfert etwas, was ganz einem selbst angehört, was Eigentum der höheren Ichheit geworden ist, und gibt es hin. Wird dies zur Gesinnung in einer Gemeinschaft, die um einer gemeinsam erkannten Aufgabe willen zusammenarbeitet, weht ein Wind der Freiheit im Wollen.

Impulse des biologisch-dynamischen Landbaus für die Entwicklung des sozialen Organismus

Alle zeitgeschichtlichen Symptome weisen auf die Dringlichkeit einer neuen Naturordnung und einer neuen, das ganze Leben der Menschen umspannenden Sozialordnung. Wie der Mensch in Unkenntnis seines geistigen Wesens und demzufolge seiner Entwicklungsaufgaben dazu neigt, Unordnung zu schaffen, so ist es gerade die Kenntnis seiner selbst, die ihm die Augen öffnen kann für ein Ordnungsprinzip, welches für die Natur ebenso gilt wie für die Gestaltung des sozialen Lebens. Es ist die menschenkundliche Entdeckung Rudolf Steiners: die Dreigliederung des menschlichen Organismus nach Nerven-Sinnes-System, rhythmischem System und Stoffwechsel-Gliedmaßen-System (siehe S. 88 ff.). Das bisher Dargestellte und alles Folgende baut darauf auf. Rudolf Steiner versuchte, in dem Chaos nach dem Ersten Weltkrieg durch entsprechende Einrichtungen das soziale Leben in die funktionale Dreiheit von Geistes-, Rechts-, und Wirtschaftsleben zu gliedern, sodass jedes dieser Glieder sich autonom und zugleich in lebendiger Wechselwirkung zueinander entwickeln und zu einem höheren Ganzen des sozialen Organismus sich vereinigen kann.[172] Er rechnete damals auf die Bewusstseinsoffenheit der Arbeiterschaft, auf das in die kapitalgesteuerte Industrie hineingebannte Proletariat. Dieser großangelegte Versuch scheiterte, wie eingangs dargelegt, aus vielerlei äußeren Gründen. Die damals noch in der Landwirtschaft tätigen Menschen (ca. 40 %) waren nicht in gleicher Weise von der sozialen

171 Joh 8,32.

172 Siehe hierzu u.a.: Rudolf Steiner: *Die Kernpunkte der sozialen Frage*, GA 23, Dornach 1976; sowie ders.: *Zu sozialen und wirtschaftlichen Fragen der Gegenwart*, GA 332b, Dornach 2020.

Frage berührt; die Wenigen, die heute noch übrig geblieben sind (ca. 2 %), sind es im höchsten Grad. Ja, die Landwirtschaft ist global zum gesamtgesellschaftlichen Sozialfall geworden. Nun erweist es sich: Wo immer heute biologisch-dynamisch gewirtschaftet wird, wachsen organisch, wie von einem Punkt aus, sozial wirksame Kräfte in das gesellschaftliche Umfeld. Sie wachsen und offenbaren ihr großes Potential; sie müssen aber als solche in ihrer Wirkungsrichtung erkannt, bewusst gegliedert und kraftvoll gestaltet werden. Das kann nur durch Einrichtungen geschehen, die über die Hofgrenzen hinausreichen. Wo sich solche Einrichtungen ansatzweise bilden, erkennt man alsbald, dass sie nur dann fruchtbar sind, wenn die Beteiligten sich bewusst werden, in welchem der drei Bereiche sie ihre Fähigkeiten und Aktivitäten im Verhältnis zur Landwirtschaft einbringen wollen und können, ob auf geistigem, rechtlichem oder/und wirtschaftlichem Feld. Das bewusst praktizierte Prinzip der Dreigliederung des landwirtschaftlichen Betriebsorganismus kann fortan dem allgemeinen sozialen Leben Maß und Zielrichtung vorgeben (Abbildung 11).

Denn genauer besehen, steht die Landwirtschaft mit allen Gebieten des sozialen Lebens in Beziehung. Nicht nur steht sie am Anfang der Wertschöpfung aus der belebten und beseelten Natur und sorgt für Nahrung und Rohstoffe, sondern sie formt das Antlitz der Erde sowie den Lebensraum für Pflanze, Tier und Mensch in den Kulturlandschaften. Ferner gibt sie den Wissenschaften reichlich Anlass, die zu eng gewordenen Grenzen ihrer Methodik, unter Einschränkung ihrer Theorien, auf das adäquate Erfassen der Phänomene des Lebendigen zu erweitern. Sie schafft Anschauungsräume, die den ästhetischen Blick befriedigen, und gibt Gelegenheit zu neuen Erlebnisweisen. Sie erschließt der Vertiefung religiösen Empfindens ein weites Feld der moralischen Praxis, und schließlich schafft eine Landwirtschaft, die auf dem Organismusprinzip aufbaut, die Voraussetzungen für eine Wiederbelebung ihr nachgeordneter Handwerke und deren assoziative Einbindung.

Das Wollen in Freiheit

Je mehr es einer Hof- oder Betriebsgemeinschaft gelingt, Fähigkeiten und Arbeitswillen zu gemeinsamer Initiativkraft, zur Freiheit im Wollen, zu steigern, desto mehr öffnet sich der biologisch-dynamische Betrieb nach außen und entwickelt eine geistige Ausstrahlung, die das Interesse des sozialen Umfeldes weckt. Fragen werden gestellt, man kommt ins Gespräch, Antworten werden in Studienkreisen und Tagungen auf dem Hof gesucht

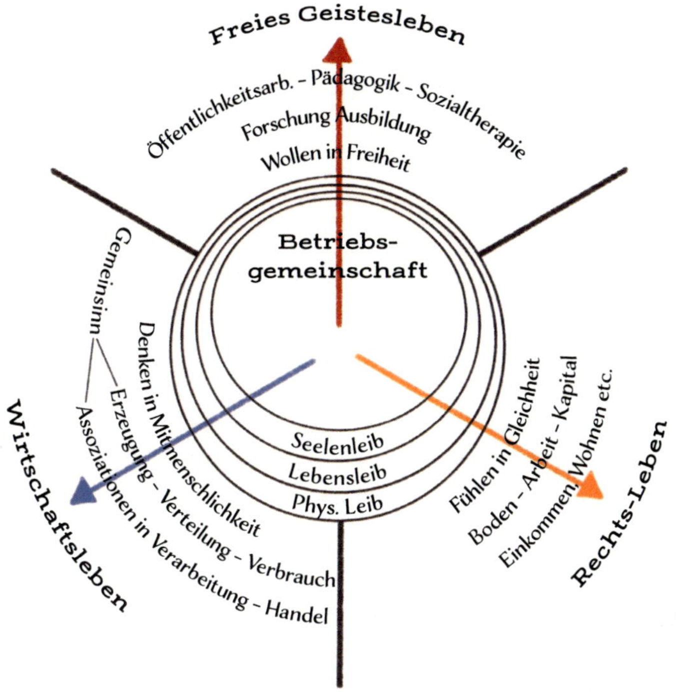

Abbildung 11: Der biologisch-dynamische Betrieb als Initialort für die Entwicklung der Dreigliederung des sozialen Organismus.

sowie in Veranstaltungen zu den Jahresfesten, in Forscherzusammenkünften oder – konkreter noch – in Tagen der offenen Tore, bei Hof- und Feldrundgängen, bei Gelegenheiten zeitweiliger Mitarbeit oder beim Mitwirken an der regelmäßig wiederkehrenden Präparatearbeit. Ferner informieren Schautafeln über Themen aus der Praxis auf dem Hof und entlang häufig begangener Spazierwege. Wie wünschenswert wäre es, angesichts der stets angespannten Arbeitslage auf den Höfen, die Gespräche noch intensiver führen zu können. Hilfreich in vielerlei Sachfragen erweisen sich hierbei Freundes- und Interessentenkreise, die sich um die biologisch-dynamischen Höfe herum bilden.

Neben diesen erwachsenenpädagogischen Aufgaben, die unversehens dem biologisch-dynamischen Landbau zufallen, sind es vor allem die pädagogische Jugendarbeit sowie die aus der Praxis herauswachsende Aus- und Weiterbildung, welche dafür sorgen, dass sich geistige Fühlfäden in den Umkreis erstrecken. Die heranwachsenden Lehrlingsgenerationen sind nahezu ausschließlich «Stadtgeborene». Sie stehen der bäuerlichen Tradition fern. Sie wollen aber auch nicht bloße Empfänger vorgefertigten Wissens von einer Landwirtschaft sein, deren technologisches Denken und Handeln sie ganz in den Bann einer reduktionistisch naturwissenschaftlichen Weltauffassung schlägt. Sie suchen nach einem ganzheitlichen Bildungsideal, das Mensch und Natur umfasst und das dem biologisch-dynamischen Landbau im umfassendsten Sinne zugrunde liegt. Dies hat dazu geführt, dass die praktische Ausbildung sich weitgehend aus dem staatlichen Bildungsangebot der Berufsschulen herausgelöst hat. Die sogenannten «Freien Ausbildungen» folgen Lehrplänen, die die Landwirte selbst ausarbeiten. Dasselbe trifft für die überbetrieblichen biologisch-dynamischen Schulungsstätten der Weiterbildung zu, die sich in verschiedenen Ländern begründet haben.

In innigem Zusammenhang mit den geistig-kulturellen Initiativen, die von den biologisch-dynamischen Höfen ausstrahlen, steht die praxisnahe Forschung. Nachdem sich beide, Lehre und Forschung, seit 200 Jahren nach und nach aus der Landwirtschaft herausgelöst und akademisiert haben, hat sich diese dem sie von außen dirigierenden wissenschaftlich-technologischen Fortschritt unterworfen, unter Verlust ihrer in instinktiv-volkstümlicher Weisheit gründenden Mündigkeit. In Gegenläufigkeit dazu ist aus der Praxis des biologisch-dynamischen Landbaus von Anfang an eine forschende Haltung und Gesinnung herausgewachsen, die an die traditionellen Verfahren anknüpft, sie verwandelt und zur Grundlage ihrer weiterführenden geistigen Zielsetzung macht. Diese Gesinnung kann sich nicht mit der kausal-analytischen, quantitativ-reduktionistischen Methodik des akademischen Forschens begnügen. Die Forschungsbemühungen weiten sich im Gegenteil auf die qualitative Seite des Wahrnehmens und Denkens, nämlich auf die Frage, welche tieferen Erkenntnisse zu gewinnen sind, wenn der forschende Blick sich auf die Ganzheit des Hofes richtet, seine Glieder und alles, was sich da lebendig und in seelischem Eigenleben entwickelt. Wohin das Auge auch schaut, es sieht nie ein Einzelnes, sondern immer einen Zusammenhang, in dem dieses Einzelne erscheint. Erst der Verstand abstrahiert aus dem Zusammenhang das Einzelne und stellt es in Begriffsform vor. Der Zusammenhang verblasst dabei oder gerät ganz außer Betracht. Das kennzeichnet das kausal-analytische Vorgehen.

Sucht man stattdessen beispielsweise den Zusammenhang auf, der sich einstellt, wenn im Frühjahr die Schwalben auf dem Hof erscheinen, dann kann man zunächst all das beschreiben, wie sich die Schwalbe in ihren Tätigkeiten darlebt. Man wird verschiedene Arten unterscheiden, die am Ort heimisch sind, wie die Rauch- und Mehlschwalben sowie den schon nicht mehr zu den Schwalben gehörigen Mauersegler. Man wird sich ein Bild machen über ihre Ernährungsweise – im Flug erhaschte Insekten –, über ihre Nistorte: die Rauchschwalben innenräumlich meist in Stallungen, die Mehlschwalben außerräumlich unter Dachtraufen von Ställen, die Mauersegler in Höhlungen alter Gemäuer oder offenen Dachstühlen von Scheunen. Man wird ihre verschiedenartigen Gesangslaute kennenlernen, ihr Brutgeschäft verfolgen und anderes mehr. Alles dies sind Tätigkeiten, in welchen sich das leibgebundene Seelenwesen dieser Vögel den Sinnen kundgibt. Ihre charakteristische Wesensäußerung ist aber ihr ausdauernder Flug. Als gefiedertes Kopf-Sinnes-Wesen schießen sie dahin, Luftwirbel hinter sich herziehend, den Luftraum des Hofes im weiten Umkreis in Bögen und Linien durchmodellierend, um plötzlich blitzschnell mit kräftigem Flügelschlag aufwärts, abwärts oder seitwärts auszubrechen, um eine Beute zu erhaschen. Ihre Tätigkeit erschöpft sich nahezu vollständig in den staunenswertesten Flugkünsten und dies von morgens bis abends über das Sommerhalbjahr hinweg. Im Winter sind sie gen Süden verschwunden.

Ruht der Blick auf diesen beziehungsvollen Phänomenen, werden Fragen nach Zusammenhängen wach, die über das sinnlich Erfahrbare hinausgreifen: Verwebt sich da nicht das Seelenwesen dieser sinneskräftigen Geschöpfe in ihren weit ausgreifenden, plastizierenden Flugbewegungen mit dem Element der Luft des ganzen Hofes? Kommt es hier nicht zu einer Durchseelung der Lufthülle? Und ferner die Frage: Warum geschieht dies nur im Sommerhalbjahr von April bis September? Eine monokausale Antwort liegt auf der Hand: Es ist das Nahrungsangebot der Fluginsekten, das im Winter wegfällt. Doch auch dies ist Phänomen. Weist es nicht, wie alle genannten, auf einen über das Sinnliche hinausweisenden, urphänomenalen Zusammenhang? Dieser wurde angesprochen als die Polarität von Kopfpol unter der Erde und Stoffwechselpol über der Erde der landwirtschaftlichen Individualität (siehe Kapitel «Die Dreigliederung des Menschen und die landwirtschaftliche Individualität», S. 88 ff.).

Im Sommerhalbjahr überwiegen in Wärme und Luft die ätherisch-belebenden Stoffwechselkräfte, die der ordnenden und formenden Kräfte des Seelisch-Astralen bedürfen. Das Astralwesen des Vogels prägt sich im Flug der Lufthülle des Hofes ein. Im Anschauen insbesondere der Flugbewegungen der Schwalben kann sich das Erleben zu diesem Stimmungsbild verdichten. Man fühlt sich wie hineinverwoben in ein sinnlich-übersinnliches Geschehen. Man kann sagen, in dem staunenden Erleben offenbaren sich dieselben

Kräfte auf geistig-seelischer Ebene wie diejenigen, die im Luftumkreis physisch Wärme, Licht und Luft in bewegter Form modellieren.

Mit dem Blick auf den beschriebenen «Erscheinungszusammenhang»[173] kann sich das abstrahierende Denken zum aktiven, synthetischen Denken beleben. Statt den Einzelbegriff scharf abzugrenzen und für sich stehen zu lassen, sucht man ihn in Zusammenhang mit der Gesamterscheinung zu halten. Er erweitert sich zu einem Gedankenbild, das den Forschenden tiefer an den Sinnzusammenhang heranführt.

Diesem ersten Schritt zur Wesenserkenntnis folgt ein zweiter, tiefergehender, wenn man sich denkend darin übt, die Verwandlung beispielsweise des Betriebsganzen im Jahreslauf zu verfolgen. Die eine Erscheinungsform verwandelt sich gesamthaft in eine andere. Dieselbe Winterweizen-Pflanze, die nach dem verborgenen Keimen in der Erde als Erstes im noch zusammengerollten ersten Blatt in Erscheinung tritt, verwandelt sich in eine solche, die nun aus den dicht zusammengedrängten Knoten weitere Blätter treibt (Bestockung), dann in eine solche, die ihre Blattrosette im Winter sternförmig an die Erde schmiegt, weiter in eine solche, die in der Wärme des Frühjahrs die Blätter stellt, dann in eine solche, die plötzlich als senkrechter Halm in die Höhe schießt, wieder als eine solche, die die Ähre schiebt, abermals in eine solche, die in der Ausbildung der Ähre ihr Wachstum beendet, und schließlich in eine solche, die unscheinbar blüht, sich selbst bestäubt (oder, wie der Roggen, die Sporen in gelben Wolken dem Wind übergibt). Es folgen die Verwandlungsstufe des völligen Absterbens und in dessen Verlauf die Reife des Kornes oder Samens und zuletzt dessen Ablösung von dem Lebenszusammenhang der Mutterpflanze, Zukünftiges in sich tragend. So prägen in stetem Wandel die Summe aller Pflanzen und mit ihnen die Summe der Tiere das Antlitz der Hofgemarkung. Zwischen jedem dieser Verwandlungsschritte besteht ein offensichtlicher Zusammenhang, denn es ist ja immer ein und dieselbe Pflanze, ein und dasselbe Tier, das sich mal so mal anders darlebt. Was sich da verwandelt, wird wahrnehmbare Erscheinung; wie es sich verwandelt, bleibt im Dunkel. Die Kräfte, durch die die eine Erscheinungsform aus der anderen hervorgeht und die so den «Verwandlungszusammenhang»[174] bewirken, bleiben unsichtbar. Der Übergang des einen zum anderen wird entweder nicht zur Frage, oder man verliert sich in der Theorie.

173 Jochen Bockemühl: «Elemente und Äther – Betrachtungsweisen der Welt», in: Ders. (Hrsg.): *Erscheinungsformen des Ätherischen. Wege zum Erfahren des Lebendigen in Natur und Mensch*, Stuttgart 1985, S. 11–56.

174 Jochen Bockemühl: Ebd.

«Das Was bedenke, mehr bedenke Wie.»[175] Das Was ist gegenständlich und deshalb sinnenfällig; dem Wie kann sich der forschende Blick annähern, wenn er das eine Phänomen mit dem daraus hervorgehenden vergleicht, das Angeschaute, die Formverwandlung, verinnerlicht und den Übergang kraftvoll-bildhaft im übenden Denken mitvollzieht. Sich denkend-forschend in die Verwandlungszusammenhänge des «Stirb' und Werde» einzuleben, auch im Sozialen, schafft ein Bewusstsein des kontinuierlichen Flusses der Arbeit im Jahreslauf.

Ein dritter Schritt der Forschung führt schließlich zum Erfassen der Komposition des durchseelten Lebendigen, der «Lebenszusammenhänge»[176], wie sie sich in der Natur allgemein und im biologisch-dynamischen Betrieb im Besonderen zeigen. Jede höhere Pflanze bildet mit Wurzel, Stängel, Blattfolge, Blüte und Samen einen Lebenszusammenhang, ebenso das schier unendliche Beziehungsgefüge des «oikos», des Hauses der Natur, das sich wieder zu einer Vielzahl von Lebensgemeinschaften (Biotopen) differenziert, und ebenso in dem, was aus den Vorgaben der Natur von Menschenhand als landwirtschaftlicher Organismus geschaffen wird. Den Lebenszusammenhang desselben bildet die maßvoll aufeinander abgestimmte Komposition von Ackerbau, Viehhaltung, Garten-, Obst- und Heckenbau, Wiesen-, Weide-, Wald und Gewässerwirtschaft. Dieser Komposition liegen im Großen und Ganzen die im Kosmos und Erde wesenswirksamen Kräfte zugrunde, eben jene, die den Übergang von der einen zur anderen Erscheinung bewirken. Die Naturgesetze sind bruchstückhafte Abstraktionen des Menschengeistes aus dieser übersinnlichen Kräftewelt, ein isoliertes Wissen, durch das der Landwirt seinerseits an dieser Komposition mitgestaltet. Wird dieses Wissen, ohne Erkenntnisbemühung um die Lebenszusammenhänge, zur bloßen, isolierten technischen Handhabe, z.B. Pestizide, Herbizide etc., so stiftet diese im Naturhaushalt unabsehbares Unheil. Es sind Willküreingriffe in die Wesensnatur des Lebendigen. Lebenszusammenhänge erkennen heißt, mit der Kraft lebendigen Denkens, aus der Summe der Erscheinungen und deren Wandlungen begrifflich in sich konsistente Ganzheiten inhaltsvoll herauszuschälen, wie beispielsweise den Organismus- und Individualitätsbegriff als grundlegende Idee hinsichtlich der Gestaltung landwirtschaftlicher Betriebe. Hiermit ist die Kernaufgabe der Forschung im biologisch-dynamischen Landbau angesprochen. Sie betrifft:

---

175 J.W. Goethe: *Faust, Zweiter Teil,* Vers 6922, Hamburger Ausgabe, Bd. 3, München 1976.
176 Jochen Bockemühl: Ebd.

1. Studium der Ergebnisse (Tatsachen) der geisteswissenschaftlichen Forschung, deren denkerische Durchdringung und das Erleben ihrer Geistwirklichkeit in der Denkerfahrung.
2. Studium und eigene Beobachtungen korrespondierender, sinnenfälliger, naturwissenschaftlich fassbarer Tatsachen.
3. Die Zusammenführung der sinnlichen und übersinnlichen Tatsachenwelt und das Erleben ihrer Wahrheit und Fruchtbarkeit in unbedingter Arbeit.

Diese dreifache Forschungsarbeit bezieht sich auf die Bildung eines kleinen Universums, wie der Mensch als Mikrokosmos eines ist. Der Bau dieses kleinen Universums, der leibliche Organismus der im Werden begriffenen «Landwirtschaftlichen Individualität», berührt letztendlich alle Lebens- und Tätigkeitsfelder und somit das soziale Leben insgesamt. Bis vor noch nicht langer Zeit bildeten Landwirtschaft, Handwerk, Gewerbe und Handel eine zusammenhängende regionale Lebens- und Wirtschaftsform. Zu Goethes Lebenszeit waren noch ca. 85 % der arbeitenden Bevölkerung in der Landwirtschaft tätig. Heute haben sich die Menschen, auf der Suche nach freier Selbstbestimmung, bis auf 2 % anderen Tätigkeitsfeldern zugewandt.

Je mehr die geistige Dimension der Aufgabe der Landwirtschaft für die Entwicklung des sozialen Organismus erkannt wird, desto mehr werden Menschen aus freiem Wollen wieder sich der Landwirtschaft zuwenden und dazu beitragen, das Beziehungsverhältnis, das jeder Mensch zu ihr hat, bewusst mitzugestalten. Daraus erwachsen Impulse für ein freies Geistesleben, das fortan, von jedem biologisch-dynamischen Betrieb ausstrahlend, die verengende, destruktive Weltanschauung des Materialismus überwinden hilft.

Das Fühlen in Gleichheit

Jeder landwirtschaftliche Betrieb ist in die allgemeine Rechtsordnung eingegliedert. Diese schafft durch das Gesetz Gleichheit vor dem Recht. Die Gleichheit ist ein hohes Gut, doch die Frage ist, wie bewusst lebt das Gleichheitsprinzip in den Menschen? Lebt dieses durch das Diktat des Gesetzes zwanghaft von außen, bloß den Verstand ansprechend, oder ist es das Vernunftsgefühl, das von innen das Ideal der Gleichheit zum Leben erweckt? Im ersteren Fall herrscht im Verhältnis von Mensch zu Mensch Anonymität; die Rechte sind einklagbar, man fordert sein Recht ein. Im letzteren Fall fühlt man, fein differenziert, was rechtens ist, und hält sich daran. Aus der Vernunft speist sich das Rechtsgefühl, das Sich-Erfühlen-in-Gleichheit. Die Vernunft selbst aber speist sich aus dem tätigen Erleben geistrealer Zusammenhänge in Natur und sozialem Leben. Aus diesem Erleben wächst das Vertrauen; es schafft die höchste Rechtssicherheit. Das wird sogleich offenbar, wenn die Rechte ins Auge gefasst werden, die sich auf Boden, Arbeit und Kapital beziehen. Es gehört zum gesellschaftlichen Selbstverständnis, dass diese ohne Zweifel Rechte sind, zugleich aber auch handelbare Wirtschaftsobjekte; die Rechte haben einen Preis! Und da fängt die Ungleichheit an. Wenn Grund und Boden, Arbeit und Kapital zu Markte getragen werden können, wird das Gleichheitsprinzip untergraben. Der Einzelne macht sich zum Herren über Grund und Boden, verkauft sich selbst auf dem Arbeitsmarkt und dirigiert durch Kapitalanhäufung die menschliche Arbeit zum eigenen Vorteil. Das Rechtsgefühl schwindet aus dem Recht; das Recht wird abstrakt unmenschlich; es stirbt den Rechtstod.

Diese Problematik wird hochvirulent, wenn man einen biologisch-dynamischen Betrieb entwickeln möchte; man braucht Land, Mitarbeiter und Kapital, sprich, ein Finanzvolumen, das sich pekuniär niemals auszahlt; der Arbeitsplatz in der Landwirtschaft ist unter den gegebenen Umständen heute teurer als in der chemischen Industrie. Was ist da zu machen? Man muss einen Zustand des reinen Rechts herstellen, das heißt einen solchen, der rein von dem Gleichheitsprinzip getragen ist. Einen solchen Zustand gibt es in der heutigen Rechtsordnung nicht; man vermarktet Rechte wie Kartoffeln. Man muss diesen Zustand des unverfälschten Rechts im Hervorbringen erst erfinden. Dazu braucht es einen Rechtsrahmen, in dem das möglich ist. Ein solcher bietet sich in der gegenwärtigen Rechtsordnung im gemeinnützigen Vereins-, Handels- und Stiftungsrecht an. Es geht darum, durch gemeinnützige Trägerschaften so weit wie möglich die Unveräußerbarkeit von Grund und Boden und Kapital sicherzustellen. Dazu ist, wo irgend möglich, ein Akt der Schenkung notwendig, oder durch eine Einmalfinanzierung – à fonds perdue – ein Freikauf der Liegenschaften und des dort gebundenen Kapitals aus alten Rechtsbindungen (Erbrecht, etc.). Ist dies gewährleistet, können neue Wege in der treuhänderischen Verwaltung und des Nutzungsrechts beschritten werden, in dem Sinne, dass Boden und Kapital aus rein geistigen Gesichtspunkten unter Ausschluss eines Erbanspruchs denjenigen zur Nutzung zur Verfügung gestellt werden, die sich dazu geisteswissenschaftlich ideell und handwerklich praktisch befähigt haben. Die treuhänderische Verwaltung liegt in den Händen derjenigen, die in der Lage sind, den geistigen Impuls des biologisch-dynamischen Landbaus im Wandel des historischen Fortschreitens der Menschheit von einer Bewirtschafter-Generation zur nächsten weiterzutragen.

Hinter der Arbeit steht das Grundrecht auf Arbeit und die Fähigkeiten der Menschen. Wenn man den Organismus, und über diesen hinaus den Individualitätsgedanken, in unmittelbarer Anschauung und tätigem Erleben zu fassen sucht, hellt sich das Rechtsgefühl zu immer höherer Klarheit auf. Es sagt einem unmissverständlich: Grund und Boden ist nicht eigentumsfähig, wohl aber besitzfähig: Man besitzt ihn so lange, als man ihn nutzt bzw. ein befähigter Nachfolger das Nutzungsrecht übernimmt. Nicht anders verhält es sich mit dem Kapital, das in den Betriebsmitteln (Maschinen etc.) und baulichen Anlagen verkörpert ist.

Eine besondere Herausforderung besteht hinsichtlich der Gestaltung des Einkommensrechtes. Im Rahmen einer landwirtschaftlichen Betriebsgemeinschaft kann man sich diesbezüglich von der Vormundschaft einer Tarifordnung abkoppeln, leider nicht in Bezug auf Lohn- und Gehaltsempfänger. Das Ideal, jeder dauerhaft Mitarbeitende wäre Mitunternehmer und bildete mit allen anderen eine Unternehmergemeinschaft, die je nach Ertragslage die Einkommen selbst bestimmt, wäre erstrebenswertes Ziel, ist aber unter der gegebenen Gesetzgebung nur sehr begrenzt durchführbar. Die Einkommen vorab nach der Höhe der Summe der möglichen Bedürfnisse der Einzelnen zu bestimmen, ist abstrakt und führt notwendig zu Ungleichheiten und damit Konflikten. Ebenso verhält es sich, wenn man die Lösung in «gleicher Lohn für alle» sucht. Die Einkommensgestaltung richtet sich jeweils nach den konkreten Lebensverhältnissen. In Gemeinschaftsregie hängt sie im Wesentlichen von den familiären Verhältnissen ab. Eine noch junge Familie braucht zur selben Zeit weniger Einkommen als eine, deren Kinder in die Schule gehen und Musikinstrumente brauchen, oder als eine, deren Kinder ein Studium durchlaufen. Sind die Kinder aus dem Haus, kann sich das, was als Einkommen wirklich gebraucht wird, auch wieder reduzieren und noch mehr im Alter. Das schließt selbstverständlich alle Fährnisse des Lebens ein, welchen sich die Gemeinschaft von Fall zu Fall stellen muss.

Man muss lernen, innerhalb einer sich selbst verwaltenden Betriebsgemeinschaft die Einkommensbildung als einen dynamischen Prozess handzuhaben. Das schließt, je nach Dauer der Mitarbeit, auch das Wohnrecht auf Zeit oder Lebenszeit ein. Außerlandwirtschaftliche Einkommen (wie Honorare für Vorträge, Seminare, Beratungen oder aus anderen Tätigkeiten) fließen dem Gemeinschaftsbudget zu.

Die betriebsgemeinschaftliche Einkommensgestaltung, mit Rücksicht auch auf die Regelung der Altersvorsorgung, der Wohnrechte etc., schließt eine private Kapitalbildung aus. Dies bedeutet die Einübung eines hohen Maßes an Achtsamkeit, Empathie und eines Feingefühls für alles das, was unausgesprochen im Zwischenmenschlichen an Bedürfnissen lebt.

Das Denken in Brüderlichkeit oder Mitmenschlichkeit

Auf wirtschaftlichen Boden stellt sich das Denken nicht mehr nur der Welt gegenüber, sondern taucht in sie ein und wird selbst schöpferischer Prozess. Es taucht fühlend in den Willen ein und ist so ganz für den Mitmenschen und für die Welt da. Denkend findet der Mensch den Grund für seine Tätigkeit in den zeitnotwendigen Anforderungen des Betriebs und in der Befriedigung der Bedürfnisse seiner Mitmenschen. Letztere sind dem Denken im Wirtschaften heilig. Schnaps trinken zum Beispiel kann ein Bedürfnis sein. Der Schnapsfabrikant wird keine denkerische Mühe scheuen, das bestmögliche Verfahren zu ersinnen, um diesem Bedürfnis nachzukommen – natürlich steht es ihm frei, seinen Schnapskonsumenten aus geistiger Einsicht auf die unheilvollen Folgen des Alkoholkonsums aufzuklären –, und der Händler hält das Produkt im Regal, weil Menschen es haben wollen. Das Wirtschaftsleben ist wie Rechts- und Geistesleben autonom. Es ist streng genommen nicht Sache des Wirtschaftenden, dem Konsumenten ein Produkt vorzuenthalten, weil er meint, es sei schädlich. Darüber zu befinden, ist auf der Ebene des Geisteslebens die Einsicht in die Gründe der Schädlichkeit und auf der Ebene des Rechtslebens das Gesetz, das die Verfügbarkeit unterbindet. Jeder Mensch steht, sich selbst verantwortend, in diesen drei Gliedern darin und muss lernen, sein Sozialverhalten auf die Gültigkeit der Autonomie der drei Glieder des sozialen Lebens auszurichten.

Brüderlichkeit und Schwesterlichkeit im Wirtschaften ruft nach einer neuen Denkungsart. Diese muss mit Wirklichkeitssinn die Wertschöpfungskette panoramaartig in einem Gedankenbild erfassen. Sie muss versuchen, in jeder Phase den wirtschaftlich handelnden Menschen in seinem geistigen Streben und in den gegebenen rechtlichen Rahmenbedingungen im Blick zu haben, um den eigenen Leistungsbeitrag im Verhältnis zu dem der anderen Wirtschaftspartner einschätzen zu können. Konkret heißt dies, sich ein Bild von den Lebens- und Erzeugungsbedingungen dort zu machen, wo alles seinen Ausgang nimmt, nämlich in der Urproduktion der Landwirtschaft. Im biologisch-dynamischen Landbau geht diese Urerzeugung aus einem geistigen Impuls hervor, aus dem Organismus- und Individualitätsgedanken. Um diesen der Erde eines Hofganzen einzupflanzen, braucht es vieler Menschen Fähigkeiten und Hände. Die Menschen geben ihrer Zusammenarbeit eine

Rechtsgrundlage und erzeugen Waren – das tägliche Brot –, die nach außen in die Warenzirkulation einmünden. Der Endverbraucherpreis dieser Waren muss so sein, dass dieser Warenstrom vom Anfang der Aussaat bis zum Ende des Konsums kontinuierlich fließen kann. Dies verlangt nach einem imaginativ gestaltenden Denken. Aus diesem formt sich ein Gemeinschaftsurteil, das allein dem Wirtschaftsleben angemessen ist. Das Einzelurteil kann das nicht leisten. Es endet notwendig in der Sackgasse des Egoismus. Erst im Bilden von Assoziationen, im assoziativen Zusammenwirken der Wirtschaftspartner, kann sich ein Denken entwickeln, das die Bedürfnisse der Mitmenschen zum Anhaltspunkt hat. Es erfasst bildhaft wirtschaftliche Zusammenhänge und fördert fließend-lebendig ein Gemeinschaftsurteil zutage, dessen Produkt u.a. der Preis ist. Nur diese an den Tatsachen des Wirtschaftens sich befestigende und belebende Denkungsart vermag den scheinbar unbesieglichen Egoismus, das Krebsübel des Wirtschaftens, auszurotten.

Der Preis der landwirtschaftlichen Urproduktion setzt sich in Geld um. Geld ist dann, für sich genommen, kein Wirtschaftsobjekt mehr, sondern ein Gegenwert für den Wert der Ware. Das Geld nimmt Rechtscharakter an; es wird zum Ziehungsrecht auf Ware. Es ist ein Flussmittel, um den Warenaustausch zu erleichtern. Es muss als solches aber schnellstmöglich wieder in den Wirtschaftsprozess hinein verschwinden, aus dem heraus es entstanden ist. Es gewährleistet so den kontinuierlichen Fluss der Urproduktion, an der sich alle weitere gesamtwirtschaftliche Wert- und Preisbildung messen muss.

Schaut man auf den landwirtschaftlichen Organismus und seine drei Wesensglieder, so ist dieser wie ein Same, der nicht nur einmal keimt und sich entfaltet, sondern fortdauernd keimend und sich entfaltend über seine Grenzen in das soziale Umfeld ausstrahlt und dort soziale Prozesse anregt. Jetzt und fortan kann eine solche, aus der Organismus- und Individualitätsidee erneuerte, Landwirtschaft wieder zum Quellort der Wertbildung in allem Wirtschaften werden. Überall, von einzelnen Punkten ausstrahlend, kann sie dazu beitragen, die zu einem Knäuel verworrenen Fäden des sozialen Lebens in die drei Gebiete eines autonomen Geistes-, Rechts- und Wirtschaftslebens zu entwirren und diese transparent-dreigliedrig zum sozialen Organismus zu gestalten. Dieser ist es dann, der rückwirkend hilft, dass die Keimkräfte des Samens des landwirtschaftlichen Organismus als Leib der landwirtschaftlichen Individualität sich fortdauernd erneuern.

Zweiter Teil

Die landwirtschaftliche Individualität und die drei Säulen der Bodenfruchtbarkeit

Wie im Kapitel «Die Dreigliederung des Menschen und die landwirtschaftliche Individualität» (Seite 88 ff.) erwähnt, erhält der Begriff «Landwirtschaftliche Individualität» Wesen und Bedeutung, wenn der Landwirt es unternimmt, diesen auf der Grundlage der Wesenserkenntnis des Menschen zu fassen. Was die anthroposophische Geisteswissenschaft über die Dreigliedrigkeit des Menschen nach Leib, Seele und Geist aussagt, kann man in Selbsterfahrung und -erkenntnis nachvollziehen. Man kann den Blick auf die Organisation des Leibes richten und finden, dass diese die physische und Lebensunterlage bildet für die Tätigkeit der Seele und das Wirken des Geistes. In den physiologisch abbauenden Prozessen in den Nerven und den Sinnesorganen wird der Seele wachend der Inhalt ihrer Wahrnehmungs- und Denktätigkeit bewusst, in den physiologisch aufbauenden entfaltet sie schlafend ihre Willenstätigkeit und, vermittelnd zwischen beiden Polen, im Rhythmus des Herzschlages und der Atmung, vollzieht sie träumend die Seelentätigkeit des Fühlens. Der Geist des Menschen, sein ureigenster Wesenskern, wurzelt im Ich. In der Ichtätigkeit durchstrahlt der Geist diese drei Seelentätigkeiten und die ihnen zugeordneten leiblichen Prozesse. Der Leib ist mit seinen Organen, stofflichen Kompositionen und Lebensprozessen das irdische Organ der Geistseele, ein Bild ihrer selbst. Die Geistseele und die mit ihr verbundenen höheren hierarchischen Geistwesen[177] beleben und gestalten den Leib zum weitgehend geschlossenen Organismus. In ihm, als einem Mikrokosmos, ist alles das in Wirksamkeit, was den Makrokosmos geistig-seelisch erfüllt. Durch seine Geistseele ist der Mensch dazu veranlagt, in sich die Mittel und Wege zu finden, durch die er sich selbst und das wesenhafte Wirken und Sein des Makrokosmos erkennen kann.[178] Was im Makrokosmos in Urzeiten noch wesenhaft lebendig war, hat sich im Zuge der Evolution in die Welt, in die Formenfülle der Naturreiche ausgegossen. Es ist Werk geworden. Im Menschen-Ich lebt keimhaft der Urbeginn als Mikrokosmos fort. Aus dem Ich erwächst dem Menschen die Kraft, sich selbst erkennend zur freien Individualität zu entwickeln.

Diese Hinweise mögen nochmals die Berechtigung und Tiefe der Aussagen Rudolf Steiners bekräftigen: «Der Mensch wird zur Grundlage gemacht», wenn es darum geht, in geistgemäßer Weise Landwirtschaft zu betreiben. Die

177 Siehe hierzu z.B. Rudolf Steiner: *Die Geheimwissenschaft im Umriss*, GA 13, Dornach 1989.

178 Siehe z.B. Rudolf Steiner: *Wie erlangt man Erkenntnisse der höheren Welten?*, GA 10, Dornach 1992.

Begriffe Individualität und Geschlossenheit eines organischen Ganzen (Organismus) lassen sich im strengsten Sinn nur vom Menschen herleiten. Der Mensch, jeder für sich, ist eine Individualität kraft seines Ich, seiner Geistseele, die sich nach oben den Reichen der Geistwelt öffnet und nach unten mit ihrer leiblichen Organisation die Reiche der Natur einbindet. Der Mensch wird erst verständlich, wenn man ihn in diesem Sinn als Bürger zweier Welten ansehen lernt.

Wenn von einer landwirtschaftlichen Individualität in möglichster Geschlossenheit gesprochen wird, dann bezieht sich der Begriff der Geschlossenheit auf deren leiblichen Organismus, der sich kraft Idee und Wille des Menschen zum Aufnahmegefäß der landwirtschaftlichen Individualität gestaltet. Darauf wurde unter dem Aspekt der Viergliederung ausführlich im Kapitel «Die Viergliederung des Menschen und die Geschlossenheit des Hoforganismus» (S. 97 ff.) hingewiesen. Was aber gibt dem Begriff der «Landwirtschaftlichen Individualität» Inhalt? Was erfüllt geistig-wesenhaft das Stück Erde des Hofes? Der Inhalt ergibt sich, wie beschrieben, durch die kunstvolle Aufeinanderzuordnung aller Kultur- und Landschaftselemente des Hofes flächig-horizontal bis zu dessen Grenzen. Der Mittelpunkt, von welchem aus dieses Geschehen dirigiert wird, ersteht neu aus der zur Geisterkenntnis sich erhebenden Geistseele des Menschen.

Die Wesenserfüllung ist ein makrokosmisches Geschehen und zugleich eines, in das einzugreifen im guten, aufbauenden, oder im bösen, zerstörerischen, Sinne heute und fortan in die Freiheit des Menschen gestellt ist. Aus den instinktiven Bewusstseinszuständen älterer Menschheitsepochen sind Eingriffe geschehen, die zur Entwicklung des Kulturbodens, der Kulturpflanze und der Haustiere geführt haben (vgl. Kap. «Die urpersische Kultur», S. 42 ff.). Der Stempel, der durch diese Kulturleistungen den Naturdingen und -wesen aufgeprägt worden ist, trägt bereits einen «individualisierten», standortspezifischen Charakter. Dieser steigert sich mit dem Erwachen des Ich, ein Impuls des Christentums, der im Mittelalter zur Herausbildung der Dorfschaften mit Mittelpunkt und Umkreis führte. Heute stehen wir in einer grundlegenden Wende, nämlich der Verlagerung des Mittelpunktes von außen nach innen. In dem Maße, in dem sich die Geistseele erkennend und handelnd in die makrokosmischen Zusammenhänge hineinstellt und ihr Tun mit diesen in Einklang bringt, in eben diesem Maß weitet sich die Individualität des Menschen und prägt sich «wesenserfüllend» dem Hofganzen ein. Damit ist eine Entwicklung in die ferne Zukunft vorgezeichnet: «Wir müssen uns überhaupt darüber klar sein, dass das landwirtschaftliche Gebiet mit dem zusammen, was unterhalb des Erdbodens liegt, durchaus eine auch in der Zeit fortlebende Individualität darstellt.»[179]

Wie im Kapitel «Die Dreigliederung des Menschen und die landwirtschaftliche Individualität» (S. 88 ff.) ausführlich dargestellt, ist die «Landwirtschaftliche Individualität» dreigliedrig wie der Mensch und ordnet sich wie dieser senkrecht in die Achse Erde-Sonne ein, mit dem Unterschied, dass die Funktionen der Tiefen der Erde dem Nerven-Sinnes-System des Menschen vergleichbar sind und die der Höhen über der Erde dem Stoffwechselsystem. Die Mitte zwischen diesen Polen bildet der Boden, vergleichbar den Funktionen des menschlichen Zwerchfells. Der Boden breitet sich gleich einer Haut horizontal über das Feste der Erde aus. In ihm konzentriert und durchdringt sich im Rhythmus das Kräftewirken der Höhen und der Tiefen und macht ihn zum Schöpfungsurgrund allen höheren Lebens auf Erden.

Auf das mittlere Glied konzentriert sich letztlich auch alle Arbeit in der Landwirtschaft. Der Landwirt sucht das Zusammenwirken dieser Höhen- und Tiefenkräfte und der Stoffe, zu denen diese je in Beziehung stehen, so zu lenken, dass die rhythmische Mitte sich zu immer höherer Eigenständigkeit entwickeln und individualisieren kann. Das bezieht sich vor allem auf arttypisches Wachstum sowie auf Fruchtbildung und Nährhaftigkeit der Kulturpflanzen. Es geht im Kern um die Entwicklung der «Zwerchfellfunktion» zu fortschreitender eigenständiger Dynamik, und darum, die Kräfte der Höhen und der Tiefen im Rhythmus des Jahreslaufs so zusammenklingen zu lassen, dass das Organ der Mitte zum Zentralorgan der Entwicklung der landwirtschaftlichen Individualität werden kann. Dieses findet und wird immer mehr seinen Ausdruck in der hofindividuellen Bodenfruchtbarkeit finden. In ihr schließt sich das Naturwirken und Menschenwirken zu einem werdenden Ganzen zusammen.

Der Begriff der Bodenfruchtbarkeit hat bestenfalls für den Praktiker des ökologischen Landbaus noch Aussagekraft. Aus dem wissenschaftlichen Sprachgebrauch ist er mit dem Durchbruch der Industrialisierung der Landwirtschaft seit den 60er-Jahren des 20. Jahrhunderts verschwunden. Er lässt sich nicht aus quantifizierbaren Parametern herleiten und ist deshalb wissenschaftsmethodisch nicht fassbar. An seine Stelle ist der Begriff der Ertragsfähigkeit des Bodens getreten, der nach Maß, Zahl und Gewicht darüber aussagt, was der Boden an Ertrag hergibt, nicht aber, wie dieser Ertrag mit welchen Mitteln entstanden ist. Durch den beliebigen Betriebsmitteleinsatz nach Art und Menge

179 Rudolf Steiner: *Geisteswissenschaftliche Grundlagen zum Gedeihen der Landwirtschaft*, GA 327, Vortrag vom 10. Juni 1924, Dornach 1999, S. 50.

an sogenannten mineralischen Nährstoffen, Pestiziden, Herbiziden, Wachstumsreglern etc. werden auch auf von Natur aus wenig «begabten», also armen, Böden von Jahr zu Jahr kalkulierbare Maximalerträge erzielt. Damit ist der qualitative Aspekt der Bodenfruchtbarkeit, z.B. der standorts- oder herkunftsspezifische Wert beziehungsweise die ernährungsphysiologische Qualität der Nahrungsmittel, obsolet geworden. Der Begriff Ertragsfähigkeit bezieht sich weitgehend nur noch auf agrartechnologische Fragen, der Begriff der Bodenfruchtbarkeit aber auf die Frage nach einer neu zu entwickelnden Landbaukunst. Diese erfordert, wie oben angedeutet, die Sicht auf die Wesensseite der Welt zu erweitern, auf die intimeren Kräftewirkungen im Haushalt der Natur.

Anknüpfend an die Herleitung der Begriffe «Landwirtschaftlicher Organismus» und «Landwirtschaftliche Individualität» (vgl. S. 88ff.) wird die Dimension erst deutlich, in welche Wesenswirklichkeit der Landwirt eigentlich hineinarbeitet. Alle acker- und gartenbaulichen Maßnahmen, die er ergreift, setzen an dem Mittelglied der «Landwirtschaftlichen Individualität» an, dem Boden, dessen Funktion makrokosmisch gesehen dem menschlichen Zwerchfell vergleichbar ist (Abbildung 5, S. 90). Wie dieses in seiner rhythmischen Dynamik im Zusammenhang mit dem Pulsschlag des Herzens und der Lungenatmung steht, so auch antworten die Bodenprozesse den Rhythmen, die in den Bewegungsverhältnissen von Erde und Kosmos ihren Ursprung haben. Wie der Rhythmus von Tag und Nacht sich mikrokosmisch in die polaren Zustände von Wachen und Schlafen auseinander legt, so erlebt auch die im Verborgenen wirkende Welt der Naturwesen polare Zustände, einerseits des Gebanntseins in die Fülle der Formen als Sommerschlaf und andererseits, im Vergehen dieser Formen, des Befreitsein und des sich Verselbständigens als Wintererwachen. In gleicher Weise bedeuten die Übergänge im Frühjahr ein Einschlafen und im Herbst ein Aufwachen. In diesen steten Wandel im Jahreslauf greift der Landwirt ein, infolgedessen gleicht keine Maßnahme der anderen. Das Kontinuum im Wandel der Erscheinungen, auf das sich alle Kulturmaßnahmen beziehen, ist der Boden und dessen Erziehung zur Dauerfruchtbarkeit.

Je nach der standörtlichen Naturbegabung ruht die Bodenfruchtbarkeit auf den drei Säulen der Bodenbearbeitung, der Fruchtfolge und der Düngung. Die Bearbeitung steuert gemäß den Bedürfnissen der zu kultivierenden Pflanzen die physischen Prozesse des Bodens, die Fruchtfolge trägt zu deren Belebung bei, die Düngung belebt und durchseelt sie. Diese drei tragenden Säulen der landwirtschaftlichen Urwertschöpfung sollen unter erweiterten Gesichtspunkten nachfolgend betrachtet werden.

Erste Säule: Vom Wesen der Bodenbearbeitung im Zusammenhang mit der Bodenentwicklung im Jahreslauf

Der Boden

Die Wissenschaft der Bodenkunde grenzt in den gemäßigten Klimazonen den Boden auf die durchwurzelte Verwitterungsschicht ein, die dem Gestein des Untergrundes aufliegt. Diese Verwitterungsschicht ist in ihrer Mächtigkeit und Struktur Ausdruck einerseits der Art des geologischen Ausgangsmaterials und der terrestrischen Tiefenkräfte, andererseits der Art des atmosphärischen Wirkens und der kosmischen Kräfte der Höhen. Als modifizierendes Drittes kommt die Geomorphologie, die Landschaftsgestalt, hinzu (Tektonik, Wasser- und Winderosion). Durch das Zusammenspiel dieser Dreiheit der Kräfte und Stoffe entsteht in der Vertikalen ein variantenreiches, wiederum sich dreigliederndes Bodenprofil. Dessen oberste Zone, der A-Horizont, ist in hohem Maß von Substanzen und Kräften beeinflusst, die aus der Atmosphäre, dem «Bauch» der landwirtschaftlichen Individualität, hereinwirken. Hier in der obersten Schicht konzentriert sich das pflanzliche und tierische Bodenleben und, aus diesem hervorgegangen, der Humus als ein maßgeblicher Fruchtbarkeitsträger. Der Humus sorgt für die Dunkelfärbung dieses Horizonts und für eine porenreiche Krümelstruktur.

Die Mittelschicht, der B-Horizont, ist ein Ergebnis fortschreitender Verwitterung. Er baut sich aus einem Gemenge aus Ton, Schluff, Fein- und Grobsand auf, das sich bis in die Extreme des schweren Ton- oder leichten Sandbodens vereinseitigen kann. Der Fruchtbarkeitsträger in dieser Zone ist das harmonische Mischungsverhältnis der Mineralkörper Kiesel, Ton, Kalk, wie ein solches im milden Lehmboden vorliegt.

Unter dem Verwitterungshorizont steht das Ausgangsgestein an, der C-Horizont. Die Grenze zwischen beiden bestimmt die Kalklösungsfront. Durch fortschreitende Entbasung vertieft sich diese in kaum merklichen Schritten von Jahr zu Jahr.

Die physische Grundlage des Bodens bilden die vier klassischen Elemente Erde, Wasser, Luft und Wärme. Mineralböden weisen ein Gesamtporenvolumen von 40 bis 50 % auf. Dieses setzt sich aus einem komplexen System von feinsten bis Grobporen, Schwundrissen, biogenen Gängen etc. zusammen. Sie füllen sich bei Regen mit Wasser, bei Trockenheit und Versickerung mit Luft. Die Wärme, der man in der Physik seit dem 16./17. Jahrhundert keinen eigenen Zustand als Element (Aggregatszustand) mehr zubilligt, durchdringt ihre drei Geschwister, setzt sie zueinander in Beziehung, sorgt für deren Übergang von einem Elementenzustand in den anderen, oder bei Abwesenheit (Kälte) für deren Trennung und deren Verweilen in ihrem Sondersein.

In der Bodenkunde wird aufgrund empirischer Studien des Profilaufbaus von einer Bodenentwicklung gesprochen, die sich seit dem Ende der letzten Eiszeit vor 10 000 bis 15 000 Jahren vollzogen hat. Nach dem Erscheinungsbild verschiedener Bodenprofile und deren mannigfaltiger Differenzierung als Folge dieser Langzeitentwicklung werden eine Reihe charakteristischer Bodentypen unterschieden. Je nach Verwitterungsintensität, vertikalen Stoffverlagerungen und Horizontierungen handelt es sich einerseits um Bodentypen, die noch jugendliche Entwicklungsstufen aufweisen, wie die AC-Böden der «Rendzinen» auf kalkhaltigen Standorten in Hang- oder Trockenlagen. Polar dazu, ebenfalls mit AC-Profil, bilden sich die «Ranker» auf kieseligsauren Gesteinen in Erosionslagen. Von diesen jugendlichen Stadien ausgehend, lassen sich andererseits Bodentypen zunehmenden Alters verfolgen, wie beispielsweise auf kalkreichen Standorten die Alterungsreihe Rendzina –> Parabraunerde –> Pseudogley, oder auf saurem Quarz-Kiesel die Reihe der Ranker –> Braunerden –> Podsole.

Jeder Hof hat einen oder oft mehrere solcher Bodentypen. Ihre Kenntnis sagt viel über die Bearbeitbarkeit, Wasserhaltefähigkeit und sonstige wachstumsbestimmende Faktoren, kurz über ihre Naturbegabung aus. Über deren Kenntnis hinaus ist es für den Landwirt wichtiger noch, die Aufmerksamkeit auf die Bodenentwicklung zu lenken und sich in sie einzuleben, die sich von Jahr zu Jahr vollzieht. Diese mitzugestalten, bedeutet zunächst die Kunst der Bodenbearbeitung.

Der Jahreslauf gliedert sich in die Jahreszeiten Winter, Frühjahr, Sommer und Herbst. Während dieser charakteristischen Zeitabfolgen durchläuft der Boden eine Entwicklung, die untrennbar mit dem Leben und Sterben der Pflanzen und Bodentierwelt verknüpft ist. Mit der Bodenbearbeitung sucht der Landwirt und Gärtner die Prozesse des Lebens je nach Umständen zu fördern oder zu hemmen und ebenso die des Sterbens. Die Symptomatik des prozessualen Geschehens verdeutlicht sich am besten am Beispiel des Getreidebaus.

Der Winterprozess und die Bodenbearbeitung

Im Winter ist die Erscheinungswelt auf das bloß Physische reduziert. Das äußere Leben ist weitgehend erloschen; es hat sich in den Ruhezustand der Sporen, Samen, Knospen sowie in das Kambium und die Speicherorgane (Knollen, Rüben) zurückgezogen. Das Wachstum der Blätter des im Herbst gesäten Wintergetreides kommt zum Stillstand. Mit dem Kälteeinbruch schmiegen sich die Blätter in einer Rosette sternenförmig, gleich einem Abbild des gestirnten Himmels, flach an die Erde.[180] Nur die Wurzeln wachsen langsam weiter in die Tiefe. Die Natur ist in ein Hell und Dunkel, in ein Weiß und Schwarz gekleidet. Aus der weißen Schneedecke hebt sich kontrastierend das Dunkel des Geästes der Bäume und Sträucher hervor. Der Boden zeigt ab November eine dunklere Färbung als sonst im Jahr. Sie ist eine Folge der Sättigung aller Bodenporen mit Wasser. Dieses Phänomen weist auf den zentralen Winterprozess hin, auf die weitgehende Sonderung der vier Elemente voneinander. Die sonst alles durchdringende Wärme zieht sich zurück und überlässt ihre drei Geschwister ihrem physischen Eigensein. Statt ihrer tritt als ihr Gegenpol die Kälte auf. Die Luft ist rein und klar und gibt den Blick in die Ferne oder hinauf in den Sternenhimmel frei. Das Wasser hört auf zu verdunsten; es wird dichter, schwerer und sickert in die Tiefe. Das Erdig-Feste zieht sich zusammen und formt sich in seine streng geometrische Kristallnatur.

Der Winterprozess versetzt die Erde in einen Zustand des Hingegebenseins an sich selbst, einer Art geistigen Erwachens. «Die Erde ist also während der Tiefwinterzeit am meisten Erde; ihre eigentliche Wesenheit ist sie da.»[181] Sie emanzipiert sich von den planetarischen Einflüssen und öffnet sich den einstrahlenden Wirkungen des «fernsten Kosmos», des Fixsternumkreises, den die Griechen bezeichnenderweise Kristallhimmel nannten.[182] Der Winter ist «die Zeit, wo in der Erde die größte Kristallisationskraft, die größte Formkraft entwickelt werden kann für die mineralischen Substanzen. Da ist es dem Innern der Erde eigentümlich [...] unter den Einfluss der kristallbildenden

180 Ein Phänomen, das bei modernen, auf hohe Stickstoffverträglichkeit gezüchteten Sorten kaum mehr zu beobachten ist.

181 Rudolf Steiner: *Das Miterleben des Jahreslaufes in vier kosmischen Imaginationen*, GA 229, Vortrag vom 6. Oktober 1923, Dornach 1999, S. 23.

182 Die Griechen nannten den Kristallhimmel Uranos (griech. Οὐρανός, Ouranos; lat. Uranus, Coelus oder Caelum, Himmelsgewölbe). Der Kristallhimmel kommt in Dantes Göttlicher Komödie vor. In der esoterisch-okkulten Tradition bewahrt er die Früchte einer vorhergehenden Evolutionsreihe auf. Er umfasst das Himmelsgewölbe und den Fixsternhimmel.

Kräfte, die in den Weiten des Kosmos sind, zu kommen [...] und je tiefer man kommt, desto mehr haben sie diese Sehnsucht, kristallisch rein zu werden im Haushalt der Natur.»[183]

Die kristallbildenden Formkräfte ergreifen in der Kälte des Winters auch das Element des Wassers. Dieses erreicht seine größte Dichte bei +4 °C und beginnt – sich wieder ausdehnend –, bei unter 0 °C zu Eis zu kristallisieren. Dieser Prozess vollzieht sich an der Erd- und Gewässeroberfläche und in der Feuchte der Luft, Schneekristallflocken bildend. Bei großer Kälte fallen Einzelkristalle in Formen, von denen keine der anderen gleicht; und doch kristallisieren sie alle in Schönheit und Reinheit nach demselben Prinzip hexagonal zum Sechs-Stern aus.

Diese während des Winters aus dem «fernen Kosmos» einstrahlenden form- bzw. kristallbildenden Kräfte sind in dreifacher Hinsicht für die Bodenentwicklung im darauffolgenden Jahr von Bedeutung.

Die Bildung der Frostgare

Infolge der Anomalie des Wassers, beim Auskristallisieren sein Volumen zu vergrößern und dabei spezifisch leichter zu werden, führt es in den wassergesättigten Haarrissen, Spalten und Poren des Bodens zu einer Sprengwirkung. Diese ist besonders dann segensreich, wenn nach später Hackfruchternte im Herbst und vernässtem Boden der Pflug einen verschmierten, zur Kohärenz verpressten Pflugbalken hinterlässt. Dann ist «Meister Frost» gefragt, der den Boden wieder in einen krümelnden Zustand versetzt, wie es der Landwirt mit keinem Gerät vermöchte. Der Frost sprengt die kohärente Masse des Bodens in eine Vielzahl kleiner, kantiger poligonaler Krümel, die «Frostgare». Da sie auf rein physikalischem Weg entsteht, ist sie instabil und kann bei Starkregen leicht wieder verschlämmen. Ist dem Landwirt aber das Glück hold, und bleibt die Frostgare bis ins frühe Frühjahr erhalten, so stabilisiert sie sich auf biologischem Wege und sichert, noch bevor die Frühjahrssaat im Boden ist, wie man sagt, die halbe Ernte.

Über Winter übernimmt mit «Meister Frost» die Natur selbst die Bodenbearbeitung. Die Hand des Menschen ruht.

183 Rudolf Steiner: *Geisteswissenschaftliche Grundlagen zum Gedeihen der Landwirtschaft*, GA 327, Vortrag vom 10. Juni 1924, Dornach 1999, S. 49.

Die Entstehung der Tonmineralien und ihre Neubildung

Der Ton stellt ein Gemenge verschiedener Tonmineralien sowie von amorphen Endprodukten der Verwitterung, den Hydroxiden des Siliziums, Aluminiums, Eisens etc. dar. Letztere sind kolloidaler Natur, formlos – ein Zustand zwischen fest und flüssig, derselbe, der allem prozessualen Geschehen im Lebendigen zugrunde liegt. Die Plastizität des Tons rührt von seiner Affinität zum Wasser her sowie von der teils submikroskopischen Kleinheit der kristallinen Tonmineralblättchen, der Quellfähigkeit bestimmter Tonmineralarten (*Montmorillonit* u.a.) sowie der hohen Wasseraufnahmefähigkeit der Bodenkolloide. Wasser lässt Ton quellen. Wasserentzug durch Austrocknung erzeugt feinste Schwundrisse bis hin zu tiefen Bodenspalten.

Wenn die Dynamik des Tones wesentlich durch die Affinität zum Wasser und den darin gelösten Salzen bestimmt wird, so sind es Luft und Wärme, die das rhythmische Hin- und Herschwingen zwischen Form (fester Kruste) und prozessualem Stoffaustausch mitbewirken. Dieser Rhythmus manifestiert sich besonders in der Dynamik der Hydrathüllen der Tonteilchen. Sie ziehen sich bei Trockenheit (Sommer) zusammen und nähern sich in ihrer Dichte dem Erdig-Festen an. Bei Nässe (Winter) erweitern die Wasserhüllen ihr Volumen. So ist der Ton der Träger des rhythmischen Zusammenspiels des Festen, Flüssigen, Gasförmigen und der Wärme und damit der Repräsentant des Wesensgliedes der Mitte, des «Zwerchfells», zwischen dem Stoffwechselpol über und dem Kopfpol unter der Erde (vgl. Abbildung 5, S. 90).

Strukturbildend im Ton sind die Tonmineralien; sie kristallisieren hexagonal in hauchdünnen Blättchen mit einer Flächenausdehnung von kleiner als 0,002 mm. Sie spalten zu solcher submikroskopischen Dünnheit der Kristallflächen, dass man diese als die materialisierte Idee der «Ebene» ansprechen kann, die, nach den kristallbildenden Formkräften des Kosmos, stofflich das Kristallgitter flächenhaft ausbildet und sich in die Sechseckform abgrenzt. Die Tonmineralien verdanken die hohe Dynamik des Bindens und Lösens von Stoffen den aufweitbaren Zwischenschichten, vor allem aber eben dieser Doppelseitigkeit ihrer in Aneinanderreihung schier ins Grenzenlose sich ausdehnenden Oberflächen. Die Flächenausdehnung von 1 g des quellbaren *Montmorillonits* beispielsweise beträgt 800 m².[184] In dem rhythmischen Hin- und Herschwingen zwischen kristalliner Form und der wässrig-substanziellen

184 Willi Laatsch: *Dynamik der Mitteleuropäischen Mineralböden*, Dresden und Leipzig 1957, 280 S.

Dynamik sind es die Tonmineralien, die den Ton zum Fruchtbarkeitsträger im Bereich des Physisch-Mineralischen machen.

Die verschiedenen Tonmineralarten entstehen auf dreifache Weise:

- Durch physikalische Verwitterung der Glimmer. Es bilden sich dabei u.a. primäre Tonmineralien und durch weiteren chemischen Aufschluss Umbildungen zu sekundären Tonmineralien.
- Durch chemische Verwitterung basenreicher Magmatite und metamorpher Gesteine entstehen Reihen von sekundären Tonmineralien bis hin zum völligen Zerfall der Kristallgitter, unter Bildung der genannten amorphen, kolloidalen Hydroxide.
- Neubildung sekundärer Tonminerale aus der Synthese der kolloidalen Masse von Silizium- und Aluminiumhydroxiden.

Diese Neubildung ist ein originärer Kristallisationsprozess, ein «Erdewerden» aus dem lebendigen Urzustand des Kolloidal-Wässerigen, einer halblebenden Substanz.[185] Die amorphe Masse der Bodenkolloide durchformt sich aufs Neue. Die Stoffe ordnen sich unter Einlagerung von Metallbasen zur strengen Geometrie des Kristallgitters. Die Kräfte, die diese Ordnung bewirken, werden üblicherweise in den Eigenschaften der Stoffe gesucht. Wie aber ist es möglich, dass gewisse Kristalle wie beispielsweise Quarz einen geographisch abhängigen Habitus aufweisen, andere wie Pyrit ganz unterschiedliche Modifikationen der Kristallgestalt – bei gleicher stofflicher Zusammensetzung – annehmen können? Die Kräfte, die dies bewirken, kommen von außerhalb des Physisch-Irdischen; es sind die genannten außerräumlichen und außerzeitlichen Formkräfte aus dem außerplanetarischen Kosmos, zu deren Manifestation die einzelnen Stoffelemente gemäß ihren materiell gebundenen Eigenschaften in Raum und Zeit einen je spezifischen Bezug haben.

Auf den Tatbestand des kosmischen Ursprungs der formenden, kristallbildenden Kräfte macht Rudolf Steiner in den oben zitierten Hinweisen aufmerksam. Er beschreibt ihr Wirken als ein Wintergeschehen, als eines, das bis in die Tiefen die Erde in einen kristallisch reineren Zustand versetzt. Es liegt nahe, einen Zusammenhang dieses Formkräftewirkens mit der Umbildung der primären zu den sekundären Tonmineralien zu sehen und besonders deren Neubildung aus formlosen Zuständen der Bodenkolloide. In die gleiche Richtung geht der Hinweis von Willi Laatsch (1905–1997),[186] dass die Kristallgitter der Tonmineralien im Boden bei niedrigen Temperaturen

185 Rudolf Steiner: *Die Geheimwissenschaft im Umriss*, GA 13, Dornach 1989, Kap. «Die Weltentwicklung und der Mensch», S. 193.

186 Willi Laatsch: Ebd., S. 47.

entstehen (Winter) und im Vergleich zu den kristallinen Urgesteinen einen geringeren Ordnungsgrad der Kristallgitter zeigen.

So kann man zusammenfassend sagen: Auch vom Gesichtspunkt der Dynamik der Verwitterungsprozesse in der anorganischen Natur bis hin zu amorphen kolloidalen Zuständen sowie der Dynamik des Entstehens neuer silikatischer Tonminerale kennzeichnet der Winter den Anfang der Bodenentwicklung im Jahreslauf.

Im Winter erneuern sich die Böden in ihrer physischen Konstitution in Selbstbearbeitung durch die Winterkräfte.

Trägerschaft und Bewahrung der kosmischen Formkräfte im Jahreslauf

Die im Winter einstrahlenden Formkräfte wirken über das Stoffliche der Erde und dies umso stärker, je strenger der Winter ist. Zu diesen kristallbildenden, strukturelle Reinheit schaffenden Formkräften steht die physisch-mineralische Natur, repräsentiert durch Kiesel (Quarz, Silikate), Kalk (basenreiche Gesteine) und Ton in unterschiedlicher Beziehung. Der Quarz-Kiesel ist in den gemäßigten und polnahen Zonen nahezu verwitterungsresistent. Er weist die formauflösende Kraft des Wassers ab, der Kalk zieht sie an. Der Bergkristall (Kiesel) ist von Natur «kristallisch rein»; der Kalk entwickelt eine Eigendynamik des Ab- und Aufbaus; er erscheint in vielfältigen Formen, in der Spannweite des rhomboedrisch in Reinheit kristallisierenden Calcits bis hin zum wasserhaltigen Sinterkalk. Kiesel und Kalk bilden Gegensätze im Boden und in der Gesteinswelt. Der Kalk hat eine hohe Affinität zum Wasser. So wie er «begierig» für die Formkräfte des gestirnten Himmels empfänglich ist, so auch für die über das Element des Wassers wirksamen, formenden Kräfte des sonnennahen planetarischen Umkreises, die von Merkur, Venus, besonders aber vom Mond ausstrahlen. Letzteres ist im Frühjahr im Zusammenhang mit dem sich entfaltenden Leben der Fall. Im Winter hingegen saugt er begierig die Fixsternkräfte auf, während der in sich ruhende kristallisch reine Kiesel sie zurückstrahlt. «Der Kalk beansprucht alles, das Kieselige beansprucht eigentlich gar nichts mehr [...] Das Kieselige ist der allgemeine äußere Sinn im Irdischen, das Kalkige ist die allgemeine äußere Begierde im Irdischen, und der Ton vermittelt beides.»[187] Der Ton steht dem

187 Rudolf Steiner: *Geisteswissenschaftliche Grundlagen zum Gedeihen der Landwirtschaft*, GA 327, Vortrag vom 11. Juni 1924, Dornach 1999, S. 82f.

Kieseligen näher als dem Kalk. Das zeigt sich in dem silikatisch-kristallinen Schichtenaufbau der Tonmineralien. Doch hat er die Fähigkeit, gleichsam in höherer Synthese, den Kiesel- und Kalkpol miteinander zu vereinen. Seine Dynamik ist zweifach: Einerseits ist die Oberfläche der Tonteilchen mit einer Hydrathülle umgeben, und andererseits kann er zwischen seine kristallinen Schichten Wasser aufnehmen. Die im Wasser gelösten, vor allem basischen Stoffe werden dabei ihrerseits von den kristallinen Grenzflächen adsorbiert oder können sich aus dieser Bindung im Austausch gegen andere wieder lösen. Wenn bodenkundlich von Adsorption oder Austauschkapazität der Böden gesprochen wird, beziehen sich diese Parameter neben dem Humus vor allem auf die Tonmineralien. Im Licht des oben Gesagten liegt es nahe, dass von den winterlichen Sternenkräften sowohl der kristalline Ordnungsgrad der Tonmineralien als auch derjenige der Stoffe beeinflusst wird, die an die Grenz- und Zwischenschichtflächen gebunden sind.

Auf der anderen Seite bewahrt der Ton die Formkräfte, die der Kiesel zurückstrahlt und die der Kalk für sich beanspruchen will, und vermittelt sie im Laufe der Wachstumsperiode den Wurzeln der Pflanzen. Der Ton ist über die Wurzeln und den in Luft und Wärme herauf wachsenden Spross «der Förderer der kosmischen Aufwärtsströmung».[188]

Dieser Hinweis deutet auf den Salz-Wasserstrom – Goethe nannte ihn den Erdsaft –, der in der Sprossachse im Xylem, innerhalb des peripheren Kambiums nach oben in das Blattwerk gerichtet ist. Dieser Formkräfte tragende Strom ist es, der der Pflanze zur physischen Ausformung ihrer Substanzen, dem Eiweiß, den gerüstbildenden Kohlehydraten usw. und so insgesamt zur sinnenfälligen Gestalt ihres Typus verhilft.

Der Physiker und Chemiker grenzt die Stoffe ihren Eigenschaften gemäß voneinander ab. Diese Eigenschaften werden auf ein Kräftepotential – Elektrizität, Magnetismus, Kernkraft – zurückgeführt, das aber nur die physische, erdgebundene Seite der Stoffe charakterisiert. Rudolf Steiner ist sich dieser Seite in seiner Geistesforschung bewusst, erschließt aber dazu die andere, die kosmische Seite der Stoffe, durch die sich erst ihr im Physischen wirksames Wesen enthüllt. Die physisch kräftemäßige Beschaffenheit eines Stoff-Elementes – oder einer Komposition von solchen, wie das Tonmineral eine ist – erweist sich als Bezugspunkt, Vermittler und Träger der spezifisch aus dem Kosmos einstrahlenden Kräfte, wie beispielsweise die der Formkräfte des Fixsternumkreises oder die der lebensspendenden ätherischen Bildekräfte

188 Rudolf Steiner: Ebd., Vortrag vom 10. Juni 1924, S. 47.

der Sonne und Planeten. Das «kosmische Leben» und der «kosmische Chemismus»[189] bedient sich gleichsam der irdischen Stoffe und Kräfte, wie sie in Kiesel, Kalk und Ton im Boden vorliegen, um in den Formen der Pflanzen ihr Urbild, ihren Typus heraus zu plastizieren.

Unter dem vorstehenden Aspekt betrachtet ist die kristalline Natur der Tonmineralien zusammen mit den Stoffen, die durch unterphysisch-irdische Kräfte an sie gebunden sind, in der Zeit des Winters den Kräftestrahlungen überphysisch-kosmischer Natur ausgesetzt, die im Organischen lebentragend und lebengestaltend wirken. So kann man die Aussagen Rudolf Steiners zum Ton dahin gehend verstehen, dass der Ton diese Formkräfte bewahrt und sie in der folgenden Wachstumsphase den Wurzeln vermittelt. Sie strömen empor, formen die Pflanzengestalt zum Bild ihres Typus und komponieren die Stoffe in den Früchten zu Trägern der Nährhaftigkeit.

Der Frühjahrsprozess und die Bodenbearbeitung

Im Vorfrühling

Lange bevor das oberirdische Wachstum aus der Winterruhe erwacht, regt sich nach wenigen Tagen wärmender Sonne des Vorfrühlings, teils schon im Februar, ein überraschend lebhaftes Bodenleben. Die Bodenoberfläche hat sich infolge verdunstenden Wassers leicht aufgehellt, Luft und Wärme dringen in die Poren der obersten Bodenschicht ein, die vier Elemente beginnen sich wieder zu durchdringen. Es ist die Zeit, in der der Landwirt die Regie über die Bodenentwicklung im Jahreslauf übernimmt und ihn die Ungeduld überfällt, zu früh den Acker mit den schweren Zugmaschinen zu befahren. Um sich davor zu bewahren und sich ein klares Bild des Bodenzustandes zu machen, steigt er vom hohen Schlepper herunter, kniet auf dem Acker nieder, schiebt mit Hand und Arm die oberste Bodenschicht zur Seite, und mit Erstaunen stellt er fest, wie viele Unkräuter bereits gekeimt und zum Fädlingsstadium sich entwickelt haben, wie sich bereits Käfer tummeln, wie viele Ringelwürmer, Larven etc. bereits auf Nahrungssuche sind, vor allem aber, wie sich durch Mikrobentätigkeit die Frostgare des Winters in einer Krümelstruktur zu stabilisieren beginnt. Es vollzieht sich der Prozess der «Lebendverbauung».[190]

189 Rudolf Steiner: Ebd., S. 46.

190 Günter Trolldenier: *Bodenbiologie. Die Bodenorganismen im Haushalt der Natur*, Stuttgart 1982, 152 S.

Bakterien, die durch Schleimstoffe ihrer Körperhüllen miteinander zu Kolonien verbunden sind, bilden Brücken zwischen den Bodenteilchen. Es entstehen kleinere und größere Hohlräume, das Porenvolumen vergrößert sich, der Austausch von Luft und Wärme im Rhythmus von Tag und Nacht erhöht sich und der Boden wird aufnahmefähig für plötzliche Starkregen. Bei genauerem Hinsehen sind allerdings bei rauer Furche die Furchentäler noch dunkel, wassergesättigt; oder, bei herbstlicher Einebnung durch den Pflugnachläufer erweist sich der Unterboden als zu druckempflindlich. Unzeitgemäße, in der Regel zu frühe Bodenbearbeitung hinterlässt irreversible Druckschäden in den Schlepperspuren: Die Bodenentwicklung stagniert für den Rest des Jahres. Anders verhält es sich bei Pferdearbeit. Die punktuellen Druckspuren der Pferdehufe bilden sich mikrobiell bald wieder zurück.

Die Maxime im Vorfrühling lautet: «So früh wie möglich hinaus auf den Acker.» Das macht die erwähnte Ungeduld begreiflich. Es geht darum, den Acker einzuebnen, die Krümelung durch die Erwärmung und Durchlüftung des Bodens zu fördern und ein erstes Keimbett für die Unkräuter zu schaffen. Diesem Zweck dient der erste Bearbeitungsgang im Jahreslauf, das Abschleppen. Es ist im chemotechnischen Landbau durch den Einsatz der Herbizide überflüssig geworden. Aus Kostengründen und wegen der hohen Schleppergewichte werden die Arbeitsgänge zur Vorbereitung des Saatbetts direkt mit der Aussaat kombiniert. Im biologisch-dynamischen Landbau sollten, soweit es die Witterung zulässt, wo irgend möglich das Abschleppen und ein bis zwei Eggenstriche der Aussaat vorausgehen, um die im zarten Keimlingsstadium befindlichen Unkräuter zu entwurzeln und vertrocknen zu lassen. Gleichzeitig werden die Krümelbildung und die Stoffumsetzungen angeregt, der kapillare Wasseraufstieg unterbrochen und damit die Winterfeuchte im Boden gehalten.

Neben der Vorbereitung des Saatbetts für die Sommergetreide bedarf auch die Winterung der Bodenpflege; sei es die Brechung der Bodenkruste durch die leichte Egge oder den Striegel, sei es durch Anwalzen der Pflanzen, damit das Wurzelwerk nach Wechselfrösten wieder Bodenschluss gewinnt.

Im Frühjahr

Die jetzt sich einstellenden Frühjahrsprozesse sollen am Beispiel des Sommergetreides veranschaulicht werden. Nach den vorbereitenden Vorfrühlingsarbeiten erfolgt die Saat. Sie wird wenige Zentimeter tief in das Dunkel der Erde abgelegt auf der vom Säschar leicht verdichteten Unterlage. Dies erleichtert die Quellung des Samens durch kapillaren Wasseraufstieg; seitlich und von oben ist die Saat von Luft und Wärme in der feinkrümeligen Erdüberdeckung umgeben. Die Keimung des Samens ist ein Vorgang, der nicht das Vorhandensein des Elementes des Erdig-Festen, die Erde, voraussetzt, wohl aber die Elemente Wärme, Luft und Wasser. Das zeugt schon von der Tatsache, dass das Wachstum der Keimpflanze auf einen Evolutionszustand zurückweist, als die Erde noch nicht Erde, die Pflanze noch eine Wassergeborene war. Dieser Zustand wiederholt sich zu Beginn ihres Werdens zur Erdenpflanze. Dieses Wiederholungsprinzip früherer Zustände formuliert Ernst Haeckel (1834–1919) 1866 als Ergebnis seiner Studien zur Embryonalentwicklung bei Pflanze, Tier und Mensch als die «Biogenetische Grundregel», die besagt: «Die Ontogenie ist eine Wiederholung der Phylogenie»[191], oder: «Die Individualentwicklung ist die Wiederholung der Stammesentwicklung.» Rudolf Steiner beschränkt diese Einsicht nicht nur auf das Werden der Erde und ihre Naturreiche, sondern erweitert es auf drei planetarische Zustände, die dem Erdenwerden vorausgegangen sind. Sie werden beschrieben als der «Alte Saturn» (mit welchem das Element reiner Wärme entstand), die «Alte Sonne» (mit der Verdichtung eines Teils der Wärme zum Element der Luft) und der «Alte Mond» (mit der Verdichtung eines Teils der Luft zum Element des Wassers). Erst in einem vierten planetarischen Zustand entstand das Element des Erdig-Festen.[192] Auf der dritten Evolutionsstufe, dem «Alten Mond», lebte das Pflanzliche, sich aus dem Wasser bildend, als noch wenig differenzierte lebendige Masse. Zu Beginn der Erdenentwicklung wiederholt sich auf höherer Stufe gesamthaft der Alte-Monden-Zustand ebenso wie die beiden vorausgegangenen Evolutionsstufen. Indem die Pflanzenwelt sich zur «Erdgeborenen» ausdifferenziert, sich in Wurzel, Blatt, Stängel und Blüte das Element des Erdigen eingliedert, steht am Anfang der «Individualentwicklung» der Pflanze der zarte, wässrige Keimling in Wiederholung der Zeit des Alten Mondes.

Die Getreide gehören zu den Gräsern und als solche zu den Einkeimblättrigen. Die Samen gliedern sich in den Keimling (Embryo) und den Mehlkörper (Endosperm). Beide sind durch das eine Keimblatt, dem Schildchen, voneinander getrennt. Beim Auskeimen tritt das Keimblatt nicht ans Licht, wie das bei den Zweikeimblättrigen die Regel ist, und ergrünt wie diese, sondern es bleibt im Boden der Samenschale verhaftet. Was erscheint, ist schon das spitzende erste Blatt. Die Keimpflanze ist die Ausgestaltung dessen, was an

191 Ernst Haeckel: *Generelle Morphologie*, Band II: *Allgemeine Entwicklungsgeschichte der Organismen*, 1866/1906.
192 Rudolf Steiner: *Die Geheimwissenschaft im Umriss*, GA 13, Dornach 1989.

Organen schon sichtbar im Embryo angelegt ist.[193] Im Embryo offenbart sich «das Kosmische [Urbild; Ergänzung des Verfassers], das als Form der Pflanze im Samen lebt».[194] Das Nährgewebe des Mehlkörpers, das weitgehend das Volumen des Samens ausfüllt, stammt von der Mutterpflanze und ist in Art und Menge so beschaffen, dass sich die Pflanze in Wiederholung des lebendig-wässrigen Mondzustandes nur bis zur Keimpflanze, nicht darüber hinaus zur hoch differenzierten, erdenhaften Getreidepflanze entwickeln kann. Dazu ist zweierlei erforderlich: Das Ergrünen des aufstrebenden Halms und der Blätter unter dem Licht der gegenwärtig einstrahlenden Sonne und das Zusammenwachsen der Wurzel mit der Erde. Wie allgemein bei den höheren Pflanzen, so auch bei den Getreiden, zeigt der Embryo im Längsschnitt eine dreigliedrige Gestalt in der Anlage vorgebildet, der Wurzelpol, der Sprosspol mit Vegetationspunkt und, die Mitte bildend, der Keimknoten, der in sich die Kraft zur Aufrichte birgt.

Mit dem Quellen des Samens, und bei entsprechender Erwärmung des Bodens, setzen Abbauprozesse im Nährgewebe ein. Als Erstes beginnt das Wachstum der Keimwurzeln, bei Weizen drei, bei Hafer vier. Diese sind im Stadium der Keimpflanze noch unbesetzt von Wurzelhaaren; es sind Ausstülpungen von Zellen der Wurzelhaut. Daher sind Unkräuter am leichtesten mit Egge und Striegel zu entwurzeln, wenn man sie noch nicht sieht. Erst mit dem Ergrünen der ersten Blätter und damit der Stimulierung des eigenen Stoffwechsels treten die Keimwurzeln über die Wurzelhaare mit dem Erdreich in eine enge Beziehung. Die Leitbahnen des *Phloem* (Assimilate) und *Xylem* (Wasser, Salze) formieren sich. Die Wurzelhaare, die jetzt dicht gedrängt – bis 100 je mm Wurzellänge[195] – mit den Ton- und Humusteilchen verwachsen, besetzen mit etwas Abstand von der Wurzelspitze im Jugendstadium zunächst die gesamte Länge der Keimwurzeln. Zieht man eine Hafer- oder im Herbst eine Roggenpflanze im Einblattstadium vorsichtig aus dem Boden, haften wurstartig an der Wurzel Bodenkrümel. Erst mit ihren senkrecht in die Tiefen strebenden und sich verzweigenden Wurzeln und dem senkrecht zur Sonne emporstrebenden Spross verlässt die Pflanze ihr mondenhaft wässriges Keimstadium und wird zum Abbild der Beziehung von Erde und gegenwärtig wirkendem Kosmos.

193 Wilhelm Troll, Karl Höhn: *Allgemeine Botanik*, Stuttgart 1972, 994 S.

194 Rudolf Steiner: *Geisteswissenschaftliche Grundlagen zum Gedeihen der Landwirtschaft*, GA 327, Vortrag vom 10. Juni 1924, Dornach 1999, S. 53.

195 Gerhard Geisler: *Pflanzenbau*, Berlin-Hamburg 1988, 2. Aufl., S. 132.

Der Keimling wächst aus Erdenstoffen und aus Kräften des Kosmos, die die Mutterpflanze im Mehlkörper dem Samen mitgegeben hat. Diese Quelle ist mit der Vollendung der Keimpflanze erschöpft. Welche Quelle muss nun neu erschlossen werden? Welches Nährgewebe tritt an die Stelle des verbrauchten? Es muss ähnlich wie dieses ein Produkt vergangener Lebensprozesse sein. Es ist der Humus, der durch Umbildung alles dessen entsteht, was an Rückständen die Pflanzen hinterlassen haben, außer dem, was in die Samenbildung eingegangen ist. Wie aber kann sich die ausgebildete Keimpflanze diese neue Nahrungsquelle, ob Nähr- oder ausgereifter Dauerhumus, erschließen? Hier kommt zunächst die Bildung der Faser- oder Kronenwurzeln in Betracht. Sie wachsen im Frühjahr aus den untersten ein bis zwei Knoten heraus und vermehren sich mit zunehmender Bestockung. Gegenüber den primären Keimwurzeln sind die Faserwurzeln sekundäre Bildungen. Sie wachsen oberflächennah und bilden einen Wurzelkranz, der in feinster Verzweigung die Krume durchzieht. Der eigentliche Humusaufschluss geschieht aber durch die genannten Wurzelhaare, durch deren Besatz auf Keim- und Faserwurzeln die Wurzeloberfläche um ein Vielfaches vergrößert wird. Über die Wurzelhaare geht die aufsprießende Pflanze eine direkte Verbindung mit dem umgebenden Erdreich ein.

Die Wurzelhaare scheiden einen Teil der in den Blättern gebildeten Assimilate aus, wie Zucker, eiweißartige Schleimstoffe, Fermente, organische Säuren, die über den peripheren *Phloem*strom herunter in die Wurzeln geleitet werden. Im Gegenstrom nehmen sie Mineralsalze und Wasser auf, das mit seiner Stofffracht entgegen der Schwere über das Leitgewebe des *Xylems* in die assimilierenden Organe des oberirdischen Pflanzensprosses geleitet wird.

Mit ihren Wurzelausscheidungen scheint die Pflanze ein Eimer ohne Boden zu sein; ein nutzloser Verlust? Das Gegenteil ist der Fall. Im Frühjahr erweitert sie ihre «Lebensorganisation» in den von ihr durchwurzelten Bodenraum und übernimmt die Regie über das unzählbare Heer der Mikroben. Die Wurzelausscheidungen widerlegen die einseitige Auffassung, der Boden ernähre die Pflanzen und diese wären nur die passiv Empfangenden. Im Frühjahr ernähren umgekehrt die Pflanzen in bedeutendem Umfang eigenaktiv den Boden und lösen in ihm Prozesse aus, durch die sie die Fruchtbarkeit des Bodens für sich in Anspruch nehmen. Es ist ein ebenso subtiles wie unüberschaubar komplexes Geschehen, beherrscht von dem Lebensleib der Pflanzen, gemäß den Bedürfnissen ihrer fortschreitenden Wachstumszustände.

Die Wurzelausscheidungen ernähren, aktivieren und steuern die Mikrobentätigkeit, bauen im Wurzelbereich, je nach Art der Wirtspflanze, eine

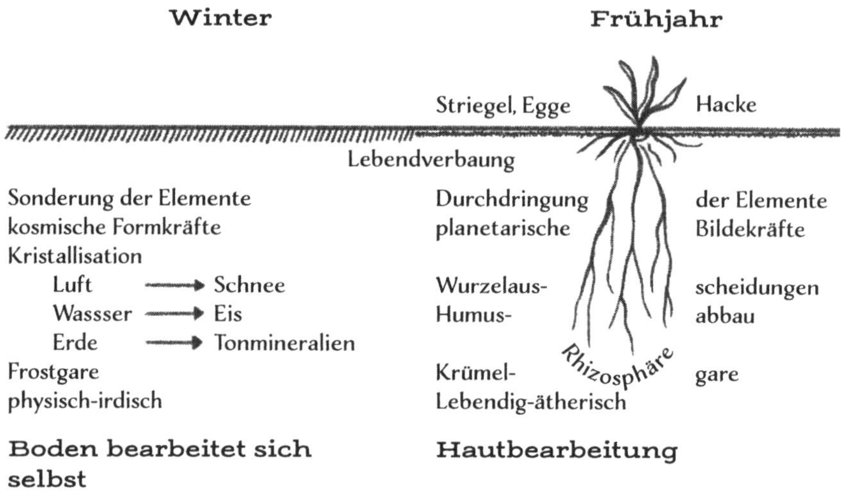

Abbildung 12:
Winter- und Frühjahrsprozesse im Boden. Die Hautbearbeitung im Frühjahr.

Anzahl spezifischer Lebensgemeinschaften (Symbiosen) mit Bakterien und Pilzen auf und steigern durch Wirkstoffe die Vermehrungsrate der Bakterien im wurzelnahen Bodenraum, der Rhizosphäre, um das Fünfzig- bis Hundertfache.[196] Außerdem tragen die Säureausscheidungen (Kohlensäure, Apfelsäure) zur Aufschließung der Mineralien bei.

Dirigiert von der in die Rhizosphäre sich erweiternden Lebensorganisation der Pflanze, kommt der eigentliche Frühjahrsprozess in Gang, der mikrobielle Humusabbau bis hin zur vollständigen Mineralisierung (Abbildung 12).

Das in der Stoffkomposition des ausgereiften Humus bewahrte Leben setzt sich nun um in das Leben der heterotrophen Organismen im Dunkel der Erde, wie der Unzahl von Bakterien, Protozoen und Pilzen, die, vergleichbar der Darmverdauung, ihrerseits im Absterben in ihre stofflichen Bestandteile zerfallen und diese dann in Form von Salzen im Bodenwasser in Lösung gehen. Es ist das vegetative Wachstum des Pflanzenbestandes im Frühjahr, welches über den Prozess der «Verdauung von Bodenfruchtbarkeit» Regie führt und so auch über das rechte Maß an freigesetzten Mineralsalzen, vor allem Stickstoff. Letztere werden in Gleichzeitigkeit mit der Assimilatausscheidung, gegenläufig zu dieser, von den Wurzelhaaren adsorbiert.

196 Wilhelm Troll, Karl Höhn: *Allgemeine Botanik*, Stuttgart 1972, S. 499.

War im Winter ein rein physisches Geschehen vorherrschend, die Trennung der Elemente, ein Absterben des äußeren organischen Lebens, begleitet von Prozessen der Verdichtung und Kristallisation, so ist es im Frühjahr ein solches größter, äußerer Lebensentfaltung, unter und über dem Boden. Dieses zukunftsgerichtete Werden aber verbraucht Bodenfruchtbarkeit. Dieser Verbrauch geht aus dem Abbau des Trägers des vergangenen Lebens hervor, des Humus. Wie das Endosperm zum Samen gehört und im Auskeimen in die Bildung der Keimpflanze erstirbt, so ist das Nährgewebe des Humus der Keimgrund, aus welchem, unter den einstrahlenden Kräften des Kosmos, das gegenwärtige Leben der Pflanze bis hin zur Fruchtbildung sich erdenhaft ausgestalten kann.

So können die heranwachsenden Saaten im Frühjahr diese Umwandlung des erstorbenen in ein neues Leben desto aktiver vollziehen, je fruchtbarer der Boden ist und je mehr sich Sonnenschein und Regen sowie Durchlüftung und Durchwärmung des Bodens einander ablösen.

Krustenbildung und Hautbearbeitung

Unter den exogenen Einflüssen des Stoffwechselpols über der Erde unterliegt die Dynamik der Bodenprozesse im Frühjahr starken Schwankungen, die den Landwirt zu genauer Beobachtung, prüfendem Denken und geistesgegenwärtigem Handeln aufrufen. Bezüglich der Bodenbearbeitung geht es jetzt darum, neben der rechtzeitigen Unterbindung des Unkrautaufwuchses, witterungsbedingte Einseitigkeiten zugunsten des Zusammenwachsens von Boden und Pflanze auszugleichen. Es geht um die Brechung der Kruste. Krustenbildung stellt sich nach jedem kräftigeren Regenfall ein; sie muss, bis zum Schossen des Getreides, immer wieder neu gebrochen werden. Diese für das Frühjahr eigentümliche ritzende «Hautbearbeitung» mit Egge, Striegel, Hacke muss möglichst schlagkräftig geschehen: Jede Krustenbildung verschließt den Boden, sie mindert oder verhindert gar die Bodenatmung, die Aufnahme von Sauerstoff – essentiell für das aerobe, pflanzliche und tierische Bodenleben – sowie die Abgabe von Kohlensäure, die teils von den Pflanzenwurzeln ausgeschieden, teils aus dem mikrobiellen Humusabbau freigesetzt wird. Krustenbildung bedeutet Kohlensäurestau im Boden. Dieser wirkt als Gift hemmend auf das subtile Wechselgeschehen von Wurzelausscheidung und Mikrobentätigkeit und damit auf die Dynamik des Humusabbaus. Die Bodenhautbearbeitung bedeutet also einerseits, aktiv Bodenfruchtbarkeit abzubauen – gelegentlich kann beobachtet werden, wie ein mit Sommergetreide bestandener Acker auf dem rechtzeitig gestriegelten Teil ein zügigeres Wachstum aufweist als auf dem unbearbeitet gebliebenen –, andererseits hilft das Striegeln, dass das Kohlendioxid, das schwerer ist als Luft, aus den geöffneten Poren entweichen kann, insbesondere dann, wenn der Wind über den Acker streicht und es durch Sogwirkung aus dem Boden herauszieht. Es reichert sich in der bodennahen Luftschicht an, also dort, wo es von den Blättern eingeatmet und zum Gerüstbauer der Pflanzengestalt wird.

Beim Getreide setzt das Schossen der Hautbearbeitung ein Ende. Bei den Hackfrüchten und Feldgemüsekulturen reicht sie noch bis in den Frühsommer. Sie bedürfen, wie beispielsweise die Kartoffeln, einer fortgesetzten Striegel-, Häufel- und Hackarbeit, bis die Reihen sich schließen. Ein tiefer Eingriff in den Boden im Frühjahr mit Fräse, Grubber oder gar Pflug muss genau bedacht und gegen seine Folgen abgewogen werden. Er bedeutet in der Regel zunächst einen turbulenten, von den frisch eingesäten Pflanzen nicht steuer- und nutzbaren Verlust an Bodenfruchtbarkeit. Die Notwendigkeit zu einer solch tiefer greifenden Bearbeitung besteht im Ackerbau nach Winterzwischenfrucht, Auswinterungsschäden und erzwungener Queckenbekämpfung. Die Folge dieses unzeitgemäßen tieferen Eingriffs bedeutet Humusschwund und den Verlust an Winterfeuchte, der häufig die Notwendigkeit der Beregnung nach sich zieht. Im Gartenbau herrscht in dieser Hinsicht eine Sondersituation. Infolge des Wechsels aufeinander folgender Kulturen muss der Boden unabhängig von der Jahreszeit zur Neuansaat tiefer bearbeitet und, wegen der raschen Entwicklung der im Vegetativen fruchtenden Kulturen, über das Jahr in einem mehr frühlingshaften Zustand gehalten werden. Ein höherer Humusumsatz ist deshalb zwangsläufig die Folge.

Der Sommerprozess und die Bodenbearbeitung

Stoppelsturz, Mulchbearbeitung, Humusaufbau und die Tätigkeit der Bodentierwelt

In der Blüte des Getreides, gegen Mitte Juni, erreicht die Wurzelbildung und mit ihr die Gare ihren Höhepunkt. Bis dahin federt der Boden noch elastisch unter den Füßen. Nach der Blüte sterben die ersten Wurzeln ab, ebenso nach und nach von unten nach oben die ersten Blätter. Die Sonnenstrahlen dringen herunter bis auf den Boden, und je mehr es der Reife zugeht, desto mehr wird der Boden hart und trocken. Es ist die Zeit, in welcher die Hackfrüchte die Reihen schließen; unter der Beschattung des Blätterdaches hält sich die Bodenfeuchte und so lange auch die Belebtheit der Bodengare.

Wenn auch die Niederschlagsmenge im Sommer in der Regel infolge der Starkregen der Gewitter ein Jahresmaximum erreicht, so verdunsten diese meist ebenso rasch bzw. gehen je nach Strukturzustand der Böden durch Oberflächenabfluss verloren. Letzteres ist in der Regel unter Maisbeständen der Fall, schon bei flach geneigter Hanglage. Hatten wir im Winter Wassersättigung und Kühle in den Böden, so sind im Sommer die Poren luft- und wärmeerfüllt. Mit der einsetzenden Trockenheit reduziert sich die abbauende Tätigkeit der Mikroben im Boden. Stattdessen beherrscht jetzt die Bodentierwelt die Szene. War es im Winter das prozessuale Vorherrschen des Physischen, im Frühjahr das des Ätherisch-Belebten, so ist es im Sommer das des Seelisch-Astralen. Durch die Tätigkeit der in Luft und Wärme lebenden Bodentiere finden Prozesse der Verinnerlichung, der Astralisierung statt. Waren im fortschreitenden Frühjahr die Bodentiere durch ihre wühlende und grabende Tätigkeit und die Hinterlassenschaft ihrer Losungen wesentlich am Aufbau einer grobporigen Bodengare beteiligt und ihres Röhrensystems, so verändert sich gradweise ihre Funktion vom Sommer zum Herbst hin. Sie finden jetzt reichlich Nahrung an absterbender organischer Substanz vor allem im durchwurzelten Oberboden und sorgen dafür, dass dieser «Nährhumus» im Durchgang durch den Verdauungstrakt in dauerhafte Humusformen übergeführt wird. Was im Frühjahr zugunsten des vegetativen Wachstums der Pflanzen an Humus abgebaut worden ist, das restituiert sich durch die humusaufbauende Tätigkeit der Bodentierwelt vorzüglich ab dem Hochsommer (Abbildung 13, S.222). Dieser Prozess des Humusaufbaus verläuft zeitlich polar zu dem der Kristallisation während des Winters und vollzieht sich im Dunkeln der Erde. Infolgedessen müssen alle pflanzlichen Rückstände des aufsteigenden Jahreslaufes im absteigenden in den Boden eingearbeitet werden. Das geschieht durch einen Bearbeitungsgang, der die organischen Rückstände über dem Boden, wie Stoppeln, Stroh- und Druschreste, Unkräuter, in die Bodengareschicht einmischt. Diese «Mulchbearbeitung» greift tiefer als die Hautbearbeitung im Frühjahr, aber idealiter nicht tiefer, als die vom Frühjahr her vorgebildete Gareschicht reicht (ca. 8–10 cm). Ist diese voll ausgereift, hinterlässt sie nach der Bearbeitung eine feinkrümelnde Schicht, die den kapillaren Wasseraufstieg unterbricht, so vor weiterer Verdunstung schützt, Starkregen aufnimmt und ein Keimbett für Ausfallgetreide und Unkrautsamen schafft (Abbildung 13, S.222).

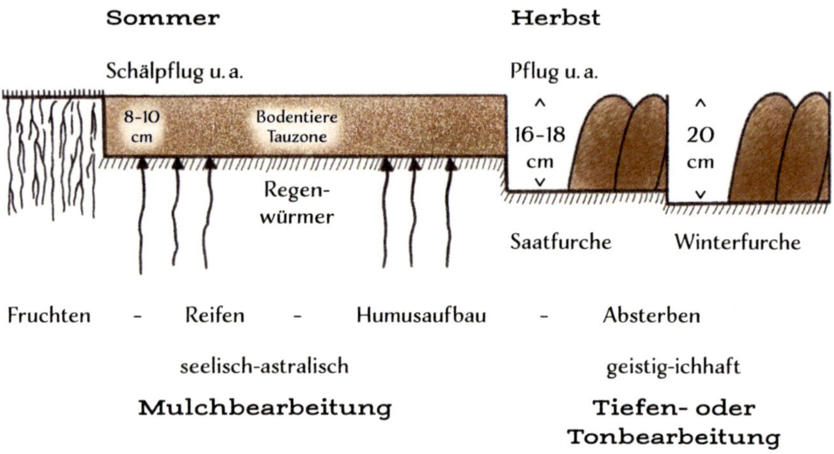

Abbildung 13:
Sommer- und Herbstprozesse im Boden
und deren Lenkung durch Mulch- und Tiefenbearbeitung.

Den Sommerprozess des Humusaufbaus unterstützt die Mulcharbeit dadurch, dass sie, trotz der starken Sonneneinstrahlung, der Wärme und vorherrschenden Trockenheit, den Bodentieren geeignete Lebensbedingungen ermöglicht. Am Beispiel des Stoppelsturzes nach der Getreideernte und an der Regenwurmtätigkeit soll dies veranschaulicht werden. Nach Räumung des Strohs muss unverzüglich die Stoppel gestürzt (umgebrochen) werden. In Zeiten vor dem Heraufkommen des Mähdruschs (1950/60) wurde das Getreide in der Gelbreife in Garben geerntet, in Hocken zum Nachreifen und -trocknen aufgestellt, in die Scheune eingebanst (gelagert) und in der Regel im Winter gedroschen. Der Vorzug dieses Ernteverfahrens bestand in Folgendem:

- Ein um ca. 14 Tage früherer Stoppelsturz gegenüber der für den Mähdrusch notwendigen Totreife.
- Erhält die Bodengare.
- Schutz vor Austrocknung und im Idealfall eine vorgezogene Zwischenfruchtbestellung.
- Getrenntes Erfassen der Spreu. Sie ist mit Kräuterzusätzen ein geeignetes Diätetikum für das Milchvieh in der Winterfütterung.
- Die nicht ausgefallenen Unkrautsamen gelangen mit dem Stroh vom Feld und können in der «Samenveraschung» Verwendung finden, ein Verfahren,

das Rudolf Steiner[197] empfiehlt, um die Vermehrung von Unkräutern zu unterbinden.
- Der Ernteverlust war zwar etwas höher, kam aber der Wildfauna, vor allem der Vogelwelt zugute.

Die hohe Kunst der sommerlichen Stoppelbearbeitung mit Pferdeanspannung bestand darin, dass der Schälpflug direkt der Mahd mit dem Mähbinder folgte, sodass die Garben bereits auf die gestürzte Stoppel fielen. Der Mähdrusch als das technologisch eleganteste und effizienteste Ernteverfahren hat dann bald den Sieg davongetragen. Dieser Sieg ging zulasten einer vorgezogenen, gareschonenden Bodenbearbeitung und veränderte den Betriebsablauf grundlegend.

Die Mulchbearbeitung zerstört zwar die gewachsene Sommergare; sie vermischt dabei aber die Stoppel- und Unkrautreste mit der Wurzelmasse des locker krümelnden Bodens. Darin findet die Bodentierwelt, allen voran die Regenwürmer, die idealen Bedingungen, die sie zur Entfaltung ihrer Tätigkeit braucht. Es sind:

- ein feinverteiltes Nahrungsangebot aus abgestorbenen Pflanzenresten,
- eine feinkrümelnde Lockerschicht, durch die sich die Regenwürmer nach allen Richtungen durch das Erdreich hindurchpressen können,
- eine intensive Bodendurchlüftung und damit Sauerstoffversorgung,
- Dunkelheit für die lichtscheuen Bodentiere,
- eine hinreichende Feuchtigkeit: Das kapillar aus dem unbearbeiteten Unterboden aufsteigende Wasser verdunstet an der Untergrenze zur Mulchschicht und schlägt sich dort bei nächtlicher Abkühlung als Tau nieder.

Sind diese Bedingungen gewährleistet, werden die Regenwürmer (*Lumbriciden*) aus den tieferen Zonen des Bodens über ihre Röhren herauf in die Mulchschicht gelockt, wo sie durch ihre segensreiche Verdauungstätigkeit den Nährhumus in Dauerhumus überführen. War es im Frühjahr eine Art Ausstülpung, eine Veräußerlichung des Lebens der Wurzel und ihres Zusammenwachsens mit der Erde, exogene Symbiosen bildend, so handelt es sich im Leib u.a. des Regenwurms um eine Einstülpung des Lebens, ein Prozess der Verinnerlichung. Im ersteren Fall wird Humus abgebaut, d.h. das in ihm bewahrte Leben wird in bakteriell-symbiotischer Tätigkeit zugunsten des vegetativen Wachstums umgesetzt. Im Falle der Einstülpung wird gegenwärtiges Leben durch endogene Symbiose unter der Regie der

197 Rudolf Steiner: *Geisteswissenschaftliche Grundlagen zum Gedeihen der Landwirtschaft*, GA 327, Vortrag vom 14. Juni 1924, Dornach 1999, S. 155.

Seelen- oder Astralorganisation in das bewahrende Leben der sich neu bildenden Ton-Humuskomplexe umgeformt, ein Vorgang, der schwerpunktmäßig im Sommer-Herbst stattfindet. Diese Stoffneubildung im Haushalt der Natur regt zu folgenden Fragen an: Vermögen die Regenwürmer in ihrem Verdauungstrakt noch erdenhafter jene Formkräfte zu verarbeiten, die aus dem «fernsten Kosmos» über Kiesel, Kalk und Ton einstrahlen, als die in ihre Gestalt sich formenden Pflanzen? Sind es diese Formkräfte, die die einander polaren Erdenstoffe, den kristallinen Ton und die Rückstände des Allgemein-Pflanzlichen, zu einer höheren Einheit, dem Ton-Humus vereinigen? Und ist es diese Vereinigung mineralischer und pflanzlicher Stoffe durch die beseelte Tätigkeit der Regenwürmer, die dasjenige schafft, was man landläufig mit Mutterboden bezeichnet? Diese besondere Befähigung des Regenwurms gilt gewiss gradweise auch für andere Wurmarten und für Tiere, die im Larvenstadium im Boden leben (Abbildung 13, S. 222).

Fruchtbildung und Reifung

Vom Frühsommer an verlagert sich das vegetative Wachstumsgeschehen in das Auswachsen, die Substanzausfüllung und Formung der Früchte. Zunächst sind diese noch grün und assimilieren am Sonnenlicht. Die Frucht nimmt an Volumen zu. Die Assimilate, die bis zur Blüte teils dem vegetativen Wachstum dienten, teils über die Wurzel der Ernährung des Bodenlebens, stauen sich in der prall sich füllenden Frucht. Der Vorgang der Reifung vollzieht sich sowohl als ein Prozess der Innenwirkung als auch als ein solcher der Außenwirkung.

Die Außenwirkung offenbart sich in dem Wandel von grün zu blütengleicher Farbenpracht, ferner in den verströmenden Düften und in dem wie von außen angehauchten tauartigen Schmelzbelag. Es sind dies Erscheinungsformen der Wirkung der aktuellen Sonneneinstrahlung, und der ihr einverwobenen Strahlungen der obersonnigen Planeten. So bewirkt Mars die Rot-, Jupiter die Weiß- und Gelb- und Saturn die Blaufärbung.[198] In welchen Organen der Pflanze auch immer sich der Säftestrom zur nährenden Fruktifikation staut, das vegetative Wachstum also innehält oder ganz an sein Ende kommt, wirkt von oben nach unten der Blühimpuls, das direkte Einwirken der Sonne, unterstützt durch die sonnenfernen Planeten. Die Außenfärbung der Frucht setzt sich im Fortschreiten der Reife in meist anderen, weniger intensiven

198 Rudolf Steiner: *Geisteswissenschaftliche Grundlagen zum Gedeihen der Landwirtschaft*, GA 327, Vortrag vom 10. Juni 1924, Dornach 1999, S. 55.

Farbtönen nach innen fort. Was so die Pflanze als ein rein lebendiges Wesen nur von außen als höheres Kräftewirken des Seelisch-Astralen umwölkt und zart berührt, in der reifenden Frucht dringt es in diese tiefer ein. Die heilende Wirkung von Heilkräutern beruht auf eben diesem Vorgang und bei besonders gearteten Wildpflanzen, z.B. der Tollkirsche, *Atropa belladonna*, kann dieser bis zur tödlichen Giftbildung führen. Bei den Nahrungspflanzen ist es den Menschen in der Frühzeit des Pflanzenbaus, vor dem dritten vorchristlichen Jahrtausend, gelungen, diesen tiefer in das Leben der Pflanze eindringenden Astralisierungsprozess zur Nährhaftigkeit zu veredeln.

Bei der Humusbildung aus der Vielfalt farbiger und geformter organischer Rückstände vollzieht sich ebenfalls eine Reifung zu einer Art organisch-mineralischen Frucht, dem genannten Ton-Humuskomplex. Diese «Frucht» ist durch und durch schwarz, ein Bild dessen, was in urpersischen Zeiten als «Finsternis» (der irdische Pol) dem «Licht» (der kosmische Pol) gegenübergestellt wurde. Im Humus ist das Allgemein-Pflanzliche, das ganz «Erde» geworden ist: Humus «ist das Endprodukt des Erdigen mit dem Erdigen».[199] Das «kosmische Gestein, das Kieselige nimmt das Licht in die Erde auf und bringt es im Irdischen zur Wirkung», der Humus nicht. Es ist ein «lichtloses Wirken», das er «erzeugt».[200] Dieser Hinweis deutet u.a. auf den im Dunkel des Bodens sich vollziehenden Humusab- und -aufbau durch das heterotrophe, bakteriell-pflanzliche Leben.

Die Pflanze wächst mit Wurzel, Stängel, Blatt und Blüte bis zur Frucht und Samenreife vor allem aus dem «unmittelbaren Zusammenleben» mit den klassischen Elementen «Erde und Wasser» heraus.[201] Sie vermitteln ihr eine Art Innenwirken, das sich in dem in der Achse Erde–Sonne empor strömenden «Erdsaft» (*Xylem*) manifestiert. In ihm strömen, aufgenommen von der ätherischen Organisation der Pflanze, die gelösten Stoffe der Erde und die «Formkräfte» des Fixsternumkreises empor und vereinigen sich mit den Wärme- und Lichtkräften von Sonne und Planeten unter Bildung der jeder Pflanzenart eigenen Stoffkompositionen (Eiweiße, Kohlenhydrate, Fette, Öle, Aromen, Vitamine, etc.). Es ist ein lebendiges auf ein Ganzes ausgerichtetes Geschehen, das durch zahlreiche Enzyme gesteuert wird. Diese Kraftgebilde führen auf dem Weg zur Vollreife zur Bildung immer neuer, sich von Stufe zu Stufe komplexer strukturierenden Stoffkompositionen. Die Unreife einer Frucht ist dadurch gekennzeichnet, dass die enzymatische Aktivität noch nicht

199 Rudolf Steiner: Ebd., Notizen im Anhang, S. 274.
200 Rudolf Steiner: Ebd., Vortrag vom 10. Juni 1924, S. 59.
201 Rudolf Steiner: Ebd., Vortrag vom 15. Juni 1924, S. 192.

abgeschlossen ist und weiter organische Verbindungen erzeugt werden, die für ein bestimmtes Entwicklungsstadium im Reifeprozess charakteristisch sind. So finden sich in Marktfrüchten, die äußerlich reif erscheinen, vielfach Stoffgruppen, die eine physiologische Unreife anzeigen, so z.B. Dehydroascorbinsäure (eine physiologische Vorstufe zur Ascorbinsäure, dem Vitamin C) oder niedermolekulare Vorstufen zur Eiweißbildung (wie Nitrate, freie Aminosäuren, Amide etc.).[202, 203]

Genauer besehen, tritt bei der heutigen Massenproduktion das Phänomen der physiologischen Unreife nahezu generell für alle Stoffgruppen auf. Erst wenn die physiologischen Prozesse zur Ruhe kommen, die Enzymaktivität also aufhört, ist das Stadium der vollen Reife und damit das ernährungsphysiologische Optimum der Qualitätsbildung erreicht. Erst in der physiologischen Vollreife genießen wir eine Nahrungsfrucht, in der die kosmisch-irdische «Außenwirkung» und die kosmisch-irdische «Innenwirkung» eine vollkommene Synthese eingehen. Diese Vollkommenheit wird in der Regel nicht erreicht. Die «Außenwirkung» täuscht eine Vollreife vor, die Aktivität der «Innenwirkung» findet dagegen kein Ende. Dieser solcherart derangierte Stoffwechsel führt zu mangelhafter Haltbarkeit[204] und gibt zur Sorge Anlass, hierin eine wesentliche Ursache für chronische Erkrankungen sehen zu müssen. Die Gründe fortschreitender Minderung des Nährwertes sind:

- Globale Verfügbarkeit: Ernte in unreifem Zustand – Kühlung auf weltweiten Transportwegen – danach künstlich induzierte Nachreife, z.B. Bananen.
- Stickstoffdüngung (vgl. Kap. Düngung): Von Grund auf gestörter bzw. hypertropher Stoffwechsel der Pflanzen. Sie wollen immer weiterwachsen.
- Monokultur: Sie wird ermöglicht durch alle Arten von Gentechnik (GMO), ein willkürlicher Eingriff in das Genom, der physische Schattenwurf des Urbildes der Pflanzen sowie durch großflächigen Einsatz von lebensfeindlichen Pestiziden, Herbiziden und anderen Wachstumsreglern.

Der Begriffsbildung zur Frage der Nahrungsqualität liegt eine materialistische Auffassung des Lebens zugrunde. Neben der Genetik ist sie im Großen und Ganzen bei der quantitativen Stoffanalytik stehen geblieben und hat zu dem Begriff «der stofflichen Äquivalenz» geführt, die es im Lebendigen nicht gibt. Ein «Mehr oder Weniger» einer Stoffgruppe sagt bestenfalls erst

202 Manfred Klett: *Untersuchungen über Licht- und Schattenqualität in Relation zum Anbau und Test von Kieselpräparaten zur Qualitätshebung*, Inst. f. Biol.-Dyn. Forschung, Darmstadt 1968.

203 Johannes Klein: *Der Einfluss verschiedener Düngearten in gestaffelter Dosierung auf Qualität und Haltbarkeit pflanzlicher Produkte*, Inst. f. Biol.-Dyn. Forschung, Darmstadt 1968.

204 Ilias Samaras: *Nachernteverhalten unterschiedlich gedüngter Gemüsearten mit besonderer Berücksichtigung physiologischer und mikrobieller Parameter*, Dissertation, Gießen 1977.

dann etwas aus, wenn der Zeitfaktor mit in Betracht gezogen wird. Zu diesem Ziel müssen die Reifestadien analytisch verfolgt werden. Wenn sich im ausgereiften Produkt Stoffgruppen finden, die Anzeiger für Unreifestadien sind, muss das Ergebnis negativ eingestuft werden. Auf diesem Weg kann auch die quantitative Analyse zu einer Qualitätsaussage beitragen. Dies erfordert allerdings einen erheblichen analytischen Aufwand und sprengt den Kostenrahmen für Routineuntersuchungen.

Eine wesentliche Erweiterung der Urteilsbildung hinsichtlich Ausreife und Nahrungsqualität erlauben die «Bildschaffenden Methoden»[205,206,207] wie die Kupferchlorid-Kristallisation, das Steigbild und das Rundfilterchromatogramm. Die Wahrheit über den Wert eines Nahrungserzeugnisses kommt dem Urteil desjenigen am nächsten, durch dessen Geist, Herz und Hände es entsteht. Geist soll heißen: das stete Bemühen um Erkenntnis desjenigen, was in Kosmos und Erde west und lebt und was sich in diesem großen Spannungsfeld kräftemäßig und stofflich als physisches Abbild des geistigen Urbildes formt.

Die Geräte zur sommerlichen Mulchbearbeitung

Waren es im Frühjahr die krustenbrechenden Geräte wie Striegel, Egge und Hacke, so sind es in der Nachernte im Sommer solche, die den Oberboden flach lockern und mit den Pflanzenresten mischen sollen. Je nach Mächtigkeit der mürben Gareschicht beträgt die Bodenbearbeitungstiefe 8 bis 12 cm (Abbildung 13, S. 222). Die Vielfalt an Gerätschaften zeugt davon, dass offenbar keines in vollem Umfang allen gewünschten Anforderungen des Mulchens gerecht wird. Das klassische Gerät der Stoppelbearbeitung war und könnte es seiner Funktion nach noch immer sein, der Schälpflug: Die Sohle voll durchschneidend, flach wendend und schmal schneidend, hat er im scherenden Aufbrechen und der krümelnd-schüttenden Ablage der Bodengare einen guten Durchmischungseffekt. Mit den heute geforderten großen Arbeitsbreiten der Schälpflüge und den meist bis zur Sohle der Gareschicht reichenden Druckspuren der Mähdrescher ist eine saubere Schälarbeit kaum

205 Herbert Koepf, Bo D. Petterson, Wolfgang Schaumann: *Biologische Landwirtschaft*, Stuttgart 1980, 303 S.

206 Wilfried Kamphausen: «Qualität im biologisch-dynamischen Obstbau», in: Markus Hurter (Hrsg.): *Zur Vertiefung der biologisch-dynamischen Landwirtschaft*, Dornach 2007, 377 S.

207 Paul Doesburg et al.: «Standardisation and performance of a visual Gestalt evaluation of biocrystallisation patterns reflecting ripening and decomposition processes in food samples». *Biological Agriculture & Horticulture: An International Journal for sustainable Production Systems*, 2014, S. 1–18.

noch durchführbar. An die Stelle des Schälpflugs trat in den 50er/60er-Jahren des 20. Jh. kurzzeitig die Fräse. Sie sollte die Heilbringerin sein. Eine mit Hackmessern besetzte Welle rotiert, Zapfwellen-betrieben, schlägt in den Boden, wirbelt ihn auf und legt ihn hervorragend durchmischt ab. Die gravierenden negativen Begleiterscheinungen – Schleifsohlenbildung, Verschluss der Regenwurmröhren, Zerhäckseln der Regenwürmer, Gareverlust durch Verschlämmen bei Starkregen, hoher Verschleiß und Energieaufwand – veranlassten (außer im Gartenbau) ihr baldiges Verschwinden. Anderen Zapfwellen-betriebenen Geräten, z.B. mit voraus lockernden Scharen, war auch nur begrenzter Erfolg beschieden. Die gängigen Verfahren heute bilden eine vielfältige Variation von bodenlockernden Stoppelbearbeitungsgeräten mit überwiegend mäßigem Mischungseffekt. Dem Schälpflug am nächsten kommt die Scheibenegge mit einer Bearbeitungstiefe von ca. 5 cm. Ihr hängt der Nachteil an, dass sie die Rhizome der Quecken durchschneidet und verteilt und damit zur Queckenvermehrung beiträgt. Diesen Nachteil macht der schmalscharige, vielzinkige Grubber wett, indem er die Rhizome losreißt und emporhebt, sodass sie leichter heraus geeggt werden können. Sein großer Nachteil aber ist, dass er ungenügend mischt und die Gareschicht nicht komplett unterschneidet. Distel und Ampfer setzt er nur wenig zu. Grubber mit entsprechenden Werkzeugkombinationen können hier Abhilfe schaffen.

Die häufig geäußerte These zur Stoppelbearbeitung – «flach mischen und tief lockern» – kann so allgemein nicht gelten. Die tiefere Lockerung des gesamten Schichtenpakets unterbricht den kapillaren Wasseraufstieg, beschleunigt die Austrocknung und somit die Tätigkeit der Bodentiere. Die Tiefenlockerung kann in verdichtetem Boden dann segensreich wirken, wenn schmalscharig bei größeren Zinkenabständen (ca. 50 cm) gearbeitet wird.

Alles in allem gilt: Alle Geräte der Bodenbearbeitung sind Werkzeuge wie Hammer und Meißel in der Hand des Bildhauers. Nicht durch diese selbst entsteht das Kunstwerk, sondern durch den sie führenden, empfindenden und denkenden Geist des Menschen.

Der Herbstprozess und die Bodenbearbeitung

Reifen, Verwandeln, Sterben

In den Hochsommertagen bis weit in den September hinein kündigt sich schon länger der Herbst an. In den kühler werdenden Nächten Ende August nimmt die Taubildung wieder zu, die Morgennebel ziehen auf, füllen die Täler. Es kündigt sich ein neues jahreszeitliches Geschehen an, dessen Erscheinungsformen dem Frühjahr polar gegenüberstehen. Während in diesem die Kräfte der Erde in den Umkreis ausströmen und dabei die emporwachsenden Pflanzen gleichsam mitnehmen, die Erde also ausströmt, was sie in winterlicher Ruhe in sich barg, im Sommer sich das alles in dem Reichtum der Formen und Farben, in die Bildung der nährenden Früchte ausgegossen hat, im Herbst findet es in einem großen Einatmungszug wieder zurück zur Erde.[208] Die eigentliche Herbststimmung lebt so recht um Michaeli Ende September auf und setzt sich häufig in warmen, goldenen Tagen bis in den Oktober hinein fort. Auf der Krume einer frisch eingesäten Herbstsaat erscheint plötzlich ein silbriger Glanz eines über die Weite des Feldes gewobenen Netzes von Spinnenfäden; der «Altweibersommer» ist da! Es ist die Zeit, in der die letzten Früchte das Feld räumen, wie die Runkel- und Zuckerrüben, der Kohl, die Möhren u.a. Für diese späten Hackfrüchte bedeuten die goldenen durchsonnten Oktobertage noch einen erheblichen Ertragszuwachs und vor allem die höchste Stufe der Qualitätsbildung in der Vollreife. Dasselbe gilt für die spät reifenden Obstarten sowie die Weinrebe. Es ist ferner die Zeit, wo die verholzende Baum- und Strauchnatur, ob in Obstanlagen, Hecken und Feldgehölzen oder in den Wäldern, nochmal in den Blättern in erdfarbenem Glanz «aufblühen», bevor nach dem ersten Frost in der Sonne des anbrechenden Tages lautlos hier eines, dort ein anderes herab zur Erde rieselt oder während der einsetzenden Novemberstürme mit einem Mal das Geäst leergefegt ist.

Der Herbst ist die Zeit der Vollendung des Reifens und des großen leisen Sterbens. Was kurz zuvor noch Baum und Strauch im Grün des Blattwerks erglänzen ließ, jetzt liegt es vom Wind verweht auf der Erde, der Verrottung anheimgegeben.

Ein gleiches Verwandeln, in Dauerformen-Übergehen und Sterben, erfasst die Tierwelt. Jedes Jahr im Herbst überrascht es aufs Neue, plötzlich sind die Schwalben verschwunden und mit ihnen andere Vogelarten auf dem großen Zug nach Süden; an den Wegrainen fliegt kein Schmetterling mehr auf, und keiner flattert wie eine selbständig gewordene Blüte über die Fluren. Das lebhafte Summen und Surren der Insekten hat ein Ende. Wo sind sie geblieben? Hier noch ein letzter Blütenbesuch, dann noch die Eiablage an geschütztem Ort unter der Baumrinde, in Spalten und Höhlungen,

208 Siehe z.B. Rudolf Steiner: *Der Jahreskreislauf als Atmungsvorgang der Erde und die vier großen Festeszeiten*, GA 223, Dornach 1990.

oder das Überwintern im Verpuppungsstadium oder gar als Imago bei staatenbildenden Insekten, wie dem Bienenvolk. Im Boden geht das einzellige Bakterienleben in Dauerformen über, das pilzliche Leben erzeugt Sporen. Baum, Strauch, Kraut und Gras bilden Samen, die Bodeninsekten legen ihre Eier ab, die Regenwürmer ziehen sich in Höhlungen tieferer Bodenschichten zurück. Der Reichtum der Erscheinungen des Frühherbstes verarmt zusehends und zuletzt prägt das Landschaftsbild das starre, wie abgestorbene Geäst der Bäume und Sträucher. Das einzige, was in diesem Sterben dem empfindenden Blick noch Hoffnung gibt auf ein Fortwirken des Lebens, ist das herbe Immergrün der Koniferen, das noch satte Grün der Wiesen und Weiden und das zarte der Herbstsaaten.

Was im Herbst vergeht, sind Formen, die durch das kosmisch-irdische Zusammenwirken der Stoffe und Kräfte im aufsteigenden Jahr ihre jahresspezifische Prägung erhalten haben. Schon im Welken der Blüte löst sich das Ätherische, das bildsame Leben, von dem, was sich nach dem Wesensbild der Pflanze astralisch geformt hat. In der Samen- und Humusbildung entsteht dieser Zusammenhang neu, eine Keimlegung im Strom der Zeit. Was sich aber aus der Bindung an das Leben der sinnenfällig-physischen Welt löst, ist übersinnlich; es verwebt sich derart dem herbstlich einstrahlenden Licht und der Wärme, dass diese im Vergleich zum Frühjahr dem Empfinden viel fülliger, geistig-seelisch gesättigter, ja, in ihrer Wesensart stärker voneinander geschieden erscheinen. Dies im Sterben sich Lösende, Trennende kann als ein die ganze Natur durchziehendes Geisterwachen empfunden werden. Verschließt man sich nicht diesem äußeren Todesgeschehen, kann man der todüberwindenden Kraft des eigenen Ich-Wesens innewerden. Es entbindet Mutkräfte, ein michaelisches Vorausfühlen und vorausschauendes Denken, das so zukunfts- und entwicklungsoffen ist, wie es umgekehrt die Pflanze ist, die im Reproduktionsstrom von Same zu Same ihr Sein erhält und bewahrt.

Die Bodenbearbeitung im Herbst

Die Getreide, mit Ausnahme des Mais, sind wechselwüchsig; es gibt Sommer- und Winterformen. Letztere werden im Frühherbst und in Spätsaaten bis in den November/Dezember hinein gesät. Spätsaaten fördern die Reproduktionskraft der Samen und damit die Fähigkeit der Sortenerhaltung, sommernahe Herbstsaaten hingegen die «Nährhaftigkeit».[209] Die Wintergetreide bedürfen

209 Rudolf Steiner: *Geisteswissenschaftliche Grundlagen zum Gedeihen der Landwirtschaft*, GA 327, Fragenbeantwortung vom 12. Juni 1924, Dornach 1999, S.109.

als Nachfolgefrucht nach einer anderen Getreideart, nach Hackfrucht, Zwischen- und Futterfrüchten, einer tieferen, lockernden, wendenden und mischenden Bodenbearbeitung. Im Falle einer Zwischenfrucht zur Gründüngung muss diese rechtzeitig gemäht, abgewelkt und sodann eingemulcht sein, ehe eine Saatfurche, ggf. mit krumenverdichtenden Nachläufern, gezogen werden kann. Das zu lange Warten in der Hoffnung auf Massenzuwachs kann üble Folgen haben: Starker Taufall an kürzer werdenden Tagen, anhaltender Nebel oder Nieselwetter verursachen bei nicht vollständig abgewelkter Grünmasse Fäulnis. Sie führt vor allem auf schwerem Boden durch Anaerobie zu nachhaltigen Wachstumsstörungen. Die tieferreichende Saatfurche macht den zarten Keimwurzeln den Weg frei, strikt in die Tiefe streben zu können. Es ist verblüffend zu sehen, wie schnell, geradlinig und tief sie im Herbst mit dem krümelnden Erdreich in eins zusammenwachsen. Wie die Pflanzen im Frühjahr in den zunehmenden Tageslängen mit Stängel, Blatt und Blüte gleichsam der Erde entwachsen und dem Licht zustreben, so heften sie im Spätherbst mit den ersten Nachtfrösten und den länger werdenden Nächten in gestauchter Rosette ihre Blätter an den Boden und senken ihre Wurzeln vertikal in die Tiefe. Die Wurzel strebt und wächst in das äußerlich Lichtlose und trifft in der Dunkelheit der Erde durch die über Kiesel, Kalk und Ton im Irdischen wirkende kosmische Strahlung, die das Urbild der Pflanzengattungen, -familien usw. zum physisch-sinnlichen Abbild formt.

Die dem Herbstprozess des naturhaften Absterbens angemessene Bodenbearbeitung bezieht sich nicht mehr primär auf die Förderung und Erhaltung von Lebensprozessen, wie die Hautbearbeitung im Frühjahr zur Aktivierung des Humusabbaus oder die Mulchbearbeitung im Sommer zur Förderung des Humusaufbaus. Der Umbruch eines Gründüngungs- oder Futterschlags bringt zwar Nährhumus in den Boden, der sich aber größtenteils erst im Frühjahr des folgenden Jahreszyklus umsetzt und zur Bodendynamik beiträgt. Die Bodenbearbeitung im Herbst nimmt streng genommen keine Rücksicht auf das Vergangene, sondern bereitet Zukünftiges vor, den Winterprozess. Nicht auf die Bearbeitung des Stoffwechselpols, die Humusschicht, richtet sich jetzt das Augenmerk, sondern auf das Mineralische der Erde, auf Ton, Schluff und Feinsand. Der Herbst, vor allem der Spätherbst, erlaubt eine Tiefen- oder Tonbearbeitung, eine Herbst-/Winterfurche (Abbildung 13, S. 222). Sie verursacht eine Zerstörung – oder besser: eine Chaotisierung – alles dessen, was sich so wunderbar im Lauf des Jahres in strenger Ordnung garebildend als Bodenleben aufgebaut hat. Dieses gilt es jetzt – zusammen mit den mineralischen Bestandteilen des Bodens – zu chaotisieren, in Vorbereitung auf die

Kristallisationsprozesse des bevorstehenden Winters und auf die Keimlegung zu einer neuen Bodenentwicklung im darauffolgenden Jahr. Das alte Wort gilt: «Vor dem Winter gepflügt, ist halb gedüngt.»[210]

Das klassische Instrument der Tiefenbearbeitung ist der wendende Pflug (Abbildung 13, S. 222). Er ist im ökologischen Landbau in mehrfacher Hinsicht in Misskredit geraten, mit der Folge der Hinwendung mancherorts zur «pfluglosen Bodenbearbeitung». Man wirft der Pflugarbeit Fehlleistungen vor, die nicht in dieser selbst begründbar, sondern die Folge von Konstruktionen sind, die hauptsächlich auf arbeitswirtschaftliche und technische Effizienz ausgerichtet sind. Die heutigen Pflüge, in der Regel schwere, mehrscharige Volldrehpflüge, sind auf Pflugtiefen von 25 bis 35 cm und mehr sowie auf Schnittbreiten von 35 bis 45 cm ausgelegt. «Je nach Pflugkörperform und Pfluggeschwindigkeit wird der Boden zwischen 20 bis 70 cm weit nach vorwärts und 40 bis 70 cm nach der Seite transportiert.»[211] Dieser hohe Versatz erzwingt einen entsprechend höheren Energieaufwand. Es wird dabei sehr viel mehr unbelebter mineralischer Boden nach oben und humoser Oberboden nach unten gekehrt, und zwangsläufig muss die Furche der breiten Schlepperräder wegen breit ausgeräumt werden. Man sucht diesem Problem durch vielscharige über die Schlepperbreite hinausreichende Pflüge zu begegnen, die es erlauben, außerhalb der Furche zu fahren, oder man ersetzt den Pflug durch den schweren Grubber, Scheibenpflug u.a.

Der Pflug löst einen Furchenbalken im Verhältnis Breite (b) zur Tiefe (t) von b : t = 1,2 : 1 bis 1,4 : 1 ab – in losem Boden etwas enger, jedoch nicht enger als 1 : 1.[212] Er unterfährt mit «Untergriff» des Pflugschares die Scholle, bricht sie vom Untergrund los, führt sie über das gewundene Streichblech, wodurch der Pflugbalken in scherender Wirkung in Sollbruchstücke zerbricht und, um die Schnittbreite versetzt, mit ca. 135° Neigung sich gegen die vorausgehende Pflugscholle anlehnt. Der humose Oberboden bröselt dabei entweder von oben nach unten abnehmend in die kurzzeitig entstehende Kluft vor Ablage der Scholle, oder er wird, im Falle des Einbringens von Stallmist beziehungsweise

210 Chaotisierung meint die Überführung des geformten in den ungeformten Zustand. Im vorliegenden Fall heißt dies, die Bodenstruktur, die durch komplexe Lebensvorgänge im voraufgegangenen Jahreslauf gewachsen war (Bodengare), mechanisch aufzubrechen, zu lockern und zu mischen, sie aufzuwirbeln, die Bodenteilchen vertikal und horizontal zu verlagern. Der vom Leben geformte Oberboden wird in Graden dem anorganischen Zustand eines räumlichen Nebeneinanders angenähert. Diese mechanische Chaotisierung bereitet den Boden auf den Empfang der einstrahlenden Formkräfte des Winters und die neu belebenden planetarischen und Sonnenbildekräfte des kommenden Frühjahrs vor.

211 Walter Feuerlein: *Geräte zur Bodenbearbeitung*, Stuttgart 1971, S. 40.

212 Ebd., S. 39.

einer mehrjährigen Hauptfutterfrucht, mit dem Vorschäler voran nach unten in die Furche geworfen. Mit dem Zweischichtenpflug sucht man dem Vergraben des an Nährhumus reichen Oberbodens entgegenzuwirken. Über die Windung des Streichblechs gelangt ton-, schluff- und feinsandreicher Unterboden an die Oberfläche und bildet den Furchenkamm. Dessen Mineralanteile sind damit direkt und unmittelbar den kristallbildenden Kräften des Kosmos im Winter sowie der Frostsprengung und, im Folgejahr, den Kräften der Verwitterung ausgesetzt. Indem in Maßen anorganisches Material emporgehoben wird, gelangt es unter den belebenden Einfluss der Kräfte des Stoffwechselpols. Die Tiefen- oder Tonbearbeitung mischt und chaotisiert in der Vertikalen. Sie verjüngt den Boden, holt aus der Tiefe herauf, was in Mikroerosion durch versickerndes Wasser an feinsten Tonteilchen nach unten verlagert worden ist.

Im biologisch-dynamischen Ackerbau sollte die Pflugfurchentiefe für die Herbstbestellung normalerweise nicht 16 bis 18 cm überschreiten beziehungsweise 20 cm im Falle der Winterfurche. Dies bedeutet bei einem Breite-Tiefe-Verhältnis von 1,4 : 1 und einer Schnittbreite von ca. 23 bis 30 cm einen sehr viel moderateren Versatz. Allerdings bleibt hierbei das Problem des seitlichen Reifendrucks ungelöst.

Die «raue Winterfurche» hatte den Vorteil, dass sich der Boden mit vergrößerter Oberfläche den «kristallbildenden Kräften des fernen Kosmos» exponiert, und den Nachteil, im frühen Frühjahr durch das Abschleppen eingeebnet werden zu müssen. Dieser Nachteil wird durch die Pflugnachläufer behoben, durch den Untergrundpacker für die Herbstsaaten, u.a. um ein Auffrieren der jungen Saat zu verhindern, oder, für die Winterfurche, die einebnende, krümelnde Notzonegge u.a. Im Fall von Untergrund- oder Pflugsohlenverdichtungen kann durch einen unter dem Schar angebrachten Tieflockerer auf eine allmähliche Krumenvertiefung hingearbeitet werden.

Der Pflug hat seinen Platz am Ende der Bodenentwicklung im Jahreslauf, dann, wenn die Lebensvorgänge im Haushalt der Natur in ein allgemeines Sterben übergehen. Der Pflug chaotisiert dasjenige, was im Boden aus der Vielfalt des Lebens zur Reife gekommen ist. Er führt das Abgestorbene vollends in den Zustand des Physischen und ist damit Wegbereiter für den Winterprozess, der in diesen Tod des physischen Gewordenseins den geistigen Keim zu neuem Leben legt, zu einem neuen Zyklus der Boden- und Pflanzenentwicklung im Folgejahr.

Der Grubber hat sich zu einer wertvollen Ergänzung, zu einem ja teilweisen Ersatz des Pfluges entwickelt. Ihn kennzeichnen eine variantenreiche Ausstattung von Arbeitswerkzeugen, schmalscharig bis voll schneidend mit

Flügelscharen, eine präzise Arbeitstiefeneinstellung sowie verschiedenartige krümelnde Nachläufer. Er eignet sich für den flachen Stoppelumbruch ebenso wie für den tieferen Umbruch im Herbst zum Beispiel von Kleegras. Vielerorts ist der Grubber wie der Pflug zu einem Gerät der Tiefenbearbeitung geworden, das die Böden auf den Winter vorbereitet.

Der biologisch-dynamische Landwirt braucht für seine Böden und Kulturen die geeigneten Bearbeitungsgeräte. Ein breit gefächertes Angebot auf dem Markt steht ihm zur Verfügung. Die Entscheidungsfindung macht ihn zum Experimentator; er sucht nach Beurteilungskriterien, die er im tätigen Umgang beobachtend und denkend nur selber finden kann. Er erkennt, dass die angebotene Technik der Bodenbearbeitung vielfach seinen Einsichten und Wünschen nicht entspricht. Die Bearbeitungsverfahren, die ihrer Funktion nach in der Zeit aufeinanderfolgen sollten, werden durch kombiniertes schweres Gerät zusammengezogen, z.B. Kreiselegge und Sämaschine, oder sie sind bei hoher Effizienz überdimensioniert, z.B. Pflüge. Die Kunst der Bodenbearbeitung, die sich als ein Geschehen in der Zeit vollzieht, reduziert sich zur bloßen technischen Erledigungsarbeit.

So bleibt es nicht aus, dass sich der biologisch-dynamische Landwirt auch auf dem Gebiet der Technik der Bodenbearbeitung in seinem Erfindergeist herausgefordert sieht. Das Verständnis der vier jahreszeitlichen Prozesse weist ihm die Richtung.

Zweite Säule: Vom Wesen der Fruchtfolge

Die Fruchtfolge und die Lebensorganisation des landwirtschaftlichen Organismus

Die zweite tragende Säule des Acker- und Gartenbaus ist die Fruchtfolge. Sie ist ein Organ der Lebensorganisation des Hofes oder, im Bilde des landwirtschaftlichen Organismus und der ihm innewohnenden «werdenden landwirtschaftlichen Individualität» gesprochen, von deren Ätherleib. Worin tut sich dieser kund? Er ist aus einer aus dem Übersinnlichen wirkenden Kräftewelt gewoben. Rudolf Steiner bezeichnet sie als «Universalkräfte», die er den «Zentralkräften» in folgender Weise gegenüberstellt:[213]

Für die im Leblosen verlaufenden Erscheinungen wird man sagen können: «Sie zeigen sich von Kräften beherrscht, die vom Wesen des Stoffes ausstrahlen, vom – relativen – Mittelpunkt nach der Peripherie. Die Lebenserscheinungen zeigen den Stoff von Kräften beherrscht, die von außen nach innen wirken gegen den relativen Mittelpunkt zu. Beim Übergang ins Leben muss sich der Stoff den ausstrahlenden Kräften entziehen und sich den einstrahlenden fügen. [...] Er wird einbezogen in die Kräfte, die vom Außerirdischen nach der Erde von allen Seiten einstrahlen [...] Von allen Seiten wirken sie heran, diese Kräfte, wie nach dem Mittelpunkt der Erde hinstrebend.»[214]

Der Ätherleib kommt also allen belebten Geschöpfen zu, ist aber nicht als ein Gebilde im Raum vorzustellen. Nicht die im Raum wirkenden physischen Gesetze grenzen ihn ab, sondern er bildet sich zu einem «Zeitenleib» durch Kräfte, die von jenseits von Zeit und Raum aus der höheren Sphäre des Seelisch-Astralen einstrahlen. Die Kräfte des Ätherischen sind rein funktioneller Natur.[215] Sie sind allgegenwärtig und bilden in unermesslicher Vielzahl, aus dem Umkreis einströmend, gleichsam die Grundsubstanz des Kosmos. Das Seelisch-Astrale vermittelt ihnen die Richtung ihres Wirkens; es macht sie zu bildenden, formschaffenden Kräften, die sich zu einer Ganzheit, zu einem Ätherleib zusammenschließen und, im Stoffgebiet des Irdischen, Leben entzünden und in die physisch-sinnlichen Formen sprießen lassen. Der

213 Rudolf Steiner: *Grundlegendes für eine Erweiterung der Heilkunst*, GA 27, Dornach 1991, S. 25f.
214 Siehe auch: Hermann Poppelbaum: «Begriff und Wirkungsweise des Ätherleibs», in Jochen Bockemühl (Hrsg.): *Erscheinungsformen des Ätherischen*, Stuttgart 1985, S. 179–195.
215 Hermann Poppelbaum: Ebd.

Ätherleib der Pflanze wird in ihrer Form (Zeit-Gestalt) anschaubares Bild. Er ist das Medium des Werdens, des beziehungsvollen Nacheinanders in der Zeit, wie beispielsweise das prozessuale Geschehen der vom Keim über Spross zur Blüte sich entfaltenden Pflanze. Das bildekräftig Funktionelle des Ätherleibes hebt die von den Zentralkräften der Erde beherrschten Stoffe zu sich empor und entfremdet sie ihren bloß physischen Eigenschaften. Er komponiert sie zu den organischen Stoffverbindungen, wie Eiweiße, Kohlehydrate etc., deren je spezifische Funktionszusammenhänge die Form der Pflanze zur Erscheinung bringen. Das Leben wird Erscheinung in den Formen, die es mit Hilfe der Erdenstoffe schafft.

Die Universalkräfte sind vierfacher Natur: Sie differenzieren sich in den Wärmeäther, den Lichtäther, den chemischen Äther (auch Klang- oder Zahlenäther) sowie den Lebensäther.[216] Sie vereinigen sich unter der Wirkung des Seelen- oder Astralleibes zum Ätherleib und dieser verbildlicht sich in den Formen durch die Stoffe, die in den Elementen Wärme, Luft, Wasser, Erde wirken. Durch die Zentralkräfte begrenzt die Pflanze sich in ihre irdische Gestalt, durch die Universalkräfte ist sie beziehungsoffen nach allen Richtungen. So wächst sich die Buche beziehungsvoll unter den einströmenden Strahlungen des Kosmos zum Baum aus, die Wegwarte zum Kraut, die Wiesenrispe zum Gras. Zugleich sind sie aber durch das Stoffeswirken im Zusammenhang mit den vier Elementen an einen bestimmten Erdenort gebunden. Das Universale des Ätherischen kann sich im Irdischen nur in der Vielheit des Einzelnen ein Abbild schaffen. Die Natur schafft, wo immer Leben sich entfalten kann – ob im Urwald, in der Savanne, auf der Wiese, auf dem Hochmoor etc. – eine standortgemäße Mannigfaltigkeit, eine Artenvielfalt an Pflanzenformen. Sie stehen in einem räumlichen Nebeneinander, wobei Pflanzen gleicher Art sich in der Regel mit anderen Arten abwechseln; zum Beispiel stehen im unberührten Urwald gleiche Baumarten nicht nebeneinander. Die Mannigfaltigkeit von Pflanzenarten an einem Standort ist das Prinzip, das die Natur vorlebt. Diese Vielfalt bildet zusammen mit allen in und über dem Boden lebenden Organismen einen übergeordneten, ätherisch-astralen Kräftezusammenhang; oder – ökologisch gesprochen – einen Lebensraum (*Biotop*) und eine für diesen charakteristische Vergesellschaftung von Lebewesen (*Biozönose*). Diese Vielfalt ist es, die Nachhaltigkeit, Gesundheit und Reproduktionskraft im Naturhaushalt aufrechterhält. Das bloß Physisch-Mineralische tendiert in die Zersplitterung – ein beispielhaftes Phänomen

216 Ernst Marti: *Die vier Äther – zu Rudolf Steiners Ätherlehre*, Stuttgart 2016, 60 S.

dafür ist der Sand –, das Lebendig-Ätherische hingegen bildet zu höheren Ganzheiten herauf.

Dieses urökologische Prinzip wird in einzelnen Gliedern des landwirtschaftlichen Organismus, vor allem im Acker- und Gartenbau durch das Prinzip der Monokultur durchbrochen. Der Weizen, die Kartoffeln auf dem Feld, der Salat im Garten stehen in der Regel – von Mischkulturen einmal abgesehen – wie jede andere Kultur auch im Reinbestand. Dies bedingt eine Einseitigkeit, die notwendig eine Schwächung der Lebensorganisation des Hofes zur Folge hat. Sie wirkt krankmachend und führt im agrarindustriellen Landbau, wo geregelte Fruchtfolgen keine Rolle mehr spielen, zum Einsatz eines weiten Spektrums abiotischer Betriebsmittel, mit dem unausweichlichen Effekt weitreichender, lebensfeindlicher Nebenwirkungen. Jede Vereinseitigung reduziert die Bedingungen, unter welchen die Universalkräfte des Kosmos sich im Irdischen zur Erscheinung bringen. Sie verlieren die Herrschaft über die Zentralkräfte. Damit ist zugleich der Kern der Frage nach der Nahrungsqualität angesprochen.

Die Kunst des Acker- und Gartenbaus besteht darin, den Mangel an Artenvielfalt auszugleichen oder gar kunstvoll auf ein höheres Niveau als das naturgegebene zu erheben. Fruchtfolge heißt: Die Summe der Nahrungs-, Futter- und anderer zum allgemeinen Gebrauch dienender Pflanzen werden jedes Jahr getrennt voneinander, auf einzelne Ackerschläge und Gartenparzellen verteilt angebaut. Dieselben Früchte folgen einander auf jeder dieser Flächen nach bestimmten Kriterien über die Jahre. So wandern alle Feldfrüchte in gesetzmäßiger Folge durch die Hofgemarkung. Die ausgleichende Wirkung der Fruchtfolge kann wesentlich erhöht werden durch den Misch- oder Gemengeanbau, z.B. Hafer, Bohnen bzw. Erbsen, durch Untersaaten, Rot-, Weiß- oder Schwedenklee, durch Einschaltung von Zwischenfrüchten sowie durch Vervielfältigung des Anbaus gemäß der Bedarfslage eines regionalen Marktes.

Zum System der Fruchtfolge

Je nach Klima, Bodenart (Sand, Schluff, Lehm, Ton), Landschaftsgestalt und Marktnähe variieren die Fruchtfolgen unter biologisch-dynamischer Bewirtschaftung. Sie gründen letztlich auf dem auf keltisch-germanische Zeiten zurückgehenden System der Dreifelderwirtschaft: Winterung – Sommerung – Brache. Dieses System hielt die Böden über Jahrhunderte auf dem Niveau standortsgebundener Bodenfruchtbarkeit. Eine Veränderung trat im

18. Jahrhundert mit der sogenannten «verbesserten Fruchtfolge» ein, der Besömmerung der Brache mit Klee und in der Folge mit Hackfrüchten (Kartoffeln, Rüben etc.). Im Zuge der Intensivierung des Anbaus im 20. Jahrhundert entstand das System des Fruchtwechsels mit 50 % Hackfrucht und 50 % Halmfrucht. Durch die heraufkommende Technik und die Möglichkeit der nahezu beliebigen Steuerung des Pflanzenwachstums durch betriebsfremde Mittel entstand die systemlose, rein marktorientierte «wilde Fruchtfolge».

Die Fruchtfolgen im biologisch-dynamischen Landbau haben sich durch Einschaltung von mindestens zweijährigem Klee- und/oder Luzernegras zu mehrjährigen Folgen entwickelt, deren Grundgerüst in der Regel noch immer auf dem dreijährigen System aufbaut.

Fruchtfolge und Humushaushalt

In der Humusbildung verbindet sich der Äther- oder Lebensleib des Hoforganismus mit dessen physisch-irdischer Organisation. Die vielerlei Formen und Substanzkompositionen der Ernterückstände gehen im Element des Erdigen in einen Zustand des Allgemein-Lebendigen über, den Humus. Dessen Beschaffenheit zeugt noch von seiner Herkunft. Augenscheinlich ist dies bei den sogenannten Humusformen «Rohhumus» und «Moder». Der «Mullhumus» hingegen ist ein Produkt vollständiger Verwandlung. Rohhumus bildet sich im sauren, feucht-kühlen Milieu, Mull im basenreichen, tätigen Boden des warm-humiden Klimas. Rohhumus und Moder zeigen noch pflanzliche Strukturen. Im Mullhumus sind diese verschwunden; er stellt eine Neubildung dar. Und doch ist seiner lebendig-stofflichen Komposition die Bildekräftekonstellation gleichsam eingeschrieben, die dem organischen Ausgangsmaterial, den Wurzeln, Stängeln und Blättern, eigen war. Aus der Vielzahl an Wuchsformen und Substanzbildungen entsteht das «Allgemein-Keimkräftige» des schwarz-krümelnden Mullhumus.

Die einzelnen Arten der Feldfrüchte beanspruchen die Bodenfruchtbarkeit, sprich den Humushaushalt, auf je unterschiedliche Weise. Sie haben dementsprechend für die nachfolgende Frucht eine je spezifische Vorfruchtwirkung, die sich weitgehend durch die Menge an Ernterückständen, vor allem die der Wurzelmasse, bestimmt. Den geringsten Vorfruchtwert haben die Hackfrüchte, unter diesen besonders die Häufelkulturen wie Kartoffeln u.a. Sie gelten als Humuszehrer und hinterlassen für die Fruchtfolge die geringste Masse an humusbildenden Ernterückständen, so bei Kartoffeln 13 dt/ha, bei Zuckerrüben 8 dt/ha an Wurzeltrockenmasse. Anders die Getreide, deren Wurzeltrockenmasse bei Roggen 30 dt/ha und bei den anderen Halmfrüchten im Durchschnitt 23 dt/ha beträgt. Sie nehmen eine Mittelstellung bezüglich des Vorfruchtwertes ein, besonders, wenn man die Strohmassen berücksichtigt, die in der Regel der Einstreu im Stall dienen und über den Stallmist wieder in die Fruchtfolge zurückgelangen. Der höchste Vorfruchtwert kommt den Leguminosen zu und unter diesen den Hauptfutterpflanzen Rotklee mit 42 dt/ha und Luzerne mit 52 dt/ha Wurzeltrockenmasse. Außerdem durchwurzeln sie in Tiefe und Breite vergleichsweise den größten Wurzelraum mit den längsten Einzelwurzelfasern.[217, 218] Die vor allem zweijährig genutzten Futterleguminosen gelten als Humusmehrer. Die maßvolle Aufeinander-Abstimmung von Hackfrucht, Halmfrucht und Futterleguminosen bildet den Grundrahmen jeder Fruchtfolge, die auf die Wahrung des Humushaushaltes angelegt ist oder besser noch dessen Erhöhung.

Fruchtfolge und Zwischenfruchtanbau

Die Zwischenfrüchte bereichern die Artenvielfalt der Fruchtfolge und steigern den Humusumsatz. Durch Untersaaten, Stoppelsaaten sowie Winterzwischenfrüchte kann sich die Lebensorganisation des Hoforganismus noch kraftvoller und ausgleichender manifestieren. Während das Erntegut der Marktfrüchte, die Nahrung für die Menschen, den Hof verlässt, verbleiben die Zwischenfrüchte ebenso wie die Hauptfutterpflanzen der Fruchtfolge im Betrieb, gleichsam als lebendige Nahrung für die Erhaltung und Steigerung der Bodenfruchtbarkeit, ja, für die Gesundung und das Gedeihen des Betriebsorganismus insgesamt.

Der Zwischenfruchtbau schaltet sich überall da in die Fruchtfolge ein, wo zwischen Ernte und Neueinsaat der Hauptfrüchte zeitliche Lücken entstehen. Sind diese kurz – z.B. zwischen einer im Sommer spät räumenden Halmfrucht und der Neueinsaat einer Winterung im Herbst –, können als Stoppelsaaten nur schnellwachsende Kruziferen, wie Sommerraps, Senf, Ölrettich, eingeschaltet werden. Sie wachsen mit ihrer Pfahlwurzel mit reicher Seitenbewurzelung in die Tiefe, sorgen für Nährhumus und Regenwurmaktivität bis in den Unterboden, erzeugen durch Beschattung ein Mikroklima, in welchem die Bodentiere die idealen Bedingungen zu ihrer humusaufbauenden

217 Gerhard Geisler: *Pflanzenbau. Ein Lehrbuch – Biologische Grundlagen und Technik der Pflanzenproduktion*, Berlin-Hamburg, 1988, S. 506.
218 Eduard von Boguslawski: *Ackerbau, Grundlagen der Pflanzenproduktion*, Frankfurt 1981, S. 237 f.

Tätigkeit finden, und hinterlassen eine lockere, wurzelreiche Gare, die nach einer Mulchung ein feinkrümelndes Herbstsaatbett verspricht.

Stehen längere Zeitabstände zwischen Ernte und Neueinsaat zur Verfügung, z.B. nach der sommerlichen Halmfruchternte und der Bestellung einer Hackfrucht im folgenden Frühjahr, bietet sich ein Gemenge an von überwiegend ausgeprägt pfahlwurzelbildenden Leguminosenarten, wie Pferdebohne (*Vicia faba*) und Lupine (*Medicago*) sowie die reichverwurzelte Sommerwicke (*Vicia angustifolia*), Erbse (*Pisum sativa*), ferner Weidelgras (*Lolium perenne*), *Phacelie (Phacelia tanacetifolia)* und, als Stützfrucht, Sonnenblumen (*Helianthus annuus*). Möglichst noch im Juli gesät, bildet dieses Gemenge große Futtermassen – teils genutzt als Ackerweide –, eine reiche Durchwurzelung sowie gegen den Herbst hin ein vielfältiges Nektarangebot für blütenbesuchende Insekten. Solche Gemenge können – auch als Blühstreifen beispielsweise größere Hackfruchtschläge unterteilend oder als Randstreifen zwischen den Kulturen ausgesät – eine Bienenweide und überhaupt ein Sammlungsort eines überreichen Insektenlebens werden. Die mehrjährigen Futterleguminosen, Rotklee und Luzerne mit Beimengungen an Futtergräsern und -kräutern, werden in der Regel als Untersaaten im Frühjahr, vorzugsweise in frühräumende Winterung (Roggen, Gerste) eingebracht. In gleicher Weise können auch deckfruchtverträgliche Zwischenfrüchte untergesät werden, wie Rot-, Weiß- und Gelbklee (*Trifolium*-Arten) im Gemenge mit Weidelgras (*Lolium*-Arten) sowie Seradella (*Ornithopus sativus*).

Die Winterzwischenfrüchte – im Spätsommer als Raps (*Brassica napus*), im Frühherbst als Gemenge gesät – bedecken vom Spätherbst an über Winter den Boden, wurzeln tief, entfalten im Frühjahr in kürzester Frist eine große Futtermasse und hinterlassen im Boden als hervorragende Vorfrucht eine überreiche Wurzelmasse. Hierbei handelt es sich um Gemenge wie Wick-Roggen (Zottelwicke und Roggen) sowie um das Landsberger Gemenge (Zottelwicke [*Vicea villosa*], Roggen, Inkarnatklee [*Trifolium incarnatum*]).

Der Zwischenfruchtbau muss innerhalb der Fruchtfolge zwangsläufig flexibel gehandhabt werden. Durch die Witterungsbedingungen sind die Zwischenzeiten außerordentlich variabel. Die Regel einzuhalten – ein Aussaattag im Juli ist für die Entwicklung der Zwischenfruchtleguminosen so viel wert wie eine Woche im August –, ist oft Glücksache. Nässeperioden verzögern die Aussaat, Trockenzeiten den Aufgang. Gelingt die Zwischenfrucht, lebt der Boden auf und das Vieh im Stall schätzt das frische Futterangebot; misslingt sie, entfällt die gute Vorfruchtwirkung.

Fruchtfolge und die Mineralaufschließung, die Stickstoffbindung

Die Komposition der Fruchtfolge dient dem Ziel der Entwicklung einer stabilen oder besser noch einer positiven Humusbilanz und mit dieser einer positiven Stickstoffbilanz. Zu Letzterer tragen die Hack- und Halmfrüchte weniger bei, umso mehr aber die Leguminosen. Diese leben in Symbiose mit Bakterien im Wurzelbereich, den sogenannten *Rhizobien* oder Knöllchenbakterien, und haben in Verbindung mit der Mutterpflanze das Vermögen, den Stickstoff aus der Luft zu binden. Gleiches vermag u.a. auch die Erle (*Alnus glutinosa*), die im Wurzelbereich mit den pilzverwandten *Actinomyceten* in Symbiose lebt, erkenntlich an dem tiefen Grün des Blattwerks, ähnlich den Leguminosen. Das Vermögen der Stickstoffbildung, ohne einen direkten Bezug zu höheren Pflanzen zu haben, findet sich bei freilebenden Bakterien, wie *Azetobacter*, die ein basenreiches, mehr zum Alkalischen hinneigendes, und die *Amylobacter*, die ein mehr saures Bodenmilieu bevorzugen.

Rudolf Steiner beschreibt das Vermögen der Stickstoffbindung der Leguminosen als einen Vorgang der «Einatmung», währenddem alle anderen Pflanzen der «Ausatmung nahestehen».[219] Die Stickstoffeinatmung der Leguminosen ist ein Prozess vergleichbar dem, «was auf unseren Epithelzellen [der Lunge; Einfügung durch den Verfasser] geschieht»[220]. Die Symbiose mit den *Rhizobien* ist endogen; sie bilden eine physiologische Einheit mit der Mutterleguminose. Sie wandern aus dem Boden in die noch junge Pflanze ein und vermehren sich dort unter Bildung der Wurzelknöllchen. Sie sind also sekundär eine Gabe der Erde an die Leguminosen-Pflanze, durch die diese in die Lage versetzt wird, das anorganisch tote Element des Luftstickstoffs (N_2) zu beleben und dadurch das Seelisch-Astrale, dessen Träger der Stickstoff ist,[221] innig mit dem Lebensgeschehen zu verbinden. Die Erscheinungsformen der Leguminosen zeugen in vielerlei Merkmalen bis in die Gestaltung der Blüte in einem höheren Grad von einer in die Lebensprozesse einverwobenen Innerlichkeit, als das bei den anderen Blütenpflanzen der Fall ist.

Neben der besonderen Beziehung der Leguminosen zum Stickstoff zeigen sie eine besondere Affinität zum Kalk im Boden. Nicht nur findet man diese Pflanzen bevorzugt auf kalkreichen Standorten – saure Böden meiden sie,

---

219 Rudolf Steiner: *Geisteswissenschaftliche Grundlagen zum Gedeihen der Landwirtschaft*, GA 327, Vortrag vom 11. Juni 1924, Dornach 1999, S. 80.

220 Ebd., S. 80.

221 Ebd., S. 71.

allen voran die Luzerne –, sondern sie sind es, die den Kalk im Untergrund mobilisieren, ihn in ihre physiologischen Prozesse aufnehmen und in die Gewebe und Zellen einlagern. Auf diese Weise kalken sie über ihre Rückstände den Oberboden auf. Dies ist bei der Luzerne, der Königin der Futterpflanzen, in höherem Grad der Fall als beim Klee und dies umso mehr bei mehrjährigem Anbau. Ein solcher sollte in keiner Fruchtfolge im biologisch-dynamischen Land- und Gartenbau fehlen.

Jede Pflanzenart hat ein allgemeines und darüber hinaus spezifisches Aneignungsvermögen für Mineralstoffe. Allgemein möge heißen: Das ganze Spektrum an Erdenstoffen, das die Pflanze braucht, um eine irdische Erscheinungsform anzunehmen, spezifisch jene Stoffe, durch die die ätherische Organisation einer Pflanzenart, gemäß ihrem geistigen Urbild, besondere Eigenschaften zum Ausdruck bringen kann. Diese Eigenschaften konfigurieren und individualisieren sich nach Maßgabe des quantitativ-qualitativen Verhältnisses eines bestimmten Erdenstoffes zu einer qualitativ-quantitativen Konstellation kosmisch-ätherischer Bildekräfte. Solche Beziehungsverhältnisse charakterisiert Rudolf Steiner bezüglich der Eigenschaften der Präparatepflanzen (vgl. Kap. «Die Kompost- oder Düngerpräparate», S. 360 ff.).

So leisten im Rahmen der Fruchtfolge jede Hauptfrucht und so auch jedes Kraut oder Gras der Begleitflora (Unkräuter und -gräser) einen je spezifischen Beitrag zur Mineralaufschließung über die Säurewirkung und Wurzelausscheidungen sowie wurzelaktive Austauschvorgänge und über die Rückführung dieser Mineralstoffe in den Boden, auf dem Weg der organischen Rückstände. Neben der Fähigkeit der Luftstickstoffbindung kommt den Leguminosen noch die andere zu: nämlich jene ihres hohen Mineralaufschließungsvermögens bezüglich Kalzium, Magnesium, Phosphor und Bor. Nach Paracelsus gibt es keine Pflanze, die nicht eine Heilwirkung hätte. Sie beruht auf der Fähigkeit des pflanzlichen Ätherleibes, Stoffe der Erde in den Pflanzen zu konzentrieren und sie zu organischen Verbindungen zu komponieren, durch die sie ihren Bodenfruchtbarkeitswert, ihren Heil- und Nährwert erhalten.

Fruchtfolge und ihre Begleitflora, die Unkräuter

Die Antwort der Natur auf die Einzelstellung der Kulturpflanzen in Feld und Garten sind die sogenannten «Un- oder Beikräuter» und «Ungräser». Sie sorgen für Artenvielfalt, für einen Ausgleich, der die naturgegebene, standörtliche Konfiguration der ätherischen Bildekräfte widerspiegelt. Auf einem feuchten Standort ist diese eine andere als auf einem trockenen, eine andere auf Lehm als auf Sand und wieder eine andere auf Böden verschiedener Säuregrade usw. So finden sich von den für Mitteleuropa beschriebenen 292 Arten der Begleitflora standortbezogen immer charakteristische, mehr oder weniger artenreiche Vergesellschaftungen von Un- oder Beikräutern und Ungräsern.[222] In diese jährlich wiederkehrende Vermengung einer Wildflora mit den Kulturpflanzen greift der Landwirt und Gärtner ein. Er sucht das Ausmaß der Verunkrautung und Verungrasung durch vielfältige arbeitsintensive Maßnahmen zu minimieren. Die aufwendigste und mühsamste Arbeit ist hierbei der Einsatz der Handhacke und das Jäten. Welches Aufatmen daher, als in den 1960er-Jahren die synthetischen Herbizide aufkamen. Seither gibt es solche mit Breitenwirkung und zahlreiche andere, die selektiv auf die Vernichtung bestimmter Problemunkräuter und -ungräser ausgerichtet sind. Im Zuge der gentechnischen Genomveränderungen der zu kultivierenden Zielpflanzen kamen die Totalherbizide hinzu, wie das «Roundup Ready», das mit dem Wirkstoff *Glyphosat* seinen Siegeszug über die Welt angetreten hat. Die Herbizide sind Erfindungen des Menschengeistes. Sie sind dazu da, um Leben zu töten, zu vernichten. Sie greifen systemisch in den Zusammenhang der Lebensprozesse ein und steuern sie ins Nichts. Die die Lebensorganisation der Pflanzen konstituierenden ätherischen Bildekräfte verlieren die Herrschaft über die Organisation des physischen Leibes. An die Stelle der astralen Kräfte, die über die Einstrahlungen der kosmischen Umkreiskräfte, und jene, die aus der Erde herauf das Erscheinungsbild der Pflanze formen und gestalten, treten solche, die die Fäden zwischen wesenhaftem Urbild und sinnlich-physischer Erscheinungsform zerreißen. Es sind lebensfeindliche Astralkräfte aus der Unternatur, aus dem Unterphysischen, die auf der Stufe des Physischen durch synthetische Stoffkompositionen wirksam werden. Die Herbizide sind ebenso wie die Summe der Pestizide und sonstigen synthetischen Pflanzenbehandlungsmittel auf rein reduktionistischen Gedankenwegen zusammengebaute Schöpfungen des Menschen. Sie sind Trägerstoffe lebensfeindlicher Kräfte, die isoliert im Weltenzusammenhang stehen. Die Vorgehensweise der beliebigen Stoffsynthese entspricht umgekehrt jener Technologie, die die im Stoff gefesselten unterphysischen Kräfte mittels der sogenannten Kernspaltung herauf ans Tageslicht zwingt, beides mit evolutiv unabsehbaren Folgen.

222 Wolfgang Holzner, Johann Glauninger: *Ackerunkräuter: Bestimmung, Biologie, Landwirtschaftliche Bedeutung*, Graz 2005, 264 S.

Das Verfahren der Unkrautsamenveraschung

Jahrzehnte bevor die vorgenannten Verfahren der Vernichtung der Unkräuter durch Umsteuerung ihrer Lebensprozesse weltweite Praxis wurden, erschloss Rudolf Steiner aus der Erforschung der Übernatur des Kosmos und dessen Mitwirkung bei der Samenbildung das Verfahren der Veraschung von Unkrautsamen, das «Brennexperiment».[223] Es ist eine Methode der Unkrautregulierung, die der Samenkeimung entgegenwirkt. Die Empfehlung ist, Samen von Unkräutern zu sammeln, sie zu veraschen, «eine Holzflamme ist am besten», und den erhaltenen «Pfeffer» über Feld und Garten auszustreuen.[224] Diesem Vorgehen liegt die Erkenntnis zugrunde, dass das Wachstum und dessen Steigerung zur Reproduktion in der Samenbildung in direkter Beziehung zu dem untersonnigen Planetenwirken des Merkur, der Venus, vor allem aber des Mondes steht. Der Mond strahlt die Strahlen der Sonne, der Planeten und des weiteren kosmischen Umkreises zurück. Die Intensität dieser Rückstrahlung zur Erde richtet sich nach den Mondphasen und ist am größten bei Vollmond. Die keim- und wachstumsanregende Wirkung des zunehmenden Mondes gegen den Vollmond hin ist vielfach experimentell belegt.[225, 226] Die Samenunkräuter weisen in der Regel eine hohe Reproduktionskraft auf, die beispielsweise bei Kamille (*Anthemis nobilis*) pro Pflanze 10 000 bis 200 000, bei der Ackerdistel (*Cirsium arvense*) ca. 4500 betragen kann.[227] Bei einer Sterberate bis zu 50 % findet man bei geringer Verunkrautung immerhin zwischen 10 000 und 30 000 keimfähige Unkrautsamen pro Quadratmeter, bei starker Verunkrautung bis zu 300 000 pro Quadratmeter.[228] Herrschen oberflächennah im Boden günstige Keimbedingungen, wie Bodenwärme (> 9 °C) und Bodenfeuchte, werden die Mondenkräfte aktiv und beschleunigen Keimung und Wachstum.

223 Rudolf Steiner: *Geisteswissenschaftliche Grundlagen zum Gedeihen der Landwirtschaft*, Dornach 1999, Vortrag vom 14. Juni 1924, S. 155 f.

224 Ebd., S. 156.

225 Lilly Kolisko: «Der Mond und das Pflanzenwachstum», in *Gäa Sophia*, Bd. II, Dornach 1927, S. 349–357.

226 Hartmut Spieß: «Chronobiologische Untersuchungen mit besonderer Berücksichtigung lunarer Rhythmen im biologisch-dynamischen Pflanzenbau», *Schriftreihe Institut für Biologisch-Dynamische Forschung*, Bd. 3, Darmstadt 1994, 272 S.

227 Jürgen Appel: «Unkrautregulierung ohne Herbizide. Erfahrungen auf Betrieben der biologisch-dynamischen und organisch-biologischen Wirtschaftsweisen», *Schriftreihe Lebendige Erde*, Darmstadt 1982, 113 S.

228 Ebd.

Die Samenveraschung wird während der Keimruhe vollzogen, in dem Zustand, in welchem das Kosmische «als Form der Pflanze im Samen lebt».[229] Wird der Same durch das Feuer geführt, wird er vollständig von den Flammen verzehrt; zurück bleibt der irdische Anteil, die Asche. Das Feuer als Element offenbart sich einerseits sinnlich in den Erscheinungen der Wärme und des Lichts. Die andere, die bewirkende Innenseite des Feuers ist übersinnlich. Im menschlichen Erleben kann dieses Übersinnliche als Erscheinung auf seelischer Ebene erfahrbar werden, z.B. wenn ein geistiger Impuls die Seele zum Feuer der Begeisterung entflammt. Wo immer ein Feuer auftritt, verzehrt es das Physisch-Gewordene, es wird zur Asche. Von der Seite des Geistig-Wirksamen aus gesprochen zeugt die Asche von einem Läuterungsvorgang, von einem solchen, der dem Sein neue Werdeimpulse einpflanzt.

Die Aufgabe der Samenveraschung ist nun, Bedingungen im Boden zu schaffen, dass für die betreffende Unkrautart die die Keimung stimulierende Wirkung der Mondenkräfte unterbunden wird. Die Asche, die durch die Vernichtung des Samens durch das Feuerelement entsteht, wirkt den Mondenkräften entgegen: «Nun handelt es sich darum, dass man den Erdboden so behandelt – da man ja den Mond nicht abstellen kann –, dass die Erde ungeneigt wird, die Mondenwirkungen aufzunehmen; und nicht nur die Erde kann ungeneigt werden, die Mondenwirkungen aufzunehmen, sondern es können auch die Pflanzen, diese Unkräuter, eine gewisse Scheu dafür bekommen, in einer in einem gewissen Sinne behandelten Erde zu wachsen.»[230] Die letztere Aussage legt den Gedanken nahe, dass die Veraschung der so überstark reproduktiven Unkrautsamen diese aus der Bannung in den irdischen Reproduktionszyklus gleichsam befreit, ihr Auftreten sich also fortan in Grenzen hält.

Das Verständnis für die geisteswissenschaftlichen Hinweise Rudolf Steiners zur Unkrautveraschung bedarf einer nicht nachlassenden Erkenntnisbemühung und, daran anknüpfend, einer Forschergesinnung, die in bewusster Zuwendung nach innen und nach außen jeden Schritt der praktischen Umsetzung begleitet. Dies umso mehr, als die seitherigen Bemühungen zwar ansatzweise Erfolge, aber doch noch keine durchgreifenden gebracht haben. Dies liegt vor allem an Folgendem:

- Die Veraschung von Unkrautsamen und die Wirkung dieser Aschen, wie auch diejenigen von Schadinsekten sowie diejenige des Balges von Schaden

229 Rudolf Steiner: *Geisteswissenschaftliche Grundlagen zum Gedeihen der Landwirtschaft*, GA 327, Vortrag vom 10. Juni 1924, Dornach 1999, S. 53.

230 Ebd., S. 155.

verursachenden, reproduktionsstarken Tieren wie der Feldmaus, muss ganz in die betriebliche Praxis eingebunden sein und kontinuierlich gepflegt werden.

- Dazu braucht es der Mithilfe des sozialen Umfeldes der Betriebe, Menschen, die willens und fähig sind, die der Veraschungsmethodik zugrunde liegende, geisteswissenschaftliche Erkenntnis zu vertiefen und in Dauerpraxis zu erüben.
- Die inzwischen ausgefeilten Techniken der mechanischen Unkrautbekämpfung haben die Forschung an und die Praxis mit der Samenveraschung etwas in den Hintergrund treten lassen.

Die mechanische Unkrautregulierung

Während die Herbizide systemisch-physiologisch gleichsam von innen wirken, also die übergeordnet aufbauende Funktion des Lebensleibes gegenüber der physischen Organisation in die Irre leiten, wirken die mechanischen Verfahren zur Regelung des Unkrautaufwuchses von außen. Mit dem Jäten, Striegeln, Eggen und Hacken werden die Pflanzen entwurzelt, mit dem Mähen vom Wurzelstock abgeschnitten. Mit diesen Maßnahmen tritt man nicht aus der Gesetzlichkeit des Werdens und Vergehens heraus. Das trifft auch für das Abflammen zu, das schnell keimende und wachsende Unkräuter erfasst, bevor die keimende Saat der Kulturpflanze die Bodenkruste durchbricht und ergrünt.

Jede Kultur eines Fruchtfolgeglieds wird von einer besonderen Unkrautflora begleitet. Deren Zusammensetzung wird vor allem durch den Bodenzustand, durch den Zeitpunkt der Saat, durch die Witterungsbedingungen sowie durch das schnellere oder langsamere Wachsen der Kulturen und demzufolge auch durch deren Bodenbedeckungsgrad bestimmt.

Viele der Unkrautarten sind Zeigerpflanzen im Hinblick auf die Bodenstruktur, z.B. Staunässe, Verdichtungen, Bodengare, Stickstoffhaushalt und Bodenazidität.[231] Die Fruchtfolgeglieder lassen sich hinsichtlich des Auftretens spezifischer Unkräuter und -gräser in drei Gruppen einteilen: Halmfrüchte, Hackfrüchte, mehrjährige Futterpflanzen. Die gärtnerischen Fruchtfolgen sind im Wesentlichen Hackfruchtfolgen.

231 Helmut Voitl, Elisabeth Guggenberger, Josef Willi: *Das große Buch vom biologischen Land- und Gartenbau*, Wien 1992, 367 S.

Unkräuter und -gräser in den Halmfrüchten

Die Begleitflora der Winterung gliedert sich in Herbst- und Frühjahrskeimer. Unter den im Herbst keimenden Unkräutern und -gräsern werden diejenigen lästig, die winterfest sind, wie der Ackerfuchsschwanz (*Alopecurus myosuroides*) und Windhalm (*Apera spica venti*) sowie Unkräuter wie Hundskamille (*Anthemis spec.*), Ehrenpreis (*Veronica spec.*) etc. Wegen seines geringen Bedeckungsgrades in Herbst und Winter ist Weizen mehr bedroht als Roggen und Gerste. Durch ihre Vorwinterbestockung sind die beiden Letzteren den Ungräsern und Unkräutern im Wachstum und der Bodendeckung voraus. Nur selten erlaubt es der herbstliche Bodenzustand, mit Striegel oder Egge hier regulierend einzugreifen. Dies kann auch nur bedingt im frühen Frühjahr nachgeholt werden. Die Hacke mit schmalen Gänsefußscharen verträgt nur der Weizen – er bestockt erst im Frühjahr –, nicht Roggen und Gerste; diese haben ihre flach auslaufenden Kronenwurzeln bereits weitgehend ausgebildet. Zur Abwehr von Frühjahrskeimern in der Winterung leisten der Striegel und die leichte Egge gute Dienste.

Die Sommergetreide, Gerste, Weizen und Hafer, danken eine frühe Saat; sie sind deshalb wie auch alle andere Sommerung einem erhöhten Unkrautdruck ausgesetzt. Sie stehen in Konkurrenz zu den schon bei tieferen Temperaturen auskeimenden Unkräutern wie Kornrade (*Agrostemma githago*), Klatschmohn (*Papaver rhoeas*), Labkraut (*Galium spec.*), Knöterich (*Polygonum convolvolus*) und später Vogelmiere (*Stellaria media*), Franzosenkraut (*Galinsoga parviflora*) und Melde (*Atriplex patula*) sowie als Ungras dem Flughafer (*Avena fatua*). Die Zeitspanne für eine Bekämpfung vor der Aussaat ist kurz, sodass mehrmalig Nachsaatbearbeitung mit Striegel, leichter Egge und Hacke bis zum Schossen erforderlich ist. Eine Vorauflaufbearbeitung erlaubt der Netzstriegel; nach dem Auflaufen muss mit weiteren Maßnahmen bis zum dritten Blatt gewartet werden.

Mit dem Schossen wird durch die Beschattung die vegetative Entfaltung der Samenunkräuter eingeschränkt, nicht aber die der Disteln und die der mitschossenden Ungräser. Spätkeimer wie Melde (*Atriplex*), Hederich (*Raphanus*), Gänsefuß (*Chenopodium*) und Franzosenkraut (*Galinsoga*) treten indes weniger auf.

Da die im Getreide mitwachsenden Samenunkräuter und -gräser vor oder mit diesem zur Samenreife kommen, sind es im Vergleich zur Winterung vor allem die Sommergetreide, die den Samenvorrat im Boden im Rahmen der Fruchtfolge auffüllen. Der Stoppelsturz unmittelbar nach der Ernte muss durch ein feinkrümelndes Krumenbett dafür sorgen, dass ein möglichst großer Anteil der Ausfallsamen zum Auskeimen kommt. Eine Sorge bereiten bei den Halmfrüchten die ungehinderte Entfaltung der Wurzelungräser und -kräuter wie Quecke (*Agropyron repens*) und Distel (*Cirsium arvense*) sowie der eine Pfahlwurzel bildende Ampfer. Sie müssen sehr arbeits- und zeitaufwendig nach der Ernte bekämpft werden. Vorzüglich bewähren sich dabei komplett unterschneidende Grubber mit Nachläufern, die die Wurzeln und Wurzelstücke zum Austrocknen an die Bodenoberfläche schleudern. Distel (*Cirsium arvense*) und Ampfer (*Rumex obstusifolius*) im Bestand werden durch tiefes Ausstechen vor dem Blühen sehr geschwächt.

Unkräuter und -gräser in den Hackfrüchten

Wie der Name schon sagt, bedürfen die Hackfrüchte neben einer guten Krumendurchlüftung einer intensiven Eindämmung des Aufwuchses an Unkräutern und -gräsern. Bezüglich Artenvielfalt und Konkurrenzdruck ist der Unkrautbesatz der größte im Rahmen der Fruchtfolge. Durch die gegenüber den Sommergetreiden spätere Saat der Hackfrüchte besteht in der Regel ausreichend Zeit, dieser ein bis drei Eggenstriche vorausgehen zu lassen, die die früh- und mittelfrüh keimenden Unkräuter und -gräser entwurzeln. Wo möglich, z.B. bei Runkelrüben (*Beta vulgaris*), Kohl (*Brassica*) u.a., kann durch Pflanzen aus dem Anzuchtbeet noch mehr Zeit gewonnen werden, auch später auskeimende Unkräuter wie u.a. Franzosenkraut (*Galinsoga*), Melde (*Atriplex*), Gänsefuß (*Chenopodium*) vom Acker zu bannen. Die Hackfrüchte haben meist eine lange Jugendzeit und erlauben deshalb bis zum Schließen der Reihen eine Fortsetzung der mechanischen Unkrautbekämpfung mit Striegel, Hacke und Häufeln. Gegebenenfalls müssen die Reihen noch einmal von Hand durchgegangen werden.

Im Zucker- und Futterrüben- sowie im Feldgemüseanbau stehen, neben dem Abflammen im Vorauflaufstadium, ausgefeilte mechanische Verfahren zur Verfügung, die nur noch ein äußerst schmales Band der Drillreihen unberührt lassen. Trotz aller guten Vorarbeit ist jedoch ein Restjäten von Hand unausweichlich. Diese Arbeit gehört zu den wenigen, die dem Landwirt und Gärtner noch geblieben sind, bei der er in doppelter Hinsicht in eine direkte Beziehung zu Boden und Pflanzen treten kann: Auf der einen Seite ist er mühevoll handgreiflich einer Tätigkeit hingegeben, die umso leichter und geschwinder von der Hand geht, je mehr man von sich selber absieht und sich mit prüfendem Blick den Pflanzen zuwendet, die da freigestellt werden sollen, damit sie sich ungehindert bis zur vollen Ausbildung der Frucht entfalten können. Diese Zuwendung wirkt in zweierlei Weise: Sie ist zweckdienlich – darauf allein ist die Maschine ausgerichtet – und, polar dazu, erweckt sie geistig ein Interesse und seelisch eine wirksame Beziehung im Hinblick auf die Intimität des Lebenszusammenhangs von Pflanze und Erdreich. Man wird sich der Herausforderung bewusst, nicht der Leerheit der bloßen Routine zu verfallen, die die Arbeit zur Last werden lässt. Das Unkrautjäten kann neben anderen derartigen Tätigkeiten ein Übungsfeld sein, das brückenbildend ein moralisches Empfinden gegenüber den Dingen und Wesen der Natur weckt. Auf der anderen Seite ruht das anschauende Denken über dem Geschehen. Man beobachtet eine Fülle von Phänomenen, z.B. wie sich verschiedenste Kräuterarten mit der einen Kultur, die man ziehen will, vergesellschaften, wie diese in Wurzel, Blatt und Blüte verschiedenartig gestaltet sind und im irdischen Abbild Kunde ihres im Übersinnlichen wesenden Urbildes geben. Man identifiziert das Unkraut oder -gras als einer bestimmten Gattung und Familie zugehörig und wird gewahr, wie viele von ihnen eine bedeutende Heilwirkung haben. Man erkennt, wie diese Heilwirkung der Nährwirkung der sich nach und nach entwickelnden Frucht der Kulturpflanze nahe verwandt ist. Dieser Nährwirkung zuliebe muss bis zu einem gewissen Grad der «Heilkräuterbestand» weichen. Das gilt ganz besonders für die mehr im Vegetativen fruchtenden Hackfrüchte. So kommt dem Hackfruchtschlag im Rahmen der Fruchtfolge die Funktion zu, ein Reinigungsschlag für die Nachfolgekultur – meist Getreide – zu sein. Gleichzeitig ist er derjenige, der die Bodenfruchtbarkeit am stärksten beansprucht.

Unkräuter und -gräser im Futterpflanzenanbau

Die Hauptfutterpflanzen sind Leguminosen, Klee und Luzerne im Gemenge mit Futtergräsern und, in geringen Beimengungen, diätisch wirksame Kräuter wie Spitzwegerich (*Plantago lanceolata*), Pimpinelle (*Pimpinella magna*), Wegwarte (*Cichorium lupulina*), Gelb- (*Medicago lupulina*), Hornschoten- (*Lotus corniculatus*) und Steinklee (*Melilotus* spp.). Das Gemenge steht in der Fruchtfolge in der Regel zwei Nutzungsjahre. Infolgedessen beansprucht es zwei Fruchtfolgeglieder. Der erste Schnitt erfolgt so rechtzeitig, dass der zweite Aufwuchs im ansonsten blüharmen Hochsommer zur Blüte kommt und den Fluginsekten ein reiches Nektarangebot bereithält. Zusätzliche Nektarquellen bieten Blühstreifen in den Halm- und Hackfruchtschlägen.

In dicht stehenden, vollwüchsigen zweijährigen Futterschlägen haben die einjährigen Samenunkräuter keine Entwicklungsmöglichkeit, sehr wohl aber in lückigen Beständen. Bei der mehrfachen Mahd sind auch diese nicht bedrohlich. Der Feldfutterbau ist vor allem ein probates Mittel, den ansonsten schwer beizukommenden ausdauernden Problemunkräutern wie Distel (*Cirsium arvense*) und krausblättriger Ampfer (*Rumex crispus*) Herr zu werden. Die Distel (*Cirsium arvense*) wird schon durch den ersten Schnitt geschwächt, stärker noch durch den zweiten oder gar dritten. Nach solcherart zweijähriger Nutzung gelingt es, den Acker für die nachfolgende Frucht – in der Regel Wintergetreide – weitgehend distelfrei zu halten. Bezüglich des Ampfers, der nach jeder Mahd zwar geschwächt wird, dann aber rasch in den Samenstand schießt, ist eine reduzierte Samenproduktion meist nicht zu vermeiden. Hinsichtlich der Quecke (*Agropyron repens*) beeinträchtigt der mehrfache Schnitt die Triebkraft der Rhizome und damit die weitere Ausbreitung.

Im Rahmen der Fruchtfolge vollzieht sich mit dem leguminosenreichen Feldfutter- und Zwischenfruchtbau ein ökologisches Wunder. Er gibt dem Boden die verlorene Fruchtbarkeit zurück, schafft Harmonie im Lebendigen, holt die Wildtierfauna in die Landschaft zurück und bietet den Schafen und Rindern sommers wie winters ein hervorragendes Futter und im Herbst eine Ackerweide.

Fruchtfolge, Krankheiten und Schädlingsbefall

Die Frage besteht, ob Pflanzen überhaupt in demselben Sinne erkranken können wie Tier und Mensch. Die Richtung zu einer Antwort tut sich auf, wenn man das Gefüge der Wesensglieder in den Naturreichen und das des Menschen ins Auge fasst: Das Mineral ist eingliedrig, begabt mit einem physischen Leib; der Zweigliederung der Pflanze mit physischem und Ätherleib kommt beim Tier als drittes Glied der Astralleib und beim Menschen als viertes die Ich-Organisation hinzu. Krankheitsverursachend ist der Astralleib.[232] Ein solcher verleiblicht sich nicht in der Pflanze. Ihr Seelenleib verbleibt im Übersinnlichen; er strahlt seine Kräfte aus dem Umkreis herein in Zeit und Raum, berührt die Pflanzen nur von außen und schafft sich ein Abbild in ihrer Gestalt. In der Reinheit der ätherischen Organisation der Pflanze verbindet sie sich mit den Stoffen der Erde, belebt diese und komponiert sie zu ihrer physischen Organisation. In dieser Verbindung wird sie in ihren Formen zur sinnlich-sichtbaren

232 Siehe z.B. Rudolf Steiner: *Meditative Betrachtungen und Anleitungen zur Vertiefung der Heilkunst*, GA 316, Dornach 2003, Vortrag vom 3. Januar 1924, S. 33f.

Gestalt. In diesen ihren ätherisch-lebendigen Bildeprozessen ist die Pflanze durch und durch gesund; sie ist Trägerin aller gesundenden Kräfte; sie kann durch die ihr eigene Bildekräfteorganisation eigentlich nicht krank werden. Das, was ihre Erscheinungsform als reines Bild ihres Typus modifiziert, gar verzerrt oder ganz zerstört, sind Einflüsse von außen. Man fasst sie heute in dem unbestimmten Begriff der Umweltwirkungen zusammen. Sobald diese in Extreme abgleiten, verliert sich die Harmonie des Verhältnisses der kosmischen zu den irdischen Wirkungen; es entstehen Ungleichgewichte. Solche können naturhaft geschehen durch Brände, Stürme, Überschwemmungen und Erdbeben oder zunehmend durch egoistische Handlungen des Menschen, durch Besitz- und Machtansprüche, rigorose Ausbeutung etc. Die Einflüsse durch den Menschen manifestieren sich in der Erderwärmung, dem Klimawandel, der Vermüllung der Erde, der Meere und der Stratosphäre. Elektrosmog umhüllt allseits die Pflanzen und schnürt sie von den kosmischen Wirkungen ab. Im Anbau der Kulturpflanzen wird diese extreme Beeinflussung noch gesteigert durch lebensfremde Technologien aller Art, wie die exzessive Düngung mit aus der Luft synthetisierten Stickstoffsalzen, Hydroponik (Anbau auf Nährsalzlösungen), Pestiziden, Herbiziden etc. Die Pflanzen sind eingehüllt von Fremdstoffen und -strahlungen, die ihre ätherische Organisation schwächen. Sie ist nicht mehr in vollem Umfang in der Lage, ihre physische Leibesorganisation gemäß ihrer Artveranlagung aufzubauen bzw. zu erhalten. Die physiologische Folge ist, die Pflanzen enthalten ein Mehr an Wasser (vergrößerte Zellen und Interzellularräume) und darin gelösten Salzen, als sie in den Aufbau ihrer gestaltbildenden Gewebe umsetzen können. Das insgesamt ruft ein breites Spektrum an pflanzlichen und tierischen Organismen auf den Plan wie Bakterien, Pilze, Milben, Insekten, die im Naturhaushalt am rechten Ort und zu rechter Zeit nützliche Dienste leisten, am falschen Ort, zur falschen Zeit sich einseitig rasant vermehren und zu Schadorganismen werden. Ein Sonderfall in diesem Kanon sind die Virosen. Viren bilden eine Art Unternatur des Pflanzenreiches, wie die Radioaktivität eine solche des Mineralreiches. Viren haben keinen eigenen Stoffwechsel. Sie schalten sich in den Stoffwechsel lebender Organismen ein – von den Bakterien aufwärts – und können sich nur durch diesen entwickeln und vermehren. Während alles Lebendige sich in Rhythmen darlebt, verhält sich der Virus arhythmisch. Viren vor allem sorgen im Reich der Kulturpflanzen für den immer schneller sich vollziehenden Sortenabbau.

Die parasitären bakteriellen und pilzlichen Erkrankungen sind Ausdruck eines Übermaßes an Kräftewirkungen des Mondes, die im Boden, vermittelt durch das Wasser, eine «Mondenlebendigkeit» erzeugen. Diese wirkt unter ausgeglichenen Witterungsbedingungen in den Pflanzen bis herauf in die Samenbildung.[233] Wirkt der Mond aber zu stark, z.B. in einem milden Winter mit Nässe bis ins Frühjahr und verstärkt noch durch die Zufuhr leicht löslicher Nährsalze, erhöht sich der Pilzdruck. Das überschüssige Mondenleben tritt gleichsam in Konkurrenz zu den Kräften, die aus dem Kosmos über Kiesel, Kalk und Ton formbildend in die Pflanzen heraufströmen. Sie werden geschwächt. Es kommt zu einer Art vorzeitiger Fruktifizierung im Vegetativen, im Blattbereich. Über dem Niveau des Bodens, in dessen Inneren eigentlich die wahre Heimstätte des Heeres der Bakterien und Pilze ist, bildet sich oben im Sprossbereich ein zweites Bodenniveau für Parasiten und Pilze. Unter den zu starken Mondkräften verfällt die Pflanze einem Abbau durch eben dasselbe Reich niederer Lebewesen, das ihr im Dunkel des Bodens nützliche Dienste leistet.

Der Gefahr einer zu starken Mondenwirkung kann durch folgende Maßnahmen vorgebeugt werden:

- Eine die Pflanzengesundheit (Kräftigung ihrer ätherischen Organisation) fördernde Düngung (siehe Kap. «Vom Wesen der Düngung», S. 259 ff.).
- Aufbau eines erdenhaft tätigen Bodens, reich an Dauerhumusformen (Ton-Humus).
- Mehrmalige Spritzungen im Jahreslauf mit Schachtelhalmtee (Kieselwirkung).
- Erhaltung und Pflege von Feuchtbiotopen sowie des vorfluter- bzw. grundwassernahen Dauergrünlandes. Es sind dies die natürlichen Standorte, an denen, gesundend für das Ganze des Hoforganismus, die Mondenkräfte in der Entfaltung eines reichen Pilz- und Bakterienlebens sich «ausleben» können.

Die Bodenbearbeitung verhilft der Pflanze in einem ersten Schritt zur typusgemäßen Konfiguration der Bildekräfte ihres Lebensleibes. Sie erfährt eine weitere Kräftigung durch die rechte Stellung in der Fruchtfolge und die höchste Steigerung gesunden Wachstums und der Fruchtbildung und -reife durch die Düngung (vgl. Kap. «Vom Wesen der Düngung», S. 259 ff.). Für die Gestaltung der Fruchtfolge kommen drei Hauptmomente in Betracht: Selbstverträglichkeit, Vorfruchtwirkung und die Aufrechterhaltung einer hohen Humusdynamik. Im Fall eines wiederholten Nachbaus sind bei vegetativer Vermehrung die Kulturen in viel höherem Grad selbstverträglich als

233 Vgl. Rudolf Steiner: *Geisteswissenschaftliche Grundlagen zum Gedeihen der Landwirtschaft*, GA 327, Vortrag vom 14. Juni 1924, Dornach 1999, S.166/67.

bei generativer Vermehrung; es sei denn, die Elterngeneration ist Virusträger, ein Hauptproblem beim Nachbau von Kartoffeln, der Vermehrung von Obstgehölzen etc. Die Natur selbst lebt die hohe Selbstverträglichkeit vegetativer Vermehrung vor, z.B. Quecke (*Agropyron repens*), Brennnessel (*Urtica dioica*), Distel (*Cirsium arvense*), Ackerwinde (*Polygonum convolvulus*), Schachtelhalm (*Equisetum arvense*) etc.

Bei generativem Nachbau samenfester Sorten ist in unterschiedlichen Graden ein Sortenabbau die Regel. Der Selbstunverträglichkeit liegt die einseitige Vermehrung von Schadorganismen wie Bakterien, Pilze, Insekten und anderen Bodentieren zugrunde sowie pathogene Wurzelausscheidungen der Kulturpflanzen selbst (*Allelopathie*). Den Schadorganismen kann auf folgende Art begegnet werden:

Durch alle Maßnahmen, die die Konstitution, d.h. die Bildekräfteorganisation der Pflanze stärken. Dazu gehört die hofeigene Saatguterzeugung durch gezielten Nachbau: «Wenn man [mit der Aussaat; Einfügung des Verfassers] nahe an den Wintermonaten ist, dann wird man eine starke Reproduktionsfähigkeit, wenn man weiter von den Wintermonaten ist, eine starke Nahrhaftigkeit in den Getreidepflanzen bewirken.»[234]

Beachtung der Saatzeit nach kosmischen Rhythmen, insbesondere des synodischen oder Mondphasenumlaufs.

- Ein tätiger fruchtbarer Boden, der jede Art von vereinseitigenden Einflüssen von außen rasch verdaut und für die Pflanzen unschädlich macht.
- Räumlicher Abstand zur Kultur des Vorjahres (z.B. Kohl bezüglich Kohlhernie [*Plasmodiophora brassicae*], Kartoffeln bezüglich Kartoffelkäferbefall) und ebenso zeitlicher Abstand, der je nach dem Grad der Selbstverträglichkeit drei bis sechs Jahre beträgt.

Fruchtfolgebedingte Krankheiten der Halmfrüchte

In jedem Fall bringt der Nachbau durch Häufung spezifischer Krankheitserreger Mindererträge. Die Selbstverträglichkeit ist also begrenzt, am wenigsten bei Roggen. Aufgrund ihrer Genügsamkeit stehen Hafer und Roggen nach der Winterung von Gerste und Weizen als abtragende Früchte. Hafer gilt dabei als Gesundungsfrucht. Der Vorfruchtwert ist gering; aufs Ganze der Fruchtfolge gesehen, sorgen die Getreide allerdings für einen ausgeglichenen Humushaushalt. Dabei ist die Wurzelbildung von Weizen und Gerste wesentlich geringer als

234 Rudolf Steiner: *Geisteswissenschaftliche Grundlagen zum Gedeihen der Landwirtschaft*, GA 327, Fragenbeantwortung vom 12. Juni 1924, Dornach 1999, S. 109.

die von Roggen und Hafer. Erstere sind mittelstarke Humuszehrer und haben daher hohe Ansprüche an die Vorfrucht – gut gedüngte Hackfrüchte. Weizen ist mit der Vorfrucht Gerste unverträglich. In diesem Fall, wie überhaupt bei getreidereichen Fruchtfolgen (> 50 %) sowie schlecht zersetzten Strohmassen, treten Fußkrankheiten auf, Verpilzungen an der Halmbasis des Weizens wie Schwarzbeinigkeit (*Ophilus graminis*) oder Halmbruch (*Cercosporella herpotrichoides*). Der regelmäßige Wechsel von Blatt- und Halmfrucht schafft hier Abhilfe. Eine Sonderstellung unter den Gramineen nimmt der in hohem Grad mit sich selbstverträgliche Mais ein. Pilzliche Infektionen können bei Weizen und Gerste, weniger bei Hafer und geringer noch bei Roggen, am ganzen Spross bis herauf in die Ähre auftreten. Bei Weizen sind es hauptsächlich im Blattbereich der Rost (*Puccinia*), der Gelb-, Braun- und Schwarzrost und die Brankrankheiten (*Tilletia*), in der Ähre (*Helminthosporium gramineum*) der Zwergstein- und Stinkbrand, bei Gerste die Streifenkrankheit (*Ustilago avenae*) sowie der Mehltau (*Erysiphe graminis*), in der Ähre der Gerstenflugbrand, bei Hafer der Haferflugbrand, bei Roggen im Blattbereich der Schneeschimmel (*Fusarium nivale*), in den Ähren das Mutterkorn (*Claviceps purpurea*). Mais gliedert sich problemlos in getreidereiche Fruchtfolgen ein; Fußkrankheiten können ihm nichts anhaben.

Fruchtfolgebedingte Schädigungen durch Insekten, wie der Befall von Fritfliegen (*Oscinis frit*), Älchen (*Ditylenchus dipsaci*) bei Roggen, Gallmücke, Brachfliege (*Hylemya correlata*) u.a. bei Weizen, Fritfliege (*Oscinis frit*) und Thrips (*Thrips lini*), Nematoden bei Hafer, Halmfliege (*Chlorops taeniopus*) bei Gerste und Weizen, fallen gegenüber pilzlichem Befall weniger ins Gewicht. Dagegen verursacht im Maisanbau der Maiszünsler (*Pyrausta nubilalis*) den vorherrschenden Schaden.

Fruchtfolgebedingte Krankheiten der Hackfrüchte

Die vielfältigen Hackfruchtarten in Feld- und Gartenbau haben ihr je eigenes Befalls- und Schadensmuster. Sie sind in der Regel mit sich selbst unverträglich und müssen entsprechend weit in der Fruchtfolge auseinandergestellt werden. Eine gewisse Ausnahme bildet die Kartoffel. Die vegetative Knollenvermehrung macht sie zur selbstverträglichsten aller Kulturpflanzen. In Berglagen kann sie über Jahrzehnte nachgebaut werden. In warm-feuchten Lagen setzen allerlei Virosen, übertragen durch die Pfirsichblattlaus (*Myzodes persicae*), und weiter vermehrt über Knollenverletzungen, ferner pilzliche Infektionen, wie u.a. die gefürchtete Kraut- und Knollenfäule (*Phytophtora infestans*), sowie tierischer Befall, wie der Kartoffelkäfer (*Leptinotarsa decemlineata*), der

Ertragsbildung schon im ersten Anbaujahr sehr zu. Ein Nachbau ist deshalb in der Regel nicht möglich. In der Fruchtfolge sollte ein Abstand von vier Jahren eingehalten werden. Die Vorfruchteigenschaften der Kartoffel sind für alle Halm- und Hackfrüchte vorzüglich.

Die Betarüben (Zucker- und Runkelrüben, Rote Beete) sind aufgrund des Nematodenbefalls im Wurzelbereich nur gering selbstverträglich. Die Nematoden (Wurzel- und Stockälchen [*Ditylenchus dipsaci*]) gehören zu den Hauptverursachern von Fruchtfolgekrankheiten. Sie sind vielrassig, befallen nahezu alle Kulturpflanzen und auch viele Unkrautarten, sind langlebig, weshalb in der Fruchtfolge bis zur Wiederkehr einer Betarübenart ein Abstand von vier bis sechs Jahren eingehalten werden muss. Die Betarüben weisen ein weites Spektrum an Schaderregern auf, wie Virosen (u.a. Vergilbungskrankheit [*Beta-Virus 4*]), Pilze (u.a. Wurzelbrand, verschiedene Pilze) sowie ferner Nematoden, Blattläuse (*Phytophagus*), Rübenfliege (*Pegomya hyoscyami*), Moosknopfkäfer (*Atomaria linearis*) u.a. Der Befall ist teils sorten- und witterungsbedingt, zum größten Teil aber die Folge mangelnder Bodenhygiene und zu enger Stellung in der Fruchtfolge.

Geeignete Vorfrüchte für die Betarüben sind vorzugsweise Kartoffeln und stickstoffsammelnde Leguminosen sowie bei guter betriebseigener organischer Düngung alle Getreidearten. Nachfrüchte sind in der Regel Winter- oder Sommerformen von Weizen und Gerste.

Die Kreuzblütler (*Kruziferen*), unter ihnen alle Kohlarten, der Raps sowie Vertreter der Zwischenfrüchte, wie die Rapsabkömmlinge, Senf (*Sinapis alba*), Ölrettich (*Raphanus sativus var. oleiformis*) u.a., bereichern die Fruchtfolge ungemein. Die überreiche Blütentracht des Rapses (*Brassica napus*) und der zur Blüte kommenden Kreuzblütler, der Zwischenfrüchte sowie, ungewollt, der Unkräuter Senf und Hedderich (*Raphanus raphanistrum*), ist eine Nektarquelle, die eine Fülle von Fluginsekten anlockt.

Fruchtfolgebedingte Krankheiten der Futterpflanzen

Zugleich ziehen die Kreuzblütler aber auch eine Vielzahl von Fraßinsekten an, allen voran Erdfloh (*Phyllotreta*-Arten), Kohlfliege (*Chortophila brassicae*), Rapsglanzkäfer (*Meligethes aeneus*) u.a. Ebenso schadensträchtig sind eine Reihe von pilzlichen Erkrankungen, vorrangig die Hernie (*Plasmodiophora brassicae*), die als typische Fruchtfolgekrankheit weitgehend die Unverträglichkeit der Kohlgewächse, des Rapses etc., aber auch der kreuzblütigen Unkräuter untereinander bestimmt. Ferner ist der Raps Wirtspflanze zahlreicher

Nematodenarten, die in den nachfolgenden Früchten Schäden anrichten. Raps braucht frühräumende Vorfrüchte wie Wintergerste und -roggen. Er hinterlässt für die Nachfrucht einen hervorragend strukturierten, garen, relativ unkrautfreien Boden. Aus den genannten Gründen ist wie auch bei den Kohlarten eine Anbaupause von drei bis vier Jahren angesagt. Bei Einschaltung intensiver Kruziferengründüngung in die Fruchtfolge müssen die Abstände noch weiter gewählt werden.

Zentral in der Fruchtfolge stehen neben den Marktfrüchten die Futterpflanzen Klee (*Trifolium*) und Luzerne (*Medicago*) mit einem Zusatz einer Mischung von Futtergräsern und Kräutern. Klee und Luzerne beleben einerseits als Tiefwurzler auf direktem Weg durch Stickstoffbindung, Mineralaufschließung und Reichtum an Wurzelmasse das ganze Volumen des Bodenprofils – dies umso mehr bei mehrjährigem, wüchsigem Bestand –, andererseits zählen sie auf pflanzlicher Ebene indirekt zu den großen Förderern der Dauerfruchtbarkeit der Böden. Dies geschieht durch die Futtermassen, die, über die Wiederkäuerverdauung umgewandelt und veredelt, als Dünger auf das Land zurückkehren. Der Anbau von Futterleguminosen wird ergänzt durch Körnerleguminosen, u.a. Ackerbohne (*Vicia faba*), Lupine (*Lupinus*) und Erbse (*Pisum sativum*). Sie stehen in der Fruchtfolge entweder in Reinsaat oder in Mischkultur mit Hafer, vorzugsweise vor Hackfrucht. Die Priorität von Klee und Luzerne in der Fruchtfolge setzt dem Anbau von Körnerleguminosen Grenzen. Grund ist der Blattrandkäfer (*Sithonia lineata*), der die Futterleguminosen im frühen Jugendstadium erheblich zu schädigen vermag. Das Kernproblem des Rotklees – weniger des Luzerneanbaus – ist der Kleekrebs (*Sclerotinia trifolium*). Er ist eine typische Fruchtfolgekrankheit. Die schwarzen Sklerotien (Fruchtkörper des Pilzes) haften am Wurzelhals, zerstören die Leitgefäße, und die Kleepflanze welkt im anbrechenden Frühjahr von einem Tag auf den anderen dahin. Die Dauerformen des Pilzes können sich bis zu acht Jahren im Boden halten. Eine Wiederkehr des Rotklees und auch der Luzerne sollte daher frühestens alle fünf bis sechs Jahre erfolgen. Bei mindestens zweijährigem Anbau ist das Distelproblem für die Folgefrucht gelöst und auch der Bestand an Nematoden hat sich bedeutend verringert.

Andere Blattfrüchte, die in der Regel Bestandteil der biologisch-dynamischen Fruchtfolgen sind, sind Runkelrüben (*Beta vulgaris var. alba*) als Diätetikum in der Milchviehfütterung sowie Möhren (*Daucus carota*) und Öllein (*Linum usitatissimum*) in der Kälberaufzucht. Diese wie der Anbau von Gemüsekulturen sowie Heilkräutern für die Tiergesundheit werden teils gärtnerisch kultiviert, teils feldmäßig in die Hackfruchtschläge integriert.

Die Fruchtfolge in Beziehung zur Düngung, Humusbilanz und Pflugbearbeitung

Mit der Fruchtfolge schafft sich der biologisch-dynamische Betrieb einen Anbaurahmen, der eine den Standortbedingungen entsprechende Dauerfruchtbarkeit garantiert. Dieser raum-zeitliche Rahmen gibt ein Thema vor, das je nach Witterung sowie Futter- und Marktbedürfnissen variiert werden kann. Das Thema muss als lebendiger Ideenzusammenhang im Bewusstsein der Hofgemeinschaft leben und fortschreitend von Jahr zu Jahr dem Betriebsorganismus eingeprägt werden. Jedes Jahr aufs Neue wird dieses Bild der Fruchtfolge in der Gestaltung des Naturprozesses zum anschaubaren Kunstwerk. In dem nachfolgenden Beispiel (Dottenfelderhof) wird eine zwölffeldrige Fruchtfolge vorgestellt, die sich in zwei sechsfeldrige gliedert, die wiederum das Ursprungsprinzip der Dreifelderwirtschaft erkennen lassen:

Jahr	Fruchtfolge		Zwischenfrucht	Düngung	Humus-bilanz	Herbst-pflügen
1	Luzerne - Gras	BL		100-200 dt Kompost	+	-
2	Luzerne - Gras	BL		Dauerhumusbildung	+	pf
3	W.-Weizen - Gerste	H			~	pf
			Kreuzblütler			
4	W.-Roggen	H			~	pf
			Leguminosen u.a.			
5	Hackfrucht: Kartoffeln, Feldgemüse, Runkelrüben u.a.	BL		300 dt Tiefstallmist	-	pf
			teilw. Kreuzblütler		+~	
6	Hafer, Dinkel	H	Kleeuntersaat			-
7	Kleegras	BL		100-200 dt Kompost	+	-
8	Kleegras	BL		Dauerhumusbildung	+	pf
9	W.-Weizen - Saatgutvermehrung	H			~	pf
			Kreuzblütler			
10	Roggen	H			~	pf
			Leguminosen u.a.			
11	Hackfrucht: wie unter 5	BL		300 dt Tiefstallmist	-	pf
			teilw. Kreuzblütler		+~	
12	Hafer, Dinkel, Saatgutvermehrung	H	Luzerne - Untersaat		~	-

BL = Blattfrucht; H = Halmfrucht; + = Humus-Mehrung; ~ = -erhaltung; - = -zehrung; pf = pflügen

Der Blattfruchtanteil entspricht mit 50 % dem System der Fruchtwechselwirtschaft. Die Zwischenfrüchte verschieben allerdings das Verhältnis der

Halm- zu den Blattfrüchten zugunsten der Letzteren. Die tief wurzelnden Kulturen mit der größten Wurzelmasse – Luzerne gefolgt von Klee – überwiegen den Anteil der meist flachwurzelnden Hackfrüchte mit geringer Wurzelmasse. Die Mittelstellung in beiderlei Hinsicht nehmen die Halmfrüchte ein. Unberücksichtigt des Beitrages der Zwischenfrüchte und der organischen Düngung darf über die zwölf Jahre die Humusbilanz als leicht positiv eingeschätzt werden. Durch die Bodenbearbeitung, vornehmlich im Frühjahr und Herbst, wird sie negativ beeinflusst. Deren Aussetzen während eines Viertels der zwölf Jahre durch den Feldfutterbau mildert den Humusverlust, und dies ebenso durch die mäßige Tiefenbearbeitung in Herbst und Vorwinter durch Pflug, Grubber, Scheibenpflug etc. Ein Verlustausgleich oder gar ein schrittweises Einpendeln auf ein dauerhaft höheres Niveau der Humusgehalte ist dann Aufgabe der humusspendenden Zwischenfrüchte, vor allem aber der Düngung mit Stallmist und Komposten.

Dritte Säule: Vom Wesen der Düngung

Was Düngen eigentlich heißt, ist eine Rätselfrage. Vom Standpunkt der landläufigen Agrarwissenschaften scheint es nicht mehr der Mühe wert, diese weiter zu hinterfragen; sie scheint ein für alle Mal enträtselt zu sein. In diesem Sinne heißt Düngung: dem System Boden und Pflanze zum Zwecke eines harmonisch abgestimmten Nährstoffhaushalts die Stoffe zuzuführen – gedacht und berechnet in der isolierten Form der einzelnen chemischen Elemente –, die Maximalerträge erwarten lassen, näherungsweise bis hin zur Ausschöpfung des genetischen Potentials entsprechend gezüchteter Kulturpflanzensorten.

Diese punktuelle Denkweise äußerer Ursache- und Wirkungsbeziehungen steht polar der Aussage der geisteswissenschaftlichen Forschung gegenüber, die «die Geheimnisse des Düngens» als «außerordentliche wirkliche Geheimnisse» anspricht.[235] «Gewiss, es [das Düngen; Anmerkung des Verfassers] wird instinktiv durch Tradition aus alten Zeiten gemacht. Aber das Wesen des Düngens verstehen, das tut heute eigentlich kein Mensch», «außer denjenigen, die das aus Geistigem heraus wissen können».[236] Die folgenden drei Kapitel sind ein Versuch, eine Verständnisgrundlage für diese radikale Aussage zu schaffen. In den darauffolgenden Ausführungen zu den Stufen der Düngung kann das Geheimnis des Wesens der Düngung zu einem offenbareren werden.

Zur Stoff- und Kräftefrage

Landwirtschaft betreiben heißt große Stoffmassen, vorwiegend aus der organischen Natur, bewegen: Den belebten Boden bei jedem Bearbeitungsgang, die Arbeitsgänge bei der Werbung von Grünfutter, Heu und Stroh etc. sowie deren Einlagerung und tägliche Vorlage an der Futterkrippe, das Einstreuen im Stall, das Entmisten und die Lagerung des Stalldüngers und der Jauche sowie deren Verteilung auf Äcker und Grünland, das mehrmalige Ausbringen der Spritzpräparate auf die gesamte Hofgemarkung, die Erntemassen an Getreide und Hackfrüchten, deren Einlagerung und schließlich die Bereitstellung aller Erntegüter, die als Nahrungsmittel den Hof verlassen. Die

235 Rudolf Steiner: *Geisteswissenschaftliche Grundlagen zum Gedeihen der Landwirtschaft*, GA 327, Vortrag vom 20. Juni 1924, Dornach 1999, S. 11.

236 Ebd., S. 20.

Landwirtschaft ist ein Transportgewerbe wider Willen. Das ist die eine Seite, die andere Seite ist, dass sie ein in die Rhythmen des Jahreslaufes eingebettete und über diese hinaus fortdauernder Prozess ist. Das gilt vor allem für die Düngung. Die im Betrieb erzeugten Düngerstoffe sind selbst ein Ergebnis von Lebensprozessen und zugleich Ursache für deren Erhaltung und Steigerung.

Was sind das für Stoffe, die da in verschiedenen Erscheinungsformen hin und her bewegt werden? Was ist ein Stoff? Stoffe treten in den vier klassischen Elementen in Erscheinung: in den Aggregatszuständen des Festen (Erde), des Flüssigen (Wasser), des Gasförmigen (Luft). Zum Element der Wärme hat die Naturwissenschaft noch keinen begrifflichen Zugang gefunden, der sie als selbständiges viertes unter den klassischen Elementen charakterisiert. Bis heute gilt das methodische Prinzip der Zergliederung der Phänomene, das auf den Begründer der Experimentalphysik Francis Bacon (1561–1626) zurückgeht. Diese Methode, hinter den Phänomenen in materiellen Vorgängen das verursachende Seinsprinzip zu suchen, beherrscht noch heute den landläufigen Wissenschaftsbetrieb.

Man sucht hinter der subjektiv empfundenen Erscheinung das Objekt, ein materiell Gegenständliches. Man findet dieses nicht in der Wärme selbst, sondern sekundär in den Wärmezuständen, die an den Elementen des Festen, Flüssigen und des Luftförmigen messbar auftreten. Die Wärme bliebe ohne diesen Bezug zu den drei Elementen oder Aggregatzuständen unwahrnehmbar. Für Francis Bacon, der sich mit juristischen Mitteln zum Richter über die Wärme gemacht hat, war dies wohl der Grund, der Wärme die Eigenexistenz als Element abzusprechen. Bis heute bleibt die Immaterialität der Wärme, ihre Wesensnatur begrifflich im Dunkel. Sie verkörpert keinen eigenen Aggregatzustand. In neuerer Zeit neigen Forscher dazu, den energiereichen hochverdünnten Zustand des Plasmas als vierten Aggregatzustand anzusprechen. Doch auch in diesem hochkomplexen Erscheinungszusammenhang tritt die Wärme in materiegebundener Form auf. Ihre reine Natur als Wärmeelement wird in der Wahrnehmung zum Phänomen der Wärmeempfindung in den Abstufungen von kalt bis heiß, vermittelt durch die Elemente Erde, Wasser, Luft. Ferner offenbart sich ihre reine immaterielle Natur in der Eigenschaft, durch An- und Abwesenheit die Elementar- bzw. Aggregatzustände ineinander überzuführen.

Die Frage nach der Natur des Stoffes, die seit dem 17. Jahrhundert nach und nach zur zentralen Erkenntnisfrage in den Naturwissenschaften wurde, scheint durch Physik und Chemie prinzipiell geklärt zu sein. Zerlegt man mit den Methoden der Analytik organische oder anorganische Stoffe – abgesehen von solchen, die von Natur aus sich im elementaren Zustand befinden, wie Gold, Silber u.a., so treten eine Summe von physikalisch-chemischen Elementen zutage, die nach ihren Eigenschaften unterschieden werden. Sie werden aus Atomen (Atom = unteilbar) aufgebaut gedacht.

Im 19. und 20. Jahrhundert hat man auch das Zergliederungsprodukt, das Element als das «unteilbare Atom», in seine Elementarteilchen zergliedert. Damit verlor der qualitative Eigenschaftscharakter der chemischen Elemente für die Erkenntnis des Wesens der Stoffe an Relevanz. Mit diesem Schritt übertrat man eine Schwelle von der Natur zur «Unternatur»[237] und gelangte in das subatomare Gebiet der Elementarteilchen (Quanten). In diesem verliert sich die Sinneswelt und eine andere tritt auf, diejenige der messbaren energetischen Wirkungen.

Diese unterscheiden sich von den einstrahlenden Kräftewirkungen des Kosmos, die die irdische Stoffeswelt zur Konstitution der höheren Daseinsstufen des Lebens der Pflanzenwelt, des Seelischen der Tierwelt und des Geistigen des Menschen emporheben. Demgegenüber erweisen sich die Erdenstoffe als ausstrahlende,[238] als verdichtete Kraftgebilde, gleichsam als zu Ende gekommene und in diesem Zustand gefesselte Prozesse.

Man hat in den Atomen raumerfüllende Körper gesehen, die Materie, die allein verursachend sei für alles höhere Dasein auf Erden. Diese Auffassung hat der Weltanschauung des Materialismus ein rationales, scheinbar unumstößliches Fundament geschaffen. Die Materie, so die Auffassung, ist das Kontinuum, das am Anfang war und am Ende sein wird. Alles Sein, was zwischen diesem Anfang (Urknall) und diesem Ende (*finale Entropie*, Wärmetod) entstanden ist und noch sein Dasein hat, leitet sich aus diesem materiellen Urgrund ab und so auch der Mensch, der als materielles Objekt das alles so denkt. In Verleugnung seines Selbst als seelisch empfindendes, geistig strebendes und in Liebe wollendes Wesen hat er dieses Theorem zum Axiom erhoben. Der Materialismus ist aufgrund seines scheinbar sicheren Fundamentes, der Entschlüsselung des Stoffgeheimnisses und der daraus hervorgegangenen Technologie, die am wenigsten reflektierte Weltanschauung. Er verhüllt den Blick auf den Menschen, der unter Einsatz höchster Verstandeskraft sich eine Welt konstruiert, in der er sich als Nicht-Ich in ein Nichts verliert. «Der Verstand entfernt sich von der Wirklichkeit, die Vernunft führt uns auf sie

237 Rudolf Steiner: *Anthroposophische Leitsätze*, GA 26, «Von der Natur zur Unternatur», Dornach 1998, S. 255 ff.

238 Rudolf Steiner und Ita Wegman: *Grundlegendes für eine Erweiterung der Heilkunst nach geisteswissenschaftlichen Erkenntnissen*, GA 27, Dornach 1991, S. 20.

wieder zurück.»[239] Das Weltbild des Materialismus erfuhr eine gewisse Erschütterung durch die Erkenntnisse der Quantenphysik, die nachweist, dass die Materie nicht in eine Summe von atomaren Materiepartikelchen differenziert werden kann, sondern in energetische Wirkungsquanten. Wer aber ist deren Urheber? Es stellt sich hier die Frage nach dem Geist, nach einer aus dem Übersinnlichen schaffenden Wesenswelt. «Der Verstand entfernt uns von der Wirklichkeit, die Vernunft führt uns auf sie wieder zurück.»

Richtet der Mensch alle Kraft der Vernunft auf sich als denkendes Wesen, so findet er in sich selbst die Mittel und Wege, die ihn aus der Statik des materialistischen Weltbildes herausführen. Er erwacht zu dem Bewusstsein, dass er selbst aus den geistigen Uranfängen der Berufene ist, Träger der Entwicklung zu sein und immer mehr zu werden; dass er in sich dank seiner Seelenkräfte des Denkens, Fühlens und Wollens die höheren seelischen Erkenntnisorgane ausbilden und mit ihrer Hilfe sich zu höheren Anschauungen schulen kann. Diese ermöglichen es ihm, in freier Selbstbestimmung seine und die Zukunft seiner Mitschöpfung selbst in die Hand zu nehmen. Anzeichen dieser Art dämmern allenthalben auf. Allein: Die Frage nach dem Wesen des Stoffes in allen seinen Erscheinungsformen, in der unbelebten Natur, im Leben der Pflanzen, dem Beseeltsein der Tiere und in der Geistes- oder Ich-Organisation des Menschen, wird in diesem Sinne noch nicht gestellt.

Um einen Einstieg in diesen Fragenkomplex zu gewinnen, ist festzuhalten: «Das sinnenfällige Weltbild ist die Summe sich metamophosierender Wahrnehmungsinhalte ohne eine zugrunde liegende Materie.»[240] Die Wahrnehmungen, die wir an einem sinnfälligen Gegenstand machen, regen das Denken zur Bildung von Begriffen an, die die Eigenschaften dieses Gegenstandes zu erfassen suchen. So charakterisieren sich die Stoffelemente des periodischen Systems durch je spezifische Eigenschaften, die Ausdruck sind von etwas, das nicht Erscheinung wird, also nicht dem Entstehen und Vergehen in Zeit und Raum angehört. Die Materie aber wird als das Kontinuum, das Beharrende in Zeit und Raum aufgefasst, ohne selbst sinnenfällige Erscheinung zu sein und ohne den aufbauenden und zerstörenden Kräften, die in Zeit und Raum wirken, zu unterliegen. Was in Erscheinung tritt, sind die begrifflich-fassbaren Eigenschaften. Sie sind Projektionen eines Über-Raumzeitlichen, eines Übersinnlichen, des Wesens dieses oder jener Stoffe. Sie konstituieren sich

239 Rudolf Steiner: *Einleitungen zu Goethes Naturwissenschaftlichen Schriften*, Kap. X. «Wissen und Handeln im Lichte der Goetheschen Denkweise», GA 1, Dornach 1987, S. 171.

240 Rudolf Steiner: *Einleitungen zu Goethes Naturwissenschaftlichen Schriften*, Kap XVI. «Goethe als Denker und Forscher», GA 1, Dornach 1987, S. 274.

im Bewusstsein des Menschen durch Wahrnehmung und Begriff zu einer Summe von Eigenschaften. Ihre Abgrenzung und Zuordnung zu diesem oder jenem Stoff ist Forschungsgegenstand der Physik. Ihre Konstellation ist derart, dass jedes Stoffelement eine spezifische Affinität zu anderen Stoffen hat. Sie können miteinander reagieren. Tritt dies ein, verschwinden die Ausgangsstoffe aus dem Blickfeld und, gleichsam als Synthese, entsteht ein neuer Stoff, mit überraschend neuen Eigenschaften. Anfang und Ende sind durch ein diskontinuierliches Geschehen miteinander verbunden. Zum Beispiel sind Wasserstoff (H) und Sauerstoff (O) Gase. Ihre Affinität zueinander ist so gewaltig, dass sie explosionsartig miteinander reagieren. Sie verschwinden, und hervor tritt Wasser, der eigenschaftsreichste Stoff, die Grundlage allen Lebens. Es vollzieht sich ein Sprung von einem gering zu einem höher verdichteten Aggregatszustand. Wird das Wasser unter Energieaufwand der Elektrolyse unterworfen, treten wieder die Ausgangselemente als Gase hervor. Beim Übergang von dem Gas- in den Flüssigkeitszustand, wie überhaupt jeder Reaktion zwischen Stoffen, kommt der Faktor Zeit ins Spiel. Es vollzieht sich ein Prozess. Dieses prozessuale Geschehen in der Stoffeswelt ist vorzüglich Gegenstand der Chemie. Es lässt sich in den reaktiven Begleiterscheinungen empirisch verfolgen, entzieht sich als solches aber der Wahrnehmbarkeit. Im chemischen Prozess sind Kräfte wirksam, die im Wesen des Stoffes und dessen Eigenschaften festgelegt sind. Die im Prozess in Bewegung befindlichen Kräfte verharren vor Beginn und am Ende der Reaktion im Zustand der Ruhe, des Erstarrtseins in die Form. In der Form wird der Stoff sinnenfällig und in seinen physischen Eigenschaften der Mess-, Zähl- und Wägbarkeit berechenbar.

Im Verlauf des prozessual-chemischen Kräftewirkens treten Phänomene auf, zum Beispiel Wärme-, Licht-, Farb- und Geräuscherscheinungen sowie Geruch und Geschmackserlebnisse, die aus den Eigenschaften der reagierenden Stoffe nicht herleitbar sind. Sie erlauben es dem forschenden Geist des Menschen, sich tiefer in das prozessuale Geschehen einzuleben, ja, im tätigen Vollzug mit diesem ein persönliches Verhältnis auszubilden, in welchem sich das übersinnliche Kräftewirken im persönlichen Erleben geistesnäher abbildet. Im Miterleben der chemischen Erscheinungen enthüllen die Stoffe einen Spalt weit ihre Kräfte- und damit ihre Wesensnatur.

Je weiter fortschreitend die Physik im Raum-Zeitlichen das Geheimnis des materiell gedachten Stoffelements, des Atoms, zu entschlüsseln suchte, desto mehr entschwand das Phänomen aus dem Blickfeld des Experimentators. Er spann den roten Faden anhand vorgestellter Modelle mit Hilfe der

Mathematik weiter. Er trat unbemerkt aus der Natur heraus in ein Reich der «Untersinnlichen», in die Unternatur, in ein Reich, streng gesetzmäßiger, fixierter, lebloser und seelenloser Kräfteverhältnisse von Masse, Elektrizität, Magnetismus und der Kernbindungsenergie. In dieser Unternatur ist alles Gegenständliche der sinnenfälligen Welt in ein berechenbares System in sich geronnener und doch interagierender Energieformen aufgelöst. Sie sind, wo sie isoliert wirken, in höchstem Grade lebensfeindlich. Die untersinnlichen Kräfte wirken im «Raum» und werden daher zwangsläufig als Körper im Raum, als eine Mechanik von Quanten vorgestellt. Man unterscheidet in räumlicher Abgrenzung und – je nach ihrem Wirkungsmechanismus – diverse Elementarteilchen beziehungsweise Energiequanten.

Im Fortgang der Quantenphysik wurde evident, dass diese an die Sinneserfahrung sich anlehnenden Vorstellungen nicht haltbar sind. Nils Bohr (1885–1962), der Vater der Quantenphysik, kam zu dem Ergebnis: «Es gibt keine Quantenwelt.»[241] Diese Erkenntnis bestätigten seine kongenialen Kollegen Werner Heisenberg (1901–1976), Wolfgang Pauli (1900–1958) u.a. Heisenberg schreibt: «Die kleinsten Einheiten der Materie sind in Wirklichkeit nicht physische Objekte im normalen Sinne; sie sind Formen, Ideen, die man nur in mathematischer Sprache unmissverständlich ausdrücken kann.»[242] – Das Atom ist also kein Ding im Raum. Und weiter schreibt er: «Wenn man versucht, hinter dieser Wirklichkeit [gemeint ist die sinnfällige; Anmerkung des Verfassers] in die Einzelheiten des atomaren Geschehens vorzudringen, so lösen sich die Konturen dieser ‹objektiv-realen› Welt auf – nicht in den Nebel einer neuen und doch unklaren Wirklichkeitsvorstellung, sondern in der durchsichtigen Klarheit einer Mathematik, die das Mögliche, nicht Faktische, gesetzmäßig verknüpft.»[243] Diese «durchsichtige Klarheit» ist aber eine Abstraktion. So richtig sie sein mag in Bezug auf Sein und Wirken der Unternatur, so stößt sie doch an eine Grenze, an der dem erkennenden Menschen bewusst werden kann, dass aus dieser Abstraktion kein Funke eines ethisch-moralischen Impulses zu schlagen ist. Die Mathematik hat es mit dem Physisch-Gewordenen zu tun, das sich dem denkenden Bewusstsein in Zahlenverhältnissen kundgibt. Deren Schlüssigkeit ist in Gedanken, also rein im Geiste fassbar. In ihnen fällt das Objektive mit dem Subjektiven in Eins zusammen. Sie sind wahr in dem eingeschränkten Fall des

241 Zitiert nach Jos Verhulst: *Der Glanz von Kopenhagen, geistige Perspektiven der modernen Physik*, Stuttgart 1994, S. 15.

242 Ebd., S. 17.

243 Ebd., S. 173.

Anorganisch-Physischen. Insofern ist Mathematik eine Geistes- und keine Naturwissenschaft. Man denkt Gedanken, die in der Lage sind, physische Gesetze in technologische Funktionen umzusetzen. Bleibt man bei diesen Gedanken und sucht in geistiger Erkraftung ihre Folgerichtigkeit, ihre logischen Bezüge sich zum Erlebnis zu bringen, dann gerinnt Mathematik nicht in die starre, leblose Abstraktion, sondern kann zu einer Vorstufe wahrer Geisteserkenntnis werden.

Die Zahlenverhältnisse sind Ausdruck von Energie- bzw. Kräfteverhältnissen. Letztere sind einerseits die Prozessträger stofflicher Reaktionen, andererseits sind sie in den Stoff gebannt als «festgehaltene Prozesse».[244, 245]

Der Stoff unterliegt der Schwere. Diese erfahrbare Eigenschaft vor allem macht ihn zum Repräsentanten des Irdischen. Er ist eine in die sinnenfällige Form gebannte Summe von Energieformen oder Kräften, die sich in den Eigenschaften äußern. Sie ermöglichen naturgesetzlich ablaufende, reproduzierbare und mathematisch in Formeln abstrahierbare Prozesse.

In der belebten Natur ist dieses prozessuale Geschehen nicht mehr nur aus den Eigenschaften der physischen Stoffelemente herleitbar. Im Gegenteil, die Lebensprozesse entfremden sie weitestgehend ihrer physischen Determinierbarkeit. Das Eiweiß beispielsweise baut sich aus den fünf Elementen Kohlenstoff, Sauerstoff, Stickstoff, Wasserstoff und Schwefel auf. Diese werden mit ihren Eigenschaften zu Trägern von Kräften, die kosmischen Ursprungs sind.[246] Diese kosmischen Kräfte fluten allgegenwärtig aus dem planetarischen Umkreis herein und konfigurieren sich gemäß der Wesensart einer Pflanze oder eines Tieres zu einem Äther- oder Lebensleib. Dieser ist durch und durch Prozessschöpfer. Er wird zum Architekten der physischen Organisation, hebt die physischen Stoffe aus ihrer Bannung in das Irdische heraus, stellt sie in den Dienst der Lebensprozesse und hält sie so lange im Fluss des Lebens, bis dieser in die Formen der organischen Bildungen erstirbt. Der Ätherleib löst sich dann in den Weltenäther auf. Im bakteriellen Abbau, der Mineralisierung, werden die irdischen Stoffelemente aus den organischen Bildungen entbunden; sie fallen wieder in ihre physische Eigengesetzlichkeit zurück.

Was man in der organischen Natur als konstituierende Komponenten wie Eiweiße, Kohlenhydrate, Fette, Hormone, Vitamine etc. anspricht, sind

---

244 Rudolf Steiner: *Konferenzen mit den Lehrern der freien Waldorfschule Stuttgart*, 2. Bd., GA 300b, Konferenz vom 21. Juni 1922, Dornach 2019, S. 152.

245 Martin Rozumek, Peter Buck (Hrsg.): *Das Chemische und die Stoffe, Zugänge zur Chemie*, Dornach 2008, Kap.: «Einleitung», S. 7.

246 Rudolf Steiner: *Geisteswissenschaftliche Grundlagen zum Gedeihen der Landwirtschaft*, GA 327, Vortrag vom 20. Juni 1924, Dornach 1999, S. 64f.

aus den Lebenszusammenhängen, in denen sie erscheinen, abstrahierte, körperliche, tote Gebilde. Im Zusammenhang der Lebensprozesse sind sie Kraftgebilde, die in schier unendlichen Varianten und Wechselwirkungen die irdische Stoffeswelt zu belebten Kompositionen herauf bilden. Wer komponiert diese Kräfte zu dieser klangvollen Symphonie, sodass eine Eiche in jedem ihrer Organe, in Wurzeln, Stamm, Geäst, Trieben, Blättern, Blüten und Früchten, unverkennbar eine Eiche, eine Rose eine Rose ist? Man sucht im Pflanzenreich nach dem Typus, nach dem Wesen, das sich in einer bestimmten Pflanzenart gestaltlich zum Ausdruck bringt. Weder die Kräfte noch das tiefer verborgene Wesen, das diese Kräfte aus sich hervorbringt, sind sinnenfällig. Sie erschließen sich erst der übersinnlichen Anschauung.

Was offenbart sich in dieser Hinsicht beim Tier? Das Wesen, die Quelle aller Bildung, bleibt verborgen. In Erscheinung treten nicht Seele und bildende Kraft selbst, sondern Seelenäußerungen und Kräftewirkungen. Ein Pferd, vor den Pflug gespannt, äußert sich seelisch in seinen Bewegungen, in der Folgsamkeit auf den Zügeldruck, in der Spur zu bleiben, und in der Art, wie es sich im Fortschreiten kraftvoll ins Geschirr legt usw. Alle die Kraftäußerungen haben zweifellos ihren Ursprung im Wesen des Pferdes. Wir nehmen sie wahr in der Angespanntheit der Muskeln, der Zugseile, im aufbrechenden Boden, im Gleiten des Pflugbalkens über das Streichblech bis hin zur seitlichen Ablage. Die vom Pferd ausgehende Kraft offenbart sich in der Polarität von Ruhe und Bewegung und das in Gleichzeitigkeit. Das kennzeichnet den Rhythmus. Der Rhythmus, den das Pferd in allen seinen Bewegungen zeigt, im Schreiten, Trab und Galopp, oder im Auf- und Abschwingen des Kopfes beim Zug schwerer Lasten, entspringt dem seelischen Wesen dieses Tieres. Rhythmus schafft Ökonomie im Kräftewirken; er erspart Kraft. Man wird sich alles dessen als Zuschauer bewusst; das zugrunde liegende Geschehen, wie das Seelische sich in Kraft und diese sich in eine äußere Handlung umsetzt, bleibt verborgen.

Wie gestaltet sich nun dieses Verhältnis von Wesen und Erscheinung des Menschen in der Landwirtschaft? Er selbst ist zielstrebiger Akteur und zugleich sein eigener Zuschauer: Kutscher und Pferd in einem. Das Wesen, die geistige Zielsetzung und die Tat sind im Selbstbewusstsein unmittelbar miteinander verknüpft: Nehme ich einen Spaten und grabe um, so ist die Wirkung ähnlich der des Pfluges. Allein, ich bin in jedem Augenblick Impulsgeber und bewusster Teilhaber des Geschehens. Mein Geistwesen ist Urheber der Ideen, die mich leiten, und zugleich Kraftquell, sie Tat werden zu lassen. Ich finde in mir selbst das Wesen, das die Macht hat, sich in Freiheit selbst zu dieser Tat zu bestimmen. Dem Tier hingegen bleibt sein Wesen unbewusst; es lebt sich rein seelisch in seinen Instinkten aus. Wesen und Seele der Pflanze agieren aus der «Übernatur» in den Lebensprozessen und schaffen sich in den Formen ein sinnfälliges Abbild. Das Wesen des Mineralisch-Stofflichen offenbart sich in einer räumlich abgegrenzten, fixierten Kräftestruktur, die im Kristall in geometrisch festgelegte Formen geronnen ist.

Dieses Verhältnis der Wesen zu ihren Erscheinungsweisen in den Naturreichen kommt in der Art der Prägung der leibaufbauenden Stoffe zum Ausdruck. Im Menschen individualisiert sich die leibliche Stoffkomposition gemäß seiner Geistseele, seinem Ich. Das Wesen hebt die Stoffe aus ihrem bloß physischen Sein heraus und komponiert sie zu Kraftgebilden, die der Daseinsstufe entsprechen, auf der sie erscheinen. Auf der ersten, untersten Daseinsstufe der physisch-anorganischen Natur folgt der Aufbau der Stoffe den Gesetzen, die da obwalten. Diese Gesetze sind in chemisch-physikalischen Begriffen fassbar und manifestieren sich gegenständlich in den Schöpfungen der Technik. Auf einer zweiten Daseinsstufe, der des Pflanzenreiches, komponieren sich die Stoffe nach höheren, nicht mehr begrifflich fassbaren Gesetzmäßigkeiten des ätherischen Bildekräfteleibes. Durch diesen wird das irdische Kräftewirken dem kosmischen eingegliedert. Eine dritte Daseinsstufe stofflicher Kompositionen konstituiert das Tierreich. Das Tier kann seinen Leib nur durch die Nahrungsaufnahme von außen aufbauen. Auf dem Wege der Verdauung zerstört es die Nahrungsstoffe durch die Kraft des eigenen Seelenwesens und komponiert aus eben dieser Seelenkraft seine körpereigene Stofflichkeit. Diese ist so konfiguriert, dass sie Träger eines dem Tier einwohnenden Seelischen ist, das seinen Wesensgrund jenseits der Sonnensphäre, im fernen Kosmos, dem daher so genannten Tierkreis hat. Die vierte Daseinsstufe des Stofflichen ist im Leib des Menschen verkörpert. In ihm wird die physische, ätherische und astralische Prägung der Stoffe durch das Ich individualisiert. Nur dadurch, dass die Stoffe im Leib – z.B. die DNA – nach dem Kraftquell des Ich angeordnet sind, können sie den Leib einwohnen. Sie schaffen sich im Leib eine Ich-Organisation. Durch diese tritt der Mensch als Individualität in Erscheinung.

Die vier Stufen der Erscheinungsformen des Stofflichen konstituieren das irdische Dasein und so auch die Wirklichkeit des landwirtschaftlichen Organismus. Bei der Düngung geht es darum, diese Seinsstufen in ein solches Verhältnis zueinander zu bringen, dass das Tote, Mineralische sich den Kräften des Lebendigen, Seelischen und des Geistigen aufschließt: «Man muss die Erde direkt beleben, und das kann man nicht, wenn man mineralisierend vorgeht; das kann man nur, wenn man mit Organischem vorgeht, das man in eine entsprechende Lage bringt, sodass es organisierend, belebend auf das Feste, Erdige selber wirken kann.»[247] Der Begriff der Düngung ist also auf der Stufe des unbelebten «Toten, Erdigen» nicht zu fassen, sondern erst, wenn man die Stufen vom Lebendigen aufwärts in Betracht zieht.

Zur Frage nach Geist, Wesen und Individualität

Alles, was erscheint, ist Form, das Kleid des Stofflichen. Die stofferfüllte Form wird als ein Körper im Raum angesprochen. Wie die vorangehende Betrachtung deutlich macht, zeigt sich diese Form-geronnene Stofflichkeit als eine je spezifische Kräftekomposition, die prozessual erstarrt ist – «Das Ende der Wege Gottes».[248] Kräfte sind unsichtbar; sie manifestieren sich in ihren Wirkungen, z.B. Formveränderungen. Prinzipiell gibt es keine Kraftäußerung ohne Ursache, ohne Urheber. Diese sind der Sinneswahrnehmung noch verborgener als die Kraft. Der Urheber ist im Spiel der Kräfte der große Unbekannte, der Geist. Er konstituiert durch alle Naturreiche hindurch bis herauf zum Menschen die physische Leibesorganisation und offenbart sich in seiner reinsten Erscheinungsform in den Kristallformen des Mineralreiches. Der Geist ist der Beweger in den Formkräften, die aus den Fernen des Kosmos einstrahlen. Der Urheber aller Erscheinungen der physisch-anorganischen, toten Natur ist wesenhafter Geist. Ebenso ist es Geist, der in den aus den Sphären von Sonne und Planeten hereinflutenden Strömen der Ätherkräfte lebt und diese zu Ätherleibern der Pflanzen, Tiere und, über den Menschen hinaus, zu Ätherleibern höherer Geisteswesen bildet.[249] Der Urheber allen Lebens ist wesenhafter Geist. Ebenso ist es Geist, der in den aus dem Kosmos einstrahlenden Astralkräften webt und gemäß dem Wesen der Tiere, des Menschen und über ihm stehender Wesenheiten deren Astralleib formt. Bei Tier und Mensch vermittelt er den Ätherkräften die Bilde-Impulse, die die leiblichen Organe aufbauen und erhalten, sowie die höheren Organe, die dem seelischen Erleben, der Entfaltung moralischer Impulse und dem wesenseigenen Tätigsein dienen. Alles Seelensein ist Geist! Und schließlich ist es Geist, der die Ich-Wesenheit der Menschen erfüllt und in

247 Rudolf Steiner: *Geisteswissenschaftliche Grundlagen zum Gedeihen der Landwirtschaft*, GA 327, Vortrag vom 13. Juni 1924, Dornach 1999, S. 122.

248 Das Zitat lautet im Original: «Leiblichkeit ist das Ende der Werke Gottes»; aus: *Biblisches und Emblematisches Wörterbuch* des deutschen Theologen Friedrich Christoph Oetinger (1702–1782).

249 Siehe z.B. Rudolf Steiner: *Die Geheimwissenschaft im Umriss*, GA 13, Dornach 1989.

ihm das Selbstbewusstsein erweckt. In diesem entwickelt er die Kraft zum Streben nach Selbsterkenntnis, nach dem Erfassen des real wirkenden Geistes in sich selbst sowie in Natur und Kosmos. Im Selbstbewusstsein des Menschen leuchtet der Geist auf, hell im Denken und traumhaft im Fühlen; im Willen lebt er schlafend. Die Wirklichkeit des Geistes wird ihm umso mehr zur Tatsache, desto mehr er die im Denken erfassten Ideen im Fühlen erlebt und im Wollen Tat werden lässt. In diesem Bemühen arbeitet das Ich an der Verwandlung der Wesensglieder: an physischem und Ätherleib. Es wird deren Teilhaber; es erfüllt sich mit dem Produkt dieser Verwandlung, mit dem Geist, und tritt zu diesem in ein freies Verhältnis.

Das Menschen-Ich begreift, dass es in Erweiterung der Wissenschaft von der Natur notwendig einer solchen vom Geiste bedarf, und es findet sie in der anthroposophischen Geisteswissenschaft. Ihre Ergebnisse teilen sich dem Denkenden bewusst in Ideenform mit. Sie verbreiten Licht über die Sinneswelt. Die begrifflich erfassten Sinnestatsachen erweitern sich und leuchten im Bewusstsein auf als Geistestatsachen. Man lernt sich als ein in sich selbst begründetes Geistwesen kennen, als eines, das sich aus seiner eigenen, selbsterkannten Wesenhaftigkeit in Freiheit selbst bestimmen kann. Der Mensch lernt sich in Selbsterfahrung durch Schulung seiner Seelentätigkeiten des Denkens, Fühlens und Wollens als Ich erkennen, das als Geistwesen im Ewigen wurzelt, das in Raum und Zeit sich eine Leiblichkeit schafft und in dieser abgeschattet im Selbstbewusstsein aufleuchtet. Durch die Wissenschaft vom Geiste kann man lernen, sich seines Ursprungs im Geiste gewärtig zu werden.

Durch das gewöhnliche an die Sinne gebundene Denken lernt der Mensch die Welt um sich her als eine gewordene, vollendete und sich als einen Werdenden, Unvollendeten erkennen. Er findet in sich die Kraft und die Wegweisung, das Unvollendete seiner Wesensglieder, des Astral- oder Seelenleibes, Äther- oder Lebensleibes und des physischen Leibes zu höherer Vollendung herauf zu verwandeln. Diese Kraft zur Selbstverwandlung ist jedem Menschen eigen; sie macht das ganze Menschsein aus. Wird man sich dieser Tatsache bewusst, wird der Entwicklungsgedanke lebendig; er wird geistig wirksame Realität. Er versetzt den sich zur Selbsterkenntnis durchringenden Menschen in die Lage, über das bloß naturhafte Sein, das sich dem Auge nur in erstorbenen Formen kundgibt, zu erheben und den Prozess selbst zu erleben und zu gestalten, der aus der Verwandlung von Vergangenem in der Gegenwart Zukunft werden lässt. Diesen Prozess veranstaltet das Ich des Menschen und nimmt sich dabei selbst wahr.

Die gelebte Idee der Entwicklung eröffnet der Wesenheit des Ich ein unbegrenztes Geistpanorama, aus dem es die Substanz schöpft, die seinem eigenen Wesen Inhalt gibt und es wachsen lässt. «Das Ich erhält Wesen und Bedeutung von dem, womit es verbunden ist.»[250] Das Ich lebt in der Seele und ist durch den Leib sinnesoffen gegenüber der physischen Welt und geistesoffen gegenüber der Welt der über dem Menschen stehenden Geistwesen.

In diesem Spannungsfeld erlebt sich der Mensch als Individualität. Dieser Begriff lässt, so verstanden, sich nicht auf die Dinge und Wesen der Natur anwenden. Diese sind in ihrem physischen Dasein Ich-los in die Kräfte- und Wesenswelt des Kosmos eingebunden. Durch die Selbstbewusstwerdung an der physisch-sinnlichen Welt hat der Mensch sich aus dieser Bindung weitgehend emanzipiert. Er steht als sich entwickelndes Wesen einer zum Werk geronnenen Formenwelt gegenüber.

Aus dieser Verfassung seines Bewusstseins droht der Mensch sich von der Natur ebenso zu entfremden wie von seinem im Geiste wurzelnden Wesen. Er erlebt sich mehr und mehr wie abgekapselt in sich selbst und konstruiert sich mechanisch und elektronisch eine Außenwelt, die keine Natur mehr ist, keine lebendig wirksame Geistigkeit, sondern ein Artefakt seelenloser Intellektualität. Wie aber, wenn man aus dem Inneren heraus, aus der erkrafteten Geistseele, den Blick auf die aus dem Leben heraus formenschaffende Natur lenkt, wie, wenn aus den Ideen der Geisterkenntnis sich das entwicklungsinaugurierende Prinzip offenbart, das diese Formen schafft? Der Mensch, der sich solcherart aus der Geisterkenntnis wesenhaft als Individualität erfasst, findet in sich den Geist, der sich in ideengetragene Willenskräfte umsetzt. Diese ideenerhellten Willenskräfte greifen lenkend in die Kräftewelt der Natur ein. Diesen Weg vorbereitend verweist Goethe auf die Kunst: «Wem die Natur ihr offenbares Geheimnis zu enthüllen anfängt, der empfindet eine unwiderstehliche Sehnsucht nach ihrer würdigsten Auslegerin, der Kunst.»[251]

Diese menschlichen Willenskräfte heben den landwirtschaftlichen Organismus als eine Ganzheit aus dem allgemeinen Naturwirken heraus und sorgen für einen sinn- und maßvollen Kräftefluss in der Wechselwirkung seiner Organe. Dies geschieht allem voran und in größter Tragweite durch die Düngung mit denjenigen organischen Stoffen, die im Betrieb aus den Lebensprozessen ausgeschieden werden. Hier wird vergangenes Stoffeswirken, prozessual verwandelt durch Umsetzungen, zu gegenwärtigem aufgerufen.

250 Rudolf Steiner: *Theosophie*, GA 9, Dornach 2003, S. 50.

251 Johann Wolfgang von Goethe: *Maximen und Reflektionen*, Nr. 720, Hamburger Ausgabe, Bd. 12, München 1987.

Das kennzeichnet die eine, die Naturseite. Die andere Seite ist die Geistesleistung des Menschen. Sie weist aus der Geisterkenntnis dem Willen die Wege, Düngerstoffe zu komponieren, die das gegenwärtige, werkgewordene Sein für Kräfte aufschließen, die zukünftigen Entwicklungsmöglichkeiten die Wege bereiten.

Der Schlüssel zu einem tieferen Verständnis von Wesen und Wirksamkeitsrichtung dieser beiden zueinander polaren Düngerformen ist der Begriff der «Landwirtschaftlichen Individualität», den Rudolf Steiner von der Wesensanschauung des Menschen herleitet.[252]

Die Düngungsfrage und die landwirtschaftliche Individualität

Im Kapitel «Die Dreigliederung des Menschen und die landwirtschaftliche Individualität» (S. 88 ff.) wurde auf den Begriff der «Landwirtschaftlichen Individualität» eingegangen und auf dessen Herleitung von der Trichotomie des Menschen nach Leib, Seele und Geist. Der Leib gliedert sich derart, dass er im Kopf oder Nerven-Sinnes-System dem Menschengeist im Denken zum Selbstbewusstsein verhilft, im rhythmischen System der Brustorgane die Menschenseele im Selbstfühlen sich erleben lässt und im Stoffwechsel-Gliedmaßen-System der Menschenwille sich betätigen kann. Im Menschen fasst sich zusammen, was um ihn herum sich als Natur ausbreitet und was ihm über die Sinne gegenständlich gegenübertritt. Wir gehen also in der Landwirtschaft zunächst mit Abbildlichem um, dessen hervorbringendes Wesen sich darin verbirgt (z.B. im Erscheinungsbild der Kuh ihr Wesen). Dem bewusst erkennenden Menschen eröffnet sich aber die Möglichkeit, nicht im Abbildlichen stehen zu bleiben und, davon ausgehend, in seelenloser Abstraktion den Urgrund des Seins in der Materie zu postulieren, sondern diesen in Ideen zu finden, die im anschauenden Bewusstsein aufleuchten und im Menschen moralisch-geistige Impulse erwecken. Die Ideen sind dann keine Abstraktionen mehr, wenn der bewusst Erkennende sie selbst denkend hervorbringt, sie selbst im fühlenden Erleben belebt und sie dem eigenen Willen als moralische Impulse einpflanzt. Die Ideen, so gefasst, begründen erst ein über die Natur hinausgehendes freies Schöpfertum. Dies baut aus ethischen Intuitionen eine Brücke, die die Kluft zwischen dem

252 Rudolf Steiner: *Geisteswissenschaftliche Grundlagen zum Gedeihen der Landwirtschaft*, GA 327, Vortrag vom 10. Juni 1924, Dornach 1999, S. 42.

Moralisch-Geistigen des Menschen und dem schaffenden Wesenhaften in der Natur überspannt.

Die Ideenformen der anthroposophischen Geisteswissenschaft haben den Charakter, dass sie im gedanklichen Erschließen ein Leben entbinden, das zur Tat anregt. So lässt sich, wie im Kapitel «Die Dreigliederung des Menschen und die landwirtschaftliche Individualität» (S. 88 ff.) geschildert, aus dem Ideenzusammenhang der Dreigliederung des Menschen und dem tätigen Darinnenstehen in einem Hoforganismus unmittelbar nachvollziehen, wie einerseits das Wärme-Luft-Element über der Erde die Stoffe der Erde in Lebensprozesse einbezieht und diese einer Art Verdauung,[253] einem fortdauernden Wandel ihrer Erscheinungsformen unterliegen, und wie andererseits das Stoffelement der Erde und des Wassers in den Tiefen, unter dem Niveau des Bodens, aus dem Leben herausgefallen sind und im Kristallisieren durch und durch Form werden. Eine gewaltige Polarität der Höhen und Tiefen, der Substanzprozesse und des Erstarrens in der Form, der Bewegung und der Ruhe tut sich auf. Es ist eben jene Polarität, die sich mikrokosmisch im Menschen als die Pole seines Stoffwechsel- und Nerven-Sinnes-Systems zusammendrängt. Wie diese Pole ihren rhythmischen Ausgleich im pulsierenden Herzen und in der Lungenatmung finden, so jene der Höhen und Tiefen in der rhythmischen Dynamik des Bodens (Abbildung 14).

Das Wunder des Bodens verbirgt sich in seiner Unscheinbarkeit. Die Stoffe und Kräfte versinnlichen sich in den Formen des Erdreichs; ihr Wirken und Wesen bleibt verborgen und ist in allen Seinsbereichen der Unternatur, der Natur und der Übernatur zu suchen. Es sind Wesen und Kräfte, die Abbau, Zerfall und Tod bewirken (Unternatur), solche, die physisch-mechanisch wirken und den physischen Leib bei Pflanze, Tier und Mensch konstituieren, ferner solche, die in den Naturreichen Leben spenden, und schließlich solche, die im Tierreich seelenbegabend und -tragend sind. Der Geist, der im Selbstbewusstsein des Menschen als die Übernatur auflebt, ist über die Naturreiche ausgegossen und schafft sich in aller Gestaltbildung ein Abbild.

In der Erzeugung von Nahrungsmitteln und deren Verbrauch außerhalb des landwirtschaftlichen Organismus gehen diesem nicht nur Stoffe verloren, sondern ebenso Kräfte. Es sind dies die aus der Übernatur, den kosmischen Höhen herunter und aus den Erdentiefen herauf strahlenden,

253 Rudolf Steiner: *Geisteswissenschaftliche Grundlagen zum Gedeihen der Landwirtschaft*, GA 327, Vortrag vom 10. Juni 1924, Dornach 1999, S. 47.

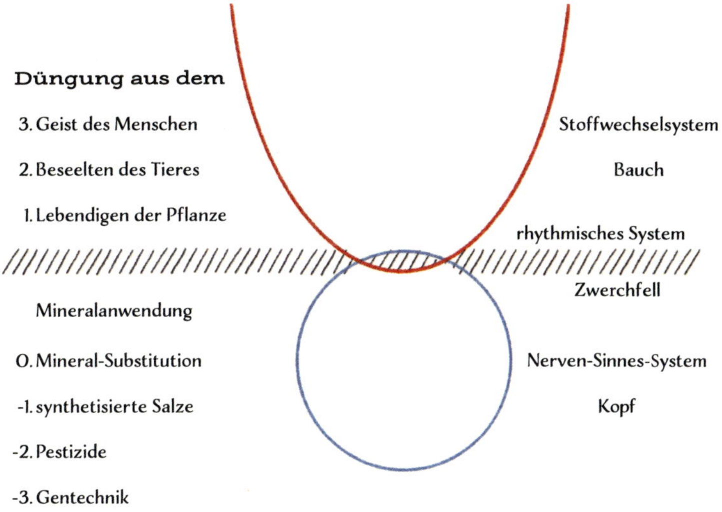

Abbildung 14:
Die landwirtschaftliche Individualität,
die drei Stufen der Düngung aus interner Erzeugung und
die zwei Stufen der Mineralanwendung externer Herkunft.

die im eigentlichen Sinn nährenden und heilenden Kräfte. Die Aufgabe der Düngung ist es nun, den Verlust der Stoffe der Erde zu kompensieren und Boden und Pflanze in den Stand zu setzen, auf immer neue Weise für die Kräfte und Substanzen der Übernatur sinnes- und aufnahmefähig zu werden. Daraus ergeben sich folgerichtig drei Stufen, auf welchen sich in vollem Sinn der Begriff «Düngung» inhaltlich erfüllt:

Es ist die Düngung

1. mit Stoffen und Kräften aus der belebten Pflanzennatur,
2. mit Stoffen und Kräften aus der beseelten Tiernatur und
3. mit Stoffen und Kräften, die ein Produkt des menschlichen Geistes sind.

Demgegenüber soll als «Nullstufe» der Verlustausgleich von erdgebundenen Stoffen bezeichnet werden. Mit den im industrialisierten Landbau eingesetzten synthetischen oder chemisch aufgeschlossenen, wasserlöslichen Salzen wird die Stufe «-1», die Schwelle von der Natur zur Unternatur überschritten (Abbildung 14).

Im Folgenden soll auf grundlegende Aspekte des Nutzens und der Problematik der Mineralstoffanwendung eingegangen werden und anschließend auf die drei Stufen der Düngung. Der Weg der Entschlüsselung des

Geheimnisses desselben ist eine Art Synthese der natur- und geisteswissenschaftlichen Erkenntnisbemühungen auf der Grundlage der Tathandlung. Man beschreitet hier den Weg von der Wissenschaft zur Kunst, ein Weg des Forschens im Tun, in welchem sich das Wahrheitsempfinden, im Kleinen wie im Großen, an dem erkenn- und erlebbaren natürlichen und sozialen Gedeihen des Hofes als eines Ganzen bemisst, nicht am quantitativen Ergebnis.

Stufe 0
Die Anwendung von Mineralstoffen

Aus der Auffassung, dass allen Welterscheinungen als einzig Reales die Materie zugrunde liege, hat sich in der Landwirtschaft seit dem 19./20. Jahrhundert folgerichtig der Begriff der «Mineraldüngung» herausgebildet und mit diesem die Auffassung einer Summe von «Nährstoffen», die die Pflanze zum Wachsen braucht. Hinter dieser Theorie verbirgt sich die folgenschwere Annahme, dass aus einer Summe anorganischer, toter Stoffelemente Leben hervorgehen, dass man mit diesen Leben erzeugen und vermehren könnte. Leben aber entsteht aus Leben, aus Lebenskeimen oder Samen. Man wird in der Natur nirgends, bei noch so genauer Beobachtung, einen Anhaltspunkt dafür finden, dass aus Mineralisch-Totem Leben entstünde, sondern nur das Umgekehrte: Das Leben verfällt dem Tode. Der Begriff der Düngung aber bezieht sich darauf, dass das Leben als solches in den Wachstumsprozessen der Pflanze und ebenso das seelisch-astrale Wirken von außen in der Gestaltbildung in wesensgemäßer Weise gefördert wird. Nicht von ungefähr leitet sich seit alters der Düngerbegriff von den bedeutsamen Wirkungen der Ausscheidungen aus der Seelen- und Lebensorganisation der Haustiere ab. Man sprach von der «alten Kraft» der so gedüngten Böden. Aus der herrschenden materialistischen Gesinnung heraus schreibt man den organischen Düngern, außer ihrer vielseitigen Mineralzusammensetzung und Förderung des mikrobiellen Bodenlebens, keinen spezifischen Düngerwert zu.

Welche Kriterien lassen sich finden, um die Folgen zu beurteilen, die ein Düngerbegriff verursacht, der die Wechselbeziehung von Boden und Pflanze nur als materielles Geschehen begreift? Im Folgenden soll dieser Problematik am Beispiel des Motors aller pflanzlichen Ertragssteigerung, dem in die Salzform synthetisierten Stickstoff, nachgegangen werden.

Die Anwendung von Stickstoffsalzen

Stickstoff (N) ist mit 79 % der eigentliche Träger des Luftelementes. Er umströmt das grüne Blattwerk der in die Atmosphäre heraufstrebenden Pflanze, ohne aber an deren Wachstumsprozessen direkt teilzuhaben. Als Luftstoff ist er gleich dem Sauerstoff mit sich selbst verbunden (N_2) und ist deshalb nahezu reaktionstot. Er gelangt auf natürlichem Wege in die dichteren Zustände von Wasser und Erde nur auf zweierlei Weise: 1. durch die Energieentladungen der Blitze mit ca. 6 kg/ha/Jahr[254] sowie 2. auf biologischem Weg durch Stickstoffbindung dazu befähigter pflanzlicher Organismen, speziell der artenreichen Familie der Leguminosen. Diese Barriere des sein eigenes Maß setzenden natürlichen Stickstoffeintrags durch großtechnische Verfahren zu durchbrechen, war erklärtes Ziel seit dem Ende des 19. Jahrhunderts. Der Durchbruch gelang mit der Ammoniaksynthese nach dem Haber-Bosch-Verfahren. Unter hohem Energieaufwand wird Luftstickstoff in wässriger Lösung in die Wasserstoffverbindung Ammoniak (NH_3) übergeführt. Durch weitere Verdichtung entstehen die festen Verbindungen mit Sauerstoff, die Nitrat-, und mit Wasserstoff, die Ammoniumsalze, die ebenfalls leicht – Erstere schneller, Letztere langsamer – in Lösung gehen. Beide Verbindungen sind in wässriger Lösung hochgradig reaktionsstark und die Nitratverbindungen in fester Salzform hochexplosiv. Durch das Syntheseverfahren ist an jedem Erdenstandort, unabhängig von biologischen Tages- oder Jahresrhythmen, jede beliebige Menge an Stickstoffsalzen herstellbar. Neben ihrem zivilen oder militärischen Nutzen als Sprengstoff haben sie im Lauf des 20. Jahrhunderts global eine Revolution in der pflanzlichen Erzeugung ausgelöst. Sie bilden das Produktionskapital für die landwirtschaftliche Massenerzeugung und sind in Verbindung mit dem Einsatz der Herbizide und Pestizide Ursache der Entwicklung zum Agrarindustrialismus.

Angesichts der enormen Steigerung der Erträge im Land-, Garten- und Obstbau sowie in allen anderen Sonderkulturen müsste man dieser Lichtseite des Einsatzes industriell gefertigter Stickstoffsalze ein Loblied singen, wären da nicht die dunklen Schattenseiten. Stickstoffverbindungen, sofern sie nicht in der Form des Ammoniums (NH_4) an Tonmineralien gebunden sind, haben die Neigung, möglichst schnell wieder aus der Mitteregion des «Zwerchfell-Bodens» zu verschwinden – entweder als Nitrat (NO_3) hinunter in die Grundwasserregion des Kopfpoles oder als Ammoniak (NH_3), Stickoxide

254 Manfred Klett: *Die boden- und gesteinsbürtige Stofffracht von Oberflächengewässern*, Arbeiten der Landwirtschaftlichen Hochschule Hohenheim, Bd. 35, 1965, S. 42.

(Lachgas N_2O) oder elementarer Stickstoff (N_2) hinauf in den Stoffwechselpol. Diese Verluste betragen zu gleichen Teilen je etwa 25 % des Eintrages synthetisierter Stickstoffsalze. Sie kontaminieren einerseits das Grund- und Brunnenwasser beziehungsweise eutrophieren die Oberflächengewässer. Andererseits tragen sie durch die Emissionen in erheblichem Umfang zur Stickoxidbelastung der Atmosphäre und damit zum Klimawandel bei. Die anderen 50 % des Stickstoffeintrages sorgen für eine Minderung bzw. Vereinseitigung der biologischen Aktivität der Böden[255] sowie für eine Forcierung des Wachstums der Pflanzen bei gleichzeitiger Schwächung ihrer Organisationskräfte, ihrer Nähr- und Heilwirkung. Auch tragen die synthetisierten Stickstoffsalze zur floristischen und faunistischen Artenverarmung in den Landschaften bei. Erst sie ermöglichen die Einengung der Fruchtfolgen bis hin zur Monokultur und, darüber hinausgehend, die Kultivierung in Nährlösungen (*Hydrokultur*).

Im Pflanzenbau bedeutet jede Stickstoffgabe von außen eine Art schubweisen Wachstumszwang. In jedem Fall, ob sie als schnellwirkende Nitrat- oder als langsamer wirkende Ammoniumverbindung verabreicht wird, erhöht sich die Stickstoffkonzentration in der Bodenlösung, deren sich die Pflanze nicht erwehren kann. Der Zwang zur Aufnahme eines Überschusses an Stickstoffsalzen schwächt die ätherische Organisation der Pflanze in allen ihren Organen. In der Wurzel, die in den Kopfpol hinunterstrebt, macht sich dies als eine Herablähmung ihrer Funktionen bemerkbar. Eine dieser Funktionen ist ihre Veranlagung zu einer Art Sinnesfähigkeit, nicht nur gegenüber den Formkräften des Kosmos und dem Wasserelement, sondern insbesondere gegenüber dem Element des Erdig-Festen. Die Subtilität dieser Prozesse offenbart sich in folgenden Phänomenen:

Die klassische «naturbelassene Wiese» ist aus unseren Fluren weitgehend verschwunden. Von ihr wurde mehrschürig das Heu für die Winterfütterung gewonnen. Sie war, je nach Standort, ungemein artenreich an Ober- und Untergräsern sowie vor allem an Leguminosen und Kräutern.

Geht man nun dazu über, zum Zweck der Steigerung ihrer Wüchsigkeit, fortgesetzt Gaben synthetischer Stickstoffsalze anzuwenden, löst dies in Bezug auf die Artenzusammensetzung eine Kettenreaktion aus. Als Erstes verschwinden aus dem Bestand die Kräuter, im Fortgang über die Jahre die Leguminosen wie Rotklee, Hornschotenklee u.a. Am längsten hält sich der Weißklee. Auch die Untergräser weichen schließlich der Macht der Obergräser,

255 Martin Hartmann et al. (2015): *Distinct soil microbial diversity under long-term organic and conventional farming*, ISME Journal, 9, S. 1177–1194.

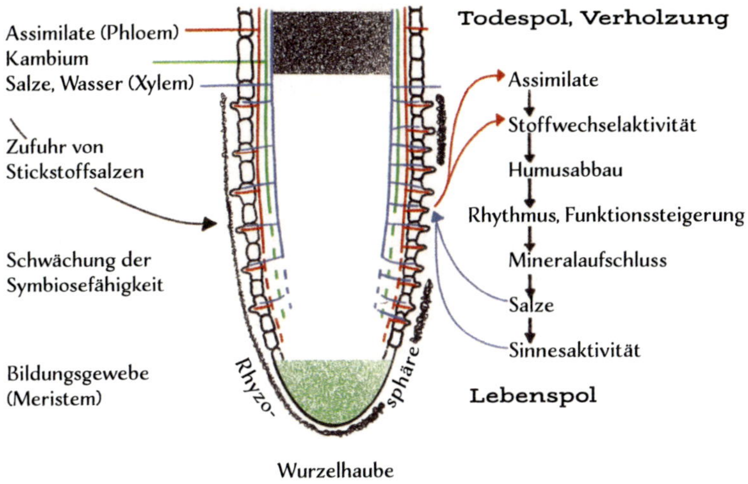

Abbildung 15:
Die Funktionen der Wurzelhaare und deren Beeinträchtigung durch externe Zufuhr von Stickstoffsalzen.

die am Ende dieser Abfolge monokulturartige Massenerträge liefern. Dieses Beispiel veranschaulicht das Urphänomen externer Stickstoffanwendung: die Artenverarmung assoziierter Pflanzengesellschaften.

Genauer besehen, macht sich dieser Effekt in vielerlei Details im Wurzelbereich geltend. Zum Beispiel kann man bei Rotklee beobachten, wie die Anzahl an Knöllchen an den Wurzeln, die durch endogene Symbiose des Klees mit Rhizobien, stickstoffbindenden Bakterien, entstehen, durch fortgesetzte Gaben von Stickstoffsalzen zurückgehen. Infolge der hohen Stickstoffkonzentration in der Bodenlösung vermindert sich die Stickstoffbindungsleistung der Wurzel; sie verliert gradweise ihre Symbiosefähigkeit.

Was für die endogenen Symbiosen der Leguminosen gilt, trifft auch für die exogenen Symbiosen mit Bakterien und Pilzen anderer Pflanzen zu. In Abbildung 15 ist ein Längsschnitt durch das Endstück einer Wurzel dargestellt.

Die Wurzelspitze besteht aus einem lebendigen Gewebe teilungsfähiger Zellen (*Meristem*), mit der vorgelagerten schleimartigen Wurzelhaube (*Calyptra*). Beide bilden den stets sich erneuernden Lebenspol der Wurzel. Ein Stück weit wurzelaufwärts erstirbt die Wurzel in ihren Form- oder Todespol; sie verholzt. Mittebildend gliedert sich dazwischen, wie bereits geschildert, ein Drittes, in welchem sich beide Pole, Leben und Tod, in den beiden Funktionen der Wurzelhaare durchdringen (vgl. Kap. «Der Frühjahrsprozess und die Bodenbearbeitung», S. 213 ff.). Die Wurzelhaare gruppieren sich in rhythmischer Anordnung rund herum um den Wurzelkörper. Es sind Ausstülpungen aus den nicht mehr teilungsfähigen Zellen der Wurzelhaut (*Epidermis*). Als solche sind sie einerseits stoffwechselaktiv, indem durch sie die Assimilate aus den oberirdisch ergrünenden Pflanzenorganen über den absteigenden *Phloem*strom in das Erdreich ausströmen und dort das Mikroben- und Pilzleben der *Rhizosphäre* aktivieren und symbiontisch an sich binden. Die Wurzelausscheidungen (*Exudate*) betragen im Mittel der Kulturpflanzenarten etwa 30 % ihrer Assimilationsleistung.[256] So steuert der Ätherleib der Pflanzen gemäß ihren Wachstumsrhythmen und -bedürfnissen über den Assimilationsstrom (*Phloem*) das Bodenleben – es sind niedermolekulare Eiweiße, Kohlehydrate, Enzyme, Vitamine, Säuren, Komplexbildner, Cumarine, Phenole, Glykoside, Alkaloide, ätherische Öle, Ethylen.[257] Anderseits sind die Wurzelhaare sinnesaktiv. «Die Wurzel der Pflanzen [...]: Es ist ein Auge, aber ein schlechtes Auge.»[258] Die Wurzelhaare nehmen gleichsam die Salze wahr, die sich durch ihre eigene Stoffwechseltätigkeit (Austausch-Prozesse) sowie durch ihre Symbionten im feucht-wässrigen Milieu des Bodens gelöst haben. In prozessual gegenläufiger Gleichzeitigkeit – eine Eigenschaft des Lebensleibes – scheiden die Wurzelhaare die Assimilate in die Wurzelumgebung aus, regen mit diesen mikrobielle Abbauprozesse an und nehmen deren Endprodukt, das mineralisierte, tote Salz auf. Es gelangt im Gegenstrom zu den Assimilaten durch das Zellgewebe der Wurzeln und mündet in den aufwärts gerichteten *Xylem*strom. Der eine, tote mineralische Strom von unten, und der andere, lebendige von oben, sind durch das Kambium voneinander getrennt.

Mit dem bloß gegenständlichen Denken ist dieses subtile Geschehen in und um die Wurzelhaare nicht fassbar. Diese in Gleichzeitigkeit aufeinander abgestimmten, gleichsam ineinander verwobenen Lebens- und Sinnesprozesse werden durch den Einsatz von synthetisierten Stickstoffsalzen empfindlich gestört oder gradweise blockiert. Die Pflanzenwurzeln haben kein Unterscheidungsvermögen über die Herkunft der gelösten Stickstoffsalze. Erhöht sich deren Konzentration durch fortgesetzte Zufuhr von außen, erlahmt die Tätigkeit der Wurzelhaare. Die Wurzeln werden stoffwechselschwach und

256 Christoph Felgentreu, Kirsten Engelke: *Konzepte zur Erhaltung der Bodenfruchtbarkeit*, Deutsche Saatveredelung AG, Lippstadt.

257 Lexikon der Biologie, https: www.spektrum.de.

258 Rudolf Steiner: *Die Schöpfung der Welt und des Menschen, Erdenleben und Sternenwirken*, GA 354, Vortrag vom 9. August 1924, Dornach 2000, S. 154.

sinnesstumpf. Ihre Fähigkeit, Symbiosen zu bilden, wird geschwächt, wie das oben am Beispiel der knöllchenbesetzten Kleewurzel schon veranschaulicht wurde. Die auf den Wurzelumraum erweiterte ätherische Organisation der Pflanze zieht sich auf die Wurzel zurück; die *Rhizosphäre* verarmt. Sie entbehrt der gestaltenden Kraft des Kosmisch-Astralen, deren «stofflicher Träger» der Stickstoff ist.[259] Boden und Pflanze bilden eine Lebenseinheit. Aus ihren Lebensprozessen des Abbaus der organischen Substanz stammt der Stickstoff und geht im Durchgang durch die tote Salzform unmittelbar in die Lebensprozesse des Aufbaus über. Der Lebensleib der Pflanze beherrscht den Todesmoment der Salzform. Mit der massiven Zufuhr synthetisierter Stickstoffsalze wird die Pflanze gleichsam einem Zwang ausgesetzt, diese aufzunehmen. Entsprechend ihrer Herkunft sind sie Träger von Kräften aus der Unternatur, die den Bildekräften der Übernatur entgegenwirken.

Die vorgenannte Problematik wirft ein Licht auch auf die Frage nach der Gültigkeit des Gesetzes der Konstanz der Stoffe und Kräfte. Ist deren Verhalten und Wirken in der unbelebten Natur im Vergleich zur belebten ein kontinuierliches oder diskontinuierliches? Die Beobachtung lehrt, dass der Stoff und die Art seines Kräftewirkens Wesen und Bedeutung durch den Zusammenhang erhält, in welchem beide erscheinen.

Die Anwendung aus der Luft synthetisierter Stickstoffsalze hat die Macht, Lebenszusammenhänge zu negieren zugunsten ihres eigenen Wirkungsmechanismus. Sie tendieren dazu, in der Lebensorganisation der Pflanze das physikalische Prinzip der Zeitenfolge von Ursache und Wirkung zur Geltung zu bringen. Davon spricht auch die Tatsache, dass zur Aufrechterhaltung der Erträge jedes Jahr aufs Neue in etwa dieselbe oder gar steigende Mengen an Stickstoffsalzen aufzuwenden sind. Durch die externe Stickstoffzufuhr werden Erträge nahezu berechenbar.

Dies alles aber bedeutet, dass die Wurzel durch die sogenannte «Mineraldüngung» ihrer evolutiv veranlagten Funktion entfremdet wird. Die mit den Wurzelhaaren rhythmisch besetzte Mitte zwischen dem Lebenspol der Wurzelspitze und dem Todespol der verholzenden Wurzel verliert allmählich ihre stoffwechsel- und sinnesaktive Funktion; sie wird passiv. Die Pflanze wird tendenziell in einen früheren Evolutionszustand zurückgeworfen, in dem sie eine rein «Wassergeborene» war, frei schwebend wie die Algen in dem Salzwasser der Weltmeere. Nun aber, da sie sich in lange währenden Entwicklungsschritten zu einer «Erdgeborenen» mit Wurzeln, frei stehendem

259 Rudolf Steiner: *Geisteswissenschaftliche Grundlagen zum Gedeihen der Landwirtschaft*, GA 327, Vortrag vom 11. Juni 1924, Dornach 1999, S. 73.

Stängel, Blattfolge, Blüte und zum Samen heraufgebildet hat, ist sie einer Düngung bedürftig, die ihrem Sein als Erdenpflanze dienlich und in der Lage ist, dieses Sein weiter in Entwicklung zu halten.

Die synthetisierten Stickstoffsalze erfüllen nur scheinbar den Begriff der Düngung. Sie düngen nicht, sondern treiben und hypertrophieren die Pflanze reproduktiv in eine wässrige Massenwüchsigkeit. Das Studium der dabei auftretenden Phänomene hinsichtlich Physiologie und Gestaltbildung ist überaus lehrreich und fordert geradezu dazu auf, den Begriff der Düngung neu zu fassen. «Die Pflanze lebt [...] unmittelbar mit Erde und Wasser.»[260] Im bloß wässrigen Milieu entwickelt sich das pflanzliche (und auch tierische) Leben bis zu niederen Evolutionsstufen, in der durchfeuchteten Erde entfaltet sie ihre Wurzeltätigkeit. Sie wächst aktiv in das Element des «Festen-Erdigen» hinunter und entwickelt in der Region der Wurzelhaare eine Stoffwechselaktivität in der Aufschließung mineralischer und im Abbau organischer Materialien sowie eine Sinnesaktivität gegenüber allem, «was Erde [Salz; Anmerkung des Verfassers] und Wasser ist».[261] Düngung heißt daher, die Erde direkt zu beleben, «und das kann man nicht, wenn man mineralisierend vorgeht».[262] Eine die Erde selber belebende Düngung umfasst ein Dreifaches:

1. Die Versorgung des Bodens mit organischen Rückständen aus der belebten und beseelten Natur.
2. Die Aktivierung des pflanzlichen Stoffwechsels im Verhältnis zu den Kräftewirkungen des kosmischen Umkreises sowie jenen zwischen Wurzel und Erdreich.
3. Die Entwicklung der keimhaften Sinnesbegabung der Pflanze gegenüber den Stoffen und Kräften der Erde und des Kosmos zu höherer Sinnesbefähigung.

Maßgebend für die Beurteilung der Düngung nach Wert und Wirkung ist deren Herkunft. Die mit hohem Energieaufwand (ca. 50 MJ/kg N) synthetisierten Stickstoffverbindungen stammen aus dem anorganisch-toten Luftstickstoff (N_2). Sie werden zwanghaft zu Trägern einer Astralität, die aus der Unternatur herauf kraftet und jener entgegenwirkt, die aus der Übernatur des Kosmos einstrahlt. Die astralischen Mondenkräfte, die über das Wasser wirken, gewinnen die Oberhand über die Sonnenastralität, die über das «Erdig-Feste» wirkt. Aus diesem Grund wird in Abbildung 14 (S. 273) die

260 Rudolf Steiner: *Geisteswissenschaftliche Grundlagen zum Gedeihen der Landwirtschaft*, GA 327, Vortrag vom 15. Juni 1924, Dornach 1999, S. 192.

261 Ebd., S. 192.

262 Ebd., Vortrag vom 13. Juni 1924, S. 122.

Anwendung synthetisierter Stickstoffsalze in der Landwirtschaft mit der Wirkungsstufe «-1» bezeichnet. Nur dem Stickstoff, der aus Lebensprozessen hervorgeht, kann im eigentlichen Sinn eine Düngerwirkung zugesprochen werden. Er verbleibt in der ätherischen Organisation der Pflanze, empfängt über diese die Bildekräfte, durch die er das geistige Urbild abbildlich in die sinnliche Gestalt formt.

Die Anwendung von Gesteinsmehlen

So verfehlt der Begriff «Stickstoffdüngung» ist, so wenig zutreffend ist der der «Mineraldüngung», der die Anwendung jeder Art von Mineralstoffen im Land- und Gartenbau subsumiert, gleichgültig welcher Herkunft im Haushalt der Natur sie sind oder durch welches technische Verfahren sie aufbereitet wurden. Die Mineralelemente ermöglichen in hochdifferenzierter Art Lebensprozesse, bringen diese aber nicht hervor. Sie düngen nicht das Leben als solches, sondern sorgen für dessen physisch-sinnliche Erscheinungsweise. In der landläufigen Auffassung der Mineraldüngung wird kein Unterschied zwischen dem Stickstoff aus dem Element der Luft und den erdgeborenen Stoffen, wie des Phosphors und der Alkali- und Erdalkalimetalle, wie Kalium, Kalzium, Magnesium und andere, gemacht. Der Stickstoff ist nahezu reaktionstot in der Luft und reaktionslebendig in der Erde. Die Stoffe der Erde sind reaktionstot in ihren Tiefen und werden aktiv im Kontakt mit Luft und Wärme. Diese qualitätslose begriffliche Gleichschaltung hatte fatale Folgen. Entweder wurde die «Mineraldüngung» als der Weisheit letzter Schluss propagiert, als die einzig erfolgreiche Technologie der Ertragssicherung und -steigerung, oder es traten «Ketzer» auf, die sie in summa ablehnten. In der Praxis schieden sich die Geister und eine tiefere Erkenntnis des Sachverhalts blieb auf der Strecke. Heutzutage wird über diese Dinge differenzierter geurteilt. Nicht die Einsicht in das Wesen der Stoffe hat diesen Wandel herbeigeführt, sondern das Ernstnehmen ökologischer Zusammenhänge in der Praxis. Im Augenblick, wo man den Betrieb im Sinne des Organismusprinzips so einrichtet, dass die Natur für den erforderlichen Stickstoffhaushalt selber sorgt, gefördert durch eine prozessorientierte Bodenbearbeitung, eine leguminosenreiche Fruchtfolge und durch tierische Dünger, reguliert sich der Mineralhaushalt aus den Ressourcen des Bodens in der Regel von selbst. Dieses Vermögen des Bodens, sich auf höherem Produktionsniveau selber gesund zu erhalten, dankt er der kunstfertigen Hand des Menschen.

Nun sind die Standorte hinsichtlich ihres naturgegebenen Mineralhaushaltes in der Regel sehr unterschiedlich «begabt». Auf Löss-, Schwemmland-, eiszeitlichen Grundmoränen sowie auf Lehm- und Tonböden älterer geologischer Herkunft ist je nach Erosionslage und Verwitterungsgraden der Mineralhaushalt recht ausgeglichen. Auf Standorten wie eiszeitlichen Sanden, Kieselsandsteinen (Hauptbuntsandstein) oder Kalkgesteinen (Weißjura) herrscht neben dem Überfluss des einen Elementes manchmal ein vollständiger Mangel des anderen. Auf älteren Sandböden handelt es sich meist um ein Defizit an Metallbasen (Kalzium, Magnesium und Kalium) sowie an den sogenannten Spurenelementen. Auf extrem flachgründigen Kalkstandorten fehlt meist der Phosphor. Am stärksten fällt auf den von Natur nicht begünstigten Standorten der Mangel an Kalzium, Magnesium, Kalium und Phosphor ins Gewicht. Diese defizitären Situationen werden mit der Zufuhr von Stickstoffsalzen erst recht prekär und ziehen notwendig die Auswaschung leicht löslicher Mineralsalze in höheren Quantitäten nach sich.

Im biologisch-dynamischen Land- und Gartenbau kann nur von einer Substitution vorhandener Mineraldefizite gesprochen werden. Bei dieser geht es nicht darum, den Stoffpegel auf das Niveau wissenschaftlich empfohlener Richtwerte anzuheben – für das allmähliche Aufkalken zur Wiederherstellung eines Säure-Basengleichgewichts kann als solcher Richtwert pH > 6 gelten –, es geht vielmehr darum, mit Hilfe der Gesteinsmehle die oben angesprochene «Sinnestätigkeit» der Wurzel in Verbindung mit dem assoziierten Bodenleben anzuregen. Diese Doppelheit von peripherer Stoffwechsel- und Wurzel-Sinnestätigkeit lenkt den Aufschluss des Gesteinsmehls und durch diesen den ins Stocken geratenen biogenen Aufschluss der Mineralreserven des Bodens. In dieser Hinsicht sind besonders die silikatischen Urgesteinsmehle von Bedeutung. Sie enthalten das ganze Spektrum all jener Stoffelemente, das den Ausgangspunkt der Entwicklung der fruchtbarsten Böden bildet. Bei dem rein mechanischen Mahlvorgang bleibt die streng geometrische Stoffkomposition der Silikate erhalten. Die Verwitterung der feinen Körnung geschieht im durchlüfteten, humosen, stoffwechselaktiven Oberboden und ist daher ein weitgehend biogenes Geschehen. Es führt zur Genese von primären und sekundären Tonmineralien im Feinwurzelbereich der *Rhizosphäre*. Zudem werden dabei chemisch- und lebensätherische Kräfte entbunden, die einst in Urzeiten im Übergang von dem Zustand des Lebendig-Wässrigen in den toten Formzustand des Erdig-Festen geronnen waren.

Die weltweit fruchtbarsten Böden verdanken ihre Entstehung silikatischen Gesteinsmehlen. Es sind die Staubverwehungen des «Löss» aus den jungeiszeitlichen Gletschern in das eisfreie Vorland, ferner die jährlichen Ton-Schluff-Sedimente in den Überschwemmungszonen der Flüsse (z.B. Nil vor dem Bau des Assuan-Staudamms) sowie der Niederschlag vulkanischer Aschen. Letztere wurden im Altertum im Mittelmeerraum zur Aufbesserung von Grenzertragsböden eingesetzt. Auch die Verjüngung alternder Böden oder von Natur aus saurer Standorte durch Mergelung (das heißt durch den Eintrag von lockeren, leicht verwitterbaren, kalkreichen Tongesteinen) ist spätestens seit dem Edikt Karls des Kahlen (823–877) aus dem Jahr 864[263] weithin Praxis geworden. Freilich war die Reichweite des Transports solch schwergewichtiger Massen begrenzt.

In wiederholten Wellen wurde im 19./20. Jahrhundert versucht, den Gesteinsmehlen mehr Beachtung zu schenken. Man sah sich in aussichtsloser Konkurrenz zur rasant sich ausbreitenden sogenannten «Kunstdüngerwirtschaft», der Anwendung von im Wesentlichen Stickstoff, Phosphor und Kalium in hochkonzentrierter Form. Man erhoffte sich schnelle Erfolge, sie blieben aus, was auch gar nicht anders zu erwarten war. Bei der Anwendung von Steinmehlen geht es eben um eine Langzeitmelioration, um eine allmähliche Verjüngung basenarmer Böden. Die Wirksamkeit dieser Mehle beschleunigt sich mit deren Feinheitsgrad und ist wirksamer noch in Kombination mit organischen Stoffen wie Stallmist, Jauche und Komposten.

Die Gesteinsmehle gliedern sich in solche aus Sedimentgesteinen und solche aus Silikaten. In den Sedimenten finden sich – weniger in den Tonschiefern als vielmehr in Böden auf reinem Kalk, z.B. Weißjura oder auf Quarzsandsteinen und Quarziten – erhebliche Stoffdefizite. In beiden Fällen sind die Böden nur begrenzt entwicklungsfähig. Auf der alkalischen Seite tritt Phosphormangel auf, auf der sauren fehlt es an Kalzium, Magnesium und Kalium. Erst der Ausgleich zwischen den beiden Extremen sorgt für eine gesunde Humifizierung und Bodenentwicklung insgesamt. Geht es darum, den Säuregrad abzusenken, den pH-Wert also gegen 6 bis 7 anzuheben, sind Kalkmehle ($CaCO_3$) als Ersatz der klassischen Mergelung das geeignete Mittel. Fein ausgemahlen sind sie unmittelbar wirksam. Um Kaliverluste durch Austauschvorgänge zu vermeiden, sollte die erforderliche Menge in mäßiger Dosierung auf mehrere Jahre verteilt werden. Für eine nachhaltige, bodenaufbauende Wirksamkeit sorgen gröbere Körnungen bis hin zu Kalkgrus. Eine Sonderform stellt die Verwendung von gebranntem Kalk (CaO) dar. Er ist hochaktiv, wandelt sich aber im Kontakt mit der Bodenfeuchtigkeit allmählich

263 Helmut Snoek, Horst Wülfrath: *Das Buch vom Steinmehl, Entstehung, Verwendung und Bedeutung im Land- und Gartenbau*, Hamburg 2000, 144 S.

in den nicht mehr aggressiven gelöschten Kalk – Kalziumhydroxid, $Ca(OH)_2$ – um. Brandkalk wird als Zusatz zu rasch zersetzlichen Kompostmaterialien empfohlen.[264] Er dämpft «ein zu stark wucherndes Leben im Ätherischen» zugunsten der gestaltenden Kräfte des Astralischen im Komposthaufen.

Von Kalk ausgelaugte Böden ziehen vor allem auf tonarmem Sand ein Magnesiumdefizit nach sich. Abhilfe kann hier Dolomitmehl schaffen. Die Kalkablagerungen enthalten im Allgemeinen geringe Beimengungen an Magnesium. Im Dolomit ($CaCo_3 * MgCo_3$) steigern sich diese auf 50 %. Ein weiteres Steinmehl ist Magnesiumsulfat, Kieserit ($MgSo_4 * H_2O$). Die Frage nach Behebung von Kalimangel beantwortet Rudolf Steiner[265] mit Kalimagnesia, Patentkali ($K_2So_4 * MgSo_4$), eine probate, den Basenhaushalt stärkende Kombination.

Eine Sonderform nicht nur der Kalkung, vor allem im Gartenbau, ist der Einsatz von Algenkalk. In ihm ist in aller Vielfalt das ganze Spektrum an Stoffelementen vereint, die das – man kann es so nennen – mineralpflanzliche Leben des Ursprungs in den Weltmeeren bereithält.

Auf sauren Böden fortgeschrittenen Alters kann in extremen Fällen zur Aktivierung des Bodenlebens neben der Melioration des Basenhaushalts auch eine solche der Phosphate erforderlich werden. Während die basischen Bestandteile des Bodens, Kalzium, Magnesium, Natrium und Kalium, der Auswaschung unterliegen, ist das für den Phosphor nur in geringem Maß der Fall. Im sauren Milieu verbindet er sich mit dem Aluminium, im Alkalischen mit dem Kalzium. Aluminium- und Kalziumphosphate sind schwer löslich und werden hauptsächlich durch Wurzelausscheidungen, symbiotische Bakterien und Mykorrhizen (*Pilzhyphen*) aufgeschlossen. Im Normalfall reguliert sich in einem biologisch aktiven Boden der Phosphathaushalt von selbst.

Für meliorative Maßnahmen kommen Kalziumphosphate aus den tertiären Knochenlagerstätten Nordafrikas in Frage sowie an Silizium und Kalzium gebundene Phosphate der Hochofenschlacke. Ihr Aufschluss vollzieht sich in dem genannten Sinn letztlich unter der Regie der sich in den durchwurzelten Bodenraum hinein erweiternden ätherischen Organisation der Pflanzen.

Der Aufschluss der silikatischen Gesteinsmehle, zu denen auch vulkanische Aschen gehören, vollzieht sich ebenfalls weitgehend biogen. Ihre Bedeutung für die Melioration ausgelaugter Böden ist noch anders zu beurteilen

264 Rudolf Steiner: *Geisteswissenschaftliche Grundlagen zum Gedeihen der Landwirtschaft*, GA 327, Vortrag vom 12. Juni 1924, Dornach 1999, S. 94.
265 Ebd., Fragenbeantwortung vom 12. Juni 1924, S. 117.

als die gezielt meliorative Wirkung der Sedimentgesteine. Die silikatischen Mehle verwittern langsam, abhängig von ihrem Feinheitsgrad. Ein kurzfristig erkennbarer Erfolg stellt sich nicht ein, doch hier gilt das Wort: «Die Zeit heilt.» Eine Entwicklung nimmt ihren Anfang; sie betrifft die Wurzelkraft der Pflanze ebenso wie das aufschließende symbiotische Bodenleben sowie eine gleichsam homöopathische Tonbildung *in statu nascendi*. Ein Neubeginn einer bodenständigen Eigendynamik findet statt. Doch erst wiederholte Gaben von ca. 2 t/ha/Jahr zeigen Effekte in der Garefähigkeit des Bodens und in der Ausweitung des Wurzelraumes.

Die Vielzahl an Elementen, die die Stoffkomposition der magmatischen Tiefen- und Ergussgesteine ausmachen, sind bodenbildend und zugleich in großer Zahl essentiell für das Gedeihen der Pflanzen. Hier, in den Böden und Ausgangsgesteinen, wie dort in den Pflanzen und Pflanzenarten variiert der Anteil dieser Elemente. So weisen beispielsweise die Tiefengesteine der Granitreihe vom Granit mit ca. 80 % SiO_2 über *Syenit* (60 %), *Diorit* (55 %) und *Gabbro* (50-45 %) abnehmende Kieselsäuregehalte auf. Umgekehrt nehmen die Gehalte an Oxiden von Eisen, Magnesium und Kalzium bis auf ein Mehrfaches zu. In der Porphyrreihe vom Quarzporphyr über den Porphyr, Porphyrit bis zum Diabas oder Melaphyr gilt dasselbe, ebenso auch für die Reihe der Ergussgesteine vom quarzreichen *Liparit* über den *Phonolit*, *Andesit* bis hin zum Basalt. Auf den Basaltdecken finden sich besonders fruchtbare, mineralkräftige Böden. Aufgrund seines verbreiteten Vorkommens und seiner eher basischen Mineralkomposition mit 45 % SiO_2, 10 % FeO, 7 % MgO, 10 % CaO++[266] liefert der Basalt das am häufigsten angewandte Gesteinsmehl. Hierbei kommt in dem weitgefächerten Elementenaufbau der Dominanz der Kieselsäure und der Tonerde (Aluminiumoxid, Al_2O_3) bzw. dem Kräftepotential, das diese bestimmte Komposition hervorgebracht hat, eine große Bedeutung zu. Der strenge Formzustand des Kristalls verwandelt sich in den kolloidalen, in welchem die Substanz im Schwebezustand zwischen fest und flüssig gehalten wird.

Neben der weniger praktizierten Flächenausbringung werden die Steinmehle bevorzugt über den Kompostierungsprozess geführt. Der Aufschluss und die Aufnahme in die Lebensprozesse vollzieht sich in einem mikrobiellen Stoffwechselgeschehen. Der Mengeneinsatz über die Kompostierung beschränkt sich auf ein bloßes Einstäuben des Kompostmaterials beim Aufsetzen.

---

266 Georg Wagner: *Einführung in die Erd- und Landschaftsgeschichte*, Öhringen 1960, 694+208 S.

Zusammenfassend sei nochmals betont: Bei der Anwendung von Gesteinsmehlen jeder Art kann es sich nicht um eine Düngung handeln, sondern um eine Substitution gegebener Mineraldefizite in der anorganischen-toten Natur, sei es aufgrund einseitiger Mineralzusammensetzung des Ausgangsgesteins der Bodenbildung, sei es infolge tiefgründig ausgelaugter Böden fortgeschrittenen Alters. Es sind erkrankte Böden, die mit vergleichsweise geringem substituierenden Aufwand in Verbindung mit den eigentlichen, im Folgenden zu beschreibenden Düngungsmaßnahmen therapiert und zu neuer Entwicklungsdynamik angeregt werden können. Externe Stickstoffgaben in Salzform machen dieses subtile, vom Leben der Pflanze und des Bodens getragene Geschehen weitgehend oder ganz zunichte. Die Folge davon ist, dass auch die erdgebundenen Stoffe, in leichtlösliche Form gebracht und den Bedürfnissen der jeweiligen Kulturen jährlich zugemessen, in größeren Quantitäten angewendet werden müssen.

Stufe I: Die Düngung aus dem Lebendigen der Pflanzennatur

Die Pflanze hinterlässt nach ihrem Hinwelken zweierlei: den Samen und alles das, was den höheren Pflanzen gemein ist, nämlich Wurzel, Stängel, Blatt und Blüte. Man kann es gegenüber dem Individualsamen das Allgemein-Pflanzliche nennen. Sie wächst, ihre Gestalt ausbildend, von Same zu Same. Im neu sich bildenden Samen aber prägt sich das Kosmische, «das als Form der Pflanze im Samen lebt»,[267] jedes Mal neu ab. Im Auskeimen erstirbt der Same, der Keimling entfaltet sich und ist jetzt stark der Wirksamkeit irdischer Kräfte unterworfen. Die Samenkraft aber wirkt unablässig weiter; sie durchstrahlt die in die Tiefe strebende Wurzel, ebenso den senkrecht emporschießenden Stängel und die Blattrippen der seitlich in die Form strebenden Blätter; sie offenbart schließlich in Gestalt und Blüte im Bilde das Wesen, das geistig als Form im Samen gelebt hat. Verborgen in der Blüte staut sich der Spross zum Fruchtknoten, der, polar zur aufstrahlenden Blüte, sich zur Hülle der Samenanlagen abschließt. Hier, in der Samenanlage, vereinigt sich die Samenkraft mit der «Krone» des Allgemein-Pflanzlichen, dem Pollen. Im Absterben der Pflanze reift die zweifache Keimanlage zum Samen aus. Er enthält alles das, was sich in Raum und Zeit als gegenwärtiges, irdisch-kosmisches Geschehen

267 Rudolf Steiner: *Geisteswissenschaftliche Grundlagen zum Gedeihen der Landwirtschaft*, GA 327, Vortrag vom 10. Juni 1924, Dornach 1999, S. 53.

ihm eingeprägt, substanziell erfüllt und geformt hat. Zugleich lebt im Samen ein Ewiges, das sich im Irdischen immer wieder neu vergegenwärtigt. Anders verhält es sich mit allem, was aus dem keimenden und absterbenden Samen zum Erscheinungsbild der Pflanze geworden ist. Alle ihre Organe waren von der Samenkraft durchstrahlt. Durch sie wurde die Erscheinung der Pflanze zum Bild ihres Typus. Die Samenkraft hat in allen ihren Organen, in Wurzel, Spross, Blattfolge und Blüte, ihre Spuren hinterlassen. Diese sind desto ausgeprägter, je mehr die noch mit Leben durchdrungenen Gewebe in die Form des Gerüstaufbaus gerinnen oder gar verholzen.

In den Rückständen der Pflanzen, in alle dem, was nicht Samen geworden, sondern davon zurückgeblieben ist, liegen Produkte des raum-zeitlichen Naturgeschehens vor. Sie tragen in der Komposition der Stofflichkeit noch Spuren des Lebens und der Samenkraft in sich. Sie drohen vollends dem Tode, der Mineralisierung zu verfallen. Und das geschieht auch und muss geschehen, da die Pflanze der toten Mineralsalze bedarf, um sie kraft ihrer ätherischen Organisation zu neuem Leben zu erwecken. Nur soll es zur rechten Zeit und im rechten Maß geschehen. Nun hat die Natur die Macht, diesen Mineralisierungsprozess zu verlangsamen oder gar aufzuhalten und zu etwas Neuem umzulenken. Was dann entsteht, ist der Humus. Mit den pflanzlichen Rückständen und den tierischen Hinterlassenschaften, die zur Erde zurückkehren und sich in Humus verwandeln, düngt sich die Erde selbst. Sie düngt sich entsprechend der Maxime «Leben düngt Leben». Mit der Humusbildung entsteht eine Stoffkomposition, die erst den Namen verdient, der elementarste Dünger im Haushalt der Natur zu sein.

Vom Wesen der Kompostierung

Was die Natur vormacht, kann sich in der Hand des Menschen zu wahrer Kunstfertigkeit steigern. Kompostieren ist eine Arbeitskunst, in welcher Denken, Erleben und Tun im fortdauernden Wechselgespräch stehen. Man kann laut Rudolf Steiner «ein persönliches Verhältnis zum Dünger und namentlich zu dem Arbeiten mit dem Dünger ...»[268] gewinnen. Das kann man nur erreichen, wenn man alle Umstände der Art und Herkunft des Materials kennt, z.B. ob es sich um junges Grün handelt, ob es sperrig oder gar verholzt, eiweiß- oder kieselsäurereich ist, ob es vorherrschend Wurzeln, Blätter, Strohmassen sind etc. Jede dieser organischen Substanzen hat eine bestimmt

268 Ebd., Vortrag vom 12. Juni 1924, S. 91.

geartete Stoffkomposition. Ideal wäre es deshalb, wenn der Komposthaufen sich als Ganzer aus einer möglichst großen Vielfalt an Abfallprodukten aufbaut. Im Gartenbau ist das eher möglich als in der Landwirtschaft. Hier fallen, jahreszeitlich bedingt, unter Umständen einseitig große Massen an.

Eine zwar grobe, für die Praxis aber taugliche Richtzahl hinsichtlich der langsameren oder schnelleren Zersetzbarkeit liefert das sogenannte C/N-Verhältnis. Je höher der Stickstoffgehalt im Verhältnis zum Gerüstbildner Kohlenstoff, desto schneller der Abbau. Die Reihe von den schwer zu den leicht zersetzlichen Materialien geht wie folgt:

Sägemehl	= 500 C : 1 N
Hackschnitzel je nach Gemengeteilen	= 250-400 : 1
Weizenstroh	= 100 : 1
Roggenstroh	= 65 : 1
Haferstroh	= 50 : 1
Eichen- und Buchenlaub	= 40-60 : 1
Leguminosenstroh	= 50-30 : 1
frischer Stallmist	= 20-25 : 1
Küchenabfälle	= 25 : 1
Rottemist	= 50-20 : 1
Kuhfladen	= 14-16 : 1
reifer Kompost	= 10-12 : 1[269]

Alles, was der landwirtschaftliche Organismus im Jahreslauf an organischer Substanz nach innen ausscheidet, kann als Nährhumus gelten. Es handelt sich auf Acker- und Gartenland um die Stoppelreste und das Wurzelwerk, das etwa ein Drittel der Masse des Gesamtaufwuchses ausmacht, weiterhin um den Mistanfall aus der Tierhaltung (einschließlich der Stroheinstreu) und um altes Heu, Stroh, Futterreste aus dem Stall, Laub, Rasenschnitt, Küchenabfälle, Grabenaushub etc.[270] Hier soll vor allem auf das prozessuale Geschehen vom Aufsetzen bis zur Reife eingegangen werden. Der Komposthaufen wird an einem möglichst beschatteten Ort über dem Niveau der Erde, im Wirkensbereich von Luft und Wärme, des Stoffwechselpoles der Landwirtschaft, auf

269 Krafft von Heynitz, Georg Merckens: *Das biologische Gartenbuch*, Stuttgart 1994, 351 S.

270 In Bezug auf die praktische Handhabe der Kompostbereitung sei auf die einschlägigen Publikationen der oben genannten Autoren verwiesen; sowie auf Friedrich Sattler, Eckard von Wistinghausen: *Der landwirtschaftliche Betrieb, Biologisch-Dynamisch*, Stuttgart 1989, 333 S.; sowie auf Herbert Koepf, Wolfgang Schaumann, Manon Hacius: *Biologisch-dynamische Landwirtschaft: Eine Einführung*, Stuttgart 1996, 368 S.

unbefestigtem Boden aufgesetzt. Die Beziehung zu den Tiefen- und Höhenkräften muss gewährleistet sein. Die gesetzliche Forderung, auf undurchlässiger Unterlage zu kompostieren (Betonplatte), schnürt das Kräftewirken im Komposthaufen von den von unten heraufwirkenden Tiefenkräften der Erde ab. Der Komposthaufen ist ein Stück aufgestülpter Erde,[271] vergleichbar einem in der Erde wurzelnden und über sie in den Luftumkreis sich erhebenden, verholzten Baumstamm. Die Auffassung, dass bei der Kompostierung nennenswerte Nitratmengen in den Untergrund filtrieren, ist Theorie. Durch die im Zuge der Zersetzung freiwerdenden Schleimstoffe verschließen sich die Bodenporen. Bei den Grobporen auf Sandböden empfiehlt es sich, die Bodenoberfläche mit einer dünnen *Bentonit*haut (quellbarer Ton) zu überziehen. Eine mögliche Gefahr einer zeitweiligen punktuellen Nitratauswaschung, infolge Sickerwasseraustritt nach Starkregen, ist in der Regel durch unsachgemäßes Aufsetzen und mangelhafte Abdeckung bedingt. Diesem Übel ist leicht abzuhelfen.

Auf dem Kompostplatz sollte genügend Stammkompost zur Impfung des neu aufzusetzenden Materials bereitliegen, so auch Lehmboden, Mergel oder Löss zum Einstreuen zwischen die einzelnen Schichten und zum Abdecken des Haufens; ferner Stroh zur Endabdeckung. Zur Einengung des C/N-Verhältnisses können auch Stallmist, Hornspäne oder Blutmehl beigemischt werden. Als weitere Beigaben kommen in geringer Dosierung Gesteinsmehle, Rohphosphat, Knochenmehl, Algenkalk u.a. in Frage. Auf den Zusatz der biologisch-dynamischen Kompostpräparate wird noch gesondert eingegangen. Das Aufsetzen und Mischen der Materialien kann mit dem Miststreuer geschehen, am besten wohl aber doch von Hand. Und hier liegt der wunde Punkt. Wo sind die vielen Hände, die Menschen, die die nicht ganz leichte Arbeit zeitgerecht, verständig und mit Freude tun? Sie fehlen und darum ist die Kompostbereitung entweder zum Stiefkind der betrieblichen Abläufe geworden oder zur Frage einer bloß technisch zu bewältigenden Routine. Letztere beschränkt sich auf die rein mechanischen Vorgänge des Mischens – und das sehr begrenzt –, des Aufsetzens und meist mehrfachen Umsetzens, um unter Inkaufnahme hoher Verluste die Reifung zum gebrauchsfähigen Dünger zu beschleunigen. Hier entledigt man sich wieder eines reichen Erfahrungsfeldes – eben dieses, «ein persönliches Verhältnis zu dem Dünger und dem Arbeiten mit dem Dünger» zu gewinnen. Wie alles Organisch-Lebendige unterliegt der Kompostierungsprozess der

271 Rudolf Steiner: *Geisteswissenschaftliche Grundlagen zum Gedeihen der Landwirtschaft*, GA 327, Vortrag vom 12. Juni 1924, Dornach 1999, S. 90.

Zeit. Er entwickelt sich aus einem chaotischen Metabolismus, dem Nährhumus, in den reifen Formzustand, den Dauerhumus. Es ist ein Prozess, der im Rhythmus abläuft, im Spannungsfeld der betonten Bewegung am Anfang (hoher Umsatz) und der betonten Ruhe am Ende (Bildung eines neuen Stoffes). Dieses raum-zeitliche Geschehen will in allen Phasen wahrnehmend begleitet und forschend bedacht werden. Dies erfordert, dass man sich selbst aktiv in Bewegung setzt und sodann im weiteren Verlauf in Ruhe innehält, die Gerüche, Konsistenz usw. wahrnimmt und anschauend und denkend in dem Geschehen verweilt.

In diesem Sinn ist die Kompostbereitung ein Arbeitsfeld bewussten Übens, das den ganzen Menschen fordert und schult. Man nimmt Mistgabel und Schaufel und baut auf einer Breite von ca. 1,20 m den Haufen lagenweise auf, platziert dabei portionsweise leicht und schwer zersetzliches Material neben- und übereinander, schaltet dazwischen eventuell Lagen mit Stallmist sowie dünne Schichten mit Lehmboden und am Rand etwas Stammkompost und pudert je nach Einschätzung der Art der Bedürftigkeit die einzelnen Lagen mit den genannten Beigaben ein. Im Falle sperrigen und trockenen Gutes gilt die alte Regel: «Tritt ihn fest und halt ihn feucht.» Im Aufsetzen des Haufens verfolgt man kein Schema, sondern jedem Handlungsschritt geht eine Erwägung voraus.

Der auf circa ein Meter Höhe fertig aufgesetzte Haufen wird nach kurzer Zeit ein lebendig-wucherndes Chaos. Er bedarf einer abgrenzenden Hülle, einer schützenden, atmenden Haut. Diese Funktion erfüllt am besten eine dünne Erdabdeckung und darüber eine Schicht Stroh, altes Heu oder Torf. In diesem Zustand erfüllt der Komposthaufen alle Bedingungen, die einen in sich abgeschlossenen Organismus charakterisieren. Er entwickelt mit Hilfe des Sauerstoffs, dem Träger der ätherischen Kräfte, ein Eigenleben und im Zusammenhang mit dem Stickstoff, dem Träger der astralen Kräfte, ein Innenleben. Das Kunststoffvlies als einzige Abdeckung ist zwar regenabweisend und luftdurchlässig, aber doch nur ein Surrogat. Die Außenhaut hat die Funktion, die ausstrahlenden Kräfte zurückzuhalten und in das Innere des Haufens zurückzuweisen. Von außen ist der Haufen von den Kräften und Rhythmen des elementarischen Wirkens in Wind und Wetter umgeben. Unabhängig von diesem Außengeschehen entfaltet der Komposthaufen eine Eigenrhythmik und -dynamik im gesetzmäßigen Durchschreiten der Zustände der vier Elemente Wärme, Luft, Wasser und Erde und der mit diesen zusammenwirkenden, Leben schaffenden ätherischen Kräfte des Wärme-, Licht-, chemischen und Lebensäthers.

In seinen umfangreichen Studien zum Leben des Komposthaufens hat Bockemühl[272] in Kompostversuchen (im Folgenden BKV) mit einer Mischung von Kuh- und Pferdemist eine Reihe von Lebensprozessen verfolgt, die sich im Haufen vom Aufsetzen bis zur Reife vollziehen. Sie bestätigen im Detail die dem aufmerksamen Praktiker vertrauten vier Phasen der Kompostentwicklung anhand verschiedener Messdaten in zeitlicher Folge, vor allem aber anhand des Auftretens und wieder Verschwindens verschiedener Organismengruppen während dieser vier Phasen. Als repräsentativen Vertreter der Zersetzungs- und Umwandlungsvorgänge im Haufen wählte Bockemühl die artenreiche Gruppe der Springschwänze (*Collembola*), die, nach dem roten Kompostwurm (*Eisenia foetida*), die Hauptarbeit der Umsetzung leisten. In diesem Zusammenhang muss allerdings betont werden, dass deren Tätigkeit wie auch die der Ringelwürmer, Fadenwürmer, Insektenlarven sowie der schier ins Unendliche gehenden Vielzahl an Mikroben jeweils Symptome eines als Ganzheit zu begreifenden Beziehungsgefüges sind. Die Voraussetzungen zur Bildung dieser Ganzheit werden durch die Hand des Menschen geschaffen. Dass diese in vier Phasen sich eigenwesenhaft zu einem Organ im Organismus der Landwirtschaft vereinigen, bedarf kontinuierlich der Achtsamkeit und pflegenden Hand.

1. Die Wärmephase

Sie kündigt sich in dem BKV nach kurzer Zeit durch eine sprunghaft ansteigende Erwärmung an (Abbildung 16, S. 292), fällt dann aber ebenso schnell wieder ab. Bei lockerer Lagerung, also bei ungehindertem Sauerstoffzutritt, kann die Temperatur bis 70 °C emporschnellen; bei dichterer und feuchterer Lagerung steigt die Temperatur auf das Optimum von 55 °C bis 60 °C und fällt dann ganz allmählich auf 30 bis 25 °C. Die Erwärmung ist eine Funktion der aeroben Mikrobentätigkeit, die die in dem organischen Material gebundene Sonnenwärme aus dem Vorjahren freisetzt und damit das elementarische Lebensmilieu für das beziehungsvolle Mikrobenleben des Haufens schafft. Die Wärmeentwicklung bedarf der Steuerung durch, je nachdem, dichteres oder lockeres Aufsetzen, Feuchthalten, ggf. nachträgliches Festtreten. Bei zu dichter und zu nasser Lagerung bleibt der Haufen kalt; es kommt zur Fäulnis infolge anaerober Zersetzung. Ein Umsetzen ist dann unvermeidlich. Bei starker Erwärmung bis gegen 65 bis 70 °C gehen die im Ausgangsmaterial

272 Jochen Bockemühl: *Vom Leben des Komposthaufens*, Dornach 1981, 67 S.

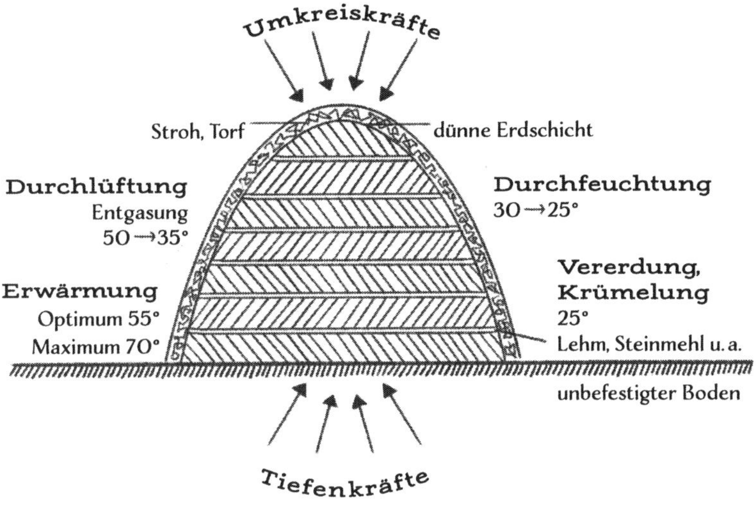

Abbildung 16:
Die vier Phasen des Kompostierungsprozesses.

vorhandenen Kleintiere, Schadorganismen etc. ein, und auch die Unkrautsamen verlieren ihre Keimfähigkeit. Im BKV dauerte die erste Phase, überlappend mit der zweiten Phase, um die zwei Wochen.

Mit dem Erscheinen des sinnlich wahrnehmbaren Elementes der Wärme wird auch der in der organischen Masse gebundene Wärmeäther frei. Er ist die geistig-übersinnliche Ergänzung zur Wärme als Element. Er hält den Prozess aufrecht und führt ihn zeitgerecht in die nächstfolgende Prozessstufe über. Die äußere Wärme tendiert dazu, sich zu verflüchtigen, während der Wärmeäther Beziehungen eingeht, ja, der eigentliche Initiator allen prozessualen Geschehens ist. Deshalb ist darauf zu achten, dass die Erwärmung eher langsam und anhaltend verläuft. Die Wärme sollte im Haufen bleiben. Der ihr verbundene Wärmeäther inauguriert sodann eine Entwicklung, in der sich der Haufen organismisch zu einem Ganzen abschließt.

2. Die Luftatmungs- und Entgasungsphase

Parallel zur Erwärmungsphase beginnt eine Art Atmungsprozess. Sauerstoff als Träger ätherischer Wirksamkeit im Physischen wird gleichsam eingeatmet; er stimuliert die explosive bakterielle Abbautätigkeit. Das dabei freigesetzte

Kohlendioxid (CO_2) entweicht als Gas durch die Haut des Haufens in die Außenluft (Abbildung 16). Im BKV wurde das Maximum nach drei bis vier Wochen erreicht, um dann nach sieben Wochen rasch und in der Folge gleichmäßig nach dem Versuchsende hin nach einem Jahr abzufallen. Anders verhielt es sich mit der Ammoniakentgasung, die gleich zu Beginn einsetzte, in der zweiten und dritten Woche den Maximalwert erreichte und nach sechs Wochen nahezu auf null abfiel. In dieser Zeitspanne der Ammoniakabgabe – bei eiweißreichen Materialien wie Gemüseabfällen auch Schwefelwasserstoff – treten Geruchswolken nach außen, die möglichst im Haufen verbleiben sollten: «ein Organisches ist umso gesünder, je mehr es im Innern und je weniger es nach außen riecht».[273] Die Geruchsemanation ist ein Zeichen eines noch wuchernden, formlosen Geschehens. Sie zeigt unwiederbringliche Substanzverluste an. Diesen gebietet die in der zweiten Phase aufkommende Verpilzung (Hutpilze) Einhalt. Sie sorgt, obwohl selbst wuchernd und den ganzen Haufen durchsetzend, für eine Hemmung des in der ersten Phase dominierenden bakteriellen Abbaus. Parallel zur Verpilzung entsteht statt Ammoniak fortan Nitrat, dessen Gehalt in den folgenden Monaten stetig zunimmt und über eiweißähnliche Vorstufen in die Humusbildung eingeht.

Das charakteristische Bild der in den kühlen Morgenstunden aus den Haufen aufsteigenden Nebel von Wasserdampf zeugt in der zweiten Phase von einer allmählichen Austrocknung und damit Durchlüftung. Parallel dazu beginnt sich das C/N-Verhältnis einzuengen, das sich im BKV am Ende auf 12:1 einstellte. Die Entwicklung der Springschwänze steigt (für eine bestimmte Art der Springschwänze im BKV) in der vierten Woche sprunghaft an, um dann bis zur zehnten Woche ebenso schnell wieder abzunehmen. Andere Arten folgen und verschwinden wieder. Im BKV betrug die Dauer der zweiten Phase, überlappend mit der ersten und dritten, bereits nahezu vier Wochen.

Mit der Freisetzung der Gase wird der Lichtäther frei; er ist die ätherisch-übersinnliche Ergänzung des Elementes der Luft. Er verhilft den Lebewesen des Komposthaufens, trotz Abwesenheit der direkten Sonneneinstrahlung, im Dunkel ein Leben zu fristen. Es ist ein aus dem erstorbenen höheren Leben bewahrtes Lichtätherisches, das das in frühe Evolutionsstufen der Erde zurückreichende niedere Pflanzen- und Tierleben ins Dasein ruft. Was ist nun der Beitrag des Lichtäthers zur Entwicklung des Komposthaufens? Zu Anfang ist der Komposthaufen eine eher zufällige Mischung organischer Abfälle. Der mikrobielle Abbau derselben ist kein ursächliches Geschehen für

273 Rudolf Steiner: *Geisteswissenschaftliche Grundlagen zum Gedeihen der Landwirtschaft*, GA 327, Vortrag vom 12. Juni 1924, Dornach 1999, S. 92.

das Wirksamwerden des Lichtäthers, sondern ein gleichzeitiges. Der Lichtäther ist einerseits wirksam im Wachsen der Einzelorganismen, andererseits schafft er im Tätigwerden aller dieser unzähligen pflanzlichen und tierischen Lebewesen Beziehungszusammenhänge, die ganzheitlich das Leben des Komposthaufens auf die Bildung von Dauerhumus hin orientieren. Der Lichtäther lässt den Komposthaufen zunächst gleichsam nach innen wachsen und verräumlicht durch die Tätigkeit der Kleintiere das Endprodukt in das einheitliche, krümelnde Nebeneinander des Humus.

3. Die wässrige oder Verwandlungsphase

Sie wird augenfällig in dem plötzlichen Zusammensacken des Haufens. Nach der vorangegangenen Trockenphase lagert dieser jetzt dichter und durchfeuchtet sich selbst, indem durch den Abbau der schwer zersetzlichen Zellmembrane die Flüssigkeit aus den Zellvakuolen und Interzellularräumen austritt (Abbildung 16, S. 292). Der Haufen schließt sich stärker gegenüber der Außenwelt ab, er riecht nicht mehr ätzend, und es vollziehen sich im feucht-wässrigen Milieu mannigfache Umsetzungen, Stoffum- und -neubildungen. Die Kleintiere, vornean die *Collembolen*, übernehmen die Regie; sie zerkleinern das Material, fressen Mikroben und Pilze und vermindern dabei deren Population. Das wuchernde Chaos von Phase 1 und 2 beginnt sich, durch die Massenvermehrung der Kleintiere, zu ordnen und in durchlüftete Innenräume zu gliedern. Die Milieubedingungen wandeln sich und entsprechend metamorphosieren sich die Springschwänze von wurmartigen, wenig differenzierten Formen zu solchen mit deutlich hervortretenden Organbildungen. Aus dem BKV geht hervor, wie eine Art der anderen Art folgt und wieder verschwindet. So lebt im Dunkel des Haufens die Kleintierwelt evolutiv ein noch niederes, gleichsam pflanzen-tierisches Dasein dar. Dieses wird teils von innen, teils von außen von Kräften eines differenziert wirkenden Seelisch-Astralen durchstrahlt. Dieses empfindende Leben macht den Komposthaufen zu einem Organismus. In der dritten Phase vollzieht sich in ihm der Übergang vom noch formlosen Zustand des Wässrigen in jenen des durchgeformten Erdig-Festen, eine einzige große Substanzverwandlung.

Im BKV entwickelt sich die dritte wässrige Phase, die zweite und vierte überlappend, über sieben Wochen. In diesem Zeitraum erreichen die *Collembolen* über zwei Wochen ein Maximum ihrer Entfaltung, also eineinhalb bis zwei Monate nach dem Aufsetzen.

Mit dem dritten, dem feucht-wässrigen Stadium wird vornehmlich der chemische oder Klangäther aktiv. Die Ätherarten kontrastieren funktionell zu den Elementen, mit welchen sie evolutiv gleichen Ursprungs sind. Während in dem wässrigen Stadium der Haufen eine mehr dichte, homogene Konsistenz annimmt, zersplittert der Klang- oder chemische Äther das Leben des Haufens in eine zahllose Vielfalt von einzelnen Zellen, jedoch nicht zufällig, sondern in stetig sich wandelnder Ordnung. Er zerteilt und verbindet zu immer neuen Variationen. Das Wesentliche sind nicht die einzelnen Bakterien, Protozoen, Algen, Pilze, Würmer, Larven usw., sondern das, was sich zwischen diesen abspielt, das Intervall. Ins Bild gebracht, kann man das prozessuale Geschehen im Komposthaufen mit einer Symphonie vergleichen. In einer Symphonie erzeugen die Töne und die Intervalle, die die Töne voneinander trennen und zugleich verbinden, Rhythmus, Melodie und Harmonie. Eine Symphonie hat in der Regel vier Sätze, ein jeder hat sein Thema, das in einem Bewegungsströmen von Tönen erklingt, sich wiederholt und variiert. Im gleichen Sinn wirkt der Klangäther oder chemische Äther im Komposthaufen, nicht im Luftelement der Töne, sondern in dem feuchten Erdenelement der Stoffe. In Letzteren ist er Prozessträger aller Rhythmen, Wiederholungen und Metamorphosen bis zu dem Endpunkt, wo der ausgereifte Humus erscheint. So kann man den Humus in den Variationen seiner zahlenmäßigen Kompositionen von Kohlenstoff (C), Sauerstoff (O), Stickstoff (N), Wasserstoff (H) und Schwefel (S) gleichsam als irdischen Spiegel sphärischer Harmonien betrachten.

4. Die Vererdungsphase

Nach den Substanzverlusten in der ersten und zweiten Phase und dem Stoffumbau in der dritten verringert sich allmählich das Volumen des Haufens. Er geht in den Zustand des Erdig-Festen über; er konsolidiert und strukturiert sich einheitlich in einer Art stofflicher Neubildung, dem Dauerhumus (Abbildung 16, S. 292). Dieser Vorgang zeigt sich nicht nur in der Schwarzfärbung und locker krümelnden Struktur, sondern auch in Geruchs- und Geschmacksqualitäten, Wahrnehmungen also, die tiefer an die Wesensnatur des Stofflichen heranführen. Der Haufen erfüllt sich nach innen mit einem milden, erdigen Geruch. Das Qualitative des Geschmacks ist dem prozessualen Geschehen selbst immanent: Der Komposthaufen ist jetzt in einen Zustand versetzt, in welchem eine in Massen sich vermehrende Kleintierwelt das Geschehen bestimmt. Sie ist evolutiv von niederer Art, lebt im Dunkel und in der Feuchte und ist in hoher Spezialisierung ab- und umbauend tätig. Jede Tierart findet, in der Nahrungskette zubereitet, die Nahrung vor, auf die ihr Geschmackssinn und ihre Verdauungstätigkeit hin organisiert ist. Als Letztes tritt der mit den Regenwürmern verwandte Kompostwurm (*Eisenia foetida*) auf, der weit überwiegend die eigentliche Verdauungs- und stoffliche Neubildungsarbeit leistet. In ähnlicher Richtung wirkend, doch in Qualität und in Masse weniger ins Gewicht fallend, sind Ringelwürmer (*Annelida*), Tausendfüßler (*Myriapoda*), Asseln (*Isopoda*), Insektenlarven u.a. aktiv.

Greift man in einen am Anfang der Vererdungsphase befindlichen Komposthaufen hinein, so hält man eine dunkelbraune bis schwärzliche Substanz in Händen, die noch letzte, von Mikroben besetzte Wurzel-, Stängel- und Blattreste enthält und häufig knäuelartig von einer großen Masse der genannten Kompostwürmer durchsetzt ist. Die Würmer und anderes Kleingetier sterben ab, sobald auch der letzte Rest an organischen Rückständen verdaut ist und, in endogener Symbiose mit den Darmbakterien, zur Losung wird. Diese ist als ätherisch belebte Substanz gleichsam imprägniert mit Astralkräften, die die Verdauungsmasse im Durchgang durch den tierischen Darmtrakt aufgenommen hat. Sie bewirken einerseits die Verwandlung von Nährhumus in Dauerhumus und zügeln die abbauende Tätigkeit der Mikroben oder lenken sie gar um zu einer aufbauenden. Andererseits sind es die vom Tier vermittelten Astralkräfte, die die Verbindung mit den Tonmineralien zur Bildung von Ton-Humus-Komplexen ermöglichen. Man kann in dieser Endphase mit Fug und Recht von einer Astralisierung, einer Beseelung des Erdhügels sprechen. Alles formt und individualisiert sich organismisch zu einem einheitlichen Ganzen.

Bis zur vollen Vererdung nimmt die vierte Phase die längste Zeit in Anspruch. Sie dauert umso länger, je rohfaserreicher das Ausgangsmaterial ist. In dem BKV (Kuh/Pferdemist) wurde das Stadium nach circa vier Monaten erreicht. Die Wurmaktivität begann in der 7. und endete in der 13. Woche. Die Temperatur hielt sich mit ca. 25 °C nahezu konstant mit im Mittel ca. 4 bis 5 °C über den Schwankungen der Außentemperatur.

Das vierte und letzte Stadium, die Humus- oder besser Ton-Humusbildung, ist das Geheimnisvollste. Hier entfaltet der jüngste, verborgenste, feinste und stärkste unter den vier Ätherarten, der Lebensäther, seine Hauptwirksamkeit. Der Lebensäther ist der andere Pol zum Element des Erdig-Festen. Der Lebensäther «bildet Leben». Was auf Erden als Stein erscheint, hat sein Leben im Übersinnlichen.[274] Der Lebensäther ist im Komposthaufen Bildner des Lebens einer großen Mannigfaltigkeit von Lebewesen. Dieses Leben ist zugleich sinnerfüllt. Erstirbt dieses Sinnerfüllte in die Form, wird der Lebensäther frei, um erneut Stoffe in einen Lebenszusammenhang zu komponieren, am Ende in den Humus. Dieser wird einerseits auf der Grundlage des Sauerstoffs im Humus zum Lebensbewahrer; andererseits enthält der Humus Stickstoff, der, wie der Sauerstoff und andere, in eine dem Eiweiß ähnliche, variantenreiche Stoffkomposition einverwoben ist. Stofflich bildet der Stickstoff die Brücke zum Astral-Wesenhaften, dem Sinngebenden. Daraus darf gefolgert werden, dass der Lebensäther im Humus die eigentliche Bildekraft ist, in deren Dienst sich seine drei älteren Verwandten, der Wärme-, Licht- und chemische Äther, stellen. Und wird er nicht dadurch zur eigentlichen Bildekraft, dass er vermittels des Stickstoffs das Vermögen hat, das Astrale an das Ätherische und Physische heranzuführen? Wird nicht dadurch der Kompost (Dauerhumus) zum elementarsten Dünger einer bodenständigen Dauerfruchtbarkeit? Und verleiht nicht dieser so zur Bildekraft gewordene Lebensäther dem Lebenszusammenhang «Boden und Pflanze» die Macht, sich zu Ganzheiten zu formieren, zu individualisieren und zum getreuen Abbild ihres im Übersinnlichen wurzelnden Wesens zu machen? Wo immer wir im Lebendigen ineinander wirkende, sinn- oder weisheitsvolle Zusammenhänge erkennen, folgen wir den Spuren des Lebensäthers.

Im Ganzen angeschaut, kann man zusammenfassend sagen: Aus einem höheren Lebenszusammenhang abgestorbene organische Abfallstoffe unterliegen im Komposthaufen abbauend einer abermaligen, jedoch chaotisch verlaufenden Belebung, sodann aufbauend einer sukzessiven Verwandlung und einem abermaligen Absterben in die vererdete Form des Humus. Dieser aber trägt den Keim zu einem neuen Leben auf Erden in sich: den «Universalsamen des Allgemein-Pflanzlichen». In diesem Sinn ist der Humus ein Dünger aus dem Leben für die Entfaltung des höheren Lebens, das heißt für die vegetative Entwicklung der Kulturpflanzen. Der Kompostdünger ist – gleich einer reifenden Frucht, die Mensch und Tier ernährt – eine nährende Frucht für Boden und Pflanze. Durch ihn schließt sich Vergangenes an das Gegenwärtige an und ermöglicht Zukünftiges

In den vier Stufen bis zur Vererdung von Stofflichkeit, die vormals zu einer Pflanze oder einem Tier gehörte, spiegelt sich, unscheinbar im kleinen und in zeitlicher Folge, eine Art Wiederholung der Evolution der Erde und des

274 Rudolf Steiner: *Grundelemente der Esoterik*, GA 93a, 30. September 1905, Dornach 1987, S. 44 f.

Kosmos. Im Urbeginn erfüllte reine Wärme (Wärmeäther – eine Opfertat hoher geistiger Wesen) den «alten Saturn». Diesem Zustand folgte, auf dem Wege der Verdichtung eines Teils der Wärme, die Entstehung des Luftelementes und mit diesem des Lichtäthers auf der «alten Sonne», sodann durch Verdichtung eines Teils der Luft das Wasserelement auf dem «alten Mond» und mit diesem der chemische oder Klangäther und schließlich mit der Verdichtung eines Teils des flüssigen Elementes der Zustand des Elementes des Erdig-Festen, der werkgewordenen Erde und mit dieser der Lebensäther.[275]

Was im Komposthaufen, herausgehoben über das Niveau des Bodens, als künstlich-künstlerischer Prozess sich abspielt, die Vererdung einstigen höheren Lebens zu Dauerhumus, findet in mehr verborgener Art in allen Böden statt, ganz naturhaft in den Waldböden. Auf Acker- und Gartenböden wird dieses Geschehen, gelenkt durch die Bodenbearbeitung (siehe S. 205 ff.), auf ein höheres Fruchtbarkeitsniveau gebracht. Diesem Ziel dient auch die Gründüngung, ein eigens der Humusversorgung dienender Anbau raschwüchsiger Gräser, Kreuzblüter, Leguminosen u.a. Die abgewelkten Grünmassen der Bodendecke liefern dabei den Nährhumus für die Abbaustufen 1 und 2, wohingegen die im Boden verbleibende Wurzelmasse vor allem in den Aufbaustufen 3 und 4 der Dauerhumusbildung dient.

Die Gründüngung wird eingemulcht und nimmt den Charakter einer Flächenkompostierung an. Bei dieser handelt es sich um Bodenauflagen mit organischen Materialien von jungem Grün bis zu Hackschnitzeln zwischen die Pflanzungen im Gartenbau. Zweckmäßig ist auch hier eine Mischung verschiedener Materialien. Von reinem Stroh oder Laub ist abzusehen; das eine ist zu locker und sperrig, das andere lagert zu dicht und beide zersetzen sich daher nur langsam.[276] Die Bodendecke schützt vor Verdunstung, Verschlämmung, Krustenbildung, Erosion und Verunkrautung, zieht das Mikroben-Wurmleben herauf in die Bodenauflage und schafft diesem eine beständig fließende Nahrungsquelle, hält die Bodenatmung in Gang und belebt die Bodengare.

Die Humifizierung der organischen Bodenauflage besorgt eine Mikroben- und Kleintierwelt, die den Besonderheiten des Standortes eigentümlich ist. Allen Böden gemeinsam ist aber, statt des roten Kompostwurmes, das Auftreten des Tauwurms (*Lumbricus terrestris*), dem Meister der Bodenfruchtbarkeit. Allein, auf sowohl kalk- als auch tonarmen Sandböden ist seine Individuenzahl

---

275 Siehe hierzu Rudolf Steiner: *Die Geheimwissenschaft im Umriss*, Kap. «Die Weltentwicklung und der Mensch», GA 13, Dornach 1989.

276 Krafft von Heynitz: *Kompost im Garten*, Stuttgart 1999, 127 S.

und damit seine segensreiche, humusstabilisierende Tätigkeit sehr begrenzt. Im Ackerbau wird die Flächenkompostierung möglichst in Kombination mit der Stoppelgründüngung praktiziert; in den Aufwuchs wird ein Schleier von frischem oder angerottetem Stallmist eingebracht.

Die Anwendung des Kompostes

Der ausgereifte Kompost ist ein Pflanzen-Tierprodukt. Das ist er nicht nur deshalb, weil auch tierische Ausscheidungen und sonstige Komponenten der Haustiere eingemischt werden, sondern weil der Prozess der Humifizierung als solcher ohne die astralische Wirksamkeit der Kleintierwelt des Komposthaufens sich nicht vollziehen könnte. Die Hauptkomponenten sind pflanzlicher Art, ihre Umbildung zu Humus unterliegt wesentlich der Tätigkeit und Organisationskraft der Tiere. Der Kompost ist deshalb auch kein triebiger, das vegetative Wachstum forcierender Dünger. Seine Wirkung ist eine das Vegetative gestaltende, formende. Das macht ihn zum Dünger für alle jene Kulturpflanzen, die hauptsächlich im Vegetativen fruchten, ob Gras, Kraut oder Baum. Das betrifft die Wiesen- und Weidewirtschaft, den Garten- und Feldgemüsebau sowie den Obstbau. Fruchtbildung, in einem erweiterten Sinn, heißt hier eine in einzelnen Organen der Pflanze sich stauende, raumerfüllende Substanzbildung, deren Nährhaftigkeit auf das Bedürfnis von Mensch und Tier ausgerichtet ist. Diese Nährfähigkeit verlangt nach einem Dünger, der die zur Samenbildung drängende Wachstums- und Reproduktionskraft zurückhält und sie von den gegenwärtigen Einstrahlungen der Sonne und des planetarischen Kosmos umbilden und zur Nahrungssubstanz formen lässt. Dieser Dünger stellt sich ordnend und gestaltend in das Kräftewirken der Pflanzen hinein. Es ist der schwarze, krümelnde Dauerhumus.

Die Kompostdüngung von Wiesen und Weiden

Das Dauergrünland liefert das Futter für die Wiederkäuer und Pferde. Dieses besteht aus den vegetativen Teilen des Sprosses, aus Stängel und Blatt. Der Aufwuchs wird vom Frühjahr bis in den Herbst wiederholt abgeweidet oder zu Grünfutter bzw. Heu gemäht. Auf Weiden und mehr noch auf kräuterreichen Wiesen kommt es im Frühjahr zur Blüte einzelner Kräuter. Sie ziehen sich nach dem Verblühen in das blattreiche Rosettenstadium zurück. Das Gras wächst aus seinen Bestockungsknoten immer wieder neu auf. Wiese und Weide bleiben winters wie sommers grün. Der Aufwuchs wird weitgehend im rein

Vegetativen gehalten, so auch die Bodenprozesse, die nach jedem Weidegang oder Schnitt zu neuen Umsetzungen reaktiviert werden. Boden und Pflanze kommen nicht zur Ruhe. Ihnen bleibt die generative Ausreifung versagt. Bei intensiver Nutzung führt das zur Artenverarmung. Deshalb verlangen Wiese und Weide nach einer Düngung, die diesen Mangel kompensiert, und das ist der Kompost. Im Frühjahr nach dem ersten Weidegang oder dem ersten Heuschnitt oder besser noch im Herbst vermittelt er der Grasnarbe und dem Boden eine ausgereifte, erdenhafte Kräftestruktur, die die Substanzbildung in Stängel und Blatt sowohl nach der reproduktiven Seite wie nach der nährenden konfiguriert.

Regelmäßige Kompostdüngung des Grünlandes macht die Narbe dichter, den Verbiss gleichmäßiger und kürzer, die Artenzusammensetzung, vor allem an Kräutern, vielfältiger und das Futter qualitativ hochwertiger.

Die Kompostdüngung im Gartenbau

Ähnlich wie auf dem Grünland fehlt auch im Gartenbau die ausreifende Bodenruhe; es folgt eine Kultur nach der anderen. Der Boden muss den größeren Teil des Jahres auf hohem Fruchtbarkeitniveau in wachstumsfreudiger Frühjahrsstimmung gehalten werden. Die Bildung zur Nahrungs- bzw. Futterfrucht vollzieht sich nicht in der generativen Phase, sondern in der Zeit intensivsten Wachstums. Große Erntemassen frischer, lebenskräftiger Substanzialität verlassen Land und Hof. Was zurück bleibt – vornehmlich die Wurzelmasse – wird zum Nährhumus für die folgende Kultur. Demgegenüber gerät die ätherisch-biologisch gestaltende Kraft des durchastralisierten Dauerhumus ins Hintertreffen. Was sonst auf dem Acker in Ruhezeiten des Bodens sich von selbst abspielt, die Umbildung des Nähr- in Dauerhumus, muss dem Gartenland von außen als ausgereifter Kompost zugedüngt werden. Er wirkt je nach Kulturart spezifisch mild aromatisierend auf Geschmack und Geruch, die Gewebe festigend, die Frische bewahrend sowie verstärkend auf Glanz und Färbung.

Die Materialien für den Kompost im Gartenbau umfassen abgeräumte Ernterückstände, organische Abfälle aller Art, Grünschnitthäcksel, abgewelkte Zwischenfrucht, Steinmehle, Hornspäne sowie, wo immer möglich, Stallmist. Müll und Klärschlamm scheiden aus. Für unkrautfreie Spezialkomposte für Anzuchten und Gewächshauskulturen eignen sich jede Art von Gemengen von Leguminosen, Gräser, Hafer und anderes. Eine Heißdampfbehandlung des Kompostes, um schädliche Keime und Unkrautsamen zu vernichten, sollte, außer für Anzuchterden, vermieden werden. Der Kompost wird dadurch weitgehend zum leblosen Substrat.

Die Anwendung des Kompostes erfolgt in der Regel gleichmäßig über die Fläche verteilt; er wird flach eingearbeitet. Auf sandigen, steinigen und trockenen Standorten bewährt sich das aufwendige Verfahren der Pflanzlochdüngung.

Unter tropischen Klimabedingungen herrscht in den Böden Humusarmut; die organische Substanz unterliegt einer beschleunigten Mineralisierung. Dasselbe findet dort infolge der hohen Wärmegrade und Feuchtigkeit auch im Komposthaufen statt. Hingegen bewährt sich dort eine Kompostierung «unter der Erde» in großen Erdgruben, in die über Nacht eine Anzahl Ziegen, Schafe oder Rinder gepfercht werden. Sie treten das in der Regel sperrige, meist verholzte Material fest und feuchten und reichern es mit ihren Ausscheidungen an. Man erzielt eine gute Humusqualität. Eine Handvoll solchen Humus in ein Pflanzloch gebracht, das Saatgut in den Humus eingebettet und leicht mit Erde überdeckt, erzeugt ein schieres Wunder: Die Erträge steigen auf bisher unbekannte Höhe und der Wohlstand der in Armut dahinlebenden Bevölkerung wächst.[277]

Ein ähnliches Verfahren ist die Anlage von breiten Hügelbeeten über entwässerbaren, mit Astwerk und Gestrüpp gefüllten Gräben. Durch die stark verlangsamte Zersetzung und Umbildung in Humus im Untergrund entsteht im Erdhügel ein solcher Grad von Belebung, dass auf kleinstem Raum ein buntes Gemenge an Gemüsen kontinuierlich eine oder mehrere Familien versorgen kann. Auch dieses Verfahren braucht viele Hände; es wirkt sozial integrierend und sichert bescheidenen Wohlstand.

Es gilt für die ganze Welt: Eine kunstvoll betriebene Humuswirtschaft befreit von Hungersnöten und sorgt für ein neues kulturelles Aufblühen.

Die Kompostdüngung im Obstbau

Der Obstbau hat sich seit dem 20 Jh. von einem extensiven, sortenreichen Hochstamm-Streuobstbau zu Halbstammanlagen und schließlich, mit kürzerer Nutzungsdauer, zum sortenarmen Niederstamm-Intensivobstbau entwickelt. Im Zuge dessen hat sich die Fruchtbildung in hoher, in Licht und Luft erhobener, Baumkrone herunter in erdennahe Luftschichten verlagert und, parallel dazu, hat die Düngerbedürftigkeit enorm zugenommen.

277 Mündliche Mitteilung von Matthias Guépin, Dozent am Emerson College (GB) und Berater in Kenia.

Der Obstbaum verholzt und trägt gleichzeitig zarte, schmackhafte Früchte. Er beherrscht die Polarität von Licht und Dunkel, Leben und Tod sowie Äther-Astralwirken. Das kommt besonders beim Hochstamm zum Ausdruck. In ihm strebt die Ätherlebendigkeit aus dem in die Breite und Tiefe reichenden Wurzelwerk über Stamm und Äste in die belaubten Triebe der Baumkrone. Diese starke Belebung in Luft und Wärme zieht ein reiches Insektenleben an: «Von demjenigen, was da als Astralreiches durch die Bäume hindurchgeht, lebt und webt das ausgebildete Insekt».[278] Polar dazu herrscht in allem Verholzenden und so vor allem im Wurzelgebiet «Ätherarmut». In diesem, stärker den Kräften der Mineralisierung ausgesetzten, Milieu entfalten sich die Larven der Insekten. Der auf langsam wachsender Unterlage gepfropfte Hochstamm verkörpert gleichsam diese Polarität; er ist genügsam und bedarf keiner Düngung, schon gar nicht einer solchen, die triebig wirkt.

Anders sein Gegenpol, der in geschlossenen Plantagen monokulturartig auf schnell wachsender Unterlage kultivierte Niederstamm. Er wächst eher als ein schwach verholzender Trieb aus dem Boden und fruchtet erdnah gleichsam im Jugendalter. Das Kambium, das im Hochstamm dämpfend auf eine zu hohe Wüchsigkeit wirkt, bedarf im Niederstamm einer kontinuierlichen Stimulierung durch einen humusreichen, gut durchwurzelbaren Boden. Die gestaltende Kraft und die Lebendigkeit des Humus setzt sich gleichsam in das Kambium hinein fort. Der Niederstamm bedarf eines Düngers, der keinesfalls triebig wirkt, sondern in seiner von den Larven und Würmern des Komposthaufens lebendig durchastralisierten Gestaltungskraft dem Kambium selbst anverwandt ist. Im Hochstamm stülpt sich die mineralisierte Erde in Stamm und Astwerk der Krone auf. Im triebigen Niederstamm ist die Aufstülpung reduziert zugunsten einer gleichermaßen hohen Lebendigkeit im Wurzelraum und im Kronenbereich. Im gleichen Sinn wirkt auch die im Nieder- und Halbstammobstbau gepflegte intensive Gründüngung.

Intensivobstbau ist dann erfolgreich, wenn der Humusgehalt des Bodens 3 % übersteigt; optimal ist bis gegen 6 %, bei gleichzeitig mineralkräftigem Boden.

Als Kompostmaterial kommen neben den bereits genannten Zusätzen vorzugsweise alle Stallmistarten in Betracht. Aufgrund ihrer tierischen Herkunft verfügen diese über Gestaltungskräfte höherer Art, die die Triebigkeit der Niederstämme auf ein harmonisches Maß eindämmen. Diese Harmonisierung macht sich im gesamten Wachstumsverlauf hinsichtlich eines stark

278 Rudolf Steiner: *Geisteswissenschaftliche Grundlagen zum Gedeihen der Landwirtschaft*, GA 327, Vortrag vom 15. Juni 1924, Dornach 1999, S. 184.

eingeschränkten Infektions- und Schädlingsdrucks sowie in Schmackhaftigkeit und Haltbarkeit der Früchte geltend.

Zusammenfassend sei gesagt: Der Kompost wirkt gesundend und harmonisierend auf die Entwicklung der Pflanzen; er schafft im Boden die Grundlage zu seiner Dauerfruchtbarkeit. Es empfiehlt sich, im vielseitig gestalteten Betriebsorganismus für die Hauptanwendungsgebiete die Komposte getrennt anzulegen: Für den Grünlandkompost kommen, mit Schwerpunkt Stallmist, alle Abfälle, auch mit Unkrautsamen belastete, in Frage; im Gartenbau fallen im Wesentlichen pflanzliche Abfälle an, die möglichst frei von Unkrautsamen sein sollten; Stallmistanteile sind immer von Vorteil. In Obstanlagen sollte neben der Gründüngung und vor allen sonstigen Abfällen dem Stallmist Vorrang gegeben werden.

Diese Empfehlung appelliert an die ganze Hofgemeinschaft, gerade anhand der Kompostierung das genannte «persönliche Verhältnis zur Arbeit mit dem Dünger» – erweitert durch die Handhabe der biologisch-dynamischen Kompostpräparate (siehe S. 344 ff.) – zu erüben und zur Kunstfertigkeit zu bringen sowie mit den verschiedenen Komposterden dem spezifischen Bedürfnis der Kulturarten zu entsprechen.

Stufe 2:
Die Düngung aus dem Seelischen der Haustiernatur

Das Seelisch-Astrale, das die Pflanze als rein lebendig-ätherisches Wesen nur von außen berührt, ist im Tier Innenwesen geworden. Das Tier grenzt sich als leiblicher Organismus nach außen ab und bildet seinen Leib zum Werkzeug seiner Wesensentfaltung. Durch seine Sinne erlebt das Tier seine Außenwelt und entfaltet aus diesem Erleben seine Tätigkeit in Wärme, Luft, Wasser und Erde. Kraft seines Seelenwesens komponieren sich die Stoffe in das Wunderwerk seiner Organe, die gemäß ihren ausführenden Tätigkeiten die wunderlichsten Gestaltungen annehmen. In jeder dieser Tätigkeiten drückt sich eine Weisheit in Vollendung aus. Will man also dem Wesen eines Tieres erkennend näherkommen, muss man danach streben, das mit allen Sinnen Wahrgenommene zu verinnerlichen und es zum gelebten Gedankenbild zu formen. Der weisheitsvolle Zusammenhang, der sich darin offenbart, liefert dem empfindenden Erkennen die untrügliche Gewissheit, dass die Kräfte, die die Stoffe des Tierleibes komponieren und durch die es sich in Tätigkeit versetzen kann, ihren Wesensurgrund im Astral- oder Seelenleib des Tieres haben. Was also aus der verdauenden Tätigkeit der Tiere hervorgeht, erhält seine düngende Kraft durch die besondere Artung des Seelenwesens. Bezüglich der Pflanzen wurde gesagt: «Lebendiges düngt Lebendiges», so gilt darüber hinaus für die Tiere: «Seelisches düngt Seelisches.» Auf diesen Tatbestand wurde im Kapitel «Die Seelenorganisation oder der Astralleib des landwirtschaftlichen Organismus» (S. 111 ff.) ausführlich eingegangen. Zur höchsten Düngekraft auf der Stufe des reinen Naturwirkens bringt es die Seelennatur der Wiederkäuer und hier insbesondere die des Rindes (siehe Kap. «Das Rind»). Die Düngekraft als Summenwirkung einzelner sogenannter Nährstoffe zu verstehen, entspringt einer nicht mehr hinterfragten Theorie. Hingegen den Düngewert – wie schon mehrfach betont – in dem «Komponisten» zu suchen (der Ziege, dem Schaf oder Rind), aus dessen Wesensart die Stoffe gerade in diese und keine andere Ordnung sich fügen, bricht die materialistischen Schranken und macht den Blick für Fragen frei, die sich auf die Wirklichkeit von Leben, Seele und Geist richten. Geht man diesen Fragen nach, so erweist es sich, dass der Düngewert umso höher ist, je wesensgemäßer die Tiere gehalten, gefüttert, gepflegt und gezüchtet werden. Dies alles setzt aus dem Wesen der Haustiere Kräfte in Gang, die düngen. Der zum Organismus gestaltete landwirtschaftliche Hof erfüllt diese Bedingungen.

Der Haustierbestand des Hofes ist so bemessen, dass er einerseits aus der hofeigenen Futtergrundlage ernährt werden kann und andererseits genügend Dünger für die Wirtschaftsflächen bereithält. Menge und Qualität erzeugt die Natur. Die Bewahrung oder gar Veredelung des Düngers bis zur Anwendung ist Sache des Menschen.

Die Bewahrung der Dünger des Haustierbestandes

Beim Weidegang düngen Mist und Jauche auf direktem Weg. Regelmäßiges Fladenverteilen vermeidet Geilstellen. Demgegenüber muss der aus der Stallhaltung kommende Mist bis zur Anwendung möglichst verlustarm zwischengelagert werden. Das beste Verfahren zur Bewahrung der Düngekraft von Stallmist einschließlich Jauche ist dasjenige mit Stroheinstreu; das fragwürdigste, jedoch durchaus rationellste, dasjenige des Flüssigmistes oder der Gülle. In der Gülle (Jauche + Mist) vollziehen sich unter weitgehendem Luftabschluss anaerobe Gärungsvorgänge, bei welchen sich die organischen Stickstoffverbindungen zu Ammoniak mineralisieren, das als Gas vor allem beim Ausbringen (Geruchsbelästigung) an die Luft entweicht. Durch ein Rührwerk lässt sich dieser Effekt mildern. Die Gülle wirkt auf die Belebung des Wässrig-Mondenhaften und damit, unter Umgehung des Elementes des Erdig-Festen, direkt auf die Triebigkeit der Pflanze, somit also tendenziell in Richtung einer mäßigen Mineraldüngung. Die Einstreu mit Stroh hat dagegen einen mehrfachen Vorzug. Das Stroh saugt einen Teil der Jauche auf, vermengt sich beim Ausmisten vollends mit dem Mist und sorgt aufgrund seiner Sperrigkeit für aerobe Verhältnisse bei der Lagerung. Hinzu kommt, dass das Stroh des Getreides von demselben Fruktifikationsprozess durchdrungen und gestaltet ist, der das Korn in der Ähre bildet. Der Halm ist verdickt und schließt ein größeres Luftvolumen in der Halmröhre ein, als dies bei Wildgräsern der Fall ist. Man kann darin den Ausdruck einer stärkeren Innen- und Astralwirkung erkennen. Außerdem erglänzt er nach Ausbildung seiner Kieselsäurehaut im Reifeprozess und färbt sich in gelbe, rötliche bis goldene Töne. Er umgibt sich mit einer Hülle aus Opal. Das Stroh ist eine Sonnenfrucht und macht den Kuhmist erst recht zum Sonnen-Erdendünger, «das Gold des Bauern».

Der Tiefstallmist

Die beste und verlustärmste Lagerung ist die im Tiefstall. Die Rinder, Schafe und Ziegen jauchen und misten auf die frische Strohlage; die Jauche wird vollständig vom Stroh aufgesogen. Durch ihren Stickstoffgehalt beschleunigt sie die aerobe Aufschließung des stickstoffarmen Strohs. Die Tiere selbst erfüllen die Forderung des «halt ihn feucht und tritt ihn fest».

Der Tiefstall hat allerdings den höchsten Strohbedarf mit bis zu 15 kg/Tier und Tag gegenüber dem Tretmiststall mit 3 bis 5 kg und dem eingestreuten Liegeboxenlaufstall mit 0,5 bis 1 kg.[279] Im Interesse der Festmistbereitung und damit der Minimierung des Gülleanfalls können im Tretmist- und Liegeboxenlaufstall die Aufwandmengen an Einstreu entsprechend erhöht werden. Eine Kombination von Anbindestall (Fütterung, Pflege) mit nächtlichem Aufenthalt im Tiefstall verringert den Strohbedarf. Die obersten Einstreulagen des Tiefstalles, die Liegematratze, erwärmen sich auf ca. 30 °C und durchlaufen bei mäßigem Stoffabbau die erste, das ist die Wärmephase des Komposthaufens. Durch das Festtreten der Tiere verdichten sich die darunter liegenden Einstreulagen; sie kühlen ab und gehen in Gärungsprozesse über; sie unterliegen unter Luftabschluss zunehmend einer Fermentation. Analog zur Phase 2 des Komposthaufens wird die wuchernde Vermehrung der Mikroben durch

279 KTBL: *Faustzahlen für den ökologischen Landbau*, Darmstadt 2015, 760 S.

Hefen und Schimmelpilze gebremst. *Collembolen* und andere Kleintiere finden in diesem Milieu keine Lebensbedingungen mehr. Autolytisch erzeugte oder von Bakterien ausgeschiedene Fermente leiten die Endphase der Fermentation ein: Wasser, Eiweiße, Kohlehydrate, Fette usw. werden gespalten. Die organischen Gewebe lösen sich auf, bis auf mürbe Strohreste und verholzte Teile; Aromen bilden sich, die Masse wird homogen und nimmt eine bräunliche Färbung an. Der Mist riecht jetzt wie Brot – wie man zu sagen pflegt –, wenn die Fermentation gut gelungen ist. Mehrfach wohlversehen mit den biologisch-dynamischen Präparaten und bei ungestörter Lagerung über den Sommer wird das reife Produkt dem Acker «einverleibt». Um Staunässe und damit Fäulnis in der Basisschicht des Tiefstalls zu vermeiden, wäre der geeignete Untergrund gestampfter Lehm oder Ton. Hier gilt dieselbe Regel des direkten Kontakts mit der Erde wie für den Komposthaufen. Aus Unkenntnis der feineren Kräftewirkungen schreibt leider auch hier das Gesetz einen absperrenden Betonboden vor. Man kann der Gefahr eines damit gegebenen Nässestaus mit einer Holzschnitzelschicht entgegenwirken, die vor der Aufstallung im Herbst eingebracht wird.

Der Rindertiefstall sollte konstruktiv so ausgelegt werden, dass das Mistpolster, bei zehn Quadratmeter Bewegungs- und Liegeraum pro Tier, sich sechs Monate lang bis zum Weideaustrieb im Frühjahr, zur vollen Höhe aufbauen kann; die weiteren drei Monate über Sommer dienen der Ausreife. Zwischenzeitliches Ausmisten und Zwischenlagern in Feldmieten verursacht beträchtliche Substanzverluste. Es erweist sich als problemlos, die Kühe mit einem Gewicht von 500 bis 600 kg über die kalte und kühlere Jahreszeit hinweg auf dem in die Höhe wachsenden Mistpolster zu halten, ohne einzubrechen. Mit der Erwärmung in März und April beschleunigt sich die Zersetzung der oberen Strohlagen, und es kann damit zur Eintiefung von Trittwegen und seitlichen Aufwölbungen kommen. Diese Aufweichung kann mit einer rechtzeitig aufgebrachten Sperrschicht aus Lehm, Ton oder Holzschnitzeln bis zum Weideaustrieb hinausgezögert werden.

Auch Schafe und Ziegen werden im Winterpferch im Tiefstall gehalten. Mist und Einstreu lagern durch Jauchen und Festtreten sehr dicht, fermentieren deshalb rasch und sind ohne verlustreiche Zwischenlager direkt als wertvoller Dünger anwendbar.

Der Stapelmist

Im Liegeboxen-, Tretmist- und Anbindestall wird täglich bzw. mit Schubstangenentmistung mehrmals am Tag ausgemistet. Ein Teil der Jauche wird getrennt erfasst. Der übrige Teil gelangt als Mist-Einstreu-Jauchegemisch auf ein stallnahes Zwischenlager. In diesem beginnen, schon nach kurzer Verweildauer, die Phasen 1 und 2, Erwärmung und Durchlüftung, und damit unkontrollierte Abbauprozesse mit Substanzverlusten. Vom Zwischenlager wird der Festmist entweder zur Weiterrotte auf Feldmieten gebracht oder kompostiert. In beiden Fällen setzt Phase 1 und 2 erneut ein mit abermaligen Substanzeinbußen. Um diese zu minimieren, sollte das altbewährte Stapelmistverfahren neu bedacht und gehandhabt werden. Eine undurchlässige Bodenplatte mit ringsherum Abflussrinnen für Jauche und Regenwasser sind hierbei allerdings unvermeidlich. Der täglich in einer Vertiefung anfallende Frischmist wird möglichst sofort mit Frontlader und Stallmistzange aufgenommen und portionsweise nebeneinander in der Breite der Mistplatte abgesetzt. Präzises Arbeiten ist hier angesagt. Vor diese erste Reihe folgt eine zweite und dritte usw. Währenddessen erwärmt sich die erste, zweite usw. Reihe, sodass in gleicher Reihenfolge die zweite Lage portionsweise platziert werden kann und schließlich eine dritte und vierte Lage usw. bis zur maximal technisch machbaren Höhe. Ist diese mit der ersten Reihe erreicht, kann mit der ersten Lage der daran anschließenden Partie begonnen werden. So baut sich der Stapel nach und nach in Breite und voller Länge auf. Durch den Druck der auflagernden Schichten werden die Phasen Erwärmung, Entgasung und Durchfeuchtung rasch und unvollständig durchlaufen und enden in der Fermentation. Insofern spielen sich im fachgerecht aufgesetzten Stapelmist dieselben Prozesse ab wie im Tiefstall. Gleichwohl sind die Substanzverluste (ca. 20 %) wegen der allseitigen Exposition gegenüber der Außenluft höher als beim Tiefstall. Die Verrottung schreitet an den fast senkrechten Seitenflächen und der Oberfläche schneller voran, ersichtlich u.a. am Auftreten von Hutpilzen.

Mistkompost

Im biologisch-dynamischen Landbau wird zwischen dem «Dünger», der von den Tieren kommt, und dem Kompost unterschieden, der hauptsächlich pflanzlichen Ursprungs ist. Es sind zwei verschiedene Kräftekompositionen, die da düngen.

In der Kompostierung von Stallmist laufen dieselben Prozesse ab wie die für den Pflanzenkompost beschriebenen. In seiner ausgereiften, veredelten Form bildet sich ein Dauerhumus der besonderen Art. Dessen Kräftekonstellation bewahrt die dem Mist mitgegebene Astralität der Haustiere. Deren Seelenkräfte sind es, die dem Dünger die außerordentliche Langzeitwirkung verleihen. Im besonderen Maß gilt dies für den Kompost aus reinem oder auch in Teilen zugesetztem Rindermist. Er vermittelt dem Leben der Pflanze Kräfte, die über das Astralisch-Seelische hinausreichen und die im Kapitel «Das Rind» als «Ich-Anlage» angesprochen wurden. Mit dieser Bezeichnung wird auf einen Kräftezusammenhang höherer Ordnung verwiesen, der die Kulturpflanzen nicht nur zum Bild ihres übersinnlichen Wesens macht, sondern in ihnen die Anlage schafft, dass dieses Wesen zu dem, was in vergangener Evolution von ihm raum-zeitlich ins Werk geronnen ist, nämlich die in Erscheinung tretende Pflanzengestalt, wieder in Beziehung treten und neue Entwicklungsmöglichkeiten inaugurieren kann. Damit wird deutlich, dass die wahre Düngung aus der belebten und beseelten Natur einen züchterischen, einen Entwicklungswert für die Kulturpflanzen hat und haben muss.

Es empfiehlt sich, dem Mistkompost neben dem Rindermist alle anderen Mistarten der auf dem Hof gehaltenen Schafe, Ziegen, Pferde, Schweine und des Geflügels beizumischen. Jede dieser Tierarten vollzieht, als Ergebnis ihrer Verdauungstätigkeit, eine ihrem Wesen gemäße «kosmisch-qualitative Analyse» des Futters (siehe Kap. «Das Rind – Kosmisch-qualitative Analyse und Ich-Anlage», S. 156 f.). Das Ergebnis derselben prägt sich gleichsam als Muster der Kräftekomposition des Mistes ein. Vereinigen sich verschiedene solcher Muster im Komposthaufen, entsteht ein Universaldünger, der – wie oben beschrieben – das Fruchtende im Stadium des vegetativen Wachstums anregt und durchgestaltet, wie das vorzüglich auf Wiesen und Weiden, im Intensivobst- und im Gemüsebau erforderlich ist.

Für die Kompostierung des gesamten Anfalls an tierischem Dünger besteht kein Anlass. Sie ist zu aufwendig und verursacht Lagerungsverluste von 50 % und mehr. Die Verwendbarkeit im Ackerbau ist dann gegeben, wenn der Festmist die Schärfe des Geruchs oder bei Schweinemist den Gestank verloren hat. Dies ist der Fall, wenn er wie in Stapel- und Tiefstallmist die Rottephase 1 und teilweise 2 durchlaufen hat. Der weitere Rotteverlauf setzt sich dann im Boden fort unter der Regie vorzüglich des Tauwurms sowie der Lebens- und Sinnesaktivität der Wurzeln im Kontext mit den Mikroben. Bei der Kompostierung von zu feuchtem Stallmist – meist eine Folge zu geringer

Einstreu (Schweinemist) – kommt es zur Bildung von Nasskernen, die ein rechtzeitiges Umsetzen erfordern.

Die Jauche

Jauche und Mist haben aufgrund der physiologischen Prozesse, aus welchen sie hervorgehen, polare Düngerqualitäten. Wie am Beispiel des Rindes erläutert (Kap. «Das Rind», S. 146 ff.), geht der Mist aus dem Verdauungssystem hervor, in welchem die von außen aufgenommene, körperfremde Nahrung stufenweise über den Wiederkäuakt, die Pansen-, Drüsenmagen-, Dünn- und Dickdarmtätigkeit, abgebaut und im Durchgang durch die Schleimhautwände gesichtet wird. Von dort gelangen die ihrer Fremdheit entkleideten mineralisierten Verdauungsstoffe in die venöse Blutbahn und weiter in die Leber. Der Harn hingegen ist eine Ausscheidung aus dem Körperinnern und gelangt über die arterielle Blutbahn in die Niere und weiter über die Blase in die Außenwelt. Die Niere sichtet die körpereigenen Stoffe und sondert die unbrauchbar gewordenen in flüssiger Form als Harn aus. Ein wesentlicher Bestandteil des Harns ist der Harnstoff, ein Abbauprodukt des Eiweißstoffwechsels. Dieser Stickstoffverbindung haftet noch die Tätigkeit des Seelen- und Lebensleibes der Tiere an. Sie tragen mit dem Harn Kräfte dieser beiden Wesensglieder nach außen, und diese Kräfte sind es, die düngen. Anders im Fall des Rindermistes: Dieser besteht aus unverdaulichen Futterresten, durchsetzt mit abgängigen Schleimstoffen der Verdauungsorgane und imprägniert mit dem Resultat der «kosmisch-qualitativen Analyse» (vgl. Kap. «Kosmisch-qualitative Analyse und Ich-Anlage», S. 156 f.). Entströmen die düngenden Kräfte des Harns der aus der Vergangenheit wirkenden, mondenhaften Astralität des Rindes, so kommen im Rinderdung zu diesen diejenigen Kräfte hinzu, die gegenwärtig von der Sonne einstrahlen. Es sind die Kräfte, die vor allem das Rind aus seiner besonderen Sinnesbeziehung zum Futter im Vollzug der «kosmisch-qualitativen Analyse» vom Wiederkäuen über den Verdauungstrakt bis zur rückstrahlenden Funktion der Hörner als «Ich-Anlage» dem Dünger einimpft.

Die Jauche wird in Gruben oder offenen Hochbehältern gelagert; sie unterliegt unter weitgehend anaeroben Verhältnissen einer Gärung. Es empfiehlt sich daher, zur umschichtigen Lagerung mindestens zwei Behälter zu haben, damit nach der Füllung genügend Zeit zur Nachreife zur Verfügung steht. Die Veredelung der Jauche geschieht auf mechanischem Weg durch Umrühren und Belüftung und auf biologischem beziehungsweise biologisch-dynamischem Weg durch Zusätze. Ersteres fördert aerobe Ab- und Umbauprozesse, Letzteres wirkt lenkend auf den gesamten Prozessverlauf bis hin zur Reife. Bewährte Zusätze, die das aus dem Zerfall des Harnstoffs entstehende Ammoniak wieder biologisch einbinden, sind veredelte Stallmistkomposte in kleinen Mengen sowie gehäckselte Brennnessel, Sägemehl und Holzspäne. Die biologisch-dynamischen Kompostpräparate (siehe Kap. «Die Kompost- oder Düngerpräparate», S. 360 ff.) tauchen in durchlässigen Beuteln in die Jauche und Gülle ein, aufgehängt an einem Schwimmer. Um Stickstoffverluste zu vermeiden, können in offenen Gärkammern auch Schwimmdecken aus Stroh, Brennnesseln etc. mit eingestreutem Rohphosphat und Basaltmehl dienen.[280]

In den heute üblichen einstreulosen Stallhaltungen von Schweinen und Rindern fällt Schwemmmist, Gülle an. Dieses Gemisch aus Wasser, Jauche und Mist vergärt, wenn nicht weiter behandelt, zu einem übelriechenden, schnell wirksamen Dünger. Die Mineralisierung der Stoffe ist weit fortgeschritten. Im biologisch-dynamischen Landbau sollte statt der Vergüllung – so weit wie möglich – die Festmistbereitung angestrebt werden. Aus Mangel an Einstreu in reinen Grünlandgebieten bleibt häufig keine andere Wahl. Umso mehr ist es dann wichtig, alle Maßnahmen zur Veredelung der Gülle zu ergreifen, wie sie auch für die Jauche gelten. In der Regel wird die Rohgülle aus Massentierhaltungen unbehandelt auf die Felder ausgebracht. Abgesehen von ihren sogenannten Nährstoffgehalten, gilt sie als ein Abfallprodukt, das entsorgt werden muss, mit allen Folgen der Geruchsbelästigung, der Stickoxidentgasung (Lachgas, N_2O), der Nitratbelastung des Grundwassers, der Verschließung der Bodenporen durch Schleimstoffe, Verarmung der Bodenflora und -fauna und der Minderung des Nährwertes des Futters durch vor allem niedermolekulare Eiweißverbindungen. Die hohe Wertschätzung, die dem tierischen Dünger einst zukam, ist dem Denken in Nährstoffen zum Opfer gefallen. Bei sorgsamer Veredelung, vor allem durch die biologisch-dynamischen Präparate, und genügend langer Lagerung kann es gradweise gelingen, auch aus Gülle einen nachhaltig wirksamen Dünger zu erzeugen, der sich aufbauend in die Bodenprozesse einfügt.

280 Herbert Koepf, Bo D. Petterson, Wolfgang Schaumann: *Biologische Landwirtschaft*, Stuttgart 1980, 303 S.

Die Anwendung der hofeigenen tierischen Dünger

Für alle Kulturen ist die Düngung mit Stallmist eine Wohltat: Als Frischmist für die Nachtschattengewächse, Kartoffeln und Tomaten, im angerotteten Zustand für Hackfrüchte und Getreide und vererdet für den mehrjährigen Feldfutterbau sowie für Grünland, Garten- und Obstbau. Aufgrund seiner nachhaltig hohen Düngekraft ist nicht für alle Kulturen jährlich eine Düngung nötig, sondern im Rahmen einer wohlkomponierten Fruchtfolge im Ackerbau alle drei Jahre zu den Hackfrüchten. Für eine gute Ertragsbildung ist der Bedarf der Hackfrüchte mit ca. 300 dt/ha gedeckt. Hinsichtlich des Gesamtdüngeraufkommens des Betriebes ist eine jährliche Düngermenge von einer Großvieheinheit (GVE) pro ha (1 GVE entspricht 500 kg Lebendgewicht) ideal. Im Durchschnitt kann man bei einer Kuhherde einschließlich Nachzucht pro Tier mit einer GVE rechnen. Eine Rinder-GVE erzeugt je nach Einstreumenge 80 bis 100 dt Festmist. Einschließlich der Dünger der anderen Haustiere wird der Besatz von einer GVE pro ha in kleineren und mittleren Betrieben erreicht, vielfach sogar überschritten; im Fall von Großbetrieben mit vorwiegend Ackerbau sinkt die Zahl an GVEs pro ha grenzwertig auf 0,4 bis 0,3 ab. Der Rindermist bildet die Hauptmasse, der so weit wie möglich die in geringeren Mengen anfallenden Mistarten des übrigen Haustierbestandes beigemischt werden. Überschüssige Düngermengen werden im Rahmen der Fruchtfolge in die abtragende Sommerung vor der Hauptfutterfrucht mit ca. 100 dt eingesetzt.

Die Ausbringung des Festmistes zur Hackfrucht erfolgt in der Regel im Vorjahr auf die Stoppel der Vorfrucht. Nach leichter Einmulchung folgt eine Zwischenfrucht, die durch den Festmist eine ebenso reiche Wurzel- wie Grünmasse bildet und mit dieser ein gares Saatbett für die Frühjahrssaat der Hackfrucht.

Gut ausgereifte Jauche und notfalls Gülle sind willkommene Dünger, wenn es darum geht, den Wintersaaten im Frühjahr zu einem Entwicklungsschub zu verhelfen. Auswinterungen und ausgedünnte Bestände, infolge von Wechselfrösten im Frühling, können zur intensiveren Bestockung angeregt werden. Dazu verhilft der Harnstoff. Diese aus dem Eiweißstoffwechsel mineralisierte Stickstoffverbindung erhält ihre spezifische Wirksamkeit durch die Astralkräfte, die dem Seelenleib der Tiere entstammen und die die stoffliche Komposition des Harns konfigurieren, in die der Stickstoff eingebunden ist. Ein weiteres Anwendungsfeld ist die Stoppeldüngung im Hinblick auf die zügige Entwicklung einer Gründüngungszwischenfrucht. Auf der Weide ist der

Einsatz der Jauche im frühen Frühjahr hilfreich und ggf. bei Wechselweide nach dem Umtrieb. Auf in vollem Wachstum stehende Bestände (besonders Hackfrüchte) sollte die Jauche- bzw. Gülleanwendung vermieden werden.

Die Wirksamkeit der hofeigenen tierischen Dünger

Bei jedem der Dünger muss man nach dem Wesen fragen, nach dem seelisch-astralen Kräftepotential, das über den Lebens- und physischen Leib die Stoffe so anordnet und in Fluss hält, dass es im Abbild physisch-sinnlich in Erscheinung treten und sich seinem Wesen gemäß betätigen kann. Auf einzelne Wesenszüge der Wildfauna und der Haustiere wurde im Kapitel «Die Seelenorganisation oder der Astralleib des landwirtschaftlichen Organismus» (S. 111 ff.) eingegangen. Dabei wurde festgestellt, dass jede Tierart durch seine leibliche Tätigkeit einen gleichsam düngenden Beitrag zum Ganzen der Natur leistet. Durch die Tätigkeit der beseelten Tierwelt entsteht ein weisheitsvolles Beziehungsgeflecht, das die ganze Natur sinnstiftend durchzieht. Unter den pflanzenfressenden Säugetieren sind es die Wiederkäuer, deren Organtätigkeit darauf hin organisiert ist, einen Dünger zuzubereiten, der das «Zwerchfellorgan», den Boden, in einem höheren Grade zu beleben und zu beseelen imstande ist. Aus der bloßen quantitativen Stoffzusammensetzung lässt sich das nicht erschließen. Es ist vielmehr eine Frage des Qualitätsverhältnisses der Stoffe zueinander. Dieses trägt den Prägestempel des Wesens der Kuh, des Schafes, der Ziege usw. Die höchste Vollkommenheitsstufe erreicht das Rind. Im Kapitel «Das Rind» (S. 146 ff.) wurde versucht, das von seiner Wesenheit durchdrungene und durchlebte Verdauungsgeschehen sowie seine stoffwechselbezogene Sinnestätigkeit und Intelligenz zu charakterisieren. Sucht man von da aus ein Verständnis für die langandauernde, heilsame Wirkung speziell des Rinderdüngers auf Boden und Pflanzen zu erlangen, dann kann vielleicht folgende Betrachtung weiterführend sein: Die Pflanze wächst in der Achse Erde-Sonne. Die Wurzel strebt in die Tiefe in Richtung Erdmittelpunkt, der Halm, Stängel oder Stamm erhebt sich vertikal in die Höhe der Sonne entgegen. Von dieser senkrechten Achse wachsen Blätter und Zweige hinaus in die Breite und Weite. Das sich flächenhaft in die Horizontale breitende Blattwerk empfängt die einstrahlenden Sonnen- und Planetenwirkungen auf direktem Weg und verarbeitet sie zu lebendiger Substanz, unterstützt durch den im Stängel, innerhalb des Kambiums, aufsteigenden «Erdsaft» (*Xylem*). Dieser vermittelt einerseits dem in die Horizontale strebenden Wachstum die Lebendigkeit des Nährhumus und die Formkraft des

Dauerhumus in Verbindung mit dem Kalk, mithin also die Düngerkräfte, die dem Pflanzenkompost eigentümlich sind. Dies gilt auch für das in die Breite sich verzweigende Feinwurzelwerk. Anders verhält es sich mit Pfahlwurzel, Halm, Stängel und Stamm. Deren Vertikalimpuls liegt stofflich nicht der Humus als Dünger zugrunde, sondern das Kristallin des Quarzes, der Silikate und Tonmineralien (vgl. Kap. «Die Entstehung der Tonmineralien und ihre Neubildung», S. 209 ff.). Diese Kieselminerale vermitteln die einstrahlenden Kräfte der Sonne, der Planeten und Fixsterne auf indirektem Weg. Diese bündeln sich kraft des Wirkens der Tone zur «kosmischen Aufwärtsströmung» in den Pflanzen.[281] Das Ich des Menschen, sein Geistwesen, gibt ihm die Kraft der Aufrichte; das Tier ist Tier, weil es diese Kraft zur vollen Aufrichte nicht hat; es hat aber, wie in besonderer Art das Rind, «das Ich in der Anlage». Die Pflanze schafft sich, in der Erde fest verwurzelt, in «kosmischer Aufwärtsströmung» ihre Vertikalgestalt zum Abbild ihres übersinnlichen Geistwesens. Der tierische Dünger vermag nun – so darf man vermuten – kraft der ihm über Astral- und Ätherleib des Tieres einverwobenen «Ich-Anlage», das Pflanzenwesen selbständiger gegenüber dem Eingespanntsein in die örtlich gegebenen Verhältnisse der Höhen und Tiefen zu machen. Durch den Dung wird der Pflanze die Anlage vermittelt, sich bis in die äußere Gestaltbildung zu individualisieren, sich stärker eigenwesenhaft mit den Wirkungen der Erde und des Kosmos zu verbinden. So gesehen, muss man, wie bereits angedeutet, allen voran dem Rinderdünger im Hinblick auf den Lebenszusammenhang von Boden und Pflanzen ein «erzieherisches» Vermögen zusprechen.

Die Dünger der Haustiere (vor allem jene der Wiederkäuer) wirken auf das Substanzgeschehen und die typusgemäße Gestaltprägung der Pflanze. Sie stärken die Kräfte, durch die das übersinnliche Wesen der Pflanze sich zur Erscheinung bringt. Es offenbart sich dies in ihrer vertikalen Ausrichtung in der Achse Wurzel-Spross-Blüte sowie, dadurch bedingt, in den Formveränderungen der Blätter von der Basis zur Blüte hin.

Der Licht-Schatten-Versuch

In einem variantenreichen, mehrjährigen Feldversuch wurden die Wirkungen einer Düngung mit Stallmistkompost im Vergleich zu einer Anwendung von Mineralsalzen, Stickstoff, Phosphorsäure, Kalium (NPK) sowie einer Behandlung mit dem sogenannten biologisch-dynamischen Hornkieselpräparat

281 Rudolf Steiner: *Geisteswissenschaftliche Grundlagen zum Gedeihen der Landwirtschaft*, GA 327, Vortrag vom 10. Juni 1924, Dornach 1999, S. 47.

(vgl. Kap. «Das Hornkieselpräparat», S. 348 ff.) unter vollem Sonnenlicht, im Halb- und Tiefschatten an Roggen, Weizen, Hafer, Kartoffeln, Spinat und Radies untersucht. Das Untersuchungsprogramm umfasste morphologische Phänomene, eine Reihe von analytischen Parametern sowie Bewertungen mit Hilfe der bildschaffenden Methodik der Kupferchloridkristallisation.[282]

Hier sei nur der Versuchsteil hervorgehoben, der sich auf die Wirkung der Stallmistdüngung im Vergleich zur Anwendung von NPK bezieht.

Bewertungen durch morphologische Befunde

Der Versuch bestätigte die Erfahrungen über die allseits positiven Wirkungen des tierischen Düngers in Form von kompostiertem Rinderdung, die dem aufmerksam beobachtenden Praktiker seit alters vertraut sind:

- Die Wurzel erschließt sich einen größeren Bodenraum;
- sie bildet sich ihrer Artveranlagung nach idealtypisch aus;
- die Pfahlwurzel (kosmischer Typus) – Möhre, rote Beete, Radies, Spinat – zeigt einen starken Tiefentrieb und wird seitwärts begleitet von einer pyramidal nach unten sich zuspitzenden Feinbewurzelung (Abbildung 17).
- Bei Radies tendieren die Fruchtkörper – eine Verdickung des *Hypocotyls* – zur Ausbildung einer vollendeten Kugelgestalt, von welcher sich die Wurzel deutlich absetzt. Bei NPK war dieser Übergang mehr rübenartig ausgeprägt; die Pfahlwurzel verlor sich und teilte sich oberflächennah.
- Auch beim Typus der sich von Natur aus sphärisch ausbildenden, stark zerteilten Wurzel (irdischer Wurzeltyp) – Buschbohne, Zwiebel, Getreide – trat bei NPK dieses Phänomen der Desorientierung der Wurzel gegenüber der Artveranlagung deutlicher hervor.
- Bezüglich des Halmaufbaus (Internodienlängen) waren kaum Unterschiede festzustellen, wohl aber war bei Mistkompostdüngung durchgängig eine Verlängerung des obersten, ährentragenden Halmgliedes auffällig. Dieser Vitalitätsschub machte sich auch an der Halmbasis durch einen höheren Bestockungsgrad geltend, also in einer größeren Zahl ährentragender Halme pro Einzelpflanze.
- Bezüglich der Blattentwicklung nähert sich bei vollem Tageslicht das Erscheinungsbild der Blätter räumlich in Form, Farbe, Zähnelung, Behaarung, Gliederung der Blattspreite, der Festigkeit der *Cuticula*, dem *xeromorphen* Idealtypus der Art an, ebenso zeitlich, in der Folge der Blätter von

282 Manfred Klett: *Untersuchungen über Licht- und Schattenqualität in Relation zum Anbau und Test von Kieselpräparaten zur Qualitätshebung*, Darmstadt 1968, 117 S.

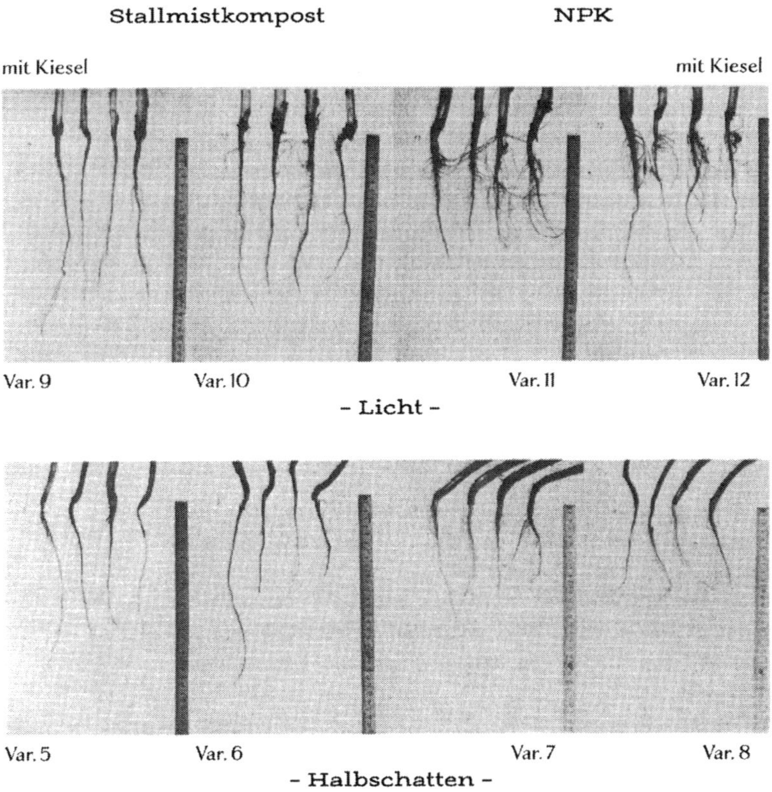

Abbildung 17:
Wurzelbilder von Spinat bei Mistkompostdüngung
und NPK-Anwendung im Licht-Schatten-Versuch.

den großlappigen, gefiederten, grundständigen bis herauf zu den kleinen, stängelnahen, zugespitzten im Übergang zur Blüte. Diese stark rhythmisch geprägte Erscheinungsweise kommt in den Mistkompostvarianten prononcierter zum Ausdruck als in den NPK-Varianten (Abbildung 18, S. 316). Bei den *monocotylen* Getreiden zeigt sich dieselbe Tendenz. Bei Mistkompostdüngung sind die Blätter schmäler, fester strukturiert und an den Blatträndern und -spitzen stärker verkieselt. Die NPK-Pflanzen kontrastieren mit der Neigung zur *Hydromorphie*, gleich den Schattenpflanzen. Ebenso, wie bei den *monocotylen* (einkeimblättrigen) Pflanzen die Internodienfolge von Knoten zu Knoten kennzeichnend ist – sie nimmt nach oben progressiv an Länge zu –, so bei den *dicotylen* Blütenpflanzen die

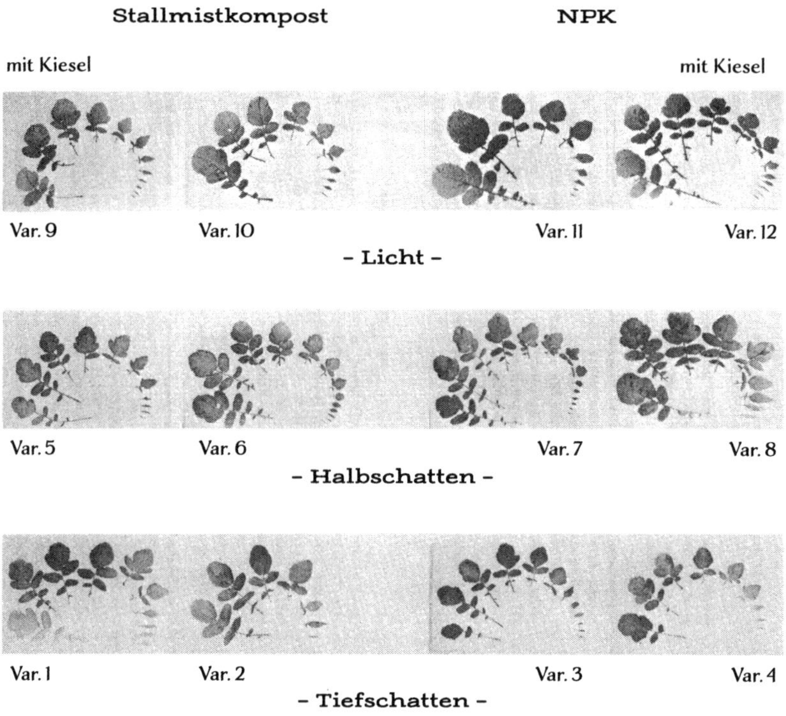

Abbildung 18:
Blattfolgen von Radies bei Mistkompostdüngung
im Vergleich zu NPK im Licht-Schatten-Versuch.

Blattmetamorphose.[283] Sie bildet räumlich die Dynamik des in der Zeit verlaufenden Wachstums ab.

- Die Blattmetamorphose von den Basisblättern bis herauf gegen die Blüte ist am Beispiel Radies in Abbildung 18 wiedergegeben.
- Die grundständigen Formen zeigen auch im unteren Teil gefiederte, im oberen Teil rundliche, wenig gegliederte und gezähnelte Blattspreiten. Bei den Folgeblättern reduziert sich die Blattspreite mehr und mehr auf den oberen Teil. Sie ist dann stark gezähnelt und zunehmend lanzettlich spitz. Diese polare Blattgestaltung bei den Primär- gegenüber den Folgeblättern ist am Licht am schärfsten ausgeprägt. Sie verliert sich gegen den

283 Wilhelm Troll: *Allgemeine Botanik*, Stuttgart 1959, 927 S.; Gerbert Grohmann: *Die Pflanze*, Berlin 2013, 448 S.; Jochen Bockemühl: «Bildebewegungen im Laubblattbereich höherer Pflanzen», *Elemente der Naturwissenschaft* Nr. 4: 7–23, 1966.

Tiefschatten, in welchem die Folgeblätter den Habitus der Primärblätter längere Zeit beibehalten (geringere Zähnelung, rundlichere Spreite).

- Derselbe Unterschied ergibt sich beim Vergleich der Mistkompostdüngung zur NPK. Erstere geht konform mit dem Einfluss des Lichtes, bei Letzterer ist die Blattumbildung ähnlich gehemmt wie bei den Pflanzen unter Beschattung.

Bewertungen anhand der analytischen Befunde

Die Bewertung aufgrund von Mengenvergleichen stofflicher Komponenten ist ohne Berücksichtigung des Zeitfaktors nur bedingt möglich. Was sagt ein Viel eines Stoffes, was ein Wenig? Der Bezugspunkt der Beurteilung muss im prozessualen Geschehen in der Pflanze in Hinblick auf einen Endpunkt gesucht werden. Dieser Endpunkt, hinsichtlich des ernährungsphysiologischen Wertes, ist die Reife. Zu dieser hin führen in stetiger Verwandlung der Stoffkomponenten Aufbauprozesse, von dieser hinweg Zerfallsprozesse. Der Verfolg beider liefert erst Kriterien für eine einigermaßen sichere Qualitätsaussage. Aus der Analytik der Aufbauprozesse bekommt der Begriff «Reifephysiologie» Inhalt. Kommen die Lebensprozesse in der Reife zur Ruhe – die enzymatischen Aktivitäten verringern sich auf ein Minimum –, dann ist der optimale Qualitätsgrad erreicht und eine natürliche, auf gewisse Zeit gegebene Lagerfähigkeit gewährleistet. Bleiben die Enzyme aber in der Vollreife weiter aktiv, so verharrt die Frucht physiologisch in einem Zustand der Unreife und ist nach kurzer Zeit dem Zerfall ausgesetzt; ihr Nährwert muss demzufolge als minderwertig eingestuft werden.

Im Licht-Schatten-Versuch wurde anhand von Verhältniszahlen die Dynamik des Stoffaufbaus ermittelt, von Vorstufen, die Unreife signalisieren, zu solchen, die den Zustand der Vollreife charakterisieren. Dabei zeigte sich, dass bei den mit Mistkompost gedüngten Früchten der Grad der Verwandlung der für die Vollreife charakteristischen Stoffkompositionen zunimmt:

- So der relative Ascorbinsäuregehalt, der sich aus dem Verhältnis von Dehydroascorbinsäure (Vorstufe) zur Ascorbinsäure (Vitamin C) ergibt;
- so ein höherer Gehalt an Disacchariden gegenüber Monosacchariden; Letztere sind Zeichen noch fortwirkender Assimilationstätigkeit;
- so der höhere, relative Eiweißgehalt; dieser kennzeichnet das Verhältnis von Gesamteiweiß (Rohprotein) zu reinem, hoch strukturiertem Eiweiß. Das Rohprotein, das neben dem Reineiweiß niedermolekulare Eiweißverbindungen bis hin zu Aminosäuren und Stickstoffsalzen, wie Nitrate, enthält,

zeigt besonders bei wachstumsfreudigen Blattgemüsen teils sprunghafte Anstiege bei Anwendung von NPK-Salzen.

- So die sehr geringen Enzymaktivitäten der oxidierenden Dehydrase und der Rohrzucker spaltenden Saccharase im Erntegut von Weizen, Kartoffeln, Gemüsen. Bei NPK-Anwendungen erhöhten sie sich, gleich den Pflanzen unter Beschattung, sprunghaft auf ein Unreife anzeigendes Niveau.
- Ähnliche Befunde zugunsten der Mistkompostdüngung zeigten die Kieselsäure- und Aschegehalte des Getreidestrohs; bei den Körnern waren diesbezüglich keine Gehaltsunterschiede festzustellen.

Die landläufige Routineanalytik bezieht sich in der Regel auf die Feststellung von Quantitäten, wie Rückstandsanalysen von Schadstoffen – sie führt zur Festsetzung zweifelhafter Grenzwerte, die von Mal zu Mal revidiert werden müssen –, oder auf sogenannte wertgebende Inhaltsstoffe. Zur Interpretation der Daten fehlt hier der begriffliche Bezugspunkt, wie beispielsweise im Fall des Licht-Schatten-Versuchs der Vergleich unter definierten Bedingungen, oder wie der relative, physiologische Ruhezustand der Reife, oder die spezifische Komposition, in der ein Stoff erscheint und eine bestimmte Funktion erfüllt. Eine verlässliche Aussage ist erst möglich – und das geht nicht ohne enormen Aufwand –, wenn die Analysedaten eine Bestätigung für Begriffe liefern, die man aus der denkenden Anschauung der Lebenserscheinungen gewonnen hat.

Bewertung durch die kristalldiagnostische Methode der Kupferchloridkristallisation

Im Gegensatz zur Kausalanalytik, die sich auf die Erforschung der Teile eines belebten Systems beschränkt, erlaubt die «empfindliche Kupferchloridkristallisation» nach Ehrenfried Pfeiffer[284] auf morphologisch-diagnostischem Wege ein Urteil über den «belebten Organismus der Pflanze» als einer Ganzheit zu gewinnen, die sich auf anorganischer Ebene als definiertes physikalisch-chemisches System abbildet. Die Kupferchloridkristallisation ist mithin geeignet,

284 Ehrenfried Pfeiffer: 1899–1961, Pionier der angewandten anthroposophischen Forschung, entwickelte ausgehend von Anregungen Rudolf Steiners für die Bildkräfte-Erforschung die Methode der empfindlichen Kupferchloridkristallisation, stellte zusammen mit Guenther Wachsmuth (1893–1963) unter der Anleitung von Rudolf Steiner 1922/23 zum ersten Mal das Hornmistpräparat her. Bis Ende der 1930er-Jahre zusammen mit Guenther Wachsmuth in der Leitung des Forschungslaboratoriums am Goetheanum. Ab Ende der 1930er-Jahre Landwirt und Landwirtschaftsberater in den USA.

die Bildekräfteorganisation der Pflanze im toten Abbild zu versinnlichen. Das Prinzip beruht auf der Texturänderung auskristallisierender Kupferchloridnadeln bei Zusatz verschiedener Pflanzenextrakte als Lösungsgenossen. Aufgrund dieser Tatsache kommt es beim Auskristallisieren auf planebenen Glasplatten in Klimakammern zu zusatzcharakteristischen und reproduzierbaren Nadelgefügen und Gefügekomplexen (Textur oder Tracht), die vergleichend beurteilt werden können.

Die Pfeiffer'sche Methode wurde von vielen Experimentatoren, vor allem in Hinblick auf die Kristalldiagnostik, weiterentwickelt: auf human-medizinischem Gebiet durch Selawry,[285] auf dem Gebiet der Nahrungsmittel durch v. Hahn,[286] auf dem Gebiet der Pflanzen durch Krüger,[287] auf dem Gebiet der Qualität pflanzlicher Produkte durch Enquist,[288] Petterson[289] und zum gegenwärtigen Stand durch Doesburg.[290]

Die Diagnostik der Kristalltextur von Kupferchloridbildern beruht auf dem Vergleich des Kristallbildes des Frischextrakts mit solchen aus Alterungsstadien desselben. Diesem Vorgehen liegt die Überlegung zugrunde, dass die Geschwindigkeit, mit der sich der Frischsaft unter definierten Bedingungen zersetzt (altert), eine Funktion der Wertigkeit dieses Frischsaftextraktes ist. Man findet, dass alternde, das heißt autolytisch und mikrobiell im Abbau befindliche, Pflanzenextrakte sich im Kristallbild in einer Abfolge reproduzierbarer Kristallbildtypen, sogenannten Alterungsstadien, abprägen (Abbildung 19, S. 320).

Diese unterscheiden sich darin, dass der frische Pflanzenextrakt eine pflanzenspezifische Kristalltextur, der zerfallende in zunehmenden Maß untypische Texturelemente hervorruft, die im Endergebnis denen des rein auskristallisierenden Kupferchlorids ähnlich sind. Daraus ergibt sich als Maßstab für

285 Alla Selawry, Olleg Selawry: *Die Kupferchloridkristallisation in Naturwissenschaft und Medizin*, Stuttgart 1957, 232 S.

286 Friedrich Vincenz von Hahn: *Thesigraphie*, Wiesbaden 1962, 244 S.

287 H. Krüger: *Kupferchloridkristallisationen, ein Reagenz auf Gestaltungskräfte des Lebendigen*, Weleda – Schriftenreihe 1/1950.

288 Magda Enquist: *Strukturveränderungen im Kupferchloridkristallisationsbild von Pflanzen durch Alterung und Düngung*, Lebendige Erde 3, 1961.

289 Bo D. Petterson (1967): *Beiträge zur Entwicklung der Kristallisationsmethode mit Kupferchlorid nach Pfeiffer*, Lebendige Erde 18 (1): S. 15–31.

290 Paul Doesburg, Machteld Huber, Jens-Otto Andersen, Miriam Athmann, Guus van der Bie, Jürgen Fritz, Uwe Geier, Joop Hoekman, Johannes Kahl, Gaby Mergardt & Nicolaas Busscher (2014): «Standardization and performance of a visual Gestalt evaluation of biocrystallization patterns reflecting ripening and decomposition processes in food samples», *Biological Agriculture & Horticulture: An International Journal for Sustainable Production Systems*, DOI: 10.1080/01448765.2014.993705.

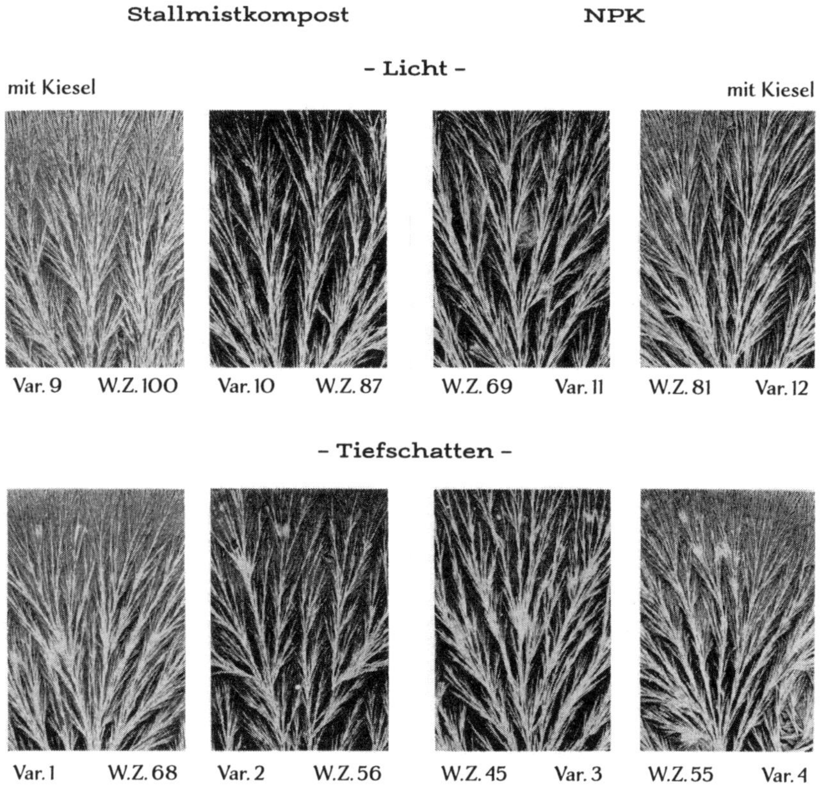

Abbildung 19:
Kristallbilder einer Alterungsreihe von Kartoffeln
im Licht-Schatten-Versuch (Var. 9).

die Qualitätsbewertung die Geschwindigkeit, mit der die zu untersuchende Substanz, wenn sie dem Zerfall ausgesetzt wird, im Auskristallisieren die aufeinanderfolgenden Stadien der Zerfallsreihe durchläuft. Ein rascher Zerfall ist dabei das Kennzeichen einer minderwertigen Qualität. Das gilt ebenso, wenn ein Frischextrakt einer Probe bereits Merkmale eines Alterungsbildes der Referenzreihe zeigt.

Im Licht-Schatten-Versuch kam noch ein weiterer Bezugspunkt für die Qualitätsbeurteilung hinzu: die Variation von Licht, Halbschatten und Tiefschatten. Die Frage u.a. war: Lässt sich auf dem Hintergrund der Polarität von im vollen Sonnenlicht und im Schatten gewachsenen Pflanzen anhand der Kristallisationsbilder das Kräftewirken von Mistkompost und NPK qualitativ differenzieren? Jede Pflanzenart hinterlässt im Kristallbild einen

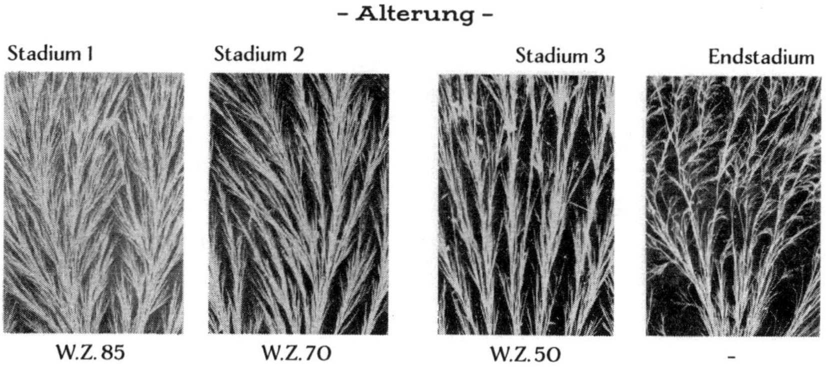

Abbildung 20:
Typische Kristalltexturen von Kartoffeln im Licht-Schatten-Versuch.

charakteristischen Prägestempel ihrer Bildekräfteorganisation. Kann diese sich ungehindert von störenden Einflüssen entfalten, entsteht ein entsprechend feingliedriges, reproduzierbares Kristallbild. Bei allen untersuchten Kulturen (Roggen, Weizen, Hafer und einige Gemüsearten) zeigen die kristallmorphologischen Befunde in der Tendenz auffallende Übereinstimmung. Die Unterschiede zwischen der Mist-Kompostdüngung und der Anwendung von NPK treten annähernd ebenso stark hervor wie die zwischen Licht und Schatten.

Typische Kristalltexturen am Beispiel von Kartoffeln im Licht-Schatten-Versuch veranschaulicht Abbildung 20.

Hinsichtlich Mistkompost im Vergleich zur NPK sind «im Licht» jeweils die Varianten 9 und 12 bzw. 10 und 11 und «im Tiefschatten» die Varianten 1 und 4 bzw. 2 und 3 zu vergleichen. Unter «W.Z.» sind relative «Kristallisationswertzahlen» angegeben. Sie abstrahieren den visuellen Vergleich. Nach einem Schlüssel wird die Summe der kristalltexturellen Einzelphänomene in einer Zahl erfasst: Optimum = 100, Pessimum = 0. Dem geschulten Blick liefert das Kristallbild selbst den Text zu begrifflicher Evidenz.

Bei allen untersuchten Pflanzen, so auch bei Kartoffeln (Abbildung 20), nähert sich unter der direkten Sonneneinstrahlung das Kristallbild dem jeweiligen Texturoptimum. Jede Pflanzenart prägt abbildlich das ihrer ätherischen Organisation gemäße Kristallbild. Bei den «Lichtpflanzen» zeigt dieses eine gute Koordination der einzelnen Gefügeelemente, gleitende Übergänge zwischen Nadelstämmen und feinen Verzweigungen sowie feine, konturierte

Nadeln. Im Tiefschatten verliert sich zunehmend die zusatzspezifische Ordnung der Nadelgefüge zugunsten einer allgemein radialen Ausrichtung. Die Nadeläste werden durch Anlagerung der Feinverzweigung breiter; sie setzen unregelmäßig und in Stauzonen der Nadelstämme an. Dasselbe Bild zeigt Stadium 2 und, gesteigert, Stadium 3 der Alterungsreihe von Variante 9 in Abbildung 19 (S. 320).

Der Typus der Kristallbilder in Abbildung 20 (S. 321) entspricht bei Mistkompostdüngung den Lichtvarianten, bei NPK-Anwendungen tendenziell den Schattenvarianten. Bei Letzteren sind folgende Texturmerkmale besonders auffällig: Bildung von sekundären Keimzentren beim Auskristallisieren, Verzweigungen an Stauzonen, breite radial gerichtete, regellose, weniger verzweigte Nadelstämme, ungleich lange, gefächerte Feinverzweigungen. Die Koordination der Nadelgefüge unterliegt in geringerem Maß einem einheitlichen Gestaltungsprinzip (vgl. Var. 11). In der Mehrzahl der Fälle unterscheiden sich die Kristallwertzahlen der «Lichtpflanzen» der NPK-Parzellen nicht von jenen der «Schattenpflanzen» der organisch gedüngten Versuchsglieder. Die besonders auffallende Übereinstimmung der NPK-Kristallbilder der Lichtvarianten mit jenen der beschatteten Versuchsglieder spricht für einen wesentlich verminderten Belebungsgrad bzw. Nährwert (Abbildung 19, Var. 2 und 11, S. 320).

Alles in allem weisen das alte bäuerliche Wissen, alle Praxiserfahrungen, die Dauerdüngungsversuche[291] sowie der hier ausschnitthaft wiedergegebene Licht-Schatten-Versuch auf die einzigartige Bedeutung der Düngung durch die Haustiere hin, vorzüglich der Wiederkäuer. Sie krönen das Werk der Natur, indem sie einen dreifachen Segen spenden: Sie verhelfen durch ihr Dasein und ihren Dünger

- der Mitte zwischen den «Höhen und Tiefen», dem «Zwerchfell Boden», zur Dauerfruchtbarkeit,
- den Pflanzen zu ihrer urbildnahen Erscheinungsform und substanziell durchgeformten Fruchtbildung,
- über die hofeigene Futtergrundlage sich selbst zum Aufbau einer Leiblichkeit, die im Überschuss – gleich einem Opfer – Leistungen vielfältigster Art im Dienste und zum Wohl des Menschen erbringt.

291 Ernst Klapp: *Lehrbuch des Acker- und Pflanzenbaus*, Berlin-Hamburg 1958, 503 S.; Edward John Russel: *The World of the Soil*, London 1957, 242 S.

Stufe 3: Die Düngung aus dem Geist des Menschen

Die Stoffwechselausscheidungen

In den Gesteinen manifestiert sich das Element des «Festen-Erdigen». Sie sind aus einem vorzeitigen stoffwechselartigen Lebensgeschehen in der Entwicklung der Erde in den Formen der Kristalle «Werk» geworden. Nur durch die Prozesse der Verwitterung, den Zerfall der kristallinen Formen, können die Stoffe wieder in die Prozesse der belebten Natur emporgehoben werden. Als solche haben sie keinen Düngerwert. Die Pflanzen reproduzieren sich nicht nur durch den Samen, sondern zugleich durch die Rückstände des «Allgemein-Pflanzlichen», die im Boden Stoffwechselprozesse auslösen. Das vergangene Leben verwandelt sich in den «Universalsamen» Humus, der zukünftiges Leben düngt. Die Tiere schließlich düngen aus den Kräften ihrer Belebt- und Beseeltheit. Dies offenbart sich nach außen in dem schier unendlichen Variantenreichtum ihrer Seinstätigkeiten und nach innen in der Tätigkeit der Verdauung und Zubereitung eines belebten und beseelten Düngers.

Aus der genannten Stufenfolge ließe sich mühelos schlussfolgern, dass die Ausscheidungen des Menschen eine abermalige Steigerung der Düngekraft bewirken würden. Das Gegenteil aber ist der Fall! Ein Blick auf das Wesensgliedergefüge des Menschen und die daraus resultierende Verdauungstätigkeit klärt darüber auf. Der rein im Geiste ruhende Wesenskern des Menschen durchstrahlt die leiblichen Wesensglieder und befestigt sich in diesen in der Ich-Organisation. Er arbeitet an diesen Wesensgliedern und schafft sie zu höheren Stufen ihrer Entwicklung um. Hierin besteht die weitere Entwicklung des Menschen – eine solche, die in alle Zukunft von ihm selbst errungen sein will. Am stärksten arbeitet die Geistseele des Menschen in gegenwärtiger Zeit an der Umgestaltung des zum Teil noch leibgebundenen Astralleibes zum leibfrei wirkenden sogenannten «Geistselbst».[292] Diese Arbeit des Ich an den Wesensgliedern, also auch des Lebens- oder Ätherleibes und physischen Leibes, beansprucht Kräfte. Das Ich nimmt sie über die Ich-Organisation, seelisch durch die Wahrnehmungen über die Sinne und leiblich durch die Nahrung auf. Die Stoffe und Kräfte der Erde ernähren den Leib, damit die Geist-Seele des Menschen in diesem Leib in der Entfaltung der Seelentätigkeiten

292 Rudolf Steiner: *Theosophie, Einführung in übersinnliche Welterkenntnis und Menschenbestimmung*, GA 9, Dornach 2003.

des Denkens, Fühlens und Wollens leben und wirken kann. Im Falle des Menschen steht das Verdauungsgeschehen der Nahrung ausschließlich in seinem Dienste, nicht zugleich in dem der Erde. Er entnimmt der aufgenommenen Nahrung alle Kräfte für sich selbst. Er ist im Vergleich zu Tier und Pflanze ein Egoist. Was der Mensch über den Nieren-Blasenprozess an Flüssigkeit und über die Darmverdauung an mehr festen Stoffen ausscheidet, ist aller nährenden Kräfte beraubt, ist leblose, seelenlose und geistlose Schlacke. Ihre Stoffe sind aus dem Lebens- und Seelenzusammenhang restlos «dekomponiert»; sie sind als N, P, K, Si, Ca usw. in den Zustand des rein Mineralischen zurückgeworfen und können nur als solches wirken.

So sind die menschlichen Ausscheidungen, z.B. in Form von Klärschlämmen als Dünger, für die Erzeugung menschlicher Nahrung ungeeignet. Sie sind im gezielten Einsatz «Antidünger», vergleichbar dem aus der Luft synthetisierten Stickstoff.

Aufgrund der materialistischen Betrachtungsweise – Stoff ist unabhängig von seiner Herkunft ein und derselbe Stoff – ist man geneigt, immer wieder nach Verfahren zu suchen, wie man die «wertvollen Nährstoffe» N, P, K der menschlichen Fäkalien doch zum Nutzen des Pflanzenbaus einsetzen kann. Von der Gemüseproduktion auf den sogenannten «Rieselfeldern» in Großstadtnähe ist man abgekommen. Klärschlammtrocknung und -kompostierung wird mit Erfolg praktiziert. Das Produkt sollte aber ausschließlich außerhalb der Landwirtschaft zu Renaturierungszwecken im Straßen- und Landschaftsbau eingesetzt werden.

Was der Mensch unter der Regie der Geistseele leiblich hinterlässt, ist von dieser kräftemäßig ausgelaugt; er gibt der Natur nichts zurück. Wo also wird der Geist des Menschen düngend wirksam? Es ist der leibfreie Teil seines Wesens, die Geistseele, die im Denken, Fühlen und Wollen sich den Dingen und Wesen der Natur zuwendet.

Die Geisttätigkeit in der Arbeit

Das Tier weitet sein Wesen in den Lebensumkreis hinein aus, in dem es tätig ist. In dieser Tätigkeit waltet ein weisheitsvolles Instinktleben, das ein Gewebe von Zusammenhängen schafft. In diesem Sinne verstanden, düngt es durch sein Tun im Haushalt der Natur. Was geschieht, unterliegt einer ehernen Notwendigkeit. Dank seines erwachenden Selbstbewusstseins ist dem Menschen die Fähigkeit zur Freiheit im Handeln eingeboren. Er kann sich zu diesem oder jenem, zum Guten oder Bösen, zur Wahrheit oder Lüge entscheiden.

Was darüber befindet, ist das Gewissen, in das letztlich alle Gedanken, Gefühle und Willensimpulse eingehen und von dem alle Handlungen ihre besondere moralisch-ethische Prägung erhalten. Im älteren Bauerntum galt der Satz «Der Tritt des Bauern düngt». Man lief zügelhaltend hinter dem Pflug her oder als Sämann über das Feld oder im sonntäglichen Rundgang über die Felder. So wahr dieser Satz früher war, so wahr ist er in Metamorphose heute. Einst war aus dem volkstümlichen Erleben noch unmittelbar instinktive Erfahrung, was die Erde dem über sie Schreitenden sagt, was aus den Stimmungen aus der Umgebung spricht, was der Boden ein-, was er ausatmet. Man wusste dann, was folgerichtig als Nächstes zu tun ist. Heute muss die Sicherheit, «im richtigen Augenblick das Richtige richtig zu tun», aus der Kraft der Bewusstseinsseele neu erworben werden. Beim Schreiten über den Acker, etwa nach getaner Arbeit – man ist erfüllt von den vielen Eindrücken des Tages –, fühlt man eine aus unbekannten Seelentiefen hervortretende Sicherheit, die nicht dem sinnesgebundenen Denken entspringt. Aus dem Empfinden der Ganzheit des Hofes und aller seiner aktuellen Lebensbezüge weiß man plötzlich, was anderen Tages zu tun ist – sei es die Aufmerksamkeit auf Bereiche des Hofes zu lenken, die aus dem Blick geraten sind, oder sei es, dass diese oder jene Kultur dringend einer Pflegebehandlung bedarf, wie Striegeln oder eine Präparate-Spritzung. Intuitionen stellen sich ein, die aus der Willenssphäre dumpf ahnend ins Bewusstsein heraufleuchten. Man weiß sich in einem geistlebendigen Strom vom Gestern zum Heute und vom Heute zum Morgen stehend. Die Ideen denkend so in die Arbeit fließen lassen, dass sie in der Arbeit fühlend den Willen ergreifen, das macht den Weg für Intuitionen frei, die zu einer neuen Kunst der Düngung aus dem Geist führen, zu einer solchen der Belebung des Stoffes, des «Festen, Erdigen selber».[293]

Die landwirtschaftliche Individualität und die biologisch-dynamischen Präparate

Aus seiner geisteswissenschaftlichen Forschung über das Wesen der Stoffe und Kräfte sowie über das Wesen der Düngung entwickelte Rudolf Steiner

293 Rudolf Steiner: *Geisteswissenschaftliche Grundlagen zum Gedeihen der Landwirtschaft*, GA 327, Vortrag vom 13. Juni 1924, Dornach 1999, S.122: «Man muss die Erde direkt beleben, und das kann man nicht, wenn man mineralisierend vorgeht, das kann man nur, wenn man mit Organischem vorgeht, das man in eine entsprechende Lage bringt, sodass es organisierend, belebend auf das Feste, Erdige selber wirken kann.»

eine Art Technologie im Bereich des Lebendigen. Er gab Hinweise zur Herstellung und Anwendung der biologisch-dynamischen Düngerpräparate. Es handelt sich um die beiden Spritz- oder Feldpräparate sowie um die sechs Dung- oder Kompostpräparate. Sie werden nach bestimmten Prinzipien, auf die später eingegangen wird, meist auf den Betrieben selbst hergestellt und in sehr geringen Dosierungen angewendet.[294] In Bezug auf die Praxis von Herstellung und Anwendung wird auf die einschlägige Literatur verwiesen.[295, 296, 297] Hier soll der Versuch gemacht werden, aus einer Zusammenschau von Ergebnissen der anthroposophischen Geistesforschung, den Erfahrungen aus gelebter Praxis und aus naturwissenschaftlich fassbaren Tatsachen methodisch Erkenntniswege und Urteilsgrundlagen zum Verständnis einer Düngungsart aufzuzeigen, die der gängigen materialistischen Weltauffassung notwendig unbegreiflich sein muss.

Der Hintergrund, der erst die tiefere Bedeutung des Reigens der biologisch-dynamischen Präparate erkennbar und erlebbar werden lässt, sind die allumfassende Kernidee der «landwirtschaftlichen Individualität», ihr leiblicher Organismus und die Ideenzusammenhänge, die einen biologisch-dynamischen Hof zu einer weitgehend in sich geschlossenen Ganzheit konstituieren. Wie einerseits das Arbeiten mit den Präparaten gleichsam von unten aus der Willenssphäre eine Erfahrungsgrundlage schafft, so ist andererseits, darauf aufbauend, die Erkenntnisarbeit an der übersinnlichen Wesenswirklichkeit die notwendige Ergänzung von oben. Geisterkenntnis und Naturerkenntnis müssen im Tun zusammenfließen; erst im konkreten Umgang erzeugen sie Wahrbilder, durch die sich jede Einzelheit in ein höheres Ganzes fügt. Was so als Wahrbild des Geistes in der Seele aufleuchtet, nimmt in den einzelnen Präparaten stofflich äußere Gestalt an und setzt sich in spezifischer Kräftewirksamkeit in den Naturzusammenhang hinein fort.

Im Organismus eines landwirtschaftlichen Hofes individualisieren sich die aus dem Umkreis der Fixsterne, der Sphären der Planeten und der Sonne einstrahlenden Höhen- oder Universalkräfte und die aus der Erde ausstrahlenden Tiefen- oder Zentralkräfte.

294 Rudolf Steiner: Ebd., Vorträge vom 12. und 13. Juni 1924.

295 Christian von Wistinghausen et al.: *Anleitung zur Anwendung der biologisch-dynamischen Feldspritz- und Düngerpräparate*, Arbeitsheft 2, Darmstadt 2005, 92 S.

296 Walter Stappung: *Die Düngerpräparate Rudolf Steiners – Herstellung und Anwendung*, Rüfenacht 2017, Bd. I + II: 748 S.

297 Ueli Hurter et al. (2018): *Biodynamische Präparate-Praxis weltweit – Die Fallbeispiele*, Darmstadt, 364 S.

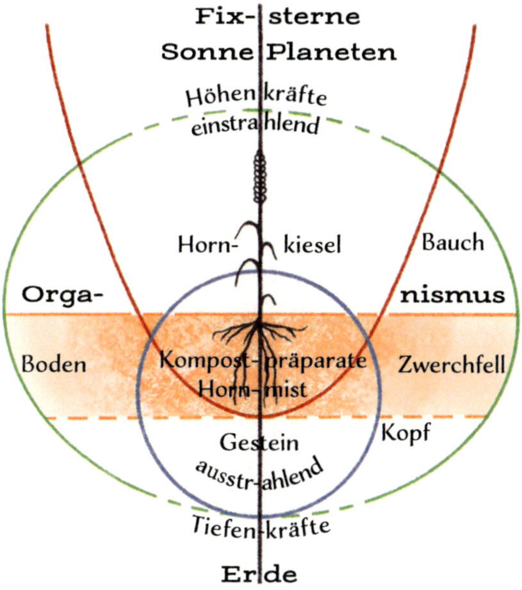

Abbildung 21:
Die Präparate als Mittler der Höhen- und Tiefenkräfte
im Organismus der landwirtschaftlichen Individualität.

Diese Individuation vollzieht sich im Boden, in der ausgleichenden Mitte der Höhen und Tiefen, im Sinne einer Art Herz- und Lungenfunktion. Sie manifestiert sich in der Gestalt der Pflanze in dem vertikal aufstrebenden Spross und der in die Tiefe wachsenden Pfahlwurzel sowie in dem horizontal sich ausbreitenden Blatt- und Feinwurzelwerk. Auf dem Wege der Individuation entwickelt sich jeder Erdenstandort zunächst zum «Organismus im Naturwachstum». Auch in diesem ist die Dreiheit von Kopfpol unter der Erde, Stoffwechselpol über der Erde und dem sich dazwischen gliedernden Boden veranlagt. Durch Idee und Wille, das heißt durch die kunstfertige Hand des Menschen schreitet diese Individuation fort zur Herausgestaltung der «landwirtschaftlichen Individualität». Der Mensch, selbst ein Werdender, macht sie zu einer Werdenden. Dieses Ziel, das Entwicklungsprinzip dem Boden einzupflanzen, der Mitte der landwirtschaftlichen Individualität, wird fortan Aufgabe der Landwirtschaft sein. Das Mittel dazu ist die Düngung und gerade diejenige, die ihren Ursprung im Geiste des Menschen hat. Gemeint sind die biologisch-dynamischen Düngerpräparate, als gleichsam «stoffliche Entwicklungsträger». Sie führen die Kräfte des Oben und des Unten im Zwerchfell Boden zusammen, vergeistigen, beseelen und beleben diese rhythmische Mitte und sorgen für eine Transsubstantiation des Physisch-Mineralischen. Außer dem Kieselpräparat, das im Stoffwechselpol über Luft und Wärme im Bauch des landwirtschaftlichen Organismus die Lebens-, Fruchtbildungs- und Reifeprozesse der Pflanzen anregt, entfalten das Hornmist- und die Kompostpräparate über den Kopfpol sowie über die rhythmische Mitte ihre Wirksamkeit. Sie fördern und bündeln all jene Bodenprozesse, die die Pflanze aus dem Kopfpol im Sinne der erwähnten «kosmischen Aufwärtsströmung» einer Salz-, Wasser- und Kräfteströmung vertikal in die Tiefe und Höhe wachsen lassen. Die ausgewachsene Gestalt ist Bild dieses Kräftewirkens (Abbildung 21, S. 327).

Die biologisch-dynamischen Präparate sind Erfindungen des menschlichen Geistes, eine wirksame Kunstfertigkeit, die ihren Ursprung in der Erforschung der Welt des Wesenhaft-Übersinnlichen hat. Sie sind nur geistig übersinnlich erfassbar, das heißt auf einem Wege, auf dem sich die Geistseele des Menschen durch lange und strenge Schulung zur leibfreien Erkenntnis fähig macht. Leibfrei heißt, dass der Erkennende nicht mehr der leiblichen Sinne bedarf, um Gedanken zu haben, sondern die Wesenswelt bildet sich auf der ersten höheren Erkenntnisstufe selbst in Gedankenbildern ab: in Imaginationen. Diese sind Abbilder der lebensschaffenden Geistwirklichkeit, während die an die Sinne und den Verstand gebundenen Gedanken sich auf die Welt der Erscheinungen stützen; in diesem Fall ist die äußere Form das Phänomen. In leibfreier Anschauung erkennt der Geistesforscher das Geistig-Wesenhafte, das im irdischen Sein diese Formen schafft. Er erkennt, wie diese Formen, die unsere Erscheinungswelt darstellen, erstorbene Endpunkte einer über lange Zeiten vorausgegangenen Entwicklung aus dem Geiste sind. Er schaut in jeder Formerscheinung im Naturzusammenhang, z.B. einer Rose, Lilie oder einem Kristall, ein «Evolutionserreichnis», ein in die Form erstorbenes Kunstwerk. Er schaut das Ende, doch wissend um dessen Anfang. Und so stellt sich dem Geistesforscher wohl die Frage: Birgt das Ende, das Werk der Schöpfung, den Keim zu einem neuen allumfassenden Werden? Kann, ja, muss dieses verborgene Evolutionserreichnis erkannt und durch Geist, Herz und Hand des seiner Zukunftsaufgaben bewusst werdenden Menschen ergriffen und zur Entfaltung gebracht werden? Liegt in diesem Keim nicht der gesuchte Zündfunke zu einer neuen Landbaukultur? Und sind nicht die Ideeninhalte des «Landwirtschaftlichen Kurses», und hier der geisteswissenschaftlich künstlerische Wurf der Erfindung der biologisch-dynamischen Präparate, die Antwort auf die oben gestellte Frage? Rudolf Steiner erforschte in leibfreier Wesenserkenntnis das Keimhafte, das in der Mineral-, Pflanzen- und Tierwelt verborgen ist, und schuf anhand dieser Erkenntnisse ein methodisches Prinzip, durch das die Evolutionserreichnisse im Spannungsfeld von Kosmos und Erde in ein neues Verhältnis gebracht werden können. Die Früchte aus den Evolutionslinien der Vergangenheit treten durch Menschenhand in Beziehungsverhältnisse ganz neuer Art, die ein neues Werden inaugurieren, das das Gewordene verwandelt. Dieser Verwandlungsprozess ist für jedes der Präparate ein anderer; das methodische Vorgehen, das der Herstellung der Präparate zugrunde liegt, ist im Prinzip aber bei allen dasselbe oder ähnlich; es ist ein Thema mit Variationen. Um zu einen tieferen Verständnis dieses Themas zu kommen, müssen drei Forschungswege beschritten werden.

Der geisteswissenschaftliche Forschungsweg

Wie die Naturforschung die Sinneserscheinungen zum Gegenstand hat, so die Geistesforschung die Offenbarungen einer geistigen Wesenswelt. Die Ergebnisse der Letzteren stellen sich dem denkenden Bewusstsein in Ideenformen dar. Sie erscheinen eingekleidet in einem bestimmten, der Idee angemessenen Wortlaut. Dieser ist das Phänomen. Je genauer und unvoreingenommener man diesen Wortlaut studiert, desto heller leuchtet im Denken der geistige Gehalt der Idee auf. Der erste Schritt also zum Verständnis der geisteswissenschaftlichen Ergebnisse in den acht Vorträgen des «Landwirtschaftlichen Kurses» ist das Studium des genauen Wortlautes. Im oberflächlichen Lesen geht man leicht fehl und findet statt des Adlers nur einzelne Federn. Im Kurs werden aus der anthroposophischen Geisteswissenschaft vor einer, vorzüglich mit der Landwirtschaft vertrauten, Zuhörerschaft höchste, die Naturreiche durchdringende Geisterkenntnisse im Zusammenhang mit der konkreten landwirtschaftlichen Praxis betrachtet. Bemüht man sich im Studium des Textes um größtmögliche Unvoreingenommenheit, so ist der Wortlaut, in welchem die übersinnlichen Ergebnisse so und nicht anders geschildert werden, ebenso eine gegebene Tatsache wie jedes Sinnesphänomen.

Die Darstellungen Rudolf Steiners hinsichtlich der Präparate verweisen auf Beziehungen, die teils natürlich vorgegeben sind (z.B. bei Heilpflanzen der Beziehungszusammenhang von bestimmten Erdenstoffen und deren Heilwirkungen), teils auf Beziehungen, die erst durch Geist und Hand des

Menschen originär geschaffen werden (z.B. die Herstellung einer Beziehung von Pflanzensubstanzen und Hüllenorganen aus dem Tierreich).

Hier vollzieht sich ein zweiter Forschungsschritt: Man muss sich den selbst gestifteten Beziehungszusammenhang zur Erfahrung bringen, d.h. man muss diesen selber vollziehen. Im Tun wird man selbst Teil des Geschehens. Um diesen zweiten Schritt weiter aufzuhellen, empfiehlt es sich, gleichsam als ein Brückenschlag, das Studium auf andere Gebiete der Geistesforschung zu erweitern, ganz zentral auf die Grundschriften Rudolf Steiners[298, 299; 300] sowie auf die Vortragszyklen zur Pädagogik, Medizin, zur Naturwissenschaft, Kunst, der sozialen Frage etc. So fern diese Themen abseits von der Landwirtschaft zu liegen scheinen, so sehr erweitern, stützen und vertiefen sie bei gründlichem Studium in ungeahnter Weise das Verständnis für die Inhalte des «Landwirtschaftlichen Kurses».

Als ein dritter Schritt selbst forschender Vertiefung schließt sich das meditative Üben an. Man muss versuchen, die Inhalte des «Landwirtschaftlichen Kurses» denkend zu verinnerlichen und sie in aller Arbeit stets präsent zu haben und zur regsamen Substanz der Bewusstseinsseele werden zu lassen. Diese Ideensubstanz hat die Macht, unmittelbar zur Arbeit zu impulsieren. Ihr wahres Wesen enthüllt sich erst im Vollzug und in dessen Folgen. Die biologisch-dynamischen Präparate erhalten ihre Bedeutung erst im unbedingten Tun. Denn erst im Tun werden sie wesenhaft-wirklich. Sie sind es noch nicht in der Ideenform, sondern diese erfüllt sich – gleichsam aus der Zukunft – erst mit Wesen, wenn sie freie Tat wird. Der Weg dahin öffnet die Sicht auf die höheren Erkenntnisstufen der Imagination, Inspiration und Intuition, die zu erringen als Zukunftsziel vor der Menschheit steht. Der Geistesforscher ist diesen Weg vorausgegangen. Wir stehen bescheiden am Anfang. Aufgrund aber der Ergebnisse der Geistesforschung können wir aus der Kraft der Bewusstseinsseele die Geistesgewissheit erringen, dass wir auf dem rechten Wege sind. Auf diesem Weg erüben wir eine neue Kunst, die «das Innere der Natur verwandelt».[301]

---

298 Rudolf Steiner: *Die Geheimwissenschaft im Umriss*, GA 13, Dornach 1989.

299 Rudolf Steiner: *Theosophie – Einführung in übersinnliche Welterkenntnis und Menschenbestimmung*, GA 9, Dornach 2003.

300 Rudolf Steiner: *Wie erlangt man Erkenntnisse der höheren Welten?*, GA 10, Dornach 1992.

301 Rudolf Steiner: *Geisteswissenschaftliche Grundlagen zum Gedeihen der Landwirtschaft*, GA 327, Vortrag vom 10. Juni 1924, Dornach 1999, S. 58: «Wir stehen auch vor einer großen Umwandlung des Innern der Natur.»

Der naturwissenschaftlich-goetheanistische Forschungsweg

Die Mittel zur Herstellung der Präparate werden dem Mineral-, Pflanzen- und Tierreich entnommen und den Zuständen des Physischen der Welt, den Elementen der Erde, des Wassers, der Luft und der Wärme und den in diesen zur Wirksamkeit kommenden jahreszeitlichen Rhythmen ausgesetzt. Die anthroposophische Geistesforschung lenkt also den Blick auf das Was und Wie der sinnenfälligen Welt: Auf das Was, zum Beispiel bestimmte Heilpflanzen und tierische Organhüllen; auf das Wie, z.B. das Aussetzen den Kräften des Sommers über der Erde in Luft und Wärme und den Kräften des Winters unter der Erde im Bereich des Wässrig-Erdigen. Damit wird unter der Blickrichtung der Geistesforschung die sinnesfällige Natur selbst in größtem Umfang zum Gegenstand naturwissenschaftlicher Fragestellungen, z.B.: Welchen Anhaltspunkt gibt der Löwenzahn (*Taraxacum officinalis*) in morphologischer und physiologischer Hinsicht über seine Beziehung zum Kalium der Erde und zur Kieselsäure in feinster Verteilung im Umkreis der Erde, und welche Eigenheiten und Funktionen des Bauchfells des Rindes sind es, die gerade dieses Organ für die Umhüllung der Löwenzahnblüten im Zuge der Präparation geeignet erscheinen lassen. Es versteht sich von selbst, dass der hier gemeinte naturwissenschaftliche Forschungsansatz kein quantifizierender sein kann, sondern einer, der anhand der Wahrnehmung der sinnenfälligen Tatsachen Begriffe bildet, die im gewöhnlichen Erkennen dem Verständnis der übersinnlichen Anschauung Stütze sein können.

Der naturwissenschaftliche Forschungsweg schärft den Blick für die einzelne sinnesfällige Erscheinung und sucht den Zusammenhang zu jener Ganzheit auf, auf die die Geisteswissenschaft als Ergebnis ihrer Forschung hinweist. Goetheanistische Naturwissenschaft und anthroposophische Geisteswissenschaft treten in einen sich gegenseitig erhellenden Dialog.

In der Fragenbeantwortung eines Vortrags an der Technischen Hochschule Stuttgart am 17. Juni 1920 sagt Rudolf Steiner: «Deshalb ist dasjenige, was Geisteswissenschaft im Grunde genommen sein will, nichts anderes als Phänomenologie; aber Phänomenologie, welche nicht dabei stehen bleibt, die einzelnen Phänomene zu betrachten, sondern zu lesen im Zusammenhang der Phänomene. [...] Aber man versteht dann auch, wenn jemand so die Phänomenologie auffasst wie Goethe – und Geisteswissenschaft ist nur fortgeschrittener Goetheanismus.»[302]

302 Rudolf Steiner: *Das Verhältnis der Anthroposophie zur Naturwissenschaft. Grundlagen und Methoden*, GA 75, Vortrag vom 17. Juni 1920, Dornach 2010.

Der Forschungsweg der Willenserfahrung

Auf den beiden vorgenannten Forschungswegen beginnt man sich bildhaft den Zusammenhang eines jeden der Präparate zu vergegenwärtigen. Vollends erlebnisgesättigt wird dieser Ideenzusammenhang aber erst, wenn man ihn selbst in übender Wiederholung Tat werden lässt. Im Erleben der wirklichkeitsstiftenden Macht der Idee im Herstellen der Präparate erschließen sich immer tiefere Schichten des Verständnisses. Man erlebt sich selbst – gleich dem Künstler – als der Mittler, der dem Stoff etwas einpflanzt, was als Ergebnis der Geistesforschung im seelischen Empfinden auflebt. Der so im eigenen Selbst sich mehr und mehr erhellende Geistgehalt der Idee ist die Garantie, dass die daraus hervorgehende Handlung kein bloßer Willkürakt ist. Denn die Handlung im Prozess der Präparateherstellung schafft Beziehungen zwischen Naturobjekten, z.B. Löwenzahnblüten und umhüllendes Bauchfell des Rindes, die nicht Ausfluss eines wirkenden Naturgesetzes sind. Es liegt nicht in der Natur begründet, in keiner ihr innewohnenden Kraft (Wille), sondern in der Geisterkenntnis, die durch den Willen des Menschen sich als wirksames Agens dem Naturgeschehen einpflanzt.

So wird im Arbeiten mit den Präparaten der ideengetragene Wille zum Erlebnis-Urgrund; man schafft sich selbst die Phänomene, die zunächst allerdings entweder weitgehend unbewusst bleiben oder aus tieferen Seelengründen als Gefühle, Stimmungen in das denkende Bewusstsein auftauchen. Auf diese gilt es bei jedem Präparationsschritt bzw. bei der Anwendung der Präparate die Aufmerksamkeit zu lenken. Der Blick geht, vom Forschenden aus gesehen, dabei in zwei Richtungen: Die eine führt von außen nach innen, die andere von innen nach außen.

Im Fall der Blickrichtung von außen nach innen tauchen wir in der Willensbetätigung, in der Arbeit also, in die Geistwirklichkeit der Welt unter. Was sich da im Inneren vollzieht, bleibt weitgehend unbewusst; etwa, wenn wir im Falle der Herstellung des Schafgarbenpräparates Schafgarbenblüten in eine Hirschblase stopfen. Wir würden es gar nicht tun, wenn der Wille nicht von dem Geist impulsiert wäre, der jener Idee innewohnt, der wir auf den vorgenannten beiden Forschungswegen im Verständnis nähergekommen sind. So prüft sich im Tun, das zunächst nur als äußerer Vorgang erlebt wird, der im denkenden Bewusstsein aufleuchtende Ideengehalt. Er prüft sich als ein innerer Vorgang an der verborgenen Geistwirklichkeit, in welcher dieser Ideengehalt im Tun schöpferisch eine neue Beziehung stiftet. Dieser Weg von außen nach innen ist ein solcher der Übung, d.h. des von Jahr zu Jahr wiederholten Tuns. Man kommt auf diesem bewusst gewählten Übungsweg allerdings nicht zu einer abstrakten Erkenntnis, die sich wie als ein Naturgesetz fassen ließe. Was aber aus solcher Erkenntnisbemühung hervorgehen kann, ist eine fortschreitende Vertiefung der Gesinnung. Sie wird zum objektiven Geistesgrund, in welchem sich ein persönliches Verhältnis, beispielsweise zu den Präparationsschritten, ausbilden kann. Die zunächst im Denken erfasste geisteswissenschaftliche Idee verwandelt den Willen nach innen zur Kraft der Hingabe, der Liebe, die diese Arbeit zu einer freien Tat macht.

Die Blickrichtung von innen nach außen lenkt die Aufmerksamkeit auf den Naturzusammenhang, in welchen wir mit den Ideen der Geistesforschung bei der Herstellung und Anwendung der Präparate hineinarbeiten. Da bewirken wir eine Verwandlung im eigenen Innern, im Sinne einer Vertiefung des Verständnisses, und ebenso eine Wandlung des «Inneren der Natur».[303] Beide Wandlungen stehen durch den von Ideen geleiteten Willen, d.h. über die Brücke der Arbeit, geistreal zueinander in Beziehung. So kann man jeden Präparationsschritt mit der Frage begleiten, welcher Verwandlungsprozess sich vollzieht; z.B. im Falle des Kamillenpräparates, wenn die Kamillenblüten, vom Dünndarm des Rindes umhüllt, über Winter in die Erde vergraben werden. Im Herstellungsprozess aller Präparate vollziehen sich Verwandlungsschritte, die zu neuen Stoffschöpfungen mit neuen Eigenschaften führen. Jede dieser neuen Stoffkompositionen hat ein Eigenschaftspotential, das als Düngerwirkung spezifische Verwandlungen im Lebendigen bewirkt. Unserer forschenden Aufmerksamkeit bezüglich dieser Düngerwirkungen wird durch Rudolf Steiner selbst die Richtung gewiesen. Er weist darauf hin, dass sich als Wirkung der Präparate bestimmte Stoffverwandlungen im Lebendigen vollziehen, und charakterisiert deren Wirkungen auf Boden und Pflanzen z.B. als «belebend», «gesundend», «durchvernünftigend», «empfindsammachend».[304]

Diese so bezeichneten Qualitäten, Ergebnisse düngender Stoffneuschöpfungen aus der Geistesforschung auf der Ebene des Lebendigen und Seelischen, können allmählich zur inneren Erfahrung werden, wenn man durch den Erlebnis-Urgrund der Tat hindurch versucht, fühlend den Kräften der Verwandlung in das Innere der Natur zu folgen.

---

303 Rudolf Steiner: *Geisteswissenschaftliche Grundlagen zum Gedeihen der Landwirtschaft*, GA 327, Vortrag vom 10. Juni 1924, Dornach 1999, S. 58: «Wir stehen auch vor einer großen Umwandlung des Innern der Natur.»

304 Rudolf Steiner: *Geisteswissenschaftliche Grundlagen zum Gedeihen der Landwirtschaft*, GA 327, Dornach 1999, Vortrag vom 13. Juni 1924.

Herstellung, Anwendung und Wirksamkeit der Präparate im Jahreslauf

Die vorgenannten Forschungswege erschließen drei Ebenen der Wirklichkeitserfahrung im Umgang mit den Präparaten. Diese bedingen einander. Auf keinen kann in der ernsthaften Verständnissuche verzichtet werden. Es gibt zwei Kulminationspunkte im Jahreslauf, an denen dieses besonders ins Bewusstsein gehoben werden und dabei einen festlichen Charakter annehmen kann. Es sind dies in der Zeit des Frühlings die Tage nach Ostern und im Herbst die Tage um Michaeli. Zu beiden Zeiten werden bestimmte Präparate aus der Erde genommen und sorgfältig verwahrt, und andere werden zubereitet und den jahresrhythmisch wirksamen Kräften des Sommers über oder unter der Erde und des Winters unter der Erde ausgesetzt. Mancherorts wird versucht, beide Ereignisse zu herausgehobenen Festtagen im Jahreslauf zu gestalten – vor allem der Michaelitag am 29. September, an welchem nicht nur alle auf dem Hof tätigen Menschen mitwirken können, sondern ebenso interessierte Menschen aus dem sozialen Umfeld. Im Sinne der drei Forschungswege kann ein solcher Tag so gestaltet werden, dass zuerst die Textstellen im «Landwirtschaftlichen Kurs» gelesen werden, die zu den gerade herzustellenden Präparaten Bezug nehmen, dann kann eine Betrachtung folgen, die die eine oder andere Präparatepflanze oder tierische Organhülle in ihren besonderen Eigenschaften zu charakterisieren sucht; schließlich ist der weitere Fortgang des Tages der Tätigkeit der Herstellung selbst gewidmet und den Beobachtungen und Erfahrungen, die dabei gemacht werden können.

Alle Bemühungen sollten darauf gerichtet sein, den festlichen Charakter nicht durch «äußere Zutaten» primär zu gewährleisten, sondern aus dem Ernst der Betrachtungen und aus der Heiterkeit der gemeinsamen Tätigkeit die rechte Stimmung erwachsen zu lassen. Gelingt dies, so ist an solchen Tagen unschwer zu bemerken, dass der Arbeit mit den Präparaten individuell und in Gemeinschaft ein Element freien Schöpfertums innewohnt.

Zwischen diesen beiden Kulminationspunkten im Jahreslauf sind es die einzelnen Herstellungsschritte der Präparate, die im betrieblichen Arbeitsablauf durch große Teile des Jahres herausgehobene Stunden schaffen: im Frühjahr und Sommer das Sammeln der Präparatepflanzen, im Frühjahr und Herbst das Beschaffen der tierischen Organhüllen und im Winter und zeitigen Frühjahr das Herstellen des Quarzmehls. Es bedeutet eine Kräftigung des bewussten Miterlebens des Jahreslaufes, die einzelnen Schritte jeweils aus dem Herstellungsgang des Ganzen der Präparate im Sinn zu haben, die Dinge zeitgerecht zu tun und auch dann dem Geschehen in innerer Zuwendung verbunden zu bleiben, wenn die Präparate in und über der Erde den Kräften der Erde und des Kosmos ausgesetzt sind. Dazu gibt die Arbeitslogik des Alltags keine Veranlassung. Man muss es sich selbst abringen bzw. gemeinsam wollen.

Nehmen wir im Herstellungsprozess der Präparate aus der Natur etwas heraus, so fügen wir ihr durch deren Anwendung etwas Neues hinzu. Wie mit einem Gewebe «individualisierender Maßnahmen» durchwirken wir in der Anwendung der Präparate den räumlich gegliederten, in Zeitenrhythmen lebenden und von Jahr zu Jahr fortschreitenden landwirtschaftlichen Organismus. Man suche sich zu vergegenwärtigen, wie innerhalb dieses Organismus jede Kultur je nach Art und Wachstumszeit (also die Feldfrüchte im Acker- und Gemüsebau, die Wiesen und Weiden, die Obstbäume) in den Genuss der Präparatewirkungen kommen, seien es die Feldpräparate von der Saat bis zur Reife, seien es die anderen Präparate, die über den Kompost oder den Dünger die Bodenfruchtbarkeit auf das pflanzengerechte Verhältnis von Kosmos und Erde einstimmen. Wir erleben unmittelbar, wie jede Maßnahme der Anwendung zwar punktuell auf diesen Acker oder jene Kultur ausgerichtet ist, wie aber von da aus in das Ganze des Betriebsorganismus gewirkt wird. Jede Pflanze, jede Kultur öffnet sich der kosmisch-irdischen Umgebung und wird selbst bis in die stoffliche Konfiguration zum Bild derselben.

Im Miterleben können wir gewahr werden, wie eine Landwirtschaft erst durch dieses Tätigkeitsgewebe und dessen Wirkungen sich zum Ganzen eines Organismus abschließt und das umso mehr, je mehr sich der Betrieb nach innen in eine Vielfalt sich aufeinander beziehender Organfunktionen differenziert. Wir können uns ein Bild davon machen, wie das räumliche Nebeneinander der Feldfrüchte sich ebenso beziehungsvoll zueinander verwebt wie deren Nacheinander in der Fruchtfolge.

Mit dem Blick auf den Gesamtumfang des Präparatewirkens im Jahreslauf können wir bemerken, wie aus der Geistesforschung geschöpfte Ideen, die sonst nur so in uns leben, durch unsere Tätigkeit nach außen im Naturzusammenhang des Betriebes wirksam werden und diesen zu dem erheben, was Rudolf Steiner «eine wirklich in sich geschlossene Individualität» nennt.[305]

---

305 Rudolf Steiner: *Geisteswissenschaftliche Grundlage zum Gedeihen der Landwirtschaft*, GA 327, Vortrag vom 10. Juni 1924, Dornach 1979, S. 42.

Grundlegende Aspekte zur Methodik der Herstellung und Anwendung der Präparate

Einleitend zu den Düngerpräparaten verweist Rudolf Steiner auf die Tatsache, dass die Landwirtschaft notwendig «Raubbau» betreibt. Mit dem Warenstrom der Urproduktion, die den Hof verlässt, verarmt der Kopf- und Stoffwechselpol der landwirtschaftlichen Individualität an Stoffen und Kräften.[306] Die Aufgabe der Düngung ist hier, zunächst einen Ausgleich zu schaffen. In Bezug auf die Stoffe und Kräfte leisten dies die Dünger der ersten Stufe aus der belebten Natur der Pflanzen und aus der zweiten Stufe aus der beseelten Natur der Tiere. Für diejenigen Stoffe und Kräfte, die die Erde in höherem Sinn beleben und die der Mensch im Fortgang seiner geistig-seelischen Entwicklung als Nahrung braucht, müssen Kräfte aus dem Kosmos wirksam werden, für die die Erde erst aufnahmefähig gemacht werden muss. Dazu braucht es neue Stoffkompositionen, die in der Natur nicht vorhanden sind, die in der Lage sind, das leblose Sein der Materie zu beleben und sie wieder ihrem geistigen Ursprung aufzuschließen. «Die Materie» – so das Ergebnis der Geistesforschung Rudolf Steiners – «ist aufgebaut in dem Sinne, wie der Christus sie nach und nach angeordnet hat.»[307] Diese streng gesetzmäßige Stoffesanordnung finden wir als Evolutionsergebnis vor. Sie ist in den Naturwissenschaften vorzüglich Gegenstand der Chemie. Bei der dritten Düngungsstufe geht es daher darum, Stoff- und Kräftekompositionen zu schaffen, die aus dem gewordenen Werk der Naturreiche bestimmte Evolutionsfrüchte herausgreift und diese zueinander in neue Beziehungen bringt. Dazu weist die anthroposophische Geisteswissenschaft den Weg, auf welchem es in die Freiheit des Menschen gestellt ist, an das evolutive Christuswirken anzuknüpfen. Darin kann der Sinn und die Bedeutung der biologisch-dynamischen Präparate gesehen werden. Das methodische Grundgerüst ihrer Herstellungsweise leitet sich von der Trichotomie des Menschen, nach Leib, Seele und Geist, ab sowie, in die Natur geschaut, von den «Tria Principia» des Paracelsus, von Sal, Merkur und Sulfur, der an altes Mysterienwissen anknüpfenden Anschauungsweise der mittelalterlichen Alchemisten. Diese Dreiheit in der Einheit taucht in der Neuzeit bei den Rosenkreuzern auf, philosophisch bei Hegel als «These, Antithese und Synthese» und in der Naturanschauung Goethes

306 Rudolf Steiner: *Geisteswissenschaftliche Grundlage zum Gedeihen der Landwirtschaft*, GA 327, Vortrag vom 15. Juni 1924, Dornach 1999, S. 120.

307 Rudolf Steiner: *Die geistige Führung des Menschen und der Menschheit*, GA 15, Dornach 1987, S. 66.

in dem Prinzip von «Polarität, Metamorphose und Steigerung». Die Dreiheit in der Einheit oder die Dreigliederung ist allem Sein immanent – in Vergangenheit, Gegenwart und Zukunft oder trinitarisch gesprochen in «Vater, Sohn und Heiliger Geist».

Das Denken in Polaritäten ist ein Schlüssel zum Verständnis der Evolution. Es konstituiert förmlich die Art der Naturbetrachtung Goethes; exemplarisch führt er es in seiner «Metamorphose der Pflanzen» aus.[308] Als Augenmensch hat Goethe in seiner Forschung an das angeknüpft, was von der Pflanze als oberirdische Gestalt sichtbar ist, ihre unterirdische, die Wurzel, blieb außer Sicht. Bezieht man Letztere ein – man muss in einem Abstraktionsvorgang das Unsichtbare sichtbar machen, indem man die Wurzel aus der Erde freilegt –, wird die Polarität Wurzel-Blüte anschaubar. Das Ureine der Pflanze ist im Irdischen in zwei Pole gespalten. Was sie merkurial verbindet, ist die mit dem Stängel emporgetragene Blattfolge. Das Blatt versinnlicht die Mitte zwischen den Polen. In Steigerung dieser Dreiheit erscheint die Gestalt der Pflanze als eine Ganzheit, die in der Blüte am reinsten zum Bild ihres Wesens wird.

Die Dreiheit ist im Keim des Samens zart und einander zugehörig angelegt. Von der Mitte, der Keimknospe, ausgehend, differenziert und sondert sich die Wurzel nach unten, der Spross nach oben. Man wird überall im Schöpfungswerk der Natur eine Mitte zwischen zwei Polen finden, die jedoch in ihren merkuriellen Funktionen determiniert ist. In der Dreiheit von Wurzel, Blüte und mittebildendem Blatt ist die Pflanze ein vollendetes Werk. Das trifft auch für das zu, was am Menschen Natur ist, sein Leib und seine Organe. Das Hautorgan beispielsweise, das sich in die innervierte, sinnesaktive Oberhaut (*Epidermis*), die durchblutete Lederhaut (*Corium*) und die stoffwechselaktive Unterhaut (*Subcutis*) gliedert. Ein Gleiches gilt für den landwirtschaftlichen Organismus: die Sinnesfunktion der Gesteine in den Tiefen, die Verdauungsaktivität in Wind und Wetter in den Höhen und, als Glied der Mitte, der Boden.

Anders wird es für den Menschen, sobald er beginnt, in freier Selbstbestimmung die Regentschaft über die Seele zu übernehmen. Dann lernt er, wie Goethe es ausdrückt, «seine Organe zu belehren».[309] Er lernt, seine Seele, die rhythmisch vermittelt zwischen Geist und Leib, zu immer höheren Graden

308 Johann Wolfgang von Goethe: *Die Metamorphose der Pflanzen*, in: *Goethes Werke. Naturwissenschaftliche Schriften*, hrsg. v. Rudolf Steiner, Band 1, in: *Kürschners Deutsche National-Litteratur*, Berlin und Stuttgart 1887 (Reprint Dornach 1975).

309 «Das Tier wird durch seine Organe belehrt; der Mensch belehrt die seinigen und beherrscht sie», Johann Wolfgang von Goethe: *Maximen und Reflexionen*, «Aus dem Nachlass – Über Natur und Naturwissenschaft».

der Selbständigkeit zu erziehen. In dem Maße er das erstrebt, zu dem er vorbestimmt ist, tritt er aus seiner leiblichen Gebundenheit und zugleich aus der Sinnesgebundenheit an das naturhafte Sein Schritt um Schritt heraus. Er erhebt sich über die Natur und wurzelt zugleich in ihr. Muss er sich da nicht aufgerufen fühlen, dem natürlichen Sein der Erde etwas zu schenken, was diese aus sich heraus nicht haben kann, was sie auf ewig entbehren müsste? Gewiss, jede Art von liebegetragener Zuwendung ist hier gefragt. Aber kann sich diese nur auf den bloßen Schutz, auf die Erhaltung des Bestehenden beschränken oder muss der zum Werk gewordenen Erde und mit ihr dem Kosmos ein neues Evolutionsprinzip eingepflanzt werden im Sinne einer «Schöpfung aus dem Nichts», die durch keine äußere Notwendigkeit verursacht wird, sondern die als freie Tat dem Geistig-Seelischen des Menschen entspringt?[310] In Beantwortung dieser Frage, so darf man annehmen, hat Rudolf Steiner aus der Erkenntnis des Zeitenstromes aus der Zukunft die biologisch-dynamischen Präparate konzipiert, gleichsam als «Dünger» für den Zeitenstrom aus der Vergangenheit, der zum Kunstwerk der Schöpfung geworden ist. Es mag dies zu groß gedacht sein. Allein, wer in Herzenserkenntnis den praktischen Umgang mit den Präparaten pflegt, kann im tieferen Empfinden eine Urteilssicherheit darin gewinnen, dass deren Handhabe einen allerersten Anfang in der angedeuteten Richtung markiert. Ihre Herstellungsweise folgt streng dem Prinzip der Dreiheit – doch auf neue Art; sie gliedert sich nicht entsprechend der gegebenen Ureinheit, sondern sie baut sich aus den Produkten vergangener Evolutionslinien auf. Diese Produkte, das Physische-Mineralische (Kiesel) der Erde, das Belebte aus dem Pflanzenreich (Blüten) und das Beseelte aus dem Tierreich (Organe) bilden die Pole einer Polarität, die nicht naturgegeben ist. Dasjenige, was diese Endprodukte der Evolution aufeinander bezieht und damit eine neue Polarität entstehen lässt und was diese steigert zur Synthese einer neuen Dreiheit, ist der ideengeführte Wille des Menschen. Idee und Wille sind Bildner einer neuen Mitte (siehe Abbildungen 23, 24, 25), neuer Stoffkompositionen, die Träger sind von Kräften physischer, ätherisch-lebendiger, astralisch-beseelter und geistiger Art. Auf dem Weg der Geistesforschung ist ein Geistesgut, sind Ideen in die Herzen und Hände der Menschen gelegt, die in Verwandlung das «Werk» der Stoffanordnung durch den «Christus» in freier Tat fortführen können. Die neuen Stoffanordnungen der Präparate sind Erfindungen der Geistesforschung aus der Übernatur, wie die Ammoniaksynthese ein Ergebnis der Erforschung der

310 Rudolf Steiner: *Geisteswissenschaftliche Menschenkunde*, GA 107, Dornach 1988, Vortrag «Evolution, Involution und Schöpfung aus dem Nichts», 17. Juni 1909.

anorganisch-physischen Natur ist und die Atomtechnologie eine solche der Unternatur. Im ersteren Fall handelt es sich um eine zur Kunst erhobene Handhabung von Stoffkompositionen aus der Sphäre des Lebens, des Seelischen und der des Geistes, um die dem Tode verfallende Materie, das «Feste, Erdige» zu beleben. In den beiden letzteren Fällen droht die lebenserzeugende Kraft der Pflanzennatur zu verkümmern bzw. das Sein aller Kreatur auf Erden vernichtet zu werden.

Annäherung an ein Verständnis der Ausgangsstoffe für die Präparation

Als Vertreter des Mineralreiches ist es der Quarzkristall und auch der Orthoklas (Kalifeldspat); aus dem Pflanzenreich sind es Schafgarbe (*Achillea millefolium*), Kamille (*Matricaria recutita*), Brennnessel (*Urtica dioica*), Eichenrinde (*Quercus robur*), Löwenzahn (*Taraxacum officinalis*) und Baldrian (*Valeriana officinalis*); aus dem Tierreich kommen Kuhmist sowie einzelne Organe in Betracht, schwerpunktmäßig von der Kuh, in einem Fall vom Edelwild. Alle diese Ausgangsstoffe sind Endprodukte der Evolution mit Eigenschaften, die nicht aus den Einzelelementen und deren Eigenschaften herleitbar sind, die an der Komposition der Ausgangsstoffe beteiligt sind. Wie schon mehrfach angedeutet, erfüllt der Bergkristall (SiO_2) im Haushalt der Natur eine Art Sinnesfunktion gegenüber den Kräften, die als Formkräfte aus dem fernsten Kosmos einstrahlen und jedes Jahr in Wiederholung den Pflanzen zu ihrer Gestalt verhelfen, die sie evolutiv angenommen haben. Kann diese Sinnesfunktion des Quarzes, die unter der Erde im Wurzelraum zur Wirksamkeit kommt, so umgepolt werden, dass sie oberirdisch im Blattwerk stoffwechselaktiv die Planetenwirkungen einfängt?

Umgekehrt, kann das ersterbende Leben der Pflanze einem solchen Verwandlungsprozess unterworfen werden, dass es unter der Erde Sinnesprozesse in der Wurzel gegenüber dem bloß Mineralischen im Fest-Flüssigen anregt? Diesen Fragen wird gesondert im folgenden Kapitel nachgegangen.

Bei der Präparation der Kompost- oder Düngerpräparate ist die Ausgangsfrage: Wie kann das «Feste-Erdige», das heißt das Anorganisch-Tote, das zum bloßen Element Desintegrierte (K, Ca, Fe, Si, P) auf neue Art belebt werden? Die Ausgangsstoffe hierzu spenden die obengenannten Präparatepflanzen sowie bestimmte Tiere (Organhüllen). Was allen Pflanzen eigen ist, die Fähigkeit der Belebung des Mineralischen durch deren Lebensorganisation, liegt bei den Präparatepflanzen als ein je spezifisches Vermögen vor. Belebung heißt hier, dass die physisch-irdischen Stoffe in das strömende Leben der Pflanze emporgehoben und dabei ihren physischen Eigenschaften entfremdet werden. Das Kalium beispielsweise, das physisch gesehen fest umrissene Eigenschaften hat, offenbart nun eine durch das «höhere» lebendige Wirken der Pflanze sichtbar und wirksam werdende Kraft, die das «Niederere» nicht aus sich selbst zur Erscheinung bringen kann. Wird das Kalium in dieser Art lebendiger Prozess, treten andere Eigenschaften auf, wie beispielsweise die Aufrechterhaltung des Säftedrucks (Turgor), die Stabilisierung der Gewebe oder, im Falle des Kalziums, die neuen Eigenschaften der Zellvermehrung und Zellstreckung, des Wurzelwachstums und des Aufbaus von Geweben. Diese Befreiung der Stoffe aus ihrer Gebundenheit an die rein physischen Eigenschaften schreitet in dem Maße fort, als die übersinnliche Lebensorganisation der Pflanze sich in die äußere Gestalt versinnlicht, das heißt zugleich in diese erstirbt. Im Bereich der Wurzel sind die salzartigen Eigenschaften noch prägend. Sie verlieren sich in den Wachstumsvorgängen der ergrünenden Blätter und fortschreitend in der Blattfolge von unten zur Blüte hin. Dieser verborgene Vorgang, der sich zunächst im Bereich des Wässrigen abspielt, äußert sich aufsteigend in den Wirkensbereichen von Luft und Wärme in der zunehmenden Durchformung der Blätter, in der Ausgestaltung der Blüte und substanziell in der Bildung hochkomplexer Eiweiß-, Aroma- und Duftstoffe. Die Eigenschaften also, die die Stoffe im Bereich des vegetativen Wachstums der Blätter angenommen haben, verlieren sich abermals gegen die Blütenbildung hin. In der Blüte tritt das Urbild der Pflanze zutage. In ihr, im Bereich der Wärmewirkung, erreicht die Entfremdung des Stoffes von seinen physischen Eigenschaften und damit der Grad seiner Öffnung gegenüber den prägenden Kräften der Lebensorganisation der Pflanze ihren Höhepunkt. Die äußere Signatur dieses Geschehens sind die erstrahlende Blüte, der verstäubende Pollen und die verströmenden Düfte. Auf dem Weg der stufenweisen Belebung und Verfeinerung öffnet sich der irdische Substanzprozess in der Blüte den Wirkungen des kosmischen Umkreises. Dies kann sich der Anschauung erschließen, wenn man sich in die Geste der willenlos aufstrebenden, dem Kosmos sich zuwendenden Blüte einlebt. Diese Verfeinerung der Säfte[311] – man kann auch im Sinne Goethes von einer Heraufläuterung des Erdsaftes sprechen, dem aufsteigenden Salz- und Wasserstrom des *Xylems* – beziehungsweise Entfremdung des Substanzstromes von

311 Johann Wolfgang von Goethe: *Die Metamorphose der Pflanze*, Stuttgart 1985, S. 39.

seiner bloß physischen Natur findet in der Blüte, im Bereich des sich offenbarenden Urbildes der Pflanze, ihren Höhepunkt und Abschluss. Über die Blüte hinaus kann sich die Pflanze nicht mehr steigern. Die Blüte aber verwelkt, kaum dass sie aufgeblüht ist. Die Pflanze kehrt zur Erde zurück, entweder als Same oder in Form ihrer organischen Bildungen, die sich in der Erde zu Humus umformen.

In ihren organischen Prozessen hält die Lebensorganisation der Pflanze die aus der Umgebung aufgenommene leblose Substanz in Fluss: «Lebloses wandelt sich in Lebendes.»[312] Dieses aber erstirbt in die Form der pflanzlichen Organe, z.B. des Blattes der Blüte. Die Frage erhebt sich, ob der bis in die Blüte in Fluss gehaltene, dort aber zu Ende gekommene, dem Kosmos offene Substanzstrom bewahrt, ja auf höherer Stufe neu belebt werden kann. Man kann annehmen, dass dies die Ausgangsfrage Rudolf Steiners auf der Suche nach Düngerstoffen war, die «das Erdige, Feste, selber beleben» können. Die Antwort aus der Geistesforschung konnte wohl nur lauten: Den durch die Pflanze belebten irdischen Substanzstrom in eine Sphäre heben, die der höheren Natur des Tieres eigen ist. Denn im Tier bleibt die lebendige Substanz im Fluss durch dessen astralische Organisation, die in das strömende Leben die Organe hereinbildet.[313]

In der Organtätigkeit des Tieres wird das in der Pflanze in die Form ersterbende Leben in Strömung gehalten; die bloß lebendige Substanz der Pflanze wird im Tier zur empfindenden Substanz. Gibt es also, abermals gefragt, einen Weg, die durch die Pflanze belebte irdische Substanz über die Kluft, die zwischen Pflanzen und Tierreich besteht, hinweg und in den Bereich der verinnerlichenden Kräfte des Seelischen emporzuheben? Dass diese Kluft nicht absolut besteht, zeigen die Heilwirkungen gewisser Pflanzen auf erkrankte Organe bei Mensch und Tier, so beispielsweise die Heilwirkung der Kamille in Bezug auf Darmerkrankungen, der Schafgarbe auf die Stärkung der blutreinigenden Kraft im Nieren-Blasen-Prozess. Die Heilwirkung beruht dabei auf der Art der Belebung spezifischer irdischer Substanzen durch die Lebensorganisation der betreffenden Heilpflanze. Diese spezifische Belebung irdischer Substanzprozesse hat Rudolf Steiner im Auge, wenn es darum geht, einen Düngerstoff zuzubereiten, in welchem dieser Substanzprozess dauerhaft in Fluss gehalten werden kann. Die vorangehende Betrachtung zeigt, dass sich dazu ein Weg auftut, wenn es gelingt, eine unmittelbare Beziehung zu dem

312 Rudolf Steiner, Ita Wegman: *Grundlegendes für eine Erweiterung der Heilkunst nach geisteswissenschaftlichen Erkenntnissen*, GA 27, Kap. V. «Pflanze, Tier, Mensch», Dornach 1991, S. 35.

313 Ebd.

entsprechenden Organ und damit zur Astralorganisation einer bestimmten Tierart herzustellen. Solche Beziehungen hat Rudolf Steiner auf dem Wege der Geistesforschung erschlossen. Es handelt sich um Organhüllen, die zusammen mit den Pflanzensubstanzen und dem Kräftewirken der Erde sowie des Kosmos die Grundlage der Präparation bilden.

Den Stellenwert dieser Erfindung aus der Geistesforschung kann auf dem Hintergrund der zeitgenössischen technologisch-naturwissenschaftlichen Entwicklung die folgende Betrachtung verdeutlichen: Wie schon mehrfach angedeutet, haben sich im Zuge der Evolution auf dem Wege der Menschwerdung die Naturreiche aus einem einst geistigen, Mensch und Erde umfassenden Urzustand herausgesondert.[314] Dieses Werden ist in das sinnesfällige Schöpfungswerk geronnen, das leblose Mineral findet sich getrennt von der belebten Pflanzenwelt und diese von dem beseelten Tierreich. Im Anschauen der Natur kann man bei jeder sinnenfälligen Erscheinung als von einem in die Vollkommenheit geronnenen, gewordenen Endzustand sprechen. Der Kristall ist ein solcher, ebenso die blühende Pflanze sowie das seine Art auslebende Tier. Kann der Bergkristall vollkommener sein, als er ist, ebenso ein Löwenzahn oder ein Wurm, Fisch, Vogel, Insekt oder ein Säugetier? Was in den Naturreichen uns sinnenfällig entgegentritt, ist das in die Vollkommenheit geronnene Schöpfungswerk der Evolution.

Dieses Schöpfungswerk ist heute Ausgangspunkt jeder Art Technologie. Dies gilt besonders für die streng in Naturgesetzen fassbare leblose Natur. Man sucht das Geheimnis des physischen Stoffes zu ergründen und schafft daraus beispielsweise eine Technologie, die darauf gerichtet ist, die durch gezielte Zertrümmerung des als Atom gedachten Stoffes, also eines evolutiven Endzustandes, die darin gefesselte Energie freizusetzen. Diese, dem leblosen Stoff entbundene, Energie erweist sich aber in höchstem Grade als lebensfeindlich. Sie hat die Macht, die zum Werk geronnene Evolution auszulöschen.

Der willkürlich herbeigeführte atomare Zerfallsprozess stellt den polaren Gegensatz zu dem Ansatz dar, der der Herstellung der Spritz- und Düngerpräparate zugrunde liegt. Bei deren Herstellung wird nicht das in der Natur Gesonderte weiter zerteilt, sondern der evolutive Endzustand, z.B. die Pflanzenblüte, das Tierorgan, in ein Beziehungsverhältnis gebracht, für das die bloße Naturanschauung keinen Hinweis liefert. Die Natur stellt als raumzeitliches «Erreichnis» das Material zur Verfügung: Heilpflanzen, Tierorgane sowie die Bodenbedingungen in den Jahreszeitenrhythmen; das konkrete

314 Rudolf Steiner: *Die Geheimwissenschaft im Umriss*, GA 13, Dornach 1989.

Beziehungsverhältnis aber dieser zueinander erschließt die Geistesforschung und wird Wirklichkeit durch die Tat des Menschen.

Die Neu-Komposition der drei Naturreiche bedeutet eine künstlerische Neugestaltung. Das wesentlich Neue und Lebendige aber geschieht aus der Geisttätigkeit, aus dem menschlichen Ich heraus, das zum Gefäß wird für das schöpferische göttliche Bewusstsein, die «Christuskraft».[315] Dies ist in Verbindung mit der geistgeführten menschlichen Seelenentwicklung der Weg, der aus Freiheitsimpulsen zum künstlerischen Schaffen an der Erde anregt, der Weg, durch den die Schöpfung weitergeführt werden kann, da das Vatergöttliche nicht mehr unmittelbar von außen in die Natur wirkt.

---

315 Rudolf Steiner: *Die geistige Führung des Menschen und der Menschheit*, GA 15, Dornach 1987, S. 66.

Herstellung und Handhabe der biologisch-dynamischen Präparate

Das Hornmist- und Hornkieselpräparat – Herstellung, Anwendung und Wirksamkeit[316]

Das Hornmistpräparat

Im auf- und absteigenden Bogen des Sommerhalbjahres, der Zeit der Erdenausatmung, wird die aufwachsende Pflanze zum Bild der in dem Umkreis von Licht, Luft und Wärme wirksamen Kräfte. Dieser Aufwuchs gibt die Nahrung für Mensch und Tier. Vor allem ist es der Wiederkäuer, das Rind, welches den Aufwuchs von Wiesen, Weiden und Ackerfutterschlägen aufnimmt. Dieses Futter wird im Akt des Wiederkäuens und der Vormägenverdauung auf die Stufe des seelischen Erlebens emporgehoben. Im stofflichen Zerlegen der Pflanzensubstanz erschmeckt die Kuh die kosmisch konstituierenden Kräfte der Pflanzensubstanz. Sie vollzieht eine «kosmisch-qualitative Analyse» (vgl. Kap. «Das Rind», S. 146 ff.). In dieser schmeckenden, analysierenden Sinnestätigkeit in der Verarbeitung des Futters erlebt die Kuh die Beschaffenheit der Umwelt, aus der das Futter stammt, die Besonderheit etwa der standörtlichen Bedingungen des Bodens und des Klimas. Wiederkäuend nimmt sie dies alles als mächtige Kraftgebilde wahr. In diesem, nach innen wach-konzentrierten, nach außen traumhaften, Zustand verbindet sich ihr Seelen- oder Astralleib ganz mit dem Ätherleib und dieser spiegelt ihm die physisch-chemischen Verdauungsvorgänge wider. Mit unendlichem Wohlbehagen nimmt die Seele der Kuh teil an dem, was im Leibe geschieht: «Das ist eine ganze Welt, welche die Kuh sieht.»[317] Sie kann dieses Lebendig-Seelisch-Kraftende nicht festhalten und für sich beanspruchen, da sie kein Eigenwesen, kein Ich hat. Sie muss dieses Kraftende, das sie mit ihrem Seelenwesen durchdrungen hat, ausscheiden. Das verleiht dem Kuhdünger die einzigartige Düngekraft, die höchste und harmonischste, zu der es die Natur bringt.

316 Die folgende Darstellung ist eine überarbeitete Fassung von Beiträgen des Verfassers in Markus Hurter (Hrsg.): *Zur Vertiefung der biologisch-dynamischen Landwirtschaft* – Gedanken, Erfahrungen, Forschungsergebnisse, eine Werkstattarbeit, Dornach 2007, S. 93–107.

317 Rudolf Steiner: *Das Faust-Problem. Die romantische und die klassische Walpurgisnacht*, GA 273, Geisteswissenschaftliche Erläuterungen zu Goethes Faust, Bd. II, Vortrag vom 27. Januar 1917, Dornach 1981, S. 75.

Über den Sommer steigert sich unter der direkten Sonneneinstrahlung die substanzielle Komposition des Futteraufwuchses. Das nimmt die weidende Kuhherde fortschreitend im Verdauen wahr. Im Herbst erreicht dieser Prozess der Ausreife des Futters und dessen kosmisch-qualitativer Analyse durch die Kuh seinen Höhepunkt. Im beobachtenden Miterleben können wir uns dies vergegenwärtigen. Daraus erwächst ein Verständnis für den Hinweis Rudolf Steiners, im Herbst Kuhfladen von der Weide zu sammeln, die für die folgende Präparation gebraucht werden. In diesem Kuhmist haben wir eine weitgehend amorphe Masse vor uns, ein Stoffwechselendprodukt, das etwas enthält, was wesensmäßig der Kuh angehört, weil es von ihrem Seelenwesen zwar durchdrungen, aber von diesem nicht beansprucht wurde. Sie leistet mit der Ausscheidung gleichsam einen Verzicht. Der Rinderdünger würde, sich selbst überlassen, in den allgemeinen Naturprozess der Humusbildung aufgehen. Stattdessen stülpen wir den normalen Fortgang des natürlichen Geschehens mit dem jetzt folgenden ersten Präparationsschritt um (siehe Abbildung 23, S. 347):

Wir verschaffen uns Kuhhörner – Bullenhörner sind dafür ungeeignet –, so weit nur irgend möglich von der eigenen Herde und stopfen den Mist in deren Höhlung. Das Kuhhorn ist eine zum Kuhmist polare Bildung. Es sitzt dem Kopf, dem Nerven-Sinnes-Pol des Tieres, auf und ist eine hochgradig verdichtete Hautbildung, die in die reine Form erstarrt ist. Das Horn stülpt sich über einen Knochenzapfen, der seitlich aus dem Stirnbein herauswächst und mit seiner lufterfüllten Höhlung mit der Stirnhöhle kommuniziert. Der Knochenzapfen ist von einem feinen Adernetz durchzogen, das die Lederhaut und die das Hornwachstum besorgende Oberhaut mit Blut versorgt. Durch die starke Durchblutung fühlt sich das Horn auffallend warm an. Im so mit Leben durchpulsten Horn konzentrieren sich die vier physischen Elemente des Festen, Flüssigen, der Luft und der Wärme zu einer Art Sinnesorgan, das statt nach außen nach innen geöffnet ist; es ist ein Rückstau- und Konzentrationsorgan (Abbildung 22, S. 346).

Als dichte Formhülle strahlt es in den Verdauungsorganismus zurück, was aus diesem über den Blutstrom in den Kopf heraufdrängt. Man kann sagen, das Rind braucht die rückstrahlende Funktion der Hörner, um die Kraftgebilde aus dem Verdauungsgeschehen – sind es unbewusste Imaginationen? – zur rechten Düngekraft zu konfigurieren.[318]

318 Rudolf Steiner: *Geisteswissenschaftliche Grundlagen zum Gedeihen der Landwirtschaft*, GA 327, Vortrag vom 12. Juni 1924, Dornach 1999, S. 99.

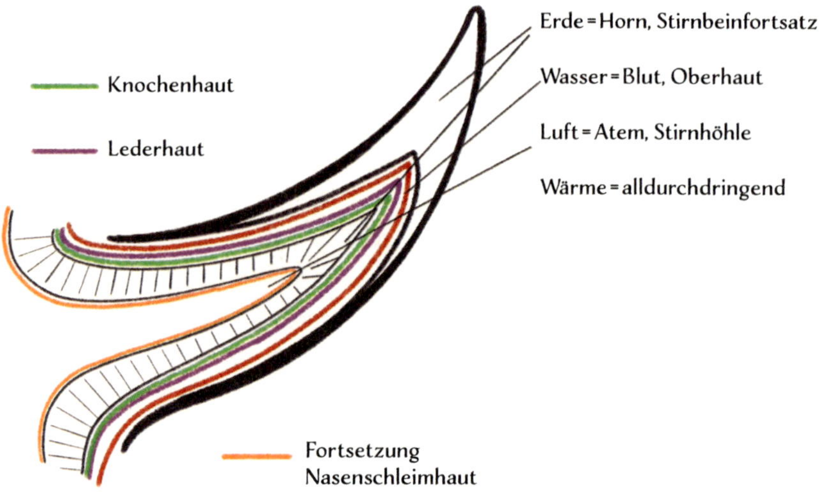

Abbildung 22:
Der physische Bau des Kuhhorns und das Zusammenwirken der vier Elemente zur Funktion eines nach innen gerichteten Sinnesorgans.

Mit dem Stopfen der Hörner vollzieht sich der erste Präparationsschritt und mit diesem der erste Schritt der Emanzipation von dem natürlichen Verlauf des Naturgeschehens (Abbildung 23).

Er stellt eine Umstülpung des Naturprozesses dar. Was nach außen ausgeschieden wurde, erfüllt jetzt einen Innenraum. Das zur reinen Form verdichtete Horn gibt der amorphen Substanz Hülle. Wir selbst stellen uns zwischen den Nerven-Sinnes- und den Stoffwechsel-Pol des Rindes und schaffen, geleitet durch das Ergebnis geisteswissenschaftlicher Forschung, eine neue Beziehung zwischen den Endprodukten beider Pole, dem Horn und dem Mist. Was evolutiv im Leben des Rindes nach zwei Richtungen zu Ende gekommen ist, bildet in seiner Vereinigung den Ausgangspunkt eines neuen Entwicklungsweges. Will man diesen Vorgang wie auch die folgenden Präparationsschritte in ihrer Tragweite gewichten, muss man die Aufmerksamkeit auf die drei genannten Forschungswege lenken: Nach dem wegweisenden Ideenzusammenhang, nach der Willenserfahrung in der Tätigkeit selbst und, beide vermittelnd, nach den beobachtbaren Tatbeständen, die uns im Erkennen der Lebensäußerungen des Rindes über die Bedeutung des Kuhmistes und der Hörner aufklären.

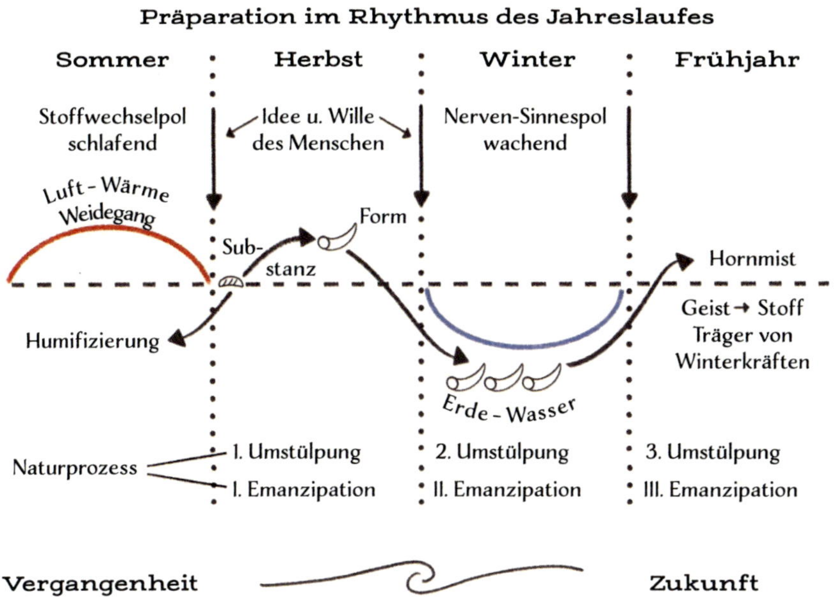

Abbildung 23:
Umstülpungs- und Emanzipationsschritte bei der Präparation des Hornmistes.

Im zweiten Präparationsschritt werden die Hörner, unmittelbar nach ihrer Füllung, in die Erde vergraben und ruhen in dieser über den Winter. Die Vegetation hat sich in Keimzustände zurückgezogen, die Erde lebt geistig in sinneswachem Zustand in der Einatmung und ist in den Elementen des Wässrigen und Festen am stärksten den Kristallisationskräften des Fixsternumkreises ausgesetzt.[319] Abermals stülpen wir den Naturprozess um – ein zweiter Schritt der Emanzipation des natürlichen Verlaufes –, indem die amorphe Substanz des Mistes, die natürlicherweise in humusbildenden Prozessen des Sommers aufgeht, jetzt den kristallbildenden Kräften des Winters exponiert ist. Der räumlichen Umstülpung folgt eine solche in der Zeit. Der Kuhmist wird zur empfänglichen Matrix für die Kräfte, die, vermittelt durch die physischen Elementarzustände des Festen und Flüssigen, in der Erde in die Höhlung des Hornes hineinstrahlen und, zurückgestaut, sich in der Masse des Mistes als gestaltende Düngerkraft konzentrieren.

319 Rudolf Steiner: *Geisteswissenschaftliche Grundlagen zum Gedeihen der Landwirtschaft*, GA 327, Vortrag vom 10. Juni 1924, Dornach 1999, S. 49.

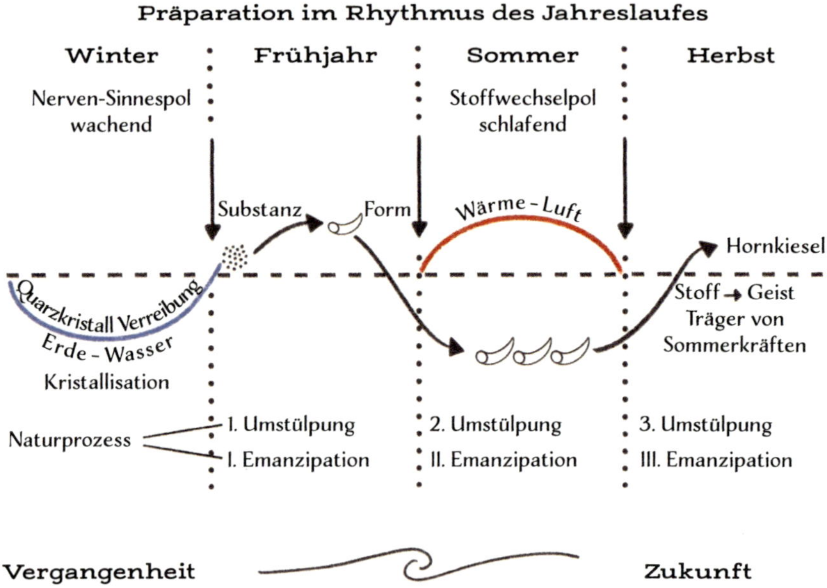

Abbildung 24:
Umstülpungs- und Emanzipationsschritte bei der Präparation des Hornkiesels.

Im Frühjahr nehmen wir die Hörner aus der Erde – ein dritter Emanzipationsschritt –, klopfen den Inhalt heraus und halten einen neuen Stoff mit neuen Eigenschaften in Händen. Diese Stoffneuschöpfung erhält Bedeutung und Wirksamkeit durch den beschriebenen Werdegang, den sie durchläuft. Das fertige Präparat ist von den im Winter unter der Erde wirksamen Kräften ein «geist-durchdrungener und -durchwobener» neuer Stoff[320] (Abbildung 23, S. 347).

Das Hornkieselpräparat

Der Herstellungsprozess des Hornkieselpräparates verläuft polar zu den beiden ersten Schritten der Zubereitung des Hornmistes (Abbildung 24).

320 Rudolf Steiner: *Das Miterleben des Jahreslaufes in vier kosmischen Imaginationen*, GA 229, Vortrag vom 5. Oktober 1923, Dornach 1999, S. 62: «So sehen Sie, dass wir durchaus jetzt, wo wir in die Zeit des sprießenden, sprossenden Lebens kommen, nicht sprechen können von geistdurchwobener Materie wie im Winter für die Erde, sondern wie wir sprechen müssen von materiedurchwobenem [...] Geist.»

Im Gegensatz zum Mist als einem Stoffwechselprodukt des Sommers ist der kristalline Quarz ein Repräsentant des Wintergeschehens der Erde: Der «Kiesel» (Quarz, Bergkristall) ist der «äußere Sinn im Irdischen».[321] Er widersteht am stärksten den Kräften der Verwitterung. Im ersten Schritt emanzipieren wir den Quarz aus seinem naturhaften Kristallsein, zerschlagen seine kristalline Struktur, mahlen ihn so staubfein wie möglich, machen ihn also amorph. Dann teigen wir mit etwas Wasser das Quarzmehl an und füllen es in Kuhhörner. Wieder vollzieht sich in diesem ersten Schritt der Präparation eine Umstülpung: ein Äußeres wird ein Inneres (Abbildung 24). Und ebenso geschieht es im zweiten Schritt, einer zweiten Stufe der Emanzipation. Der den Winterkräften nahestehende Quarz wird zu einer Sommersubstanz, indem die gefüllten Hörner im Frühjahr vergraben werden und dort den Sommer über in der Erde ruhen. Der dem amorphen Zustand angenäherte Quarz wird jetzt zur empfänglichen Matrix für die während der Sommerzeit vorherrschenden Stoffwechselkräfte in Wärme und Luft. Eingefangen und zurückgestrahlt von der inneren Höhlung des Kuhhorns konzentrieren sich diese in dem dafür empfänglich gemachten Quarzmehl. Dieses wird so in die Lage versetzt, die Kräfte des Sommerwirkens festzuhalten und zu bewahren, so wie der Hornmist die Kräfte des Winterwirkens.

Die Frage liegt nahe, warum die Kieselhörner über Sommer in die Erde vergraben und nicht über der Erde direkt den in Wärme, Licht und Luft wirkenden Kräften ausgesetzt werden. Meine Erwägung dazu ist, dass es nicht um die Konzentrierung der Kräfte im Kuhhorn geht, in der Art, wie sie direkt über der Erde wirken, sondern vielmehr um dieselben Kräfte, insofern diese vom Kalk unter der Erde aufgesogen werden und dadurch indirekt, vermittelt durch den Ton, über die Wurzel im Pflanzenwachstum wirksam werden.[322]

Wenn wir dann die Hörner im Herbst, an Michaeli, wieder ausgraben – ein dritter Emanzipationsschritt –, erhalten wir mit deren Inhalt abermals einen neuen Stoff mit neuen Eigenschaften: den Hornkiesel. Sein Wesen und seine Bedeutung ergeben sich aus den geschilderten dreistufigen Emanzipationsschritten aus dem bloßen Naturgeschehen durch Idee und Wille des Menschen. Das fertige Präparat ist geprägt von dem Stoffeswirken in

---

321 Rudolf Steiner: *Geisteswissenschaftliche Grundlagen zum Gedeihen der Landwirtschaft*, GA 327, Vortrag vom 11. Juni 1924, Dornach 1999, S. 82: «Das Kieselige ist der allgemeine äußere Sinn im Irdischen.»

322 Rudolf Steiner: *Geisteswissenschaftliche Grundlagen zum Gedeihen der Landwirtschaft*, GA 327, Vortrag vom 10. Juni 1924, Dornach 1999, S. 47/48.

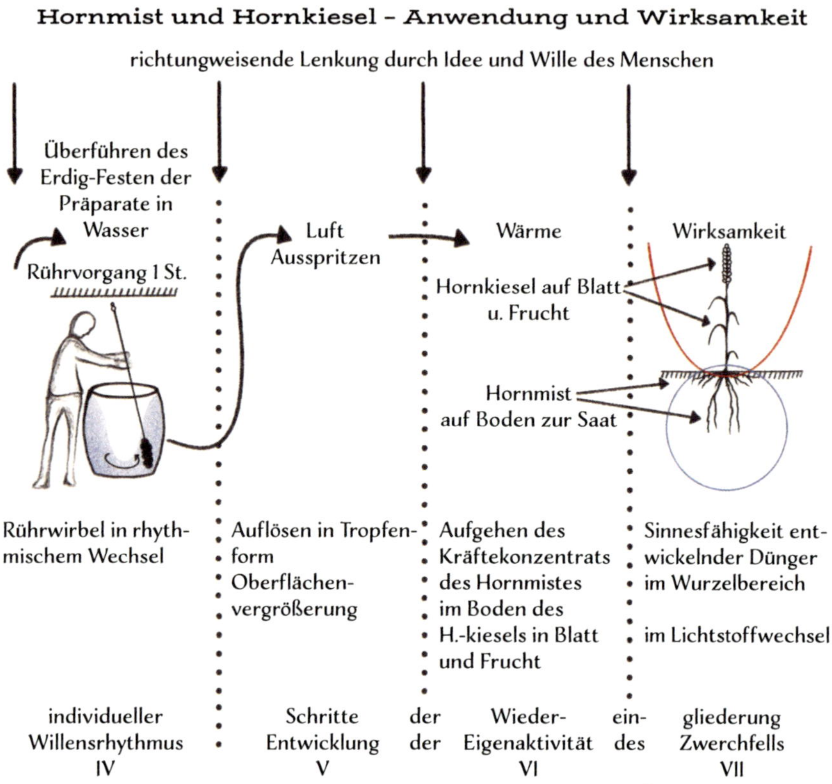

Abbildung 25:
Fortsetzung von Abbildung 23 und 24: Der Rührvorgang, die Anwendung und die Bereiche der Wirksamkeit des Hornmist- und Hornkieselpräparates.

der Erde während des Sommers; es ist ein Konzentrat von «Materie durchwobenem Geist».[323]

Beide, Hornmist und Hornkiesel, entstehen als Stoffkompositionen nicht als eine Fortsetzung der Gesetzlichkeit, die der Natur innewohnt. Diese erschöpft sich in dem, was die Natur im jahreszeitlichen Geschehen an Bildungen hervorbringt, wie Boden, Mist, Quarz, Horn. Beide entstehen durch eine dreifache Umstülpung aus dem Raum in die Zeit und wieder zurück in den Raum. Wenn wir versuchen, diese im Sinne der drei Forschungswege

323 Rudolf Steiner: *Das Miterleben des Jahreslaufes in vier kosmischen Imaginationen*, GA 229, Vortrag vom 12. Oktober 1923, Dornach 1999, S. 62.

im eigenen Vollzuge besinnend mitzuerleben, kann sich der verborgene Sinn dieses Vorgangs immer weiter enthüllen.

Der Rührvorgang

Unmittelbar vor der Anwendung folgt in gleicher Weise für beide Präparate, doch jedes getrennt für sich, der vierte Schritt der Präparation – und damit die vierte Stufe der Emanzipation – der Rührvorgang, das heißt die Überführung des erdig-festen Zustandes der Präparate in den flüssigen (Abbildung 25).

Eine jeweils geringe Menge an Präparatesubstanz (Hornmist, maximal vier Horninhalte pro Hektar, Hornkiesel, eine Messerspitze = 3 bis 4 g/ha) wird in handwarmem Wasser eine Stunde lang im rhythmischen Wechsel gerührt. Es geschieht am besten mit einer an der Decke oder einem Querbalken beweglich befestigten Rührstange, die mit dem Rührbesen in ein wassergefülltes Fass eintaucht. Man beginnt damit, durch kreisförmiges, peripheres Rühren die Wassermasse langsam in Bewegung zu setzen. Durch fortdauerndes Beschleunigen wandert der Rührbesen auf die zentrale Achse gegen den sich bildenden Wirbeltrichter zu. In diesem erreicht die Geschwindigkeit des rotierenden Wassers ein Maximum, gegen die Wandung des Fasses verlangsamt sie sich. In einem Wirbel besteht die Tendenz zu unbegrenzter Geschwindigkeit zum Zentrum hin, daher die saugende Kraft; gegen die Peripherie hin tendiert die Geschwindigkeit gegen Null. Zwischen beiden Polen entstehen durch Geschwindigkeitsdifferenzen gewundene Wirbelschichten, die der Zweidimensionalität, der Idee der Fläche sich annähern. Der homogene Körper des Wassers strukturiert sich in aneinander entlanggleitende Flächen, sowohl in räumlicher Beziehung zwischen Zentrum und Peripherie als auch zeitlich vom Ruhezustand des Wassers sich steigernd bis zur maximalen Entfaltung des Rotationstrichters.[324] Beim Erreichen von dessen maximaler Ausformung – man kommt an die Grenze seiner Kräfte, die Wassermasse weiter beschleunigen zu können – wird durch ein abruptes Gegenhalten des Rührbesens der Trichter zerstört, die strukturierte Wassermasse bricht zusammen, verfällt in den Zustand eines formlosen Chaos und nähert sich für einen Augenblick dem Zustand homogener Ruhe, um dann in Gegenrichtung zu erneuter Trichterbildung beschleunigt zu werden. Die Flüssigkeit wird also im rhythmischen Wechsel in den Polaritäten von Ruhe und Bewegung, Homogenität und flächenhafter Durchformung im Aufbau des Wirbeltrichters gehalten.

---

324 Vgl. Theodor Schwenk: *Das sensible Chaos*, Stuttgart 2010, 216 S.

Diese immer wieder neue, durch Geschwindigkeitsdifferenzen in die Fläche sich auflösende Wassermasse wird dadurch in Gleichzeitigkeit zur empfänglichen Matrix für eine dreifache Einprägung:

- des konzentrierten Kräftepotentials der Präparatesubstanz,
- der aktuell wirksamen kosmischen Kräftekonstellationen,
- der individuellen Geistseele des Menschen, die, durch den Willen wirkend, den Prozess inauguriert, lenkt und aufrechterhält.

Der Rührvorgang dauert eine Stunde. Ist diese Zeitbemessung willkürlich gewählt, um zum Beispiel sicherzustellen, dass die Präparatewirkung sich dem Wasser vereinigt hat – oder wo liegt der Sinn? Die Antwort kann nicht im Naturgeschehen, sondern muss in kosmischen Rhythmen gesucht werden, die im Menschen wesenswirksam sind und in ihm ihren Ursprung bewahrt haben. Makrokosmisch ist es der 24-stündige Tag-Nacht-Rhythmus. In diesem Erde-Sonne-Rhythmus lebt das Ich, die Geistseele des Menschen, in den Zuständen des Schlafens und Wachens. Über die Ich-Organisation des Nerven-Sinnes-Systems, des rhythmischen Systems und des Stoffwechsel-Bewegungs-Systems individualisiert es die makrokosmischen Rhythmen und prägt sie dem physischen Leib ein, zum Beispiel als die Rhythmen der Atmung und der Herzpulsation. Die Wellenlängen dieser Rhythmen bewegen sich im Sekunden- und Minutenbereich. In den Nerven-Sinnes-Prozessen verkürzen sich die Frequenzen auf Bruchteile von Sekunden, während sie sich in ihrem Gegenpol, den Aktivitäten des Stoffwechsels, auf das Zeitmaß der Stunde oder Stunden erweitern.[325] Im Stoffwechsel-Gliedmaßen-Pol aber lebt der Wille, dessen Aktivierung und Deaktivierung sich im Bereich der Stunde vollzieht, daher zum Beispiel die «Unterrichtsstunde». Dies und die Selbsterfahrung berechtigen zu der Gewissheit, dass das Zeitmaß des einstündigen Rührens auf den Willensrhythmus des Stoffwechsel-Bewegungs-Menschen bezogen ist. Dieser ist es ja, der den Rührprozess in Gang setzt und aufrechterhält.

In den unbewussten Untergründen des Willens wiederum lebt das Ich; es wirkt durch den Willen in die Welt, hier in das zu bewegende Wasser. Jeder, der mit dem Präparaterühren vertraut ist, weiß, dass man das Zeitmaß von einer Stunde in konstanter Willensaktivität bewältigen kann. Jeder Mensch erfüllt diese Zeitspanne in einem ihm eigenen Rhythmus gemäß seinem im Willen lebenden Ich. Jeder Mensch prägt über seinen Willen seinen Rhythmus dem in bewegten Wirbelschichten dynamisierten Wasser ein. Dieser

325 Bernd Roßlenbroich: *Die rhythmische Organisation des Menschen: Aus der chrono-biologischen Forschung*, Stuttgart 1994, 163 S.

menschliche Willensrhythmus ist gegenüber allen Rhythmen der Natur, die makrokosmischen Ursprungs sind, der einzige und erstmalige Rhythmus, den der Mensch als Mikrokosmos im Zuge dieses dritten Schrittes der Präparation dem Naturgeschehen einbildet.

Bedenkenswert ist noch das Folgende: Man kann im Rührvorgang mikrokosmisch eine technologische Umsetzung eines makrokosmischen Geschehens sehen. Jeder der Planeten hat eine ihm eigene Achsneigung im Verhältnis zur Sonne und eine ihm eigene Drehgeschwindigkeit. Darin kommt die individuelle Signatur der einzelnen Planeten, das Wirken der «Planetengeister», zum Ausdruck. Eine Notizbucheintragung Rudolf Steiners lautet: «In der Sphaere löst sich das Weltall auf / In der Axe bildet es sich / Mit der Sonne.»[326] Daraus kann man in Bezug auf den Rührvorgang folgern: Der «Menschengeist» setzt die Drehgeschwindigkeit und ebenso die «Achse», nämlich die Neigung zur Senkrechten, in der die Rührstange geführt wird.

Auf diesem Hintergrund kann das Verständnis dafür wachsen, dass Rudolf Steiner in der Art seiner geisteswissenschaftlichen Darstellung Wert auf das Rühren von Hand legt. Nicht nur prägt sich dabei über den Willen der dynamisierten Flüssigkeit etwas von dem individuellen Geistwesen des Menschen ein, sondern rückwirkend empfängt es aus diesem Vorgang, den es selbst hervorbringt, etwas, das sich wesenhaft mit ihm verbindet. Es bietet deshalb das Rühren von Hand Gelegenheit, wie sonst nirgends im gesamten Präparationsgeschehen, auf den genannten drei Forschungswegen erkennend in die Prozesse einzudringen.

Dieser Gelegenheit, mit wachem Bewusstsein in das prozessuale Geschehen des Rührens einzutauchen, entzieht man sich, wenn man den Rührvorgang an eine Maschine delegiert. Man entzieht dabei der eigenen Erkenntnisbemühung den Erlebnisboden. Die Frage, warum eine Stunde gerührt wird, verliert wegen Ausschaltung des menschlichen Willens ihren Bezugspunkt und wird bedeutungslos. Käme es nur auf eine optimale Durchmischung an, wäre dies mit entsprechend konstruierten Maschinen, wie zum Beispiel der *Turbula* nach Paul Schatz,[327] die nach dem Bewegungsablauf des umgestülpten Würfels arbeitet, schon im Bruchteil einer Stunde erreichbar. Aber darum geht es nicht. Rührt man mit Maschinen, gleich welcher Bauart, oder

326 Notizbuch Nr. 52, 1921; siehe auch *Beiträge zur Rudolf Steiner Gesamtausgabe* Nr. 104, S. 63.

327 Paul Schatz (1898–1979): Anthroposophisch orientierter Mathematiker, Techniker und Erfinder.

auch mit Wirbelschalenkaskaden nach John Wilkes (*flow forms*),[328] kommt der Hinweis Rudolf Steiners in Betracht, dass «man sich auch entschließen kann, allmählich in Surrogatmäßiges hineinzurutschen».[329] Nicht das ist das Problem, dass man mit einer Maschine das Handrühren nachahmen und rechts- wie linksdrehende Wirbeltrichter erzeugen könnte, sondern das Surrogat dabei ist, dass anstelle des geistgeführten, individuellen Rhythmus erzeugenden Willens ein regeltechnischer Vorgang das Geschehen in einem Zeittakt von außen steuert. Rhythmus schließt Kosmos, Erde und Mensch füreinander auf, Takt entfremdet sie voneinander.

Das Präparaterühren schafft, im besten Sinne des Wortes, herausgehobene Stunden in den vorbestimmten Arbeitsabläufen des Tages. Diese Stunden gilt es zu gestalten. Das kann dadurch geschehen, dass man möglichst zu zweit, zu dritt oder zu mehreren rührt, und dass man Menschen aus dem Freundeskreis des Hofes zur Mitwirkung einlädt. Aus diesem tätigen Miteinander des individuellen Gestaltens eines rhythmischen Prozesses kann die Stimmung der Gelöstheit, Heiterkeit und des Sich-frei-Fühlens in selbstbestimmter Tätigkeit erwachsen, die den Ernst umfängt, in welchem sich die tieferen Schichten des eigenen Willenwesens mit dem Rührgeschehen verbinden.

Die Einzigartigkeit des Präparaterührens eröffnet den drei Forschungswegen nochmals neue Dimensionen zu einem sich vertiefenden Verständnis. Abgesehen von den geisteswissenschaftlichen Hinweisen Rudolf Steiners zur Art des Rührens sowie dem weiten Feld der beobachtbaren Tatsachen bezüglich der Wirbelbildung und Auflösung etc. kann besonders die Selbsterfahrung in den Seelentätigkeiten des Denkens, Fühlens und Wollens an Bedeutung gewinnen. Man kann dabei auf folgende Erfahrung aufmerksam werden: Die Selbstbeobachtung zeigt, dass das rhythmische Geschehen des Rührprozesses sich in den Verhältnissen widerspiegelt, wie in den einzelnen Phasen die Seelentätigkeiten des Denkens, Fühlens und Wollens zueinander stehen. Bevor ich mich entschließe, die Wassermasse in Bewegung zu versetzen, bilden diese drei Seelenkräfte eine ungetrennte Einheit in mir. Ich bin ganz ich selbst und stehe einem Außen gegenüber. In dem Augenblick, da ich mich in bewusster Gedankentätigkeit entschließe, den Rührbesen zu bewegen, beginnt sich das Wollen in die Tätigkeit zu veräußern. Diese Veräußerung steigert sich weiter und weiter, mein Wille muss fortdauernd, keinen Moment

328 A. John Wilkes: *Das Flowform-Phänomen: Die verborgene rhythmische Energie des Wassers*, Stuttgart 2008, 239 S.

329 Rudolf Steiner: *Geisteswissenschaftliche Grundlagen zum Gedeihen der Landwirtschaft*, GA 327, Fragenbeantwortung vom 12. Juni 1924, Dornach 1999, S. 104.

nachlassend, dem zu bewegenden Wasser vorauseilen, bis meine Willenskraft an Grenzen stößt, ich also den Bewegungsimpuls zur Trichterbildung nicht mehr steigern kann. Parallel dazu löst sich in mir mein denkendes Bewusstsein immer mehr von der Willenstätigkeit ab und verinnerlicht sich bis zu dem Grad, dass es in vollkommener Ruhe und erhöhter Selbstbewusstheit auf die eigene Willensbetätigung schaut. Mein Seelenerleben legt sich auseinander in Gedankenruhe und Willensbewegtheit. In diesem Spannungsfeld, das sich mit der fortschreitenden Wirbelbildung aufbaut, kann sich mein Fühlen unabhängig von Denken und Wollen in seelischer Reinheit und Geistoffenheit entfalten. Es können sich dann Momente gesteigerter Geistesgegenwart einstellen. Ich kann mich dann zwischen Ruhe und Bewegung als eins mit dem äußeren Geschehen fühlen. Ich bin mitten darin. Hier, in diesem durch die eigene Tätigkeit selbst herbeigeführten sinnlichkeitsfreien Fühlen, liegt der wohl tiefste Quell, aus dem ich eine inspirative Gewissheit für die Wahrheit des eingeschlagenen Weges schöpfen kann.

Verliert der Wille zur weiteren Beschleunigung des Wassers die Kraft, schlägt das denkende Bewusstsein wieder ein und veranlasst den Willen, durch abruptes Gegenrühren den Trichterwirbel zusammenstürzen zu lassen. Das Wasser bildet so wieder im Augenblick des Umschlagpunktes eine homogene Einheit und ebenso Denken, Fühlen und Wollen, die bei diesem Akt aus der Getrenntheit in eins «zusammenstürzen», sich wiedervereinigen. Aus diesem Einswerden reift dann der Entschluss zur neuen Trichterbildung in entgegengesetzter Richtung, und erneut lösen sich die Seelenkräfte voneinander. So webt die Seele im Rührprozess eine Stunde lang rhythmisch zwischen Selbst- und Weltbezogenheit. Durch dieses Tor bildet sich das Ich rhythmisch der Welt ein, und in demselben Rhythmus geht die Welt wesenhaft im Ich auf.

«Der Trichter wird hier beim Rühren zum Real-Bild der Verbindungen von Welt und Ich. In der aufsaugenden Kraft des Trichters (erzeugt, oder besser zur Erscheinung gebracht, durch menschlichen Willen) bekommt das Substrat (und der Mensch) im Endpunkt durch das Unendliche die Verbindung zum Umkreis, von welchem aus die kosmischen Kräfte, die mit dem Werk gewordenen Material ihren Zusammenhang haben, von außen einstrahlen können und sich im Verwirbeln mit dem Substrat verbinden.»[330]

330 Gunter Gebhard: Persönliche Mitteilung. – Gunter Gebhard: Geologe und Biologe, langjähriger Oberstufenlehrer an der Waldorfschule Überlingen; jetzt Dozent für goetheanistische Naturwissenschaft und Waldorfpädagogik in Russland und in landwirtschaftlichen Ausbildungsstätten in Deutschland.

Die Anwendung

Nachdem die beiden Präparate vom Zustand des Festen in jenen des Flüssigen übergeführt wurden, werden sie unmittelbar danach in die Luft versprüht, der Hornmist mehr grobtropfig auf den Boden, der Hornkiesel mehr als feintropfiger Nebel auf die Pflanzen (Abbildung 25, S. 350). Dazu werden entsprechende Geräte eingesetzt, die mit geringem Druck und geringer Fördermenge arbeiten (40 bis 60 Liter pro Hektar oder auch weniger). Es liegt nahe, in diesem Vorgang nur den Aspekt der notwendigen Verteilung zu gewichten. Was aber real geschieht und der Anschauung zugänglich ist, ist die Auflösung der im rhythmischen Wechsel bewegten Flüssigkeit in einen dem Element der Luft sich öffnenden Zustand, das heißt einer ins Grenzenlose sich weitenden Oberfläche in der Tropfenform. Die Kräftekonstellation, die im Augenblick der Anwendung – zum Beispiel morgens anders als abends – über Acker, Weide, Garten und Obstland in Luft und Wärme und Licht waltet und als Stimmung empfunden werden kann, prägt sich jener Kräftekonstellation ein, die im Zeitenstrom der vorausgegangenen Präparationsschritte sich in jedem Tröpfchen konzentriert hat. Durch die Auflösung des gerührten Wassers in feinste Tropfen entsteht eine Vielzahl von Zentren und, zur Luft hin, von peripheren Grenzflächen, die sich in ihrer Gesamtheit ins Unermessliche vergrößern. Die Hautmembran jedes Tröpfchens flimmert in dem es umstrahlenden Licht in allen Farben und ist, polar zur einsaugenden Kraft des Rührwirbels, an den Grenzflächen seiner Kugelgestalt allseitig den im Element der Luft wirksamen Umkreiskräften offen.

Die Anwendung des Hornmistes geschieht zur Saat auf den bearbeiteten Boden, am besten zeitgleich in direkter Kombination mit dem Säen, gegebenenfalls ein zweites Mal im Zusammenhang mit der Bodenhautbearbeitung im Frühjahr. Auf dem Grünland liegen die Zeitpunkte im Herbst und Frühjahr bzw. nach dem Weidegang und Heuschnitt, im Obstbau vor dem Knospenaustrieb und nach der Ernte. Im Tageslauf werden, dem Rhythmus der Erdeinatmung folgend, die späteren Nachmittagsstunden zum Rühren und Spritzen bevorzugt, vor allem dann, wenn der Himmel bedeckt ist.

Polar zum Hornmist wird das Hornkieselpräparat, in der Regel zwei- oder mehrmals, in der Zeit des Wachsens und Reifens angewendet. Die Zeitpunkte ergeben sich aus dem Sich-Einleben in die Wachstumsrhythmen der Einzelkulturen. Als eine Grundregel für die Wahl des Zeitpunktes kann gelten, dass das Hornkieselpräparat die Wachstums- und Reifephase harmonisierend unterstützt, in welcher sich die jeweilige Kultur gerade befindet. Im Tageslauf wird man, dem Vorgang der Erdausatmung und damit dem aufsteigenden Saftstrom folgend, in den frühen Morgenstunden rühren und in die noch taufeuchten Bestände spritzen. Dagegen wäre in der Reifephase der im Vegetativen fruchtenden Kulturen, wie Hackfrüchte etc., eine auf den absteigenden Saftstrom wirkende Spritzung am späten Nachmittag bis gegen Abend vorzuziehen. Die Anwendungszeitpunkte beider Präparate unterliegen keiner generellen Regel, sondern dem persönlichen Verhältnis, das man zu seinen Kulturen im Verhältnis zum Ganzen des Betriebes hat. Sie ergeben sich, und zwar häufig mit großer Bestimmtheit, aus der Kraft der Intuition, wenn man zum Beispiel in der Arbeit innehält – sei es abends, sei es beim Gang über die Felder – und, in der Beobachtung verweilend, das Erlebte besinnt.

Die Wirksamkeit

Beide Präparate haben auf dem bisher zurückgelegten Weg rückwärtsschreitend die Elementenzustände des Erdig-Festen, des Wassers und der Luft durchlaufen und gehen in der Wärme zu der Zeit und an dem Ort auf, wo sie in Tropfenform ankommen (Abbildung 25, S. 350). In kürzester Frist ist das substanziell Fassbare, das Ponderable, entweder von dem Erdboden aufgesogen oder verdunstet. Durch den Zustand der Wärme hindurch wird das, was reine Kraftwirkung eines Geistigen ist, was sich im Verlauf der Präparation in der Höhlung des Hornes im Mist bzw. Kiesel konzentriert hat, wirksam. Man muss in äußerer und innerer Anschauung diesen vierstufigen Weg mitgehen, um der Ausdrucksweise des Geistesforschers in Bezug auf die Wirksamkeit das rechte Verständnis entgegenzubringen: «wie der Kuhhornmist von unten heraufstößt, das andere (Hornkiesel) von oben zieht».[331] Reine Kraftwirkungen im Lebendigen sind angesprochen, die im Durchgang durch ein raum-zeitliches Geschehen entstanden sind. Sie wirken jetzt so in die irdischen Verhältnisse von Raum und Zeit zurück, dass die Pflanze vom Keim über das Sprosswachstum bis zur Frucht- und Samenreife sich gemäß ihrem Typus und den Bedingungen des Standortes und in die Vertikalachse Erde-Sonne eingliedern kann. Das Wesenhafte lebt in der Wärme und offenbart sich durch die Wärme.

Das Hornmistpräparat entfaltet seine Wirkung unter der Erde, bildlich gesprochen im Kopf der landwirtschaftlichen Individualität, im Wurzelraum. Es ist in diesem Sinne ein «Kopfdünger». Es düngt die Prozesse unter der Erde,

331 Rudolf Steiner: *Geisteswissenschaftliche Grundlagen zum Gedeihen der Landwirtschaft*, GA 327, Vortrag vom 12. Juni 1924, Dornach 1999, S. 102.

die verwandt sind den Nerven-Sinnes-Prozessen im menschlichen Haupt (Abbildung 25, S. 350). Es hat diese düngenden Kräfte während des Ruhens der Hörner in der Wintererde aufgenommen, in der Zeit, wo sie naturhaft am intensivsten im Innern der Erde wirken. Wir haben deshalb im Hornmist einen «Winterkräftedünger» zur Verfügung, der polar zur Winterzeit beliebig entsprechend den Saatzeiten der Kulturpflanzen vom Frühjahr über den Sommer bis zum Herbst einsetzbar ist. Der stoffwechselaktive Kuhmist hat sich in einen sinnesaktiven Dünger gewandelt, der die Eigenaktivität der Wurzel gegenüber dem bloß Mineralischen des Erdreiches kräftigt. Er «erzieht» die Sinnesfähigkeit der Wurzel, die beispielsweise im Mineralaufschließungsvermögen zum Ausdruck kommt – «die Wurzel der Pflanzen [...]: Es ist ein Auge, aber ein schlechtes Auge.»[332] Diese Tatsache spiegeln experimentelle Untersuchungen, die zeigen, dass die Wurzel arttypischer wächst, sich feiner verzweigt, vertikal tiefer in den Boden vordringt und damit sich ein größeres Bodenvolumen erschließt.

Das Hornkieselpräparat entfaltet seine Wirksamkeit über der Erde im Spross- und dem Blattbereich. Hier, im «Bauch» der landwirtschaftlichen Individualität, herrscht im Austausch mit Luft, Wärme und Licht intensive Stoffwechseltätigkeit (Abbildung 25, S. 350). In dieser Wechselbeziehung der Umkreiskräfte einerseits und der aufsteigenden und absteigenden Pflanzensäfte andererseits wirkt das Hornkieselpräparat harmonisierend. Es ist in diesem Sinne ein «Stoffwechseldünger» für die Pflanze. Es hat diese düngende Kraft während des Ruhens der Hörner in der Sommererde aufgenommen, in der Zeit, wo diese Sommerstoffwechselkräfte am intensivsten wirksam sind. Der kristalline, sinnesaktive Quarz – ein Repräsentant der Wintererde – hat sich im Zug der geschilderten Emanzipationsschritte zu einem stoffwechselaktiven Sommerkräftedünger gewandelt. Mit seiner Hilfe können wir wiederum beliebig den großen makrokosmischen Rhythmus des Jahreslaufes auf die Kultur hin individualisieren, die wir gerade anbauen. Er schließt die Pflanze gegenüber ihrer Umwelt und ebenso gegenüber ihrem Typus, ihrem geistigen Urbild auf. Dieses tritt sowohl im Erscheinungsbild der Pflanze deutlicher hervor, zum Beispiel in der Durchformung der Blätter, in der Blattmetamorphose, wie auch in der Komposition der Stoffe in allen Stadien der Vitalisierung, des Wachstums und der Entvitalisierung, des Blühens, der Reife und der Samenbildung. Im Zusammenspiel mit dem Hornmistpräparat harmonisiert es die Prozesse der Fruchtbildung, sorgt, wie experimentelle

332 Rudolf Steiner: *Die Schöpfung der Welt und des Menschen. Erdenleben und Sternenwirken. Über die Gerüche*, GA 354, Vortrag vom 24. August 1924, Dornach 2000, S. 154.

Untersuchungen zeigen, für physiologische Ruhe in der Ausreife und so in Konsistenz, Farbe, Geruch und Geschmack für qualitative Eigenschaften, die, über die Schwelle des bloß Pflanzlichen hinausweisend, den Nährwert für Tier und Mensch ausmachen.[333, 334, 335]

Hornmist und Hornkiesel bedingen einander. Sie wirken in der Achse Erde-Sonne, die sich in der Senkrechten von Wurzel und Spross versinnlicht. Sie erschließen ferner die Pflanze den Umkreiskräften, was sich in der intensiven Verzweigung der Wurzel und Durchformung des Blattwerks manifestiert. Mit dem einen düngen wir mit Winter-, mit dem anderen mit Sommerkräften. Wir düngen Leben durch das, was alles Leben trägt. Es sind im Lebendigen gehaltene Stoffe, die Kräfte entbinden, die das Rhythmus schaffende Verhältnis Erde-Kosmos standörtlich individualisieren.

Es gibt viele experimentelle Untersuchungen zu den Spritzpräparaten.[336] Sie liefern nach dieser oder jener Richtung eine Bestätigung ihrer Wirksamkeit. Für denjenigen, der nach ihrem Wesen und ihrer Bedeutung fragt, wird in dem Maße das Verständnis wachsen, wie es gelingt, auf den drei genannten Forschungswegen den geisteswissenschaftlichen Ideengrund sich zu erschließen, den darauf bezüglichen Naturzusammenhang im Ganzen des landwirtschaftlichen Organismus sich erkennend zu vergegenwärtigen und durch die Willenserfahrung im Tun belehren zu lassen.

---

333 Manfred Klett: *Untersuchungen über Licht- und Schattenqualität in Relation zum Anbau und Test von Kieselpräparaten zur Qualitätshebung*, Darmstadt 1968, 117 S.

334 Johannes Klein: *Der Einfluss verschiedener Düngungsarten in gestaffelter Dosierung auf Qualität und Haltbarkeit pflanzlicher Produkte*. Institut für biologisch-dynamische Forschung, Darmstadt 1968.

335 Ilias Samares: *Nachernteverhalten unterschiedlich gedüngter Gemüsesorten mit besonderer Berücksichtigung physiologischer und mikrobiologischer Parameter*. Forschungsring für biologisch-dynamische Wirtschaftsweise, Darmstadt 1980, 153 S.

336 Uli Johannes König: «Wissenschaftliche Untersuchungsergebnisse zum Nachweis der Präparatewirksamkeit» in: Markus Hurter (Hrsg.): *Zur Vertiefung der biologisch-dynamischen Landwirtschaft*, Dornach 2007, S. 157 f.

Die Kompost- oder Düngerpräparate

Der Zusammenklang der zwei genannten Düngungsstufen aus der belebten und beseelten Natur unter Lenkung der dritten, der ideengetragenen menschlichen Arbeit, ist das Erbe der abendländisch-christlichen Landbaukultur. Jetzt, wo die weisheitsvollen Instinkte dieses Erbes verloren sind, müssen die moralischen Impulse in der Praxis der Düngung aus einer denkenden Anschauung der in der Natur verborgen wirksamen Weisheit gewonnen werden. Diese ist Ausdruck des aus der Vergangenheit wirkenden Makrokosmos. Die Natur selbst sorgt für die Anordnung der Stoffe im Kuhdünger, im Pflanzenkompost und in den Kristallen der Erde. Diese Anordnung wiederholt sich nach den Weisheitsgesetzen der kosmischen Vergangenheit. Löst sich ein Salzkristall in Wasser auf, entstehen durch ein Eindampfen wieder Salzkristalle derselben Art. Aus dem Samen der Kamille entsteht wieder eine Kamille. Kann diese zum «Werk»[337] geronnene Anordnung der Stoffe in dem Sinne belebt werden, dass sie sich den Kräften eines werdenden Kosmos aufschließt? Ist das Christliche eines zukünftigen Landbaus darin zu sehen, dass die in makrokosmischer Entwicklung zu Ende gekommene Anordnung der Stoffe sich in Zukunft durch die freie Tat des Menschen verwandeln kann? Das Grundthema des Landwirtschaftlichen Kurses Rudolf Steiners ist die Belebung der Erde selber. Diesem Ziel dienen die bereits beschriebenen beiden Spritz- oder Feldpräparate «Hornmist und Hornkiesel». Es folgt der Reigen der sechs Kompost- oder Düngerpräparate, die als Zusätze zu den pflanzlichen und tierischen Düngern ebenfalls in homöopathischer Dosis angewendet werden. Rudolf Steiner eröffnet diesen Reigen mit der Schilderung des Schafgarbenpräparates, bei welchem das methodisch-kompositorische Thema gleichsam in Vollendung anklingt. Deshalb soll dieses am Beispiel des Schafgarbenpräparates ausführlicher beschrieben werden. Abweichungen von dem Grundthema bei der Herstellung der anderen Präparate lassen desto deutlicher deren Eigencharakter hervortreten.

Das Prinzip der Herstellung wiederholt dasjenige der Handhabe und des Zusammenklanges der aus der Natur hervorgehenden Düngungsarten, jetzt aber auf einer Stufe, die sich aus der Bedingtheit der Natur heraushebt. Die naturveranlagte Düngung verharrt in der Gebundenheit an das gewordene «Werk». Ausgangspunkt der Präparatezubereitung sind Stoffanordnungen dieses Werkes, «Werkstoffe» aus den drei Naturreichen, die durch die Hand

337 Rudolf Steiner: *Anthroposophische Leitsätze*, «Michaelzukunft und Michaeltätigkeit», GA 26, Dornach 1998, S. 94 und 96.

des Menschen zusammengefügt werden, jetzt aber aus Ideen der Geisterkenntnis. Diese Ideen beinhalten die Beziehung des gewordenen Werkes zu dessen Wesensgrund; in praktischer Umsetzung leiten sie eine neue Entwicklung ein.

Ausführliche Beschreibungen über die Ausgangsmaterialien der Präparation und über diese selbst liegen von folgenden Autoren vor, und zwar über:

- die Präparatepflanzen von Jochen Bockemühl und Kari Järvinen[338] – eine Betrachtung, die dazu anleitet, aus der Anschauung zur Wesenserkenntnis voranzuschreiten.
- «Ein vertieftes Verständnis des Wesens der biologisch-dynamischen Präparate aus goetheanistischer, christologischer und geisteswissenschaftlicher Sicht» von Erdmuth-M. W. Hoerner.[339]
- Die praktische Handhabe in Herstellung und Anwendung der biologisch-dynamischen Präparate, eine umfassende Übersicht von Walter Stappung.[340]

Die Komposition des Schafgarbenpräparates

Die Schafgarbe wird von Rudolf Steiner als «ein ganz besonderes Wunderwerk» charakterisiert.[341] «Diese Schafgarbe stellt sich in der Natur so dar, als wenn irgendwelcher Pflanzenschöpfer bei dieser Schafgarbe ein Modell gehabt hätte, um den Schwefel in der richtigen Weise zu den anderen Pflanzensubstanzen in ein richtiges Verhältnis zu bringen.»[342] Und ferner: «Die Schafgarbe entwickelt vorzugsweise im Kalibildungsprozess ihre Schwefelkraft. Daher hat sie den Schwefel genau in der Menge, die notwendig ist, um Kali zu verarbeiten.»[343] «In der Schafgarbe verarbeitet der Schwefel den Kaliumgehalt so, «dass er in der richtigen Weise sich verhält im organischen Prozess gegenüber dem, was nun den eigentlichen Leib, das Eiweißartige der Pflanze ausmacht.»[344]

338 Jochen Bockemühl und Kari Järvinen: *Auf den Spuren der Präparatepflanzen*, Dornach 2005, 153 S.

339 Erdmuth-M. W. Hoerner: *Die biologisch-dynamischen Präparate*, Stuttgart 2019, 512 S.

340 Walter Stappung: *Die Düngerpräparate Rudolf Steiners, Herstellung und Anwendung*, Rüfenach 2017, 2 Bd. (Bd. 1: 632 S.; Bd. 2: 116 S.).

341 Rudolf Steiner: *Geisteswissenschaftliche Grundlagen zum Gedeihen der Landwirtschaft*, GA 327, Vortrag vom 13. Juni 1924, Dornach 1999, S. 126: «Diese Schafgarbe ist – eigentlich ist es ja jede Pflanze – ein Wunderwerk, aber wenn man wieder eine andere Blume anschaut, dann kommt einem das ganz besonders zu Herzen, was für ein Wunderwerk diese Schafgarbe ist; sie ist ein ganz besonderes Wunderwerk.»

342 Rudolf Steiner: *Geisteswissenschaftliche Grundlagen zum Gedeihen der Landwirtschaft*, GA 327, Dornach 1999, S. 126.

343 Ebd., S. 129.

344 Ebd., S. 126.

Der Schwefel vermittelt das Geistig-Kosmische den irdischen Stoffen. Diese ordnen sich gemäß den Kräften des geistigen Urbildes, z.B. der Schafgarbe, und bringen dieses in der Form oder Gestalt dieser Pflanze zur Erscheinung. Der Schwefel kann im Lebendigen als Träger des aus dem Geist schaffenden Prinzips angesprochen werden, das in der Form, im Gestaltbilden zum Ausdruck kommt. Das Kalium ist als Salzbildner Träger des Stoffprinzips und ist damit ein Repräsentant des Irdischen. Im Zusammenwirken beider polaren Prinzipien vollzieht sich in Steigerung in der Pflanze die Eiweißbildung. Auf jeder Stufe ihres Erscheinens vom Samen bis zur Blüte ist die Pflanze, und im Besonderen die Schafgarbe, Bild dieser Polarität. Rein gegenständlich tritt uns diese vor Augen, wenn wir einen Samen in die Erde legen. Im Samen konzentriert sich das Urbild der Pflanze. In ihm lebt das Kosmische «als Form der Pflanze».[345] Der Same ist umgeben von Humus, dem Gestalter im Irdischen[346], und von den mineralischen Bestandteilen des Bodens, von Kiesel, Kalk, Ton und den im Wasser gelösten Salzen. Ihn umgibt also irdische Stofflichkeit, die ihren Charakter allerdings in dem Grade verliert, je stärker die mineralischen Komponenten durchkristallisiert und damit wasserunlöslich sind, z.B. Kiesel. Im Kristall erscheint das kosmische Urbild des Minerals als Form. In der gelösten Stofflichkeit walten die physisch-irdischen Gesetze.

Mit dem Quellen des Samens nimmt dieser Wasser und darin gelöste Salze aus dem Boden auf. Die kosmische Form der Pflanze tritt zur irdischen Substanz in Beziehung. Der Keimling entwickelt sich merkurial aus dieser Beziehung. Was im Samen kosmisch als Form der Pflanze lebt, wandelt sich in die irdische Form der sinnlich-physisch erscheinenden Pflanze. Im Augenblick der Aufnahme von irdischer Substanz, z.B. Kalium, entfremdet sich diese in einem ersten Schritt bereits ihrer physisch-irdischen Gesetzlichkeit. Im Spannungsfeld der Irdisch-Werdung der Form der Pflanze und anderseits des Kaliums, das sich im organischen Geschehen fortschreitend seiner irdischen Natur entfremdet, bildet sich das Eiweiß. In der Ursubstanz allen Lebens durchdringt sich kosmische Form und irdische Substanz. In der Eiweißbildung, z.B. am Vegetationspunkt, drängt und quillt der Kaliumprozess von unten nach oben, und aus dem Eiweiß baut der Geist, indem er sich des Schwefels als seines Vermittlers bedient, die Gestalt der Pflanze auf. In der Bildung des pflanzlichen Eiweißes darf man den Wendepunkt sehen, an dem sich die kosmische Form der Pflanze in die irdische eingrenzt und der Repräsentant des Irdischen, das Kalium, sich seinem kosmischen

345 Ebd., Vortrag vom 10. Juni 1924, Dornach 1999, S. 53.
346 Ebd., Notizblatt Nr. 9 im Anhang, S. 271: «Der Humus gestaltet das Untere durch die Erde.»

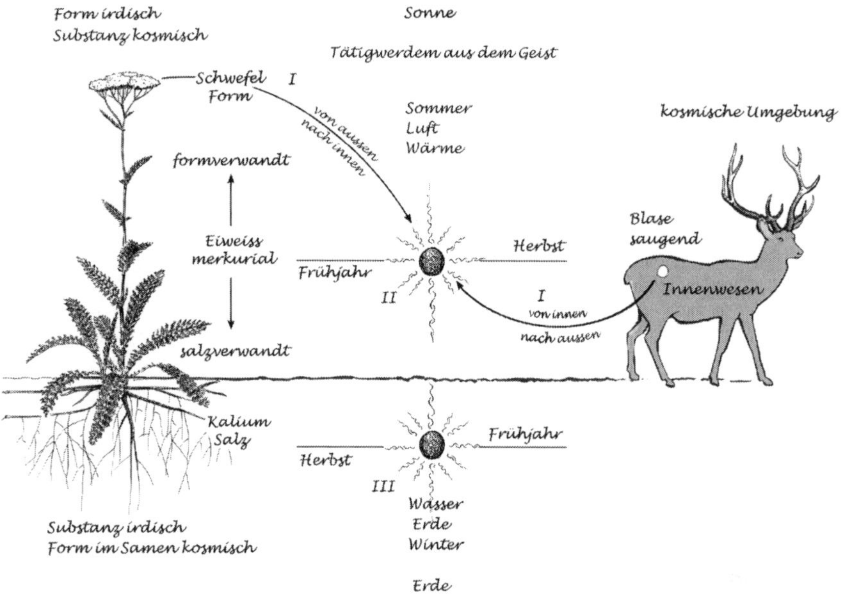

Abbildung 26:
Metamorphosen der Stoffanordnung in den drei Schritten der Präparation der Schafgarbe.

Ursprungswesen aufschließt. Je mehr also die Schafgarbe ihre äußere irdische Gestalt zur Erscheinung bringt, desto mehr enthebt sich das Kalium der Bedingtheit seiner physischen Eigenschaften. Auf jeder Stufe dieses sich wandelnden Wechselverhältnisses von Form und Substanz, von Irdisch- und Kosmisch-Werdung, ist das Eiweiß in seiner Stoff-Form-Anordnung ein anderes. In der jungen Pflanze und zur Wurzel hin ist es mehr kalium-, also salzverwandt (Nitrate, freie Aminosäuren), in der ausgewachsenen Pflanze und zur Blüte und ausgereiften Frucht hin strukturiert es sich immer komplizierter. Es wird schwefel-, also formverwandt (Abbildung 26).

In der Blüte erscheint in irdischer Formvollendung, was im Samen kosmisch als Form lebte. Alles, was im Samen als Möglichkeit des Gestaltwerdens angelegt war, hat sich in diese bestimmte Form ausgegossen. Das Wesen der Pflanze kann sich nicht über das hinaus offenbaren, als was sich bis zur Blüte hin im Bilde offenbart. Andererseits ist der Erdenstoff Kalium in der Blüte am weitesten seinem irdischen Charakter entfremdet. Er geht in der Blüte in die zarteste, kosmisch verfeinerte Substanzbildung auf, z.B. im farbigen Blütenblatt, im Nektar, im verströmenden Duft. Das eine, die Form, geht vollständig in die irdische Erscheinung auf. An ihrer Form erkennen wir unzweifelhaft die Schafgarbe, an der Stämmigkeit ihres Stängels, an der Auflösung der Blattspreite in eine geordnete Vielfalt speerartig sich aufteilender Fiederungen und an den in Weiß und Rosa aufstrahlenden Blütenschirmen, zu denen sich auf dem leicht gewölbten Blütenboden die trocknen, fest und konzentriert anmutenden Einzelblüten der Komposite versammeln. Das andere, der Stoff, der in der Erde als Kalium mit physikalisch exakt fassbaren Eigenschaften erscheint, verschwindet in den organischen Prozess, prägt diesem gewisse Eigenschaften auf, um dann von Blatt zu Blatt aufsteigend, in der Blüte dem Kosmos angenähert, in eine Art Keimzustand überzugehen. Man schaue auf den Blütenstand der Schafgarbe, man erblickt ein hohes Maß an irdisch-physischer Formdifferenzierung und gleichzeitig diese so willenlos dem Kosmos gegenüber sich öffnende Geste. Zuallermeist diese zarte, hingebungsvolle Geste, aber auch Farbe, Duft und Geschmack mögen als Hinweis darauf gelten, dass in der Blüte der Substanzprozess sich in ätherischer Verfeinerung kosmischen Zuständen annähert.

So spiegelt sich in der Blüte das Verhältnis des Kosmischen zum Irdischen in Form und Substanz polar zum in der Erde auskeimenden Samen. Die Pflanze offenbart ihr Wesen darin, dass sie in der Blüte in die Form erstirbt, und darin, dass gleichzeitig der von ihrem Wesen geprägte Substanzprozess in der Blüte in einer Art kosmischen Keimzustand einmündet. So abgeschlossen und vollkommen die Blüte erscheinen mag, so offen und keimhaft ist sie zugleich. Dieser Zustand der sich öffnenden Hingabe an den Kosmos währt nur einen Augenblick. Dann erfolgt einerseits der Einschlag, der zur Bildung des Individualsamens führt, und andererseits welkt die Pflanzengestalt bis herauf zur Blüte dahin und verfällt der Humifizierung, der Bildung des Humus als des «Universalsamens». Wie lässt sich dieser Status Nascendi der Formoffenbarung und in Fluss gehaltener, ätherischer Substanz in der Blüte bewahren? Wie kann gleichsam zwischen Samen- und Humusbildung hindurch das Erreichnis der Pflanzenbildung in der Blüte über die von der Natur gesetzte eherne Schwelle hinausgeführt werden? Wie kann dem Blütenaugenblick Dauer verliehen werden?

Man kann sich vorstellen, dass Rudolf Steiner im Geiste forschend und den Blick auf die Schafgarbe richtend, vor solchen Fragen stand. Eine Antwort auf diese Fragen kann die bloße Anschauung der Schafgarbe nicht geben. Weiterführend ist es, wenn man die Wirkung der Schafgarbe in den tierischen und menschlichen Organismus hinein verfolgt. Da erweist sie sich als ein bedeutendes Heilmittel, welches ausbessern kann, «was an einer Schwäche des astralischen Leibes liegt».[347] Der Blütenprozess der Schafgarbe setzt sich in ihrer Verwendung als Heilmittel in das höhere Reich des warmblütigen Tieres und in das Reich des Menschen fort und entfaltet dort, jenseits seines äußeren Erscheinungsfeldes, eine wohltätig heilende Wirkung. Auf diese Beziehung der Schafgarbe zu etwas, das als eine seelische und geistige Realität jenseits der Schwelle ihrer Erscheinung liegt, macht der Geistesforscher aufmerksam. Aber sie gibt noch keine Antwort auf die Frage, wie der Form- und Substanzprozess der Blüte als solcher zu konservieren sei. Um das zu erreichen, richtet Rudolf Steiner den forschenden Blick auf das Tierreich, das in seiner Organwelt in leibgebundener Seelenkraft dem Augenblick Dauer verleiht. Der tierische Organismus umschließt eine Innenwelt, die bei der Blütenpflanze im Bilde nach außen gekehrt erscheint. Von der Stufe der Tierheit wendet der Geistesforscher den Blick auf die Schafgarbe mit der Frage, welcher Organprozess dasjenige konservieren kann, «was in der Schafgarbe ist».[348] Diese Macht hat der «zwischen der Niere und der Blase sich abspielende Prozess, und dieser Prozess ist wiederum von der substanziellen Beschaffenheit der Blase abhängig».[349] Diese Bedingungen sind bei der Blase des männlichen, also geweihtragenden Edelwildes erfüllt. Es wird in der Regel die Blase des Hirsches verwendet.

Der Flüssigkeitsstoffwechsel endet in der Blase. Sie saugt ein, konzentriert und scheidet in die Außenwelt aus, was die Niere in Wahrnehmung des durchseelten Flüssigkeitsorganismus als unbrauchbar aus dem Innern entlässt. Die Nieren- und Blasentätigkeit steht mit ihrem Gegenpol, der nach außen gerichteten Nerven-Sinnes-Tätigkeit, in auffälliger Beziehung. Das gilt vor allem für das Auge und beim Hirsch für das Geweih, das nach dem Absterben für einige Monate bis zum Abwerfen zu einer Art tastendem Sinnesorgan wird. Das Auge erscheint, in seinem fast nur von physikalischen Gesetzen beherrschten Aufbau, wie ein Stück Außenwelt, das sich «golfartig» in den Organismus hinein senkt.[350] Das Geweih wächst als Gliedmaßenknochen über den Kopf hinaus und erstirbt förmlich zu einem Gegenstand der Außenwelt.

So lebt das Edelwild mit dem hochtragenden Geweih und dem äugenden Blick in fortwährend leiser Nervosität, seine Umgebung wahrnehmend. Das

347 Rudolf Steiner: *Geisteswissenschaftliche Grundlagen zum Gedeihen der Landwirtschaft*, GA 327, Vortrag vom 13. Juni 1924, Dornach 1999, S. 126.

348 Ebd., S. 128.

349 Ebd., S. 128.

350 Vgl. Rudolf Steiner: *Von Seelenrätseln*, GA 21, Kap. «6. Die physischen und die geistigen Abhängigkeiten der Menschen-Wesenheit», Dornach 1983, S. 158: «In die Sinne erstreckt sich die Außenwelt wie in Golfen hinein in das Wesen des Organismus.»

Auge verhält sich dabei polar zur Blase. Wie diese einen materiellen Substanzstrom aus dem durchseelten Innenwesen einfängt und konzentriert, so umgekehrt das Auge, das das Geistige der Außenwelt einfängt und im Wahrnehmungsbild konzentriert. Und wie die Blase ausscheidend sich der Außenwelt öffnet, so vermittelt das Auge den Bildinhalt einstrahlend dem Innenwesen. Wie stark Wahrnehmung und Ausscheidung zusammenhängen, erfährt derjenige, der auffällig und wohlmöglich zur Unzeit den Kuhstall betritt. Die Kühe merken kurz auf, und schon wird der Stoffwechsel aktiv; es fängt an zu rauschen. Beim Edelwild ist dieser Zusammenhang mehr zur Nerven-Sinnes-Seite hin polarisiert. In leibgebundener Sinnesoffenheit lebt es das Kosmische seiner Umgebung mit und dieses prägt sich seiner Leibesorganisation ein. Dieser Prägung verdankt die Edelwildblase ihre besondere «substanzielle Beschaffenheit».[351] Was der Hirsch als kosmische Gegenwart erlebt, prägt die stoffliche Anordnung der hauchdünnen Membran der Blase. Sie ist in ihrer substanziellen Prägung durch die Kräfte des Kosmos «fast ein Abbild des Kosmos».[352] Andererseits hat die Edelwildblase eine nahezu kugelrunde Form. Als Hüllenorgan umschließt sie einen Innenraum und bewahrt mit dieser Kraftgestalt der umformenden Hülle den kontinuierlichen Gang der darin sich abspielenden Prozesse. Wie alle Organe trägt die Blase in sich, in Form und bewahrender Funktion, das Erbe des vergangenen Makrokosmos. Was die Blase des Edelwildes im Vergleich beispielsweise zu der anderer Wiederkäuer so herausragend und für die Präparation der Schafgarbe so geeignet macht, ist die Doppelheit ihrer Funktion. In ihrer substanziellen Beschaffenheit steht sie beim Geweihträger zu den gegenwärtig wirkenden, in ihrer Form hingegen zu den bewahrenden, aus der Vergangenheit wirkenden, Kräften des Makrokosmos in Beziehung.

Was sich in der Natur in zwei vollständig getrennte Evolutionslinien auseinanderlegt, einerseits in den Schwefel-Kalium-Prozess, gipfelnd in der Schafgarbenblüte, und andererseits in den Blasen-Nieren-Prozess, gipfelnd im Edelwild, sind evolutive Endpunkte. Der Geistesforscher schaut das Ende eines Entwicklungsweges in Form und stofflicher Anordnung und schaut die Schöpfungsmächte des Anfangs und deren Fortentwicklung. Aus der Zusammenschau beider Welten eröffnet sich der erste Schritt der Präparation: Schafgarbenblüten werden, leicht zusammengepresst, in die Hirschblase gefüllt, sodass sie von dieser allseitig umschlossen sind (Abbildung 26, I, S. 363).

351 Rudolf Steiner: *Geisteswissenschaftliche Grundlagen zum Gedeihen der Landwirtschaft*, GA 327, Vortrag vom 13. Juni 1924, Dornach 1999, S. 128.

352 Ebd., S. 129.

Was vorher an Schafgarbenblüten, nach außen gerichtet, sich in willenloser Hingabe gegenüber dem Kosmos geöffnet hat, erfüllt jetzt einen Innenraum. Was vorher als Blase ganz im Dienste eines Innenorganismus stand, in ihrer Form eine Schöpfung des vergangenen, in ihrer Substanz ein Abbild des gegenwärtigen Kosmos, ist jetzt Gegenstand der Außenwelt. Die Blase ist eine Bildung des Astralleibes des Hirsches. Ist sie dem Hirsch entnommen, fehlt ihr der Astralleib. An dessen Stelle treten, in der Exposition des Präparates gegenüber dem Umkreis, die Einstrahlungen des «Weltenastralleibs» (Kosmos). Mit diesem ersten Schritt der Präparation vollzieht sich eine erste Umstülpung der Funktion der Blase. Naturhaft ist die Blase ein Organ des Stoffwechselgeschehens, jetzt wird sie als ein Gegenstand in Raum und Zeit in ihrer substanziellen Beschaffenheit zu einer Art Sinnesorgan gegenüber dem Kosmos. Andererseits gelangen die Blüten, die naturhaft sich willenlos nach außen öffnen, in die innere Sphäre eines Organs, das vom tierischen Organismus so gestaltet ist, dass es seinen Inhalt willenhaft mit bewahrenden Kräften durchsetzt.

Im zweiten Schritt der Präparation beginnt sich zu erfüllen, was durch die Umstülpung im ersten Schritt angelegt ist (Abbildung 26, II, S. 363). Die Hirschblase mit dem Blüteninhalt wird «an einem möglichst von der Sonne beschienenen Ort»[353] aufgehängt. Sie ist dort den Kräften des physischen Leibes der Erde in den Elementen Luft und Wärme ausgesetzt und demjenigen, was vertikal in der Achse Erdmittelpunkt-Sonne wesenhaft wirkt. Wir dürfen annehmen, dass es jetzt ihre substanzielle Beschaffenheit ist, die ihr vom kosmischen Erleben des Hirsches zuteilwurde, durch die die Membran der Blase sinneshaft empfänglich wird für das, was sie räumlich an physischem Kräftewirken umgibt. Diese Kräftesignatur des durchsonnten Raumes in Luft und Wärme, vermittelt durch die Substanz der Blase, teilt sich der umschlossenen Blütensubstanz mit. Und die Formhülle der Blase ist es, durch die das Aufgenommene in den Schafgarbenblüten festgehalten und bewahrt wird. In den Umstülpungsvorgängen dieses ersten und zweiten Präparationsschrittes prägt sich das Umkreiswirken dem ins Ätherische erhobenen Kaliumwirken in den Schafgarbenblüten ein. Es hält, so darf man es wohl verstehen, den ätherisierten Kaliumprozess in Fluss und wandelt ihn durch die höheren Kräfte des Astralischen zu einer «Bildekraft».

Im dritten Schritt der Präparation vergraben wir die Schafgarbenkugeln «nicht sehr tief in die Erde»,[354] sodass sie dort den Kräften des physischen

353 Ebd., S. 127.
354 Ebd., S. 127.

Leibes der Erde in den Elementen des Flüssigen und Festen ausgesetzt sind und demjenigen, was in vertikaler Richtung wesenshaft wirkt (Abbildung 26, III, S. 363). Wieder ist es die substanzielle Beschaffenheit der Blase, die der Schafgarbenmasse sinneshaft vermittelt, was in Finsternis, in Erde und Wasser physisch im Raume lebt, und die Formhülle, die es bleibend dem keimhaften Substanzzustand der Blüten einprägt.

Im zweiten und dritten Schritt der Präparation ist die Blütenmasse der Schafgarbe den Kräften des physischen Leibes der Erde ausgesetzt. Dieser hat seine Grundlage in den vier Elementen, die in der Natur sich vielfach mischen und wieder sondern, im Großen aber auseinandertreten in Luft und Wärme über der Erde und in Flüssiges und Festes unter der Erde. In beiden Raumesqualitäten des «Oben» und «Unten», des Lichtes und der Finsternis, tauchen die Schafgarbenkugeln wie Samenkeime ein. In diesen bewahren sich diese Raumesqualitäten des «Irdischen». Das «Obere», sich bewahrend, durchdringt das «Untere» und umgekehrt. Gleichsam kondensiert in einem Punkt, hebt sich die Weltpolarität der Höhen und Tiefen, das Nebeneinander im Raum und die Vergegenständlichung des physischen Leibes der Erde, auf.

Der zweite Schritt der Präparation wurde bis jetzt nur unter dem physisch-räumlichen Aspekt betrachtet. Hinzu tritt der zeitliche Aspekt. Die Schafgarbenkugeln verweilen, aufgehängt über der Erde und dort exponiert den Kräften der Wärme und der Luft sowie dem Licht der Sonne, vom Frühjahr über den Sommer bis zum Herbst (Abbildung 26, II, S. 363). In dieser Zeit, vor allem im Sommer, sind Luft und Wärme und die Feuchtehülle der Erde von ätherischen und astralischen Kräften durchdrungen, die direkt von der Sonne und aus dem planetarischen Umkreis, besonders dem der untersonnigen Planeten hereinstrahlen. Was in diesen Kräften geistig lebt, lässt die Pflanzen wachsen; sie gestalten sich in ihrer unerschöpflichen Formenfülle aus. Dieses gleichsam horizontal in Wärme, Luft und Feuchte waltende Kräftewirken empfängt die Blütenmasse im Innern der Umhüllung. Wieder wird es die substanzielle Beschaffenheit der Blase sein, die vermittelt, was im Nacheinander der Zeit lebt, und es wird ihre Organform sein, die die Prägung eines jeden Augenblickes bewahrt.

Im dritten Schritt der Präparation verweilen die Schafgarbenkugeln vom Herbst über den Winter bis zum Frühjahr in der Erde (Abbildung 26, III, S. 363). Da ist die durchfeuchtete Erde durchsetzt von ätherischen und astralischen Kräften, die indirekt von der Sonne und aus dem planetarischen Umkreis, vor allem demjenigen der obersonnigen Planeten, auf das Pflanzenwachstum wirken. Was in diesen Kräften geistig lebt, tritt in Beziehung zu den Repräsentanten der mineralisch-kristallinen Natur der Erde, zu Quarz (Kiesel), Kalk und zur Tonsubstanz. Als indirektes Wirken wird es in «kosmischer Aufwärtsströmung»[355] durch den Ton der Pflanzenwelt vermittelt und gestaltet sich in dieser z.B. in den Blatt- und Blütenfarben und in der feineren Substanziierung der reifenden Früchte aus. Eingetaucht in dieses Kräftewirken, ruhen die Schafgarbenkugeln in der Erde über das Winterhalbjahr. Wieder wird es die Substanz der Organhülle sein, die, in einer Art Sinnestätigkeit, das in der Zeit Fortschreitende dem Keimhaften der Blütenmasse vermittelt, und die Form wird es sein, die es in diesem Keimhaften bewahrt.

Im zweiten und dritten Schritt der Präparation ist die Schafgarbenmasse in vertikaler Raumesbeziehung in den physischen Leib der Erde eingebettet und horizontal, in der Beziehung zum Zeitenlauf, zur rhythmischen Wiederkehr des Entstehens und Vergehens, in den Äther- und Astralleib der Erde. Die Letzteren differenzieren sich in eine Vielheit von Wesen, die die Erscheinungen im Jahreslauf und die rhythmische Abfolge der Jahreszeiten bewirken. Es stehen sich polar gegenüber Winter und Sommer und die Übergänge Frühling und Herbst. Für einen Erdenort kann es nicht gleichzeitig Winter und Sommer geben. Sie folgen aufeinander im Strom der Zeit. Im Ausgesetztsein der Schafgarbenkugeln den Prozessen des Sommerhalbjahres in Luft und Wärme und nachfolgend des Winterhalbjahres in Wasser und Erde hat das Keimhafte der Blütensubstanz, vermittelt und bewahrt durch die Hirschblase, einen ganzen Jahreslauf eingeprägt erhalten. Im Blüteninhalt durchdringen sich in Gleichzeitigkeit alle Qualitäten des zeitlichen Nacheinanders im Jahreslauf. Das Sommerhalbjahr, sich bewahrend, durchdringt das Winterhalbjahr und umgekehrt. In der so präparierten Schafgarbe kondensiert sich das Umkreiswirken eines ganzen Jahreslaufes zum Punkt in der Gleichzeitigkeit und damit zur Potenz neuer Entwicklungsmöglichkeiten.

Im Fortgang der Präparation der Schafgarbe wird der Substanzstrom, der in der Blüte im Zustand des Keimhaften endet, über die Schwelle der Gebundenheit in Raum und Zeit hinausgeführt. Was in der Blüte der Schafgarbe sich für einen Augenblick in willenloser Geste, als eine bloße Potenz auslebte, das schließt sich im Überschreiten dieser Schwelle einer höheren Kräftenatur auf. Das substanziell Keimhafte fällt nicht zurück in das naturhafte Geschehen der Samen- und Humusbildung, sondern es keimt aus, befruchtet durch die Kräfte des physischen, Äther- und Astralleibes der Erde.

355 Rudolf Steiner: *Geisteswissenschaftliche Grundlagen zum Gedeihen der Landwirtschaft*, GA 327, Vortrag vom 10. Juni 1924, Dornach 1999, S. 47.

Betrachten wir zusammenfassend den Dreischritt der Präparation der Schafgarbe vom Gesichtspunkt des Menschen, der sie ausführt. In der Schafgarbe, ebenso in der Blase des Edelwildes, kommt eine makrokosmische Entwicklung an ihr Ende. Da herrscht Vollendung, da geht es nicht weiter. Der Geist des Menschen aber vermag in der Erkraftung seiner Erkenntnisfähigkeit in die geistigen Untergründe des Seins und Werdens vorzudringen. Sie sind dem Gegenwartsbewusstsein in den Ergebnissen der anthroposophischen Geisteswissenschaft erschlossen. Solche Ergebnisse liegen im Landwirtschaftlichen Kurs Rudolf Steiners vor und leiten dazu an, das in der Natur Getrennte, vom Ursprung her aber doch Beziehungsvolle, im ersten Schritt der Präparation zu vereinigen. So vollzieht sich im äußeren Substanzgeschehen aus dem Geiste des Menschen in den drei Schritten der Präparation eine Art dreifacher Schwellenübergang. Wo immer die Natur im Fortgang der Präparation, in Vollendung ihrer selbst, an eine Schwelle stößt, können wir sie aus Einsichten der Geistesforschung schöpferisch darüber hinweg geleiten.

Stufen der Wirksamkeit

Das fertige Präparat ist, gemessen an der Masse der Naturdünger des Hofes, eine nahezu vernachlässigbar erscheinende Menge. In ihm ist die Stoffanordnung eben nicht Werk, sondern Keim. Es erscheint äußerlich dem Humus verwandt und doch ist es diesem in Wesen und Wirksamkeit genau entgegengesetzt. Humus «erzeugt lichtloses Wirken».[356] «Er gestaltet das Untere durch die Erde.»[357] Der Sinn des Schafgarbenpräparates, wie in abgewandelter Form auch der anderen Kompostpräparate, ist aber gerade, den der Zersetzung anheimfallenden organischen Düngern des Hofes «lichtvolles Wirken» zu vermitteln, den Naturdüngern die Fähigkeit zu übertragen, für die außer Raum und Zeit wesenden Urbilder des Kosmos empfänglich zu werden.

Wesen und Bedeutung des Schafgarbenpräparates steht im Zusammenhang mit Wesen und Bedeutung des Kaliums im Naturhaushalt. Seiner physischen Natur nach offenbart sich das Kalium in seinen determinierten Eigenschaften. Mit diesen rechnet der Chemiker als dem einzig Realen. Im Lebensprozess der Pflanze, und archetypisch in der Schafgarbe, entfremdet

356 Ebd., S. 59.

357 Rudolf Steiner: *Geisteswissenschaftliche Grundlagen zum Gedeihen der Landwirtschaft*, GA 327, Notizblatt Nr. 9 im Anhang, S. 271: «Der Humus gestaltet das Untere durch die Erde.»

sich das Kalium dieser zum Werk geronnenen Determiniertheit und wird durch den besonderen Schwefelgehalt der Schafgarbe im Blühprozess um eine erste Stufe seinem kosmischen Ursprungswesen angenähert. Man kann dies die Stufe der «Wirksamkeit»,[358] die des wirksamen Lebendigen, nennen. Im Spannungsfeld zum Schwefel entfaltet das Kalium im Lebendigen seine Wirksamkeit, die vom irdischen Pol her in die Eiweißbildung im Blattbereich führt. In der Blüte tritt die Eiweißbildung fast ganz zurück. Sie setzt sich in die Bildung des Samens hinein fort. So ist in der Blüte der Kaliumprozess gleichsam aus seiner Wirksamkeit im Lebendigen entlassen. Er verfeinert sich in den Zustand des Keimhaften, zu dem, was man im Bild als die sich willenlos öffnende Geste der Blüte empfinden kann. Dieser Zustand währt einen Augenblick, und schon verfällt das Keimhafte dieses Substanzprozesses mit dem Absterben der Pflanze der Mineralisierung, in den Zustand der Determiniertheit der physischen Eigenschaften zurück. Im Augenblick des Blühens setzt aber die Präparation ein. Durch die Umhüllung mit der Edelwildblase und die weiteren Schritte der Präparation wird das Kalium, das in der Blüte die höchste Stufe seiner Verwandlung ins Lebendige erreicht hat, losgelöst von der Trägerpflanze, in Wirksamkeit gehalten. Dies deutet darauf hin, dass das Kalium jetzt im Flusse seiner Belebung empfänglich für eine höhere Sphäre wird, für diejenige der Offenbarung seines Wesens. Dadurch ist der Erdenstoff Kalium nicht nur in die Sphäre des Lebens, sondern in die des empfindungstragenden Lebens emporgehoben. Es wird zum Träger eines von Innerlichkeit durchdrungenen Lebens.

Diese Belebung und Astralisierung des Stoffes vollzieht sich auch im Tier durch dessen Seelen- oder Astralwesen. Dies kommt in der außergewöhnlichen Düngekraft der Ausscheidungen der Wiederkäuer, allen voran des Rindes, zum Ausdruck.

Hierfür ist der Kuhdünger ein sprechendes Beispiel. Im Menschen vergeistigt sich der Stoff über die genannten Stufen hinaus, unter der Herrschaft des Ich, und wird zu dessen Träger. Das Außergewöhnliche der Präparation ist, dass hier Stoffe in eine Anordnung gebracht werden, durch die sie außerhalb des abgeschlossenen Leibesorganismus von Mensch und Tier im Boden zu Trägern des kosmischen Lebens und der kosmischen Astralität werden können.

Das fertige Schafgarbenpräparat, eine Schöpfung aus dem Geist des Menschen, repräsentiert die dritte Stufe der Düngung. Es entfaltet seine Wirkung, indem es in homöopathisch geringen Mengen demjenigen zugesetzt wird,

358 Rudolf Steiner: *Anthroposophische Leitsätze*, GA 26, «Menschheitszukunft und Michaeltätigkeit», Dornach 1998, S. 94f.

was im landwirtschaftlichen Betrieb an organischen Massen im Jahreslauf aus der Pflanzen- und Tierwelt anfällt. Es geht in Entfaltung seiner Wirkung im Kompost und im Düngerstapel auf. Zu gegebener Zeit kommen diese Dünger hinaus auf den Boden. Der Boden aber ist nur eine hauchdünne Haut. Er bildet als ein «Zwerchfell»[359] die Mitte zwischen dem «Oben» und «Unten», den Höhen und Tiefen, dem Licht und der Finsternis. Arbeiten wir den Dünger in diese hautartige «Mitte» ein, dann wird sie durch diese neue Stoffanordnung befruchtet, die die Essenz eines Zusammenklanges der mineralischen, pflanzlichen und tierischen Natur ist, der Rhythmen des Sonnenjahres und der geistig schöpferischen Kraft des Menschen. Dieser Dünger veredelt und überhöht die Wirkungsweisen der drei Naturreiche, diejenigen der kristallinen Sinnesnatur der Erde, des Pflanzenkompostes und des tierischen Düngers. Er gleicht nicht nur aus, was dem Boden durch Raubbau genommen wurde, sondern er gibt der Erde, dem «Werk», die Fähigkeit, dass das Leblose sich belebt, das Belebte empfindungstragend und dieses sich individualisiert durch den aus der Zukunft einstrahlenden Geist.

Die Bedeutung der dritten Stufe der Düngung kann darin gesehen werden, dass wir in weiter Perspektive in die Zukunft das Naturdasein dort, wo so gearbeitet wird, über die Schwelle von Raum und Zeit hinausführen und es wieder anschließen an die voranschreitende Entwicklung der Geistseele des Menschen und mit dieser des Kosmos.

Die Komposition des Kamillenpräparates

Die Präparation folgt denselben Schritten wie das Schafgarbenpräparat, mit einer Unsicherheit: Im Text des Kurses bleibt der zweite Schritt, das Aufhängen der gefüllten Rinderdärme, unerwähnt; dagegen findet sich in den Notizen zum Kurs in dieser Hinsicht eine entsprechende Andeutung. Auf diese Problematik wird später eingegangen.

In ihrem Erscheinungsbild ist die Kamille (*Matricaria recutita bzw. Chamomilla officinalis*) der Schafgarbe polar, obwohl sie als Komposite (Korbblütler) dieser sehr nahe verwandt ist. Dagegen zeigt sie eine verwandtschaftliche Nähe in dem funktionellen Spannungsfeld der Polarität von Wurzel und Blüte. Ihre Nähe und zugleich Ferne begründet ihre Stellung als Zweite im Reigen der Düngerpräparate.

---

359 Rudolf Steiner: *Geisteswissenschaftliche Grundlagen zum Gedeihen der Landwirtschaft*, GA 327, Vortrag vom 10. Juni 1924, Dornach 1999, S. 44.

Die Geistesforschung lehrt, dass das Kamillepräparat das Vermögen hat, «den Dünger fähig zu machen, so viel Leben in sich aufzunehmen, und dieses Leben auf die Erde zu übertragen», dass der Dünger in die Lage kommt, «noch mehr zusammenzubinden diejenigen Stoffe, die für das Pflanzenwachstum nötig sind, außer dem Kalium auch das Kalzium, Kalkverbindungen». In der Schafgarbe haben wir es vorzugsweise mit den Kaliwirkungen zu tun. «Wollen wir auch noch die Kalziumwirkungen einfangen, so brauchen wir wiederum eine Pflanze, [...] die, [...] in einer homöopathischen Dosis verteilt, Schwefel enthält, und vom Schwefel aus die übrigen der Pflanze notwendigen Stoffe heranzuziehen.» «Die Kamille verarbeitet [neben dem Kalium; Anmerkung des Verfassers] das Kalzium dazu.» Sie trägt dazu bei, «jene schädlichen Fruktifizierungswirkungen von der Pflanze auszuschließen, die Pflanze gesund zu erhalten».[360]

Diese Hinweise Rudolf Steiners werfen zugleich Licht auf das so charakteristische Erscheinungsbild der Kamille im Vergleich zur Schafgarbe. Diese ist aufgrund ihrer Schwefelaktivität im Wärme-Luftbereich in Wechselwirkung mit dem Erdensalz-Kalium, in fortschreitender Verfeinerung des Kaliumprozesses von der Wurzel aufwärts über Stängel, Blattfolge bis zur Blüte hin, ganz Ausdruck der Beherrschung des Erdigen und Wässrigen. Alles an ihr zeigt die Tendenz zur strengen Form und zur Verhaltenheit der Lebensprozesse, wie beispielsweise die starke Sukkulenz der feingegliederten und zugleich dichten Blattfiederung und die wie hinter Mauern der Hüllkelche verborgenen Röhrenblüten. Dagegen erscheint die Kamille wie herausgehoben aus dem Irdischen. Ihr Bezug zum Kalium zeigt sich noch in einer leichten Sukkulenz der Blätter.[361] Ihre Schwefelaktivität scheint sich aber vor allem auf die Verarbeitung und Sublimierung des Erdenstoffes Kalzium zu konzentrieren. Alles in ihr strebt in eine lockere, starke Zergliederung ihrer vegetativen Organe. Von der ausgeprägten Pfahlwurzel, die sich nach oben leicht rübenartig verdickt, strahlen teils horizontal in dichter Folge die Seitenwurzeln in die Breite und Tiefe. Der Primärspross erhebt sich vertikal in die Höhe, doch alsbald zerteilt er sich an der Basis in eine Anzahl von Seitenästen, die, sich wenig verästelnd, in die Breite und Höhe ausstrahlen und gesamthaft dazu neigen, der Pflanze eine Art Kugelgestalt zu geben. Die Blätter gliedern sich in eine lockere, wenige geordnete Fiederung; die Fiederblättchen sind

360 Rudolf Steiner: *Geisteswissenschaftliche Grundlagen zum Gedeihen der Landwirtschaft*, GA 327, Vortrag vom 13. Juni 1924, Dornach 1999, S. 129.

361 Jochen Bockemühl und Kari Järvinen: *Auf den Spuren der biologisch-dynamischen Präparatepflanzen*, Dornach 2005, 154 S.

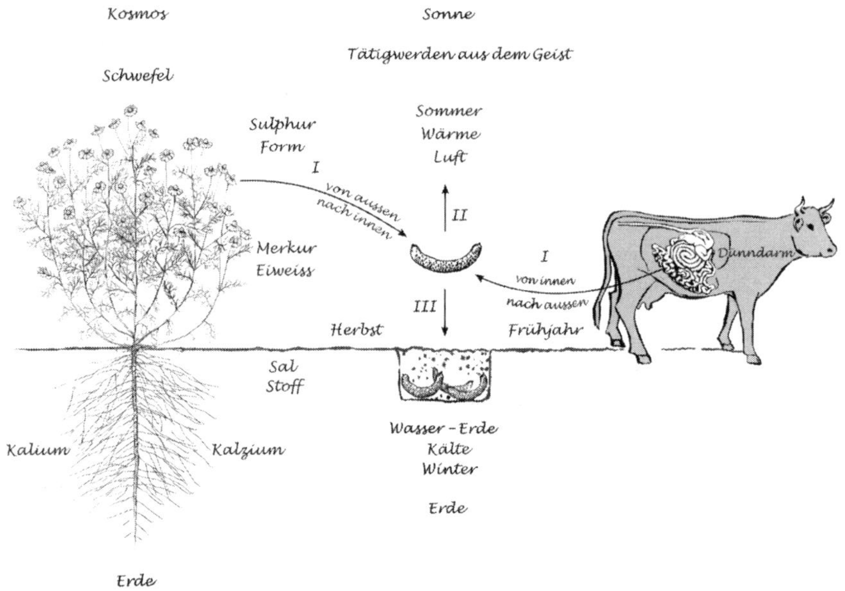

Abbildung 27:
Metamorphosen der Stoffanordnung
in den drei Schritten der Präparation der Kamille.

schmale, fadenartige Gebilde, die sich ihrerseits nur wenig verzweigen (Abbildung 27). Diese Gesten des Strahligen und des Abrundenden deuten auf Merkmale, die charakteristisch sind für den Reichtum der Erscheinungsformen des mineralischen Kalks ($CaCo_3$), wie beispielsweise das Strahlige des Aragonits oder die kugeligen bzw. abgerundeten Formen kristalliner Kalke, Lösskindel, Tropfsteine etc.

Die Sprossgestalt der Kamille erweckt den Eindruck des strahligen Zerteilens und Auflösens in Licht, Wärme und Luft. Dass sie sich nicht ganz und gar auflöst, dafür sorgen die endständigen Blüten, in welchen sich die Gestaltungsgeste der ganzen Pflanze nochmals auf höherer Stufe wiederholt und nach innen wendet. Der Stängel staut und erweitert sich zum Blütenboden, auf welchem unscheinbar die Röhrenblüten erscheinen, randständig umgrenzt von den weißen Zungenblüten. Im Aufblühen wölbt sich der Blütenboden zu einem abgerundeten Kegel und erstrahlt in warmem Goldgelb der Röhrenblüten. Unter der Aufwölbung des Blütenbodens entsteht ein lufterfüllter Hohlraum, das untrügliche Anzeichen, dass es sich um die echte Kamille handelt. Ein besonderes Kennzeichen der Beweglichkeit der Kamille im Gegensatz zur Schafgarbe ist das Anheben der weißen Randblüten bei Tagesanbruch und das abendliche Absenken.[362]

In den Blüten, die die kugelige Gestalt der freistehenden Kamille umhüllen und abschließen, erscheint ihr durchlichtetes, durchwärmtes und durchlüftetes Wesen nochmal auf höherer Stufe. Der Schwefelprozess durchdringt, im Vergleich zur Schafgarbe, auf andere Art die ganze Pflanze bis herunter in die Wurzel. Und statt das Kali wie diese lebendig im Erdig-Wässrigen zu halten, ätherisiert die Kamille das aufwärtsströmende Kalium-Kalzium im Wirkensbereich von Wärme und Luft, gipfelnd in der Blüte, die einen intensiven Duft ausströmt. Was in der Blüte prozessual an ein Ende kommt, bildet in der Präparation der Kamille den Anfang zu Neuem. Diese Umstülpung wird durch das Stopfen der gesammelten Kamillenblüten in eine tierische Formhülle, in ein Stück des Dünndarms der Kuh, eingeleitet (Abbildung 27). Der Dünndarm (*Infestum tenue*) schließt sich dem vom Magen kommenden Zwölffingerdarm (*Duodenum*) an, geht in den Hüftdarm (*Ilium*) über, der in den Blinddarm (*Caecum*) mündet. Das lange Zwischenstück bildet der Leerdarm (*Jejunum*), der girlanden- oder kranzartig die spiralförmig angelegte Grimmdarmscheibe (*Colon*) umgibt. Diese bildet das Mittelstück des Dickdarms zwischen Blind- (*Caecum*) und Mastdarm (*Rectum*). Für die Präparation kommt der Leerdarm in Frage. In ihm findet, eingeleitet durch Sekrete, die in den Zwölffingerdarm münden (Leber, Galle, Pankreas), und durch die darmeigenen Drüsen, das Hauptverdauungsgeschehen statt. Die Darmwand des Leerdarms ist um ein Vielfaches durch die eng aufeinanderfolgenden Darmzotten vergrößert. Geschützt durch die mächtige Schleimhaut (*Mucosa*), reichen in den Zotten die Blut- und Lymphgefäße bis weit in den Darmkanal hinein. In diesem findet durch Drüsensekrete und bakteriellen Abbau die nahezu vollständige Mineralisierung der aufgenommenen Nahrung statt. Es ist ein intensives Stoffwechselgeschehen, begleitet von rhythmischen Bewegungen des Erschlaffens und Wiederaufrichtens der Darmzotten sowie der Peristaltik der Darmwände durch eine Muskelschicht, die ihrerseits durch eine stark mit Nervengewebe durchsetzte, nahezu durchsichtige Haut, die *Serosa*, die Darmwand gegen das Innere der Bauchhöhle abgrenzt. Diese Gliederung in drei Häute und den Dreiklang ihrer Funktionen zeigt auch die Hirschblase. Und doch stehen beide Organsysteme polar zueinander. Die Blase zentriert und speichert die aus der Niere abgesonderte Flüssigkeit

362 Ebd., S. 82.

und entlässt sie in die Außenwelt; der Dünndarm hingegen bewegt das Fest-Flüssige der von außen aufgenommenen Nahrung, baut sie ab, sichtet sie im Durchgang durch die Darmwand und entlässt das Gesichtete in die Innenwelt des Leibes. Blase und Niere sind Organe des Astralleibes im Flüssigkeitsorganismus; die Blase scheidet das von der Niere Gesichtete, Unbrauchbargewordene aus dem Körperinnern aus. Der Dünndarm ist ein Organ, das aus dem Festen der Nahrung das Brauchbare filtert und es dem Leib einscheidet. Tief im Unterbewusstsein ist beim Menschen an diesem Vorgang die Ich-Organisation beteiligt. Sie greift tief in das Verdauungsgeschehen ein und sorgt für die Zerstörung der Fremdstofflichkeit bis herunter auf das Niveau des Physisch-Anorganischen.

Der erste Präparationsschritt ist ein solcher der Umstülpung und Emanzipation vom naturhaften Verlauf. Die Frage ist: Wie kann der Kalium-Kalziumprozess, der im Wachstum der Kamille in Fluss gehalten war und in der Blüte die höchste Stufe der ätherischen Bildsamkeit erreicht hat, über das Absterben der Blüte hinaus aus der Begrenzung des Raum-Zeitlichen herausgehoben werden, sodass das in der Blüte Veranlagte auf höherer Stufe in Fluss gehalten werden kann? Diese Aufgabe erfüllt der Dünn- bzw. Leerdarm der Kuh. Wir verschaffen uns einen solchen idealerweise von einer Kuh, die zeit ihres Lebens die «kosmische qualitative Analyse» in ihrem Verdauungssystem am hofeigenen Futter vollzogen hat. Wir zerschneiden den Leerdarm in ca. 25 bis 50 cm lange Abschnitte, binden diese an einem Ende zu und stopfen mit Hilfe eines Trichters die Kamillenblütenköpfchen in die Darmhülle, binden diese an der Füllöffnung zu und erhalten so pralle ansehnliche Würste (Abbildung 27, S. 374).

Was zuvor als Kamillenblüte den Weiten des Kosmos, der Sonne zugeneigt war, erfüllt jetzt dichtgedrängt den Innenraum des Dünn- oder Leerdarms einer Kuh. Diese Umstülpung von außen nach innen gilt auch für die neue Funktion des Dünndarms selbst. Er hat einen Inhalt, den er nicht mehr verdaut, enzymatisch aufschließt und bewegt, sondern im Gegenteil in seiner Konsistenz bewahrt und für Kräfte empfänglich macht, die aus dem planetarischen Umkreis über das Sonnenlicht einstrahlen. Die gewöhnliche Funktion des Darms und der Darmwand besteht darin, den aufgearbeiteten Darminhalt der irdischen Nahrung, physisch über die Lymph- und Blutbahn und geistig über die Nerven-Sinnes-Haut der *Serosa*, dem Leibesinnern der Kuh zu vermitteln. Polar dazu ist jetzt die Außenhaut des Darms (*Serosa*) den Kräften des Kosmos und der Erde zugewandt. Losgelöst vom Kuhorganismus vermittelt die empfindungsdurchdrungene Substanz der Darmhaut den Kamillenblüten Erd- und Sonnenkräfte. Die Frage ist: Sind es nicht diese, die das ätherisierte Kalium und Kalzium der Blüten über die naturgesetzte Schwelle in Fluss halten? Denn darauf kommt es ja schließlich bei allen Düngerpräparaten an! Mit dem ersten Präparationsschritt der Umstülpung polarer Prozesse vollzieht sich eine Steigerung, die, so kann man es verstehen, die Potenz hat, das «Werk» des Gewordenen einer neuen Entwicklungsstufe der Wirksamkeit zu öffnen. Diese Potenz schließlich realisiert sich in einem zweiten, vor allem aber in einem dritten Umstülpungs- und Emanzipationsschritt (Abbildung 27, S. 374).

Hinsichtlich des zweiten Schrittes entsteht die eingangs erwähnte Unsicherheit bezüglich der Angabe Rudolf Steiners im Landwirtschaftlichen Kurs und jener in den Notizen, die er sich in Vorbereitung desselben gemacht hat. Diese sind als Anhang im Landwirtschaftlichen Kurs abgedruckt. Auf Blatt 30 dieser Notizen findet sich die Anmerkung: «Därme – aufhängen». Davon ist im fünften Vortrag des Kurses, also in der öffentlichen Vorstellung dieses Sachverhalts, nicht die Rede. Es wird vielmehr entschieden der dritte Schritt, die Exposition in der Erde gegenüber den Winterkräften, betont: Als «Naturwirkung [...] möglichst dem Erdigen verwandtes Lebendiges da wirken zu lassen». Es wird ferner auch genauer die Beschaffenheit des Ortes beschrieben, wo das Kamillenpräparat eingegraben werden soll: «Diese kostbaren [...] Würstchen wiederum den ganzen Winter hindurch in einer nicht zu großen Tiefe einer möglichst humusreichen Erde aussetzen und sich auch solche Stellen aussuchen [...], wo der Schnee liegen bleibt längere Zeit, und den [...] Schnee gut die Sonne bescheint, sodass möglichst die kosmisch-astralen Wirkungen da hineinwirken.»[363]

Diesem, im Vergleich zur Schafgarbe, dritten Schritt der Präparation kommt offenbar die eigentliche Bedeutung zu. Der zweite Schritt der Exposition gegenüber den Einstrahlungen des Kosmos über Luft und Wärme bleibt unerwähnt. Neuerdings wird, analog zur Präparation der Schafgarbe, mehr und mehr das Aufhängen der Därme über den Sommer hin praktiziert. Die Blütenköpfchen der Ende Mai bis in den Juni aufblühenden Kamille werden gesammelt, leicht angetrocknet in die Därme gestopft und noch vor Johanni bzw. der Sommersonnenwende den Sommerkräften in Luft und Wärme ausgesetzt.[364]

363 Rudolf Steiner: *Geisteswissenschaftliche Grundlagen zum Gedeihen der Landwirtschaft*, GA 327, Vortrag vom 13. Juni 1924, Dornach 1999, S. 130.
364 Matthias König, mündliche Mitteilung.

Sucht man die verschieden lautenden Aussagen hinsichtlich des Sommer- und Winterwirkens im Falle der Kamille aus dem Geiste des Landwirtschaftlichen Kurses selbst zu gewichten, kann folgende Erwägung weiterhelfen: Wie die Vorgehensweise bei den nachfolgenden Präparatepflanzen zeigt, ist diese auf deren charakteristische Eigenart des Umganges mit den kosmischen Kräften und Erdenstoffen abgestimmt. Wie beschrieben, ist der Wuchs der Kamille Ausdruck des Obwaltens intensiver Astralität in Licht, Wärme und Luft. Diese steigert sich abermals in der Blüte und kommt in dem lufterfüllten Hohlraum unter dem sich wölbenden Blütenboden – dieser Hohlraum kann gleichzeitig ohne Widerspruch als Ausdruck der Bildung eines eigenen, noch nicht vom Wesen erfüllten, Innen-(Seelen)raums verstanden werden –, der Bewegungsrhythmik der Zungenblüten, dem wärmend-luftigen Duft und in ihrer hohen Heilwirkung zum Ausdruck. Alles dies deutet darauf hin, dass die Kamille schon in ihrem Wachstumsgeschehen einer solch starken sommerlich-kosmischen Astralwirkung ausgesetzt ist, dass der zweite Präparationsschritt wie überflüssig erscheint; sie nimmt diesen gleichsam vorweg. Gleichwohl kann ein Aufhängen der Darmwürste über den Sommer gewiss nicht schaden.

Nach dem Überwintern in der Erde – ein Schutz vor Fuchs- und Hundefraß ist notwendig – folgt als weiterer Schritt der Präparation und Emanzipation das Ausgraben im Frühjahr um die Osterzeit. Ein neuer Stoff mit neuen Eigenschaften ist entstanden, der aufgrund seiner astralen Bildungskraft «stickstoffbeständiger ist als andere Dünger, der aber außerdem die Eigentümlichkeit hat, die Erde so zu beleben, dass sie in außerordentlich anregender Weise auf das Pflanzenwachstum wirken kann. Und man wird vor allen Dingen gesündere Pflanzen [...] erzeugen.»[365]

Die «erfrischende und belebende Kraft» des Kamillenpräparates darf dem ätherisierten Kalium, die gesundende Kraft dem ätherisierten Kalzium zugeschrieben werden. Letzteres wird empfänglich für die, dem übersinnlichen Wesen der Kamille entströmenden, ordnenden Astralkräfte. Im «Zusammenbinden» dieser Erdenstoffe, Kalium und Kalzium, wird der Äther- oder Lebensleib der Pflanzen bildekräftiger; er kann damit «die schädlichen Fruktifizierungswirkungen aus[zu]schließen».[366] «Fruktifizierung» kann man hier verstehen als der richtige Prozess am falschen Ort: Im Boden fruktifizieren Bakterien, Pilze etc. und sorgen für Abbauprozesse bis hin zur Mineralisierung, dann aber auch in Verbindung mit Bodentieren für Um- und

365 Ebd., S. 130.
366 Ebd., S. 129.

Aufbauprozesse. Dort, im Boden, ist der rechte Ort, der falsche, wenn dieses Geschehen ein Stockwerk höher, im Spross über der Erde, zu wuchern beginnt, z.B. in Form von Virosen oder bakteriellen und pilzlichen Erkrankungen. Diesem zerstörerischen Heraufwirken des Irdischen des Bodens in den Stängel- und Blattbereich wirkt der mit dem Kamillenpräparat behandelte organische Dünger entgegen.

Wie auch die anderen Düngerpräparate wird das Kamillenpräparat in einem gleichmäßig temperierten, eher abgedunkelten Raum in irdenen Gefäßen aufbewahrt, die allseitig von Torf umgeben sind. Torf isoliert gegen Abstrahlung. Die Anwendung geschieht in Portionen in der Größenordnung der Dreifingerprise, zwei bis drei Gramm pro 2 m^3 im gärtnerischen Bereich, im landwirtschaftlichen 10 bis 12 m^3 Dung bzw. Kompostmaterial, das heißt je nach Größe des Haufens. Das persönliche Verhältnis, das man im Arbeiten mit dem Dünger aufbaut, setzt das rechte Maß.

Die Komposition des Brennnesselpräparates

Als Dritte im Bunde mit Schafgarbe und Kamille zeigt die Brennnessel in ihrem charaktervollen Erscheinungsbild zu diesen kaum verwandtschaftliche Züge, wohl aber in der Art ihres Umgangs mit Kalium, Kalzium und zusätzlich dem Eisen. Der Schwefelprozess durchdringt von oben machtvoll die ganze Pflanze. Er vermittelt der Brennnessel die Fähigkeit, die genannten Stoffe aus ihrer irdisch-anorganischen Natur herauszuheben und sie ihren Lebensvorgängen einzuverleiben. Rudolf Steiner bezeichnet sie als «die größte Wohltäterin des Pflanzenwachstums [...] Die Brennnessel ist wirklich ein Allerweltskerl, die kann ungeheuer viel [...] außerdem, dass die Brennnessel Kali und Kalzium in ihren Strahlungen und Strömungen fortführt, außerdem hat die Brennnessel noch eine Art Eisenstrahlungen, die fast so günstig sind dem Laufe der Natur wie unsere eigenen Eisenstrahlungen im Blute. Die Brennnessel verdient es eigentlich durch ihre Güte gar nicht, dass sie da draußen oftmals so verachtet in der Natur wächst. Sie müsste eigentlich dem Menschen ums Herz herum wachsen, denn sie ist wirklich in der Natur draußen in ihrer großartigen Innenwirkung, ihrer inneren Organisation eigentlich ähnlich demjenigen, was das Herz im menschlichen Organismus ist»[367] (Abbildung 28, S. 383).

367 Ebd., S. 131.

Der ganze Wuchs der Brennnessel, ihre Neigung, bescheiden überall dort zu wachsen, wo durch Menschenhand etwas in Unordnung geraten ist, z.B. an Stellen, wo Fäulnis herrscht oder wo Schutthaufen liegen, oder auf vernachlässigten Weiden und dort, wo alte Maschinen im Gestrüpp verrosten, bzw. auf Böden mit oberflächennahem, eisenhaltigem Grundwasser und ferner, wo in der Landschaft Übergangszonen geschaffen sind, wie an Wegrainen, Gewässerböschungen, Hecken- und Waldrändern. All dieses sowie das intensive Grün der Blätter – es ist dies eine Stickstoffwirkung, vor allem aber eine solche des Eisens, ohne die das magnesiumhaltige Chlorophyll sich nicht bilden könnte – und ebenso die strenge Ordnung ihrer wehrhaften, aufrechten Gestalt weisen darauf hin, dass sie den Eisenprozess beherrscht, ein Ausdruck einer erhöhten Ichkraft. Wo sie wächst, schafft sie aufgrund ihrer «großartigen Innenwirkung» Ordnung in der Mitte zwischen dem «Oben und Unten». Sie schafft einen harmonischen Ausgleich der vereinseitigten Bodenprozesse unter Bildung eines außerordentlich stabilen, krümelnden Mullhumus.

Auffallend ist, dass die scharfe Betonung der Polarität von Wurzel und Blüte, wie diese für die Kompositen Schafgarbe und Kamille charakteristisch ist, der Brennnessel fehlt, sie gehört der Ordnung der *Urticales* an. Mit ihren unscheinbaren Blütenständen taucht sie in das Blattwerk des oberen Drittels des Stängels unter. Die Blüten wachsen aus den Blattachseln der streng kreuzgegenständig und stockwerkartig übereinander angeordneten Blätter (Abbildung 28, S. 383). Die pollentragenden Pflanzen weisen eine mehr längliche Blattspreite und abgerundete Zähnelung des Blattrandes auf, die der fruchttragenden Pflanzen haben dagegen eine mehr gedrungene herzförmige Blattspreite und eine scharf zugespitzte Zähnelung. Die Blattmetamorphose deutet sich nur schwach an: Schon im untersten Blatt offenbart sich der Typus der Pflanze mit ausgeprägter noch etwas rundlicher Zähnelung und einem Besatz an Brennhaaren; ja selbst die Keimblätter tragen schon solche. Aufwärts gegen die Mitte des Sprosses weitet sich die Blattspreite zu betonter Herzförmigkeit, und gegen die Spitze des Stängels verengt sie sich wieder zu fein und spitz gezähnelten, lanzettlichen Formen.

Das Krönende der Blütenpflanzen, ihre Wesensoffenbarung in der Blüte, tritt ganz zurück. Die Blüten tragen keine Blütenblätter. Die gelblich-grünen Pollenblüten wachsen zu längeren Rispen aus und hängen innerhalb des oberen Blattwerks herunter; die Fruchtblüten sind weißlich-grün und halten sich dichter gedrängt in Stängelnähe.

Das gesamte Blattwerk, der vierkantige, innen hohle Stängel sowie die Blüte sind mit Brennhaaren besetzt. Diese sind einzellige Ausstülpungen der Epidermis, die an der Basis durch Kalkeinlagerungen verstärkt sind. Sie tragen an der Spitze ein verkieseltes Köpfchen, das bei Berührung abbricht. Das Brennhaar sticht wie eine Injektionsnadel in die Haut und entlässt einen das Brennen verursachenden giftigen Zellsaft, das *Urtizin*. Dieses enthält unter anderem Stoffe (*Histamin, Serotonin, Acetylcholin*), die normalerweise nur bei Mensch und Tier vorkommen.[368] In den Brennhaaren erstirbt gegen die Peripherie der Pflanze hin ein physiologischer Prozess, wie das ja gerade für die Blüte charakteristisch ist. Man kann deshalb mit Fug und Recht sagen: Nicht nur sind die Blüten der Brennnessel ins Blattwerk heruntergezogen, sondern ihr oberirdischer Spross ist mit den Brennhaaren von frühester Jugend an von einer Art Blühprozess umkleidet.

Die Brennnesseln wachsen über Stängelausläufer (*Rhizome*) zu ein bis zwei Metern hohen Kolonien auf. Die Ausläufertriebe sind gelblich gefärbt, laufen flach unter, seltener über der Erde und senden aus ihren Knoten zähe ebenfalls gelbliche Wurzelstränge in die Tiefe, von welchen aus dann die weißliche Feinbewurzelung, reich verzweigt, den Oberboden durchzieht. Aus den *Rhizom*knoten wachsen nach oben jeweils zwei Pflänzchen. Sie streben mit entschiedener Aufrichtekraft und streng harmonischer, geometrischer Ordnung in die Höhe. Inselartig versammeln sich die Sprosse und grenzen sich nach außen zu einer wehrhaften Hülle ab, die im stark schattenden Blattwerk ein Inneres umschließt. Der Brennnessel ist eine «Innenwirkung» eigen, die sich in diesem Innenraum konzentriert, sich in den Wurzelraum hinein fortsetzt und so das ungeordnete Leben des Bodens harmonisiert und in fruchtbaren Dauerhumus überführt.

In der Brennnessel vollzieht sich das Wunder, dass sie in sich selbst die Polarität von Wurzel und Blüte zu einer höheren Einheit steigert. Der Schwefelprozess von oben nach unten und der Sal-Stoffprozess von unten nach oben bleibt in höherem Grad in Fluss; beide durchdringen sich in Steigerung merkurial im Blatt. Dieser Vorgang ist auf einer höheren Entwicklungsstufe vergleichbar dem Blutkreislauf. In dessen Mitte, dem Herzen, das zugleich die Mitte zwischen dem Oben und Unten ist, begegnet sich der venöse und der arterielle Blutstrom. Es begegnen sich Vergangenheit und Zukunft im Gegenwärtigen: Das Blut, das in der Peripherie einerseits Kräfte in die physische Tätigkeit des Leibes hinein opfert, sich andererseits aber mit dem

368 Erdmut-M. W. Hoerner: *Die biologisch-dynamischen Präparate*, Stuttgart 2019, S. 320.

Erlebnisstrom der vollbrachten Taten befrachtet, gelangt als venöser Blutstrom ins Zentrum. Dort vollzieht sich eine Synthese, ein aus dem Unterbewussten bis ins Bewusstsein heraufsteigendes Herzensfühlen. Das venöse Blut verwandelt und erneuert sich im Herzen – über die Lungenatmung – zum arteriellen Blutstrom, der ausströmend zu neuer Tätigkeit impulsiert. So auch auf der Stufe des Pflanzlichen die Brennnessel: Sie «blüht» von ihrer Mitte aus, dem Blatt, bis zur Peripherie der ganzen Pflanze. Die erdgebundenen Stoffe, Kalium, Kalzium und Eisen, erfahren ihre «Herausläuterung», ihre Ätherisierung, nicht erst im Endzustand des Aufblühens, des Ersterbens in die Form also, sondern die astralischen Kräfte wirken über den Schwefel in solcher Art, dass sie den Blühprozess dem gesamten Wachstumsgeschehen einprägen und in Fluss halten. Dadurch erfüllt die Brennnessel «ihre großartige Innenwirkung», die sie «ähnlich demjenigen [macht], was das Herz im menschlichen Organismus ist».[369]

Darin liegt wohl der Grund, warum Rudolf Steiner für die Brennnessel kein tierisches Organ nennt, um den Prozess des Influsshaltens des Ätherischen über die Blüte hinaus zu gewährleisten. Das dafür in Frage kommende Organ wäre das Herz. Das Herz aber ist kein Hautorgan, sondern ein muskulöses eigenaktives Organ. In ihm vereinigen sich im Rhythmus des Pulsschlages Stoffwechsel- und Sinnesprozess; sie werden eins. Das Herz verkörpert die Synthese aus der Polarität beider Prozesse. Es ist tätiges Innensein und Organhülle zugleich. Die Brennnessel erfüllt eine ähnliche Funktion auf der Stufe der bloß belebten Natur. Ihr durchastralisierter Bildekräfteleib befähigt sie, die ins Erdig-Feste gebannte Kräftenatur der Erdenstoffe Kalium, Kalzium und Eisen in heilsame, das Lebendige ordnende Strahlungen heraufzuverwandeln.

Hinsichtlich der Präparation geht es um die Frage: Wie kann diese einzigartige Fähigkeit zu einem Kräftedünger gesteigert werden, der dem Boden und den zu kultivierenden Pflanzen die Fähigkeit beibringt, die der Brennnessel eigen ist? Wie können die organischen Dünger des Hofes durch Zusatz dieses Kräftedüngers, ja, wie kann schließlich der Boden selbst «innerlich empfindlich werden», sodass die auf- und abbauenden Prozesse in diesem höheren Sinne «vernünftig» verlaufen, dass der Boden sich individualisiert auf diejenigen Pflanzen hin, die man gerade ziehen will? «Es ist wirklich etwas wie eine ‹Durchvernünftigung› des Bodens, was man mit diesem Zusatz von *Urtica dioca* wird bewirken können.»[370]

369 Ebd., S. 131–132.
370 Ebd., S. 133.

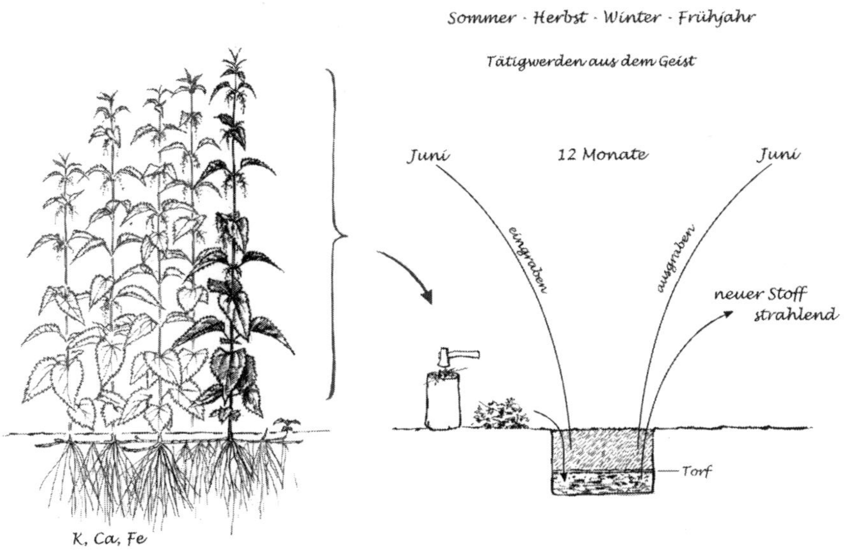

Abbildung 28:
Die Stoffkomposition des Brennnesselpräparates
im Durchgang eines Jahreslaufes.

Dies kann erreicht werden, wenn man den oberirdischen Spross der in Stängel und Blatt tiefgrünen, zur Blüte gekommenen Brennnessel einer Polarität exponiert, die sie über das eigene naturgebundene Geschehen ihrer typusgemäßen Gestaltbildung hinaushebt. Dadurch kommt es zu einer abermaligen Steigerung, zur Synthese eines neuen Stoffes im Lebendigen, dem Brennnesselpräparat. Man mäht Brennnesseln, knickt sie zusammen oder besser zerhackt sie grob und «welkt sie leicht an» (Abbildung 28).

Man gräbt in den fruchtbaren Oberboden nicht zu tief eine Grube, legt die Masse hinein, umgibt sie mit etwas Torfmull und bedeckt sie wieder mit Erde. An diesem Ort verbleibt sie ein ganzes Jahr und ist dort sowohl einmal den Winter- wie den Sommerkräften ausgesetzt. Nach einem Jahr gräbt man die durch Zersetzung und fortgeschrittene Humifizierung stark geschrumpfte Masse aus und hält das fertige Präparat, eine neue, eine astralisch strahlende Stofflichkeit in Händen. Die praktische Handhabe erfordert große Achtsamkeit hinsichtlich des rechten Welkezustands; auch sollte beim Abwelken die direkte Sonneneinstrahlung vermieden werden. Bei noch zu feuchtem Zustand der Brennnesselmasse kommt es leicht zu unliebsamen Fehlgärungen und unter zu starker Belichtung zur Schwarzfärbung. Sie muss im Schatten, am besten unter Zufuhr von Warmluft, angetrocknet werden. Um sie nach Jahresfrist im Boden wiederzufinden, werden häufig alte Leinensäcke, flache und dünnwandige hölzerne Gemüsekisten oder Dränagetonröhren, in die sie hineingestopft wird, verwendet. Im letzteren Fall erhält man eine weitgehend humifizierte schwarze Masse.

Was auch für die anderen in die Erde zu vergrabenden Präparate gilt, trifft besonders für die Brennnessel zu: Das Urteil, ob ein Präparat mehr oder weniger gut gelungen ist, hängt nicht vom Humifizierungsgrad ab, sondern von der lockeren Struktur des Präparates, dem angenehmen Geruch und vor allem, dass der umgebende Boden in einem gut durchlüfteten, krümelig lebendigen Zustand ist. Maßgebend ist, dass die über die Erde vermittelten Umkreiskräfte zu den ins Ätherische erhobenen Substanzen der Präparatepflanzen in Beziehung treten und bewahrt werden können.

Alle Düngerpräparate, mit Ausnahme des Baldrianpräparates, werden separat in die Kompost- und Dunghaufen in 30–50 cm tiefe Löcher eingebracht, bei einem Abstand von 50 cm bis 3 m, je nach Größe bzw. Länge der Haufen. Das der Herzfunktion so nahestehende Brennnesselpräparat wird gewöhnlich mittig auf dem Rücken des Haufens eingebracht; die vier Geschwister haben, zueinander versetzt, ihren Platz auf den Flanken. Ihre Wirksamkeit ist eine astralisch Strahlende, also eine solche, die sich in der sinnlichen Erscheinung qualifiziert, nicht aber messbar quantifiziert.

Zur Frage der Stoffumwandlung

Es kommen drei unterschiedliche Qualitäten der Stoffumwandlung in Betracht:

1. Verbrennt man eine organische Stofflichkeit, wie Kohle oder Holz, so beobachtet man, wie deren stoffliche Komposition verschwindet und als Umwandlungsprodukt eine Reihe anderer Stoffkompositionen erscheint, wie z.B. Gase und Asche. Umgekehrt wandeln sich eine Reihe miteinander reagierender Stoffe zu einer neuen Komposition (Verbindung), z.B. Kohlenstoff, Sauerstoff, Stickstoff, Wasserstoff sowie Schwefel zu Eiweiß. Das ganze Naturgeschehen offenbart in allen Erscheinungen einen beständigen Stoffeswandel.
2. Gewisse anorganische Elemente, wie beispielsweise Uran, Thorium u.a. sowie natürliche Kaliumsalze – das radioaktive 40K ist zu gut 0,12 % im Kalium enthalten –, senden in unrhythmischer Folge messbare Strahlungen aus; es entstehen in einer Zerfallsreihe Umwandlungsprodukte

(Isotope sowie Elemente mit niederem Atomgewicht). Diese Strahlungsprozesse entziehen sich der unmittelbaren Wahrnehmbarkeit; sie wirken gleichsam von unten aus der Unternatur in das Naturgeschehen herauf. Sie lösen Krankheiten aus und wirken letztendlich tödlich.

3. Vom Samen bis hin zur vollen Ausbildung der Formen der Pflanzen, vom Embryo bis zur leiblichen Ausgestaltung von Tier und Mensch, finden in steter Stoffumwandlung Auf-/Ab- und Umbauprozesse statt. Hier ist ein lebenschaffendes Prinzip wirksam, ein übersinnlich Wesenhaftes, das sich im naturhaften Sein ein sinnenfälliges Abbild schafft. Hier kraftet die Wesenswelt einer Übernatur in die Natur herein.

Die Präparate sind Stoffkompositionen, die, ein jedes auf seine Art, das unter 3. genannte Beziehungsverhältnis zwischen Übernatur (Kosmos) und Natur (Erde) «düngen». Hierbei kommt der Dreiheit des Schafgarben-, Kamille- und Brennnesselpräparates eine besondere Bedeutung zu. Sie bewirken eine besondere Art der Stoffumwandlung: Die erdgebundenen Elemente Kalium und Kalzium werden im Lebenszusammenhang der Pflanzen nicht nur ätherisiert, sondern sie erhalten Eigenschaften, die sie der Wirkungsweise des Stickstoffs annähern. Sie werden zu Trägern astralischer Kräfte bzw. wandeln sich schließlich ganz in Stickstoff um. Rudolf Steiner gibt hierzu folgende Hinweise: «weil nämlich im organischen Prozess eine geheime Alchimie liegt, die zum Beispiel das Kali, wenn es nur in der richtigen Weise drin arbeitet, wirklich in Stickstoff umsetzt und sogar den Kalk, wenn der richtig arbeitet, wirklich in Stickstoff umsetzt».[371] Und ferner: Es «besteht ein gegenseitiges Qualitätsverhältnis zwischen dem Kalk und dem Wasserstoff, das ähnlich ist dem Qualitätsverhältnis zwischen Sauerstoff und dem Stickstoff in der Luft. [...] Unter dem Einfluss des Wasserstoffs wird nämlich fortwährend Kalk und Kali umgewandelt in Stickstoffartiges und zuletzt in wirklichen Stickstoff. [...] der ist gerade so ungeheuer nützlich für das Pflanzenwachstum, aber man muss ihn sich eben erzeugen lassen durch solche Methoden, wie ich sie geschildert habe»[372]; das heißt also durch ein künstlerisches Gestalten von substanziellen Werdeprozessen im Organismus des landwirtschaftlichen Betriebes. Wie für den Maler Leinwand, Farbe und Pinsel die Mittel seines künstlerischen Schaffens sind, so für den Landwirt die Erde und deren Belebung durch die Herstellung und Anwendung der Präparate.

371 Rudolf Steiner: *Geisteswissenschaftliche Grundlagen zum Gedeihen der Landwirtschaft*, GA 327, Vortrag vom 13. Juni 1924, Dornach 1999, S. 136.

372 Ebd.

In vorstehenden Zitaten ist aus der Geistesforschung das Rätsel der Transsubstantiation angesprochen. Wie kann man sich der Lösung dieses Problems nähern? Gewiss nicht mit derselben Denkungsart, mit der man die Rätsel der anorganischen Natur zu entschlüsseln sucht. Die beiden oben zitierten Qualitätsverhältnisse stehen zueinander polar. Jenes des Sauerstoffs zum Stickstoff in der Luft ist maßgebend für die Atmung bei Tier und Mensch. Beide Stoffe konstituieren weitgehend das Element der Luft, beide befinden sich in der Luft in einem gasförmigen, anorganisch-inaktiven Zustand. Sie umströmen den Pflanzenspross von außen. Anders verhält es sich mit den Erdenstoffen Kalium und Kalzium. Sie werden durch die Lebensorganisation der Pflanze aus ihrer Bannung in die physische Stoffesform, dem «Werkstoff», in die Sphäre der lebendigen Wirksamkeit emporgehoben. Man kann das so verstehen: Bestimmte Pflanzen, Heilpflanzen, wie eben Schafgarbe, Kamille und Brennnessel, haben das Vermögen, kraft ihres Lebensleibes, die ins Physische geronnene Organisation der Stoffe Kalium und Kalzium aus ihrer Fesselung in die Form in Bewegung zu bringen. In ihrer Erscheinungsform und ihren Eigenschaften sind sie ein Abdruck ihres in frühen Evolutionsstufen noch lebenserfüllten Zustandes. Indem die Mineralform in den Lebensprozess dieser Pflanzen aufgeht, liegt der Gedanke nahe, dass Kalium und Kalzium in einer neuen Art für das Wirken des nächst höheren Wesensgliedes empfänglich werden, dem Ätherleib dieser Stoffe. Dessen Wesenswirklichkeit findet der Geistesforscher in der übersinnlichen Welt des Geistes, die als die unterste Region an die physisch-sinnliche angrenzt. Neue, aus der Zukunft wirkende seelisch-astrale, Entwicklungsimpulse können dann diese mit ihrem wesenseigenen Lebensleib begabten Stoffe befähigen, sich ihren in einer noch höheren Geistesregion beheimateten Wesensgliedern zu öffnen. Die Erdenstoffe Kalium und Kalzium werden auf diesem Wege «stickstoffartig», indem sie selbst zu Trägern seelisch-astralischer Kräfte werden. Sie nehmen Eigenschaften des Stickstoffs an, der von Natur aus in allen Lebensprozessen Träger der typusoffenbarenden Welt des Astralischen ist. «Der Stickstoff ist in Wahrheit derjenige, der Träger der Empfindung ist.»[373] Er vergegenwärtigt in der belebten Natur in der Eiweißbildung Lebensvorgänge, die einer frühen Erdvergangenheit entstammen, die Entwicklungsstufen durchlaufen haben und jetzt zum «Werk» der Schöpfung geworden sind.

Für die Rückführung von Kalium und Kalzium in ihren ätherischen Zustand sorgt deren besonderes Qualitätsverhältnis zum Wasserstoff. Wie diese

373 Rudolf Steiner: *Geisteswissenschaftliche Grundlagen zum Gedeihen der Landwirtschaft*, GA 327, Vortrag vom 11. Juni 1924, Dornach 1999, S. 74.

als Salzbildner am tiefsten in den Zustand des rein Irdischen herabgesunken sind, ist der Wasserstoff derjenige, «der so nahe es nur möglich, verwandt ist mit dem Physischen und wiederum, so nahe es nur möglich ist, verwandt ist mit dem Geistigen».[374] In seiner aufbauenden Wirksamkeit im Organischen bedient er sich des Schwefels und ebenso in seiner abbauenden. «Er trägt alles dasjenige, was irgendwie gestaltetes, belebtes Astralisches ist, wieder in die Weiten des Weltenalls hinauf [...] Der Wasserstoff löst eigentlich alles auf.»[375]

Nun ist es wohl dieses genannte Qualitätsverhältnis bei Schafgarbe, Kamille und Brennnessel, durch welches der Wasserstoff die Gebundenheit in die Form von Kalium und Kalzium löst und das Astralische, das in diese Form geronnen ist, in das «Unbestimmte, Chaotische des Weltenalls»[376] hinaus führt. Dadurch kann in diesen Pflanzen das Ätherische des Kaliums und Kalziums derart wieder in Fluss kommen, dass es, vermittelt durch den Schwefel, zum Träger einer neuen aus der Zukunft einstrahlenden Kräftewelt werden kann. Kalium und Kalzium wandeln sich zu Stickstoff um, insofern sie in diesem Sinn zu Trägern dieser neuen Astralität werden. Man kann dann davon sprechen, dass der Luftstickstoff Vergangenes im Gegenwärtigen wiederholt. Hingegen ermöglichen die ebenfalls zur Trägerschaft von Astralkräften umgewandelten Erdenstoffe Kalium und Kalzium Zukünftiges im Gegenwärtigen.

Doch, wie aber kann man ein und demselben Stoff, dem Stickstoff, zwei derart polare Wirkensqualitäten zusprechen? Nach gegenwärtiger wissenschaftlicher Auffassung gibt es nur die eine, diejenige, welche sich aus seinen anorganischen, physikalisch-chemischen Eigenschaften herleitet. Wenn man die dieser Auffassung zugrunde liegende Denkungsart nur allein gelten lässt, ist die Frage berechtigt: Warum auf diese komplizierte Weise so winzige Mengen an Stickstoff sich erzeugen lassen, wo dieser doch in der Luft im Überfluss vorhanden ist? Man bräuchte doch nur die Fruchtfolge im Ackerbau entsprechend leguminosenreich gestalten, ebenso genügend organischen Dünger zur Hand haben, um den Stickstoffbedarf für das reproduzierende Wachstum sicherzustellen. Dies ist eine Sicht, welche der Denkerfahrung nur einen Teilausschnitt der Wirklichkeit erschließt. Werden die ins Physische gebannten Kräfte in der Pflanze belebt durch deren ätherische Organisation sowie im Tier durch dessen Astralleib durchseelt, so geraten sie in Fluss; sie

374 Ebd., S. 75.
375 Ebd., S. 76.
376 Ebd., S. 76.

unterliegen jetzt nicht mehr ihren rein physischen Gesetzen, sondern jenen höheren des belebenden Ätherischen und des bildenden Astralischen.

Die dadurch bewirkte Verwandlung der toten anorganischen Stofflichkeit ermöglicht es Pflanze, Tier und Mensch, sich auf Erden verkörpern zu können. Die Verkörperungen sind Wiederholungen einer Entwicklung aus urferner Vergangenheit; es sind Vorgänge einer ehernen Notwendigkeit. Nur der Mensch kann, vermöge seiner inkarnierten Geistseele, sein Handeln als eine Entwicklung in die Zukunft, in Freiheit selbst bestimmen. Das aber bedeutet, dass er kraft seines Ich die leibaufbauenden Kräfte und Substanzen fortdauernd vergeistigt, sie transsubstantiiert. Das kennzeichnet die wahre Evolution der menschheitlichen Zukunft.

Aus der Geistesforschung liegt im «Landwirtschaftlichen Kurs» Rudolf Steiners eine Wegbeschreibung vor, wie in freier Handlung – in der Zubereitung der biologisch-dynamischen Präparate – Düngerstoffe erzeugt werden können, die die Mauern der ehernen Notwendigkeit des zum Werk geronnenen Makrokosmos durchlässig für Entwicklungsimpulse machen, die also Kräfte aus der Zukunft im Gegenwärtigen zur Geltung bringen.

Die Tatsache, dass im Falle der Dreiheit der Schafgarben-, Kamillen- und Brennnesselpräparate die Dreiheit der Erden- oder Sal-Stoffe – die Erdmetalle Kalium, Kalzium und das Eisen – einer Präparation unterworfen werden, durch die sie selbst unter Mitwirkung des Wasserstoffs wie des Stickstoffs zu Trägern astralischer Kräfte werden, ist ein Vorgang der Transsubstantiation. Damit wird die Grenze, die die Natur setzt, überschritten. Die Wirkensqualität dieser Art Stickstoffs ist so gesehen polar zu jener zu verstehen, die die evolutiv maßgebliche Bildekraft des gewöhnlichen Stickstoffs im Haushalt der Natur ist. Der durch die Präparation von Schafgarbe, Kamille und Brennnessel erzeugte Stickstoff ist einer, «der gerade so ungeheuer nützlich ist für das Pflanzenwachstum».[377] Schafgarben-, Kamillen- und Brennnesselpräparate zielen als Dünger darauf hin, in Verbindung mit der Seelenentwicklung des Menschen, in der «Werk» gewordenen Welt, ein neues Entwicklungspotential zu veranlagen. Die Handhabe der Präparate ist eine Antwort auf die Anmerkung Rudolf Steiners: «Wir stehen [seit dem Beginn des 20. Jh.; Anmerkung des Verfassers] vor einer großen Umwandlung des Innern der Natur.»[378] Sie kann nur zum Guten sich wenden, wenn sie mit einer großen Umwandlung der Seelenbildung der Menschen einhergeht. Wo diese nicht stattfindet, entsteht Zerstörung.

377 Ebd., Vortrag vom 13. Juni 1924, S. 137.
378 Ebd., Vortrag vom 10. Juni 1924, S. 58.

Die Komposition des Eichenrindepräparates

Die Eiche, ihre Rinde und Borke

Unter den Präparatepflanzen ist die Eiche, die Stieleiche (*Quercus robur*), die für unsere Breiten repräsentativste verholzende Dauerpflanze. Von ihr wird die Rinde bzw. Borke zur Präparation verwendet. Dies nimmt umso mehr wunder, als bei allen anderen Präparatepflanzen die Blütenköpfchen – oder, wie bei der Brennnessel, wegen seiner Blütenhaftigkeit der ganze Spross – zur Präparation Verwendung findet. Die Blüte der Eiche ist einhäusig und ist noch unscheinbarer als die der Brennnessel. Nur in der Form ihrer Blätter und ihrem in einem Becher sitzenden Fruchtkörper, der Eichel, offenbart sich unverkennbar der Typus dieses Baumes. Will man in bildhafter Anschauung der Einzigartigkeit der Baumnatur der Eiche näherkommen, muss man den Blick auf das langsame, allmähliche Werden ihrer mächtigen, sich selbst behauptenden stämmig-knorrigen Gestalt wenden und, auf diesem Hintergrund, auf den Substanzprozess, der sich einerseits in der Rinden-Borkenbildung manifestiert, andererseits in dem harten widerstandsfähigen Kernholz. Dieser Substanzprozess geht von der belebten Kambiumzone nach innen und nach außen aus und nähert sich jeweils, als Endprodukt pflanzlichen Werdens, wieder dem Mineralischen an. Die Geistesforschung weist dabei auf die Bedeutung des Kalziumprozesses in der Eichenrinde hin und darauf, wie dieser die Pflanzen gesund hält: Er «schafft Ordnung, wenn der Ätherleib zu stark wirkt».[379] In der Lebenszone, dem Bast der Rinde, bildet sich neben Gerbsäuren und anderen aromatischen Stoffen in einzelnen Zellen eine organische Kalziumverbindung, das Kalziumoxalat, das in den Zellvakuolen kristallisiert und in der Borke sich zu Kristalldrusen ausformt und, da es schwer in Wasser löslich ist, sich dort lange erhält.

Die Eiche sendet nach dem Keimen ihre Pfahlwurzel in die Tiefe, gefolgt von ebenso in große Tiefen vordringenden Seiten- oder Herzwurzeln. An diese setzen horizontal mächtig in die Breite strebende Seitenwurzeln an, die wiederum peripher sogenannte Senkerwurzeln in die Tiefe treiben.[380] Ausgewachsen bildet die Eiche, spiegelbildlich zur ausladenden Baumkrone, eine Art ebenso mächtige «Wurzelkrone» in die Tiefen der Erde. Ihr

379 Rudolf Steiner: *Geisteswissenschaftliche Grundlagen zum Gedeihen der Landwirtschaft*, GA 327, Vortrag vom 13. Juni 1924, Dornach 1999, S. 134.

380 Jochen Bockemühl, Kari Järvinen: *Auf den Spuren der biologisch-dynamischen Präparatepflanzen*, Dornach 2005, 154 S.

ganzer Wuchs und mit ihm ihre Substanzprozesse künden von dieser Erdverbundenheit.

Der Spross der jungen Eiche wächst, mit quirlig ansetzender Verästelung, vertikal in die Höhe und ähnelt in diesem Wuchstypus dem anderer Laubbäume. Unverkennbar aber offenbart sich das Urbild der Eiche von Jugend auf in dem so charakteristischen, in der Spreite eingebuchteten und gelappten Eichenlaub. Erst nach circa 20 Jahren ihrer Jugendzeit verändert sich das Erscheinungsbild der Stieleiche zu der ihr eigenen Wuchsform einer breit ausladenden, unregelmäßig-lockereren und durchlichteten Baumkrone (Abbildung 29, S. 401). Was sich in der Form der Blätter schon von Anfang an angedeutet hat, erfasst in den darauffolgenden Jahrzehnten mit Macht den ganzen Baum. Die gewaltige Wachstumskraft, die selbst noch in einer 1000-jährigen Eiche fortdauern kann, wirkt in allen ihren Gliedern wie gestaut, ersichtlich an dem Zurückbleiben der Leitsprosse des Vorjahres und deren Überwachsenwerden durch Seitentriebe, wodurch der unregelmäßige Verlauf der stammartig sich entwickelnden Seitenäste entsteht. Ebenso stauen sich die Blätter an der Triebspitze zu Büscheln; der Stamm «staut» sich nach innen zu großer Härte des Holzes, nach außen in die sich verdichtende, dauerhaft anhaftende Borke.

Mit fortschreitendem Dickenwachstum verschwindet nach circa 20 Jahren die, wegen ihrer Glätte und ihres Glanzes so genannte, Spiegelrinde und an ihre Stelle tritt die charakteristische rissige Borke.

Bezugnehmend auf die besonders ideale Kalziumstruktur[381] spricht Rudolf Steiner von der Eichenrinde; der in der Botanik von dieser unterschiedene Begriff der Borke bleibt unerwähnt. Dies hat zu unterschiedlichen Ansichten darüber geführt, welche der beiden, die Spiegelrinde oder die Borke, für die Präparation zu verwenden sei. Hoerner plädiert in seiner gründlichen und umfassenden Darstellung entschieden für die Spiegelrinde des jugendlichen Baumes, jene, die man als Eichenlohe einst zum Gerben der Häute verwendete.[382]

Es ist im botanischen Sinn die Rinde, das von der Epidermis umschlossene lebendige Gewebe des Basts. Im vorliegenden Buch aber sei der Borke das Wort geredet. Das sei im Folgenden ausführlicher begründet. Die Rinde entschwindet dem Blick, sobald sich die Eiche zu ihrer wesenseigenen Gestalt auswächst. Sie erweitert sich zur Borke, indem das jährlich sich erneuernde Bastgewebe zur Peripherie hin abstirbt. Den Übergang zur Borke bildet fortan

381 Rudolf Steiner: Ebd., S. 134: «In Bezug auf dasjenige, was dann als Kalzium zutage tritt, ist dasjenige, was an Kalziumstruktur in der Eichenrinde vorhanden ist, das allerridealste.»

382 Erdmut-M. W. Hoerner: *Die biologisch-dynamischen Präparate*, Stuttgart 2019, 512 S.

ein sekundäres meristematisches Gewebe, das Korkkambium, dessen Zellen die Bastrinde vor Außeneinflüssen schützt und das absterbende Bastgewebe zur Borke verkorkt. Die Borke baut sich von innen nach außen aus den jährlich absterbenden verkorkten Schichten des Rindengewebes auf, wobei diese Schichten aneinander haften bleiben.[383]

Infolge des Dickenwachstums des Stammes und der ausladenden Äste reißt die Borke in tiefe Spalten auf. Die Korkzellen schützen das erstorbene Bastgewebe vor dem Verfall und damit das Kalziumoxalat und einen Teil der schwerer flüchtigen ätherischen Öle und aromatischen Verbindungen und deren Derivate, die sich in der Rinde gebildet haben. Bei den aromatischen Verbindungen handelt es sich um Kohlenwasserstoffe, deren Endprodukt das hochpolymerisierte Harz ist. Wenn Rudolf Steiner davon spricht, «dass das Eichenharz noch ziemlich wirksam»[384] sein sollte – als solches Sekret gibt es dieses bei der Eiche nicht –, so meint er gewiss die niederpolymerisierten Zwischenstufen zum Harz hin. Es sind unter anderem die leicht flüchtigen Duftstoffe, den Blütensekreten verwandt, bzw. die in Pflanzenölen enthaltenen aromatischen Kohlenwasserstoffe. Diese entstehen während der Entvitalisierungsphase der Pflanze zur Blüte hin. Sie «verduften» – teils vermöge des zum prozessualen «Alleinherrscher» gewordenen Wasserstoffes – in die Ununterscheidbarkeit des Kosmos;[385] oder sie sind, wie im Fall der Borke, schwerer flüchtig und bleiben durch die Ummantelung des Korks längere Zeit erhalten. Diese «blütennahen» Stoffe verdanken ihre Komposition den Bildekräften der Rinde und deren Entvitalisierung zur astralisierten Form der Borke. Aus der Borke ist das Leben gewichen, wie das auch im Prozess zur Blüte hin der Fall ist. Die Kräfte des Astralen bleiben der organischen «Struktur» der Eichenborke erhalten, die die blütenverwandten aromatischen Stoffbildungen sowie das kristallisierte Kalziumoxalat umschließt. Die Eiche schafft somit erst in der Borke die Struktur, die dem Kalzium die pflanzengesundende Wirkungsmacht verleiht und die auf dem Weg der nachfolgenden Präparationsschritte für Boden und Pflanzen nutzbar gemacht werden kann.

---

383 Es liegt eine gediegene Arbeit von Jan Albert Rispens vor, die ein ganzes Kapitel der Rinden- und Borkenfrage widmet. Er resümiert: Bast und assimilierendes Korkparenchym stellen das eigentlich Blättrige dar, die absterbende Korkrinde und Borke das Blüten- und Fruchtorgan des Stamms. – Jan Albert Rispens: *Bäume verstehen lernen*, Stuttgart 2018, S. 157.

384 Vgl. Rudolf Steiner: *Geisteswissenschaftliche Grundlagen zum Gedeihen der Landwirtschaft*, GA 327, Fragenbeantwortung vom 13. Juni 1924, Dornach 1999, S. 147.

385 Vgl. ebd., Vortrag vom 11. Juni 1924, S. 75: «in das Ununterscheidbare des Weltenalls».

Eichen blühen erst, wenn die Baumkrone voll ausgebildet ist.[386] Das ist mit einem Alter von circa 60 Jahren der Fall. Man bemerkt die Blüte kaum; erst wenn in diesem vorgerückten Alter im September-Oktober die Eicheln herabfallen, wird man auf die tiefgreifende Veränderung in der Biografie des Baumes aufmerksam. Anknüpfend an die vorausgehende Betrachtung stellt sich die Frage: Blüht nicht die Eiche und trägt Früchte, schon lange bevor sie sichtbarlich blüht und Früchte trägt? In aller Baumnatur und besonders repräsentativ in der Eiche stülpt sich die Erde auf.[387] Findet nicht in diesem Aufstülpungsvorgang schon eine Art Blüh- und Fruchtprozess statt, nur in Stamm und Geäst zurückgestaut, sozusagen auf halbem Wege stecken geblieben? Betrachtet man einen Eichenstamm im Querschnitt, so kann man in horizontaler Ausrichtung die *Tria Prinzipia* des Paracelsus in der Stammbildung wiederfinden. In der Randzone des Stammes erscheint, mit bloßem Auge kaum erkennbar, die Lebensschicht des Kambiums, die, verborgen unter der Rinde, gleich einem grünen Blatt den Baum umhüllt. Von dieser Schichte aus wächst nach innen das Leitgewebe des *Xylems*, das Wasser und Salz heraufführt und das – horizontal gesehen – gleichsam in dem belebten Splintholz «wurzelt». In diesem werden, wie im Sorptionskomplex des Bodens, Assimilate gespeichert und wieder mobilisiert. Es ist die Zone des «Sal»-Prozesses. Gegen den Kern des Stammes stirbt das Splintholz ab; es mineralisiert gewissermaßen zum Kernholz durch Einlagerung von Holzstoffen, wie Lignine sowie Gerbsäurederivate, zum Schutz vor Fäulnis.

Nach außen geht aus dem Kambium das Zellgewebe der Siebröhren (*Phloem*) hervor. Es leitet die Assimilate in alle nicht ergrünenden Teile des Baumes. An dieses schließt sich das Rindengewebe oder der Bast an. Die Außenhaut oder Epidermis schließlich bietet Schutz vor Wind und Wetter. Sie bringt die Form der Pflanze zur Erscheinung. Die Rinde beherbergt verschiedene Zellgewebe, die teils Chlorophyll enthalten, also Licht absorbieren, sowie Einzelzellen, die in ihren Vakuolen Kalziumoxalatkristalle bilden. Insgesamt herrscht in der Rinde eine intensive, gestaute und in die Form strebende Stoffwechseltätigkeit. Blütenverwandte Substanzen, aromatische Verbindungen, wie Gerbsäuren und deren Derivate, werden gebildet. Im Bilde der Dreiheit von Sal, Merkur und Sulfur kann man im Querschnitt des Stammes, in der dünnen, überaus belebten Hülle der Rinde, ein zusammengedrängtes, gestautes, merkuriales Sprosswachstum erkennen, das sich nicht in Trieb und

386 Jochen Bockemühl, Kari Järvinen: *Auf den Spuren der biologisch-dynamischen Präparatepflanzen*, Dornach 2005, 154 S.

387 Siehe hierzu: Rudolf Steiner: Ebd., Vortrag vom 12. Juni 1924, S. 90.

Blatt differenziert. Dieser Blatt-Spross-Charakter der Rinde unterstützt die Tatsache, dass die Blattknospen aus der Rinde herauswachsen, die Triebknospen durch die Rinde hindurch mit dem Kambium in Verbindung stehen. Die mineralischen Einschlüsse und das Entstehen von Kohlenwasserstoffen, eine Sulfurisierung, deuten auf einen noch von den Wachstumskräften beherrschten, zurückgehaltenen Blühprozess hin. Die Rinde steht, durch das Kambium hindurch über die merkurialen Markstrahlen, mit dem Holzkörper in Verbindung.

Wie sich Stängel und Blatt der Pflanze in die Blüte umwandeln, so setzt sich die Rinde gleichsam in Metamorphose in die Borke fort. Diese Umwandlung erfolgt, indem sich, anstelle der Epidermis, ein sekundäres Kambium, das Korkkambium (*Phellogen*) bildet. Das daraus entstehende Korkzellengewebe verbindet und umschließt die von Jahr zu Jahr absterbende Außenschicht der Rinde und so auch die darin enthaltenen mineralischen Einschlüsse sowie die weniger leicht flüchtigen aromatischen Verbindungen.

Wie die voll ausgebildete Blüte in die Form und Farbigkeit sowie in die sich verflüchtigenden Duftsubstanzen erstirbt, so das Blatt-Spross-Wachstum der Eiche in die Borke. In dieser wird alles, was vorher durchlebt war, zur starren, toten Form, was grün war, wird erdfarben braun und rötlich, und was an leicht flüchtigen, aromatischen Substanzen gebunden war, ist verduftet. So gesehen, vollendet sich in der Borke ein noch erdennaher und unfertiger Blüh- bzw. Sulfurisierungsprozess. Die Stoffe sind noch nicht vollständig ihrer physischen Gesetzmäßigkeit enthoben. Das Kalzium aber geht, emporgehoben in das Leben der Pflanze, eine Verbindung ein mit der aus diesem Leben entstandenen, sulfurischen Oxalsäure. Es kristallisiert zum Kalziumoxalat in verschiedenen Kristallformen: rhomboedrisch, stab- und nadelförmig oder oktaedrisch in Doppelpyramiden. Man unterscheidet Kristallsand, Einzelkristalle, Zwillinge, Drusen und Sphärite.[388] Der oxalsaure Kalk (Kalziumoxalat) entsteht im Zellplasma. Die Kristalle sind im Jugendstadium stets von einer plasmatischen Hülle umgeben, die in der Borke ausreifend abstirbt. Was in der Borke von den vielerlei Stoffkompositionen der Rinde verbleibt, sind schwer flüchtige Kohlenwasserstoffe und die Kalziumoxalatkristalle. In Letzteren liegt das Kalzium in einer Struktur vor, die ihre Prägung aus dem Lebenszusammenhang der Eiche erhalten hat. Aus der Borke ist das Leben gewichen, das Astralische aber, das diese Struktur (Form) geschaffen hat, bleibt mit dem Physisch-Stofflichen verbunden, so auch mit den

388 Hermann von Guttenberg: *Lehrbuch der allgemeinen Botanik*, Berlin 1952, 641 S.

weniger hoch polymerisierten Kohlenwasserstoffen sowie mit den in diesen Lebenszusammenhang eingebetteten Kalziumoxalaten. Die Borke bleibt mit der Rinde fest verbunden. Den Prozess, der in der Borke zu Ende kommt, kann man vergleichen mit der Düngewirkung des Kompostes: Er teilt dem Boden etwas mit, «was die Neigung hat, sehr stark das Astralische mit dem Erdigen ohne den Umweg des Ätherischen zu durchdringen».[389] Dieser Prozess vollzieht sich auf höchster Stufe in der Blüte. Unter der Übermacht des Sulfurisierungsprozesses, gleichbedeutend mit der astralischen Einwirkung, blüht sie auf, ihr Wesen im Bild dadurch offenbarend, dass sie gleichzeitig in dieses Bild von Form und Farbe hinein erstirbt. In der Blüte vollzieht sich eine vollständige Umwandlung des Physischen, des Erdenstofflichen. In der Borke vollzieht sich ebenso eine Art Blühprozess, der aber auf tieferem Niveau auf halber Strecke stehen bleibt. Es kommt nicht zu einer Stoffumwandlung, sondern zu einer sulfurisch-astralen Bewahrung der aus dem Leben der Rinde herausgefallenen, in eine bestimmte organische «Struktur» geprägte, organo-mineralische Stoffkomposition.

Richtet man den Blick auf borkenbildende Bäume, wie die Eiche, so kann man sich sagen: Die Borke ist Ausdruck eines die Jahreszeiten überdauernden erdnahen Blühprozesses, der – in Gleichzeitigkeit mit Rinde, Kambium, Splint- und Kernholz – dem Baum im Wechsel der Jahreszeiten Dauerhaftigkeit verleiht. So gesehen ist das Ausgangsmaterial für das Eichenrindepräparat ebenfalls eine aus einem blütenartigen Prozess hervorgegangene Stofflichkeit. Dies bekräftigt die Antwort Rudolf Steiners auf die Frage eines Zuhörers: «Kommt die ganze Rinde in Betracht?» «Eigentlich nur die äußere Rindenschichte, die zerfällt, wenn man sie ablöst.»[390]

Was der Baumnatur allgemein eigen ist, eine starke Verdichtung der Astralität in der Baumkrone, kennzeichnet die Eiche ganz besonders. Sie ist darin der Brennnessel verwandt, allerdings im umgekehrten Sinn. Bei Letzterer ist ihre außerordentliche «Innenwirkung» charakteristisch. Bei der Eiche hingegen eine Art Außenwirkung, eine starke Anziehungskraft auf die Insektenwelt, ja gleichsam eine Wiege für viele ihrer Spezies. Im Wurzelbereich sind es die Larven einer Fülle von vor allem Käferarten, im Mull des hohlen Altstammes unter anderem die Larve des Hirschkäfers oder im Blattbereich die Gallwespen. Deren Behausung, die Galle, ist symptomatisch für das Wirken des Astralischen des Tieres. Die Gallwespe sorgt dafür, dass sich durch

389 Rudolf Steiner: *Geisteswissenschaftliche Grundlagen zum Gedeihen der Landwirtschaft*, GA 327, Vortrag vom 12. Juni 1924, Dornach 1999, S. 94.

390 Ebd., Fragenbeantwortung vom 13. Juni 1924, S. 147.

hormonale Einwirkung die Zweidimensionalität des Eichenblattes vom Punkt der Eiablage aus zu einer Markgalle, also in die Dreidimensionalität, auswächst. In der Galle, die die Larve beherbergt, bildet sich das Blatt zu einer Art kugeligem Hautorgan, ein nährgewebereiches Inneres, das sich gegenüber einem Äußeren abschließt. Gallenbildungen treten auch an anderen Holzgewächsen auf. Die Eiche vermag als einzelne Wirtspflanze jedoch über 100 verschiedene Gallensorten hervorzubringen.[391] Bemerkenswert ist der hohe Gehalt der Gallen an Gerbsäuren und Farbstoffen, was wieder auf eine vorzeitige Sulfurisierung im Blattbereich hindeutet, ähnlich wie in Rinde und Borke.

Erst mit dem Blick auf das Erscheinungsbild der Stieleiche, auf ihre besonderen Stoffprozesse, ihre Beziehung zum Insektenwesen und den Umkreiskräften, wird man dem Verständnis der Aussage des Geistesforschers näherkommen, dass »dasjenige, was an Kalziumstruktur in der Eichenrinde vorhanden ist, das allerridealste» ist, um auf dem Wege einer weiterführenden Präparation einen Dünger zu erzeugen, der «Pflanzenkrankheiten prophylaktisch zu bekämpfen» vermag.[392]

Der Haustierschädel

So singulär wie die Eiche unter den Präparatepflanzen steht, so scheinbar für sich stehend ist auch das Hüllenorgan aus dem Tierreich, das zur Präparation der Eichenrinde-Borke dient, der Haustierschädel: «Es ist fast einerlei von welchem der Haustiere.»[393] Diese Aussage der Geistesforschung birgt wiederum große Rätsel. Bei den anderen Präparaten ist das Hüllenorgan streng einer bestimmten Tierfamilie, wie dem Edelwild, oder einer Tierart, dem Rind als Haustier, zugeordnet; hier aber, im Falle der Präparation der Eichenrinde spielt die Tierart keine Rolle, sondern allein die Tatsache, dass es die Wesensqualität des Haustierseins erfüllt. Auf die besonderen Eigenarten des Körperbaus und der seelischen Verhaltensweisen wurde im Kapitel «Die Haustiere – Organe im Hof- und Landschaftsorganismus» (S. 126 ff.) eingegangen. Diese sind hochvariabel und unterscheiden sich in Ausformung und Ausrichtung wesentlich von ihren in freier Wildbahn lebenden Artgenossen. Allein, was macht über die Art-, Familien- und Ordnungsgrenzen hinaus ein Tier zum Haustier? Seit dieses zum bloßen Nutztier in der Massentierhaltung degradiert ist, ist der Begriff Haustier inhaltsleer geworden. Er bekommt

391 Eduard Strasburger: *Lehrbuch der Botanik*, Stuttgart 1978, S. 422.
392 Rudolf Steiner: Ebd., Vortrag vom 13. Juni 1924, S. 134.
393 Ebd., S. 135.

erst dann wieder Gewicht, wenn man bedenkt, dass bei den Haustieren ihre Entstehung, ihre Seelenoffenheit gegenüber dem Menschen, ihre Fähigkeit, ihm Dienste zu leisten, Schöpfungen des Menschen sind. Die Haustierheit verdankt ihr Sein und wird ihre Zukunft haben durch die Zuwendung und Liebe des Menschen. Diese sind es, die dem Tier fortdauernd etwas geben, was es von Natur aus nicht hat. Und diese Gabe ist es, die sich der Leibesbildung des Haustieres bis in die physische Ausgestaltung des Knochensystems eingebildet hat. Wie die Eiche dem Kalzium in der Rinden-Borke eine ideale Struktur verleiht, so das Kalzium und seine Verbindungen im nahezu toten Schädelknochen durch das Haustier. Daran knüpft sich die Frage: Wie steht es diesbezüglich mit den hybridisierten oder genetisch manipulierten und digital gehaltenen Nutztieren? Kann einem solchen Nutztierschädel noch die Qualität eines Haustierschädels zugesprochen werden? Das Haustier muss seiner einzigartigen Wesenheit nach neu erkannt werden. Durch Geist und Hand des Menschen muss es fortdauernd aus seinem bloßen Tiersein ein Stück weit herausgehoben werden. Dies ist nicht bloß eine Züchtungsfrage, wie sie heute verstanden wird, sondern eine solche der Erziehung. Das Haustier bedarf einer Erziehung, um Haustier zu werden, wie der Mensch eine solche braucht, um Mensch zu werden. Diese Erziehung des Tieres zur Haustierheit in bewusster und wesensgerechter Art zu praktizieren, ist eine Kunst, die das Tier über seine naturvererbten Instinkte hinaushebt. Das Haustier verzichtet gewissermaßen auf die weisheitsvollen Instinkte seiner Wildform. Es liegt in der Verantwortung des Menschen, diesen Verlust mehr als auszugleichen. Weil das Tier kein Ich hat, bedarf es der erzieherischen Ich-Führung durch den Menschen. Dies erfordert heute, nachdem die traditionellen Praktiken der bäuerlichen Mensch-Tierbeziehung hingeschwunden sind, einer Tierwesenserkenntnis, durch die die Nutzung selbst wieder einen Erziehungswert gewinnt. Der biologisch-dynamischen Tierhaltung liegt dieser Ansatz zugrunde. Wo in diesem Sinne eines vertieften Verständnisses an dem Haustiersein und -werden gearbeitet wird, wird man erwarten, solche Schädel zu finden, die für die Zubereitung des Eichenrindepräparates die ihnen zugedachte Aufgabe erfüllen. Die Identität von Nutzung und Erziehung war einst anschaulich in der Pferdehaltung, zum Beispiel bei den vor den Wagen oder Pflug gespannten Arbeitspferden. Nachdem sie ihr Pferdeleben lang zügelgeführt ihre Arbeit getan hatten, benutzte man im biologisch-dynamischen Landbau gerne ihre Schädel für die Präparation. Das Arbeitspferd hat (vorläufig?) ausgedient. Gebräuchlich ist heute im Allgemeinen der Schädel der Kuh, die dann auch, bei rechtzeitiger Schlachtung im Herbst, die Organhüllen für das Kamillen- und Löwenzahnpräparat liefert. Gegebenenfalls werden auch Schaf- oder Ziegenschädel verwendet.

Der Schädel gliedert sich in den Gesichts- und Gehirnschädel. Bei den neugeborenen Tieren bilden beide noch eine einheitliche, annähernd rundliche Form, wie sie der Mensch zeitlebens bewahrt. Der Gesichtsschädel verlängert sich dann in der kurzen Jugendzeit des Tieres und beherrscht fortan die Kopfform. Der Kopf droht dort gewissermaßen von den Stoffwechselkräften überwuchert zu werden. Dieses Phänomen und seine Beherrschung tritt besonders eindrucksvoll bei den Geweihträgern und anders bei den Rindern auf. Der männliche Hirsch beispielsweise vollbringt jedes Jahr neu eine gewaltige Stoffwechselleistung, indem aus dem Hirnschädel das kräftig durchblutete, von einer samtenen Haut überzogene Geweih herauswächst. Das geschieht in der ersten Jahreshälfte. Zu Beginn des zweiten Halbjahres wird die Macht der in den Kopf heraufschießenden Stoffwechselkräfte aus dem Geweih gebannt, es erstirbt in die knöcherne, einen Innenraum umschließende Form der verzweigten Stangen und wird zu einem mächtigen, den Wärme-Licht-Luftumkreis ertastenden Sinnesorgan. Im Winter wird es abgeworfen. Nicht anders und doch polar verhält es sich mit den Kopffortsätzen beim Rind, den von Jahr zu Jahr weiterwachsenden und zugleich in die Hornhülle absterbenden Hörnern. Durch diese, einem nach innen gerichteten Sinnesorgan, wird das mächtige gegen die Nerven-Sinnes-Organisation herandrängende Stoffwechselgeschehen von der erstorbenen Hornhülle in den Leib zurückgewiesen. So bewahrt das Rind auf andere Art als der Hirsch die Nerven-Sinnes-Kräfte des Kopfes von der herandrängenden Macht der Stoffwechselkräfte.[394]

Der anatomische Aufbau in der Leibesbildung und des Schädels ist bei den Haustieren nicht anders als bei den Wildformen. Und doch besteht ein bezeichnender Unterschied in der Art der Ausformung: Diese ist hochgradig variabel; der Gesichtsschädel bleibt etwas verkürzt, die Sinnesleistungen sind geringer, die Stoffwechselleistungen höher, das Volumen der Gehirnhöhle ist teils erheblich reduziert (siehe das Kapitel «Die Haustiere – Organe im Hof- und Landschaftsorganismus, S. 126 ff.). Dies aber sind Symptome einer bei den Haustieren zurückgehaltenen Entwicklung, einer Bewahrung ihrer Jugendlichkeit, eines gewissermaßen embryonaleren Status. Diese bewahrte

394 Über die organischen Bildungen, die im höheren Tierreich dem Ausgleich eines ungleichgewichtigen Verhältnisses der polaren Systeme dienen, siehe u.a.: Friedrich A. Kipp: «Bezahnung und Bildungsidee des Organismus», in: Wolfgang Schad (Hrsg.): *Goetheanistische Naturwissenschaft*, Band 3: *Zoologie*, Stuttgart 1983, S. 167 f.; sowie Andreas Suchantke: «Polarität und Dreigliederung im Tierreich», in: ders.: *Metamorphose – Kunstgriff der Evolution*, Stuttgart 2002, S. 137 f.

Jugendlichkeit ist es, die das Wesen des Haustieres kennzeichnet. Evolutiv verdankt es sein jugendlicheres Wesen dem Menschen. Diese Tatsache legt ihm die Verpflichtung auf, in Wesenserkenntnis und Liebe die Erziehung in Haltung, Fütterung und Pflege darauf auszurichten.

Als tierisches Hüllenorgan für die zerbröselte Eichenrinde/-borke dient die Hirnhöhle im Schädel eines der größten Haustiere. Diese wird von einem Mosaik von Knochen des Oberschädels umschlossen, die teils aus Bindegewebe vorgebildet sind wie die Schädeldecke (mit Stirnbein, Schläfen- und Scheitelbein), teils aus Knorpel wie die Knochen der Schädelbasis und teilweise das Hinterhaupt sowie die Knochen, die die Hirnhöhle gegen den Gesichtsschädel abgrenzen. Die Verknöcherung entsteht durch Knochenzellen, die in Bindegewebe und Knorpeln von einzelnen Zentren aus ausstrahlen und durch Einlagerungen von Kalzium- und Magnesiumphosphaten, Kalziumcarbonaten und Fluorkalzium die Beweglichkeit des Grundgewebes erstarren lassen. Es entstehen daraus die plattigen Deckknochen, die durch Bindegewebe- oder Knorpelbrücken verbunden sind. Im Älterwerden verknöchern sie schließlich, im Falle der Knorpel in die stärker geformten teils miteinander verwachsenden Knochen, die die Hirnhöhle zum Gesichtsschädel hin begrenzen. Die Verknöcherung (Ossifikation) ist ein fortschreitendes Sterben in die Form. In vergleichbarer Weise erstirbt die Rinde in die Form der Borke. Und doch, weil es sich um ein Tier handelt, wird dieser Prozess des Absterbens durch den Bildekräfteleib zurückgehalten. Die Lebensprozesse bleiben gradweise in Fluss; ein steter Ab-, Um- und Aufbau der Knochensubstanzen findet weiterhin statt. Wie stark die Knochen doch noch von Lebensprozessen durchdrungen sind, beleuchtet die Tatsache, dass ein Drittel der Knochen aus organischer Grundsubstanz, dem *Ossein*, besteht und zwei Drittel aus den obengenannten Mineralsalzen (P, Ca, Mg und F).[395] Die Bildekräfte beleben und durchstrahlen die Knochen von der außen aufliegenden, innervierten und durchbluteten Knochenhaut, dem Periost.

Man wird aus den vorstehenden Betrachtungen, auch aus den genannten morphologischen Besonderheiten, keinen schlüssigen Hinweis finden, welcher die Aussage des Geistesforschers dem Verständnis näher brächte, dass für die Präparation der Eichenrinde ein Schädel in Frage kommt: «Fast einerlei von welchen unserer Haustiere.»[396] Eine Antwort wird sich wohl nur finden lassen, wenn man das Verhältnis Mensch–Tier seit den Eiszeiten

395 Rolf Krahmer, Lothar Schröder: *Anatomie der Haustiere*, Leipzig 1985, 368 S.
396 Rudolf Steiner: *Geisteswissenschaftliche Grundlagen zum Gedeihen der Landwirtschaft*, GA 327, Vortrag vom 13. Juni 1924, Dornach 1999, S. 133.

und den auf sie folgenden Hochkulturen ins Auge fasst. Die Menschheit lebte da noch in einem traumhaften Bewusstsein. Man kann es auch ein mythologisches Bewusstsein nennen. Aus ihm erflossen die Mythen der Völker, Inspirationen aus einer geistreal übersinnlich empfundenen Welt. Es stand unter der Führung des inspirierten Priestertums der Mysterien. In diesen spirituellen Hintergründen muss die Haustierwerdung gesucht werden (vgl. Kap. «Die Haustiere – Organe im Hof- und Landschaftsorganismus», S. 126 ff.). Diese bestand darin, dass das evolutiv veranlagte Instinktleben der Tiere von der Führung durch den Menschen gradweise ersetzt wurde. Dieser Verwandlungsschritt aus der seelisch-geistigen Bewusstseinsverfassung der damaligen Menschheit hat sich dem Lebensleib der Tiere eingeprägt und über diesen dem physischen Leib und so auch dem Erbstrom. Es hat dem Haustier dazu verholfen, seine Jugendlichkeit zu wahren, seine leibliche Konstitution variabel zu erhalten. In letzter Konsequenz darf man annehmen, dass das Geheimnis der Haustierwerdung im physischen Leib, in der spezifischen Anordnung der Stoffe, ihrer «Struktur», seinen Niederschlag gefunden hat, dort, wo das Leben vollends in die Form gerinnt. Ist die Form geschaffen, zieht es sich aus dieser zurück, sie verfällt dem Tod. Diese, durch die Bildekräfte des Haustieres geschaffene, Anordnung der Stoffe ist jeweils eine andere in den Röhrenknochen der Gliedmaßen, in den Knochen des Beckens, der Wirbelsäule und wieder eine andere in den das Zentrum des Nerven-Sinnes-Systems einhüllenden Schädelknochen. Der vorherrschende Stoff, der Letztere aufbaut, ist das Kalzium; es liegt in verschiedenen Kompositionen mit Phosphor, Kohlenstoff, Sauerstoff und Fluor vor. Seine gleichsam auf einen Mittelpunkt gerichteten Kräfte verleihen dem Hirnschädel seine der Kugelform sich annähernde Gestalt. Die kompositionelle Anordnung des Kalziums in den Knochen des Gehirnschädels ist, so darf man schlussfolgern, Ausdruck des durch den Menschen angeregten, jugendlich gehaltenen seelischen Kräftespiels des Haustieres. Es ist auf tierischer Stufe eine höhere Art der Stoffanordnung des Kalziums als diejenige, die auf pflanzlicher Stufe, z.B. in der Rinden-Borke der Eiche, vorliegt. So gesehen, bewahrt der Haustierschädel in seinen Kalziumkompositionen Astralkräfte, die dem Haustier durch die tätige Zuwendung zugeflossen und an die Stelle der verlorenen Instinkte getreten sind. Sie haben in einem höheren Sinn das Vermögen, reinigend, läuternd und heilend auf wuchernde Lebensprozesse zu wirken.

Dieser Versuch einer gedanklichen Hinführung zum Verständnis der Ausgangsmaterialien des Eichenrindepräparates und des Haustierschädels muss weiter vertieft werden. Damit aber löst sich noch nicht das Rätsel der

Präparation als solcher. Diese muss von Menschenhand getan werden, ein künstlerischer Akt!

Die Eiche wächst herauf in unseren Landschaften, ebenso finden sich dort alle Präparatepflanzen und so auch die Haustiere; aber unter welchen Lebens- und Umweltbedingungen? Alles in unserer Macht Stehende müssen wir tun, um in der Gestaltung des Betriebs- und Landschaftsorganismus ihr wesensgemäßes Gedeihen zu fördern. Das schließt, wo immer möglich, die Präparatedüngung ein. Sie ist in ihrem Entstehen eine Synthese der die Landschaft komponierenden Stoffe und Kräfte und in ihrer Anwendung gesamthaft ein Heilmittel zu deren Harmonisierung.

Die Präparation der Eichenrinde-Borke

Wir verschaffen uns im September die Rindenborke von möglichst einer in der Hofgemarkung gewachsenen Eiche und einen Schädel, möglichst eines auf dem Hofe gehaltenen Tieres (Abbildung 29). Im Falle älterer Eichen mit tiefrissiger Borke empfiehlt es sich, die äußerste, oft leicht bemooste Schicht mit einem Zieheisen abzuschaben und erst die darunterliegenden, jüngeren Borkeschichten zu benutzen. Die beim Abziehen schon etwas zerbröselnde Masse wird dann vollends zu einer krümelnden Struktur zerhackt. Dem Haustierschädel wird nach dem Schlachten das Gehirn durch das Hinterhauptloch entfernt sowie die äußerlich noch anhaftenden Fleisch- und Hautreste. Man benutzt sodann den oberen Teil des Schädels und füllt durch eben diese Öffnung des Hinterhauptknochens, durch welche hindurch der Nervenstrang des Rückenmarks in das Kleinhirn übergeht, die Rinden-Borkenmasse in die Hirnhöhle. Die Öffnung wird mit einem Schädelknochensplitter verschlossen und mit Lehm abgedichtet.

In diesem ersten Präparationsschritt vollzieht sich eine erste Umstülpung: Ein Äußeres, die Rinden-Borke, wird zu einem Inneren, umschlossen von einer Knochenhülle, die schon im Leben des Haustieres dem Tode näher war als dem Leben. Nächst dem Gehirn diente sie dem Bewusstwerden der instinktgeleiteten Sinnesempfindungen (Abbildung 29).

Im zweiten Schritt der Präparation vollzieht sich eine zweite Umstülpung eines Naturprozesses, geleitet durch Geist und Hand des Menschen. Die Schädel werden sogleich nach ihrer Füllung mit der pflanzlichen Substanz flach an einer Stelle in die Erde eingegraben, wo viel Pflanzenschlamm ist und wo atmosphärisches Wasser – Regen und Schneewasser – zufließt. In diesem erdigen, mondhaft wässrigen Milieu ruhen sie und sind dort den Herbst- und

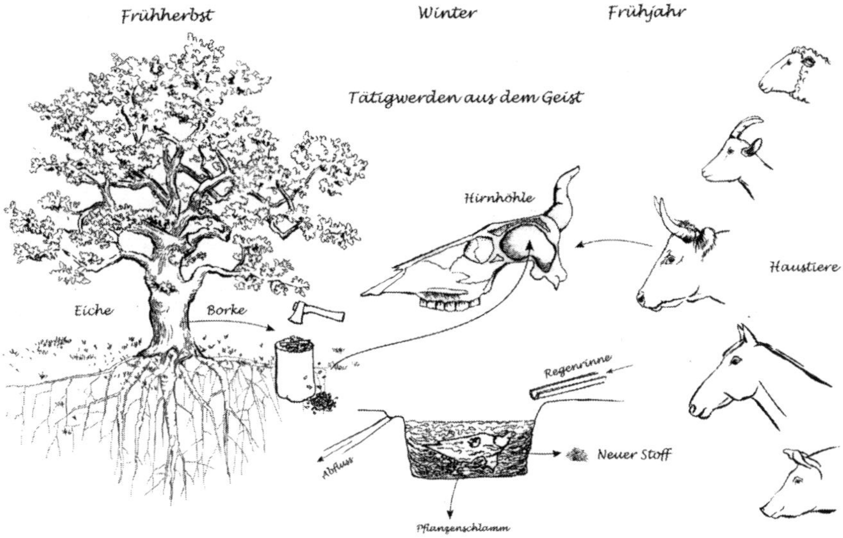

Abbildung 29:
Die Stoffkomposition des Eichenrindenpräparates im Durchgang durch das Winterhalbjahr.

Winterkräften ausgesetzt. Die Schwierigkeit, diese Bedingungen optimal zu erfüllen, haben zu vielerlei Lösungsansätzen geführt.[397] Eine flexible Vorgehensweise wird durch folgenden Hinweis Rudolf Steiners erleichtert: Wir «versenken nun [den Schädel; Anmerkung des Verfassers] in die Erde und geben [...] Torfmull drauf und versuchen, durch Einleitung irgendeiner Rinne möglichst viel Regenwasser an den Platz zu bekommen. Man könnte es sogar so machen [...] in einem Bottich, in den immerfort Regenwasser einfließen und wiederum abfließen könnte [...] da solche Pflanzensubstanz hineingeben, die stark bewirkt, dass immer Pflanzenschlamm da ist.»[398] Beide Methoden werden praktiziert.

Im Frühjahr erfolgt der dritte Schritt der Präparation: Die Schädel werden aus ihrem erdig-wässrigen Milieu herausgenommen. Wieder vollzieht sich eine Umstülpung: Das Innere, die Rinden-Borkenfüllungen, hat das Kräftewirken von außen aufgenommen und konzentriert. Was in Erscheinung tritt, ist ein neuer Stoff, von äußerlich etwas dunklerer Färbung und leicht vererdeter, doch immer noch krümelnder Konsistenz. Es ist dadurch ein neuer Stoff,

397 Walter Stappung: *Die Düngerpräparate Rudolf Steiners, Herstellung und Anwendung*, Rüfenach 2017, 2 Bd. (Bd. 1: 632 S.; Bd. 2: 116 S.).
398 Rudolf Steiner: Ebd., S. 135.

dass er begabt ist mit der neuen Eigenschaft einer strahlenden Astralwirkung, die dem Kompost- und Mistdünger «wirklich die Kräfte verleiht, schädliche Pflanzenkrankheiten prophylaktisch zu bekämpfen, aufzuhalten».[399]

Wie lässt sich dieser Prozess gedanklich nachvollziehen, der sich zwischen Pflanzenschlamm, Schädelknochenhülle und der Borkenrinde der Eiche über das Winterhalbjahr im Irdischen abspielt? Folgend ein Deutungsversuch. Es geht um die Frage: Wie kann man die Eigenschaft des Kalziums, die Kräfte des Ätherischen zusammenzuziehen, nutzbar machen? Allzu häufig treten nach einem feuchten Winter und Frühjahr und einer plötzlich einsetzenden sonnenreichen Wärmeperiode massenweise schädigende Fremdorganismen wie Blattläuse in Kolonien auf. Sie sind ein Zeichen ätherisch-wuchernden Wachstums. Die kosmisch-astralen Kräfte sind zu schwach, um das Übermaß an Wachstumskraft in die Form zu gestalten. Hier kann die zusammenziehende Kraft des Kalziums helfen, nicht aber die gewöhnliche Kalziumverbindung, dem Säurerest der Kohlensäure ($CaCO_3$), sondern es bedarf dazu eines Kalziums mit einer «Struktur», wie sie in der Rinden-Borke der Eiche vorliegt. Dieses von den Lebensprozessen der Eiche emporgehobene und von ihr in die Rinden-Borke ausgeschiedene Kalziumoxalat muss auf den Weg der Präparationsschritte erst dahin gebracht werden, dass es als Zusatz zu den organischen Düngern das gesunde Gleichgewicht hält zwischen dem Lebenszusammenhang Boden-Pflanze und den einstrahlenden astralen Kräften der untersonnigen Planeten Venus, Merkur, Mond. Es kann dies in der Weise erreicht werden, dass ein Zustand chaotisch wuchernder Ätherizität erzeugt wird. Im Pflanzenschlamm liegt dieser Zustand vor. Er muss durch den Zufluss von Regen- und Schneewasser kontinuierlich aufrechterhalten werden. Das atmosphärische Wasser enthält Sauerstoff, der dafür sorgt, dass die anaerob verlaufenden Zersetzungsvorgänge nicht in Fäulnis umschlagen. Polar zur Wässrigkeit des Pflanzenschlamms ist die Beschaffenheit des zufließenden, von kosmischen Kräften durchsetzten Regen- und Schneewassers. Dieses kondensiert in der winterlichen Atmosphäre aus der Gasform der Luft in die Tropfenform oder kristallisiert zum Schneekristall. In beiden Zustandsformen hat das Wasser sein eigenes Zentrum. Zu diesem treten die Kräfte des Makrokosmos in Beziehung, konzentrieren sich in der Wasserhülle und begrenzen diese zur Tropfenform bzw. zum Schneekristall. Vereinigen sich nun diese Wassertropfen zur homogenen Wassermasse im Irdischen, geben sie ihr eigenes Zentrum dem Zentrum des Erdmittelpunktes hin.

399 Ebd., S. 135.

Die in den Tropfen konzentrierten kosmischen Kräfte gehen im Irdischen auf und, im vorliegenden Fall, in das Urchaos des Pflanzenschlamms. Es kommt in einer Art Synthese zum Ausgleich: Das mondenhafte mikrobielle Zersetzungsgeschehen wird von Kräften des gegenwärtig wirkenden Kosmos in ein Gleichgewicht gebracht. Man darf annehmen, dass es sich bei diesem Gleichgewicht um den Zusammenschluss des unter- und obersonnigen Planetenwirkens handelt.

In dieses Milieu formlos chaotischen Pflanzenschlamms und des darüber strömenden Regen- bzw. Schneewassers werden die in der Hirnhöhle mit Eichenrinde gefüllten Haustierschädel versenkt. Fortdauernd umströmen die sich vereinigenden Ätherkräfte den Schädel und durchdringen die knöcherne Schädeldecke. Diese weist eine Kalziumstruktur auf, die von den höheren Astralkräften der im Dienst des Menschen stehenden Haustiere geformt ist. Vom Herzen, das zur Sonne in Beziehung steht, wirken im Tier gegen den Kopf hin die Kräfte der obersonnigen Planeten, Mars und Jupiter, während im Kopf selbst die form- und strukturbildenden Kräfte des Saturns dominieren.[400] Das heißt, die im Pflanzenschlamm chaotisierten, durch das Regenwasser in eine Art Gleichgewicht gebrachten Ätherkräfte werden im Durchgang durch die Schädeldecke durch die weniger instinktgebundenen Astralkräfte der Haustiere zu Bildekräften. Das vom Astralleib der Haustiere strukturierte Kalzium der Schädeldecke zieht die Ätherkräfte zusammen und begabt sie mit aufbauender, ordnender Wirkungsmacht. In der Rinde/Borke liegt, von der Eiche so zubereitet, das Kalzium einerseits in solcher Stoffkomposition vor, dass es empfänglich wird für die durch den Haustierschädel vermittelten, zu Bildekräften verwandelten Ätherströme des Pflanzenschlammes. Andererseits liegt es in der Natur des Kalziums, diese empfangenen Bildekräfte im Wirkungszusammenhang der Rinde/Borke der Eiche zu konzentrieren und zu bewahren.

Die Haustierschädel mit ihrer Füllung verbleiben über das Winterhalbjahr den im Erdig-Wässrigen einstrahlenden, irdisch-kosmischen Kräften exponiert. Man kann diese Verfahrensweise so deuten, dass einerseits in dieser Zeit ohnehin das untersonnige planetarische Wirken – und insbesondere das des Mondes – im Wässrigen des Pflanzenschlammes am stärksten ist, andererseits die Formkräfte des ferneren Umkreises der Fixsterne, die über das Feste-Erdige wirken, in dem harten, in die Form geronnenen Haustierschädel ihre größte Wirksamkeit entfalten.

400 Rudolf Steiner: Ebd., Vortrag vom 10. Juni 1924, S. 60.

Das fertige Präparat wird, ebenso wie die beschriebenen, in den Kompost- und Dunghaufen in der Menge einer Dreifingerprise pro 1 bis 2 m^3 im gärtnerischen Bereich eingebracht, im landwirtschaftlichen pro 8 bis 15 m^3. Nicht der Stoff zählt, sondern die Kräftestrahlung. Auch hier sollte das Urteil sich aus dem bilden, was die persönliche Anschauung und Erfahrung lehrt.

Im Gegensatz zum Kiesel beschreibt Rudolf Steiner den Kalk als denjenigen, der alles «an sich heranziehen» will. «Was der Kalk haben will, lebt im Pflanzlichen.» «Das Kalkige ist die allgemeine äußere Begierde im Irdischen.»[401] In dieser Eigenschaft des «Begierdenhaften» lebt sich naturhaft der anorganisch tote Kalk aus. Durch die Lebensprozesse der Pflanzen – und in besonderer Art der Eiche – wird er gradweise aus dieser Fesselung ans Irdische befreit. Aus diesem belebten Zustand wird er in der Rinden-Borke in einen solchen ausgeschieden, der sich dem Mineralischen zwar annähert, in seiner «Struktur» aber dem in das Rinden-Borkengewebe eingebetteten Kalziumoxalat den Stempel der Bildekräfteorganisation der Eiche einprägt. Kann man darin nicht den Sinn der drei geschilderten Umstülpungsschritte der Präparation sehen, nämlich dass die «Begierdennatur» des toten Kalks sich in das Gegenteil verkehrt? Er wandelt sich in seinem Kräftegefüge in einen Zustand, in dem er nichts mehr für sich will, sondern den Pflanzen Kräfte vermittelt, durch die sie sich der krankmachenden und schädigenden Einflüsse von außen erwehren können. Das Kalzium im Kalk wird durch die prozessualen Schritte der Präparation aus seinen evolutiv fixierten Zuständen herausgehoben; von einem Nehmenden wird es zu einem Gebenden, zu einem Heiler im Leben der Pflanzen.

Zusammenfassend kann man sagen: Wie bei allen Präparaten wirken die einzelnen Kompositionschritte nicht additiv, sondern multiplikativ zusammen. Es entstehen Stoffe, die nicht Variationen von Eigenschaften sind, die, naturgesetzlich fixiert, aus der Vergangenheit stammen, sondern Eigenschaften, die in Lebenszusammenhängen Entwicklung ermöglichen. Im Falle des Eichenrindepräparates ist es die neugewonnene Eigenschaft, das Wesensgliedergefüge der Pflanze zu stärken und damit prophylaktisch Pflanzenkrankheiten entgegenzuwirken.

Die Natursubstanzen und Kräfte, die in neuartiger Komposition eine Düngersubstanz mit solcher Eigenschaft erzeugen, sind folgende:

401 Rudolf Steiner: Ebd., Vortrag vom 11. Juni 1924, S. 82/83.

4. Die Eichenrinde/Borke: Die Eiche macht den Blühprozess – eine zum Kosmos hin sich öffnende Geste – durch ihr Wesen «irdischer», was sich dann in der Borke im Ca-Oxalat substanziell äußert.
5. Der Haustierschädel: Er ist metamorphosiert durch die Führung des Menschen. Im Wildtier gestaltet der Geist der Gruppenseele, im Haustier tritt zu diesem der Geist des Menschen.
6. Die Schädelhöhle, die das Gehirn birgt und von dem Gehirnwasser umgeben ist, ist ein aus dem unmittelbaren Kontakt mit dem Irdischen herausgehobener Raum, der ein mikrokosmisches Abbild des Makrokosmos ist.
7. Im Winter ist die Erde geisteswach sich selber hingegeben.

In diesen vier Qualitäten spricht sich eine zentripetale, zur Erde hin gerichtete Wirkenstendenz aus. Sie treten naturhaft getrennt auf. Werden sie sowohl räumlich wie zeitlich auf der Basis von Pflanzenschlamm und dem im Winterhalbjahr zuströmenden atmosphärischen Wasser zueinander in Beziehung gebracht, wird der Kalziumprozess mit der neuen Eigenschaft begabt, Einseitigkeiten im Irdischen therapeutisch auszugleichen.

Die Komposition des Löwenzahnpräparates

Auf der Suche nach einer Pflanze, die durch ihre eigenen Lebensprozesse in der Lage ist, in sich die «richtige Wechselwirkung entstehen [zu lassen; Anmerkung des Verfassers] zwischen der Kieselsäure und dem Kalium, nicht dem Kalzium», findet die Geistesforschung den Löwenzahn (*Taraxacum officinale*).[402] «Der unschuldige, gelbe Löwenzahn, wo er in einer Gegend wächst, ist er eine außerordentliche Wohltat. Denn er ist der Vermittler zwischen der im Kosmos fein homöopathisch verteilten Kieselsäure und demjenigen, was als Kieselsäure eigentlich gebraucht wird über die ganze Gegend hin. Er ist wirklich eine Art Himmelsbote.»[403] Der Löwenzahn ist evolutiv dazu veranlagt, «in der richtigen Weise die Kieselsäure» «aus der ganzen kosmischen Umgebung» heranzuziehen. «Denn die Kieselsäure müssen wir in der Pflanze drin haben. Und gerade in Bezug auf die Kieselsäureaufnahme verliert die Erde im Lauf der Zeit ihre Macht. Sie verliert sie langsam, daher bemerkt man das nicht.»[404] Diese Kieselsäure «hat die allergrößte Bedeutung für das Pflanzen-

402 Rudolf Steiner: *Geisteswissenschaftliche Grundlagen zum Gedeihen der Landwirtschaft*, GA 327, Dornach 1999, Vortrag vom 13. Juni 1924, S. 137.
403 Ebd., S. 137.
404 Ebd., S. 135.

wachstum».[405] Das in ihr enthaltene «Silizium wiederum wird umgewandelt im Organismus in einen Stoff, der von einer außerordentlichen Wichtigkeit ist, der gegenwärtig unter den chemischen Elementen überhaupt nicht aufgezählt wird».[406] Hier weist der Geistesforscher wieder auf ein Rätsel hin, zu dessen Lösung die Sinnesbeobachtung einzelne Phänomene liefert, die auf einen höheren Zusammenhang hindeuten, auf «das geistige Band» (Goethe), das als solches aber erst sich der denkenden Geisterfahrung erschließt.

Das Erscheinungsbild des Löwenzahns

Der Löwenzahn offenbart in allen seinen Gliedern eine Fülle von Phänomenen, die erstaunen lassen und auf einen einzigartigen Charakter hinweisen, der ihn selbst aus der Besonderheit der *Kompositen*familie (Korbblütler) heraushebt. Er ist ein Frühjahrsblüher – wenige gelbe Farbtupfer finden sich dann nochmal gegen den Frühherbst. – Dem zarten weiß-violetten Schleier des Wiesenschaumkrautes (*Cardamine pratensis*) folgend, überziehen sich im April die Wiesen, Weiden, Wegraine mit einer goldgelben Decke des aufblühenden Löwenzahns. Dies geschieht just in dem Augenblick, wo die Erde aus ihrer winterlichen Zurückgezogenheit ihr seelisch-geistiges Sein wieder in den Umkreis ausatmet. Das Meer von Löwenzahnblüten erscheint wie ein Bild dieser Wiederverbindung von Erde und Kosmos. So schnell er Ende März erschienen ist, so schnell verschwindet er Ende April dem Blick durch die nun rasch aufwachsenden Nachbargräser und -kräuter. Über das ganze auf die Blüte folgende Jahr konzentriert und bewahrt er die Kräfte aus Kosmos und Erde, die dann, unter den Strahlen der aufsteigenden Frühjahrssonne des nächsten Jahres, plötzlich über Nacht, Welle um Welle, die Blütenstiele emporschießen lassen. Sie tragen die Blütenknospen empor, die sich auf dem breit ausladenden Blütenboden öffnen und den Korb voller Strahlenblüten der Sonne zuwenden.

Die Wuchsgestalt des Löwenzahns ist in Wurzel, Stängel, Blatt und Blüte prononciert dreigliedrig (Abbildung 32, S. 423). Dies deutet auf eine starke astrale Kräftewirkung, die dem Lebensleib dieses «Himmelsboten» zu seinen erstaunlichen bildekräftigen Funktionen verhilft. Jedes seiner Glieder lebt sich als eine Polarität von Stauung (Ruhe) und Bewegung dar. Es sind Astralkräfte, die diesen Widerspruch der ätherischen Organisation des Löwenzahns einprägen. Dies gilt natürlich in vielfach abgewandelter, weniger

405 Ebd., S. 136.
406 Ebd., S. 137.

ausgeprägter Weise für alle Blütenpflanzen. Der Astralleib der Pflanze, der sie aus der Welt des Übersinnlichen von außen umstrahlt, gestaltet in einer Art Innenwirkung die in steter Bewegung befindlichen ätherischen Kräfte zu Bildekräften. Gemäß dem Wesensbild der Pflanze hemmen bzw. stauen sie die Lebensprozesse oder aktivieren sie zu kräftigem Wachstum. Beim Getreide beispielsweise wächst der Halm von einer Wachstumsstauung, dem Knoten, zur nächsten. Aus dieser Stauzone heraus entwickelt sich durch einen Bewegungsimpuls das nächste Halmglied (*Internodium*) und das zugehörige Blatt, das den Halm bis zum nächsten Knoten als Blattscheide umhüllt. Dieser rasch in die Form ersterbenden Innenwirkung steht polar eine astrale Außenwirkung gegenüber. Diese äußert sich in dem Element der Luft, die durch die Wärme in Bewegung gehalten wird. Der Hauptbestandteil der Luft ist der mineralisch-tote Stickstoff (79 %), der physische Träger des astralen Kräftewirkens. Man kann sagen, mit jedem Lufthauch, der die Blätter umspielt, jedem Windstoß, der sie hin- und herpendeln, Zweig und Äste hin- und herschwingen oder ein Roggenfeld in «schwanken Silberwellen»[407] dahinströmen lässt, ist ein Bewegungsimpuls wirksam – Ausdruck einer astralischen Außenwirkung.

In ganz anderer Weise verhält sich der Löwenzahn als mehrjährige krautartige Pflanze (Lebensdauer ca. acht Jahre). Er wird durch und durch von der lebensgestaltenden astralen Innenwirkung beherrscht, vergleichbar der Brennnessel, doch polar zu dieser. Während die Brennnessel, sich selbst behauptend und sich nach außen wehrhaft präsentierend, ihrer großartigen Innenwirkung selbst eine schützende Hülle gibt, zeigt das Erscheinungsbild des Löwenzahns, wie vollkommen er sowohl der Erde wie dem Kosmos hingegeben ist. Obwohl die astralische Organisation des Löwenzahns die Ätherkräfte machtvoll in ihren Dienst stellt, ist sein Erscheinungsbild ein Muster eines hingebenden Willens, keines Eigenwillens: «Der unschuldige, gelbe Löwenzahn», als welchen ihn der Geistesforscher apostrophiert.[408] Eine Außenwirkung im oben genannten Sinn kommt kaum an ihn heran.

Die Wurzel

Die Polarität von gestauter und bewegter Lebenskraft prägt bereits mächtig die Wurzel. Dies zeigt sich einerseits in der starken Tiefentriebkraft der Pfahlwurzel, die sich im Bereich des humosen Oberbodens ein- bis mehrmals

407 Johann Wolfgang von Goethe: *Faust II*, Vers 4656.
408 Ebd., S. 137.

verzweigt. Die Wurzelstränge dringen tief in den mineralischen Unterboden und breiten sich dort erst mit der Feinbewurzelung aus. Selbst Stücke der oberen Pfahlwurzel können sich an beiden Schnittenden wieder zur voll ausgebildeten Pflanze entwickeln.[409] Andererseits verdicken sich die oberen Teile der verzweigten Primärwurzel im Oberboden rübenartig zu einer *Rhizom*wurzel. Sie ist von einer lockeren Zellmasse erfüllt, die von miteinander vernetzten Röhren durchzogen ist. Diese Kanäle führen einen weißen, schleimigen Milchsaft, der unter Druck steht. Hier macht sich ein Staueffekt geltend, der bis in die Blütenstiele hinauf verfolgbar ist. Schneidet man die Wurzel, die Blattrippe oder den Blütenstiel durch, quillt sogleich der Milchsaft heraus; die ganze Löwenzahnpflanze steht durchgehend unter erhöhtem Säftedruck (*Turgeszenz*). Man kann auch sagen, der Ätherleib dieser Pflanze steht unter dauerndem «Bildedruck» des Astralen.

Spross und Blatt

Im Vergleich zum «Salpol» der Pfahlwurzel staut sich, mit Übergang im oberen Wurzelrhizom, die merkuriale Mitte von Spross und Blatt des Löwenzahns in eine ausgeprägte Blattrosette (Abbildung 32, S. 423). Der Stängel steckt im Wurzelhals und bleibt lebenslang gestaut, während die Lebensbildekräfte mit Macht in die spiralig angeordneten, dicht gedrängten Blätter schießen. Die Blätter liegen dem Boden eng an, im Winter ganz und gar; im Frühjahr richten sie sich auf. Die jungen aus dem Herzen der Blattrosette wachsenden Blätter stellen sich aufrecht, um im Älterwerden allmählich in die Ebene der Rosette herabzusinken, sich der Erde anzunähern. Während sich so von Frühjahr bis in den Herbst neue Blätter bilden – um die 100 –, vergehen die ältesten an der Unterseite der Rosette.

Die hohe Triebkraft der Blätter geht von der plastisch hervortretenden Zentralrippe aus, die ebenfalls Milchsaft führt. An diese schließt sich die Spreite an, die von oben nach unten schmaler werdend den langen Blattstiel begleitet. In der Blattfolge ist diese von den Keimblättern an im oberen Teil langgestreckt rundlich. Alsbald aber begegnet die stark in die Spreite strebende Triebkraft der von außen entgegenwirkenden Stau- oder Formkraft. In mächtigen spitzen Zacken (Löwenzähne) stößt sie nach außen und erleidet gleichsam als Gegenwirkung tiefe Einbuchtungen nach innen. So entsteht das Bild einer kraftvollen, teilweise beiderseits disharmonischen, bizarren

409 Jochen Bockemühl, Kari Järvinen: *Auf der Spurensuche der biologisch-dynamischen Präparatepflanzen*, Dornach 2005, S. 97.

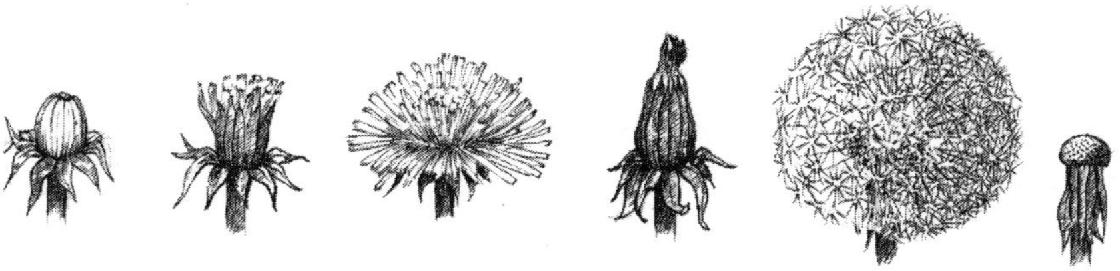

Abbildung 30:
Stadien des Aufblühens, Welkens und der Bildung der Schirmchensphäre in der Samenreife (aus: Bockemühl, Järvinen, 2005, S. 96).

Randgestalt der langgezogenen Blätter. Nur in der Blattspitze kommt es in der helmartigen gleichseitigen Dreiecksgestalt zu einem harmonischen Ausgleich von Trieb- und Formkraft.

Die Blüte

Die Polarität von Stauung und Bewegung macht schon die nach oben durch Säftestau verdickte Pfahlwurzel zu einem wie selbständig sich darlebenden Glied des Löwenzahns. Nicht minder eigenständig, ja in Steigerung, entfaltet sich die Blattrosette. Vollends, wie von dieser abgesetzt, tritt die Blüte übergangslos in vollendeter Beherrschung dieser Polarität, gleichsam des Irdischen enthoben, in Erscheinung.

In den Blattachseln im Herzen der Rosette finden sich zum Herbst hin die Blütenknospen. Sie überwintern «unterirdisch», indem sie im Herbst von dem sich kontrahierenden Wurzelhals in die Erde hineingezogen werden. Es ist ein letzter Bewegungsimpuls vor der Winterruhe. Im Frühjahr aber, in den Aprilnächten, entwickelt der Löwenzahn doch noch eine Art vertikal aufschießenden Stängel. Mit den über das spätere Frühjahr des vergangenen Jahres über Sommer, Herbst und Winter gesammelten und gestauten Kräften schießen die Blütenknospen an der Spitze des ebenfalls milchführenden, hohlen, lufterfüllten Röhrenstängels in die Höhe. Die Blütenknospe ist ein grünes rundes Köpfchen, umschlossen von mehreren Lagen von schuppenartigen Hüllblättchen. Unter den warmen Sonnenstrahlen des anbrechenden Tages öffnen sie sich reihenweise und schlagen sich nach unten. Nur wenige umhüllen weiterhin die sich aus dem Blütenboden jetzt entfaltenden Strahlenblüten (Abbildung 30).

Indem sich auch die letzten Korbblättchen herabsenken, entfalten sich, eng zusammengedrängt, auf dem geweiteten Blütenboden in strahlendem Goldgelb 100 bis 200 Einzelblüten, eine zweite Rosette auf höherer Stufe dem Himmel zugewandt. Sie blühen vom Rand her nach und nach gegen das Zentrum des Blütenkorbes auf. Dieser bewegt sich dem Sonnengang folgend. Am Spätnachmittag stellt sich ein Teil der Korbblättchen wieder aufrecht, gleichzeitig senkt sich der Blütenboden, sodass alle Strahlenblüten in einem Bündel emporgerichtet zusammenstehen und von den Korbblättern wieder knospenartig umhüllt werden. Bei schönem Wetter kann sich das rhythmische Öffnen und Schließen mehrere Tage wiederholen; bei regnerischer Trübe bleiben die Blütenköpfchen geschlossen. Nach dem Abblühen hebt sich zum letzten Mal ein Teil der Korbblättchen. Sie halten in der nun folgenden Samenbildung die Fülle der Blüten fest umschlossen. Währenddessen wächst der Röhrenstängel noch immer weiter in die Höhe, den aufwachsenden Gräsern und Kräutern vorauseilend. In dieser letzten Umhüllung vollzieht sich auf dem Blütenboden bezüglich der Samenbildung eine Umstülpung in folgender Weise: Der Same steckt mit dem Köpfchen im Blütenboden, während sein Gegenpol, an welchem die fein-fädigen Kelchblätter sitzen, nach oben himmelwärts ragt. Während der Samenreife wird erneut ein Bewegungsimpuls rege: Aus dem Kelchpol des Samens wächst ein dünner Stiel, der an seiner Spitze die fädigen Kelchblätter, den Pappus, trägt. Im Emporwachsen schieben diese die verwelkten Blütenblätter nach oben aus der Korbblättchenumhüllung heraus. Nach dieser längeren Vorbereitung schlagen sie sich sodann die Korbblättchen ein letztes Mal nach unten, der Blütenboden wölbt und rundet sich zu einer Kugel, auf der langgestielt die filigrane «Pusteblume» erscheint (Abbildung 30, S. 409). Sie ist in ihren vielen Einzelschirmchen immer vollständig gebildet, da alle Samenfrüchtchen sich im Blütenboden entwickelt haben. Ausgereift lösen sich die Samen aus dem Blütenboden und segeln einzeln mit dem nächsten Windstoß davon.

Das sich mehrfache Öffnen und Schließen des von Blättchen eingefassten Blütenkorbes, die Bewegung des Blütenbodens und das Erstrahlen der Blütenkolonie in den Umkreis sind ausdrucksvolle Gebärden, die bildhaft auf die Nähe des Wirkens des Seelen- oder Astralleibes dieser besonders hochentwickelten Kompositenpflanze hindeuten. Aber damit nicht genug; abermals strahlt sie während der Samenbildung auf, bildet die haarfeinen Keimblätter zu silbrig glänzenden Schirmchen um, die gleich Sternen sich zum Abbild der Kugelgestalt des Kosmos ordnen. Die Keimblätter, die sich gewöhnlich im Irdisch-Wässrigen entfalten, stülpen sich um und wenden sich in Luft,

Wärme und Licht dem Kosmos zu. In nochmaliger Steigerung des Vorausgegangenen entsteht für Augenblicke, in der durchlässigen Umhüllung der Schirmchen, ein luft- und lichterfüllter Innenraum. Man kann sich fragen, ob dieser zart umzeichnete Innenraum nicht das getreue physisch-sinnliche Abbild des Vermögens des Löwenzahns ist, die Kieselsäure aus dem Kosmos heranzuziehen, also «wirklich eine Art von Himmelsbote» zu sein.

Der Milchsaft

Neben dem Löwenzahn führen noch andere Kompositenarten, wie die Wegwarte (*Cichorium intybus*), der Lattich (*Lactuca serriola*), die Gänsedistel (*Sonchus arvensis*) sowie die Wolfsmilchgewächse (*Euphorbiaceae*), in ihren Geweben Milchsaft. Dieser ist eine weiße milchige Emulsion, die, im Falle des Löwenzahns – und dies macht ihn einzigartig – in Röhrenkanälen einheitlich die ganze Pflanze durchzieht. Von der rübenartig verdickten Wurzel reichen sie über den in den Wurzelhals zurückgestauten Stängel in die Mittelrippe der Blätter und schließlich über den lufterfüllten Blütenstängel bis herauf an den Blütenboden. Der Milchsaft verbindet die gegenseitig so voneinander abgesetzt erscheinenden Glieder des Löwenzahns zu einem Ganzen. Man steht vor einem Rätsel! Muss diesem Milchsaft nicht ebenso gut eine salhafte wie sulfurische Natur zugeschrieben werden und wie viel mehr noch eine merkuriale? Vereinigt er in sich nicht alle drei Qualitäten? Existiert hier überhaupt das Grundprinzip der Blütenpflanze, die Heraufläuterung des Mineralstofflichen und dessen Ätherisierung im Blühprozess?

Der Milchsaft ist ein Sekret aus den zusammengewachsenen Randzellen der miteinander vernetzten Milchkanäle. Er ist eine von der ätherischen Organisation dieser Pflanze komponierte Stoffmasse, die in bestimmten Stoffmengenverhältnissen alles dasjenige enthält, was sich dann zu den hochspezifizierten Formen der Pfahlwurzel, Blattrosette und Korbblüte ausgestaltet. Die Analyse offenbart eine derartige Mannigfaltigkeit gelöster sowie suspendierter Stoffe, sodass es berechtigt erscheint zu sagen: Hier liegt ein Urzustand des Lebens in einer Erscheinungsform aus evolutiven Frühzeiten der Erdenentwicklung vor, in welcher sich die Reiche des mineralischen, pflanzlichen und tierischen Seins noch nicht voneinander geschieden haben, eine Stoffkomposition omnipotenten Lebens. Einzelne Stoffgruppen unterliegen, je nach Standort, starken jahreszeitlichen Schwankungen, z.B. *Inulin*, ein aus Fruchtzucker aufgebautes Polysacharid, das mit dem Wachstum im Frühjahr nahezu verbraucht ist und sich gegen den Herbst hin zu hohen

Gehalten anreichert. Die Frühlingswurzel weist den meisten Bitterstoff auf, die Augustwurzel das meiste *Inulin*, die Septemberwurzel das meiste *Taraxin*, die Oktoberwurzel das meiste *Lävulin*.[410] Der Milchsaft besteht aus einer wasserähnlichen Grundsubstanz – dem *Taraxacum*-Liquor –, in welchem viele Mineralsubstanzen, wie unter anderen Kalium und Silizium, sowie organische Verbindungen gelöst sind, wie Eiweiße, Gerbstoffe, Alkaloide, Vitamine.[411] Die in dieser Lösung in feinen Tröpfchen suspendierten Stoffe sind Harze sowie hauptsächlich Kautschuk mit kolloidaler Eiweißschutzhülle. In der Asche der ganzen Pflanze finden sich 7 % Kieselsäure, 40 % Kaliumoxid, 8 % Magnesiumoxid, 28,6 % Natriumoxid sowie Spuren von Zink, Kupfer, Mangan und Schwefel.[412] Die Gehaltszahlen der analytisch nachweisbaren Stoffe geben, über ihr Vorhandensein hinaus, wenig Anhaltspunkte, die einen Zusammenhang zum bildenden Wesen erkennen lassen. Mehr Auskunft erhält man, wenn man bestimmte Stoffkompositionen ins Auge fasst, z.B. Wirkstoffe und deren Heilwirkungen. Aber auch diese sagen nichts über die Ganzheit Löwenzahn aus, die diese Wirkungen hervorbringt. Solange man dieses Ganze als eine gegebene Naturtatsache hinnahm, galt der Löwenzahn als offizinale Heilpflanze. Jetzt, da die Wirkstoffe, die als heilend angesehen werden, isoliert und synthetisiert sind oder durch andere synthetische Stoffe ersetzt werden können, hat der Löwenzahn seinen Ehrenstatus verloren, Heilpflanze zu sein. Er wird diesen Status erst wiedergewinnen – und so alle anderen Heilpflanzen –, wenn man das Beziehungsverhältnis der Stoffe zueinander als ein Kraftgefüge zu erkennen sucht, dessen Architekt unter der Regie der von außen wirkenden Astralkräfte der Äther- oder Lebensleib der betreffenden Heilpflanze ist. Die einzelnen organischen Stoffverbindungen haben ihre Prägung durch die Ganzheit der ätherischen Organisation zwar erhalten, sie repräsentieren diese aber nicht vollgültig.

Dazu müsste man den Komponisten kennenlernen, der sich im Erscheinungsbild des Löwenzahns in dieser bestimmten Stoffanordnung ein Selbstporträt geschaffen hat. Dieser Komponist als der große Künstler kann nur durch Geisterkenntnis gefunden werden. Erst die Geistesforschung erschließt das «geistige Band»,[413] das die empirisch gefundenen Einzeltatsachen sinnstiftend verbindet. Eine solche geisteswissenschaftliche Sinnstiftung zeigt, dass im Löwenzahn nicht, wie bei der Schafgarbe, Kamille und Brennnessel,

410 Werner Christian Simonis: *Heilpflanzen und Mysterienpflanzen*, Wiesbaden 1991, S. 280.
411 Ebd., S. 282.
412 Erdmuth-M. W. Hoerner: *Die biologisch-dynamischen Präparate*, Stuttgart 2019, 512 S.
413 Johann Wolfgang von Goethe: *Faust I*, Vers 1939.

ein Beziehungsverhältnis zwischen Schwefel und den erdgebundenen Stoffen Kalium, Kalzium und Eisen besteht, sondern ein solches des Kiesels zu Kalium. Im Lebendigen kommt dem Kalium die Bedeutung zu, den Ätherleib mit dem physischen Leib zu verbinden; im Gegenpol dazu steht der Kiesel. Anders als der Schwefel schafft der Kiesel eine Art Sinnesbeziehung zwischen diesen beiden Wesensgliedern und den kosmisch-astralen Kräften, die aus dem Stoffwechselpol, der «Landwirtschaftlichen Individualität», hereinwirken. Diese besondere Wechselwirkung des Kaliums von unten und der Kieselsäure von oben vollzieht sich, so darf man annehmen, in dem die ganze Pflanze durchziehenden Milchsaft. Muss man in diesem nicht, im Kontext mit dem in die äußere, dreigegliederte Erscheinungsform sich bildenden Löwenzahn, den «Vermittler [sehen; Anmerkung des Verfassers] zwischen der im Kosmos fein homöopathisch verteilten Kieselsäure und demjenigen, was als Kieselsäure eigentlich gebraucht wird über die ganze Gegend hin»?[414] Hier stellt sich die gleiche Frage, wie bezüglich des Stickstoffs der Luft: Kieselsäure steht doch im Boden in fester, kolloidaler und gelöster Form reichlich zu Verfügung, warum also auf so komplizierte Art und zudem in so geringen Mengen Kieselsäure aus dem Kosmos hereinholen? Es handelt sich offenbar um zwei einander polare Wirkenszustände der Kieselsäure bzw. des darin wirkungsbestimmenden Siliziums. Der eine Seinszustand der Kieselsäure sind der Quarz und die Silikate. Sie sind das Ergebnis des Werdens und Vergehens vergangener Erdzustände. Als Gesteine und als ihr Verwitterungsaufschluss bilden sie das mineralische Grundgerüst der Böden. Zu dieser erdgebundenen Kieselsäure steht die Wurzel der Pflanze in Beziehung. Der andere Wirkenszustand der Kieselsäure macht sich im Stoffwechselpol über der Erde geltend, einer «im Kosmos fein homöopathisch verteilten Kieselsäure».[415] Man denkt da sogleich an den in den Anziehungsbereich der Erde geratenen Meteoritenstaub. Doch dieser rieselt von allein zur Erde. Diese mineralische Vererdung kann gewiss nicht gemeint sein. Die Aussage Rudolf Steiners lautet, dass die «rechte Wechselwirkung von Kalium und Kieselsäure in der Pflanze da sein muss, um heranzuziehen das Kosmische».[416] Es ist ein aktiver Prozess, der von der Pflanze ausgeht und den es mit Hilfe eines entsprechend zubereiteten Düngers zu beleben gilt.

414 Rudolf Steiner: *Geisteswissenschaftliche Grundlagen zum Gedeihen der Landwirtschaft*, GA 327, Vortrag vom 13. Juni, Dornach 1999, S. 137.

415 Ebd., S. 137.

416 Ebd., S. 137.

Was hier u.a. als «kosmische Kieselsäure» angesprochen ist, bezeichnet einen immateriellen, ätherisch-astralen Zustand. «Wir könnten allmählich, indem wir planlos fortdüngen, die Erde verhindern, aufzusaugen dasjenige, was an Kieselsäure, Blei, Quecksilber wirksam ist», «was [...] aus dem Weltenumkreis herankommt und in das Pflanzenwachstum aufgenommen werden muss».[417] Die Erde verliert die Aufnahmefähigkeit für diese kosmischen Substanzen. Um diesem Verlust entgegenzuwirken, braucht es wiederum die spezielle Zubereitung eines Düngers: das Löwenzahnpräparat. Es vermittelt Boden und Pflanze die Fähigkeit, die dem Löwenzahn in besonderer Weise eigen ist, das Kalium und die Kieselsäure in den Lebensprozessen der Pflanzen in ein solches Wechselverhältnis zu bringen, dass sie die Fähigkeit erlangen, die «kosmische Kieselsäure heranzuziehen». Im Löwenzahn entsteht dieses Wechselverhältnis erst dadurch, dass er die beiden über die Wurzel aufgenommenen Erdenstoffe Kalium und Kieselsäure aus dem anorganisch-physischen in den ätherisierten Zustand emporhebt. Der Milchsaft ist in seiner Omnipotenz seinem Urbild zwar näher, dennoch ist er in dieser Erscheinungsform ebenso Abbild desselben wie sein Rhythmus in Stauung und Bewegung und dessen Steigerung von der Wurzel, über die Blattrosette, gipfelnd in den Blütenköpfchen. Der Löwenzahn ist «eine Art Himmelsbote»; sein Erscheinungsbild kündet davon.

Die solcherart aus dem Kosmos eingestrahlte und von den Lebensprozessen der Pflanze aufgenommene Kieselsäure tritt in Beziehung zu der im Wechselverhältnis zum Kalium stehenden, aus der Erde aufgenommenen Kieselsäure. Erst in dieser Art Synthese wird man wohl einen Verständnisansatz für diesen rätselvollen, vom Geistesforscher beschriebenen Sachverhalt finden. Die Kieselsäure enthält das Silizium. «Das Silizium wiederum wird umgewandelt im Organismus in einen Stoff, der von einer außerordentlichen Wichtigkeit ist, der gegenwärtig [also 1924; Anmerkung des Verfassers] unter den chemischen Elementen überhaupt nicht aufgezählt wird.»[418] Ist es dieser umgewandelte Stoff, durch welchen die genannten Substanzialitäten des Kosmos auf neue Art dem Pflanzenwachstum zugänglich werden?

Der Löwenzahn vereinigt in sich, als eine evolutiv früheste Daseinsform des Lebens, den Milchsaft, mit einer im Gegenwärtigen vollendeten kosmisch-irdischen Gestaltungskraft. Davon spricht sein Erscheinungsbild. Ist es diese Synthese, die dem Löwenzahn, vor allem in seinem herausgehobenen Blühprozess, die einzigartige Eigenschaft verleiht, die irdisch ausstrahlende

417 Ebd., S. 123–24.
418 Ebd., S. 137.

und kosmisch einstrahlende Kieselsäure in eins zusammenzuführen und dabei das in der «Kieselsäure enthaltene Silizium» im Lebendigen in einen «neuen Stoff» zu verwandeln? Eine bejahende Antwort legt das Verfahren der weiteren Präparation des Löwenzahns und die Wirksamkeit des fertigen Präparates nahe.

Am Ausgangspunkt der Präparation steht die Frage: Kann man das Kräftepotential des Löwenzahns einfangen, konzentrieren, das Konzentrat bewahren und es in Form eines Düngers so einsetzen, dass es sich dem Boden und den aufwachsenden Pflanzen mitteilt? Im Verblühen des Löwenzahns erlischt dieses Potential. Die letzte Lebensregung ist die Umbildung der Keimblätter zum gestielten Pappus, der unter seinem Schirmchen den Samen trägt. Ehe es zu diesem kunstvollen Abschluss kommt, muss der Lebensprozess des Löwenzahns, der in den Blütenköpfchen seinen Gipfelpunkt erreicht, weiter in Fluss gehalten werden. Dies wiederum kann nur durch ein Hüllenorgan geschehen, das dem nächst höheren Naturreich, dem Tierreich, entstammt. Das Tier stellt seine Lebensprozesse in den Dienst seines seelischen Innenwesens und hält sie durch dieses in Fluss. Nach der Geistesforschung Rudolf Steiners erfüllt diese Aufgabe, bezüglich der Blütenköpfchen des Löwenzahns, das Bauchfell bzw. genauer das Gekröse des Rindes.

Das Bauchfell bzw. Gekröse des Rindes

Es dient als Hüllenorgan aus dem Tierreich bei der Präparation der Blütenköpfchen des Löwenzahns. Das Bauchfell (*Serosa, Peritoneum*) umkleidet die Bauchhöhle und alle darin befindlichen Organe, ebenso die Beckenhöhle. In der Bauch- und Beckenhöhle bildet es die Grenzmembran des Stoffwechselpols im eigentlichen Sinne. Auch die Brusthöhle, das Zentrum des rhythmischen Systems mit Herz und Lunge, ist von einem *Peritoneum*, dem Rippenfell, ausgekleidet. Dieses aber ist durch das Zwerchfell (*Diaphragma*) streng vom Bauchfell getrennt. Das *Peritoneum* ist ein in die Innenwelt des Leibes gekehrtes, umgestülptes Hautorgan. Seine, dem Innern zugewandte, Oberfläche bilden Plattenzellen, die in eine Basalmembran eingebettet sind. Diese liegt dem Binde- und Muskelgewebe der Wände der Organhüllen bzw. den Leibeshöhlen auf. Löst man sie ab, hält man eine durchscheinende, glänzende, membranartige Haut in Händen. Diese ist von einem feinen Geflecht von Nervenfasern durchzogen, die sich in einzelnen Ganglien zentrieren und schließlich in dem großen Ganglienzentrum des Sonnengeflechtes (*Plexus solare*) zusammenfinden, das beim Rind unter der Wirbelsäule im Grenzbereich von der Brust- und Lendenwirbelsäule liegt. Diese Nervengeflechte gehören dem vegetativen Nervensystem an, das sich in den *Sympathicus* und den zu diesem polaren *Parasympathicus* gliedert. Deren regulatorische Wirksamkeit spielt sich tief im Unterbewusstsein ab.

Die bloß anatomisch-funktionelle Betrachtung des Peritoneums klärt nur wenig über dessen tiefere Bedeutung auf. Man konstatiert eine starke Innervierung, einen Feuchtigkeitsfilm, der die Gleitfähigkeit der Organe der Bauch- und Beckenhöhle, insbesondere des Dünndarmkonvoluts, ermöglicht, und das erstaunlich hohe Vermögen der Resorption der Körperflüssigkeit; es sorgt, in Verbindung mit der Lymphe und den Lymphknoten, für die Entgiftung – im Sinne einer Art Verdauung – körperfremder Stoffe. Diese auf mehr äußere Tatsachen sich beschränkende Betrachtungsart erweitert sich sogleich, wenn man nach der Bedeutung der starken Innervierung fragt. Eine Antwort gibt das Bauchfell. Es ist ein Sinnesorgan, das sich auf das richtet, was in den einzelnen Organen dieses Innenraumes sich hochspezifisch an Tätigkeiten vollzieht, und das gleichzeitig die Summe dieser Tätigkeiten in Unbewusstheit als ein Ganzes erfasst und aus diesem Ganzen heraus die Organtätigkeiten koordiniert und aufeinander abstimmt.

Wie die Außenhaut und die in diese eingebetteten vier mittleren Sinne – Wärme-, Seh-, Geschmacks- und Geruchssinn – [419,420] ein sinnliches Abbild der Wirklichkeit des Seins dem Wachbewusstsein vermitteln, so die Innenhaut des Bauchfells die Offenbarung dieser Wesenswirklichkeit selbst; Letzteres im Zusammenhang hauptsächlich mit dem Lebenssinn. Dieser kündet dumpf von den leiblichen Befindlichkeiten. Er gehört neben dem Gleichgewichts-, Eigenbewegungs- und Tastsinn zu den unteren, den Willenssinnen.[421] Durch ihre Willensnähe ruht ihre Tätigkeit im tiefsten Unterbewusstsein, dem des Tiefschlafs; sie steht in unmittelbarer Beziehung zur Geistwirklichkeit des Seins. Das Sinnesorgan des Bauchfells nimmt also nicht ein gegenständliches Gegenüber wahr, sondern es taucht in die Wesensoffenbarungen ein, die in der Tätigkeit der Leibeshöhlenorgane zum Ausdruck kommen. So ist die Tätigkeit der Blase, als Konzentrations- und Ausscheidungsorgan, eine andere als die des Dünndarms als Einscheidungsorgan der Verdauungssäfte. Wieder anders sind die Tätigkeiten von Leber, Pankreas, Milz etc. Das Bauchfell ist

---

419 Willi Aeppli: *Sinnesorganismus, Sinnesverlust, Sinnespflege;* Stuttgart 1967; sowie: Dietrich Rapp, Hans-Christian Zehnter: *Die zwölf Sinne in der seelischen Beobachtung – Eine Exkursion*, Münchenstein 2019, 253 S.

420 Rudolf Steiner: *Anthroposophie ein Fragment*, GA 45, Dornach 2002.

421 Willi Aeppli: Ebd.; sowie: Dietrich Rapp, Hans-Christian Zehnter: Ebd.

einerseits dem wesenhaften Sein und der Tätigkeit (Wirksamkeit, Funktion) jedes einzelnen der Bauchhöhlenorgane einverwoben, andererseits vermittelt es gleichzeitig die Summe dieser Tätigkeiten dem Hauptganglienzentrum des Sonnengeflechtes. Man kann deshalb auch das Bauchfell mit den kleineren Ganglienknoten und dem großen Ganglienzentrum den inneren Himmel nennen. Auch andere, offensichtlich intuitiv gewählte Ganglienbezeichnungen der Bauchhöhle wie das «gestirnte Ganglion» (*Ganglion stellatum*) sowie das *Ganglion coeliacum* (*Coelum* = Himmel) weisen auf die Verwandtschaft mit dem Makrokosmos hin. «Die Leibeshöhle ist ein Himmel, eine kosmische Enklave.[422] Hier im Tierreich und besonders bei den Wiederkäuern und unter diesen vor allem beim Rind, findet dieser Himmelsbezug die höchste Ausgestaltung. Im Wiederkäuakt nimmt die Kuh nicht Abbilder einer sinnlich gegebenen Außenwelt wahr, sondern in Form von kraftenden Bildern eine Offenbarung der dieser zugrunde liegenden Wesenswirklichkeit.

Angesichts der Beziehung des Bauchfells zu den vielerlei autonomen Tätigkeiten der Organe der Bauchhöhle, die es ein jedes für sich einhüllt, entsteht die Frage, welches Teilgebiet desselben für die Präparation in Frage kommt. In seinem Kurs für Landwirte nennt Rudolf Steiner das Rindsgekröse: «Die gelben Löwenzahnköpfchen sammle man, lässt sie etwas anwelken, presst sie zusammen, näht sie ein in Rindsgekröse.»[423] Auf die Frage, was unter Rindergekröse zu verstehen sei, folgt die Antwort: «Es ist das Bauchfell gemeint. Unter Gekröse wird meines Wissens das Bauchfell verstanden.»[424]

Diese Aussagen haben bis heutigen Tages in der Praxis zu dem Zweifel geführt: Kommt es primär auf das Bauchfell an oder spezifisch auf das Gekröse, das ein Teil des Bauchfells ausmacht? Ist Ersteres der Fall, bietet sich für die Präparation viel eher und einfacher das große Netz an (*Omentum majus*), weniger das kleine Netz (*Omentum minus*), das in einer Doppellamelle Leber und Magen verbindet. Das große Netz, ebenfalls eine Doppellamelle des Peritoneums, legt sich wie eine Schürze zwischen die bauchseitige Wand des Magens und des Darmkonvoluts. Es schwingt vom Magen herunter bis an die Unterseite der Bauchhöhle, bildet dort eine große Schleife, wendet sich rückwärts wieder nach oben und bedeckt gleich einem wärmenden Schutzschild das Gedärm.[425] Anders verhält es sich mit dem Gekröse (*Mesenterium*).

422 Lothar Vogel: *Der dreigliedrige Mensch*, Dornach 1979, S. 105.

423 Rudolf Steiner: *Geisteswissenschaftliche Grundlagen zum Gedeihen der Landwirtschaft*, GA 327, Vortrag vom 13. Juni 1924, Dornach 1999, S. 137.

424 Ebd., Fragenbeantwortung vom 14. Juni 1924, S. 175.

425 Ulrike Remer-Bielitz: *Dokumentation zum Rindgekröse*; Forschungsring, Materialien Nr. 8, Darmstadt 2001.

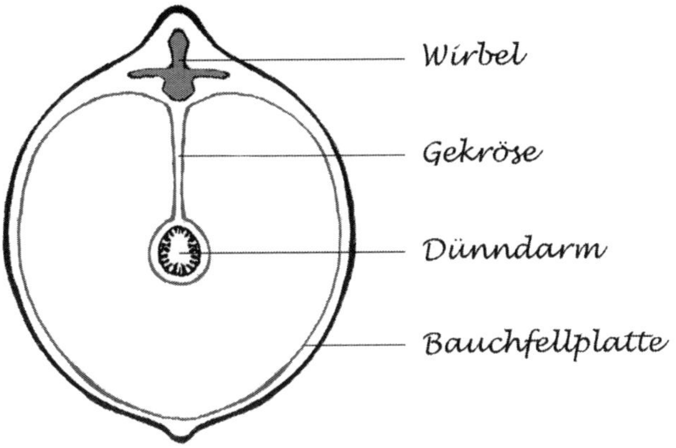

Abbildung 31:
Querschnitt durch die Bauchhöhle des Rindes.
Die Bauchfell-Serosadoppellamelle in Beziehung zur Dünndarmverdauung.

Haftend an der Bauchhöhlenwand, direkt unterhalb der Wirbelsäule, trägt es das gesamte Darmkonvolut. Von beiden Seiten der Bauchhöhle legt sich das einlagige Peritoneum der Bauchhöhle zu einem Serosadoppelblatt, dem Gekröse, so zusammen, dass es mit seinen sinnesaktiven Seiten nach außen in die Bauchhöhle weist (Abbildung 31). Die Serosadoppellamellen teilen sich am Dünndarm (*Jejunum*) und ummanteln diesen als Einzellamelle. Das Gekröse bildet so einen Faltenkranz, der durch einen guten Teil der Bauchhöhle den eng aneinander liegenden Dünndarmschlingen folgt. Zwischen den beiden Serosablättern des Gekröses liegen die Nervenstränge (sie verästeln sich in die beiden Blätter und stehen mit dem Verdauungsgeschehen im Dünndarm in Verbindung), ferner arterielle und venöse Blutbahnen (sie halten die intensiven Lebensprozesse im Darm aufrecht), Lymphgänge (sie nehmen über die Darmschleimhaut [*Mucosa*] die Verdauungssäfte [*Chylus*] auf), Lymphknoten (sie wirken entgiftend) sowie schließlich Bindegewebe und Fetteinlagerungen. Somit konstituiert sich der Aufbau des Gekröses als Teil des Bauchfells derart, dass es Sinnes- und Tätigkeitsorgan zugleich ist. Es vermittelt die Verdauungstätigkeit (Außenwelt) dem Gesamtorganismus (Innenwelt) und umgekehrt.

Fasst man diesen Tätigkeitsbezug ins Auge, so verdeutlicht sich der Unterschied zwischen dem Gekröse und den Netzen (*Omentum majus* und *minus*). Der Begriff «Bauchfell», den Rudolf Steiner in der Fragenbeantwortung des Kurses im Zusammenhang mit dem Gekröse erwähnt, meint ein Allgemeines, gleichsam die Idee eines umfassenden, in das Sinnesdunkel des Stoffwechsels eintauchenden, dem Bewusstsein entzogenen Sinnesorgans. Der Begriff «Gekröse», der im fünften Vortrag des Landwirtschaftlichen Kurses Erwähnung findet, meint ein Spezifisches, ein Funktionsfeld, auf welchem sich das Allgemeine in eine hochspezifische Tätigkeit umsetzt, eben in eine solche, die sich nur im Verdauungstrakt so vollendet vorfindet. Dessen Einzigartigkeit ergibt sich aus dem intimen Zusammenhang mit der im Kapitel «Das Rind» (S. 146 ff.) erörterten «Ich-Anlage». Deren Veranlagung im Rind ist in dem langen Weg intensiver Verdauungstätigkeit, gipfelnd im Wiederkäuen, vorgezeichnet. Das Ergebnis dieser verdauenden Stofferschließung wird von der Bauchfellserosa des Gekröses wahrgenommen. Es strahlt als astrale Kraft in das Leibesinnere sowie in die Blutbahn und wird von dieser bis in den Nerven-Sinnes-Pol des Kopfes und in die aufsitzenden Hörner emporgetragen und dort zurückgestaut. Dies löst auf höherer Stufe erneut einen Bewusstseinsimpuls aus, dessen Ergebnis wieder in die Leibeshöhle zurückstrahlt und sich über die beiden Serosalamellen des Gekröses dem Darminhalt mitteilt. Dieser ist jetzt durchsetzt von Kräften, die aus der aktuellen Lebenstätigkeit des Rindes zu dessen übersinnlicher Wesenswirklichkeit gefunden haben. Mit der Ausscheidung gelangt dieses Kräftepotential, die «Ich-Anlage», in die Außenwelt. Es verleiht dem Rinderdünger seine einzigartig nachhaltige Düngerkraft. Dieses, aus dem höheren Wesen des Rindes hervorgehende, Geschehen darf als ein weiterer Hinweis dafür gelten, dass das Bauchfell ein «Allgemeines» darstellt, dagegen das doppellamellige Gekrösebauchfell ein Spezifisches. Letzteres erfüllt in dem «inneren Himmel», in dem eingestülpten Kosmos, die Kernaufgabe, nämlich das Verdauungsgeschehen des Wiederkäuers dem Organismus zu vermitteln und von diesem wieder zurück dem Verdauungssystem, der dann zum Dünger wird.

Dieses, das ganze Wesen des Rindes einbeziehende, Geschehen erfüllt weder das große noch das kleine Netz. Beide haben spezifische Funktionen außerhalb des Verdauungsgeschehens und der damit verbundenen Verwandlungsschritte zu einem höheren Kräftewirken. Beide zeigen zwar einen ähnlichen anatomischen Aufbau mit Serosadoppellamelle und dazwischen liegenden Nerven-, Blut- und Lymphbahnen, Lymphknoten und Bindegewebe, welches Letztere allerdings stark reduziert ist. Charakteristisch für das große Netz ist die netzartige Verteilung eingelagerten Fettgewebes. Aber was besagt diese anatomische Verwandtschaft? Die Sinnesfunktion ist eine grundsätzlich andere. Sie ist eine, die sich – so darf man annehmen – auf die Wahrnehmung und Steuerung des harmonischen Zusammenwirkens der

Organe der Bauchhöhle richtet, vor allem auf die Dünn- und Dickdarmaktivität in Beziehung zur vorgeschalteten Magen- und Vormägentätigkeit. Was im Pansen geschieht, muss im gleichzeitigen Wechselbezug auf das abgestimmt sein, was in der Darmverdauung vor sich geht, und umgekehrt. Außerdem ist das große Netz wahrnehmend eingetaucht in den Flüssigkeitshaushalt der Bauchhöhle und steuert diesen durch Sekretion und Resorption. Ferner sorgt es für die Abwehr körperfremder Stoffe. Aufgrund dessen und seiner großen Beweglichkeit hat man das große Netz auch als «das große Wischtuch der Bauchhöhle bezeichnet».[426]

Was als Hüllenorgan für die Blütenköpfchen des Löwenzahns eindeutig für das Rindgekröse spricht, kann im Folgenden gesehen werden: Als hochentwickelte Komposite hat der Löwenzahn die Macht, das Substanziell-Wesenhafte der Kieselsäure aus dem Kosmos heranzuziehen. Das Rindgekröse hat seinerseits die Macht, dank seiner nach innen auf das Stoffeswirken der Dünndarmverdauung gerichteten Sinnestätigkeit, die noch immaterielle Kieselsäure mit einer Art empfindenden Innerlichkeit zu begaben. Um dieses Potential, das als Resultat evolutiven Werdens in der Löwenzahnblüte und im Rindgekröse angelegt ist, für das Pflanzenwachstum nutzbar zu machen, bedarf es wiederum einer Präparation, die der Geisterkenntnis des Menschen entspringt und die in dem Rhythmus des Zeitenlaufes die Grenzen zwischen den Naturreichen überbrückt.

Die Präparationsschritte

Der geeignete Pflückzeitpunkt – das gilt für Mitteleuropa – ist ein sonniger Tag im April. Die Blütenköpfchen haben sich in den frühen Morgenstunden geöffnet, blühen Reihe um Reihe vom Rand her auf und breiten ihre Strahlenblüten radial aus. Gegen zehn Uhr vormittags ist gewöhnlich ein Stadium erreicht, wo in der Blütenmitte noch ein Köpfchen zusammenstehender Blüten verblieben ist. In der kurzen Zeit von ca. einer Stunde bevor die Vollblüte eintritt, müssen die Blüten von den Röhrenstängeln gepflückt und zum Trocknen ausgebreitet bzw. mit Warmluft angetrocknet werden. Ein Pflücken am Nachmittag, bei Vollblüte oder während der fortgeschrittenen Blühsaison sollte wegen der Gefahr vorzeitigen Übergangs zur Pappus- bzw. Samenbildung vermieden werden.

426 Johannes W. Rohen: *Funktionelle Anatomie des Menschen*, Stuttgart-New York 1993, S. 287.

Im ersten Präparationsschritt werden die Blütenköpfchen, je nach Trocknungsgrad, mit einem Auszug aus Löwenzahnblättern leicht angefeuchtet, etwas zusammengepresst, allseits mit Gekröselappen umschlossen und mit einer Hanfschnur (kein Kunststoff) zu einem kleinen Paket verschnürt. «Alternativ» zum Gekröse wird häufig, wegen seiner einfacheren Handhabung, das große Netz (*Omentum majus*) bevorzugt; es ist großflächiger und in der Regel weniger verfettet. Es setzt am Magen an und steht ansonsten in keiner direkten Verbindung zum Darmkonvolut.

Die Umhüllung mit der Gekrösemembran führt zu einer ersten Umstülpung des Naturprozesses und damit zu einem ersten Emanzipationsschritt von demselben: Die ausstrahlende, dem Kosmos zugewandte, Geste der Löwenzahnblüten ist jetzt nach innen gekehrt, einen Innenraum erfüllend. Anders das Bauchfell, das gleichsam als ein «Himmelsgewölbe» die Bauchhöhle auskleidete, alle Bauchorgane und so auch kunstvoll die Dünndarmschlingen umschloss und in Sinnesbeziehung zur verborgenen Verdauungstätigkeit stand, jetzt ist es nach außen gekehrt. Die beschriebene Doppellamelle bzw. -serosa des Gekröses entfaltet jetzt in neuer Art eine nach außen und nach innen gerichtete Sinnestätigkeit. Nach innen ist diese durch die *Serosa* der nach innen gekehrten Lamelle auf ein Lebensgeschehen gerichtet, das in den Blütenköpfchen des Löwenzahns einen evolutiven Höhepunkt erreicht hat, während die *Serosa* der nach außen gekehrten Lamelle sich den Kräften öffnet, die von Kosmos und Erde von außen einstrahlen. So gesehen, spaltet sich die einheitliche Sinnesfunktion des Rindgekröses in eine polare Doppelfunktion auf. Unberührt davon bleiben die Bindegewebsseiten der beiden Lamellen; sie haften weiter aneinander und bilden gleichsam das Bindeglied zwischen den polaren Wahrnehmungssphären.

Die physische und Lebensorganisation des Löwenzahns ist evolutiv darauf ausgerichtet, ein Beziehungsverhältnis von Kalium und Kieselsäure auszugestalten, gipfelnd in der Blüte. Daran knüpft sich die Frage, ob nicht in dem genannten Bindeglied, gleichsam als Synthese dieser neuen Innen-Außen-Beziehung, dieses Beziehungsverhältnis über die Grenze hinaus in Fluss gehalten werden kann, die evolutiv der Entwicklung der Pflanze gesetzt ist. Liegt nicht gerade darin die Bedeutung des Gekröses, dass es einerseits in seiner Funktionseinheit mit der Dünndarmverdauung und andererseits aufgrund der Funktion seiner Doppellamelle im ersten Präparationsschritt zwei polare Kräftewelten zueinander in Beziehung bringt? Werden nicht dadurch im Irdischen erst die Bedingungen geschaffen, dass die einzigartige Eigenschaft des Löwenzahns, die «Kieselsäure aus dem Kosmos hereinzuziehen», auf dem Weg der Düngung auf das Boden- und Pflanzenleben übertragen werden kann? Diese Fragen werden sich nur aus dem persönlichen Verhältnis, das man im Tun und Denken zu den Dingen und Wesen aufbaut, beantworten lassen. Sie stellen sich angesichts der mancherorts geübten Praxis, die beiden Serosalamellen, in der Regel des großen Netzes, so voneinander zu trennen, dass eine Art Tasche entsteht, in die die Blütenköpfchen gestopft und die geöffneten Enden hiernach zugenäht werden. Dies bedeutet, dass die Umhüllung nur einlagig ist, das heißt, es kommt die Wirkung des Bauchfells als ein Allgemeines (Auskleidung der Bauchhöhle) und nicht die des Gekröses als eines Besonderen zur Geltung.

Der zweite Schritt der Präparation hat in der Praxis erst größere Beachtung gefunden, nachdem mit der fünften Auflage des Landwirtschaftskurses (Dornach 1975) auch die Notizen Rudolf Steiners zu den Kursvorträgen publiziert wurden. In diesen notiert er bezüglich des Löwenzahnpräparates: «In das Gekröse in der Luft hängen.»[427] Im fünften Vortrag des Kurses wird dies nicht mit diesen Worten erwähnt, sondern es wird sogleich auf den dritten Schritt verwiesen: «Da muss man ihn [die vom Gekröse umhüllten Löwenzahnblüten; Anmerkung des Verfassers] selbstverständlich der Wirkung der Erde aussetzen, der Wirkung der Erde in der Winterzeit.»[428] So wurde es auch in den folgenden Jahrzehnten weithin praktiziert. Doch blieb die Frage stets offen, ob damit gemeint ist, dass der zweite Schritt entfällt bzw. wie der nächstfolgende Satz zu verstehen sei: «Aber nun handelt es sich darum, dass man die umgebenden Kräfte dadurch gewinnt, dass man ihn ebenso behandelt wie das andere.» Das Rätsel löst sich mit dem obigen Zitat aus den Notizen «in der Luft hängen». Es interpretiert «die umgebenden Kräfte», die während des Sommers in Luft und Wärme über der Erde wirksam sind. Die Bemerkung, «dass man ihn ebenso bearbeitet wie das andere», muss also in gleichem Sinn gedeutet werden wie im Falle der Schafgarbe, wo die Exposition des Präparates gegenüber den Sommer- und Winterkräften ausführlich geschildert wurde.

Im zweiten Schritt der Präparation findet ein 2. Akt einer Umstülpung und damit ein ebensolcher der Emanzipation von dem naturgegebenen Geschehen statt (Abbildung 32). Was vorher dem Innenwesen der Kuh angehörte, ja im Dienste desselben seine ganze Existenz verdankt, ist jetzt ein Organ der Außenwelt, im Dienste der Kräfte, die aus dem kosmischen Umkreis einstrahlen.

---

427 Rudolf Steiner: Ebd., Anhang, S. 293.
428 Rudolf Steiner: Ebd., S. 137.

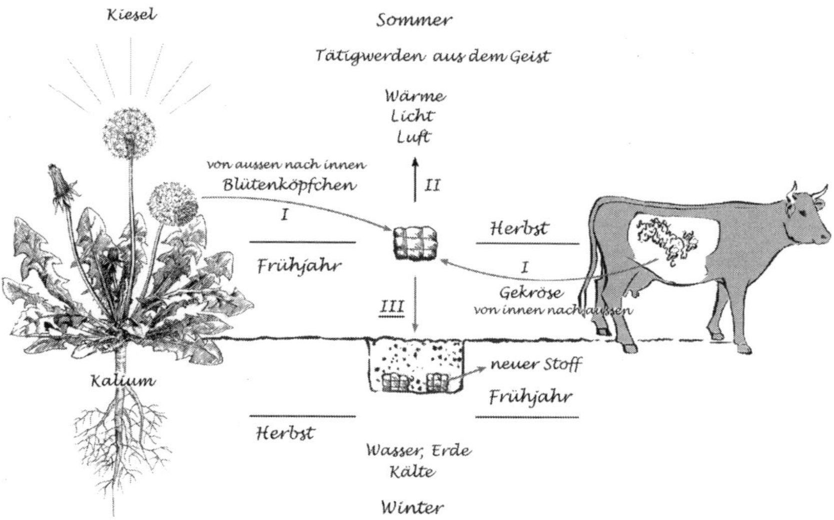

Abbildung 32:
Metamorphosen der Stoffanordnung in den drei Schritten
der Präparation des Löwenzahnpräparates.

Umgekehrt sind die Löwenzahnblüten, die in der Außenwelt sich dem Kosmos zuwenden und diesem ihre Existenz verdanken, jetzt von einer tierischen Organhülle umschlossen, in welcher das Kräftekonzentrat der Löwenzahnblüten sich mit den Kräften des Makrokosmos vereint, die diesem Konzentrat durch die Organhülle des Rindgekröses vermittelt werden.

Nun geht es darum, die im April gesammelten Blütenköpfchen hinreichend zu trocknen, sie sogleich mit den Gekröselappen einer Kuh mittleren Alters, möglichst aus der hofeigenen Herde, zu umhüllen und das umschnürte, kugelartige Paket vor Vogelfraß geschützt in der Luft aufzuhängen. Über das Sommerhalbjahr bis gegen Michaeli bleibt es so über der Erde den Sonnen- und Planetenkräften in Wärme und Luft ausgesetzt. Sie treten mit den in der Blüte in den ätherischen Zustand emporgehobenen Erdenstoffen Kalium und Kieselsäure in Wechselwirkung. Auf dieser Stufe des Ätherischen, so darf man annehmen, kann erst das «Beziehungsverhältnis von Kalium und Kieselsäure» entstehen, auf das die Geistesforschung hinweist, das dem Löwenzahn das Vermögen verleiht, als «Himmelsbote» die kosmische Kieselsäure hereinzuziehen. Es möge dies der Versuch sein, den Beziehungszusammenhang aufzuzeigen, wonach notwendig dem ersten

Schritt der zweite folgen muss, nämlich die Exposition des Gekrösepakets den atmosphärischen Kräften.

Im dritten Schritt der Präparation vollzieht sich ein dritter Prozess der Umstülpung und Emanzipation (Abbildung 32 , S. 423). Was im Sommerhalbjahr über der Erde, im «Bauch der landwirtschaftlichen Individualität», den Umkreiskräften des planetarischen Kosmos ausgesetzt war, wird jetzt den Kräften exponiert, die aus dem Fixsternumkreis auf dem Weg über die Erde im Erdig-Wässrigen wirken. Während es im Sommer vorzugsweise astralische Kräfte sind, die aus der Sonnensphäre und den Planetensphären einstrahlen und sich vermittels der tierischen Organhüllen der Substanz der Löwenzahnblüten einprägen, so sind es im Winter in der Erde vor allem aus der höheren Geistwelt wirksame Ichkräfte, die sich der Blütensubstanz einformen.

Die Vorgehensweise im dritten Präparationsschritt ist folgende: Nach Herbstbeginn um Michaeli werden die Kugelpakete abgenommen und in die Erde, in einer Tiefe des Übergangs vom humosen Oberboden zum ton- und feinsandreicheren Unterboden, vergraben. Die Grube wird wieder verfüllt und nahe der Bodenoberfläche gegen Hunde- und Fuchsfraß mit einem Drahtnetz versehen. Bis der Gekrösegeruch sich bis zum Winter hin verzogen hat, kann zu diesem Zweck auch eine Holz- oder Steinabdeckung hilfreich sein.

Im Frühjahr, um die Osterzeit, wird das Präparat, dessen Gekrösehülle in der Regel stark angerottet ist, herausgenommen und in Tongefäßen verwahrt, die allseitig mit Torfmull umhüllt sind. Mit dem fertigen Präparat, dessen Blütenköpfchen weitgehend ihre Struktur bewahrt haben, ist wiederum eine neue Stofflichkeit entstanden – oder besser: eine neue Stoffanordnung, als Bezugspunkt zu einem Kräftepotential ganz neuer Art. Es wurde auf dem Weg seiner Entstehung, gelenkt durch Geist und Hand des Menschen, im Lebendigen gehalten und entfaltet seine Wirksamkeit im Lebendigen.

Anwendung und Wirksamkeit

Das Löwenzahnpräparat ist wie die anderen Präparate ein Kräftedünger. Es wirkt wie diese auf den «Zusammenklang des schaffenden, bildenden und gestaltenden Weltenwortes»[429], das heißt, bezogen auf die Präparate, auf die Lebens-, Astral- oder Seelenkräfte sowie die formenden Wesens- oder Ichkräfte, welche Letztere den Pflanzen aus den Tiefen der Erde die Aufrichtekraft

429 Rudolf Steiner: *Der Mensch als Zusammenklang des schaffenden, bildenden und gestaltenden Weltenwortes*, GA 230, Dornach 1993.

verleihen.[430] Sie schaffen, bilden und gestalten den fruchtbaren Boden sowie die fruchttragenden Pflanzen dasjenige, was sich als «Zwerchfell-Mitte» zwischen «Kopf und Bauch» der landwirtschaftlichen Individualität eingliedert. In einzigartiger Weise gilt das für das Löwenzahnpräparat. Wie viele beziehungsvolle Bedingungen müssen zusammenklingen, um der Blüte des Löwenzahns das Vermögen einer Art Sinneskraft zu verleihen, Kieselsäure aus dem kosmischen Umkreis heranzuziehen? Welcher großartige Beziehungszusammenhang muss im Stoffwechsel der Kuh walten, um mit dem Gekröse ein Organ zu schaffen, das einerseits einen Sinnesbezug zu den von außen kommenden Stoffen des Nahrungsstromes hat und andererseits das Ergebnis dieser Wahrnehmung dem Astralwesen der Kuh vermittelt? Die Verbindung beider, der Blüte und des Bauchfellgekröses, schafft eine Synthese höherer Art, eine Düngersubstanz, deren Wirkung eine Steigerung der beiden polaren Qualitäten darstellt.

Es entsteht eine neue Stoffkomposition im Lebendigen, ein Dünger, der noch in intimerer Weise dafür sorgt, dass sich die übersinnlich-astralische Organisation der Kulturpflanzen deren ätherischer und über diese deren physischer Organisation einprägt. Die Pflanzen werden sinnesfähiger und dadurch empfindsamer für die Stoffe, die sie für ihr Wachstum brauchen: «wird die Pflanze auf diese Weise, in der feinsten Weise mit Kieselsäure durchzogen, durchlebt, dann ist es so, dass sie empfindsam wird gegen alles und alles heranzieht».[431] Weiter wird ausgeführt, dass dieser Umkreis sich offensichtlich nicht nur auf den durchwurzelten Bodenraum der Einzelpflanze bezieht, sondern sich bis in den benachbarten Acker, Wald und die angrenzende Wiese erstreckt.[432] Diese zunächst rätselvolle Aussage kann nach dem heutigen wissenschaftlichen Kenntnisstand durchaus durch das Phänomen der Symbiose der Pflanzenwurzeln mit Bodenpilzen (*Mykorrhiza*) gedeutet werden, deren *Mycelien* – ein Geflecht von Zellfäden (*Hyphen*) – über größere Entfernungen hinweg die Wurzelsysteme der Pflanzen miteinander vernetzen. Die *Hyphen* versorgen einerseits die Pflanzen mit Wasser (Waldbäume), vor allem aber mit Mineralstoffen, andererseits profitieren sie von deren Energiehaushalt. Man kann das Phänomen des sich wechselseitig fördernden Zusammenlebens (*Symbiose*) höher entwickelter Organismen mit niederen durchaus in der

430 Rudolf Steiner: *Anthroposophische Leitsätze*, GA 26, «Der Mensch in seiner makrokosmischen Wesenheit», Dornach 1998.

431 Rudolf Steiner: *Geisteswissenschaftliche Grundlagen zum Gedeihen der Landwirtschaft*, GA 327, Vortrag vom 13. Juni 1924, Dornach 1999, S. 138.

432 Ebd., S. 138.

Weise verstehen, dass hier dumpfe Grade von Empfindsamkeit herrschen, so beispielsweise bei Leguminosen, deren Stickstoff-Bindungsleistung durch organische Dünger merklich gesteigert werden kann. Es ist zu erwarten, dass auch hier das Löwenzahnpräparat einen bedeutenden Beitrag leistet. Allein, erschöpft sich darin, in der Fortsetzung eines Naturprozesses, Wesen und Wirksamkeit dieser stofflichen Neuschöpfung aus der Geistesforschung? Empfindung heißt in dem vorliegenden Fall doch wohl, die auf die Pflanzen von außen einwirkende, astralische Organisation in höherem Grade zum «Bildner und Gestalter» der Äther- oder Lebenskräfte zu machen und diese als «Schaffende» in Fluss zu halten. Eine Vorstufe dazu findet in der Blüte des Löwenzahns statt. Sie wird durch ihre Erdverbundenheit (aufsteigender Milchsaft) und zugleich ihre Hinneigung und Öffnung zur Sonne mit der Fähigkeit begabt, Kieselsäure aus dem Kosmos heranzuziehen. Durch die beschriebene, im Irdischen sich vollziehende, Präparation wird das Löwenzahnpräparat schließlich in die Lage versetzt, über die organischen Dünger anderen zu kultivierenden Pflanzen die Fähigkeit zu vermitteln, ihrerseits aus den umliegenden Kulturböden Erdenstoffe heranzuziehen, die sie für ein gesundes Wachstum benötigen.

Mit den herkömmlichen wissenschaftstheoretischen Begriffen ist eine solche Stoffwanderung undenkbar. Sie wird begreiflicher, wenn man den Boden selbst, das Zwerchfellorgan der «landwirtschaftlichen Individualität», als einen von Astralkräften durchzogenen Lebenszusammenhang verstehen lernt, in welchem die Wurzel gleichsam als ein Sinnesorgan eintaucht. Man kann dies noch schwach entwickelte Sinnesorgan vollends abstumpfen durch Mineralsalze (vgl. Kap. «Die Anwendung von Stickstoffsalzen», S. 275 ff.), man kann dieses Sinnesorgan auch zu immer höherer Aktivität durch die Summenwirkung aller genannten Präparate erziehen. Und darum geht es. Ein jedes derselben trägt einen Wirkensaspekt zur Entwicklung der Sinnesorganisation und damit zur «Empfindsamkeit» gegenüber Stoffen und Kräften bei: «Bearbeitet man den Erdboden so [...], dann wird die Pflanze bereit, im weiten Umkreis die Dinge heranzuziehen.»[433]

Das Löwenzahnpräparat düngt den Boden mit Astralkräften. Sie machen das wuchernde Leben des Bodens in der Weise wirkungsmächtig, dass der Boden selbst pflanzenhaft wird. In diesem Milieu gesteigerter Bodenfruchtbarkeit muss wohl die Antwort auf die Frage gesucht werden: Welcher Art ist die vom Löwenzahnpräparat angeregte «Empfindsamkeit»? Sie ist eine

---

433 Ebd., S. 138.

Innenwirkung, die nicht aus einem eigenen, seelischen Inneren hervorgeht – ein solches hat die Pflanze nicht –, sondern eine, die aus dem Übersinnlichen über die Stoffesanordnung der Pflanze die Macht hat, gezielt Stoffe der Erde heranzuziehen. Wie aber kommen diese Stoffe in Bewegung? Müssen sie nicht erst durch die Lebensorganisation der Pflanzen, die auf benachbartem Feld, in Wiese und im Wald wachsen, entsprechend in Fluss gebracht werden? Das heißt, müssen die Erdenstoffe nicht erst aus dem physisch-materiellen Zustand in denjenigen der Bildekräfte erhoben werden? Diese Rätselfrage bleibt!

Die Anwendung des Löwenzahnpräparates geschieht, zusammen mit den vier zuvor beschriebenen Präparaten, als Zugabe in einer Art homöopathischer Dosierung zu den Komposten, Stalldüngern, Jauchen und Güllen. Das Maß ist die Dreifingerprise pro ca. 1 m^2 einer Gartenkompostzelle bis hin zu 10 bis 15 m^2 bei Mist- und Kompostmieten bzw. Tiefställen und Flüssigdüngern. Die Präparierung sollte unmittelbar nach dem Aufsetzen des Haufens erfolgen, bei Flüssigdüngern unmittelbar nach Beginn der Behälterfüllung. Statt der Aufhängung in Stoffbeuteln können die Präparateportionen auch mit Ton zu Kugeln verknetet und in dieser Form den festen und flüssigen Düngern zugesetzt werden. Wiederholungen empfehlen sich nach jedem Umsetzen der Haufen bzw. nach dem Umrühren und der Belüftung der Flüssigdünger. Die Präparate dämpfen die sofort wieder in Gang kommenden Umsetzungen und damit die exzessive Erwärmung bzw. die Schärfe der Gerüche. Stickstoff und Kohlenstoff verbleiben «sesshaft» in organischen Verbindungen. Das Löwenzahnpräparat ist außerdem Bestandteil des «Sammelpräparates», ein intensiv präpariertes Konzentrat auf der Basis von einstreufreiem Stallmist. Es wird vor dem täglichen Ausmisten in geringen Mengen auf den Frischmist ausgestreut bzw. in die Liegeplätze der Boxenlaufställe.

Wie jedes der Präparate ruft auch das des Löwenzahns zu geistesgegenwärtigem Tun auf. Erst dieses im Kontext mit der Ganzheit des Hofes erweckt Fragen und mit diesen eine forschende Gesinnung. Es eröffnet sich ein Erkenntnisweg, der das zunächst bloß ausführende Tun zur künstlerischen Handlung belebt.

Die Komposition des Baldrianpräparates

Als letztes im Reigen der sechs Düngerpräparate steht das Baldrianpräparat. Es nimmt in Anwendung und Funktion eine abrundende Sonderstellung ein. In nur wenigen Worten kennzeichnet Rudolf Steiner Wesen und Wirksamkeit dieses Präparates wie folgt: »so kann man, wenn man dem Dung in einer ganz feinen Weise beibringt diesen verdünnten Saft der Baldrianblüte, in ihm dasjenige hervorrufen, was ihn anregt dazu, sich gegenüber demjenigen, was man Phosphorsubstanz nennt, in der richtigen Weise zu verhalten».[434] In diesem Satz ist schon angedeutet, dass der aus der Baldrianblüte herausgepresste Saft keinerlei weiteren Präparationsschritten unterworfen wird, außer der einen Maßnahme, dass die Urtinktur vor der Anwendung mit warmem Wasser verdünnt werden soll. Das Rätsel, um was es hier geht, muss sich einerseits durch das erschließen, was die Erscheinungsform der Baldrianpflanze (*Valeriana officinalis*) darüber verrät, und andererseits, was aus der Geistesforschung an Erkenntnissen zu gewinnen ist.

Das Erscheinungsbild des Baldrian

Man findet den Baldrian in den Rand- und Übergangszonen der kultivierten Ländereien auf lehmigen, humosen Böden, vorzugsweise an feuchteren, eher schattigen Orten, wie an Waldrändern, auf Feuchtwiesen, an den Uferstreifen von Bächen und Flüssen und am Fuß von Böschungen mit Druckwasser aus dem Untergrund. In Gebirgstälern tritt er bis in beträchtliche Höhenlagen auf. Er kann auch gärtnerisch kultiviert werden. Findet sich der Löwenzahn, außer in seiner kurzen Blütezeit, verborgen zwischen Gräsern und Kräutern, erhebt sich der Baldrian aus dem anfänglichen Rosettenstadium in stolzer Aufrechte hoch über seine Umgebung hinaus, gipfelnd in der weiß bis hellrosa aufblühenden Trugdolde. Sie besteht aus eng zusammengedrängten, zarten, winzigen Einzelblütchen, die sich in dem intensiv verströmenden Duft wie aufzulösen scheinen. Das Stängelprinzip dominiert die ganze Pflanze. Mit einer Wuchshöhe bis zu zwei Metern reicht der Stängel bis herunter in den Wurzelraum, Rhizome bildend, und herauf in den Luftraum, sich im Blütenstand verströmend. Nach oben wie unten zerteilt er sich einerseits in die zarten Blütenstiele, andererseits in die klobigen Rhizome. Im Stängel durchdringt sich auf einzigartige Weise das Erdenhafte mit dem Wirken von Luft und Wärme. Kreuzgegenständig entfalten sich die unpaarig gefiederten Blätter. Im ersten Jahr nach der Aussaat ist die Blattmetamorphose am deutlichsten ausgeprägt. Aus der Blattrosette aufwärts erhebt sich die Blattfolge in immer größeren Abständen. Der Blattstiel verkürzt sich zunehmend und im Übergang zum Blütenstand ziehen sich schließlich die Blätter ganz an

434 Rudolf Steiner: *Geisteswissenschaftliche Grundlagen zum Gedeihen der Landwirtschaft*, GA 327, Vortrag vom 13. Juni 1924, Dornach 1999, S. 138.

den Stängel zurück. Im Folgejahr ist die Metamorphose der Blätter weniger deutlich (Abbildung 33, S. 431).

Ebenso betont, wie in der Gestalt der Blätter, tritt eine Metamorphose des substanziellen Geschehens in der Verwandlung der Duftstoffe vom Wurzelstock über den Stängel bis zur Blüte hervor, deren Intensität an verströmenden Düften am stärksten beim Verblühen ist. Wie Form und Farbe über den Sehsinn die Empfindung anspricht, so erschließt der Geruchssinn der Empfindung tiefere Schichten des Wirkens der Substanzen. Im dumpferen Empfinden führt der Geruch tiefer an die Qualität der Kräfte heran, die als astralische im Lebendigen wirksam sind. Sie verhalten sich bei Baldrian und Brennnessel polar zueinander.

Das Erscheinungsbild der Brennnessel erweckt den Eindruck, dass in ihrer Lebensorganisation vor allem der chemische oder Klangäther sowie der Lebensäther wirksam sind. Sie werden zu Bildekräften durch eine höhere elementarisch-astrale Geistigkeit und sind durch diese in der Lage, den besonderen Stoffaufbau dieser Heilpflanze zu bewirken. Sie wird zum Bild dieser nach innen gerichteten kompositorischen Überschusskraft des Astralen. Diese formt streng einerseits bis in die Peripherie die Stoffverbindungen, wie beispielsweise das Urticin in den Brennhaaren, andererseits verbleibt ein Potential zurückgehaltener Astralkräfte, die auf dem Wege der Präparation das Vermögen haben, irdisch materielle Stoffe wieder in den Fluss zu bringen, sie zu beleben und zu verwandeln.

Anders der Baldrian: Er verströmt hinaus in Luft und Wärme, was sich unter astraler Einwirkung in seinen Lebensprozessen in Blatt, Wurzelrhizom und Stängel an Stoffkompositionen gebildet hat. Bei der duftarmen Brennnessel konfigurieren diese Bildekräfte die Stoffe zur Trägerschaft der «großartigen Innenwirkung». Sie bewahrt diese Kräftequalität hinter dem Schutzwall ihrer nach außen wie abgeschlossen erscheinenden Gestalt. Anders wieder der Baldrian: Er verströmt alles dasjenige, was seine Astralorganisation im Bildekräftewirken an Stoffen komponiert hat. Die Erscheinung der Brennnessel in ihrer zum Bild gewordenen Selbstbehauptung und Festigkeit deutet vor allem auf die schaffende Kraft des Lebensäthers, die des umweltoffenen Baldrians auf die des Wärme- und Lichtäthers. Der Baldrian ist ein Wärme- und Lichtspender.

Die Wurzel

Der Sämling des Baldrians bildet zunächst eine Pfahlwurzel, die bald abstirbt. Der Stängel bleibt anfänglich gestaut und aus ihm entwickelt sich eine lockere Blattrosette. Im Erdreich, im Übergang zur Wurzel, teilt er sich in mehrere, kurze, walzenförmige *Rhizome* – eine Art vegetativer Fruchtbildung im Wurzelbereich –, von welchen aus die Wurzeln in Strängen bogenförmig nach außen und in die Tiefe greifen. Sie umschließen sphärisch einen nach unten offenen Innenraum, zerteilen sich in die Feinbewurzelung und stellen damit den Typus der «irdischen Wurzel»[435] dar (Abbildung 33). Die Rhizome weisen in Fortsetzung des lufterfüllten Stängels Höhlungen auf. Im Übergang zu den leicht verdickten Wurzelsträngen, die ebenfalls Duftstoffe enthalten, bilden sich zum Herbst hin Knospen, die zu neuen Trieben auswachsen. Zu dieser Form vegetativer Vermehrung kommt noch die Bildung von Ausläufertrieben hinzu, die sich an ihren Sprossknoten neu verwurzeln.

Die auffallendste Erscheinung am Baldrian ist der starke, betäubend erdenschwere Geruch, ja Gestank, der im Wurzelstock zurückgestaut ist und diesem bei Verletzungen entströmt. Die chemische Analytik weist in den Stoffgruppen der Kohlehydrate, Eiweiße, Öle, Alkaloide, Harze etc. sowie der organischen Säuren und Mineralstoffe ein weitreichendes Spektrum an Verbindungen auf, das sich durchaus deckt mit der Vielfalt medizinischer Indikationen, auf die Baldrianpräparate abdämpfend heilend wirken. Allerdings betont Simonis, dass «bisher ungenügend einleuchtende für das Wesen der Pflanze charakteristische Ergebnisse erzielt wurden».[436]

Der Wurzelstock des Baldrians gleicht einer chemischen Küche im Lebendigen. Alles Lebensschaffende, das sich in den *Tria principia* des Paracelsus zusammenfasst, wirkt hier aufs Engste zusammen. In geisteswissenschaftlicher Ausdrucksweise sind es die vier Ätherarten – Lebens- und chemischer Äther, Licht- und Wärmeäther –, die die anorganische Stoffeswelt beleben unter der Regie hauptsächlich des chemischen und Lebensäthers, den Baumeistern der physischen Organisation der Pflanzen. Der Architekt aber, der die Baupläne liefert, ist die aus dem Übersinnlichen in Zeit und Raum wirkende Astralorganisation. Auf einer Vorstufe – man kann sagen noch ungeläutert – konzentriert sich in Wurzel und *Rhizom* die Fülle der Stoffkompositionen, die dann in fortschreitender Verwandlung die physisch sinnliche Gestalt des Baldrians formen. Selbst das sulfurisch-imponderable Element

---

435 Rudolf Steiner: Ebd., Vortrag vom 10. Juni 1924, S. 56.

436 Werner Christian Simonis: *Heilpflanzen und Mysterienpflanzen*, Wiesbaden 1981, S. 696.

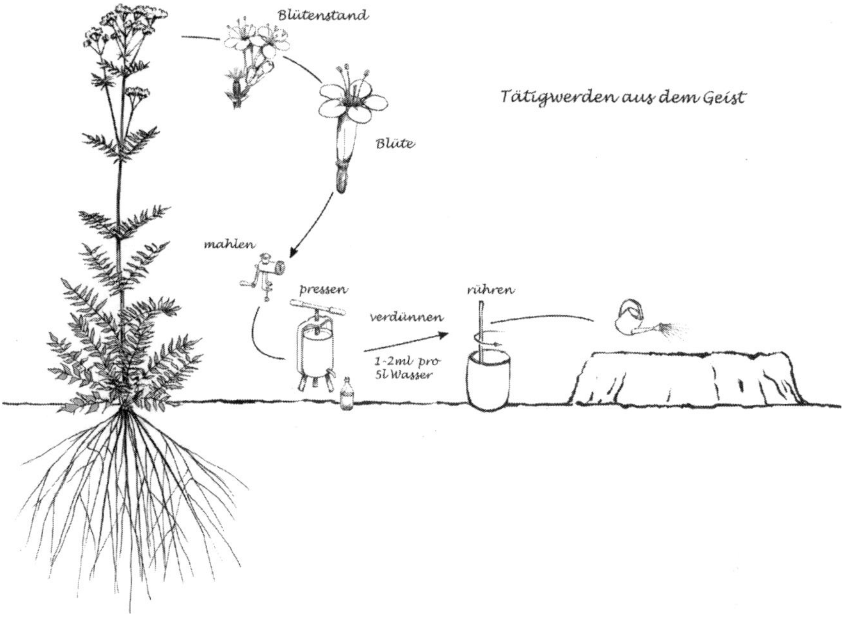

Abbildung 33:
Das Baldrianpräparat in Herstellung und Anwendung.

des im Blühprozess schaffenden Wärme- und Lichtäthers taucht herunter in den Wurzelbereich und sorgt in der Erdenschwere des Salprozesses für die «Leichte» der verbrennlichen ätherischen Öle und mit diesen für die starke Geruchentfaltung. In Rhizom und Wurzelsträngen konzentriert sich alles, was an Stoffkompositionen der Baldrian zu bieten hat. Infolgedessen sind es diese, die medizinisch bei Leiden vornehmlich des vegetativen Nervensystems, bei Schlafstörungen, nervösen Erregungszuständen u.Ä. Verwendung finden.[437]

Der Stängel

Der Stängel des Baldrians darf mit Fug und Recht als ein Glied dieser Pflanze für sich betrachtet werden (Abbildung 33). Während der Löwenzahn sein Rosettenstadium nie verlässt und er als Korb voller Blüten auf eigenem Blütenstiel erdennah erblüht, strebt der Stängel des Baldrians im Frühjahr aus

437 Ebd., S. 593.

seiner lockeren Rosette vertikal in die Höhe. Es ist, als wenn er in möglichst großer Entfernung von seinem Wurzelstock seinen Blütenstand in die Sphäre von Wärme, Licht und Luft emporheben wollte. Der Stängel bestimmt die Geste dieser Pflanze: Als beherrschendes Glied verbindet er das erdentüchtige Wurzelwerk mit dem dem Kosmos zugewandten Blütenstand; wie jenes sich nach unten, verzweigt dieser sich nach oben in die feinen Ästchen der Trugdolde. Das Lebens- und Stützgewebe des Stängels umschließt eine lufterfüllte Röhre; nach außen ist er vielfach gefurcht. Daran zeigt sich erneut die polare Doppelheit des astralischen Wirkens, von außen die Wachstumskräfte in die Form prägend, von innen raumbildend und, dank des Stickstoffs in der eingeschlossenen Luft der Stängelröhre, die Stoffe im Zeitengang der Lebensprozesse ordnend, umordnend und herausläuternd. Die die ganze Baldrianpflanze beherrschende Astralität verfeinert das Stoffgeschehen im Höherwachsen des Stängels von einem Blattpaar zum nächsten. Auch der Stängel entlässt, schon blütenhaft verfeinert, den typischen Geruch des Baldrianöls, in welchem sich die Aromen verschiedener ätherischer Öle zu einer Einheit zusammenfinden.

Man kann es als ein Phänomen besonderer Art empfinden, wie die Säfteströme einer Staudenpflanze wie die des Baldrians beschaffen sind. Zunächst speist der Assimilationstrom (*Phloem*) aus der Blattrosette das Wachstum der *Rhizome* und Wurzeln sowie deren Stoffkompositionen, in welchen schon der stoffliche Aufbau der ganzen Pflanze vorhanden ist. Sobald der Stängel beginnt, in die Höhe zu schießen, münden diese vorgebildeten Stoffe in den aufsteigenden *Xylem*strom und werden in Luft, Licht und Wärme erneut von Bildekräften der sich metamorphosierenden Blattregion kompositionell verfeinert. Durch sie gestaltet sich das Wesensurbild des Baldrians in Stängel, Blattfolge und Blütenstand in die äußere sinnliche Erscheinungsform. Die Erdenschwere der Stoffe im Wurzelstock geht in Blattwerk und Blüte über in die «Leichte» und verduftet.

Die Blattfolge

Als Sämling durchläuft der Baldrian alle Stadien einer Staudenpflanze. Das erste Blatt nach der Keimung ist langgestielt mit rundlich-ovaler Blattspreite. Die folgenden Blätter verlängern sich und die Blattspreite beginnt sich in unpaarige, noch rundliche, am Rand leicht gezähnelte Fiederblättchen aufzugliedern. Im Strecken des Blattstiels entwickeln sich die Fiederblättchen in mehr länglich zugespitzte Formen. In dieser Phase stellen sich die

Fiederblätter aufrecht und versammeln sich in einer straußartigen Rosette. Mit der Streckung des Stängels folgen die Blattpaare einander in kreuzgegenständiger Ordnung in auffallend großen Abständen (Abbildung 33, S. 431). Die Fiederblättchen werden zunehmend schmaler, zugespitzter und ordnen sich paarig an. Gegen den Herbst verkürzen sich die Blätter, die Fiederung wird dichter, den Stängel umgreifend. Schließlich ziehen sich die Blätter mit dem Aufblühen in den Stängel hinein und nur die Hochblätter halten sich noch, bis auch diese in der Vollblüte verschwinden. Auf anmoorigen, schattigen Standorten tendiert der Baldrian zu wucherndem Wachstum.

Wie die stoffliche Vielfalt der Wurzelrinde mit der Blattrosette einen Lebenszusammenhang bildet, so die Blattfolge des Sprosses mit dem Blütenstand. Der Formenwandel der Blätter, den Stängel aufwärts bis zur Blüte (Blattmetamorphose), ist der ins Bild gebrachte Ausdruck der im Lebendigen unsichtbar sich vollziehenden stofflichen Bildungs- und Umbildungsprozesse. Im Emporwachsen gelangt der Spross aus dem Bereich des Erdig-Wässrigen in jenen der Wärme und der durchlichteten Luft. Hier strahlen direkt und gegenwärtig die Kräfte der Sonne und der Planetensphären ein. Hier erst prägt sich abbildlich das Wesensurbild des Baldrians in seiner Vollkommenheit dem in der Rhizomwurzel vorgebildeten Stoffesgeschehen ein. Wie im Wurzelstock die im Erdig-Wässrigen wirkenden Kräfte das Übergewicht haben, so im aufstrebenden Spross die Kräfte des Lichtes und der Wärme, vermittelt durch die Luft. Mag das der Grund dafür sein, warum der dumpf bewusstseinstrübende Geruch und herb-bittere Geschmack des Wurzelstocks in den Blättern so gut wie nicht auftritt, wohl aber in weniger intensiver Form im Stängel? In der Wurzel verdichten und konzentrieren sich diese Qualitäten, in der Abfolge der Blätter hingegen geraten sie in steter Verwandlung in Fluss.

Die denkende Anschauung des Formenwandels in der Blattfolge hellt die Dumpfheit der Geruchs- und Geschmacksempfindung auf. Für das Denken ist die Form des Blattes der Anhaltspunkt, die zunächst gegenständlich für sich dasteht. Man bekommt aber vor Augen geführt, dass das jetzt angeschaute Blatt in seiner Formgebung die Gestalt des vorangehenden Blattes voraussetzt und weiterführt. Den Übergang der einen Form in die andere bildet ein Stängelglied, in welchem die eine Form verschwindet und die folgende hervortritt. Es besteht also ein Zusammenhang im Formenwandel der Blattfolge, der sich der sinnlichen Anschauung verbirgt. Der Schlüssel zum Erkennen dieses verborgenen Übergangs ist die an dem Wandel der Formen sich schulende denkende Anschauung. Das zunächst punktuell konstatierende Denken kommt in Fluss; es erzeugt selbstschöpferisch Gedankenbilder auf der Grundlage untrüglicher Anschauung. Dieselben Bildekräfte des «schaffenden, bildenden und gestaltenden Weltenwortes» wirken in der Natur und ebenso auf höherer Ebene im Menschen. Versucht man denkend sich in diese phänomengestützten Gedankenbilder einzuleben, beschreitet man einen Erkenntnisweg, auf dem sich das im Stängel verborgene Bindeglied von Blatt zu Blatt nach und nach als das «geistige Band» enthüllen kann. Es ist das Wesensurbild des Pflanzlichen, das aus den Erdentiefen in der Achse Erde-Sonne aufstrahlt und sich mit den aus dem kosmischen Umkreis einstrahlenden ätherisch-astralen Bildekräften vereinigt.

So ist das Einleben in das Metamorphoseprinzip, das in der Natur allgegenwärtig wirksam ist und das ein Erkenntnisschlüssel gerade zu dem werden kann, was zu einem fortschreitenden Verständnis der Präparatepflanzen und zu dem Vermögen hinführt, auf dem Wege der Präparation den Zusammenhang von Boden und Pflanze zu beleben. Metamorphosen vollziehen sich in dem merkurialen Bindeglied zwischen dem Substanzgeschehen der Wurzel (Sal- oder irdischer Pol) und jenem in der Blüte (Sulfur- oder kosmischer Pol). In Hinsicht auf die Form ist es umgekehrt: Die Blüte erstirbt in hoch differenzierte Formen ihrer Organe aufgrund des Wirkens irdischer Kräfte. Die Wurzel hingegen wächst unter dem Einfluss kosmischer Kräfte an der Wurzelspitze weiter und zeigt, zumal in der Pfahlwurzel, eine einheitlichere Form (siehe auch Kap. «Die Komposition des Schafgarbenpräparats», S. 361ff.). Das Agens der Metamorphose ist das merkuriale Dazwischen; sich meditativ anschauend in dieses einzuleben, schult und belebt das Denken.

Die Blüte

Im Gegensatz zur Wurzel des Baldrians, deren eminent starke Astralität sich in der Komposition vielerlei verschiedener Stoffe niederschlägt, vor allem ätherischer Öle, deren dumpfer, teils übel riechender Duft von der Wurzelrinde zurückgehalten wird, verströmen die Blüten diesen Duft in verfeinerter, geläuterter Form. Der Baldrian hat eine lange, von Ende Mai (mit Vollblüte Juni/Juli) bis September reichende Blütezeit. Sie beginnt mit der gegenständigen Verzweigung des Hauptsprosses an den obersten Blattansätzen. Die doppelseitige Verzweigung wiederholt sich noch mehrmals, sodass der Hauptspross über die Seitenäste hinauswächst. Dadurch nimmt der Blütenstand eine gewölbte bis halbkugelförmige Gestalt an. An die Basis der Seitenzweige schmiegen sich die letzten zugespitzten, gefiederten Laubblätter der Blattfolge an. Die gegenständige Verzweigung des Hauptsprosses und der Seitenäste setzt sich fort, zuletzt begleitet noch von schmalen, spitzen Hochblättern. Im Blütenstand reduziert sich die Verzweigung auf die beiden Seitenäste. Der Zentralspross staut sich zu einer terminalen Blütenknospe. Die Seitenäste überwachsen diese und enden auf einer zweiten Etage wiederum in einer Blütenknospe, die von zwei Seitenästen überwachsen wird, und so wiederholt sich dieser Vorgang auf einer dritten Etage. Die Einzelblütchen – bis zu 2000 können es sein – vereinigen sich und bilden eng zusammengedrängt die Trugdolde oder Doldenrispe. Alle Prozesse, die sich im Baldrian zwischen den Polen Erde-Kosmos in aufeinander aufbauender Metamorphose abspielen, enden in der Blüte, indem sie einerseits sich im Duft in das Element der Luft ausdehnen, andererseits sich zur Bildung des Samens verdichten.

Der Same steht aufrecht in der Gabelung der Seitenäste. Der Fruchtknoten ist unterständig, weshalb die Keimblätter sich am oberen Ende des Sämchens befinden. Sie bleiben ungestielt und breiten in der Ausreife ihre zarten gefiederten Blättchen flügelartig aus zu einem Pappus, der ähnlich wie beim Löwenzahn den Samen mit dem Wind davonträgt.

Die Einzelblüte ist unscheinbar und bringt ihre hellrosa Färbung erst im Blütenstand als Ganzem voll zur Geltung. Während die Blüten in der obersten Etage der Trugdolde aufblühen, welken sie in den unteren und gehen in den Samenstand über. Dies begründet die auffallend lange Blütezeit. Die Blüte zeigt mit ihren fünf Blütenblättern, die ungleich groß und an der Basis zu einer Röhre verwachsen sind, sowie mit ihren drei Antheren eine starke Asymmetrie. Hoerner[438] deutet diese als «ein Zeichen einer sehr starken Individualisierung, verursacht durch ein tief in die Pflanze eingreifendes Astralisches». Dieser Hinweis wird auch durch die Tatsache gestützt, dass der Stängel bzw. das Vertikalprinzip die Gestaltbildung des Baldrians dominiert – ein Kennzeichen dafür, dass das geistige Urbild dieser Pflanze, sein Wesen selbst, in der vertikalen Achse Erde-Sonne sich versinnlicht. Dieser Tatbestand bezeugt ferner die starke Beziehung des Baldrians zum Licht und ebenso zur Wärme, ersichtlich in dem hohen Gehalt an verbrennbaren Stoffen. Die Wärme ist das Urelement und der Wesensträger in allem Sein und Werden.[439]

Die Baldrianblüte ist vor allem im Welken und vollends im getrockneten Zustand ein kräftiger Duftspender. In allen Blütenorganen finden sich Nektarien, die verschiedenartige Substanzen in unterschiedlicher Konsistenz enthalten. In flüssiger Form sind es verschiedene Zucker, die sich am

438 Erdmut-M. W. Hoerner: *Die biologisch-dynamischen Präparate*, Stuttgart 2019, S. 340.

439 Rudolf Steiner: *Die Geheimwissenschaft im Umriss*, GA 13, Kap. «Die Weltentwicklung und der Mensch», Dornach 1989, S. 157 ff.

Blütengrund in Nähe des Griffels befinden. Andere sind den Geweben des Griffels, der Narbe und den Fruchtblättern, besonders aber den Blütenblättern einverwoben. Ihre Duftstoffe sublimieren aus dem fest-flüssigen bzw. kolloidalen Zustand in jenen des Gasförmigen. Es sind ätherische Öle, die sich aus der schon stark sulfurisierten, aber erdverbundenen Wurzelregion stufenweise in der Blattfolge heraufverfeinert haben, um, geleitet durch den Stängel, in dem milderen Blütenduft zu verströmen.

Die starke, den ganzen Bildeprozess des Baldrians hindurch wirkende, Astralität zeigt eine Wesensverwandtschaft zu jener, die sich im Tier leibgebunden als Seelisches verinnerlicht. Davon zeugt u.a. die hohe Anziehungskraft auf allerlei Fluginsekten, Käfer etc. Man kann generell wohl sagen: Der verströmende Blütenduft ist die reinste Erscheinungsform der Wesensoffenbarung und Wirksamkeit von Bildekräften. In diesen ist das Irdisch-Stoffliche im höchsten Grade entmaterialisiert. Es ist im Durchgang durch den Blühprozess nicht nur ätherisiert, sondern in solchem Maße astralisch durchkraftet, dass es sowohl verschiedenste Tierarten von weitem zu ihrer Nahrungsquelle heranlockt als auch die Seele des Menschen tiefer anzurühren vermag als das, was das Auge sieht.

Die Blütensubstanzen sind weitgehend hochkomplexe Kompositionen von Kohlenstoff und Wasserstoff. Der zum Irdischen hinführende Sauerstoff tritt ganz zurück. Daher sind die Substanzen hoch brennbar, ohne ponderable Asche zu hinterlassen: der Kohlenstoff verwandelt sich in den Gaszustand des Kohlendioxids. Das Phänomen der Brennbarkeit weist darauf hin, dass der Wasserstoff Träger des Elementes der Wärme ist bzw. seines übersinnlichen Korrelats, des Wärmeäthers. Der Chemiker Rudolf Hauschka (1891–1969) verweist auf diesen Sachverhalt: «Wenn man den Wasserstoff nach seinem inneren Charakter taufen würde, er müsste Feuerstoff heißen.»[440] Rudolf Steiner charakterisiert den Wasserstoff als dasjenige «Stoffliche, das so nahe ist dem Geistigen auf der einen Seite, so nahe dem Stofflichen auf der anderen Seite». «Er trägt alles dasjenige was irgendwie gestaltetes, belebtes Astralisches ist, wiederum in die Weiten des Weltenalls hinauf.» «Der Wasserstoff löst eigentlich alles auf.»[441] In einem Arbeitervortrag[442] spricht Rudolf Steiner über das übersinnliche Wesen des Wasserstoffs: «Gewiss, in der Chemie ist

440 Rudolf Hauschka: *Substanzlehre*, Frankfurt/Main 1966, S. 51.

441 Rudolf Steiner: *Geisteswissenschaftliche Grundlagen zum Gedeihen der Landwirtschaft*, GA 327, Vortrag vom 11. Juni 1924, Dornach 1999, S. 75/76.

442 Rudolf Steiner: *Mensch und Welt. Das Wirken des Geistes in der Natur. Über das Wesen der Bienen*, GA 351, Vortrag vom 20. Oktober 1923, Dornach 1999, S. 72.

der Wasserstoff ein ganz anderer Stoff als der Phosphor [...] Was ist denn der Wasserstoff, der überall in der Welt ausgebreitet ist? – Der Wasserstoff, der im Umkreis der Welt ausgebreitet ist, das ist der Weltenphosphor.» Gunter Gebhard bemerkt dazu: «Aus dem heutigen Wissen und den Phänomenen zeigt der Wasserstoff eigentlich nur Beziehung zur Wärme. Der Phosphor hat aber seine hauptsächliche Beziehung zum Licht. Betrachten wir den Phosphor als den physischen Ausdruck des Wärmeäthers (der ja gleichzeitig auch das Feuer-Element ist), dann ist das die alte Saturnwärme, die noch das Licht in sich trägt. Im ‹Absturz› in die Materie erscheinen dann heute im Irdischen der Phosphor und der Schwefel.»[443]

Das, im höheren Sinne auflösende, Vermögen des Wasserstoffs macht sich morphologisch geltend, wenn gegen die Blüte das Blattwerk gleichsam in den Stängel hinein verschwindet, und physiologisch, wenn die Phase der Eiweißbildung durch diejenige der Entvitalisierung, der Bildung wasserstoffreicher Kohlehydrate, abgelöst wird, z.B. Fruchtzucker, ätherische Öle etc. Nun ist das Erstaunliche, dass der Baldrian mit großer Intensität diese fruktifizierende Tendenz des Sulfurischen in dessen Gegenpol, der Wurzel, am stärksten zur Geltung bringt. In dieser bleibt das Duftende in der Rinde zurückgestaut. Schneidet man die Wurzel an, verbreitet sie einen penetranten, stumpf erdenhaften Geruch. In der Blüte hingegen, vor allem im Welken wird er erdenflüchtig, riecht blumiger und hüllt die nähere Umgebung in eine Duftwolke ein. Im Bild gesprochen, löst der Wasserstoffprozess alle Formbestimmtheit der Stoffkompositionen in das Chaos der Ununterscheidbarkeit des Kosmos auf, in den Urzustand der Wärme. Dominiert vom Stängelprinzip, wird das Substanzgeschehen des Baldrians in Bildung und Auflösung von oben nach unten und umgekehrt von starker Astralität durchkraftet. Dieser Tatbestand und die besondere Beziehung zur Wärme kann das Verständnis dafür wecken, warum die Baldrianblüte keiner weiteren Präparation durch ein Tierorgan und keiner Exposition gegenüber den Kräften des Kosmos und der Erde im Jahreslauf bedarf. Man würde wohl auch ein dieser Pflanze gemäßes Tierorgan nicht finden können. Die Wesensnatur des Baldrians ist in dieser Hinsicht polar zu jener der Brennnessel. Wie diese aufgrund ihrer «astralen Innenwirkung» sich selbst eine Hülle schafft, innerhalb welcher auf dem Weg des inkarnierenden Wasserstoffprozesses neue Substanzen entstehen, so polar der exkarnierende Wasserstoffprozess in den Blüten des Baldrians. Dieser löst alle Gestaltung in den Urzustand der Wärme auf, deren Eigenwesen allem Sein

443 Gunter Gebhard: Persönliche Mitteilung.

Hülle und Substanz zugleich ist. Der Baldrian lebt eine «astrale Außenwirkung» dar, die im Ausströmen hüllenbildend wirkt. Hierzu ergänzt Gunter Gebhard: «In der Brennnessel sind es Schwefel und Eisen, die wirksam werden. Beide haben eine innenzentrierte Qualität. Die ‹durchvernünftigende› Brennnessel zeigt einen Bezug zum Mikrokosmischen, die Ich-Qualität der Vernunft. Das Irdische kommt ganz besonders auch in den Rhizomen der Brennnessel zum Ausdruck. In der Blüte des Baldrians löst sich der Substanzprozess in den Kosmos auf; er strebt dem kosmischen Licht entgegen. Ganz so sind auch die Wurzeln des Baldrians, die wie das Licht geradlinig, lange ohne Verzweigungen und nahezu ohne sekundäres Dickenwachstum sich in die Erde ‹einstrahlen›. In der Blüte die Wasserstoffwirkung, in der Wurzel die Lichtqualität, die sich im Phosphor zeigt. Im Gegensatz zur Brennnessel, die mit dem mikrokosmischen Ich in Beziehung steht, zeigt der Baldrian eine Beziehung zum makrokosmischen Ich.»[444]

Herstellung und Anwendung

Medizinisch sind es die Rhizomwurzeln des Baldrians, die verwendet werden; im Kanon der anderen Kompostpräparate hingegen sind es die Blüten bzw. blütenverwandten Prozesse, wie bei Brennnessel und Eichenrinde. In der Blüte erstirbt einerseits die Pflanze, sie versinnlicht ihr Urbild in Form, Farbe und Geruch, andererseits belebt sich im Blütenprozess der irdische Substanzstrom.

Die Baldrianblüten werden im Erreichen der größten Blütenfülle der Trugdolde im Juni/Juli gepflückt und sogleich durch ein entsprechendes Gerät (Reißwolf) zerquetscht. Dabei tritt der Zellsaft, einschließlich der ätherischen Öle, aus dem Zellplasma und den Zellvakuolen aus. Er wird in einer Obstpresse vom verbleibenden Treber getrennt. Letzterer wird mit ca. ebenso viel an Wasser versetzt, als im ersten Durchgang an Blütensaft gewonnen wurde. Diese Maische bleibt einen Tag stehen und wird dann erneut gepresst. Man erzielt durch das zweimalige Auspressen aus 2 bis 3 kg Blüten ca. 1 l Presssaft. Er wird in Flaschen abgefüllt und unterliegt einer Milchsäuregärung. Die dabei entstehenden Gase müssen entweichen können. Nach ca. 6 Wochen Gärzeit werden die Flaschen mit Korken oder Gummimanschetten verschlossen. Zu viel Sauerstoffzutritt führt zu Fehlgärungen, durch die das

444 Gunter Gebhard: Persönliche Mitteilung.

Präparat unbrauchbar wird. Die Flaschen werden in einem dunklen, gleichmäßig temperierten Raum, dem Präparatekeller, gelagert. Der Saft bleibt über Jahre haltbar.

Hinsichtlich der Anwendung des Blütensafts verweist Rudolf Steiner darauf, dass er «sehr stark» in warmem Wasser verdünnt werden soll.[445] Die Angaben, die der Geistesforscher als Richtschnur für das konkrete Handeln macht, können nicht genau genug genommen werden; sie gelten Wort für Wort. Sie sind in Ideenformen gebrachte Ergebnisse übersinnlicher Geistesforschung und sind Hinweise, die dem Weg der Willenshandlung vorausleuchten, diesen aber nicht in Regeln festlegen. Man muss sich die Freiheit bewahren, diese Ideenformen immer wieder neu in ihren großen Zusammenhängen zu denken. Und, je mehr man sich darum bemüht, desto freier wird man das im Geist Erfasste auch in der Praxis sachgemäß ausführen. Die geisteswissenschaftlichen Ideen begründen eine neue Experimentierkunst in der Praxis; aus dieser erwächst das so notwendige «persönliche Verhältnis», das den ideengetragenen Willensweg tiefer in die Geistwirklichkeit hineinführt, als dies die wissenschaftlich-technologischen Errungenschaften vermögen, die heute von außen die landwirtschaftliche Praxis dirigieren.

Wie individuell und im breitesten Spektrum die geisteswissenschaftlichen Tatsachen in der Praxis vielfach ausgelegt werden – teils recht abenteuerlich –, zeigt die große Experimentierfreudigkeit. Sie ist in dem verdienstvollen Werk von Stappung[446] in weltweiter Praxis dokumentiert. Die Ergebnisse der Geistesforschung erschließen ihren wahren Erkenntniswert erst in der übenden Praxis.

Vorausgehend der Anwendung des Baldrianblütenextraktes geht es um die «starke Verdünnung» der Urtinktur. Diese wird erreicht, wenn man einer gegebenen Menge handwarmen Wassers so viel an Blütensaft eintropft, dass die Flüssigkeit nach fünf- bis zehnminütigem Umrühren nach Baldrian duftet und sie etwas von der bräunlichen Farbe des Saftes erkennen lässt. Ein Anhaltspunkt für die Ausbringmenge bestimmt sich, entsprechend der Dreifingerprise der festen Präparate, wie folgt: 1 bis 3 g = 1 bis 2 cm^3 auf 5 bis 8 l Wasser pro ca. 8 m^3 Düngermaterial. Die Flüssigkeit wird über die Haufen und Mieten nach dem Aufsetzen gesprüht oder – aufgeteilt in Portionen

---

445 Rudolf Steiner: *Geisteswissenschaftliche Grundlagen zum Gedeihen der Landwirtschaft*, GA 327, Vortrag vom 13. Juni 1924, Dornach 1999, S. 139.

446 Walter Stappung: *Die Düngerpräparate Rudolf Steiners – Herstellung und Anwendung*, Rüfenacht 2017, Bd. I + II: 748 S. Siehe auch: Ueli Hurter et al. (2018): *Biodynamische Präparate-Praxis weltweit – Die Fallbeispiele*, Darmstadt, 364 S.

– oberseits in Löcher gefüllt. Im Fall von Flüssigdüngern (Jauche, Gülle) wird die verdünnte Saftmenge am besten beim Umrühren beigemischt. Nochmals sei betont, dass die besten Ratgeber das denkende Miterleben und der eigene experimentierende Geist sind.

Die Beziehung des Baldrians zum Element der Wärme und ihres übersinnlichen Kräftekorrelats, dem Wärmeäther, hat auch außerhalb seiner Funktion als Düngerpräparat Eingang in die biologisch-dynamische Praxis gefunden; so bei der Gefahr von Spätfrösten im Mai. Unmittelbar vor deren Eintreten kann durch Feinverneblung des Baldrianextraktes, in der Verdünnung von 1 ml auf 1 l Wasser, eine Wärmehülle über die Obstblüte sowie über gefährdete Gemüsesaaten gelegt werden; sie verhindert Frostschäden bis zu zwei bis drei Minusgraden.[447] Auch zur allgemeinen Pflanzenkräftigung im Gemüsebau wird es in der Verdünnung von 10 bis 30 Tropfen Baldrianpräparat auf 3 l Wasser empfohlen. Im Weinbau hat das Baldrianpräparat besondere Schätzung erfahren.[448]

Vorbemerkungen zur Wirksamkeit

Der Baldrianblütenextrakt soll, wenn man ihn in warmem Wasser stark verdünnt «dem Dung in einer ganz feinen Weise beibringt [...] insbesondere in ihm dasjenige hervorrufen, was ihn anregt dazu, sich gegenüber demjenigen, was man Phosphorsubstanz nennt, in der richtigen Weise zu verhalten».[449] Diese so kurzgefasste, rätselvolle Aussage weist am Ende des Reigens der sechs Dungpräparate, nach Nennung des Schwefels zu Anfang bei Schafgarbe, Kamille und Brennnessel, nun beim Baldrian auf die Phosphorsubstanz hin. Beide, Schwefel und Phosphor, sind einander sehr verwandt. Beide sind gleichsam Verkörperungen von Licht und Wärme. Und doch, es sind zwei verschiedene Stoffe. Sie stehen zwar nebeneinander auf der Seite der Säurebildner im Periodischen System der Elemente, verhalten sich aber im Organischen durchaus polar. Der Schwefel kommt in der anorganischen Natur in den vielerlei Sulfiden, den Metallsalzen der Schwefelsäure vor sowie als elementarer Schwefel in vulkanischen Ablagerungen. Als solcher entzündet er sich bei etwa 250 °C und verbrennt in bläulicher Flamme zu Schwefeldioxid. Anders der Phosphor: Er ist ungemein reaktionsstark und kommt deshalb

447 Krafft von Heynitz, Georg Merckens: *Das biologische Gartenbuch*, Stuttgart 1994, 351 S.
448 Pierre Masson: *Gartenbau und Landwirtschaft biodynamisch*, Aarau 2015, 224 S.
449 Rudolf Steiner: *Geisteswissenschaftliche Grundlagen zum Gedeihen der Landwirtschaft*, GA 327, Vortrag vom 13. Juni 1924, Dornach 1999, S. 139.

nicht elementar vor. Die Darstellung als elementarer Phosphor zeigt das erstaunliche Phänomen, dass er wärmeabhängig fünf Modifikationen seiner Erscheinungsweise hat. Als erste Modifikation entsteht der weiße Phosphor; er ist giftig, im Dunklen leuchtend und nur unter Wasser haltbar. Bei Kontakt mit der Luft entzündet er sich bei 44 °C von selbst und verbrennt mit hell leuchtender, heißer Flamme zu Phosphorpentoxid (P_2O_5). Unter Luftabschluss und erhöhter Temperatur oder unter Belichtung entsteht eine zweite Modifikation, der rote Phosphor; er ist beständig, leuchtet nicht und ist ungiftig. Diesem schließen sich drei weitere Modifikationen mit wesentlich verschiedenen Eigenschaften an, ein hellroter, schwarzer und schwarzer amorpher Phosphor.

Phosphate finden sich in den Sedimentgesteinen, vor allem aber in feinster Verteilung in den kristallinen Urgesteinen in Form des schwer löslichen Apatits, einem Kalziumphosphat mit Spuren von Fluor und Chlor. Größere Vorkommen von Apatit werden auf der Halbinsel Kola, Kirov abgebaut. Apatit verwittert unter Einwirkung von Säuren und regeneriert so den Phosphorhaushalt der Böden. In sedimentären Lagerstätten, vor allem Nordafrikas, finden sich die Phosphorite. Es sind zusammengeschlämmte Tierknochen aus dem Tertiär. Gemahlen können sie als schwerer lösliches Roh- oder Weicherdephosphat meliorativ auf phosphorarmen Standorten eingesetzt werden.

Innerhalb des Bodenprofils nimmt der Phosphorgehalt vom umsetzungsaktiven humosen Oberboden zum Unterboden ab. Dieses Phänomen schon zeigt, dass die Verluste durch Auswaschung sehr gering sind, in der Regel weniger als 0,3 kg/pro ha. Um ein Vielfaches höher sind die Verluste durch Flächenerosion (Denudation).

Die Stabilität des durch Mineralverwitterung und Zersetzung organischen Materials in Lösung gegangenen Phosphors $(HPO_4)^{2-}$ ist eine Folge seiner Reaktionsfreudigkeit. Er geht neue Verbindungen ein vor allem mit Kalzium unter Bildung sekundärer Kalziumphosphate; ferner wird er von Aluminium- und Eisenhydroxiden absorbiert, die ihrerseits Komplexe mit Humin- und Fulvosäuren bilden. Suspendiert findet er sich in Bodenkolloiden sowie adsorbiert an Tonmineralien und Humusstoffen. Bis 80 % der organischen Phosphorverbindungen liegen in Form der Phytate vor (Kalzium- und Magnesiumsalze der Inosithexaphosphorsäure); weitere 5 bis 10 % finden sich in den Nukleinsäuren der Zellkerne der Pflanzen und Mikroorganismen.[450]

450 Friedrich Scheffer, Paul Schachtschabel: *Lehrbuch der Bodenkunde*, Berlin 2018, 772 S.

Auffallend ist, dass der Phosphor in feinster Verteilung und strengster kompositioneller Ordnung alle Naturreiche und so auch die physische Organisation des Menschen durchzieht. Beschränkt man den Blick auf seine physisch-materielle Erscheinungsweise, offenbart sich nur wenig über sein Wesen und seine Funktion im Haushalt der Natur. Anders ist es, wenn man das Blickfeld erweitert auf das Pflanzenreich und weiter aufwärts. Dort tritt der Phosphor, ätherisiert zum Phosphorprozess, überall dort in Metamorphosen auf, wo eine Tendenz zur Entvitalisierung herrscht. Diese offenbart sich der Anschauung unmittelbar im Blühprozess der Pflanzen, der wesentlich eine Phosphorwirkung ist. Wo diese Entvitalisierung ihren Höhepunkt erreicht, im Welken der Blüte und in der Samenbildung, tritt die Phosphorwirkung besonders hervor.

Entvitalisierung heißt Absterben und in die reine Form übergehen. Physiologisch macht das der Phosphor. Er vermittelt im Vererbungsgeschehen die Formqualität über die Kernsäuren. Auch das in der Photosynthese in den Traubenzucker hineingebundene Licht und dessen Übertragung durch die Zellatmung auf den Phosphorsäureprozess der Adenosintriphosphorsäure (ATP) bindet das Licht vollends in die Dauerform von Wurzel, Stängel, Blatt, Blüte und Frucht. Ebenso entvitalisieren die Phosphorlipide des *Myelin* im Gehirn und schaffen Bewusstsein oder, der Phosphor des Apatits, die Dauerform des Knochens.[451]

In tiefer Verborgenheit finden sich nun auch im Wachstumsgeschehen ebenso viele punktuelle Entvitalisierungszonen, wie die Pflanze Zellen hat. Es sind die phosphorhaltigen Zellkerne. Sie beherbergen in Form des Kerneiweißes, der Nukleotide, die Chromosomen, die Mittler des Vererbungsstromes von Generation zu Generation. Der Nukleus, der von der Kernhaut umschlossen ist, repräsentiert im Verhältnis zum Zellplasma den Ruhepol der Zelle. Auf der Grundlage des Phosphors waltet in ihm ein höheres Prinzip, als dasjenige ist, was in Pflanze, Tier und Mensch zur Ausgestaltung ihres jeweiligen Erscheinungsbildes verhilft. Es ist das Prinzip, das in fortdauernder Keimhaftigkeit alle Entwicklungserreichnisse aus der Vergangenheit in die Gegenwart und aus dieser in die Zukunft hinüberführt. Es ist diesem Entwicklungsgang übergeordnet; es ist das aus einer höheren übersinnlichen Region hereinkraftende Geistwesen der Pflanze selbst, dasjenige, was im menschlichen Bewusstsein als Ich-Wesen aufleuchtet. So steht *Myelin* – es sind Phosphorlipide, die Nervenfasern im Gehirn umhüllen – engstens mit

451 Gunter Gebhard: Persönliche Mitteilung.

dem (Selbst)Bewusstsein des Menschen in Beziehung! Die Pflanze als rein lebendiges Wesen hat kein inkarniertes Seelen- und Eigenwesen, deshalb auch kein Nervensystem, was als die irdische Grundlage des Astralleibes zu betrachten ist. Doch, im Blick auf den Nukleus der Pflanzenzelle, erhebt sich die Frage, ob nicht dieser als eine evolutive Vorstufe zur Bildung eines solchen angesehen werden kann. Die Kernsäuren RNA und DNA weisen einen hohen Phosphorgehalt in den Phosphorsäure-Resten der Nukleotide auf. Wie bei Tier und Mensch sich das Nervensystem, fein verästelnd, bis in das lebendige Gewebe erstreckt, so finden sich in der Einzelzelle außerhalb des Zellkerns im Zellplasma Organellen, wie die Ribosomen[452] und Mitochondrien, die als winzige geformte Körpergebilde mit Plasma und Kern in Beziehung stehen. Die Mitochondrien enthalten wie der Kern chromosomale Strukturen, von denen man annehmen kann, dass sie epigenetische Funktionen haben. Das heißt, dass sie Träger und Vermittler von Einprägungen sind, die das Cytoplasma aus den gegenwärtigen Erden-, Sonnen- und Planetenwirkungen sowie den Maßnahmen der Pflege, Düngung und Züchtung durch Geist und Hand des Menschen empfangen hat. Es sind aus dem gegenwärtigen Sein neu erworbene Eigenschaften. Man muss davon ausgehen, dass sich solche epigenetischen Einprägungen in jedem Vegetationsjahr in den Pflanzen vollziehen. Um die Frucht dieser «Vergegenwärtigung» der irdisch-kosmischen Wirkungen im Jahreslauf – z.B. die der Präparatedüngung – zu erhalten, empfiehlt sich die Eigenvermehrung bis hin zur Züchtung hofeigener Sorten.

Die Achse Erde-Sonne, in welche sich die Blütenpflanzen eingliedern, manifestiert sich in Stängel, Stiel, Halm, Trieb, Ast und Stamm. In dieser Aufrechten waltet, im Abglanz geistig-wesenhaft, dieselbe Kraft, die auf höherer Stufe im Menschen als Ich-Tätigkeit im Willen lebt, und im erwachenden Selbstbewusstsein aufleuchtet. Der physische Ansatzpunkt für das Wirksamwerden der Ichkräfte im Menschen und in anderer Weise in den Naturwesen ist der Phosphor, nicht als solcher nur, sondern stets eingebunden in entsprechende Stoffkompositionen, zum Beispiel der genannten Nukleotide des Zellkerns. In Bezug auf den Menschen führt Rudolf Steiner aus: «Es ist ein sehr Eigentümliches, wie das menschliche Ich, wenn wir es

452 Die Ribosomen sind aus ribosomaler RNA aufgebaut. Sie entstammen dem Nukleolus im Zellkern und bilden im Plasma die Organellen für die Eiweißbildung (kosmologisch ist der Nukleolus ein Äquivalent der Erde im Mikrokosmos Zelle). Der Zellkern ist der Mondsphäre entsprechend und die Zellmembran der Saturnsphäre. Die Mitochondrien verfügen über eine eigene nackte DNA, vermehren sich in ihrem eigenen Rhythmus und haben vor allem die Aufgabe der Zellatmung mit den eisenhaltigen Cytochromen. Kosmologisch stehen die Mitochondrien mit dem Mars in Beziehung.

jetzt als eben im Menschen spirituell, psychisch, organisch und auch mineralisierend betrachten, eine Art, ich möchte sagen, Phosphorträger ist.» «Das Durchphosphorisieren des menschlichen Organismus ist eine Tätigkeit des Ich.»[453] So dirigiert der Phosphorprozess in seiner labilsten Zustandsform, der Adenosintriphosphorsäure (ATP), vornehmlich den Kohlehydratstoffwechsel, die mit den Nukleoproteinen verbundenen Kernsäuren, den Eiweißstoffwechsel, in der Form der Phosphatide den Fettstoffwechsel, um schließlich in Verbindung mit dem phosphorhaltigen Kalk (Apatit) in dem Mineralisierungsprozess der Knochenbildung zu enden.[454] Es sind jeweils verschiedene Phosphorverbindungen, die die Tätigkeit der Ätherarten im Verhältnis zu den Wesensgliedern impulsieren: Das Ich lebt im Wärmeäther in Beziehung zum Phosphor; vermittelt durch den Wärmeäther, prägt es sich, auf der Grundlage des Natriumphosphats, dem Astralleib ein; durch das Magnesiumphosphat und den Lichtäther sowie das Kaliumphosphat und den chemischen Äther wirkt es im Ätherleib und, auf der Grundlage des Kalziumphosphats und der Wirksamkeit des Lebensäthers, gerinnt es in die feste Form des Knochensystems, dem «physischen Abbild der Ich-Organisation».[455] In seiner direkten Beziehung zum geistigen Wesenskern, dem Ich, hilft der Phosphor Einseitigkeiten in den physiologischen Prozessen zu überwinden und Gegensätze auszugleichen.

Im Zentrum der Zelle konzentriert sich der Phosphorprozess in den Nukleotiden, den Erbträgern. Diese tragen die Vergangenheit, das Erreichnis der Evolution in die Gegenwart. In diesem Schöpfungswerk fasst sich alles einstige Werden aus dem Geist zusammen und zugleich enthält es ein Keimhaftes, aus dem sich diese Schöpfung im Gegenwärtigen stets erneuert und Impulse empfängt, die diese Keimkräfte in die fernste Zukunft zu neuem Werden tragen. Diese Impulse nimmt das Plasma der Pflanzenzelle im Tag-Nacht-Rhythmus aus dem einstrahlenden Licht der Sonne auf, dessen Kräfte durch das Wirken der Planeten modifiziert werden. Der Ort dieser Vergegenwärtigung des Keimhaften ist das den Kern umgebende Zell- oder Protoplasma. Es enthält, darin gleichsam schwimmend und in feiner Verteilung, die bereits genannten Organellen, die Ribosomen und Mitochondrien sowie die magnesiumhaltigen (nicht phosphorhaltigen) Chloroplasten, in

453 Rudolf Steiner: *Geisteswissenschaftliche Gesichtspunkte zur Therapie*, GA 313, Vortrag vom 15. April 1921, Dornach 2001, S. 91.

454 Friedrich Husemann, Otto Wolff: *Das Bild des Menschen als Grundlage der Heilkunst*, Band II: Zur allgemeinen Pathologie und Therapie, Stuttgart 1991, S. 394.

455 Ebd., S. 395.

welchen durch das Chlorophyll das Licht absorbiert und die irdische Stofflichkeit belebt wird. Die Grundsubstanz des Protoplasmas bildet das Zytoplasma, eine wasserklare, durchsichtige, flüssig-kolloidale, weitgehend homogene Eiweißmasse.

Das Zytoplasma ist der Bewegungspol der Zelle. Es strömt, rotiert um die Zellvakuolen – oder, in besonderen Fällen, zirkuliert es gar um den Zellkern. Die Strömungsintensität ist vom Sauerstoff abhängig, dem Träger der ätherischen Kräfte. Es ist sensitiv gegenüber äußeren Reizen; es sorgt je nach Witterung – durch Quellen und Schrumpfen der Zellgewebe – beispielsweise für das Schließen und Öffnen der Spaltöffnungen, für die Bewegung der Blütenstände der Korbblütler nach dem Gang der Sonne etc. Ferner reagiert es auf die Art der Düngung sowie auf die pflegende Hand des Menschen. Wie der Stempel den Siegellack prägt, so prägen die von außen herandrängenden Astralkräfte sich dem Zytoplasma der Zelle ein. In der Wissenschaft der Botanik wird dem Zellplasma «ein Empfindungsvermögen» zugeschrieben.[456] Man benennt aber nicht dessen pflanzliche Eigenart, nicht die grenzziehende Schwelle zur tierischen Empfindung. Im Zellkern herrscht der Phosphor und bestimmt dessen strenge Strukturen. Das ihm assoziierte Eiweiß, das Nukleoprotein, enthält wie grundsätzlich alles Eiweiß keinen Phosphor. Das Eiweiß ist dem Schwefel assoziiert, es dankt seine stoffkomponierende Beweglichkeit des dem Phosphor so nahe verwandten und in seinen Eigenschaften doch so polaren Schwefel. Dieser aber ist der Mittler zwischen den aus dem Umkreis einstrahlenden Astralkräften und den Stoffen, die das Eiweiß bilden (C, O, N, H). Beide, Schwefel und Phosphor, bewirken eine Harmonisierung der Wesensglieder. Tauchen beispielsweise Astralleib und mit ihm das Ich zu tief in die ätherische und physische Organisation ein, dann schafft der «Schwefel mehr den astralischen Leib, der Phosphor mehr das Ich» aus dieser Bindung heraus.[457] Beide sind sie Merkure zwischen den höheren Geisteswelten und ihrem irdischen Abbild, zwischen dem Geistig-Keimhaften und dem, was sich zur physischen Erscheinungsform, zum Werk ausgestaltet. Beide treten sie in höchster Verdünnung in allem lebendigen Geschehen einheitlich und doch in polarer Wirkungsweise auf, Vergangenheit in der Gegenwart wiederholend und sie der Zukunft öffnend. Beide sind, in hoher Verdünnung, dem Kern (Phosphor) und dem Plasma (Schwefel) der Zelle einverwoben. Ihre

---

456 Hermann von Guttenberg: *Lehrbuch der allgemeinen Botanik*, Berlin 1955, S. 15.

457 Rudolf Steiner: *Geisteswissenschaftliche Gesichtspunkte zur Therapie*, GA 313, Vortrag vom 12. April 1924, Dornach 2001, S. 44.

Wirksamkeit ist gleichsam ein naturgegebenes Vorbild wahrer Homöopathie, der Wirksamkeit kleinster Entitäten.

Über das Wesen des Wasserstoffs im Zusammenhang mit Phosphor und Schwefel lässt sich zusammenfassend Folgendes anmerken: Der Wasserstoff wurde charakterisiert als Repräsentant des Feuer-Elementes bzw. des Wärmeäthers. Dem Wasserstoff ist Wärme und Licht noch einverwoben. Auf dem Weg durch die Evolutionsstufen zur Erde hin[458] und der Materialisation schließlich zum «Erdig-Festen» hat sich das Warme zum Schwefel verdichtet und das Lichthafte zum Phosphor. Der Schwefel ermöglicht mit der Wärme Beweglichkeit/Wachstum im Stofflichen – ohne Schwefel kein Stoffwechsel –, während der Phosphor Formen schafft und auf der Stufe des menschlichen Bewusstseins das Stofflich-Geformte im Bild zum Gedanken werden lässt. Licht wird im seelischen Prozess als Gedanke erlebt. Tritt dieser ins Bewusstsein, formt er sich in der Sprache zum Wort, zur Grammatik.

Schwefel und Wärme/Bewegung, Phosphor und Licht/Form sind die jeweils dominierenden Beziehungen. Doch auch der Schwefel zeigt in seiner strahlend gelben Flamme seine Nähe zum Licht und der Phosphor in seiner leichten Entflammbarkeit seine Nähe zur Wärme. Im Lebendigen beherrscht der Schwefel den Stoffwechsel, der Phosphor über die Kernsäuren DNA und RNA die Vererbung.[459]

In der Baldrianblüte hat sich der Prozess des Phosphorigen derart verfeinert, dass dieser, so darf man annehmen, über die Phosphornukleotide der Ribosomen und Mitochondrien des Plasmas, mit der Potenz geistig-ichhafter Gestaltungskraft begabt ist, die aus den Überschusskräften des Geistig-Keimhaften im Irdischen neue Entwicklungsmöglichkeiten pflanzlichen Werdens eröffnet.

Die Wirksamkeit

Man geht gewiss fehl, wenn man im Baldrianpräparat einen organischen Phosphordünger sieht. Der Baldrian hat in der Asche nicht mehr Phosphor als andere Pflanzen. Was über die Wirksamkeit entscheidet, ist, dass in der Baldrianblüte sich eine Konzentration von Bildekräften zusammenfindet, die in der Lage ist, Lebenszusammenhänge so zu gestalten, dass in diesen der Phosphor Kräfte vermitteln kann, die aus der Welt des rein Geistigen der Pflanze zur Aufrechte, zu einem organismischen Eigensein verhelfen;

---

458 Rudolf Steiner: *Die Geheimwissenschaft im Umriss*, GA 13, Dornach 1989.
459 Gunter Gebhard: Persönliche Mitteilung.

oder in den Worten Rudolf Steiners: dass der «Saft der Baldrianblüte» den Dung «anregt dazu, sich gegenüber demjenigen, was man Phosphorsubstanz nennt, in der richtigen Weise zu verhalten».[460] Diese Anregung ist überall dort notwendig, wo organische Materialien verrotten, und dies ist bei aller Dungzubereitung der Fall. Bei dem autolytischen Zerfall und der mikrobiellen Zersetzung der anfallenden pflanzlichen und tierischen Rückstände zerfällt die kompositionelle Ordnung, in deren Dienst die Phosphorsubstanz stand. Das resultierende Chaos der ihrer Trägerschaft beraubten Stoffe tendiert nun dazu, dass diese Stoffe aus dem Leben heraus in den Zustand des Anorganischen zurückfallen. Diesen Todesprozess abzufangen, besorgt die Natur bis zu einem gewissen Grad mit der Bildung stabiler Humusformen selbst. Dieser Prozess spielt sich im Feucht-Wässrigen ab und wird vor allem von den Mondkräften beherrscht. Er bedarf bei der kompakten Massierung organischen Materials im Dung- und Komposthaufen sowie in der Jauche- und Güllelagerung der genannten Steuerungsmaßnahmen durch die Hand des Menschen.

Die Wirksamkeit des Baldrianpräparates geht aber darüber hinaus. Sie erschöpft sich nicht darin, den aus den organischen Verbindungen freigesetzten Phosphor umgehend wieder in die Kerneiweiße der Mikroben einzubauen, sie dadurch auf Zeit bis zur Aufnahme durch die Kulturpflanzen festzulegen. Das mikrobielle Geschehen spielt sich im Feucht-Wässrigen ab, zunächst am wenigsten im Erdig-Festen. Letzteres ist erst der Fall durch die von einem Astralleib geführte spezialisierte Tätigkeit der Bodentiere. Die Wirksamkeit des Blütensaftes des Baldrians erscheint demgegenüber als eine allgemeine, alle Teilprozesse ergreifende und zusammenführende – als eine solche, die das wuchernde Stoffwechselgeschehen des Dunghaufens zu einem in sich geschlossenen Ganzen abschließt. Unter dem Einfluss dieses Präparates entwickelt sich der Dunghaufen zu einer Art Organismus, in welchem die aus dem Umkreis einstrahlenden astralen Kräfte das Zersetzungschaos durchdringen. Diese Kräfte bilden die Astralorganisation des Dunghaufens, die sich, vermöge der ihr innewohnenden Kräfte des höheren rein geistigen Ich-Wesens, den aus allen Bindungen frei werdenden Phosphor erneut zum Träger macht. Es vollzieht sich durch die Beigabe des Baldrianpräparates eine Art Neubegabung des Phosphors, nachdem er im Durchgang durch das Chaos der Zersetzung seine vormalige Geistträgerschaft abgestreift hat.

460 Rudolf Steiner: *Geisteswissenschaftliche Grundlagen zum Gedeihen der Landwirtschaft*, GA 327, Vortrag vom 13. Juni 1924, Dornach 1999, S. 139.

So gesehen düngt das Baldrianpräparat über die organischen Dünger auf intimste Weise die Lebensbildeprozesse, die sich in der Horizontalen im Zwerchfellorgan des Bodens und in den Blättern der Pflanzen flächenhaft ausbreiten, sowie in der Vertikalen dasjenige, was sich als das Geistig-Wesenhafte der Höhen und Tiefen in der Stängelkraft der Pflanzen zum Ausdruck bringt. Auf dem Hintergrund dieses Weltenkreuzes müssen wohl die Anschauungselemente gesucht werden, durch welche eine Bestätigung desjenigen gefunden werden kann, was auf dem auf geistigem Gebiet Erforschten durch sich selbst schlüssig ist. In je spezifischer Art gilt dies für alle der beschriebenen Präparate.

Für die Ergebnisse der anthroposophischen Geisteswissenschaft müssen erst in fortlaufendem Denken und Tun die Phänomene geschaffen werden, durch die sich die Wahrheit des im Geiste Erkannten verbürgt.

Das Schachtelhalmpräparat

Es gehört nicht in die Reihe der Kompostpräparate; es steht für sich und wird im Zusammenhang mit der Abwehr von pilzlichen Erkrankungen von Rudolf Steiner im sechsten Vortrag beschrieben.[461] Für die Präparation kommt der Ackerschachtelhalm (*Equisetum arvense*) in Betracht. Er repräsentiert neben anderen Equiseten bis in die Gegenwart, neben den Bärlappgewächsen und Farnen, Urformen des Pflanzenreiches. Vorläuferformen, wie die *Psilophyten* weisen zurück bis an das Ende des Silur und den Anfang des Devon, das heißt etwa bis in die Mitte des Erdaltertums (*Paläozoikum*). Es ist die Zeit der «Lemuris», der Wiederholung der planetarischen Vorstufe des «Alten Mondes» in der Erdenentwicklung.[462] Diese Urformen sind Wassergeborene, die das Festland erobern. Die Nähe zum Element des Wassers zeigt aus der Fülle der damaligen Verwandtschaftsflora die heute noch existierende Gattung Equisetum. Dies kommt sowohl in dem Standortmilieu ihres bevorzugten Auftretens als auch in dem komplizierten Keimungsgeschehen zum Ausdruck. Man findet den Schachtelhalm auf lehmigen bis tonigen Standorten mit Staunässe oder Stauhorizonten.

461 Rudolf Steiner: *Geisteswissenschaftliche Grundlagen zum Gedeihen der Landwirtschaft*, GA 327, Vortrag vom 14. Juni 1924, Dornach 1999, S. 167.
462 Rudolf Steiner: *Die Geheimwissenschaft im Umriss*, GA 13, Dornach 1989.

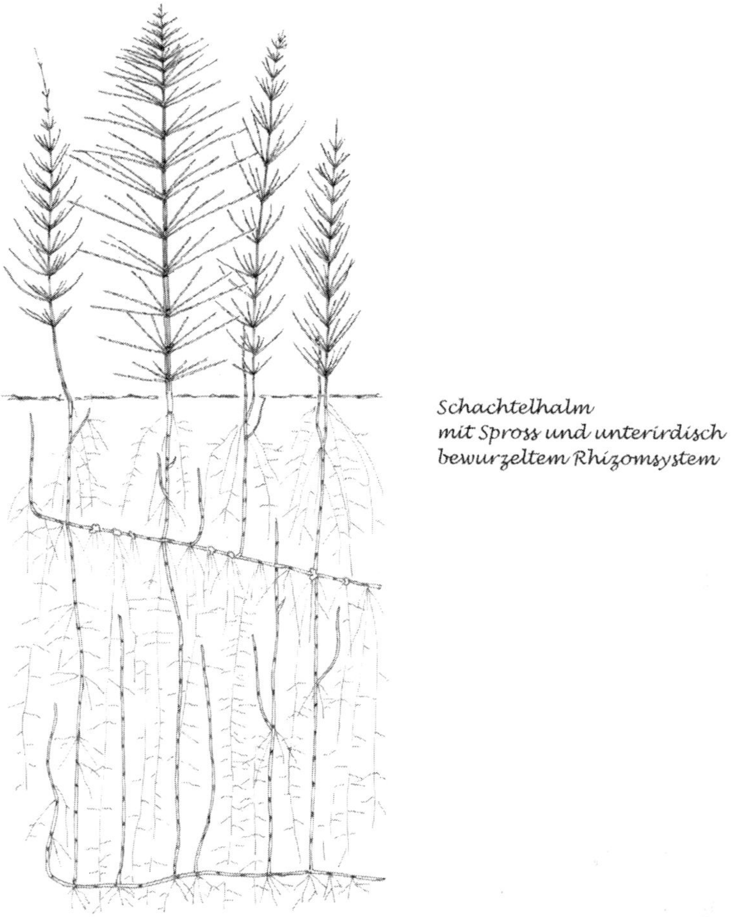

Abbildung 34:
Der Ackerschachtelhalm mit Spross
und unterirdisch bewurzeltem Rhizomsystem.

Die Erscheinungsform

Das äußere Erscheinungsbild überrascht im Reigen der umgebenden Flora. Kerzengerade erhebt sich der Stängel, gegliedert in einzelne Stängelelemente (*Internodien*), die wie in Schachteln ineinanderstecken (Abbildung 34).

Die wirtelig ansetzenden, unverzweigten Seitenäste zeigen denselben Aufbau. Sie strahlen leicht abgewinkelt von der Horizontalen nach oben aus. Stängel und Seitenäste sind einheitlich grün und ersetzen die Funktion der

Blätter. Was überrascht, ist gerade das Fehlen der Blätter und ebenso der Blüten. Infolgedessen ist auch keine Formverwandlung wahrzunehmen, außer der, dass die Seitenäste an der Stängelbasis kürzer sind, sich dann ausbreiten und gegen die Sprossspitze sich pyramidal einkürzen. Die Blattentwicklung reduziert sich auf längliche, nach oben zugespitzte Hüllblättchen, die eng der Basis der Stängelglieder anliegen. In ihrer sechseckigen, schachtelartigen Anordnung kommt das die ganze Pflanze durchziehende Kiesel-Quarz-Prinzip zur Geltung, ebenso in den sechseckigen Schildchen, die die Staubbeutel der Fruchtkolben bedecken. Die ganze Pflanze wird von dem Stängelprinzip beherrscht – während die Farne, die zeitlich gleichen Ursprungs sind, vom Blattprinzip beherrscht sind. Die Bärlappgewächse nehmen eine Mittelstellung ein. Was so erstaunen macht, ist der Widerspruch, den der Schachtelhalm darlebt. Einerseits ist es seine Nähe zum Feucht-Wässrigen im Untergrund und andererseits seine stark durchgeformte, verkieselte Gestalt, die sich streng in die Vertikalachse Erde-Sonne eingliedert. Der Ackerschachtelhalm beherrscht diesen Widerspruch.

Sucht man nach dem generativen Pol dieser Pflanze, findet man ihn in wenigen Exemplaren getrennt von ihrem vegetativen Part in Form von rötlichbraunen, spindelförmigen Kolben, die je auf einem Spross mit eng gedrängter Folge von Stängelgliedern aufsitzen; an deren Basis sind sie von einem Kranz braunschwarzer Blattspitzen umhüllt. Die Kolben liefern ein ähnliches Bild wie die aus dem Dunkel der Erde aufschießenden Pilze. Das macht den Ackerschachtelhalm einzigartig in der Familie der Schachtelhalme und daher ist auch seine Wirkung gegen Pilziges nachvollziehbar: Im Separieren des fertilen Sporangienträgers vom sterilen grünen Trieb setzt er gewissermaßen die Pilzgeste von sich ab. Die anderen Schachtelhalme tragen die Sporangienähre auf der Spitze der grünen Pflanze.[463]

Die Rhizom-Wurzelsphäre, die vegetative und generative Vermehrung

Der senkrechte vegetative Spross setzt sich in eben solcher Folge von Stängelgliedern in die Tiefe der Erde fort (Abbildung 34, S. 449). Trifft er auf einen Stauwasserhorizont, beispielsweise an der Grenze des A-Horizontes (Oberboden) zum tonreicheren B-Horizont (Unterboden), oder auf Grundwasser, zweigt ein Seitenspross ab, der der Schichtwassergrenze folgend horizontal weiterwächst.

463 Vgl. auch: Jean-Michel Florin (Hrsg.): *Biologisch-dynamischer Weinbau*, Dornach 2020, S. 154 f.

Die Rhizomsprosse sind luftführend. Vom Rhizomknoten, teils auch der primären Vertikalsprosse, wachsen Sekundärtriebe nach oben ans Licht und sorgen für die Vermehrung des vegetativen Bestandes. Die Vertikalrhizome durchstoßen mit großer Dynamik die Verdichtungszone, um sich auf einer tiefer gelegenen wasserführenden Schicht erneut horizontal zu verzweigen. Selbst aus Tiefen von drei bis vier Metern senden sie von dort ihre schwarz-braunen Rhizomsprosse nach oben (Abbildung 34, S. 449).

Der Schachtelhalm hat keine Primärwurzeln. Seine feinen, fädigen, in die Tiefe gerichteten Wurzeln sind sprossbürtig; sie entspringen den Zwischengliedern (Internodien) der Rhizomsprosse. Gegen den Spätherbst hin bilden sich an den oberflächennahen Horizontalrhizomen eiförmige Anschwellungen, Nahrungsquellen für den Austrieb im Frühjahr, vor allem für die als Erste aufsprießenden fertilen rötlich-braunen Sporenträger. Ein solcher trägt in spindelförmiger Anordnung die sechseckigen Sporenbeutel. Nach der Sporenreife stirbt der fertile Spross rasch ab. Die staubfeinen Sporen werden vom Wind davongetragen und keimen, sobald sie ins Feucht-Wässrige gelangen. Aus den keimenden Sporen tritt als Erstes eine wurzelartige Spitze hervor; es entwickelt sich dann ein ergrünender, algenartiger Vorkeim (*Prothallium*). «Bis zu diesem Stadium ist der Schachtelhalm eine grüne Wasserpflanze.»[464] Die Vorkeime treten in zweierlei Arten auf. Die eine Art *Prothallium* bildet rundliche Spermatiden, die sich mit Hilfe zweier Geißeln frei im Wasser fortbewegen können. Die andere Art Vorkeim bildet Eianlagen, die von den umherschwimmenden Spermatozoen befruchtet werden. Nach der Befruchtung verlässt der senkrecht herauf- und herunterwachsende Spross des Schachtelhalms die wässrige Phase und verbindet sich mit dem Festen der Erde und den Kräften der Sonne. Beide, sowohl die fertilen als auch die vegetativen Sprosse, entwickeln sich aus den bis in tiefere Zonen des Bodens vordringenden und sich verwurzelnden Rhizomen.

Der oberirdische Spross und der Kieselprozess

Der herauf in Luft, Wärme und Licht strebende, unfruchtbare Spross des Schachtelhalms ist durch und durch Stängel. Eigentliche Laubblätter fehlen; nur rudimentäre Blattbildungen in Form unscheinbarer zu Wirteln vereinigter, kragenartiger Schutzscheiden liegen der Basis der Stängelglieder an. Die gerieften Stängelglieder des Zentralsprosses und die reiche Verzweigung in die in Wirteln angeordneten Seitenäste weisen, hinsichtlich der Aufnahme

464 Jochen Bockemühl, Kari Järvinen: *Auf den Spuren der Präparatepflanzen*, Dornach 2005, S. 105.

des Sonnenlichtes und der Abgabe von Wasserdampf, eine hinreichend große Oberfläche auf. Letztere ist so beschaffen, dass der hohe Wasserdurchsatz des Schachtelhalms gewährleistet ist. Seine enge Beziehung zum Element des Wassers kommt auch darin zur Geltung, dass er dem in den Leitbahnen des Xylems heraufströmenden Wasser die Kieselsäure entzieht, die aus der Mineralverwitterung des Bodens stammt. Ihre anorganische Natur belebt sich durch die lebenspendende Sonnenwirkung in der Pflanze. Man kann sagen: Das die Kräfte des Mondes vermittelnde Wasser macht in dieser Pflanze, die in uralte Zeiten der Pflanzenevolution zurückweist, die Kieselsäure wieder empfänglich für die gegenwärtige Sonnenwirkung. Sie wird mit Kräften begabt, die einen harmonischen Ausgleich zwischen der aus dem mondenhaften Wirken der Vergangenheit und dem des erden-sonnenhaften der Gegenwart stiften. Damit steht der Schachtelhalm in einem polaren Gegensatz zum Löwenzahn. Wenn der Löwenzahn als Korbblütler zu den höchst entwickelten Pflanzen gehört, so der Schachtelhalm zu denjenigen, die am Anfang der Evolution der Landpflanzen stehen. Im Schachtelhalm schließt die Kieselsäure vergangene Evolutionsstufen an die Gegenwart an, im Löwenzahn das Evolutionserreichnis der Gegenwart an die Zukunft.

Der Lebensprozess des Schachtelhalms ist ein aus dem Element des Wassers heraus geborener, stoffwechselaktiver Kieselprozess. Er bewegt sich von innen hin zur Peripherie der belebten Gewebe. Indem das Wasser durch die Außenwärme verdunstet, scheidet sich die Kieselsäure ab und umgibt die ganze Stängelpflanze mit einem Mantel wasserhaltiger, amorpher Kieselsäure. Sie findet sich in den Epidermiszellen sowie eingelagert zwischen den Zellmembranen derselben. Alle Zustände, von dem der Lösung über das plastische Gel bis zum erhärteten, amorphen, glasartigen Opal – ein wasserhaltiges Siliziumdioxid ($SiO_2 + H_2O$) –, werden durchlaufen. Verascht man das Stängelkraut des Schachtelhalms, bleibt nach dem Verglühen des schwarzen Kohlenstoffgerüstes zuletzt ein weißes Kieselskelett übrig. Es zeigt linsenartige Ausbuchtungen, die im belebten Zustand das Sonnenlicht auf das in Reihen angeordnete Chlorophyll leiten.[465]

Der hohe Kieselsäuregehalt, 70 % in der Asche, prägt das starre, strahlenartige Erscheinungsbild des Schachtelhalms. Er macht ihn rau und brüchig. Der Kiesel «lebt» so im Schachtelhalm «dass er sich wie in einer Burg verschanzt».[466]

465 Ebd., S. 107.
466 Rudolf Steiner: *Geisteswissenschaftliche Grundlagen zum Gedeihen der Landwirtschaft*, GA 327, Vortrag vom 11. Juni 1924, Dornach 1999, S. 83.

Herstellung und Anwendung

Vom Ackerschachtelhalm wird um Johanni zur Zeit seiner größten vegetativen Entfaltung der grüne Trieb an einem sonnigen Tag gesammelt und, im luftigen Schatten dünn ausgebreitet, getrocknet[467]. Hinsichtlich der Weiterbehandlung führt Rudolf Steiner aus: «dass man *Equisetum arvense* zu einer Art von Tee macht, ziemlich konzentriertem Tee, den man verdünnt und dann als Jauche für diejenigen Felder benutzt [...] [, auf welchen man; Ergänzung durch den Verfasser] Brand und ähnliche Pflanzenkrankheiten bekämpfen will».[468] Stappung hat weltweit die vielfältigen Praktiken der Teezubereitung aus Schachtelhalmkraut dokumentiert, hinsichtlich der Dauer des Kochens und der anschließenden Vergärung zur Jauche sowie der Kaltvergärung des frischen Krauts der Anwendungszeiten, -mengen und -häufigkeit und, ob das Präparat nur vorbeugt oder auch bei akutem Pilzbefall eine Wirkung verspricht.[469] Aus der Summe der Erfahrungen der Teezubereitung hat sich folgende Rezeptur ergeben: «In zehn bis zwanzig Liter Wasser werden 200 bis 300 Gramm Droge etwa eine Stunde schwach gekocht. Bei Verwendung frischen Krautes etwa 1,5 kg auf die gleiche Wassermenge.»[470] Die längere Zeit des Siedens ist erforderlich, um einerseits das stark verkieselte periphere Zellgewebe aufzuschließen, andererseits diesen Prozess in dem universalen Urelement der Wärme zu halten.

Bezüglich der Anwendungsform verwendet Rudolf Steiner den Begriff «Jauche». Dieser weist darauf hin, dass der Schachtelhalmtee nach der Phase des Ziehenlassens einer Gärung ausgesetzt sein soll, wodurch eine allmähliche Aufschließung der schwerer zersetzbaren organischen Substanzen stattfinden kann. Durch die Säurebildung wird der Tee zur Jauche und dadurch längere Zeit haltbar und verwendbar. Erst wenn er in Fäulnis übergeht und zu stinken beginnt (Schwefelwasserstoff, H_2S), ist von weiterer Verwendung abzusehen. Auch von einer da und dort geübten Kaltvergärung des frischen Schachtelhalmmaterials sollte Abstand genommen werden. Bei längeren Gärzeiten sind vorzeitige Fehlgärungen sowie mangelhafter Aufschluss der amorphen

467 Christian von Wistinghausen, Wolfgang Scheibe, Eckhard von Wistinghausen: *Anleitung zur Herstellung der biologisch-dynamischen Präparate*, Arbeitsheft Nr. 1, Stuttgart 1998, 96 S.

468 Rudolf Steiner: *Geisteswissenschaftliche Grundlagen zum Gedeihen der Landwirtschaft*, GA 327, Vortrag vom 14. Juni 1924, Dornach, 1999, S. 167.

469 Walter Stappung: *Die Düngerpräparate Rudolf Steiners – Herstellung und Anwendung*, Rüfenacht 2017, Bd. I + II: 748 S.

470 Christian von Wistinghausen, Wolfgang Scheibe, Eckhard von Wistinghausen: *Anleitung zur Herstellung der biologisch-dynamischen Präparate*, Arbeitsheft Nr. 1, Stuttgart 1998, S. 71.

Kieselsäure unvermeidlich. Die Wärmewirkung im Kochprozess scheint von essentieller Bedeutung für das Wirksamwerden der Kieselsäure zu sein.[471]

Die Anwendungszeiten richten sich danach, ob vorbeugend oder ob im Akutfall die Teejauche ausgebracht werden soll. Nach der Angabe Rudolf Steiners handelt es sich primär um eine prophylaktische Maßnahme. Die Teejauche wirkt über den Boden und mindert bei übermäßigen, anhaltend feucht-wässrigen Verhältnissen den Pilzdruck auf die Pflanzen. Von daher gesehen empfiehlt sich, die Teejauche in womöglich jährlichem Turnus über die gesamte landwirtschaftliche und gärtnerische Betriebsfläche mit 100 l/ha auszubringen. Ideal wäre es, wenn dieses drei- bis viermal im Jahr geschieht, so im Nachwinter bis ins Frühjahr (März), im Sommer und Herbst bis in den Vorwinter (November). Auf jeden Fall sollten im Rahmen der Fruchtfolge besonders pilzgefährdete Kulturen, wie Getreide und gewisse Hackfrüchte, die vorbeugende Behandlung erfahren. Direktspritzungen in die Bestände im Akutfall, häufig in Kombination mit Brennnesseljauche, können den Befall erheblich eindämmen. Es ist eine Maßnahme, die den Befall bekämpft. Die vorbeugende Behandlung über den Boden sorgt dafür, dass den Anfängen gewehrt wird.

Die Wirksamkeit des Schachtelhalmpräparates

Vorbeugend angewendet, entfaltet das Schachtelhalmpräparat seine Wirksamkeit über den Boden. Kommt dieser nach einem womöglich schon feuchten Herbst und nassen milden Winter ins Frühjahr, ist der gesamte Durchwurzelungsraum besonders stark den Kräfteeinstrahlungen des Mondes ausgesetzt und dies besonders bei Vollmond und Mondnähe (*Perigäum*). Sie werden durch das Wasser vermittelt und erregen im Boden ein mondenhaftes Leben, das jener Wasserlebendigkeit verwandt ist, in welcher einst in Urzeiten die niederen Stufen pflanzlichen und tierischen Lebens sich entwickelt haben. Zeitversetzt wirkt heute diese Lebendigkeit in den Weltmeeren und anders in Flüssen, Seen und Teichen. Dieses, den Ursprüngen noch nahe, wenig differenzierte Leben stammt aus dem Erdzeitalter der frühen und mittleren Lemuris, der Wiederholung der der Erdenentwicklung vorangegangenen Entwicklung des «alten Mondes».[472] Geologisch gesprochen, sind es die Zeitalter

471 Siehe hierzu: Ulrich Meyer: «Optimierung der Kieselsäure-Extraktion aus Equisetum arvense – Ergebnisse für die alltägliche Praxis», in: Ulrich Meyer, Peter Alsted Pedersen (Hrsg.): *Anthroposophische Pharmazie*, Berlin 2016, 807 S.

472 Rudolf Steiner: *Die Geheimwissenschaft im Umriss*, GA 13, Dornach 1989.

des *Proterozoikums* und *Paläozoikums*. In dieser Zeit des Vorherrschens der Mondenkräfte gab es noch keine Blütenpflanzen. Es war die Zeit der sporentragenden Pflanzen, zu denen, neben den genannten, auch die Pilze gehören. In dem sich aus dem Wässrigen herausbildenden Erdboden treten in wechselnden Zuständen die Monden- mit den Sonnenkräften zueinander in Beziehung. In dem folgenden Zeitalter des *Känozoikums* oder *Tertiärs* (Atlantis) gewinnen die Sonnenkräfte die Oberhand; die Blütenpflanzen entwickeln sich mit ihren Primärwurzeln. Im *Neozoikum*, der Erdneuzeit, entwickeln sich die Böden zu humosen Mineralböden und unter der Hand des Menschen zu Kulturböden.

Überwiegen nun bei anhaltender Nässe die Mondenkräfte, ist der Kulturboden einseitig von einer Mondenlebendigkeit durchdrungen. Es wird damit gerade das niedere pflanzliche und tierische Leben dieser früheren Evolutionsstufen angeregt und so auch in besonderer Weise das Pilzwachstum. Das geschieht nicht nur im Boden, sondern um eine Etage höher auch in und auf den oberirdischen Organen der Pflanze. Was im Dunkel des Bodens seinen rechten Ort hat, es schafft sich unrechtmäßigerweise einen zweiten Boden im Luftraum über der Erde; das Mikrobenleben parasitiert die lebendigen Gewebe der Pflanze. Selbst das gegenwärtige Sonnenwirken kann nur bedingt diesem wuchernden Fremdleben Einhalt gebieten. Es muss nach einer Pflanze gesucht werden, die so viel Sonnenkraft in sich konzentrieren und verarbeiten kann, das sie das überschüssige Mondenleben im Wässrigen unschädlich macht, ja, im Sinne einer Synthese, ein gesundes Verhältnis zwischen den Polaritäten der aus der Vergangenheit wirkenden Mondenastralität und der aus dem gegenwärtigen Kosmos einstrahlenden Sonnenastralität zu schaffen vermag. Dieses Vermögen hat der Schachtelhalm als herausragender Repräsentant des Übergangs von einer wassergeborenen zu einer erdgeborenen Pflanze. Als Teejauche wirkt er so, dass man die Erde entlastet von der überschüssigen Mondkraft, dass der Schachtelhalmtee «dem Wasser seine vermittelnde Kraft entzieht und der Erde mehr Erdenhaftigkeit gibt, damit sie die größere Mondenwirkung nicht aufnimmt durch das anwesende Wasser».[473] Mit dieser Beschreibung wird eindeutig auf die prophylaktische Behandlung der Böden mit dem Schachtelhalmpräparat hingewiesen. Das Miterleben mit dem Gang der Witterung im Jahreslauf schult das Bewusstsein, in weiser Voraussicht zu handeln. Geschieht die Prophylaxe regelmäßig von Jahr zu Jahr, beugt man dem Akutfall vor. Gleichwohl werden viele Erfahrungen beschrieben, vor allem

473 Rudolf Steiner: *Geisteswissenschaftliche Grundlagen zum Gedeihen der Landwirtschaft*, GA 327, Vortrag vom 14. Juni 1924, Dornach 1999, S.167.

aus dem Gemüsebau, hinsichtlich der Eindämmung akuten Pilzbefalls und anderer Kalamitäten durch die Schachtelhalmteejauche.[474] Experimentelle Langzeitversuche zur vorbeugenden Wirkung des Schachtelhalmpräparates existieren nicht. Exaktversuche sprengen die Grenzen der Durchführbarkeit. Die Gewissheit der Wirksamkeit, und das gilt für alle genannten Präparate, ist die gedankliche Durchdringung der geisteswissenschaftlichen Forschungsergebnisse sowie die bestätigende Erfahrung, die die Praxis lehrt.

Der Kanon der sechs Düngerpräparate, ihr Zusammenwirken unter Bildung eines neuen Mittleren – eine Zusammenschau

Die Frage liegt nahe, ob die Reihenfolge der sechs Düngerpräparate, wie sie Rudolf Steiner im Landwirtschaftlichen Kurs schildert, eine zufällige oder eine folgerichtige sei. Alles spricht dafür, dass das Letztere gilt, wenn man sowohl die besonderen Eigenschaften der Ausgangsmaterialien für die Präparation in Betracht zieht als auch die Wirksamkeit der Präparate selbst im sukzessiven Aufbau des Zwerchfell-Bodens zu einer belebten, durchseelten und durchgeistigten Ganzheit zwischen den kosmischen Höhen und den Erdentiefen.

Die Reihe der Präparatepflanzen

Die sechs Präparatepflanzen sind dadurch charakterisiert, dass zwischen dem Blüten-Sulfurpol und dem Wurzel-Salpol spezifische kosmische und irdische Substanzverhältnisse herrschen, wobei auffallend ist, dass die ersten drei Präparatepflanzen, Schafgarbe, Kamille und Brennnessel, eine Dreiergruppe bilden, und ebenso eine solche bilden Eichenrinde, Löwenzahn und Baldrian (Abbildung 35).

Dazwischen ist eine verborgene und zugleich vergegenständlichte Schwelle des wechselseitigen Übergangs zu einer Mitte, dem Boden. Beide Dreiheiten bilden eine Polarität. Die Erstere repräsentiert den mehr basisch-alkalischen, den irdischen Pol. Auf dieser Seite herrscht der Schwefel. Im Anorganischen ist er ein Säurebildner, im Organischen entfaltet er seine kosmische Natur, indem «auf dem Wege des Schwefels der Geist in das Physische der Natur

474 Walter Stappung: *Die Düngerpräparate Rudolf Steiners – Herstellung und Anwendung*, Rüfenacht 2017, Bd. I + II: 748 S.

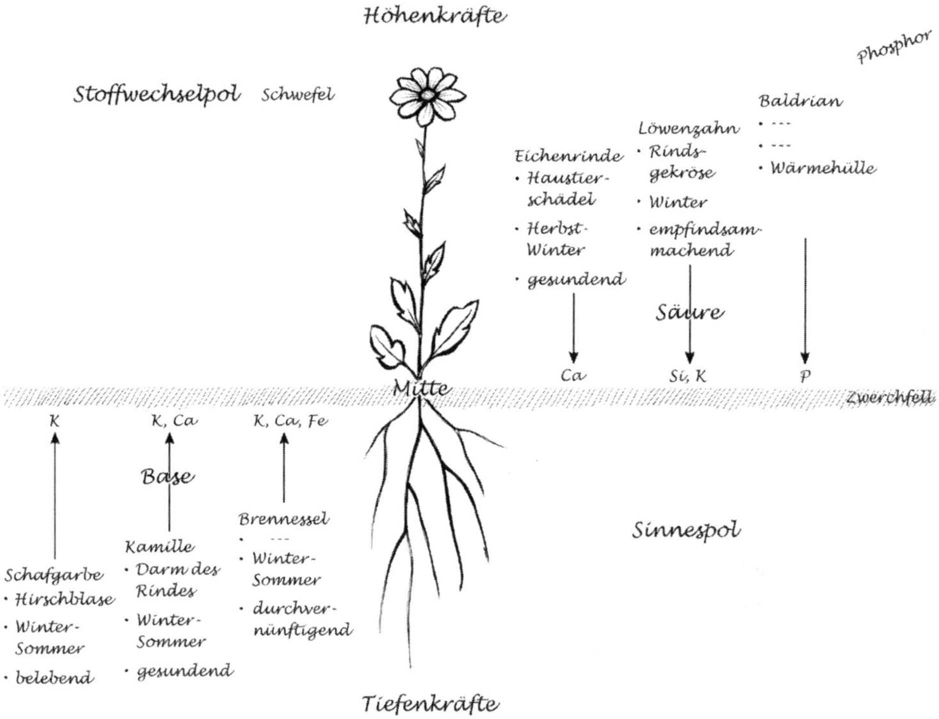

Abbildung 35:
Die Reihe der Präparatepflanzen und Organhüllen in Beziehung zum Stoffwechsel- und Nerven-Sinnes-System des Tieres sowie die Mittebildung zwischen den Höhen- und Tiefenkräften.

hereinwirkt, Schwefel ist geradezu der Träger des Geistigen».[475] Er entmaterialisiert gleichsam im Lebensprozess der Pflanzen die Erdenstoffe der Alkalien (K, Na) und Erdalkalien (Ca, Mg) sowie das Eisen als Schwermetall-Base. In der Reihenfolge der ersten Dreiheit ist es die Schafgarbe, die mit ihrer besonderen Schwefelkraft das Alkalimetall Kalium verarbeitet. In Erweiterung dieses Prozesses tritt bei der Kamille das Erdkalimetall Kalzium hinzu, und abermals ist es die Brennnessel, die mit ihrer Schwefelkraft, neben Kalium und Kalzium, das Eisen zu Eisenstrahlungen verarbeitet. Mit Letzteren leitet sie hinüber zur verborgenen Mitte. Das Eisen ist in der Natur, bis herauf zum Menschen, das Inkarnationsmetall; es befestigt in der leiblichen Organisation

475 Rudolf Steiner: *Geisteswissenschaftliche Grundlagen zum Gedeihen der Landwirtschaft*, GA 327, Vortrag vom 11. Juni 1924, Dornach 1999, S. 64.

die Wirkenskräfte des Geistig-Wesenhaften. Im Menschen konzentriert sich das Eisen im Blut, das zirkulierend das Herz mit der Peripherie, den Körperfunktionen, verbindet. Im Blutstrom, der zum Herzen hingeht und, von diesem «befriedet» zurück in den Leib, erlebt die Geistseele des Menschen ihr Inkarniertsein im Leibe.

Das Herz besinnt und vereinigt, was sich dem Blut in den leiblichen Organen bis zur Peripherie des Leibes hin eingeprägt hat. Im Herzen findet das ein- und ausströmende Blut eine eigenaktive Hülle, die rhythmisch pulsierend das Blut lebensfähig erhält. Der andere Pol sind die Nieren, die auf andere, polare Art das Blut wieder lebenstauglich machen. Sie bilden einen Raum, in welchen das Blut als arterieller Strom aus dem Gefäßsystem heraustritt und, enthoben den irdisch-materiellen Stoffprozessen, von der Nierentätigkeit gesichtet, erfrischt und wo ein harmonischer Ausgleich zwischen dem Irdisch-Materiellen und dem Kosmisch-Geistigen geschaffen wird. Erst nach «Prüfung auf Herz und Nieren» bleibt das Blut lebensfähig.

Anders verhält es sich bezüglich der höheren Pflanzen. Sie wachsen auf je spezifische Weise, wie das gerade die Präparatepflanzen zeigen, aus dem fruchtbaren Boden, der «Mitte» zwischen den Höhen und Tiefen, herauf. Diese Mitte ist erst keimhaft veranlagt; sie agiert in ihren Funktionen bezüglich Kiesel, Kalk, Ton und Humus noch nicht selbständig aus sich heraus; sie bedarf der Erziehung. Dies betrifft vor allem die Funktionen des Tones, die in ihrer jahreszeitlichen Rhythmik eine Veranlagung zu einer Art Herzfunktion haben, und diejenigen des Humus, der in seiner Dynamik mehr der Nierenfunktion nahesteht. Die Maßnahmen zu dieser Erziehung machen die wahre Kunst des Landbaus aus.

Unter den mancherlei Maßnahmen, die charakterisiert worden sind, ist es die Düngung aus dem Geist des Menschen, die das Tor in die Zukunft öffnet. Diese düngende Erziehung bezieht sich auf die Belebung der Erdenstoffe der Tiefen. In ihrem Dienst steht die erste Dreiergruppe – Schafgarbe, Kamille, Brennnessel –, die der Mitte, dem Zwerchfell, fortschreitend zu Graden funktioneller Selbständigkeit verhilft. Diese drei Heilkräuter haben die Macht, in ihren Lebensprozessen die Erdenstoffe Kalium und Kalk in Stickstoff zu verwandeln, das heißt, sie mit der Eigenschaft zu begaben, Träger astralischer Kräfte zu werden.

Zur ersten Dreiergruppe bemerkt Gunter Gebhard: «Der Schwefel, als das Element, das direkt vom Element Feuer ins Element Erde ‹stürzte›, ist die Substanz, die Geistiges ins Irdische führt; verkürzt ausgedrückt: der Schwefel ist ein Wesen, das Wärme materiell verdichten kann, das heißt, da, wo dieses Wesen wirkt, erscheint substanziell Schwefel. Damit sind die ersten drei Präparate solche, die das Inkarnieren eines Geistigen (Pflanzenleben) befördern. Bei der Schafgarbe ist es das Kalium, das ganz das Flüssige in sich trägt, das insbesondere die Beziehung zum Ätherischen herstellt (individueller Ätherleib): das Kalzium mit der Kamille zieht das Astralische herein in den vom Ätherleib durchdrungenen physischen Leib (es holt das der Pflanze Gestaltgebende aus dem Kosmos herein); und mit der Brennnessel schließlich das Eisen, das mit dem Inkarnieren des Ich beim Menschen seine enge Beziehung hat und hier, durch den Schwefel befördert, das geistige Urbild der Pflanze in die physische Erscheinung führt und den ‹Kontakt› zur Urpflanze in der Sphäre jenseits des Kosmos aufrechterhält (das ‹Durchvernünftigen›). Mit den ersten drei Präparaten wird der Boden so entwickelt, dass alle vier mit dem physischen Erscheinen im Irdischen zusammenhängenden Wesensglieder für die Pflanze gefördert werden.»[476]

In der zweiten Dreiergruppe, Eiche, Löwenzahn, Baldrian, ist stärker die kosmische, die Säureseite betont. Der Schwefel wird hier nicht mehr explizit genannt, obwohl er doch gerade einer der stärksten Säurebildner ist. Dieser Widerspruch löst sich, wenn man bedenkt, dass im Fall der ersten Dreiergruppe der Schwefel als Element genannt wird, der das Geistige dem Physisch-Lebendigen vermittelt. In der Form der Schwefelsäure ist er aus dieser Funktion herausgefallen und erdenhaft geworden. In der zweiten Dreiergruppe geht es um die ins Physische herabgesunkene Säurewirkung.

Im Fall der Eichenrinde/Borke steht zwar das Kalzium als Erdalkalimetall im Vordergrund. Maßgebend für seine Funktion ist aber die Struktur, in der das Kalzium in der Rinde oder Borke der Eiche in Form des Kalziumoxalats vorliegt. Im Durchgang durch die Lebensprozesse der Eiche bildet es sich als Produkt eines vorzeitig in die Rinde/Borke ausgeschiedenen und zu Ende gekommenen Blühprozesses. Das Kalziumoxalat erhält seine «Struktur» (Form) gesamthaft durch die Wesensnatur der Eiche und im Besonderen durch die sulfurische Wirkung der Oxalsäure. Hierzu ergänzt Gunter Gebhard: «Die Eiche, als Mars-/Eisenwesen, hat ihre tiefere Beziehung zum Ich, zur Sphäre hinter dem Kosmos, da wo auch die geistigen Urbilder sich dem übersinnlich Forschenden offenbaren. Das Kalzium saugt alles Astralische in sich hinein; dass Form im Physischen überhaupt möglich ist, hat seinen Grund im Astralischen, wie die Form sich zeigt, gründet sich im Ich (in der Idee), die durch das Astralische wirkt. Das Kalziumoxalat der Eiche saugt

476 Gunter Gebhard: Persönliche Mitteilung.

das Makrokosmische in den Mikrokosmos herein; und durch die Eisenkraft der Eiche stellt es den Zusammenhang mit dem geistigen Urbild her. Sind Mikro- und Makrokosmos in Harmonie miteinander, dann ist der Organismus gesund. Das Eichenrindepräparat hält diese Harmonie zwischen diesen Polen aufrecht und fördert dadurch prophylaktisch über den Boden die Gesundheit der Pflanze.»[477]

In der Eichenrinde/Borke also wird das Kalzium gleichsam von oben, von dem kosmischen Pol, der sich im Oxalsäureprozess darlebt, ergriffen. Beim Löwenzahn steigert sich dieser Prozess, indem er mit der zur höchsten Vollkommenheit entwickelten Blüte die «im Kosmos feinverteilte Kieselsäure» hereinzieht und mit dem im Milchsaft belebten Kalium in Beziehung bringt. Wieder ist es die Säurewirkung, über die sich die Kräfte des Kosmos von oben dem Löwenzahn und über diesen dem Boden einprägen.

Der Baldrian beherrscht in der charakterisierten Weise den Phosphorprozess.

So sind die polaren Wesenseigenschaften der sechs Präparatepflanzen in ihrem Zusammenwirken dazu veranlagt, eine alles übergreifende Synthese zu schaffen, nämlich die Bildung eines Präparates der werdenden, sonnenhaften Mitte zwischen den Höhen und den Tiefen. In der Erkraftung dieser Mitte kann sich der Boden, das Zwerchfell, zu immer größerer Eigenaktivität entwickeln. Auf der basischen Seite erschließt die Dreiheit von Schafgarbe, Kamille und Brennnessel von unten die Stoffeskräfte dem Zwerchfell-Boden, auf der Säureseite die Dreiheit von Eichenrinde, Löwenzahn und Baldrian die Substanzkräfte von oben. Dem Baldrian kommt dabei insofern eine Sonderstellung zu, als er, mittels der Trägerschaft des Phosphors, die außerkosmische Sphäre des Geistes, die Welt der Wesensurbilder erschließt (Abbildung 36, S. 462).

Gunter Gebhard ergänzt hierzu: «In ihrem chemischen Verhalten sind die Basen (Laugen) Substanzen, die in ihrem Charakter ‹luziferisch› sind, während die Säuren etwas wesenhaft ‹Ahrimanisches› in sich tragen. Ebenso ist der Schwefel ein Wesensbild des Luzifers und der Phosphor bildet ahrimanische Kräfte ab. In der Mitte zwischen diesen beiden polaren Widersachermächten steht der Christus als der Menschheitsrepräsentant, der, die Balance zwischen diesen Wesensmächten haltend, der Menschheit die Wege in die Zukunft weist. In der ‹Landwirtschaftlichen Individualität› ist diese Mitte als das Boden-Zwerchfell angelegt. Es ist fortan in die Hände des Menschen gelegt, diesen Lebenskeim der Mitte zur Entwicklung zu bringen.»[478]

---

477 Gunter Gebhard: Persönliche Mitteilung.
478 Gunter Gebhard: Persönliche Mitteilung.

Die Reihe der tierischen Organhüllen

Auch diese gliedern sich folgerichtig in eine erste Dreiheit, vom Stoffwechselpol des Tieres aus gesehen, zum Herzen hin, und in eine zweite Dreiheit, vom Vorderen des Tieres, dem Sinnespol, zur Mitte hin. In diesem Zusammenhang charakterisiert Rudolf Steiner das Planetenwirken im Tier im Verhältnis zur Sonne (Abbildung 36, S. 462). Er geht ganz von der Anschauung aus, von der «Form und Farbengestalt, auch mit Bezug auf die Struktur und Konsistenz seiner Substanz von vorne nach hinten zu, also von der Schnauze gegen das Herz zu, die Saturn-, Jupiter-, Marswirkungen hat, in dem Herz die Sonnenwirkung und hinter dem Herzen, gegen den Schwanz zu, die Venus-, Merkur-, Mondenwirkungen».[479] Das höhere Tier also gliedert sich in der Horizontalen des Rückgrats in die Polarität des Wirkens der obersonnigen Planeten im Nerven-Sinnes-Pol und der untersonnigen im Stoffwechselpol. Beide sind aus gegensätzlichen Richtungen zum Herzen hin orientiert.

Bezüglich der Reihenfolge der untersonnigen Planeten mit Mond, Merkur und Venus schließt Rudolf Steiner aus seiner Geistesforschung an die alte Mysterienweisheit an. Das ist auch der Fall hinsichtlich der Charakterisierung ihrer makrokosmischen Wirkenssphären in der vertikalen Ausrichtung der «Landwirtschaftlichen Individualität». Hier ist die Abfolge von der Erde nach unten in die Tiefen Mars, Jupiter, Saturn und nach oben in die Höhen Mond, Merkur, Venus, Sonne. [480] Diese in den Mysterien gepflegte Urweisheit in Verbindung mit Resten eines instinktiven Hellsehens der Menschen klang in dem Weltbild des Ptolemäus aus. In diesem, wie auch in dem heute herrschenden, das auf Kopernikus zurückgeht, spiegelt sich die Bewusstseinsentwicklung der Menschheit. In den nachatlantischen Kulturepochen des Urinder- und Urpersertums lebte in den Menschen in Resten ein «Himmelsbewusstsein». Es ist erloschen und wurde mit dem Erwachen zum Selbstbewusstsein in der Gegenwart zum gegenstandsfixierten Erdenbewusstsein. Die Menschen dieser frühen Zeiten erlebten die Planetensphären noch erfüllt von den Taten der geistigen Hierarchien, die den Planeten zu ihrem Wohnsitz hatten.

Mit dem Schwinden dieses Erlebens – es lebte bildhaft in den Mythologien fort – entstand zu Beginn des dritten Kulturzeitalters im dritten Jahrtausend die Sternenkunde der Sumerer, Babylonier und Ägypter. Im vierten Kulturzeitraum emanzipierte sich diese weiter und ging in dem ptolemäischen Weltbild

479 Rudolf Steiner: *Geisteswissenschaftliche Grundlagen zum Gedeihen der Landwirtschaft*, GA 327, Vortrag vom 10. Juni 1924, Dornach 1999, S. 60.
480 Ebd., S.44.

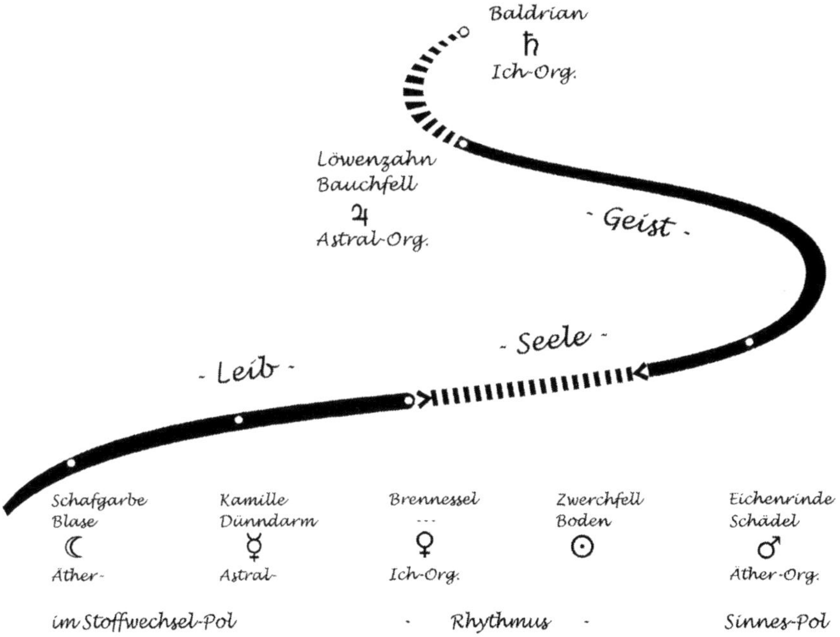

Abbildung 36:
Die polare Beziehung des unter- und obersonnigen Planetenwirkens zu den tierischen Organhüllen im Hinblick auf die Entwicklung der Wesensglieder der «Landwirtschaftlichen Individualität» und ihre Dreigliederung nach Leib (von unten), Geist (von oben) und Seele (rhythmische Mitte).

auf. Im heraufkommenden Zeitalter der Bewusstseinsseele schrumpft das Weltbild auf das, was die äußeren Sinne wahrnehmen. Für Kopernikus und seine Nachfolger schwand das Bewusstsein einer wesenserfüllten Planetensphäre und übrig blieb die runde materieerfüllte Kugel, die sich in berechenbaren Bewegungsabläufen durch den Raum bewegt.[481]

Jedes dieser Weltbilder ist gleichsam eine Momentaufnahme, eine Schöpfung des Menschen über die Art, wie er durch die Zeitalter hindurch zur Welt

481 Vgl. Elisabeth Vreede: *Astronomie und Anthroposophie*, Dornach 1980, S. 75; dieselbe: Über den Planeten Merkur, in: *Kalender Ostern 1942–1943*, Arlesheim; sowie dieselbe: *Texte über Planetensphären in den Rundschreiben 1927–1930* (Bearbeitung durch Liesbeth Bisterbosch und Frauke Roloff, Oktober 2020). – Im Zuge dieser Emanzipation des menschlichen Bewusstseins hin zum erwachenden, der Erde zugewandten Selbstbewusstsein kann es verständlich werden, dass eine Verwechselung von den Venus- und Merkursphären stattgefunden hat. Diese Verwechselung betrifft nicht den Planetenkörper als solchen, sondern ihre übersinnlich kraftenden Wirkenssphären, dasjenige, für was seit Urbeginn diese beiden Himmelskörper, Venus und Merkur, als geistig-seelisch wirksame Entitäten standen.

steht. Jedes ist für sich und in sich berechtigt und richtig. Das heutige, auf Kopernikus fußende Weltbild berücksichtigt nur noch den quantitativen Aspekt des Körperhaften, nicht den der qualitativen, wesensdurchdrungenen Wirkenssphäre. Der Kosmos erscheint dem heutigen Blick wesen- und tatenlos.[482]

Hier sei auf die Tatsache verwiesen, dass die Abfolge der tierischen Organhüllen von der Peripherie des Irdischen und der des fernsten Kosmos auf ein Zentrum hin orientiert sind (Abbildung 36).

Anknüpfend an das obige Zitat über das Planetenwirken im Organismus des Tieres konzentriert sich das untersonnige Planetenwirken von Mond, Merkur und Venus auf die Bauchorgane von hinten gegen das Herz hin und dabei auf das Nierensystem im weitesten Sinn. Die Niere empfängt die einstrahlenden Kräfte der Venus.[483] Eng mit diesen verbunden steht das Kräftewirken des Merkur und im Nieren-Blasensystem dasjenige des Mondes. Das Wesen des Merkurialischen äußert sich in den stark rhythmisch geprägten Funktionen der Bauchorgane. In der Niere sind es die Aus- und Einscheideprozesse. Sie scheidet merkurialisch aus dem arteriellen Blutstrom den Primärharn aus, sichtet diesen, reguliert ihn stofflich neu ein und scheidet das Harmonisierte als brauchbar Gesichtetes wieder in das Blut ein.[484] Dieser Prozess einer Art Flüssigkeitsatmung vereinseitigt sich in der Funktion der Blase zu einem reinen Ausscheidungsvorgang der für den Organismus unbrauchbar gewordenen Stoffe. Hier modifizieren die Mondenkräfte das Venuswirken.

Anders verhält es sich mit der aufgenommenen Nahrung; sie wird in der Darmverdauung gesichtet. Was für den Organismus nicht verwertbar ist, wird in mehr fester Konsistenz ausgeschieden; auch dieses organische Geschehen kann als Ausdruck einer Mondenwirkung angesehen werden. Was hingegen als flüssige Verdauungssäfte in die Lymph-und Blutbahn eingeschieden wird,

---

482 Lievegoed hat der polarischen Dreiheit der Dungpräparate in ihrer Beziehung zum Planetenwirken und den Lebensprozessen in Pflanze und Tier eine eingehende Studie gewidmet (Bernhard C.J. Lievegoed: *Planetenwirken und Lebensprozesse in Mensch und Erde*, Stuttgart 2002, 82 S.). Darin wird geschildert, wie in den Lebensprozessen der Präparatepflanzen je spezifisch ein Vertreter der obersonnigen Planeten mit einem der untersonnigen in einem polaren Wirkensverhältnis steht, so Saturn zum Mond, Jupiter zum Merkur und Mars zur Venus, mit jeweils der Sonne im Mittelpunkt; ferner, wie die Kräfte dieses polarischen Wirkens mit der Umhüllung durch die tierischen Organe, exponiert den Winter- und Sonnenkräften, verstärkt in Wechselwirkung treten und bewahrt werden, und wie daraus die von Rudolf Steiner so beschriebenen, erfrischend belebenden, gesundenden, sich aufeinander abstimmenden, empfindsam machenden Prozesse in Boden und Pflanzen verstehbar werden.

483 Siehe hierzu: Lothar Vogel: *Der dreigliedrige Mensch*, Dornach 1979, S. 239.

484 Siehe dazu: Michaela Glöckler: «Das Nieren-Blasen-System und das Schafgarbenpräparat»; in: Manfred Klett und Markus Hurter (Hrsg.): *Zur Frage der Düngung im biologisch-dynamischen Landbau*, Dornach 1994.

macht sich in Prozessen geltend, in welchen man annehmen kann, dass das Venuswirken durch das des Merkur modifiziert wird. Was in den Bauchorganen bei Mensch und Tier als Venus-Nierenprozess sich abspielt, modifiziert durch Merkur und Mond, das findet sich wieder in der Wirksamkeit des Brennnesselpräparates. Hier, so darf man sagen, kann sich im Organischen der Brennnessel im Zusammenhang von Kalium, Kalzium, Wasserstoff und Eisenstrahlung die im Kapitel «Zur Frage der Stoffumwandlung» (S. 384 ff.) angesprochene Stoffumwandlung vollziehen, die Astralisierung der belebten Stofflichkeit zur Neubildung eines Stickstoffs aus dem Leben der Pflanze.

Verfolgt man die Reihe der Hüllenorgane, die mit einer Ausnahme von Haustieren für die Präparation herangezogen werden, so steht am Anfang die Hirschblase (Abbildung 26, S. 363). In der Blase vollendet sich der Nierenprozess, indem sie das in der Niere Gesichtete konzentriert und nach außen ausscheidet. In der kugeligen Blasengestalt ist das flüssige Element nachgebildet dem Vermittler der Mondenkräfte. Im Präparationsvorgang nimmt sie das Sonnenhafte der Schafgarbenblüten auf, in welchen sich das Erdige des Kaliumsalzes ins Lebendige sublimiert hat.

Weiter nach dem Bauchinneren folgt der Darm. Dessen Ende, der Dickdarm, verarbeitet mikrobiell einen Teil der noch verbliebenen Nahrungsreste und scheidet das nicht Weiterverwertbare aus. Es ist dies ebenfalls ein Prozess, der unter dem Einfluss des Mondes steht. Den Anfang des Darms bildet der Dünndarm, ein langer in Schlingen gelegter Schlauch mit inwendig schier unbegrenzter Oberfläche. Hier sorgt das Venuswirken für die Sichtung der Nahrungsstoffe in Ausscheidung gegen den Dickdarm hin und Einscheidung der Verdauungssäfte in die Lymph- und Blutbahn. Es wird unterstützt und modifiziert durch das Wirken des Merkurs. Dies macht sich geltend in den rhythmischen Bewegungsvorgängen der Peristaltik, der Darmzotten bis hin zur Dynamik der Drüsenabsonderungen und der die Darmwände passierenden Substanzströme. Die Merkurkräfte stellen sich vermittelnd zwischen das Mond-und Venuswirken. Sie passen sich einerseits an die sich wandelnden Gegebenheiten an, andererseits überschreitet das Merkurwirken Grenzen, die ein Innen von einem Außen trennen.

In den Dünndarm werden die Kamillenblüten gestopft. Ihr Sonnenhaftes hat das Kalzium und Kalium des Irdischen in einen Zustand versetzt, welcher – in Erweiterung der erfrischenden, belebenden Wirkung des Schafgarbenpräparates – zu gesundem Wachstum verhilft. Das ist wohl in dem Sinn zu verstehen, dass das Wesensurbild der Pflanzen sich im irdischen Abbild in jeder Phase des Wachstums unverfälscht zum Ausdruck bringen kann.

Das Brennnesselpräparat als drittes im Bunde, reicht in seiner Wirksamkeit schon nahe an die von Sonnenkräften beherrschte Mitte, das heißt an die verborgene Herzfunktion des Bodens heran. Die astrale «Innenwirkung» der Brennnessel ist so von Vernunft/Ich-Kraft durchdrungen, dass sie einer tierischen Organhülle entbehren kann. Auch sie vermag die irdischen Salzbildner Kalium und Kalzium in ihren organischen Prozessen zu verarbeiten und darüber hinaus das Eisen in wohltätige Eisenstrahlung zu verwandeln. Es scheint sich hierin doch eine Venuswirksamkeit auszusprechen. In Verbindung mit Schafgarbe und Kamille sorgt sie dafür, dass die Erdensalze Kalium und Kalzium sich zu höheren Wirksamkeitsstufen verwandeln, und zusätzlich ruft sie den Mars-Charakter des Eisens zu strahlender Wirksamkeit auf. Das Venuswirken, innerlich verstanden, schafft im Lebendigen Freiräume für neue Möglichkeiten des Werdens; es leistet Verzicht. Man kann sagen, es ernährt nicht, sondern ermöglicht Ernährung. In diesem Sinne können die Eisenstrahlungen des Brennnesselpräparates verstanden werden. Das Wirken der Venussphäre bringt sie nicht selbst hervor, sondern es ermöglicht der Brennnessel als Präparat in dem Sinne zu wirken, dass es im Zwerchfell-Boden den Eisenhaushalt auf ein heilsames Maß einreguliert, wie ein solches Maß auch im Herz-Kreislauf-System eingehalten wird.

Die «alkalische Dreiheit» macht den Boden für die Sonnenkräfte erdentüchtig; sie schließt die Erdenkräfte dem Pflanzenwachstum auf. Sie baut von unten am physischen Leib des Zwerchfells. Anders verhält es sich mit der Dreiheit von Eichenrinde-, Löwenzahn- und dem Baldrianpräparat. Durch sie kommt das kosmische Substanzgeschehen, das in Beziehung zu den obersonnigen Planetensphären steht, zur Geltung.

Das Erscheinungsbild der Eiche, ihre kraftvolle Verhaltenheit im Wachstum, die Härte ihres Holzes etc., trägt den Stempel der Marswirkung. Sie wächst langsam, beharrlich, wie auch der Umlauf des Mars um die Sonne mit fast zwei Jahren (der siderische Umlauf beträgt 687 Tage) längere Zeit in Anspruch nimmt als der der untersonnigen Planeten Venus (225 Tage) und Merkur (88 Tage). Ebenso ist der Haustierschädel ein kraftvoller Formausdruck des Marswirkens. Die Hirnhöhle ist aber erfüllt von einer von Mondenkräften gestalteten Substanz, dem Gehirn. In der Präparation tritt an dessen Stelle das von den Marskräften der Eiche strukturierte Kalziumoxalat der Rinde/Borke. Dieselben Kräfte, die den Schädel geformt haben und die die Mondnatur des Gehirns durchstrahlten, prägen sich nun dem Kalzium der Eichenrinde/Borke ein. Als Eichenrindepräparat wirkt es, anders als das Kamillenpräparat, vorbeugend gegen Infektionen von außen.

An die Umhüllung der Eichenrinde mit einem Haustierschädel knüpft sich die Frage: Kann es über diesen hinaus überhaupt noch eine Organhülle geben, durch die die Präparation der Löwenzahnblüten weitergeführt werden kann? Der Kopf findet in seinen streng abgegrenzten Formen und der nach außen gerichteten Sinnesorganisation keine Fortsetzung, mit Ausnahme – wenigstens ein Stück weit – der Geweihträger, nicht der Hornträger. Der Kopf steht mit den Sinnen der Welt gegenüber. Die Fortsetzung der Nerven-Sinnes-Tätigkeit muss auf höherer Stufe gesucht werden. Sie findet sich bei den Wiederkäuern einzigartig ausgebildet: Die Sinnesorganisation der Kuh wendet sich vom Kopf zurück, über das Herz hinweg, und setzt sich in der sinnlich-übersinnlichen Tätigkeit des Bauchfells gewissermaßen auf höherer Stufe fort (Abbildung 35, S. 457). Die Kuh wendet sich mit ihren Kopfsinnesorganen vergleichsweise dumpf der Außenwelt zu, mit ihren unteren Sinnen aber, namentlich dem Lebenssinn des Bauchfells, vergleichsweise hell ihrer Innenwelt. Über ihre zurückstauenden Hörner am Kopf setzt sie ihr intelligentes Wesen in die Leibeshülle hinein fort. Die Sinnestätigkeit im Kopf und diejenige im Leib stehen in Wechselbeziehung. Wirkt die Erstere sinnlich bewusst machend, so die Letztere übersinnlich kraftend.

So ist es das Gekrösebauchfell, welches im Verdauungsgeschehen des Rindes die aus dem Geiste wirksamen Kräfte wahrnimmt. Diese Sinnestätigkeit des Bauchfells, die im Rind auf das Stoffliche nach innen gerichtet ist, richtet sich mit der Umhüllung der Löwenzahnblüten nach außen auf die im kosmischen Umkreis «feinverteilte Kieselsäure». Man muss wohl annehmen, dass hier der höhere, ätherische Zustand der Kieselsäure angesprochen ist. Die Bauchfellumhüllung zieht diese Kieselsubstanz sinnesaktiv an und vereinigt sie mit dem in den Blüten sublimierten Kalium des Milchsaftes. Das Stoffesgeschehen im Löwenzahn von unten und der Bauchfellhülle von oben deuten auf eine umfassende Jupiterwirksamkeit. Wie alle Planeten Wirkensstätten hierarchischer Wesenheiten sind,[485] so sind es auf dem Jupiter Weisheitswesen. Auf dem Jupiter ist Weisheit substanziell.[486] Vergegenwärtigt man sich das Erscheinungsbild und die Substanzprozesse des Löwenzahns (vgl. S. 406 ff.), so wird in dieser hochentwickelten Pflanze das weisheitsvolle Jupiterwirken von der Wurzel über die Blattrosette, die Blüte und deren

---

485 Siehe hierzu z.B.: Rudolf Steiner: *Geistige Hierarchien und ihre Widerspiegelung in der physischen Welt*, GA 110, Dornach 1991; sowie: *Die geistigen Wesen in den Himmelskörpern und Naturreichen*, GA 136, Dornach 1996.

486 Rudolf Steiner: *Esoterische Betrachtungen karmischer Zusammenhänge*, Bd. V, GA 239, Vortrag vom 9. Juni 1924, Dornach 1985, S. 166.

strahlendes Gelb bis hin zum Weiß der «Pusteblume» anschaubar. Bei den Blütenpflanzen werden die Farben Gelb und Weiß dem Jupiterwirken zugeschrieben: «denn die Kraft des Jupiter, die die kosmische Sonnenkraft unterstützt, bringt in den Blüten die weiße und die gelbe Farbe hervor».[487] Die Jupiterweisheit, die sich im Löwenzahn nach außen abbildet, sie wendet sich, umspannt von dem inneren «Himmel» des Bauchfells, nach innen in die weisheitsvolle Gestaltung und Funktion der Bauchorgane. Das Löwenzahnpräparat bildet die Synthese dieses im Irdischen Form und Funktion angenommen habenden Jupiterwirkens. Die Wirkensmacht dieser Synthese darf in dem gesehen werden, wodurch «die Pflanze empfindsam wird gegen alles und alles heranzieht».[488] Man kann also sagen: das Löwenzahnpräparat vermittelt dem organischen Dünger über den kosmischen Kiesel wesenhafte Weisheitssubstanz des Jupiters, die sich in den Pflanzen als werdende Empfindungskraft darlebt.

Umhüllt man nun die stark von der Jupiterwirkung geprägten Blüten des Löwenzahns mit den Häuten des Bauchfellgekröses, so bleibt die Aufnahmefähigkeit für die im kosmischen Umkreis «feinverteilte Kieselsäure» in Fluss. Über das Präparat und die organischen Dünger gelangt die Frucht dieser Befähigung an die Pflanzen, sie wirkt aber jetzt in umgekehrter Richtung; sie macht die Pflanzen «empfindsam» für die Stoffe der Erde, die sie zum Wachsen braucht. Was sich schon als Wirkung des Eichenrindepräparates angedeutet hat, erscheint beim Löwenzahnpräparat auf höherer Stufe. Der Lebenszusammenhang Zwerchfell-Boden-Pflanze wird gleichsam beseelt. Wie die Wirksamkeit der ersten Dreiheit der Präparate die irdischen Stoffe und Kräfte dem Wurzelpol der Pflanze aufschließt, so die zweite Dreiheit die Substanzen und Kräfte des außerirdischen Kosmos dem Blütenpol.

Auf höchster Stufe schließlich, so kann man sagen, regt das Baldrianpräparat über die organischen Dünger und über den aus den Abbauvorgängen frei gesetzten Phosphor in solcher Art an, dass dieser erneut im Lebendigen physischer Träger eines Geistig-Wesenhaften im Irdischen werden kann.

Aus anderen Gründen als bei der Brennnessel braucht der Baldrian keine Umhüllung durch ein Tierorgan. Er hat das Vermögen, den Phosphor aus dem dynamischen, erdverbundenen, lebendigen Stoffesgeschehen in den Wurzelrhizomen im vertikal emporstrebenden Stängel heraufzuläutern und in der Blüte in einen Zustand reiner Empfänglichkeit für Offenbarungen zu

487 Rudolf Steiner: *Geisteswissenschaftliche Grundlagen zum Gedeihen der Landwirtschaft*, GA 327, Vortrag vom 10. Juni 1924, Dornach 1999, S. 55.

488 Ebd., Vortrag vom 13. Juni 1924, S. 138.

versetzen, die aus der Welt der geistigen Urbilder als Kräfte im Phosphor ihren physisch-ätherischen Träger finden.

Der Baldrian ist so geartet, dass er eine starke Beziehung zu Licht und Wärme hat. Die Stoffkompositionen, die sich im Fortgang des Wachsens der Pflanze unter dem Wirken der Sonne und dem der unter- und obersonnigen Planeten gebildet haben, zerfallen im Absterben der Pflanzen. Bei jedem der Abbauvorgänge wird Wärme frei. Letztlich bildet sich alles, was aus dem Geist entstanden ist, in das Element der Wärme, den Ursprung alles Seins, zurück. Was entstanden war, verschwindet physisch; es ist als geistiges Erreichnis der inneren Wärme, dem Wärmeäther, gleich einem Gedächtnis dem ganzen lebenden Planetensystem eingeschrieben.[489] Hierin kommt das Saturnprinzip zur Geltung; gleich einem kosmischen Gedächtnis ist es der Bewahrer der Vergangenheit, des großen Evolutions-Zusammenhanges zwischen dem Ursprung des Werdens von Mensch und Erde[490] und des Seins der Gegenwart. Äußerlich kommt dies darin zum Ausdruck, dass die Saturnsphäre das Sonnensystem allseitig als eine Wärmehülle um- und abschließt. Hat sich nicht im Baldrian das Saturnprinzip ein Abbild geschaffen? Wo immer man das Baldrianpräparat anwendet, schafft es eine saturnische Wärmehülle, die ein Äußeres gegenüber einem Inneren abgrenzt.

Sprüht man das Baldrianpräparat auf einen Dung- oder Komposthaufen, so wirkt es für diesen ebenso hüllebildend wie die genannten tierischen Hüllorgane der anderen Präparate. Man darf annehmen, dass es nicht nur dem Abbaugeschehen eine abgrenzende Hülle gibt, sondern ebenso den Strahlungen, die punktuell von den anderen, in den Haufen eingebrachten Präparatesubstanzen ausgehen und auf diese Weise im Haufen zurückgehalten werden. Die vom Baldrianpräparat erzeugte Wärmehülle ist von äußerer (Element Wärme) und innerer Wärme (Wärmeäther) gewoben. Sie kann wie ein Organ aufgefasst werden, das die Einstrahlungen des Sternenkosmos empfängt und in dem Phosphor, der aus den saturnischen Abbauvorgängen hervorgeht, eine aufnahmebereite physische Trägerschaft findet.

So wie der Reigen der Präparate in spiritueller Konsequenz von dem Schafgarbenpräparat eröffnet wird, so wird er beschlossen durch das Baldrianpräparat. Diese Betrachtung kann ein Verständnis dafür erwecken, dass der Kanon der sechs Düngerpräparate, die im Dienste einer werdenden Ganzheit stehen, keiner Erweiterung oder Vervollständigung bedarf. Dieser Kanon ist

489 Rudolf Steiner: *Esoterische Betrachtungen karmischer Zusammenhänge*, GA 239, Vortrag vom 10. Juni 1924, Dornach 1985, S. 172.

490 Rudolf Steiner: *Die Geheimwissenschaft im Umriss*, GA 13, Dornach 1989.

so komponiert, dass er einen harmonischen Zusammenklang schafft. Die Ganzheit ist die Mitte zwischen den Höhen und Tiefen; ihr Werden bedeutet die «Belebung des Festen-Erdigen selber». Der Zusammenklang «ertönt» durch die geistgeführte Arbeit des Menschen, durch das unbedingte Wollen.

Die Düngerpräparate in ihrer Ganzheitswirkung

Jedes der sechs Düngerpräparate trägt ein Entwicklungspotential bei zur Gestaltung eines «Siebenten», das der werdenden Mitte, des unter dem Einfluss der Sonne stehenden Zwerchfellorgans. Der Boden erst ermöglicht die Existenz allen Lebens auf Erden. In ihm vereinigen sich die unter der Herrschaft der Sonne stehenden Planeten- und Sterneneinstrahlungen mit den von unten heraufstrahlenden Tiefenkräften der Erde. Dieses wechselseitige Ineinander-Wirken ist das werkgewordene Ergebnis vergangener Erdzeitalter. Es wirkt im weisheitsvollen Zusammenwirken der Naturreiche fort. Dieses unbegrenzt beziehungsvolle Erbe zu erkennen, bildet die Grundlage für die Hofgestaltung im biologisch-dynamischen Landbau.

Aus dieser Erkenntnis leitet sich das methodische Prinzip her, jetzt aus dem Geist des Menschen, das auf einem Standort (Hof) vorgefundene Werk nach den Gesetzen, die die physische gewordene Natur vorgibt und die im Mineral-, Pflanzen- und Tierreich wirksam sind, in geistgeführter Arbeit umzusetzen. Daraus entsteht kunstvoll im Kleinen, was die Erde im Großen ist, ein in sich geschlossener Organismus. Dieses Prinzip, die Vergangenheit aus der Kraft der erwachenden Bewusstseinsseele des Menschen im Gegenwärtigen zu wiederholen, ist der erste Schritt. Der zweite Schritt öffnet das Tor zu einem Entwicklungsweg in die Zukunft. Er greift das methodische Prinzip, das ihm in der chemo-technischen Landwirtschaft entfallen ist, in Wiederholung des Vergangenen wieder auf. Dieser zweite Schritt hebt die Landwirtschaft, befruchtet durch das Ideengut der Geistesforschung, auf eine höhere Stufe. Er stellt den Menschen der Gegenwart vor eine enorme Herausforderung, vor diejenige des freien, selbstbestimmten Handelns aus der Erkraftung der Bewusstseinsseele. Dieser Herausforderung sieht sich jeder gegenübergestellt, der versucht, einen geisteswachen Umgang mit den biologisch-dynamischen Präparaten zu pflegen. Bei deren Zubereitung und Anwendung wird das Ende, das Gewordene, zu einem Anfang eines Werdens in die Zukunft. Das Ende sind Produkte aus dem Mineral-, Pflanzen- und Tierreich, ferner des Wirkens der aktuell gegebenen Rhythmen des Sonnenjahres und schließlich der Zustände der vier Elemente: Erde, Wasser, Luft und Wärme. Dieses evolutive Ende wird durch die Erkenntnisse der Geistesforschung in Beziehungsverhältnisse nach Ideen gebracht, die sich in der gewordenen Natur nicht vorfinden lassen, die erst in der Anwendung allmählich Gesetzescharakter annehmen. Diese Ideen leiten eine Umstülpung des Vergangenen in das Zukünftige ein. Daraus entsteht die Frage, auf welche Weise die Phänomene dieser Umstülpung naturwissenschaftlich überhaupt fassbar sind. Die Begriffe, die man hat, beziehen sich immer nur auf das, was sich messen, zählen und wiegen lässt, auf das Vergangene, nicht auf das Werdende. Hier tut sich in der Naturerkenntnis eine abgrundtiefe Kluft zwischen dem Leblosen, der Quantität und den qualitativen Erscheinungen der belebten, beseelten und «begeisteten» Natur auf.

Alles Qualitative lebt sich in Polaritäten dar, so in den Gegensätzen von Wesen und Erscheinung, Geist und Stoff, Licht und Finsternis, etc. Die Synthese dieser Polaritäten lässt sich nicht in gegenständlicher Betrachtung finden, sondern sie vollzieht sich in denkender und fühlender Anschauung, die dem Wollen die Richtung weist. Die Synthese findet im Innern, in der Geisterkenntnis des Menschen statt. Das ist die große Herausforderung! Die bloß auf das Leblose gerichtete analytische Denkungsart weicht dieser Herausforderung aus. Ihr fehlen die Begriffe, die dem Qualitätsbegriff einen objektiven, wertenden Inhalt geben. Wertende Begriffe schließen den Faktor «Zeit» ein; sie bringen das Denken in Bewegung, machen es bildhaft und damit erlebbar. Damit betritt man einen Pfad, auf welchem die Denkkraft Mittlerin werden kann zwischen dem sinnenfällig Gegebenen und demjenigen, was sinnlichkeitsfrei aus dem Geist erforscht ist. Erst indem man sich bemüht, beide Phänomenfelder – das sinnliche und das geistig-übersinnliche Feld – sich im kraftvollen Denken gegenseitig beleuchten zu lassen, kann das wertende Urteilen objektive Aussagekraft erhalten.

Aus dieser Vorbemerkung ergeben sich unbegrenzt viele Möglichkeiten zu einer sicheren Urteilsbildung im Erfassen des Wesenhaften, das sich in den Qualitäten ausspricht. In jedem Einzelfall muss dieses Urteil individuell errungen werden. Das als individuelle Wahrheit Errungene wird sich alsbald in Austausch und Korrektur als ein real Wirksames in die allgemeine Geisteskultur der Menschheit einleben.

Der Kanon der sechs Düngerpräparate, die den auf dem Hof frisch anfallenden organischen Materialien zugesetzt werden, wirkt, gestützt auf vielerlei Erfahrungen und experimentelle Befunde, in der Zeit fortschreitend; sie wirken entwicklungsfördernd auf den Lebenszusammenhang Boden-Pflanze. Es lassen sich drei evolutive, ineinander übergehende Schritte charakterisieren:

1. Die Düngerpräparate prägen sich, jedes in der spezifischen Wirkensart seiner Strahlungen, gesamthaft den in Zersetzung befindlichen organischen Massen der Kompost- und Dungmieten ein. Sie vermitteln dem mehr oder weniger regellos wuchernden Abbau ein übergeordnetes, organisierendes Prinzip. Es lenkt die komplexen Prozesse des Substanzab- und -aufbaus in die rechten Bahnen und verhilft dem Kompost- oder Dunghaufen, sich unter Entfaltung eines Eigenlebens zu einem Organismus abzuschließen. Die Erfahrung lehrt, dass die Zersetzungsprozesse harmonischer verlaufen. Das ist feststellbar vor allem an der vergleichsweise raschen Verwandlung des ätzenden in einen milden Geruch. Experimentelle Vergleichsuntersuchungen bestätigen das Einpendeln der physiologischen und biologischen Abläufe (zum Beispiel Temperatur, Sorptionskapazität, Regenwurmbesatz) auf einen Zustand des gesunden Ausgleichs. [491, 492]
2. Die Wirkungen der Düngerpräparate sind nach entsprechender Lagerungszeit der Düngerhaufen gesamthaft in diese aufgegangen. Die präparierten Dünger haben sich zu einer Omnipotenz ihrer Wirksamkeit im Lebendigen entfaltet, die ihre bloß naturveranlagte Wirkungsart übersteigt. Mit ihrer Ausbringung auf den Boden ordnen und stabilisieren sie fortschreitend die Gesamtheit aller Bodenprozesse auf ein höheres Niveau der Fruchtbarkeit in Konvergenz mit den Rhythmen des Sonnenjahres. Auffällig und experimentell nachgewiesen ist dies an vielen Parametern, am überzeugendsten im Einhalten eines vergleichsweise höheren Humusniveaus bei gleichzeitig höherer mikrobiologischer Aktivität, in einer Vertiefung des humusangereicherten Bodenprofils[493,494,495] sowie im Besatz an Regenwürmern und anderen Bodentieren.
3. Wie die Kräftewirkungen der biologisch-dynamischen Präparate gesamthaft den organischen Düngern einen höheren, nicht bloß naturhaften Belebungsgrad verleihen, so diese dem Boden, und über den Boden den aufwachsenden Pflanzen.

   In letzter Konsequenz ist es Aufgabe der Düngerpräparate, die kosmisch-irdischen Bedingungen des Wachstums und der Fruchtbildung standörtlich

491 Jochen Bockemühl: *Vom Leben des Komposthaufens*, Sonderdruck *Elemente der Naturwissenschaft* Nr. 29: S. 1–67, Dornach 1978.

492 Herbert Koepf: *Landbau, natur-und menschengemäß. Methoden und Praxen der biologisch-dynamischen Landwirtschaft*, Stuttgart 1984, 270 S.

493 Ebd., 1980.

494 Uli Johannes König: *Ergebnisse aus der Präparateforschung*, Schriftenreihe Band 12, Institut für biologisch-dynamische Forschung, Darmstadt 1999, Loseblattsammlung.

495 Paul Mäder et al.: *Erkenntnisse aus 21 Jahren DOK-Versuch*. FiBL Dossier: Bio fördert Bodenfruchtbarkeit und Artenvielfalt, Frick 2000, 16 S.

auf diejenigen Pflanzen im Jahreslauf hin zu individualisieren, die gerade angebaut werden. Ihre Wirkungsweise geht dahin, den Belebungsgrad des Bodens dem Lebendigen der Pflanze anzunähern. Beide bilden als Synthese die Mitte des polaren Wirkens der Kräfte von Erde und Kosmos. Die alles überragende Bedeutung der Düngung des Bodens kommt hier voll zur Geltung. Sie bestimmt in fortschreitender Entwicklung, wie sich die Kulturpflanzen vertikal und horizontal mit Wurzel, Stängel, Blatt, Blüte und Frucht in diese Trinität der Höhen und Tiefen und der werdenden Mitte eingliedern. Die Pflanzen werden von einer Organisationskraft ergriffen, durch die sie sich den Wachstumsbedingungen ihrer Umwelt aufschließen.

Der Niederschlag alles dessen findet sich in den praktischen Erfahrungen und den wissenschaftlichen Untersuchungen vielfach bestätigt:

- Die Pflanze tendiert dazu, sich gemäß ihrer Artveranlagung idealtypisch auszubilden.
- Die Wurzel erschließt sich ein tieferes Bodenvolumen, verzweigt sich feiner und gleichmäßiger.[496]
- Das Sprosswachstum durchläuft ausgeprägter die Stadien der Blattmetamorphose und damit der Verfeinerung des Substanzaufbaus.
- Die physiologischen Prozesse in der Bildung der Nahrungsfrüchte, ob im Wurzel-, Stängel-, Blatt-, Blüten- oder Samenbereich, sowie der Früchte der Obstgehölze kommen in der Reife zur Ruhe. Die Nahrungsfrüchte reifen voll aus und bleiben länger haltbar.
- Die Stoffkompositionen strukturieren und verfeinern sich von der Basis zur Blüte hin; dies vor allem im Bereich der Proteine, z.B. das Verhältnis von Reineiweiß zum Rohprotein, der ätherischen Öle, etc.
- Die Ertragsbildung strebt, Extreme ausgleichend, einem Ertragsoptimum zu. [497]

Der Wahrnehmung unmittelbar zugänglich sind der prononciertere, der jeweiligen Nahrungsfrucht eigene Geschmack und Duft, die Nuancierung in der Färbung, der Konsistenz sowie die höhere Bekömmlichkeit und längere Haltbarkeit. Aufschlussreich ist ferner die häufig zu hörende Kundenaussage: «Wir brauchen weniger, um satt zu werden.» Alles dies zusammen genommen kennzeichnet einen erweiterten Nährwert, der gesundend auf die leibliche, seelische und geistige Entwicklung des Menschen wirkt. In

496 Uli Johannes König: *Ergebnisse aus der Präparateforschung*, Schriftenreihe Band 12, Institut für biologisch-dynamische Forschung, Darmstadt 1999, Loseblattsammlung.

497 Ebd., siehe die dortige Literaturzusammenstellung.

diesem Sinne steht die Präparatedüngung im Dienst einer fortschreitenden Entwicklung der Erde und des Menschen. Sie verleiht der landwirtschaftlich-gärtnerischen Arbeit einen neuen, einen höheren Sinn. Ihre Handhabung führt real zu einer neuen Arbeits- und Forschergesinnung, zu einem neuen Künstlertum. Der Antrieb zu dieser Düngung entspringt nicht einer äußeren Veranlassung oder gar Normerfüllung, sondern einem Impuls, der zu einem Herzensanliegen geworden ist. Je mehr dies der Fall ist, desto freier und damit individuell künstlerischer wird die Tat ihrer Handhabung. Die Bedeutung der biologisch-dynamischen Präparate für Erde und Mensch kann sich nur auf dem Wege der Geisterkenntnis erschließen; diese Herausforderung wird manch einem als zu anspruchsvoll erscheinen. Lässt man sich aber unbefangen darauf ein, wird man alsbald gewahr, dass die Quelle, die zum Tun auffordert, nicht draußen in der Welt zu suchen ist, sondern rein in einem selbst. Die Ergebnisse (Ideenformen) der Geistesforschung sind dieser Quell. Er breitet Licht über das aus, was man zunächst noch tastend im Dunkel tut. Die innere Sicherheit aber wächst nach und nach im wechselweisen Denken und Tun dieser Ideen. Dabei kommt es «nicht auf den Augenblickserfolg an, sondern auf das unbedingte Arbeiten».[498] «Denn kein Misserfolg ist jemals ausschlaggebend für die Wahrheit eines geistigen Impulses, dessen Wirkung innerlich durchschaut und ergriffen ist.»[499]

Die Praxis der Landbaukunst in drei Schritten

Das Thema, die Landwirtschaft als eine Kunst aufzufassen, lebt nicht in der Gegenwart. Und doch war die Kunst seit dem Zeitalter des großen Zarathustra, dem Inaugurator der urpersischen Kultur und Begründer des Ackerbaus im 5./6. Jahrtausend v. Chr., der Entwicklung der Landwirtschaft zutiefst immanent. Erst im Zuge des naturwissenschaftlich-materialistischen Zeitalters seit der Mitte des 19. Jahrhunderts und dessen Ziehkind, dem Agrarindustrialismus im 20./21. Jahrhundert, ist jedes noch verbliebene Element künstlerischer Gesinnung der wissenschaftlich-technologischen Ratio zum Opfer gefallen. In der vorgeschichtlichen Frühzeit der urindischen und urpersischen Hochkulturen war Religion, Kunst und das, was später zur Wissenschaft wurde,

498 Rudolf Steiner: *Geisteswissenschaftliche Grundlagen zum Gedeihen der Landwirtschaft*, GA 327, Ansprache vom 11. Juni 1924, Dornach 1999, S. 234.

499 Rudolf Steiner: *Der Jahreskreislauf als Atmungsvorgang der Erde und die vier großen Festeszeiten. Die Anthroposophie und das menschliche Gemüt*, GA 229, Vortrag vom 28. September 1923, Dornach 1923, S. 117.

noch ungetrennt in einem dumpfen atavistisch-hellseherischen Erleben verborgen. Diese Hochkulturen standen, wie eingangs dargestellt, unter Führung des Mysterienwesens, in welchem die Weisheitslehren aus der Vergangenheit ebenso lebendig waren wie ein erwachendes Bewusstsein für prometheische Zukunftsimpulse. Aus diesem noch ganz der Geistwelt zugewandten allumfassenden Sakramentalismus löste sich die Sakralkunst heraus, die sich im Zuge der Bewusstseinsentwicklung der Menschheit in jeder der folgenden Kulturen in Metamorphosen stufenweise zu reinen Kunstschöpfungen emanzipierte. Die Kunst etablierte sich fortschreitend als selbständiger Kulturfaktor neben der Religion. In diesen Zeitaltern bis in die Neuzeit war die Landwirtschaft die Kulturgrundlage, aus der die Kunstschöpfungen aufsprossen. Ganz und gar galt dies für die Anfänge der Sakralkunst mit der Züchtung der Haustiere und Kulturpflanzen. Weitere Emanzipationsschritte sind dann der Bau der gleichsam aus der Geistwelt sich herniedersenkenden und im Irdischen sich umstülpenden ägyptischen Pyramiden, ferner die griechische Kunst, die dem Göttlichen menschliche Gestalt gab, und nachchristlich die Kunst des Mittelalters, mit den von unten emporstrebenden Kathedralen und dem andächtig verinnerlichten Blick des Menschen in Skulptur und Malerei.

Ein gewaltiger Emanzipationsschritt vollzog sich seit der Neuzeit in der Entwicklung der zur Individuation strebenden Bewusstseinsseele und, als ein Kennzeichen derselben, durch das Hervortreten der Naturwissenschaften. Diese emanzipieren sich aus der Religion und der dieser noch nahen Sakralkunst. Das ursprünglich All-Eine differenziert sich in die Dreiheit von Religion, Kunst und zuletzt Wissenschaft. Der wissenschaftliche Erkenntnisweg übernahm die Führung; Kunst und Religion hatten in diesem keinen Platz mehr. Sie wurden zum kulturellen Beiwerk. In der Landwirtschaft vollzog sich dieser Prozess sehr langsam und zuletzt überstürzt. Dabei versiegten ihr die Quellen moralischen Handelns. Die Begriffe, die die Wissenschaft in Form von Technologien von außen in die Landwirtschaft hereinträgt, sind Machbarkeitsbegriffe; sie sind abstrakt, kalt, tot, und die Spuren, die sie hinterlassen, sind eine devastierte, ausgeräumte, der Hässlichkeit preisgegebene Erde. Mit dem Schwinden der Traditionen werden die Leute «mit Wissenschaft die Äcker düngen».[500]

Wie aber, wenn diese Begriffe, sofern sie nicht Theorien entstammen, sondern schlicht und unbefangen sinnlich gegebene Tatsachen reflektieren, dadurch erwärmt und gewichtet werden könnten, dass sie in der Geistseele

500 Rudolf Steiner: *Geisteswissenschaftliche Grundlagen zum Gedeihen der Landwirtschaft*, GA 327, Vortrag vom 20. Juni 1924, Dornach 1999, S. 21.

des Erkennenden zu einem Eigenleben erweckt werden? Das wäre die Aufgabe einer neuen wirklichkeitsgemäßen Wissenschaftsauffassung, wenn diese das eingefahrene, quantifizierende Prinzip auf die Quellen der Kunst, die im Geistig-Seelischen des Menschen liegen, erweitern würde. Diese Quellen sind nichts anderes, als was der Geist, angeregt durch das sinnlich Wahrgenommene, als Idee zur Seele spricht. Im Erleben dieser Idee offenbart sich ein Moralisches, in welchem Geist- und Sinneserfahrung zu einer Einheit verschmelzen. Diese Urquelle moralischen Handelns muss sich der zur Freiheit, das heißt zur Ausbildung der Bewusstseinsseele strebende Mensch erschließen.[501] Den Weg, Wissenschaft und Kunst aus der Kraft des zur Selbsterkenntnis strebenden Menschen-Ichs zu einem höheren Ganzen zu vereinen, ist Goethe in lebenslangem Ringen vorangeschritten. Rudolf Steiner hat ihn als Schulungsweg der Seele jedem Menschen, der ihn gehen will, zugänglich gemacht.[502]

Im Erleben der Idee wird der Kopfgedanke Herzensgedanke; man lebt in einem Gedankenbild, das weiterwächst und ein Angebot an den Willen ist, es in Freiheit zu ergreifen und nach außen Tat werden zu lassen. In diesem Willen zur Tat lebt der der Idee innewohnende Geist als zielgerichtete moralische Kraft auf. Darin wird die Aufgabe der Wissenschaft in die Zukunft hinein zu suchen sein, dass die denkende Seele sich ihres Geisteszieles bewusst wird. Christian Morgenstern bringt es in die Worte, «wer vom Ziel nicht weiß, kann den Weg nicht haben».[503] Der Weg zu diesem Ziel ist ein künstlerischer. Das Ziel liegt in der Zukunft. Man wird eine Wissenschaft entwickeln müssen, die zukunftssichtig macht, die dem Menschen die Geistesziele zu einem künstlerischen Schaffen weisen. Bleibt er diesen Zielen durch alle Widerstände hindurch treu, entbinden sich moralische Kräfte, durch die er der entwicklungshemmenden Wesensmacht des Bösen mit offenem Visier entgegentreten und all sein Streben den Wesensmächten des Guten, dem Menscheitsfortschritt widmen kann. Der Weg zum Ziel ist die aus einer recht verstandenen, das heißt phänomengetreuen Wissenschaft sich herausbildende Kunst. Beschränkt man sich in der Wissenschaft auf ein Denken in toten abstrakten Begriffen, entstehen Technologien, die durchaus ihre gegenwartsbezogene, allerdings auf das rein Physisch-Sinnliche beschränkte

501 Siehe hierzu Rudolf Steiner: *Die Philosophie der Freiheit*, GA 4, Dornach 1995.
502 Siehe hierzu Rudolf Steiner: *Wie erlangt man Erkenntnisse der höheren Welten?*, GA 10, Dornach 1992.
503 Christian Morgenstern: *Werke und Briefe*. Stuttgarter Ausgabe, Band II, Lyrik 1906–14, Stuttgart 1992, S. 213 f.

Bedeutung haben. Die Kunst hingegen braucht Ideenbilder, die lebendig die Seele erfüllen und in ihr wachsen können. Gestaltet man diese gelebten Gedankenbilder nach außen, entsteht das Kunstwerk, das sich neben die Natur hinstellt, sie aber nicht abbildet, sondern im geistigen Erfassen und Erleben der Idee des Urbildes, des Typus oder Wesens, dieses künstlerisch im Bild nachzuschaffen versucht. Goethe hat anhand der Phänomene, die das Pflanzenreich dem Auge darbietet, nach dem Urphänomen gesucht, das geistig allen Pflanzenbildungen zugrunde liegt. Er hat es in der Idee der «Urpflanze» geistig imaginativ so konkret gefasst, dass er sagen konnte, «mit diesem Modell [der Urpflanze; Anmerkung des Verfassers] und dem Schlüssel dazu kann man alsdann noch Pflanzen ins Unendliche erfinden, die konsequent sein müssen, das heißt, die, wenn sie auch nicht existieren, doch existieren könnten und nicht etwa malerische oder dichterische Schatten und Scheine sind, sondern eine innere Wahrheit und Notwendigkeit haben. Dasselbe Gesetz wird sich auf alles Lebendige ausdehnen lassen.»[504]

Der Schlüssel zu einem aus dem Geist des Urphänomens «ins unendliche Erfinden» und das Erfundene zum Kunstwerk zu gestalten, kann in Anknüpfung an Goethe in den Ideenformen der anthroposophischen Geisteswissenschaft gefunden werden. Diese Ideenformen sind, so gesehen, selbst Kunstschöpfungen aus übersinnlicher Erkenntnis. Sie haben die Eigenart, im Denken sich zu beleben, im Fühlen Seelenerlebnis zu werden und durch den Willen den Stoff zu verwandeln. Das daraus entstehende Kunstwerk stellt sich nicht mehr bloß neben die Natur, sondern diese belebten Ideen haben die Macht, die Wirklichkeit der Natur, im Spiegel der menschlichen Seelenentwicklung, künstlerisch umzugestalten. Der in dieser Weise inspirierte Wille setzt sich in das Innere der Natur fort und beginnt, das in die Berechenbarkeit geronnene Werk wieder in Fluss zu bringen. Im biologisch-dynamischen Landbau geschieht das in drei Stufen, ausgehend von einer noch mehr naturhaft bestimmten Weise hin zu einer rein aus dem Geist hervorgehenden.

1. Stufe: Das künstlerische Schaffen im Sinne der Wiedergeburt des Handwerklichen

Man vergegenwärtige sich die Tätigkeit des Bildhauers. Seine Utensilien, die er braucht, um das Bild des zu schaffenden Kunstwerks in Stein zu formen, sind der Stein, der Meißel und der Hammer. Die zum Ziel führende Idee lebt

504 Johann Wolfgang von Goethe: *Goethes Werke. Naturwissenschaftliche Schriften*, hrsg. v. Rudolf Steiner, Band 1, in: *Kürschners Deutsche National-Litteratur*, Berlin und Stuttgart 1887 (Reprint Dornach 1975): «Einleitung zum ersten Band», S. XXXI.

in ihm. Nicht anders ist es für den Landwirt, auf welches Ziel auch immer er seine Tätigkeit gerade richtet. Verfolgt er das Ziel, den Acker zu bestellen, braucht er Pflug, Grubber und Egge, um das Saatbeet herzurichten; ebenso verhält es sich bei der Pflege der Kulturen bezüglich Striegel und Hacke und weiter bei der Ernte, wo es um eine rasche, sichere und bodenschonende Bergung geht. Das Ideenbild, das den Landwirt zu allen diesen Tätigkeiten anleitet, lebt in ihm, und der Acker, die Pflanzen, die Witterung etc. sagen ihm, was zu tun ansteht, so, wie der Stein dem Bildhauer sagt, wie und wo er den Meißel ansetzen muss und wie kräftig der Schlag sein soll. Da der Landwirt aber mit der belebten und beseelten Natur Umgang pflegt, also mit Wesenhaftem, das sich selbst die Form gibt und zum Kunstwerk macht, ist sie für den Landwirt auf der Stufe des Handwerks die große Lehrmeisterin. Was der Landwirt braucht, ist eine Wissenschaft von den Quellen, aus denen seine Lehrmeisterin schöpft und schafft, ob im Acker- und Gartenbau, in der Vieh- und Weidewirtschaft, im Obst- und Waldbau und der Landschaftsgestaltung. Es muss eine Wissenschaft sein von dem immerfort Werdenden und Sterbenden, die notwendig das Ziel des Landwirts bestimmt. Und seine Kunst besteht dann darin, aus der erlebten Weisheit, der gefühlt-wissenden Wahrheit, durch seine handwerkliche Arbeit die beziehungsvollen Zusammenhänge zu schaffen, durch welche in aller Vielfalt die Kulturpflanzen, die Haustiere und die Kulturböden sich idealtypisch entfalten können. Die Kunst des Handwerks stellt sich in der Landwirtschaft weitestgehend in den Dienst der Natur. Sie ist ein Wetteifern mit dem, was die Natur als die große Künstlerin ihres Schöpfungswerkes vorgibt. Es geht darum,

- die Arbeitsabläufe, aus dem Erleben der Idee, innerlich zu durchfreuen und fließend ineinander greifen zu lassen;
- den Hof bis in den letzten Winkel mit Bewusstsein zu durchdringen;
- dass eine feinfühlige Aufmerksamkeit in allem Arbeiten lebt, die das Unaufgeräumte, Hässliche, Misslungene, Fehlerhafte erkennt und zum Ansporn werden lässt, desto kraftvoller den Schönheitssinn und die Liebe zur Tat auf das zu richten, was der Verwirklichung des Geistesziels dient;
- dass alles und jedes in harmonischen Verhältnissen zueinander steht und der Schönheitsglanz die Gesinnung der Menschen widerspiegelt, die dort arbeiten;
- das handwerklich-künstlerische Schaffen nicht zur Erledigungsarbeit verkommen zu lassen.

Dies muss von Grund auf neu erlernt werden. Man steht in dieser Hinsicht ganz am Anfang. Es geht eben darum, ohne Wenn und Aber, mit dem Feuer des Geistes ein Ideenschwert zu schmieden, mit diesem die Erde umzugraben und in Geduld die Früchte der Verwandlung zu erwarten, die in mir, und jene, die in der Erde heranreifen.[505] Es kann diese Arbeitsgesinnung nur individuell aus geistig-moralischer Schulung neu erworben werden. Jeder muss lernen, des andern Vorbild zu sein. Geschieht dieses im Ansatz, wird die Grundlage zur gedeihlichen Zusammenarbeit geschaffen, zur Sozialkunst wahrer Gemeinschaftsbildung.

2. Stufe: Das künstlerische Schaffen aus der Ganzheit in die Glieder

Auf dieser Stufe ist die Natur nur noch sehr bedingt die Meisterin. Was sie lehrt, sind Beziehungszusammenhänge zwischen den Dingen und Wesen der Natur, zum Beispiel die Koexistenz von Blüten und Insekten, die Beziehung zwischen Regenwurmtätigkeit und Bodenfruchtbarkeit, die Vergesellschaftung von Tieren und Pflanzen zu Biotopen etc. In diesen Beziehungsgeflechten waltet Vernunft, lebt unsichtbar ein übergeordnetes Ganzes, das sich in der Sinneswelt in einer Summe von Einzelerscheinungen auseinanderlegt. Diese Ganzheit tritt sinnlich nirgends in der Natur in Erscheinung, sondern nur im Menschen, der dieses wesenhaft Ganze als sein Ich in sich trägt. Der Mensch hat die Möglichkeit, auf dem Wege voranschreitender Selbsterkenntnis, sich als Geistwesen zu erkennen und mit dieser Fähigkeit auch erkennend in das unoffenbare Ganzheitswesen vorzudringen, das im Tier-, Pflanzen- und Mineralreich sich in dem weisheitsvollen Beziehungsreichtum offenbart.

Bezüglich des reichen Beziehungsgeflechtes eines gesunden landwirtschaftlichen Betriebes wurde diese schöpferische Ganzheit, abgeleitet vom Menschen, als Organismus, als Leib der landwirtschaftlichen Individualität angesprochen. Die Natur stellt diesem Organismus, als das «Was», den ganzen Reichtum ihrer beziehungsvollen Schöpfung zur Verfügung; das «Wie» aber, wie diese Schöpfung zum höheren Ganzen des Betriebsorganismus zu komponieren ist, sagt einem die Natur nicht. Das muss intuitiv als lebendige Idee im Menschen aufleuchten. Die Synthese aus dem «Was» und dem «Wie» ist ein künstlerischer Akt. Er spielt sich einerseits im inneren Erleben des persönlichen Verhältnisses ab, das man zu den Dingen und Wesen des Hofganzen aufbaut. Andererseits findet sich der künstlerische Akt in dem, wie sich – aus den im Geiste gefassten Ideen – die landwirtschaftliche Individualität bzw. ihr Leib, der Hoforganismus, in Organe sowie maßvolle und vernunftvolle Beziehungsverhältnisse gliedert.

505 Vgl. Rudolf Steiner: *Geistige Wirkenskräfte im Zusammenleben von alter und junger Generation; Pädagogischer Jugendkurs*, GA 217, Dornach 1988.

Die Organgliederung in Vieh-, Weide-, Acker-, Garten-, Obst-, Wald- und Heckenwirtschaft und deren vielfältige Untergliederung dienen einerseits der Nützlichkeit der Nahrungsversorgung, andererseits veredeln sie die Kulturlandschaft; sie sorgt für die Ästhetik des menschlichen Lebensraumes. Der Mensch gestaltet die Landwirtschaft leiblich-physisch und seelisch-geistig nach seinem Bild. Er kann sich selbst in dem von ihm geschaffenen Kunstwerk wiederfinden.

Auch mit diesem zweiten Schritt künstlerischen Schaffens besteht noch eine große Kluft zwischen Idee und Wirklichkeit. Noch neigt man dazu, sich auf das große Vorbild der Natur zu stützen und sich damit zufriedenzugeben, dass man eben «naturnah» bzw. «biologisch» wirtschaftet. Das gleicht demjenigen, der sich schon als Künstler wähnt, indem er das Sinnliche-Gegenständliche der Natur kopiert. Gewiss, die Natur bietet das Werkzeug und gibt Anleitung, wie man es nach ihren Regeln vernunftgemäß einsetzt, was aber die vom Menschen hergeleitete Organismus- bzw. Individualitätsidee durch Menschenhand daraus formt, ist ein Neues, es ist ein Kunstwerk, welches das naturgegebene überhöht.

Dieses Kunstwerk ist nicht fertig, sondern bildet sich fort im Zusammenklang mit der Entwicklung eines wahrhaften Geistverstehens. War dieses in früheren Zeiten von den religiösen Institutionen, den Kirchen und Klöstern, als Glaubensinhalte gleichsam von außen dem Gemüt der Menschen nähergebracht worden, so kann es jetzt und in Zukunft im Bewusstwerden der Wirklichkeit des Geistes von innen erfasst werden und nach außen künstlerischen Ausdruck finden. Was einst Kirche und Kloster war, muss fortan als ichgetragener Geistesimpuls in der Seele aufstrebend leben. Die Kunst des aus dem Geist erfassten, neu sich gestaltenden Landbaus emanzipiert sich nicht von der Wissenschaft. Im Gegenteil, sie wird mit dieser zu einer neuen Einheit zusammenwachsen. Die Kunst wird die Wissenschaften beleben und sie wird dadurch ihres Geisteszieles bewusster werden.

3.Stufe: Das künstlerische Schaffen als ein Schöpfertum rein aus dem Geist

Der Kernwesenszug des biologisch-dynamischen Landbaus, auch und gerade in Hinsicht auf die Praktizierung eines neuen künstlerischen Zugangs zu den Dingen und Wesen der Natur, wird erst durch die anthroposophische Geisteswissenschaft und insbesondere durch den Landwirtschaftlichen Kurs Rudolf Steiners greifbar. Hier werden Natur und Wissenschaft ganz in den Dienst der Geisterkenntnis gestellt. Dies betrifft vor allem die Düngungsfrage und die Herstellung und Anwendung der biologisch-dynamischen

Präparate. Diese verdanken ihre Entstehung einem künstlerischen Prozess, der sich am Erleben der Ideenformen der anthroposophischen Geisteswissenschaft entzündet. Das einzigartig Besondere an diesem Prozess ist, dass hier die Anordnung der Stoffe, die sich in der Natur finden – und die, wie es Rudolf Steiner ausführt, aufgebaut sind «in dem Sinne, wie der Christus sie nach und nach angeordnet hat»[506] –, jetzt anfänglich in die Hände des Menschen gelegt ist. Es ist in seine Freiheit gestellt, diese Anordnung aus eben demselben Geistesquell selbst auszuführen. Sind es zunächst nur Angaben des Geistesforschers, so wird man doch so angeleitet, in diesen Zielsetzungen zu erahnen, wie tief sie in Geistesgründen wurzeln. Das Erahnen eines in die Zukunft weisenden Geisteszieles kann sich eben im künstlerischen Vollzug zur Geistesgewissheit aufhellen. Dazu ist aber erforderlich, dass bei jedem einzelnen Schritt, der in der Herstellung und Anwendung getan wird, gleichzeitig die Aufmerksamkeit auf die großen Zusammenhänge gerichtet wird, innerhalb derer sich das Präparationsgeschehen vollzieht. Das Miterleben solcher Zusammenhänge im Hier und Jetzt der irdischen Gegebenheiten schafft den aufeinander folgenden Präparationsschritten gleichsam eine Hülle. So beispielsweise, wenn man sich auf die Kuh besinnt, deren Bedeutung im Weltenzusammenhang, als Spenderin der meisten der Organhüllen, ins Unermessliche wächst; oder auf die Kräuter, deren Blüten verwendet werden; oder auf die Jahreszeiten und auf den Ort, wo sie eingegraben bzw. dem elementarischen Wirken ausgesetzt werden; oder schließlich auf das Sonnen-, Planeten- und Sternenwirken, das allseitig das Geschehen umschließt. Der ganze Umkreis steht jedem einzelnen Präparationsschritt Pate. Der Versuch, dieses im Tun zu empfinden, erweckt eine neue Kunst, eine neue Art künstlerischen Schaffens, das sich nicht nur wie die Skulptur oder das gemalte Bild neben die Natur hinstellt – diese aus dem eigenen urbildlichen Erleben überhöhend, die aber doch Schein bleiben –, sondern ein künstlerisches Schaffen, das in die Natur untertaucht und in ihr neue Werde-Impulse erweckt.

Auf künstlerische Weise entsteht in den beschriebenen Präparationen eine Stoff-Geistverbindung, die einen Entwicklungsweg von der Natur hin zu einer Übernatur weist, während die aus der leblosen Natur entnommenen vermeintlich düngenden Salze die Tore zur Unternatur öffnen, zu den lebensfeindlichen Kräften des Untersinnlichen.

Die Düngung im biologisch-dynamischen Landbau zielt darauf hin, das Naturwirken den Kräften einer Übernatur zu erschließen. Man kann den

506 Steiner Rudolf: *Die geistige Führung des Menschen und der Menschheit*, GA 15, Dornach 1987, S. 66.

Begriff der Letzteren, aus der Sicht des Landbaus, mit der Idee der «landwirtschaftlichen Individualität» in eins denken. So wie diese «ihr Wesen erfüllt», wenn sie als solche «aufgefasst wird»,[507] so erfüllt sich die Individualität des Menschen, das Ich, mit Wesenssubstanz in dem Maße, als sie kraft des Ich ihre Wesensglieder, physischer Leib, Äther- und Astralleib, vergeistigt, das heißt, sie aus ihrer Naturbindung befreit. Die Wesenserfüllung des Ich macht den Entwicklungsweg des Menschen über die Inkarnationen hinweg aus. Je mehr das im Leibe lebende Ich im Bewusstsein seiner Geistnatur fortschreitet, desto mehr kann es sich aus der Überschusskraft seines Wesens über die außermenschliche Natur ausweiten und, in Umwandlung derselben, durch zielgerichtete Tätigkeit, einen landwirtschaftlichen Betrieb als «eine Art Individualität auffassen lernen». Dieses Erfassen bedeutet wahrhaft eine Inauguration in die Zukunft, nämlich, den Entwicklungsgedanken jetzt von dem zu seinem höheren Menschentum erwachenden Menschen aus dem gewordenen Sein der Natur einzupflanzen. Es bedeutet zugleich, aus der Kraft des höheren Ich Verzicht auf das zu leisten, was das leibgebundene, selbstische Ich für sich will. Damit ist der Weg gewiesen, wie das Christentum auf neue Art wieder in der Arbeit an der Erde Wurzeln schlagen kann. Diese Zukunftssicht begründet die Gesinnung, aus der heraus der Landwirt der Natur in Liebe geben kann, was sie nicht hat, eine Gabe, durch die das Wirken der Naturwesen an einem Standort sich zu einem höheren Ganzen individualisieren kann.

In diesem Sinne kann man die Präparate und die organischen Dünger, in welchen sie zur Wirksamkeit kommen, als Erziehungs- bzw. Evolutionsmittel ansehen, durch die eine Landwirtschaft sich mit Wesen erfüllen und zu einer wirklichen Individualität werden kann. In dieser individualisieren sich die Kräfte der Höhen und der Tiefen zum Kunstwerk der Mitte, dem fruchtbaren Boden.

Dieselbe hier angesprochene Gesinnung ist es aber auch, die den Menschen Wesen und Bedeutung der Zusammenarbeit im Blick auf eine zukunftsgerichtete schöpferische Gemeinschaftsbildung erkennen lässt. Der werdende landwirtschaftliche Organismus als Leib der landwirtschaftlichen Individualität und der soziale Organismus als Leib einer in der Christuswesenheit sich vereinigt fühlenden Menschengemeinschaft sind die zwei Hälften ein und

507 Rudolf Steiner: *Geisteswissenschaftliche Grundlagen zum Gedeihen der Landwirtschaft*, GA 327, Vortrag vom 10. Juni 1924, Dornach 1999, S. 42: «Nun, eine Landwirtschaft erfüllt eigentlich ihr Wesen im besten Sinne des Wortes, wenn sie aufgefasst werden kann als eine Art Individualität für sich, eine wirklich in sich geschlossene Individualität.»

derselben Wirklichkeit. Diese Vereinigung erst stellt das Gesamt-Kunstwerk dar. Die Anlage zu einem solchen ist auf jedem Hof in der Welt, wo aus solcher Gesinnung gearbeitet wird, keimhaft da; es ist erkennbar und erlebbar.

Dank

Was mich aus den verborgenen Tiefen meines Schicksals bewegt hat, nahm Gestalt an durch die Begegnung mit sehr vielen Menschen. Sie alle trugen Scherflein um Scherflein dazu bei, dass sich in mir ein Weltbild herausformte, das mich aus dem Verstehen des Vergangenen, in Metamorphosen desselben, in die Zukunft wies. Ihnen allen sei Dank gesagt. Mancher unter ihnen wurde mir Wegweiser, mutig durch das Erkenntnistor der anthroposophischen Geisteswissenschaft zu schreiten und auf diesem Wege in Umrissen die Überfülle der Aufgaben zu erkennen, die die Zukunft dem Erdenmenschen stellt. Eine solche Zukunftsaufgabe ansatzweise ergreifen zu können, verdanke ich dem alles umfassenden Werk Rudolf Steiners.

Weiter gebührt mein Dank all denjenigen, die mir halfen, meine zunächst noch unsicheren Schritte zu solchen Zukunftszielen zu tun. Auf dem landwirtschaftlichen Gebiet waren es Joseph Blockhuys, Ernst Becker, Hans Jörg Graf von Bothmer, Wolfgang Schaumann, auf naturwissenschaftlichem Felde Herbert Koepf, Jochen Bockemühl und Georg Maier und auf dem Gebiet der Sozialgestaltung Wilhelm Ernst Barkhoff, Rolf Kerler und Albert Fink. Ein lebenslanger Freund und Ratgeber war mir Georg Glöckler, dem ich viele menschen- und weltkundliche Einsichten verdanke. Schließlich sei Gunter Gebhard für seine überaus verständnisvolle Durchsicht des Manuskripts und für ergänzende Vorschläge gedankt. Im gleichen Sinn geht mein Dank an Hans-Christian Zehnter, der mit feinsinnigem Gespür das Lektorat besorgt hat. Ein großer Dank gebührt den Mitarbeiterinnen des Dottenfelderhofes, die sich aufopferungsvoll der maschinenschriftlichen Fassung annahmen, ebenso den Grafikern Ivana Supan und Mathias Buess.

Ein besonders großer Dank sei Lieselotte Klett ausgesprochen, meiner Frau, die jahrzehntelang an dem mitgestaltet hat, wovon in dem Buch die Rede ist, die dessen Entstehen mit liebevoll-kritischem Blick verfolgt und mir den Rücken für Stunden der Ruhe in dem immer arbeitsreichen Hofgeschehen freigehalten hat.

Zu guter Letzt sei Herrn Dr. Peter Schnell und der Software AG Stiftung ein großer Dank ausgesprochen für die finanzielle Unterstützung, durch die die Herausgabe dieser Schrift erst möglich wurde.

Manfred Klett

Manfred Klett am Dottenfelderhof, Ostersonntag 2021
Foto: François Hagdorn, Creative Commons CC BY-SA 4.0

Lebenslauf Manfred Klett

Manfred Klett wurde 1933 in Tanganjika, dem heutigen Tansania, am Kilimandscharo geboren. Die Schulzeit verbrachte er u.a. an der Schule Schloss Salem und nach dem Zweiten Weltkrieg an der Waldorfschule Stuttgart, mit einjährigem Schüleraustausch in England. Ein Studium an der Technischen Hochschule Stuttgart nahm ein vorzeitiges Ende durch einen Unfall. Während eines einjährigen Arbeitsaufenthaltes im Nord-Osten Syriens entschloss er sich, Landwirt zu werden. Nach einer Lehre folgte das Studium der Landwirtschaft an der Universität Stuttgart-Hohenheim mit der Promotion im Fach Bodenkunde. Weitere vier Jahre waren der Forschung am Institut für biologisch-dynamische Wirtschaftsweise zum Thema «Düngung und Nahrungsqualität» gewidmet. 1968 markierte die Begründung der Betriebsgemeinschaft Dottenfelderhof (fünf Familien) und wenig später die der Landbauschule Dottenfelderhof. Nach zwanzigjähriger biologisch-dynamischer Aufbauarbeit mit Ehefrau und fünf Kindern übernahm er die Leitung der «Landwirtschaftlichen Abteilung der Naturwissenschaftlichen Sektion am Goetheanum» in Dornach/Schweiz. Nach vierzehnjähriger Tätigkeit und weiteren acht Jahren als freier Mitarbeiter an der mittlerweile umgegründeten «Sektion für Landwirtschaft» kehrte er auf den Dottenfelderhof zurück und nahm erneut eine Lehrtätigkeit an der dortigen Landbauschule auf. Daneben betreut er seit 21 Jahren das Dorfprojekt Juchowo in Polen. Es ist der Versuch, im östlichen Europa eine Pflanzstätte zu schaffen, in welcher die «Bildung der Erde» (Novalis) sich als eine soziale Aufgabe darstellt und «die soziale Frage» in der Bildung der Erde eine Antwort findet.